# 液压可靠性最优化与智能故障诊断

湛从昌　陈新元　编著

北京

冶金工业出版社

2015

## 内 容 提 要

本书共 14 章。第 1 章至第 6 章主要介绍系统可靠性最优化基本知识，液压系统可靠性模型及可靠度的计算方法，在简述液压系统优化技术的基础上，较详细地叙述了液压系统可靠性最优化技术；第 7 章至第 14 章，以智能故障诊断为主，介绍了液压系统智能故障诊断基本模型，专家系统、人工神经网络液压系统故障诊断，液压系统故障的模糊诊断，灰色系统理论在液压系统故障诊断中的应用，液压系统智能集成化和网络化故障诊断，最后叙述了液压系统工作介质智能故障诊断。

本书可供从事机械工程、可靠性设计和液压故障诊断最优化与智能化工作的科研和工程技术人员使用，还可作为高等学校相关专业的教学用书。

**图书在版编目 ( CIP ) 数据**

液压可靠性最优化与智能故障诊断/湛从昌，陈新元编著. —北京：冶金工业出版社，2015.10

ISBN 978- 7- 5024- 7070- 8

Ⅰ.①液⋯ Ⅱ.①湛⋯ ②陈⋯ Ⅲ.①液压装置—可靠性理论②液压装置—故障诊断 Ⅳ.①TH137

中国版本图书馆 CIP 数据核字 （2015） 第 256482 号

出 版 人 谭学余
地 址 北京市东城区嵩祝院北巷 39 号 邮编 100009 电话 （010）64027926
网 址 www.cnmip.com.cn 电子信箱 yjcbs@cnmip.com.cn
责任编辑 王雪涛 宋 良 美术编辑 吕欣童 版式设计 孙跃红
责任校对 王永欣 责任印制 牛晓波
ISBN 978-7-5024-7070-8
冶金工业出版社出版发行；各地新华书店经销；三河市双峰印刷装订有限公司印刷
2015 年 10 月第 1 版，2015 年 10 月第 1 次印刷
787mm×1092mm 1/16；27 印张；659 千字；420 页
**70.00 元**

冶金工业出版社 投稿电话 （010）64027932 投稿信箱 tougao@cnmip.com.cn
冶金工业出版社营销中心 电话 （010）64044283 传真 （010）64027893
冶金书店 地址 北京市东四西大街 46 号（100010） 电话 （010）65289081（兼传真）
冶金工业出版社天猫旗舰店 yjgycbs.tmall.com
（本书如有印装质量问题，本社营销中心负责退换）

# 前　　言

本书内容和结构组成如下所示：

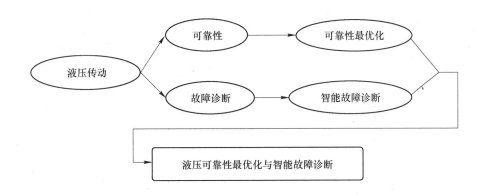

液压系统具有许多优点，因而应用十分广泛。随着科学技术和经济发展需要，对液压系统的性能和可靠性最优化以及故障诊断的准确性和快速性的智能化要求也越来越高。为了适应教学、科技、生产这一新形势需求，作者编写了本书。

为了提高液压系统可靠性，一般会增加制造成本和设备重量，单纯考虑高可靠性而忽视成本和设备重量是不可取的。一般情况，研发和设计人员在保证可靠性和使用寿命的前提下，尽量降低成本和设备重量，这必然产生参数优化和结构优化等问题。如何使液压系统在可靠度、成本、重量之间达到最优化，这是本书叙述内容之一。

液压系统故障诊断的常规方法比较直观，一般靠简单的仪器仪表和人们掌握较多的液压技术知识以及较丰富的实践经验来处理故障，若要准确找到故障点，有时会花费较多时间，这对现代化高效率生产企业是不太适宜的。随着计算机技术和软件开发的快速发展，近些年来将这类技术引入到液压故障诊断中，发展成为液压智能故障诊断技术。该技术能准确、迅速查出故障点，以便快速维修，从而提高了液压系统的有效度。这是本书叙述内容之二。

液压可靠性最优化与智能故障诊断之间有着极为密切的联系。提高液压系统可靠性和实现可靠性最优化，可以有效地降低故障率，同时还能降低设备的制造成本、重量与体积。利用智能化技术来诊断液压故障，可以高准确度和极其迅速地查出故障点，及时进行维修，既能提高有效利用率，又能提高可靠度。在这种思想指导下，作者总结了多年的教学、科研工作经验和成果，并参考了有关文献资料，汇成本书。其中湛从昌教授编写了第1章、第2章、第3章、第4章（部分）、第5章、第6章、第7章（部分）、第8章、第9章、第10章、第11章、第12章（部分）、第14章（部分），陈新元教授编写了第4章（部分）、第7章（部分）、第12章（部分）、第13章、第14章（部分）。全书由湛从昌教授统稿审定。编写过程中，陈奎生教授、曾良才教授和傅连东教授提供了许多资料充实了本书内容，武钢大学郭媛副教授对本书有关章节提出了许多宝贵意见，武汉钢铁公司黄富瑄高工对本书部分章节提出了许多宝贵建议。博士研究生吴凛参与整理书稿和绘图等工作，硕士研究生文小莉等对整理书稿和绘图工作给予了大力帮助。书中引用了一些文献，在此对这些文献作者和相关人员一并致谢。

限于编者水平，书中定有不妥之处，敬请读者批评指正。

湛从昌

2015 年 7 月

# 目　录

# 1 绪 论

〜〜〜〜〜〜〜〜〜〜〜〜〜〜〜〜〜〜〜〜〜〜〜〜〜〜〜〜〜〜〜〜〜〜〜〜〜

## 1.1 系统可靠性最优化基本知识概述

### 1.1.1 系统可靠性最优化的基本概念

在工业、航天航空、军事、农业和人们日常生活的许多方面，系统可靠性对于各种条件下的任务来说，都是极其重要的。虽然，在定性方面，可靠性已不是新的概念，在定量方面，在过去数十年中也得到较快发展。这就导致对高可靠性系统和高安全、低费用部件的需求量的不断增加，经济得到快速发展。

目前已有许多提高系统可靠性的方法，其中有使用大的安全系数；减少系统的复杂性；逐步改进产品质量；增加组成部件的可靠度；使用结构冗余；实行计划维护和定期检修以及定点监测等。但经过实践认为冗余分配是比较好的一种方法。

根据系统可靠性分配方法最优冗余有关文献的技术现状进行分析，主要有可靠性基础理论和最优化技术，而各种最优化技术的参考文献较多，如一般的最优化技术、整数规划、极大值原理、广义的既约梯度法、修正的单纯形搜索、序列无约束极小化方法、拉格朗日乘子法和 K-T 条件法、广义的拉格朗日函数法、动态规划法、几何规划、参数法以及线性规划法等。

在求解一些小型系统可靠性最优化问题时，上述的各种最优化技术的参考文献所用到的最优化方法，都是有限的。若把它们应用到一些大型问题时，只有少数方法才有效。

有一些新的研究方法，在这些方法里只要附加一些最优化条件，就会得到较好的效果。例如，一般可靠性最优化问题的一个扩展，就是同时确定部件可靠度的最优水平和每一级的冗余数。它是这样的一个问题，就是部件的失效率为变量，所决定的是如何在添加的冗余部件之间，或者在单个部件可靠度之间做最优的权衡。另一个例子是，对于多级系统可靠性的最优化，可以从一系列可能的候选者当中，选择比较可靠的部件作为第一级，在第二级中添加并联的冗余部件，在第三级中用一个 $n$ 中取 $k$ 的 $G$ 结构来实现。从鉴定的观点来看，改进后系统可靠性的费用数据是十分重要的，但目前有用的数据很少。为了使目标函数和约束条件公式化，实际的费用数据对逼真地模拟问题是必需的。

随着现代设备复杂程度的日益增加，在军事和工业两个领域，包含高性能、高可靠性和高维修性的新的工程问题随之出现。作为可维修性和可靠性的综合度量的有效度，越来越广泛地被用作系统可靠性的度量。

在求解一般的线性或非线性规划问题中，各种最优化方法都有其固有的特点和一定的优点。下面将讨论几种最优化方法，即：

（1）通过增加每个特定子系统里的冗余部件，使系统的可靠性最大。

（2）通过选择每一级合适的可靠度，使系统的可靠性最大。

（3）在满足系统最低限度可靠性要求的同时，使系统的"费用"最小。

（4）在满足每个单独系统可靠性最低限度要求的同时，使多级功能系统的"费用"最小。

价格、重量、体积或者这些项目的一些组合即"费用"约束，对于串联、并联或者复杂结构的系统是重要的。每一个约束函数都是部件可靠度的增函数，或是每一级所使用的部件数的增函数，或者是这二者的增函数。各种"费用"函数都是有用的。

对冗余系统可靠性最优化技术的参考文献进行分析。有的已经用于或有的尚未用于系统可靠性最优化的最优化方法的计算过程。这些最优化方法是：

（1）启发式方法；

（2）动态规划法；

（3）离散型极大值原理；

（4）序列无约束极小化方法（SUMT）；

（5）广义既约梯度法（GRG）；

（6）拉格朗日乘子法和 K-T 条件法；

（7）广义的拉格朗日函数法；

（8）几何规划；

（9）整数规划；

（10）其他（经典法、参数法、线性规划法和可分离规划法）。

在这些最优化方法中，广义既约梯度法（GRG）和拉格朗日函数法是非常有前途的。为了进行综合性的研究，其他最优化方法也将用于各种可靠性最优化中。在涉及每个特点方法之前，我们先做如下的一些假设：

（1）如果所有的子系统是串联运行，对于成功地完成任务来说，每个子系统都被看成是必不可少的。

（2）串联、并联或者混合结构所有的子系统都是 S 独立的。也就是说，每个子系统中并联的冗余部件是统计独立的。在并联冗余中，所有的部件都具有相同的失效（或成功）风险，不管它们是备份部件，还是在工作部件。

（3）对于某些特定的最优化方法要求线性化以前，"费用"的约束不必要以线性的方式给出。

（4）好与坏是对每个部件、子系统和整个系统的一种描述。在并联情况下，除非特例，要使子系统是好的，仅需一个部件是好的。这就是 $m$ 取 $1:G$ 结构。关于部件的风险系数不做假定，除非该系数在部件可靠度中有所反映。

（5）没有任务所要求的特定最优化知识，冗余数的实际决定、设计改动以及可靠性改进的其他保障是不能实现的。权衡可以仅仅在最优的冗余部件和"费用"值之间考虑。

（6）子系统之间要附加约束。

（7）冗余模型的假设条件是单独（或分支）失效，不影响剩余的部件（或分支）的运行。

（8）可以认为连接点消耗的"费用"是相同的，但是要假定，给定系统正在执行完善的功能。

### 1.1.2 系统可靠性的发展简史

研究可靠性最早的是 20 世纪 40 年代第二次世界大战时德国对火箭的诱导装置的可靠性研究。该装置因电子设备很复杂，又不可靠，造成有的在发射台上爆炸，有的落入英吉利海峡。此后，参加研制的数学家 R. Lusser 首先提出对串联系统利用概率乘积法则，把一个系统的可靠度看成为该系统部件的可靠度乘积，即 $R_s = R_1 R_2 \cdots R_n$ 或 $R_s = \prod\limits_{i=1}^{i=n} R_i$，最后算得火箭诱导装置的可靠度 $R_s = 0.75$。可靠度较低，容易出故障，这个计算开创了可靠性建立在数值基础上的先例。

1942 年，美国以麻省理工学院一研究室为中心，对当时电子设备产生故障的主要元件真空管的可靠度问题做了深入的调查研究。

1950 年，美国成立了海、陆、空三军"国防部电子设备的可靠性专门工作组"，1952年发表了关于可靠性 17 项建议的报告，并将该工作组改名为"国防部电子设备可靠性顾问团"（AGREE）。

1958 年，日本科学技术联盟设立了可靠性研究委员会。

1962 年，法国由国立 X 通讯研究所成立了"可靠性中心"。

1963 年，英国出版了《可靠性和微电子管》杂志。

前苏联和东欧也先后开展了可靠性研究。

1965 年，国际电工委员会（IEC）设立了可靠性技术委员会 TC-56，在东京召开了第一次会议，统一了各国可靠性名词术语，并制定了标准。

1968 年，在布达佩斯召开了第二次电子产品可靠性学术讨论会。

我国研究可靠性是从 20 世纪 50 年代末开始的，当时四机部在广州成立可靠性研究所，60 年代七机部成立研究所。1975 年，中国科学院应用数学研究所举办了"可靠性数学讨论班"。1979 年，中国电子学会成立了可靠性与质量管理学会。1980 年，在全国可靠性学术交流会之后，不少高等学校开设了可靠性理论及应用方面的课程，并开展这方面的研究，主要是电子产品、电子设备方面的研究。在国防工业，航空航天工程十分重视可靠性工程研究，在人员培训、可靠性技术开发等方面均取得了可喜成果。从 2005 年开始，中国航天科工集团公司系统地开展了导弹武器系统全寿命期可靠性保障工程的论证和规划工作，比较全面和准确地勾画出了航天科工集团公司可靠性工作的整体结构和发展思路，为今后有计划、有组织、系统地开展可靠性工作奠定了基础。集团公司在"十一五"专题规划中，在标准化、信息化等领域里对可靠性工作进行了专题研究和论证，为可靠性专业技术和管理工作的长足发展奠定了基础。

可靠性最优化理论及技术在机械工程和液压技术等方面的应用有一定进展，目前对齿轮、轴承等零件及整机和液压系统及元件可靠性最优化已开始应用可靠性设计，给企业带来了很大效益，今后在广泛应用中会得到更好的效果。

### 1.1.3 液压可靠性最优化研究现状及发展趋势

可靠性这一新兴的学科，从其问题的提出到目前已得到广泛应用。狭义的可靠性是指：产品在规定的条件和时间内，完成规定功能的能力。而这种能力的概率则称为可靠度，记为 $R(t)$，显然可靠度是时间的函数。随着产品功能的完善，容量和参数的增大及向机电一体化方向发展，致使产品的结构日趋复杂，使用条件日趋苛刻，于是产品发生故障和失效的潜在可能性越来越大，可靠性问题日趋突出。现代社会生活中不乏由于产品失效或发生故障而造成机毁人亡的实例，使企业乃至国家的形象受到影响；反之，也有很多因重视产品质量和可靠性，而获得巨大效益和良好声誉的典型。正因为如此，世界各工业发达国家对其产品还规定了可靠性指标。指标值的高低决定着产品的价格和销路的好坏，因而成为市场竞争的重要内容。液压可靠性研究的主要任务是提高产品的可靠性，延长使用寿命，降低维修费用。随着液压产品失效和发生故障概率的增加，可靠性理论、技术、方法的发展和应用也日益引起各国的重视。

### 1.1.3.1 液压可靠性最优化研究的现状

#### A 液压元件的可靠性研究

对于任何一个液压系统，其元件的可靠性都是系统可靠性的基础。液压元件大多精密而贵重，结构复杂，不少是单件小批量生产和设计，因而液压元件的可靠性研究工作十分重要且有不少困难。

现阶段液压元件的可靠性研究工作主要有以下几个方面：

（1）利用故障树分析法（FTA）与失效模式效应和致命度分析法（FMECA）对液压元件进行可靠性分析和设计；

（2）利用新理论对液压元件进行新的分析和设计，采用新的设计理论代替旧的设计方法，设计出新型可靠的元件；

（3）液压元件可靠性试验的研究。利用试验获取液压元件可靠性的数据，以供改进和提高液压元件性能。

#### B 液压系统的可靠性研究

液压系统的可靠性研究和其他系统一样，主要以整修液压系统为目标，进行液压系统可靠性预测和分配、液压系统可靠性分析、液压系统可靠性设计、液压系统可靠性试验、液压系统可靠性增长、液压系统可靠性管理等几方面的工作。目前研究的主要方向有：

（1）液压系统的可靠性预测。计算一个系统的可靠度是衡量一个系统优劣以及是否满足任务要求的一个重要参数，也是系统和系统间相互评判的一个重要手段，是系统可靠性研究的重要部分。

（2）液压系统的可靠性最优化分析。通过对液压系统进行可靠性分析得出的可靠性信息、故障模式、故障间的传播关系等，可以用来深层地了解液压系统的内部结构，为液压系统的设计管理和故障诊断提供大量的方便和依据。

（3）液压系统的可靠性最优化设计。可靠性设计是可靠性工程中最重要的一环，"可靠性最优化是设计出来的"这一概念已被人们认同，在设计中提高系统的可靠性最优化是十分重要的。

（4）液压系统的可靠性管理。不断改进和提出新的现代化管理方法。

### 1.1.3.2 液压可靠性最优化研究的发展趋势

随着计算机技术和模糊理论在各个学科的渗入，液压系统的可靠性研究工作必将更加迅速发展。预测今后液压系统的可靠性研究工作的热点和方向有以下几个方面：

（1）计算机辅助综合可靠性分析。把可靠性研究和系统的故障诊断融合在一起，利用计算机计算速度快的特点，建立专家系统，实施在线故障检测和失效分析，提高故障诊断的效率。

（2）建立可靠性最优化系统工程体系。把可靠性技术与维修性、保障性相结合（reliability & maintenance，R&M），把管理、工程、技术联为一体，综合考虑系统的可靠性、性能、费用等因素，建立我国可靠性最优化系统工程。

（3）模糊可靠性最优化研究。模糊数学引入是为了克服产品本身在完成规定功能的不确定性，将模糊数学与可靠性及可靠性最优化融合，有利于进一步研究和发展可靠性。目前，模糊可靠性在液压可靠性中已有所应用。在模糊可靠性理论研究中，着重对模糊可靠性理论进行研究，对模糊故障树和模糊可靠性进行评价等。模糊可靠性研究涉及的内容很广，对它的研究丰富了可靠性研究的手段。然而，从总体上看，模糊可靠性理论现今仍处于起步、摸索阶段，它不像常规可靠性理论那样成熟，有较完善的方法分析来计算零部件和系统的可靠性。尽管如此，人们对模糊可靠性理论的研究，由于突破了常规可靠性理论的局限性，使可靠性理论取得根本性进展，同时在可靠性最优化理论和技术上也进行了深入的研究。

（4）液压系统软件的可靠性最优化研究。我国的软件可靠性研究在理论上有了不小的进步，但是在工程实践上还远落后于发达国家。对于液压系统的软件来说，应结合液压系统自身的特点开发适用于液压系统工程实践的软件可靠性分析理论。总之，要提高可靠性能水平，就要系统地从各个方面开展可靠性的建设、教育、培训和实践。在提高技术水平的同时，提高工程技术人员的可靠性意识；在提高可靠性最优化设计和试验技术的同时，提高可靠性验证和检测能力；在提高可靠性最优化理论和技术水平的同时，提高可靠性管理水平。只有做到这"三个同时"才能使我们的投入真正发挥效用，才能真正提高我们的可靠性最优化水平。

### 1.1.4　最优化分类

最优化问题可以按下述情况分类：

（1）有没有约束，若有约束，是等式约束还是不等式约束？

（2）是确定性的还是随机性的最优问题？

（3）目标函数是线性的还是非线性的，约束是线性的还是非线性的？

（4）是静态最优还是动态最优问题，即变量是不是时间的函数？

（5）问题的模型用数字解析公式表示还是用网络图表示，在网络图上寻优称为网络最优化。

下面分别介绍不同类型最优化问题的性质及特点。

#### 1.1.4.1　无约束与有约束最优问题

求无约束极值时，问题的最优解就是目标函数的极值。有约束时，问题是求有约束极值（或称条件极值），如果是等式约束，则约束的数目 $m$ 必须小于变量的数目 $n$（即问题的维数）。当 $m=n$ 时，问题的解是唯一的（即约束方程的交点），显然它不一定是最优。

这种情况下，因为约束过多，没有选择最优点的余地，称为没有自由度，自由度的数目等于 $n-m$。显然如果 $m>n$，则要求同时满足这 $m$ 个约束是不可能的，这种情况下的最优化问题无解。

等式约束上各点称为可行解，因此等式约束曲线表示可行解域。约束也可以是不等式约束，满足不等式约束的区域范围称为解的可行域。在这个区域内的解都是可行的，为可行解。可行解的数目有无限多个，其中必有一个是最优解。

### 1.1.4.2 确定性和随机性最优化问题

任何最优化问题都可分为确定性和随机性两大类。确定性最优化问题中，每个变量取值都是确定的、可知的。而随机（或称为概率）最优化问题中某些变量的取值是不确定的，但根据大量实验统计，可知变量取某值服从一定的概率分布。例如有源网络的最大输出功率、变压器的最优设计、液压站油泵供油最优设计等问题是确定性的。而电子系统的可靠性问题、液压系统的可靠性问题则是一个随机最优化问题。因为人们无法确切知道电子系统中某个部件的失效时间，而只能根据经验或统计资料掌握其概率规律。可靠问题的研究保证复杂或重要系统能以最小代价取得最优效果。

### 1.1.4.3 线性最优化与非线性最优化问题

如果目标函数和所有约束式都是线性的（即它们是变量的线性函数），则这种最优化问题称为线性最优化，或线性规划。如果目标函数或约束式（即使只是部分约束式）中任一个是变量的非线性函数，则这种最优化问题称为非线性最优化，或称非线性规划。线性规划可看做是非线性规划的特殊情况。显然求解非线性规划问题比求解线性规划问题困难。这种情况与电路、控制系统、液压伺服系统分析是类似的。分析线性系统的方法比较成熟，而分析非线性系统则较困难。

用线性函数近似非线性最优化问题中的非线性函数，就可以用线性规划方法求解非线性规划问题。这种线性近似当然只在局部范围内适用。在求得最优解附近再对非线性函数做线性近似，可以再一次用线性规划求解。这样，用一系列线性规划去近似求解一个非线性规划问题，称为近似规划法。

如果目标函数为二次型，而约束式为线性的，称为二次规划问题。二次规划是从线性规划到非线性规划的过渡，是最简单的一种非线性规律。如果目标函数及约束函数具有多元多项式的形式，则这种非线性规划称为几何规划。

### 1.1.4.4 静态最优化和动态最优化问题

如果最优化问题的解不随时间而变化，则称为静态最优化（参数最优化）问题。如稳态电网络的最优化问题设计都是静态最优化问题。

如果最优化问题的解随时间而变化，即变量是时间 $t$ 的函数，则这是动态最优化问题。在这种情况下，变量又分为状态变量和控制变量两种。

解决动态最优化问题有动态规划法、极大值原理等。应当说明，动态最优化和静态最优化方法并不是完全对立的。

### 1.1.4.5 网络最优化问题

应用图的理论（简称图论）通过网络的几何结构及其性质，对网络进行分析研究，称为网络拓扑学。图论的应用已渗透到信息论、控制论、运筹学等各个学科领域。网络最优化就是从图论的角度来研究网络，并用计算机及开发的软件寻求这个网络中具有的最优参数。因此，网络最优化是一种复杂系统的规划方法，在运输、通信、工程施工、装备设计、零部件配置等都有较广泛的应用。

## 1.2 液压智能故障诊断基本知识概述

### 1.2.1 智能故障诊断系统的基本概念

智能故障诊断系统是由人、模拟人脑功能的硬件及其必要的外部设备、物理器件以及支持这些硬件的软件所组成的具有智能的系统。智能故障诊断系统的信息模型如图 1-1 所示。

图 1-1　智能故障诊断系统信息模型

智能故障诊断系统的智能水平，由其组成部分的组织结构、相互作用方式以及作用历程所决定。各部分的组织结构根据不同的原理和器件可以有多种实现方式；相互作用方式是指它们在系统中的地位和作用机制；作用历程体现系统的诊断经验和能力的积累。其定义具备以下三个特点：

（1）认为智能故障诊断系统是一个开放的系统，其智能水平处于变化的状态中，具有自我提高的潜能；

（2）一方面承认智能故障诊断系统是一个人工智能系统，离不开模拟人脑功能的硬件设备及相应的软件；另一方面又不排斥人的作用，并且将人作为重要的组成部分；

（3）纠正了以前把智能故障诊断看成是计算机程序系统对设备的诊断的错误观点，这种观点误将智能故障诊断学仅仅理解为计算机科学的一个分支。

### 1.2.2 智能故障诊断系统的结构

复杂装备智能故障诊断系统一般由人机接口模块、知识库和数据库管理模块、诊断推理模块、诊断信息获取模块、解释机构模块和知识获取及学习模块 6 个主要功能模块组成，其结构如图 1-2 所示。

人机接口模块是整个系统的控制与协调机构；知识库和数据库管理模块的功能是对诊断必需的知识和数据进行建立、增加、删除、修改、检查等操作；诊断推理模块是诊断系统的核心，负责运用诊断信息和相关知识完成诊断任务；诊断信息获取模块通过主、被动和交互等方式获取有价值的诊断信息；解释机构模块的任务是向用户提供诊断咨询及诊断推理过程的中间结果，帮助用户了解诊断对象及诊断过程；知识获取和机器学习模块用于

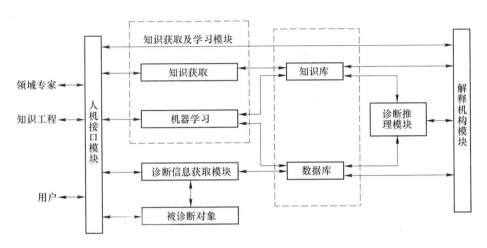

图 1-2　智能故障诊断系统

完善系统的知识库，以提高系统的诊断能力。

### 1.2.3　智能故障诊断技术的发展简史

　　基于建模处理和信号处理的诊断技术正在发展，为基于知识处理的智能诊断技术在知识层次上实现了辩证逻辑与数理逻辑的集成、符号逻辑与数值处理的统一、推理过程与算法过程的统一、知识库与数据库的交互等功能。目前的研究主要从两方面展开：基于专家系统的智能故障诊断技术和基于神经网络的智能故障诊断技术。

#### 1.2.3.1　基于专家系统的智能故障诊断技术

　　故障诊断专家系统是诊断领域引人注目的发展方向之一，也是研究最多、应用最广的一类智能诊断技术，主要用于那些没有精确数学模型或很难建立数学模型的复杂系统。大致经历了两个发展阶段：基于浅知识的第一代故障诊断专家系统和基于深知识的第二代故障诊断专家系统。近期出现的混合结构的专家系统，是将上述两种方法结合使用、互补不足。基于浅知识（人类专家的经验知识）的故障诊断系统是以领域专家和操作者的启发性经验知识为核心，通过演绎推理或产生式推理来获取诊断结果，目的是寻找一个故障集合使之能对一个给定的征兆（包括存在的和缺席的）集合产生的原因做出最佳解释。基于深知识（诊断对象的模型知识）的故障诊断系统要求诊断对象的每一个环节具有明确的输入输出表达关系。诊断时首先通过诊断对象的实际输出与期望输出之间的不一致，生成引起这种不一致的原因集合，然后根据诊断对象领域中的第一定律知识（具有明确科学依据知识）及其内部特定的约束关系，采用一定的算法，找出可能的故障源。

#### 1.2.3.2　基于神经网络的智能故障诊断技术

　　神经网络具有的超高维性、强非线性等动力学特性，使其具有原则上容错、结构拓扑鲁棒、联想、推测、记忆、自适应、自学习、并行和处理复杂模式等功能，带来了提供更佳诊断性能的潜在可能性。具体应用方式有：（1）神经网络诊断系统。对特定问题适当建立的神经网络故障诊断系统，可以从其输入数据（代表故障症状）直接推出输出数据

（代表故障原因），实现故障检测与诊断。（2）采用神经网络产生残差。用神经网络拟合系统的正常特性，利用系统的输入重构某些特定的参数，并与系统的实际值比较，得到残差，从而检测故障。（3）采用神经网络评价残差。利用神经网络对残差进行聚类分析，直接得到系统的故障情况。（4）采用神经网络做进一步诊断。利用神经网络诊断系统执行器的饱和故障，其基本思想是直接用神经网络来拟合系统性能参数与执行器饱和故障之间的非线性关系，神经网络的输出即对应了某个执行器的故障情况。（5）采用神经网络做自适应误差补偿。（6）采用模糊神经网络进行故障诊断。

### 1.2.3.3 基于模糊逻辑的智能诊断方法

模糊逻辑的引入主要是为了克服由于过程本身的不确定性、不精确性以及噪声等所带来的困难，因而在处理复杂系统的大时滞、时变及非线性方面，显示出它的优越性。目前主要有三种基本诊断思路：一是基于模糊关系及合成算法的诊断，先建立征兆与故障类型之间的因果关系矩阵，再建立故障与征兆的模糊关系方程，最后进行模糊诊断；二是基于模糊知识处理技术的诊断，先建立故障与征兆的模糊规则库，再进行模糊逻辑推理的诊断过程；三是基于模糊聚类算法的诊断，先对原始采样数据进行模糊 C 均值聚类处理，再通过模糊传递闭包法和绝对值指数法得到模糊 C 均值法的初始迭代矩阵，最后用划分系数、划分熵和分离系数等来评价聚类的结果是否最佳。具体应用方式有：（1）残差的模糊逻辑评价。残差评价是一个从定量知识到定量表述的逻辑决策，相当于对残差进行聚类分析，它首先需要将残差用模糊集合来表述，然后用模糊规则来推理，最后通过反模糊化得到诊断结果。（2）采用模糊逻辑自适应调节阈值。残差的阈值受建模不确定性、扰动及噪声的影响，阈值过小则会引起误报，过大则会漏报，所以最好能根据工作条件，用模糊规则描述自适应阈值。（3）基于模糊小波分析技术进行故障诊断，用模糊化小波变换分析宽带故障特性，采用模糊数据的局部时频分析来进行故障监测和分离。（4）基于模糊逻辑进行专家系统规则库的设计与更新。

### 1.2.3.4 基于故障树分析的智能诊断方法

故障树分析（fault tree analysis）原用于可靠性设计，现已广泛应用于故障诊断，基于故障的层次特性，其故障成因和后果的关系往往具有很多层次并形成一连串的因果链，加之一因多果或一果多因的情况就构成故障树。

### 1.2.3.5 基于灰色系统理论的智能故障诊断方法

灰色系统理论视不确定量为灰色量。液压故障视为灰色，通过灰色系统理论对液压故障进行诊断，使故障点明朗化，也就是将灰色量变为白色量，便于进行维修。液压故障诊断过程是对一个液压元件或系统带有一个不可知信息（随机信息）的系统，利用有限信息，或推测信息，通过信息处理，进行预测、判断和决策的过程，就是利用灰色系统来处理解决这类问题。

我国灰色系统理论应用于故障诊断是从 1986 年开始的，随着计算机及信息技术的迅速发展，灰色系统故障诊断发展较快。如应用该技术诊断液压泵的故障、诊断液压伺服缸的故障效果较明显。

### 1.2.3.6 基于事例推理的智能诊断方法

事例推理（case-based reason，简称 CBR）是 AI 中新兴的一种推理技术，是一种使用过去的经验实例指导解决新问题的方法。其关键是如何建立一个有效的实例索引机制与实例组织方式。基于实例诊断的优点是根据过去实例解决新问题，不需人从实例中提取规则，降低了对知识获取的负担，解题速度快。

## 1.2.4 智能故障诊断研究现状及发展趋势

### 1.2.4.1 国内外研究现状

智能故障诊断技术的发展历史虽然短暂，但在电路与数字电子设备、机电设备等方面已取得了令人瞩目的成就。

在电路和数字电子设备方面，MIT 研制用于模拟电路操作并演绎出故障可能原因的 EL 系统；美国海军人工智能中心开发了用于诊断电子设备故障的 IN-ATE 系统；波音航空公司研制了诊断微波模拟接口 MSI 的 IMA 系统；意大利米兰工业大学研制用于汽车启动器电路故障诊断的系统。由于机电设备在整个生产领域中占有极其重要的地位，所以有关机电设备的故障智能诊断问题一直受到研究人员的关注，出现的智能诊断系统也比较多。如日本日立公司研究了用于核反应堆的故障诊断系统；美国通用电气公司研制的用于内燃电气机车故障诊断的专家系统 CATS-1；我国华中理工大学研制的用于汽轮机组工况监测和故障诊断的智能系统 DEST；哈尔滨工业大学和上海发电设备成套设计研究所联合研制的汽轮发电机组故障诊断专家系统 MMMD-2；清华大学研制的用于锅炉设备故障诊断的专家系统等。

### 1.2.4.2 发展趋势

随着知识工程的发展及数据库、虚拟现实、神经网络等技术的日新月异，必然引起智能故障诊断技术在各个方面的不断发展。其发展趋势可概括如下：

（1）多种知识表示方法的结合。在一个实际的诊断系统中，往往需要多种方式的组合才能表达清楚诊断知识，这就存在着多种表达方式之间的信息传递、信息转换、知识组织的维护与理解等问题，这些问题曾经一直影响着对诊断对象的描述与表达。近几年在面向对象程序设计技术的基础上，发展起来了一种称为面向对象的知识表示方法，为这一问题的解决提供了一条很有价值的途径。

在面向对象的知识表示方法中，传统的知识表示方法如规则、框架、语义网络等可以被集中在统一的对象库中，而且这种表示方法可以对诊断对象的结构模型进行比较好的描述，在不强求知识分解成特定知识表示结构的前提下，以对象作为知识分割实体，明显要比按一定结构强求知识的分割来得自然、贴切。另外，知识对象的封装特点为知识库的维护和修正提供了极大的便利。随着面向对象程序设计技术的发展，面向对象的知识表示方法一定会在智能故障诊断系统中得到广泛的应用。

（2）经验知识与原理知识的紧密结合。为了使智能故障诊断系统具备与人类专家能力相近的知识，研制者在建造智能诊断系统时，越来越强调不仅要重视领域专家的经验知识（浅知识），更要注重诊断对象的结构、功能、原理等知识（深知识），忽视任何一方面都会严重影响系统的诊断能力。

关于深浅知识的结合问题，目前较普遍的做法是，这两类知识可以各自使用不同的表示方法，从而构成两种不同类型的知识库，每个知识库有各自的推理机，它们在各自的权力范围内形成子系统，两个子系统再通过一个执行器综合起来构成一个特定诊断问题的专家系统。这个执行器记录诊断过程的中间结果和数据，并且还负责经验与原理知识之间的"切换"。这样在诊断过程中，通过两种类型知识的相互作用，使得整个系统更加完善、功能更强，可以解决那些无经验知识可用情况下的问题，即使遇到知识表示范围以外的问题，系统的性能也不至于显著下降。

（3）专家系统与神经网络的结合。神经网络理论为智能故障诊断系统的发展开辟了崭新的途径。神经网络实现的是右半脑直觉形象思维的特性，而专家系统理论与方法实现左半脑逻辑思维的特性，二者有着很强的互补作用。然而目前神经网络无论在理论上还是在应用上都还处于发展阶段。在理论上，无论神经网络模型还是训练算法都还不成熟。反向传播训练算法尽管在一些领域获得成功，但还存在收敛速度太慢、有时会遇到局域极小等问题，对于大样本也很难收敛。在应用上，基于并行分布式处理的神经网络是前向进行的，对于以目标驱动的反向推理还显得无能为力。另外，由于信息的分布性，无法知道对一个输入模式，系统是如何响应的，因此神经网络缺乏推理解释能力。此外，神经元网络完全依靠样本学习，没有归纳、类比这样高层逻辑模型支持，使得神经网络知识获取显得教条化。神经网络的成功不是一朝一夕的事情，需要有关学科的密切配合，目前人们正朝着这一目标迈进，前景是光明的。

（4）虚拟现实技术将得到重视和应用。虚拟现实技术（vertual reality）是继多媒体技术以后另一个在计算机界引起广泛关注的研究热点，它有四个重要的特征，即多感知性、存在感、交互性和自主性。从表面上看，它与多媒体技术有许多相似之处，如它们都是声、文、图并茂，容易被人们所接受；都可以用于娱乐、教育、训练等方面。但是虚拟现实技术是人们通过计算机对复杂数据进行可视化操作以及交互的一种全新的方式，与传统的人机界面如键盘、鼠标器、图形用户界面等相比，它在技术思想上有了质的飞跃。应用该技术后，用户、计算机和控制对象被视为一个整体，通过各种直观的工具将信息进行可视化，用户直接置身于这种三维信息空间中自由地操作、控制计算机。

可以预言，随着虚拟现实技术的进一步发展和在智能故障诊断系统中的广泛应用，它将给智能故障诊断系统带来一次技术性的革命。

（5）数据库技术与人工智能技术相互渗透。人工智能技术多年来曲折发展，虽然成果累累，但比起数据库系统却相形见绌，其主要原因在于缺乏像数据库系统那样较为成熟的理论基础和实用技术。人工智能技术的进一步应用和发展表明，结合数据技术可以克服人工智能不可跨越的障碍，这也是智能系统成功的关键。对于故障诊断系统来说，知识库一般比较庞大，因此可以借鉴数据库关于信息存储、共享、并发控制和故障恢复技术，改善诊断系统性能。如数据库的基本范例（输入、检索、更新等）可作为新知识库范例，数据库的基本目标（共享性、独立性、分布性）可作为新的知识库基本目标，数据库的三级表示与设计方法可用作新的知识库设计方法等。

（6）网络化技术应用于液压故障诊断。液压故障诊断是使其提高有效性和安全可靠运行的一种有效模式。网络化故障诊断是利用现代通信技术实现不同地域间的监测和诊断。具体地说，就是将液压设备故障诊断技术与计算机网络技术相结合，一方面在工矿企业单位设立安装状态监测服务器，在关键液压设备及关键部位设立状态监测点，将实时采集的数据存在服务器中；另一方面在有关部门建立相应的故障诊断中心，设立故障诊断服务器，可随时为企业提供远程技术支持和服务，这样通过信息传输，形成一个跨地理位置的互联液压故障诊断网络。如对特大型风机运行状态及故障诊断获得了很大成功，对高压大流量液压站运行状态及故障进行远程监测和诊断得到了较准确数据，为安全运行和维修提供了有力支持。

总之，对可靠性最优化研究和发展，能使设备可靠性更高，寿命更长，成本降低，整体性能提高，质量更好，可以发挥更好效益。设备在工作过程中，出现故障可能性是存在的，我们采取先进有效方法对设备进行故障诊断，即本书阐述的智能故障诊断，如专家系统、神经网络等现代化技术对设备进行故障诊断，就是为了更准确、更迅速查出故障程度和故障点，并对故障及时进行处理，也为改进设备提供信息。其最终目的是为了提高设备可靠性，以便更加可靠有效地使用这些设备，所以可靠性最优化技术与智能故障诊断技术是相互关联又相互促进，是创新驱动战略的体现，有利于经济发展。

## 1.3 本书的主要内容

本书内容包括液压可靠性最优化和液压智能故障诊断两部分。其主要内容如下：

（1）液压可靠性最优化和液压智能故障诊断基本知识。主要包括可靠性最优化的基本概念、最优化分类、液压智能故障诊断基本概念、智能故障诊断系统的结构，以及智能故障诊断技术的发展等。

（2）可靠性与维修技术的基本内容。主要包括可靠性和可靠度的定义、失效率、失效类型与失效曲线、可靠性寿命、有效度，以及以可靠性为中心的维修技术等。

（3）液压系统可靠性模型。详细介绍可靠性浴盆曲线模型，在系统可靠性模型中介绍了串联、并联、串-并联、旁联、$k/n$、分担负载、失效率、定龄更换、最小维修优化等模型。

（4）液压系统可靠度计算方法。主要介绍一般计算方法、待命冗余计算方法、特征值的近似计算方法，这些方法为定量求系统可靠度提供方便。

（5）液压系统可靠性最优化技术。在叙述液压系统优化数学模型、开关阀控制系统动态优化、液压伺服系统参数优化和动力机构优化的基础上，对液压系统可靠性最优化技术进行叙述，其中包括冗余系统可靠性的最优化、启发式方法、动态规划法、参数法等。

（6）液压系统智能故障诊断基本模型。首先介绍液压故障诊断的重要性，并简述液压故障分析和识别；较详细地叙述渐发性故障模型、突发性故障模型，对这两种模型在某些工况下同时出现也做了论述，最后介绍了液压元件故障模型等。

（7）基于专家系统和基于人工神经网络液压系统故障诊断。介绍了专家系统的组成、故障诊断原理及方法，通过故障诊断实例进一步理解其诊断方法；同时介绍基于人工神经网络液压系统故障诊断原理、方法、模型，最后简述基于小波神经网络的液压泵故障诊断实例。

（8）液压系统故障模糊诊断与灰色理论在液压系统故障诊断中的应用。叙述模糊诊断的基本原则、原理和方法，介绍注塑机液压系统故障模糊诊断实例；进一步叙述灰色系统概念，灰色关联度分析和关联系数计算，并简述轧机液压伺服系统故障诊断实例。

（9）液压系统智能集成化与网络化故障诊断。这是一种较新智能化故障诊断方法，通过诊断信息和知识以及方法集成建立集成诊断模型、集成化推理和诊断策略，并利用网络化工具对液压系统进行实时传输故障诊断。

（10）液压系统工作介质智能故障诊断。液压系统工作介质在液压系统工作过程中十分重要，其优劣直接影响液压系统正常工作，通过智能化技术对工作介质的污染物进行实时监测，以便及时进行处理。

液压可靠性最优化和液压智能故障诊断是当今液压技术研究重点之一，也是今后一个重要发展方向，书中叙述的内容仅为今后研究工作提供一些方便。

# 2 可靠性与故障维修的基础知识

## 2.1 可靠性技术的基本内容与特点

液压设备可靠性的高低取决于它的设计研究、生产制造、检验及使用全过程，因此，需要环环紧扣，处处把关。例如，在设计参数的确定、材料的选用、加工和检测中，都应考虑提高可靠性；在使用液压设备时，应有一套完整的科学的可靠性管理制度。

提高液压设备可靠性，对于从事这方面工作的技术人员来说，除了要具备产品本身的设计、制造等专业知识外，还要具备数学、物理、环境技术、试验分析技术等有关可靠性方面的知识。

提高液压设备可靠性，各个部门在组织管理上，需要协同工作，部门和企业单位内部都要有专门的机构来从事可靠性管理、规划，制定方针政策和组织领导等工作。

此外，可靠性问题与国家经济制度、经费投入、管理政策以及国际上的技术政策密切相关。

可靠性技术大致可分为五个方面：

（1）设计制造出故障少，不易损坏的产品，这是狭义的可靠性技术，是设计和生产部门的重点；

（2）将有故障的产品尽快修理好，提高产品有效性，这是维修性技术；

（3）对数据做统计分析和技术分析，把从生产上考虑的可靠性技术和从使用上考虑的维修性技术有机地联系起来，这是情报技术；

（4）可靠性管理技术。如可靠性分配，采用复合系统、更新设备、培训工作人员等；

（5）体现绿色理念，从设计开始，就应考虑是否对环境有污染，设备失效后如何回收及科学处理。

液压设备可靠性主要工作，如图 2-1 所示。

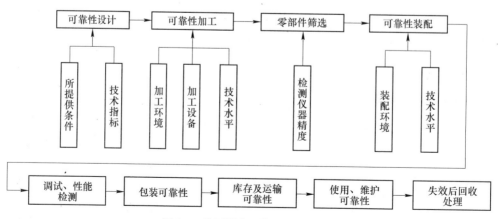

图 2-1 液压设备可靠性主要工作

可靠性工作的基本内容如表2-1所示。

表2-1  可靠性工作的基本内容

| | | | |
|---|---|---|---|
| 可靠性工作 | 基础工作 | 技术理论基础 | 可靠性教学；可靠性物理；环境技术；预测技术；数据处理技术；基础实验技术 |
| | | 基本设备条件 | 环境实验设备；可靠性试验设备；特殊检测设备；分析设备；测量设备；辅助设备；实验保证条件 |
| | 技术工作 | 元件可靠性 | 用户要求的调查；原材料质量要求；失效分析；新技术应用；可靠性设计；可靠性评价；质量与可靠性控制；可靠性认证；现场数据收集与反馈 |
| | | 整机可靠性 | 用户要求调查；可靠性分配；可靠性与维护性设计；元件合理选择与应用；可靠性预测；可靠性评价；使用可靠性规定；现场数据收集和反馈 |
| | | 应用可靠性 | 使用条件设置与保证；人的因素维护技术及合理备份；现场数据收集分析与反馈 |
| | | 可靠性评价 | 环境界限度试验；失效模拟监视试验；寿命与失效率试验；可靠性选择（包括非破坏检测技术）；可靠性认证；现场数据分析与评价；试验设备评价；节能环保；回收处理 |
| | 管理工作 | 可靠性标准 | 基础标准；试验方法标准；认证标准；管理标准；设计标准；产品标准；使用标准；可靠性标准 |
| | | 国家级职能管理 | 制定规划、政策；任务下达与协调；基础研究可靠性；认证制度；可靠性数据交换；制定可靠性标准；宣传教育；国际协作；技术协会、会议 |
| | | 企业级可靠性管理 | 设置可靠性管理体系；制定企业可靠性管理纲要；制定产品可靠性管理规范；制定质量反馈制度；监督与审查；成果鉴定、教育；故障处理；失效设备回收处理 |
| | | 技术教育与技术交流 | 编写教材；办学习进修班；内外培训；内外考察；情报交流；出版刊物；学术研讨会 |

## 2.2  可靠性与可靠度的定义

### 2.2.1  可靠性

产品在规定的条件下和规定的时间内完成规定功能的能力，称为产品的可靠性。或者说，出厂后的产品在规定的条件下，在规定的时间内，完成规定的任务，称为可靠性。所谓规定的条件，就是指产品所处的环境条件、负荷条件及其工作方式等，如液压装置中的温度、压力、环境等。

可靠性是时间的函数，随着时间的推移，产品的可靠性会愈来愈低。通常在设计产品时，就考虑产品的使用期、保险期或有效期等。例如，轴向柱塞泵设计寿命为 3000h，电磁换向阀设计换向寿命为 100 万次等。

可靠性与规定的功能有着极为密切的联系。所谓规定的功能，就是指产品的性能指标，如液压泵的压力、流量、转速、容积效率和总效率等。可靠性只是一个定性的名词，没有数量概念，不能做定量计算，如要定量计算，则用可靠度。

### 2.2.2　可靠度

产品在规定的条件下和规定的时间内完成规定功能的概率，称为产品的可靠度，即产品可靠性的概率度量，记为 $R(t)$。可靠度包含五个要素：

（1）对象——产品，包括系统、设备、机器、部件、元件等。它可以是一个简单的零件，也可以是一个复杂的大系统，亦包括物和人等。

（2）规定的条件——对象预期运行的环境及维修、使用条件，如载荷、温度、介质、润滑等。

（3）规定的时间——对产品的质量和性能有一定的时间要求，即产品的工作期限，可以用时间表示，也可以用距离、次数、循环次数等来表示。例如，方向阀用换向次数、液压泵用时间等。

（4）规定的功能——产品处于正常工作状态，能实现的功能，可用功能的指标来衡量属于正常工作或失效（故障）。例如，液压泵的容积效率达到百分之多少才符合要求等。

（5）概率——在可靠性中只说明完成功能的能力的大小（即可能性的大小）。这有两种可能性：1）可能完成规定的功能；2）可能不能完成规定的功能。这是属于随机事件，就是在一定条件下可能发生，也可能不发生的事件。

对 54 张扑克牌抽签，在一次抽签中，有可能抽到一张红梅花 A，也有可能抽不到红梅花 A；往上抛掷一枚硬币，硬币落地时，有可能是币值的一面向上，也可能是另一面向上。这些随机事件表面上看来杂乱无章，是一些偶然现象，其实，这些偶然现象是具有统计规律的。偶然性与必然性之间没有不可逾越的鸿沟。

假定在 n 次抽签或抛掷中，红梅花 A 或硬币某一面向上出现 m 次，则可以称 m／n 为某事件在 n 次试验中出现的频率（或相对频数）。经过大量的客观实践，发现无数次抽扑克牌的行动中，红梅花 A 出现的频率，总是在 1/54（即 1.85%）附近摆动；投掷硬币的时间，币值的一面向上的频率总是在 1/2（即 50%）附近摆动。

上述这些频率所趋向的稳定值 1.85%、50% 是用来表征随机事件出现的可能性大小的。这种用来表征随机事件出现可能性大小的数值估计量就称为概率，它是一个介于 0%~100% 之间的数值，即 0~1 之间的数值。

根据定义，产品正常工作出现的概率为可靠度。它是用小数、分数或百分数来表示的，所以可靠度 R 的取值范围为 $0 \leqslant R \leqslant 1$。同理，液压可靠性也是建立在概率论的基础上，每种类型液压元件可靠度的确定，均经过多台同类型液压元件实验后获得，其可靠度在 0~1 之间。

但要注意，必须是在规定的时间内完成规定的功能。

假定规定的时间为 $t$，产品的寿命为 $T$，而 $T > t$，这就是产品在规定时间 $t$ 内能够完成规定的功能。

产品在规定的条件和时间内丧失规定功能的概率称为不可靠度，或称为失效概率，记为 $F$。由于失效与不失效（正常工作）是相互对立的事件，根据概率互补定理，两对立事件的概率之和恒等于1。因此 $R$ 与 $F$ 之间的关系为

$$R = 1 - F$$

或

$$R + F = 1$$

现有 $N$ 个产品从开始工作到 $t$ 时刻失效数为 $n(t)$，则当 $N$ 足够大时，产品在该时刻的可靠度近似地用它的不失效的频率表示

$$R(t) \approx \frac{N - n(t)}{N} = 1 - F(t)$$

而失效频率表示为

$$F(t) \approx \frac{n(t)}{N}$$

通俗地说，某时刻的可靠度即为一批产品的正常工作产品数与总数之比。

当我们开始使用产品时，即 $t = 0$，我们认为所有产品都是好的，失效产品 $n(0) = 0$，不可靠度 $F(0) = 0$，而可靠度 $R(0) = 1$。

随着时间的增加，失效数不断地增加，不可靠度也增加，那么可靠度相应要减小，所有产品使用到最后都要失效，即 $t \to \infty$ 时，$n(\infty) = N$，$F(\infty) = 1$，$R(\infty) = 0$。最后全部产品都失效后，不可靠度为1，可靠度为0。

可靠度与不可靠度的变化曲线如图 2-2 所示。

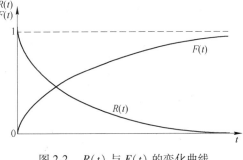

图 2-2　$R(t)$ 与 $F(t)$ 的变化曲线

## 2.3　失效率

所谓失效率，严格定义，是指产品工作到 $t$ 时刻后，$\Delta t$ 的单位时间内发生失效的概率。当 $\Delta t \to 0$ 时，其数学表达式为

$$\lambda(t) = \lim_{\substack{N \to \infty \\ \Delta t \to 0}} \frac{n(t + \Delta t) - n(t)}{[N - n(t)]\Delta t} \tag{2-1}$$

式中　$N$——产品总数；

$n(t)$——$N$ 个产品工作到 $t$ 时刻的失效数；

$n(t + \Delta t)$——$N$ 个产品工作到 $t + \Delta t$ 时刻的失效数。

失效率（故障率）的简化定义为，产品工作到 $t$ 时刻后，单位时间内发生失效的概率，也就是等于产品在 $t$ 时刻后的一个单位时间 $(t, t+1)$ 内失效数与时刻 $t$ 尚在工作的产品数（也称残存产品数）之比。

设有 $N$ 个产品从 $t = 0$ 开始工作，到时刻 $t$ 时的失效数为 $n(t)$，即 $t$ 时刻的残存产品数为 $N - n(t)$，又设在 $(t, t + \Delta t)$ 时间内有 $\Delta n(t)$ 个产品失效，则根据上面的简化定

义，在时刻 $t$ 的失效率可用式（2-2）估计

$$\lambda(t) = \frac{\Delta n(t)}{[N - n(t)]\Delta t} = \frac{n(t + \Delta t) - n(t)}{[N - n(t)]\Delta t} \tag{2-2}$$

显然，失效率是时间 $t$ 的函数，记为 $\lambda(t)$，也称为失效率函数。

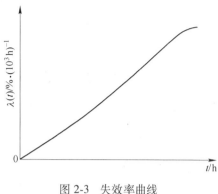

图 2-3　失效率曲线

失效率是标志产品可靠性常用的数量特征之一，失效率愈低，则可靠性愈高。反之亦然。

失效率的单位用时间表示，常用 $\% / 10^3 \text{h} = 10^{-5}/\text{h}$ 表示。对可靠度高，失效率特别低的产品，有时也用 Fit（failure unit）$= 10^{-9}/\text{h}$ 表示，即 100 万个元件工作 1000 h 后出现 1 个失效元件。失效率的单位，也可以用动作次数、转数或距离来表示。

一般地，失效率可用图 2-3 中失效率曲线来表示。

## 2.4　失效密度函数 $f(t)$ 与失效率和可靠度的关系

如上所述，$R(t) + F(t) = 1$。对 $F(t)$ 用时间微分，即时刻 $t$ 发生失效的密度，可称之为失效密度函数（故障密度函数）$f(t)$。

$$f(t) = \frac{\mathrm{d}F(t)}{\mathrm{d}t} = -\frac{\mathrm{d}R(t)}{\mathrm{d}t}$$

通俗地说，失效密度函数 $f(t)$ 等于产品在 $t$ 时刻后的一个单位时间内的失效数与试验产品总数 $N$ 之比。

根据失效率 $\lambda(t)$ 定义，式（2-2）可改写为

$$\lambda(t) = \frac{1}{N - n(t)} \frac{\mathrm{d}n(t)}{\mathrm{d}t}$$

将上式中分子分母各除以 $N$，得

$$\lambda(t) = \frac{1}{[N - n(t)]/N} \frac{\mathrm{d}n(t)/N}{\mathrm{d}t} = \frac{1}{R(t)} \frac{\mathrm{d}F(t)}{\mathrm{d}t} = \frac{f(t)}{R(t)}$$

于是根据 $f(t)$ 及 $R(t)$，可建立故障率（失效率）$\lambda(t)$ 与可靠度 $R(t)$ 之间的关系式：

$$\lambda(t) = \frac{f(t)}{R(t)} = -\frac{1}{R(t)} \frac{\mathrm{d}R(t)}{\mathrm{d}t} \tag{2-3}$$

当 $R(t)$ 或 $F(t) = 1 - R(t)$ 求得后，可按式（2-3）求出 $\lambda(t)$。反之，当 $\lambda(t)$ 已知时，将式（2-3）进行积分，可求得 $R(t)$

$$\int_0^t \lambda(t)\,\mathrm{d}t = -\int_1^R \frac{1}{R(t)}\mathrm{d}R(t) = -\ln R(t)$$

$$R(t) = \mathrm{e}^{-\int_0^t \lambda(t)\,\mathrm{d}t} = \exp\left[-\int_0^t \lambda(t)\,\mathrm{d}t\right] \tag{2-4}$$

式（2-4）即为以 $\lambda(t)$ 为变量的可靠度函数 $R(t)$ 的一般方程。$R(t)$ 是以 $\lambda(t)$ 的时间积分为指数的指数型函数，特别当 $\lambda(t) = \lambda = \mathrm{const}$ 时，有

$$R(t) = \mathrm{e}^{-\lambda t}$$

$$f(t) = \lambda e^{-\lambda t}$$

## 2.5 失效类型与失效曲线

产品的失效可以分为三种基本类型，如图2-4所示。

（1）第一种类型，如图2-4（b）所示。失效率$\lambda(t) = \lambda =$常数，密度函数$f(t)$和可靠度$R(t)$都是指数形式。它是可靠性研究中的基本形式之一。这种形式反映了失效过程是偶然的（随机的），没有一种失效机理在产品失效中起主导作用，产品的失效完全出于偶然的因素。

（2）第二种类型，如图2-4（a）所示。失效率$\lambda(t)$随时间而减小，即产品开始使用时失效率高，以后逐渐降低，到后来留下的就不容易发生故障了。它可用来描述产品的早期失效过程。这种失效是由于设计、制造、加工、配合等因素造成的。

（3）第三种类型，如图2-4（c）所示。失效率$\lambda(t)$随时间而增大，即产品经过一段稳定的运行后，进入损耗阶段。此时，失效率急剧增长，失效密度函数$f(t)$近似成正态分布。掌握它的特点，在零件寿命的分布下限处把零件换下来，可避免发生故障。

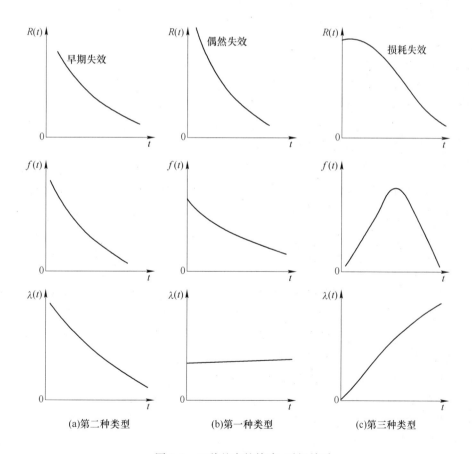

图2-4 三种基本的故障-时间关系

对单个元件来说，其失效类型可能属于上述失效类型的一种。但对于为数众多相同的或不相同的零件构成的产品或复杂的大系统来说，其失效率曲线的典型形态如图2-5所示。此曲线形状似浴盆，故称"浴盆曲线"，它代表了系统失效过程的规律。

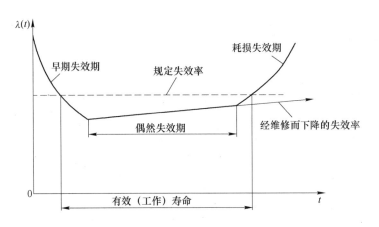

图 2-5　产品典型失效率曲线

图 2-5 曲线中明显地分为三个阶段：

（1）第一阶段：早期失效期。早期失效期出现在产品开始工作后的较早时间，一般为试车跑合阶段，其特点是失效率较高，且产品失效率随使用时间的增加而迅速下降。产生早期失效的主要原因是，设计缺点、材料不良、制造工艺缺陷和检验差错等。新产品的研制阶段出现的失效多数为早期失效。当采取纠正措施排除缺陷后，可使失效率下降。这个时期的长短随产品的规模和设计而异。因此，为提高可靠性，产品在正式使用前应进行试车和跑合，查找失效原因，纠正缺陷，使失效率下降，运行逐渐趋于稳定。新产品的工业性试验主要是消除这种类型的故障。

（2）第二阶段：偶然失效期。偶然失效期出现在早期失效期后，其特点是呈现随机失效；失效率低且稳定，近似为常数，与时间的变化关系不大。产品的偶然失效期是产品可靠工作的时期，是设备处于最佳状态时期，这个时期愈长愈可靠。把规定失效率（故障率）以下的区间称为产品的有效寿命 $t$。台架寿命试验与可靠性试验一般都是针对偶然失效期而言的，即消除了早期故障之后才进行这种试验。研究这一时期的失效因素，对提高产品可靠性具有重要意义。

（3）第三阶段：耗损失效期。耗损失效期出现在产品使用的后期，其特点是失效率随工作时间的增加而上升。耗损失效是由于构成设备的某些零件老化、疲劳、过度磨损等原因所造成的。改善耗损失效的方法是不断提高零件、部件的工作寿命。对寿命短的零部件，在整机设计时就制订一套预防性检修和更新措施，在它们到达耗损失效期前就及时予以检修或更换。这样，就可以把上升的失效率降下来，可以延长系统的有效寿命。若为此花费很大，故障仍然很多时，不如把已老化的产品报废更为合算。

为了提高产品的可靠性，掌握产品的失效规律是非常重要的。

液压设备产生故障的原因，可从如下几点进行分析：

（1）液压泵常见的故障有输油量不足、压力提不高、油吸不上、有噪声、压力不稳定等。

（2）控制阀中溢流阀常见的故障有压力不稳定、噪声及振动、压力提不高等。

（3）液压缸常见的故障有推力不足或工作速度渐渐下降、液压缸爬行、外漏、冲击及振动等。

（4）液压系统常见故障有振动和噪声、液压冲击、气穴与气蚀、爬行、液压卡紧、油温过高、液压系统压力建立不起来或压力提不高、执行机构的工作速度在负载下显著降低、工作循环不能正确实现、换向时出现死点、工作机构启动突然冲击等。

## 2.6 可靠性寿命

### 2.6.1 平均寿命

在可靠性寿命尺度中最常见的是平均寿命，即产品从投入运行到发生故障（失效）的平均工作时间。它分两种情况：

（1）不可修性：用 MTTF（mean time to failure）表示，指发生故障就不能修理的零部件或系统。从开始使用到发生故障的平均时间，称为平均无故障工作时间。

$$MTTF = \frac{1}{N} \sum_{i=1}^{N} t_i \tag{2-5}$$

式中　$t_i$——第 $i$ 个零部件或设备的无故障工作时间，h；

　　　$N$——测试零部件或设备的总数。

（2）可修性。用 MTBF（mean time between failure）表示，指发生故障经修理或更换零部件后还能继续工作的可修理产品（或系统）。从一次故障到下一次故障的平均时间，称为平均故障间隔时间。

$$MTBF = \left(1 / \sum_{i=1}^{N} n_i\right) \sum_{i=1}^{N} \sum_{J=1}^{n_i} t_{ij} \tag{2-6}$$

式中　$t_{ij}$——第 $i$ 个产品从第 $j-1$ 次故障到第 $j$ 次故障工作时间，h；

　　　$n_i$——第 $i$ 个测试产品的故障数；

　　　$N$——测试产品的总数。

MTTF 与 MTBF 等效，统称为平均寿命 $m$。

$$m = \frac{所有参加测试产品的总工作时间}{总失效个数（或总故障次数）} \tag{2-7}$$

如果测试产品数（称为子样）$N$ 比较大，计算总和工作量大，也可按一定的时间间隔进行分组。设 $N$ 个观测值共分为 $a$ 组，以每组的中值 $t_i$ 作为组中每个观测值的近似值，则总工作时间就可用各组中值 $t_i$ 与频数 $\Delta n_i$ 的乘积和来近似，故平均寿命为

$$m = \frac{1}{N} \sum_{i=1}^{a} t_i \Delta n_i \tag{2-8}$$

上述式（2-5）~式（2-8）是子样平均寿命的计算公式。

由于每一产品出现故障的时间 $t_i$ 是一个随机变量，它具有明确确定的统计规律性。因此，求平均寿命的问题实际上是求这个变量的数学期望（平均数）。

若已知产品总体的失效率密度 $f(t)$，则 $m$ 为 $f(t)$ 与时间 $t$ 乘积的积分。

$$m = \int_0^\infty t f(t) \, \mathrm{d}t$$

由于
$$f(t) = \frac{\mathrm{d}F(t)}{\mathrm{d}t} = -\frac{\mathrm{d}R(t)}{\mathrm{d}t}$$

所以
$$m = \int_0^\infty t\left[-\frac{\mathrm{d}R(t)}{\mathrm{d}t}\right]\mathrm{d}t = \int_0^\infty -t\mathrm{d}R(t)$$

用分部积分法对上式积分，得
$$m = -\left[tR(t)\right]\Big|_0^\infty + \int_0^\infty R(t)\mathrm{d}t$$

因为 $t = \infty$ 时，$R(\infty) = 0$，则
$$-\left[tR(t)\right]\Big|_0^\infty = -t \times 0 - 0 \times R(t) = 0$$

所以
$$m = \int_0^\infty R(t)\mathrm{d}t$$

这说明，一般情况下，在 $0 \sim \infty$ 的时间区间上，对可靠性函数 $R(t)$ 积分，可以求出产品总体的平均寿命。

可靠度函数 $R(t)$ 的一般方程前面已求得：$R(t) = \mathrm{e}^{-\int_0^t \lambda(t)\mathrm{d}(t)}$。对于 $\lambda(t) = \lambda$ 的特殊情况，$R(t) = \mathrm{e}^{-\lambda t}$，则

$$m = \int_0^\infty R(t)\mathrm{d}t = \int_0^\infty \mathrm{e}^{-\lambda t}\mathrm{d}t = \int_0^\infty \mathrm{e}^{-\lambda t}\left(\frac{-\lambda}{-\lambda}\right)\mathrm{d}t$$

$$= -\frac{1}{\lambda}\int_0^\infty \mathrm{e}^{-\lambda t}\mathrm{d}(-\lambda t) = -\frac{1}{\lambda}\left[\mathrm{e}^{-\lambda t}\right]\Big|_0^\infty$$

$$= -\frac{1}{\lambda}\left[\mathrm{e}^{-\infty} - \mathrm{e}^0\right] = \frac{1}{\lambda}$$

所以对指数分布 $\lambda(t) = \lambda =$ 常数，即有 $m = \frac{1}{\lambda}$，即指数分布的平均寿命 $m$ 等于失效率 $\lambda$ 的倒数。当 $t = m = 1/\lambda$ 时，$R(t) = \mathrm{e}^{-1} = 0.37$。因此，对于失效规律服从指数分布的一批产品而言，能够工作到平均寿命的仅占 37% 左右。换句话说，约有 63% 的产品在平均寿命之前失效。

由于 $R(t) = \mathrm{e}^{-1}$ 的寿命称特征寿命，则指数分布的特征寿命就等于平均寿命。

**例 2-1**　某产品运行情况：工作 600h，修理 2h；工作 800h，修理 7h；工作 400h，修理 3h；工作 200h 发生故障后停止工作（不再修理），试求其失效概率 $\lambda$ 与平均寿命 MTBF。

**解：**
$$\lambda = \frac{总故障次数（或失效个数）}{总的使用时间（或所有产品的总使用时间）}$$

$$= \frac{4（次）}{600 + 800 + 400 + 200} = 0.2\%/\mathrm{h}$$

$$= (2/10^3)/\mathrm{h}$$

即该产品平均运行 1000 h，发生故障两次。

$$m = \mathrm{MTBF} = \frac{总的使用时间}{总故障次数}$$

$$m = \frac{600 + 800 + 400 + 200}{4} = 500\mathrm{h}$$

### 2.6.2 可靠寿命

可靠度等于给定值 $r$ 时的产品寿命称为可靠寿命,记为 $t_r$ ,其中 $r$ 称为可靠水平。这时只要利用可靠度函数 $R(t_r) = r$ ,就可反解出 $t_r$ 。

$$t_r = R^{-1}(r)$$

式中　$R^{-1}$ —— $R$ 的反函数;

　　　$t_r$ —— 可靠度 $R = r$ 时的可靠寿命。

例如,对 $\lambda =$ 常数的指数分布,因为 $R(t_r) = e^{-\lambda t_r} = r$ 。两边取对数:

$$-\lambda t_r \lg e = \lg r$$

所以

$$t_r = -\frac{1}{\lambda}\frac{\lg r}{\lg e} = -\frac{1}{\lambda}(2.302\lg r) \tag{2-9}$$

因此利用对数表,可以求得指数分布在任意可靠水平下的可靠寿命。从有关表中看出各种可靠水平下是以平均寿命 $m = 1/\lambda$ 为单位的指数分布的可靠寿命。

### 2.6.3 中位寿命

可靠度 $R(t) = r = 0.5$ 时的可靠寿命 $t_{0.5}$ 又称为中位寿命。当产品工作到中位寿命时,可靠度与不可靠度(累积失效概率)都等于 50%,即 $F(t) = R(t) = 0.5$,参加测试的产品有一半已失效,只有一半产品仍在正常工作。

中位寿命也是一个常用的寿命特征。对于指数分布,由式(2-9)得:

$$t_{0.5} = -\frac{1}{\lambda}(2.302\lg 0.5) = \frac{1}{\lambda}(0.693) = 0.693m$$

### 2.6.4 寿命方差和寿命标准离差

寿命方差 $\sigma^2$ 和寿命标准离差 $\sigma$ 是反映产品寿命相对于平均寿命 $m$ 离散程度的数量指标。$\sigma^2$ 和 $\sigma$ 可根据产品样本测试所取得的寿命数据按下式计算:

$$\sigma^2 = \frac{1}{N-1}\sum_{i=1}^{N}(t_i - m)^2$$

$$\sigma = \sqrt{\frac{1}{N-1}\sum_{i=1}^{N}(t_i - m)^2} \tag{2-10}$$

式中　$t_i$ —— 第 $i$ 个测试产品的实际寿命,h;

　　　$m$ —— 测试产品的平均寿命,h;

　　　$N$ —— 测试产品的总数。

寿命方差 $\sigma^2$ 也可用失效概率密度函数 $f(t)$ 直接求得。

$$\sigma^2 = \int_0^{\infty}(t - m)^2 f(t)\,\mathrm{d}t$$

如对 $\lambda(t) = \lambda$ 的指数分布 $f(t) = \lambda e^{-\lambda t}$ , $m = 1/\lambda$ , 则

$$\sigma^2 = \int_0^{\infty}t^2 f(t)\,\mathrm{d}t - 2m\int_0^{\infty}tf(t)\,\mathrm{d}t + m^2\int_0^{\infty}f(t)\,\mathrm{d}t$$

$$= \int_0^\infty t^2 \lambda e^{-\lambda t} dt - 2mm + m^2$$

$$= \int_0^\infty t^2 e^{-\lambda t} dt - \frac{1}{\lambda^2}$$

$$= \frac{2}{\lambda^2} - \frac{1}{\lambda^2} = \frac{1}{\lambda^2}$$

$$\sigma = \frac{1}{\lambda} = m$$

可见，在 $\lambda(t) = \lambda$ 的指数分布中，寿命标准离差与平均寿命等值。

## 2.7 维修度与有效度

### 2.7.1 维修度

维修度（maintainability）是指对可以维修的产品，在规定的条件下和规定的时间内完成维修的概率，记为 $M(\tau)$。因完成维修的概率是与时俱增的，是对时间累积的概率，故它的形态与不可靠度的形态相同。若 $M(\tau)$ 依从指数分布，则

$$M(\tau) = 1 - e^{-\mu t}$$

式中   $\mu$ ——修理率。

$\mu$ 和可靠度 $R(t)$ 中的失效率（故障率）$\lambda$ 相对应，修理率 $\mu$ 的倒数是平均修理间隔时间，即 MTTR = $1/\mu$。MTTR 和 MTTF 及 MTBF 相对应，一般 $M(\tau)$ 服从对数正态分布。

维修度和可靠度一样，虽然也用概率来度量，但是与可靠度的不同点是，它除了具有产品或系统等物的固有质量外，还与人的因素有关。这就是说，如果要提高维修度，就必须考虑以下四个因素：

（1）进行结构设计时，要使产品发生故障后容易发现或检查故障，且易于维修（维修性设计）。

（2）维修人员有熟练的技能。

（3）维修工具齐全而良好。

（4）满足维修所需的备品备件及材料。

### 2.7.2 有效度

有效度（availability）是指可以维修的产品在某时刻 $t$ 维持其功能的概率，也称为可用率、可利用度，记为 $A(t)$。产品如果在可靠度（不发生故障的概率）之外，还存在发生故障的概率后经过修理恢复正常的概率，那么这个产品处于正常的概率就会增大，有效率就是可靠度和维修度结合起来的尺度。

产品的可靠度、维修度和有效度分别为 $R(t)$、$M(\tau)$、$A(t, \tau)$，它们之间的关系为 $A(t, \tau) = R(t) + [1 - R(t)]M(\tau)$。等号右边第 1 项是在时间 $t$ 内不发生故障的概率；第 2 项则包括在时间 $t$ 内发生故障的概率 $[1 - R(t)]$ 和在时间 $\tau$ 内修好的概率 $M(\tau)$；$\tau$ 是维修容许的时间，一般 $\tau \leqslant t$，其关系如图 2-6 所示。

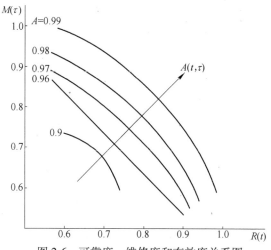

图2-6 可靠度、维修度和有效度关系图

用时间的平均数表示的有效度称为时间有效率。设产品系统发生故障而不能工作的时间为 $D$，能工作的时间为 $U$，则时间有效率 $A$ 为：

$$A = \frac{\text{可使用时间（能工作时间）}}{\text{可使用时间 + 故障（停机）时间}} = \frac{U}{U + D} \tag{2-11}$$

若可靠度、维修度分别用指数分布的形式 $R(t) = e^{-\lambda t}$ 及 $M(\tau) = 1 - e^{-\mu t}$ 表示，则式（2-11）可写成

$$A = \frac{\text{MTBF}}{\text{MTBF} + \text{MTTR}} = \frac{\mu}{\mu + \lambda} \tag{2-12}$$

由式（2-12）可以看出，要使时间有效率 $A$ 提高，就要使 MTBF 值提高，或使 MTTR 下降（或使修理率 $\mu$ 提高）。

例 2-1 中，$m = \text{MTBF} = 500\text{h}$，$\text{MTTR} = 4\text{h}$，则有效度为：

$$A = \frac{500}{500 + 4} = 0.9960$$

请注意，对不可修的产品，没有有效度 $A$ 的概念。因一出现故障，产品就失效了，不能修复。所以要进行高标准的可靠性设计，使其发生故障的可能性极小。

在进行可靠性设计时，成本、可靠性、维修性、生产性等各种因素要全面权衡，并以此作为设计的尺度。可靠性主要数量特征之间的关系如图2-7所示。知道了其中任何一个特征量，就可以求出其他的特征量，而失效率 $\lambda(t)$ 是核心的特征量。在可靠性工程实施中，一是要抓可靠性，二是要抓可维修性。一般情况下，产品的可靠性主要由 MTBF（平均无故障工作时间）来描述，可维修性由平均维修时间 MTTR 来描述，而有效度 $A$ 是这两个特征的综合描述指标。

平均无故障时间：

$$\text{MTBF} = \sum_{i=1}^{N} \Delta t_i / N$$

式中　$\Delta t_i$——第 $i$ 个产品无故障工作时间，h；

　　　$N$——产品的总数量。

平均维修时间：

$$MTTR = \sum_{i=1}^{N} \Delta t_i / N$$

式中 $\Delta t_i$ ——第 $i$ 次故障维修时间，h；

$N$ ——修复次数。

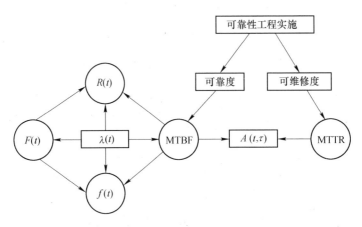

图 2-7 可靠性主要数量特征之间的关系

**例 2-2** 有 10 台齿轮泵投入试验，经过实测，它们失效时间如图 2-8 所示。求工作 400h 的 $R(t)$、$F(t)$ 及在 300~400h 之间的 $f(t)$。

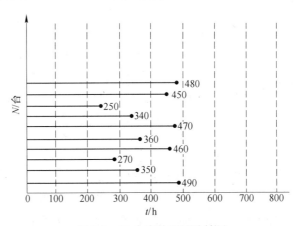

图 2-8 10 台齿轮泵试验结果

**解：**

$$R(400) = \frac{N - n(t)}{N} = \frac{10 - 5}{10} = 50\%$$

$$F(400) = \frac{n(t)}{N} = \frac{5}{10} = 50\%$$

或

$$1 - R(400) = F(400)$$

失效密度函数：

$$f(300) = \frac{n(t + \Delta t) - n(t)}{N\Delta t} = \frac{n(300 + 100) - n(300)}{10 \times 100}$$

$$= \frac{5-2}{1000} = 3 \times 10^{-3}/h$$

**例 2-3** 有 1 台叶片泵，运转工作时间为 900h，出现 10 次故障，故障维修时间共 50h，求此叶片泵的有效度。

**解：** 无故障平均工作时间（平均工作时间）为：

$$MTBF = [(900-50)/10] = 85h$$

平均修理时间（维修度）$MTTR = 50/10 = 5h$，有效度为：

$$A = \frac{MTBF}{MTBF + MTTR} = \frac{85}{85+5} = \frac{85}{90} = 0.9444 = 94.44\%$$

## 2.8 以可靠性为中心的维修原理及步骤

### 2.8.1 维修原理

"以可靠性为中心"的维修，是以故障模式、影响和危害度分析为基础，依据维修方式的适用性、有效性和经济性为判断准则，通过逻辑决策分析方法确定液压系统零部件及元件预防性维修方式，并确定维修类型、维修周期和维修级别。

#### 2.8.1.1 "以可靠性为中心"的维修原则

"以可靠性为中心"的维修定义为：一种用于确保机械液压系统在使用环境下保持实现其设计功能所必需的维修活动。其最大特点是从故障后果的危害度出发，尽可能避免出现危害性的故障后果或减轻故障后果的危害度，从而改变根据液压系统故障的技术特性对液压系统的故障本身进行预防维修的传统观念。

针对液压系统故障后果，"以可靠性为中心"的维修方法遵循以下 4 个原则：

（1）液压系统的功能故障如果具有安全性和环境性后果危害，则必须进行预防性维修；如果预防性维修不能将液压系统的功能故障危害度降低到一个可以接受的水平，则必须对液压系统进行改进。

（2）液压系统的功能故障如果不是显性的隐蔽性功能故障，则必须采用预防性维修。

（3）液压系统预防功能故障的维修工作在经济上是合理的。

（4）液压系统在设计中应尽量达到标准化、模块化、互换性要求，易于进行功能故障的查找和识别。

#### 2.8.1.2 "以可靠性为中心"的维修基本思想

"以可靠性为中心"的维修基本思想主要体现在以下几个方面：

（1）定期预防性维修对复杂液压系统的故障预防作用不明显，而仅对简单液压系统的故障预防有作用。

（2）"以可靠性为中心"的维修提出液压系统潜在故障概念，使液压系统在不发生功能故障的前提下得到充分的利用，使液压系统达到既安全，又经济的目的。

（3）检测液压系统隐蔽性功能故障是预防多重故障危害后果的必要措施。隐蔽性功能故障是在液压系统正常工作的情况下系统发生的功能故障对于使用人员不是显性的，或在正常情况下停机的液压系统，在重新使用时是否正常，对于使用人员来说不明确。多重故障是由连续发生的 2 个及 2 个以上的独立故障所组成的故障。

减少液压系统由隐蔽性功能故障发展成为多重故障概率的方法为：合理确定检测频率，及时发现液压系统的隐蔽性功能故障；改进液压系统设计，增加冗余结构，把液压系统多重故障发生的概率降至可以接受的水平。

（4）液压系统的预防性维修一般只能保持液压系统固有可靠性，不能改善和提高液压系统的使用可靠性。如果要改善和提高液压系统的使用可靠性，只能通过改善维修或采用主动性维修策略来做到，或进行技术改造等。

（5）液压系统的预防性维修能降低液压系统故障发生频率，但不能改变故障后果，只有通过改进设计或重新设计才能改变液压系统的故障后果。

（6）液压系统的预防性维修是根据系统故障后果，依据技术可行、有效的原则进行。否则，应采用其他的维修方式。

（7）液压系统投入使用前制定的预防性维修大纲和规章制度，应该在使用过程中根据液压系统故障维修统计数据不断完善。

### 2.8.2　维修步骤

"以可靠性为中心"的液压系统维修基本步骤如下：

（1）确定液压系统重要功能维修项目。一般液压系统的故障影响、生产任务和经济性是其应实现的重要功能，在确定时必须详细。如果不加以区分，则对液压系统的所有元件和零部件都进行维修分析，工作量十分惊人，而且也没必要。因此，在维修分析前必须对元件进行筛选，剔除无需进行预防性维修的项目。当已有相似液压系统的故障模式、影响及危害度分析结果时，则由该分析结果确定出液压系统的重要功能维修项目。

（2）进行故障模式及影响分析。分析过程如下：

1）划分液压系统中的"功能模块"。

2）找出液压系统中各"功能模块"的故障模式和影响因素。

3）分析液压系统的故障原因，通过状态检测，查明液压系统的故障原因。

4）进行各故障模式的危害性评估，并按危害性大小分级。

（3）提出预防性维修措施。根据液压系统的故障模式及影响分析，提出相应的预防性维修措施。

（4）进行液压故障分析。进行液压系统的故障模式、影响及危害度分析，以此作为确定预防性维修方式的依据。

（5）确定液压系统预防性维修方式。对液压系统中的每一故障模式，都应根据维修方式的选择原则确定合适的维修方式。

（6）确定液压系统预防性维修周期。液压系统的预防性维修周期直接影响到液压系统预防性维修的有效性，同时也反映了维修工作量的大小。预防性维修周期及维修级别的确定，应根据液压系统元件的磨损规律、维修的复杂性、故障后果和已有的维修经验和监测获得的数据确定。

# 3 液压系统可靠性模型

## 3.1 可靠性模型概述

可靠性学科已形成很多分支，在每个分支中，可靠性模型都扮演着重要角色。在建模形式上有数学表达、框图表达、职能符号表达、文字表达等。建模目的是为了进一步求解人们所需要的结果，如对液压系统可靠性分析和获取可靠度，采用框图形式并按可靠性有关公式进行计算，便能很快地获取所需的结果。

可靠性模型是系统（或元件）失效特征的数学描述，它被用来进行系统设计、试验、运行和维修的分析和优化。可靠性模型的种类繁多，用途各异，在不同的应用背景下，能有不同的分类。按建模方法分，有所谓的"黑箱"方法和"白箱"方法。按建模的对象分，可分为建模失效时间的模型和建模一段时间内的失效次数的模型。按系统的状态个数分，又有所谓的双状态可靠性模型和多状态可靠性模型。下面我们分别进行讨论。

### 3.1.1 "黑箱"方法和"白箱"方法

"黑箱"方法建模就是不顾系统失效的物理机理以及组成元件的失效与系统失效之间的逻辑关系，而是采用一个恰当的或拟合一个经验的失效分布函数 $F(t)$，对失效特性做出概率描述。这类模型一般地可以分为两个大类，即参数模型和非残参数（含半参数）模型。

所谓参数模型是具有固定形式的统计分布函数。建立这样的模型需要利用失效数据估计分布中的模型参数。可靠性模型中的绝大多数属于这类模型，如对数正态分布、威布尔分布等。这种模型在应用上必须假设样本总体服从某种特定的分布，并要对模型进行假设试验。

非残参数模型分为两种：一种是半参数模型，另一种是无参数模型。半参数模型，例如比例风险模型、加速寿命模型等除了包含失效时间这一随机变量外，还包括含有影响寿命的一些非随机变量（协变量），因此，又称为多变量模型。这类模型常出现在寿命试验的场合。无参数模型并不拟合任何形式的解析表达式，它完全基于数据建立失效时间的经验分布函数。

我们从两个层次来说明"白箱"方法建模的问题，一个是元件级建模问题；另一个是系统级建模问题。

（1）元件级建模。元件级建模主要依赖于基本失效物理机理并涉及较为复杂的关于随机过程的知识。下面通过一个简单的例子加以说明。

设一个元件遭受随机冲击，每遭受一次冲击则引起一定的随机损伤量，当总的累积损伤超过某一临界值时，元件失效。在这样的情况下，求其可靠性函数。

假定随机冲击遵循一个密度为 $\lambda$ 的泊松过程，第 $i$ 次冲击引起的损伤为 $X_i$，$i=1$, 2,

3，…，$X_i$ 为随机变量，计其累积分布函数为 $G(X)$。令 $Y(t)$ 是在时刻 $t$ 时的累积损伤，$\gamma$ 是临界值。当 $Y(t) \geqslant \gamma$ 时，元件失效。元件的可靠性如下式：

$$R(t) = P\{Y(t) \leqslant \gamma\} = \sum_{k=0}^{\infty} \left[ (\lambda t)^k \exp(-\lambda t)/k! \right] G^{(k)}(X) \tag{3-1}$$

式中　$G^{(k)}(X)$ —— $G(X)$ 的 $k$ 重卷积。

有关这方面详细的讨论可以参考相关文献。

（2）系统级建模。系统级建模是先从组成系统的元件建模开始，然后建立起元件与系统之间的功能及逻辑关系，以元件的可靠性来表达系统的可靠性。例如，一个系统是由 $n$ 个独立的元件在功能上串联而成的。$R_i(t)$ 是第 $i$ 个元件的可靠性，$R(t)$ 是系统的可靠性，则系统的可靠性可由其组成元件可靠性表示为

$$R(t) = R_1(t) R_2(t) \cdots R_n(t) \tag{3-2}$$

这样一类可靠性模型称为系统可靠性模型。

### 3.1.2 失效时间建模与失效次数建模

#### 3.1.2.1 失效时间建模

在很多情况下，可靠性数据是取失效时间的，对这类数据建模最好是用在时间区间 $(0, \infty)$ 内的连续分布模型中，也就是前面介绍的黑箱模型。对于黑箱模型中的参数模型，根据其形成机理，我们将其分为下面 7 个类别。

类别 I：简单模型或标准模型，比如正态分布、威布尔分布、伽马（或 $\Gamma$）分布等。值得指出的是：一般地，统计学上定义在 $(-\infty, \infty)$ 内的分布不宜作为可靠性寿命分布，然而在某些条件下或经过某种特别处理后可以成为可靠性寿命模型。

类别 II：截短的标准模型。这类模型是经过对标准模型在时间域内的截短处理而变换来的。设 $F(t)$ 是一个定义在 $(-\infty, \infty)$ 或 $(0, \infty)$ 内的标准模型，而 $F(t)$ 是一个对应于 $F(t)$ 截短模型，$F(t)$ 定义在时间区间 $(a, b)(0 \leqslant a < b \leqslant \infty)$，我们有

$$F(t) = \frac{F(t) - F(a)}{F(b) - F(a)} \tag{3-3}$$

当 $a$ 大于原定义域的下界，而 $b$ 等于原定义域的上界时，截短模型被称为左截短的；

当 $a$ 等于原定义域的下界，而 $b$ 小于原定义域的上界时，截短模型被称为右截短的；

当 $a$ 大于原定义域的下界，而 $b$ 小于原定义域的上界时，截短模型被称为双侧截短的，这类模型的例子有截短的正态分布、截短的威布尔分布等。

类别 III：对标准模型做时间域的变量代换所形成的一类模型。常见的变量代换有：

（1）对数变换 $x = \ln t$，这种情况的例子是对数正态分布。

（2）倒数变换 $x = 1/t$，这是一种较常用的变换，其例子是反伽马分布、反威布尔分布等。

（3）位移变换 $x = t - \gamma$，这也是一种较常见的变换，其例子是具有位置参数的对数正态分布、三参数威布尔分布等。

类别 IV：对一些常用的标准分布经适当修改或扩展而形成的模型，新的模型既区别于原来的模型，又在很大程度上相似于原来的模型，故有时它们为类模型。设 $\alpha$ 是一个正的

实数，$F(t)$ 或 $R(t)$ 是一个模型，则 $[F(t)]^\alpha$ 和 $[R(t)]^\alpha$ 也是一个模型，当 $\alpha = 1$ 时，新的模型即退化为旧的模型。基于威布尔分布所形成的类模型最多。

类别 V：还有一种生成新的简单模型的方法，它以某一简单模型作为出发点，选定其中的一个或几个模型参数为随机变量并假定其分布函数，最后，求关于时间 $t$ 的边缘分布，从而得到一个全新的模型，它可以看做由两个或多个模型所派生的简单模型。

类别 VI：由几个标准模型的组合所形成的复杂模型。根据其组合方式，这类模型又可以进一步分成 5 个类别，即：混合模型；竞争风险（串联）模型；补风险（并联）模型；分段模型；其他方式组合的模型。

一般来说，属于类别 I ~ V 的模型均属于比较简单的模型，不太适合于对复杂系统的失效或具有多种失效模式的混合失效场合的建模。而类别 VI 中的模型正是针对这些情况开发的。它们已经吸引了人们大量的注意，并已有很多这方面的文献。

类别 VII：具有浴盆曲线形状的模型。开发这类模型的目的就是要使失效率函数具有浴盆曲线形状。

### 3.1.2.2 失效次数建模

在很多情况下，人们关心在时间间隔 $(0, t)$ 内会有多少次失效。例如，一个工厂应该为它所销售的设备准备多少配件；保险公司或生产厂家在一定时期内会有多少次有关事故或产品质量保修的申报。所以对失效次数建模成为一类重要的可靠性模型，它们在维修、检查、库存、质量保证和生产成本等领域有重要应用。

### 3.1.3 两状态可靠性和多状态或连续状态可靠性

可靠性理论通常建立在系统是两状态的，即工作或失效这样一个假设的基础之上的，前面所讨论的模型都是属于这种情况。众所周知，系统的性能随时间而退化。例如一台发动机，在刚投入使用时能输出 100kW，经过一段时间使用后，它只能输出 80kW，对这类问题的可靠性如何评价；另外，一个继电器的失效，既存在开动作失效，也存在关动作的失效，即所谓多失效模式问题。因此自 20 世纪 70 年代以来，开始了多状态或连续状态可靠性问题的研究，将传统的两状态可靠性扩展到多状态或连续状态的情况，已有大量这方面的文献。

## 3.2 可靠性模型的应用

可靠性模型在可靠性工程和可靠性管理中扮演了重要角色，可靠性工程涉及产品或系统的设计与制造和使用的有关问题。可靠性管理则涉及产品或系统的维修运行等方面的最优决策问题。我们简单地介绍可靠性模型在这两方面的一些应用。

（1）复杂系统的可靠性分析。可靠性是产品最重要的特性之一，确保产品的可靠性应该是工程设计工程中最重要的课题之一。对于一个复杂的系统来说，作为一个整体，分析其可靠性几乎是不可能，一个合乎逻辑的处理就是将系统按其功能分解成子系统和元件。这样的分解将形成一个系统结构方块图。系统可靠性模型是将子系统及元件的可靠性有机地结合起来，形成对系统可靠性的描述。

（2）产品可靠性改进策略。当一个产品的可靠性达不到要求时，设计或制造者必须采取恰当的措施予以改进。通过对可靠性模型的分析，能够提供一个改进产品可靠性的基本指南。例如，修改设计，进行进一步的研究和开发，采用冗余技术等。

（3）风险分析。对于复杂的及昂贵的产品或系统，像核反应堆、火箭等，需要进行风险分析。风险分析通常考虑到负面后果，比如火箭的发射失败、核反应堆的爆炸等的影响分析以及发生这样的负面后果的概率。可靠性模型能被应用于这类问题。常用的方法包括失效模式与影响分析、故障树分析等内容。关于进一步的细节，可参考有关文献。

（4）产品质量保证策略。在今天的市场，对产品质量的保证（warranty）无论是对于消费者还是对于商品流通领域正变得日益重要。产品质量的保证实际上是卖方对买方的一种产品质量保险，即保证售出的产品能够满意地工作。为了提供给买方以恰当的质量保证，制造商（或卖方）必须根据产品的可靠性以及诸如制造质量等一类问题估计预期的保证费用。在这样的背景下，产品寿命可靠性模型自然是不可缺少的。

（5）维修决策。产品随着时间的推移而性能衰退并最终失效，这是客观存在的事实。为了延缓失效，应对失效机理、维修理论以及预防失效措施进行研究。维修既引起费用的投入，也能延缓产品或设备的失效而获益。只有当收获超过损失时，维修才是值得的。可靠性模型能在进行维修活动分析及优化中扮演重要的角色。

## 3.3  浴盆曲线模型

很多机电业产品的失效率都具有浴盆形状曲线。浴盆曲线将产品在整个事件历程上的失效率变化趋势与失效机理及对应的使用时期联系起来，有助于人们对产品的失效加以预测和控制。因此，建立产品的失效率模型是具有实际意义的。然而，很多常见的失效模型，其失效率函数是单调的或单峰形状的。因此，很多研究者努力去开发具有浴盆曲线的失效模型。

从浴盆曲线形状来看，浴盆曲线的左边是减的，右边是增的，中间大体上是水平的。根据这一特征，人们主要采用下面 5 种方法构造浴盆曲线模型。它们是：

（1）将 $r(t)$ 表达成减函数与增函数之和的形式，我们称这类模型为和形式的模型。

（2）将 $r(t)$ 表达成减函数与增函数之积的形式，我们称这类模型为积形式的模型。

（3）将具有单调减的失效率的模型右截短，我们称这类模型为右截短形式的模型。

（4）分段模型。

（5）对已知模型做特别的变量代换形成新的浴盆曲线模型，我们称这类模型为变量代换模型。

下面我们着重介绍由上述 5 种方法形成的浴盆曲线模型。

### 3.3.1  和形式的浴盆曲线模型

Gaver 和 Acar 将失效率 $r(t)$ 写为下面的形式

$$r(t) = g(t) + \lambda + k(t) \tag{3-4}$$

这里 $\lambda$ 为正的常数。显然它的取值并不影响 $r(t)$ 的形状。如果 $g(t)$ 是一个正的减函数，$k(t)$ 为一正的增函数，则一般地可以期望 $r(t)$ 具有浴盆形状曲线。注意到，一般的威布尔竞争风险模型的失效率为

$$r(t) = \sum_{i=1}^{n} \frac{\beta_i}{\eta_i} \left( \frac{t}{\eta_i} \right)^{\beta_i - 1} \tag{3-5}$$

它也是和的形式。而且，为了使它有浴盆形状，必须至少有一个形状参数小于 1 以及至少有一个形状参数大于 1。将形状参数小于 1 的项之和记为 $g(t)$，将形状参数为 1 的项记为 $\lambda$，将形状参数大于 1 的项之和记为 $k(t)$，则式（3-5）能写为式（3-4）的形式。换言之，威布尔竞争风险模型属于和形式的模型。下面我们介绍 3 个属于这一类别的其他模型。

### 3.3.1.1 Gaver-Acar 模型

Gaver 和 Acar 除要求式（3-4）中的 $g(t)$ 和 $k(t)$ 分别是正的减函数和增函数外，还限定 $g(\infty) = 0$，$k(0) = 0$ 以及 $k(\infty) = \infty$。他们取

$$g(t) = \frac{a}{a+t}, \quad k(t) = bt \tag{3-6}$$

从而得到可靠性函数 $R(t)$ 为

$$R(t) = \exp\left[ -\int_0^t r(t)\,\mathrm{d}t \right] = \left( \frac{a}{a+t} \right)^{\alpha} \mathrm{e}^{-\lambda t} \mathrm{e}^{-\frac{b}{2}t^2} \tag{3-7}$$

显然，这是一个三重竞争风险模型，具有

$$R_1(t) = \left( \frac{a}{a+t} \right)^{\alpha}, \quad R_2(t) = \mathrm{e}^{-\lambda t}, \quad R_3(t) = \mathrm{e}^{-\frac{bt^2}{2}}$$

分别为 Pareto 分布、指数分布和瑞利分布。

将式（3-6）代入式（3-4）并求导数得

$$\frac{\mathrm{d}r(t)}{\mathrm{d}t} = b - \frac{a}{(t+a)^2} \tag{3-8}$$

如果 $r'(0) = b - \dfrac{a}{\alpha^2} < 0$，则 $r(t)$ 有浴盆形状曲线，其最低点对应的 $t$ 值为

$$t = \sqrt{\frac{a}{b}} - a \tag{3-9}$$

### 3.3.1.2 Hjorth 模型

Hjorth（1980）引入下面的模型：

$$R(t) = \frac{\exp(-\alpha t^2/2)}{(1+\beta t)^{\gamma}} \tag{3-10}$$

将这个模型与式（3-7）所示模型比较，不难看出它是 Gaver-Acar 模型当 $\lambda = 0$ 时的一个特殊情况。

**例 3-1**  数据是在飞机上使用的某种液力机械维修时取得的，故以成组形式给在表 3-1 中。Hjorth 用式（3-10）建模表中的数据，并用极大似然法估计参数，得失效率函数为

$$\hat{r}(t) = 6.5 \times 10^{-7} t + \frac{0.00099}{1 + 0.0014 t}$$

表 3-1　例 3-1 的数据

| 时间区间 | 失效个数 | 截尾个数 |
|---|---|---|
| 0~1 | 4 | |
| 1~5 | 4 | |
| 5~10 | 1 | |
| 10~20 | 2 | |
| 20~40 | 2 | 1 |
| 40~60 | 7 | 1 |
| 60~100 | 14 | 6 |
| 100~150 | 24 | 11 |
| 150~200 | 9 | 56 |
| 200~250 | 14 | 110 |
| 250~300 | 6 | 20 |
| 300~350 | 1 | 19 |
| 350~400 | 3 | 37 |
| 400~450 | 2 | 36 |
| 450~500 | | 10 |
| 500~600 | | 6 |

### 3.3.1.3　Jaisingh-Kolarik-Dey 模型

Jaisingh、Kolarik 和 Dey 将 Gaver-Acar 模型中的增函数 $k(t) = bt$ 修改为

$$k(t) = bt^p \tag{3-11}$$

即失效率 $r(t)$ 写为

$$r(t) = \frac{a}{a+t} + \lambda + bt^p \tag{3-12}$$

从而得可靠性函数为

$$R(t) = \left(\frac{a}{a+t}\right)^\alpha e^{-\lambda t} e^{-\frac{bt^{p+1}}{p+1}} \tag{3-13}$$

增加参数之后,不会影响模型具有浴盆曲线形状的失效率的特征,而且模型更富于弹性了。例如,容易看出:

(1) 当 $a = b = 0$ 时,模型退化为指数函数。

(2) 当 $\lambda = b = 0$ 时,模型退化为 Pareto 分布。

(3) 当 $\lambda = a = 0$ 时,模型退化为威布尔分布。

### 3.3.2　积形式的浴盆曲线模型

所谓积形式的模型是指模型的失效率函数可以看做为是一个增函数和一个减函数的乘积。这种模型一般要比和形式的模型有更少的模型参数个数,数学处理上也更为便利。这里介绍 3 个这样的模型。它们是 Smith-Bain 模型、Dhillon-Ⅰ 模型和 Dhillon-Ⅱ 模型。

### 3.3.2.1　Smith-Bain 模型

Smith 和 Bain (1975) 提出一个浴盆曲线模型,其可靠性函数为

$$R(t) = \exp\left[1 - \exp\left(\frac{t}{\eta}\right)^{\beta}\right], \quad t \ge 0, \quad \eta \text{、} \beta > 0 \tag{3-14}$$

这是一个两参数模型，其失效率函数为

$$r(t) = \frac{\mathrm{dln}[R(t)]}{\mathrm{d}t} = \frac{\beta}{\eta}\left(\frac{t}{\eta}\right)^{\beta-1}\exp\left(\frac{t}{\eta}\right)^{\beta} \tag{3-15}$$

它可以看做两个函数 $r_1 = \frac{\beta}{\eta}\left(\frac{t}{\eta}\right)^{\beta-1}$ 和 $r_2 = \exp\left(\frac{t}{\eta}\right)^{\beta}$ 的乘积。其中，当 $\beta < 1$ 时，$r_1$ 为减函数，$r_2$ 则总是增的函数。下面，我们来研究 $r(t)$ 的形状。我们有

$$\hat{r}(t) = \frac{\beta r(t)}{t}\left[\left(\frac{t}{\eta}\right)^{\beta} - \left(\frac{1}{\beta} - 1\right)\right] \tag{3-16}$$

从式（3-16）可见：

（1）当 $\beta < 1$ 时，$r(t)$ 是浴盆曲线形状，其最低点对应的 $t$ 值为

$$t_{\mathrm{v}} = \eta\left(\frac{1}{\beta} - 1\right)^{\frac{1}{\beta}} \tag{3-17}$$

（2）当 $\beta = 1$ 时，$r(t)$ 是增的，且有 $r(0) = \frac{1}{\eta}$。

（3）当 $\beta > 1$ 时，$r(t)$ 是增的，且有 $r(0) = 0$。

可以看到：这个分布既像威布尔分布，又有点像极值分布。实质上，它是左截短的最小极值分布然后做幂变换而产生的。下面我们呈示推导过程。

最小极值分布的可靠性函数 $R(x)$ 为

$$R(x) = \exp[-H(x)], \quad H(x) = \exp(x), \quad x \in (-\infty, +\infty) \tag{3-18}$$

现在通过左截短变换将其定义到 $x \in (0, +\infty)$ 内。不同于前面介绍的截短方法——直接地对 $R(x)$ 和 $F(x)$ 施行截短变换，这里采用对 $H(x)$ 进行截短变换的方法。显然 $H(x)$ 是一个单调增的函数，在定义域的左端取值为零，在其右端，取值为 $+\infty$。因此，取

$$H(x) = \mathrm{e}^x - 1$$

即得定义在 $(0, +\infty)$ 内的极值分布为

$$R(x) = \exp(1 - \mathrm{e}^x) \tag{3-19}$$

现在进一步做单调增的变量代换

$$x = \left(\frac{t}{\eta}\right)^{\beta}$$

即得式（3-14）。

这个模型的失效率是威布尔失效率与一个指数函数的乘积，因此，当 $t$ 较大时，它增大极快。

容易证明，这个模型在 WPP 图上的形状是一条凹的曲线。下面的实例也将验证这个结论。

**例 3-2** Koh 和 Leemis 使用这个模型建模一组临床试验数据，数据列在表 3-2 中。用最小二乘法估计模型参数得

$$\hat{\beta} = 0.955, \quad \hat{\eta} = 11.75$$

| | | | | | | | | | | | | (周) |
|---|---|---|---|---|---|---|---|---|---|---|---|
表 3-2　试验数据

| 1 | 1 | 2 | 2 | 3 | 4 | 4 | 5 | 5 | 8 | 8 | 8 |
|---|---|---|---|---|---|---|---|---|---|---|---|
| 8 | 11 | 11 | 12 | 12 | 15 | 17 | 22 | 23 | | | |

图 3-1 显示了数据的 WPP 图及拟合曲线，从中可以看出，两者是比较吻合的。

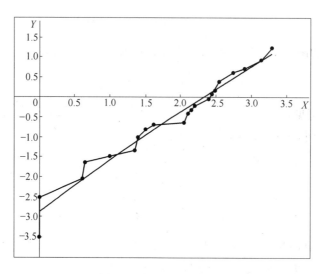

图 3-1　例 3-2 的 WPP 图

### 3.3.2.2　Dhillon-I 模型

Dhillon 提出一个模型，其失效率函数为威布尔失效率与 Smith-Bain 失效率的加权平均：

$$r(t) = k\lambda c t^{c-1} + (1 - k)b\beta t^{b-1}e^{\beta t^b} \tag{3-20}$$

容易看出：

（1）当 $k = 0$ 时，模型退化为 Smith-Bain 模型。

（2）当 $k = 1$ 时，模型退化为威布尔模型。

（3）模型的可靠性函数 $R(t)$ 可写成为

$$R(t) = R_w R_s$$

的形式，其中 $R_w$ 为威布尔分布的可靠性函数，$R_s$ 为 Smith-Bain 模型的可靠性函数，换言之，这个模型是竞争风险模型。

该模型有 5 个模型参数，所以数学处理将会是较为复杂的。为此 Dhillon（1979）只是进一步地研究 $k = 0$ 时的特例，也就是 Smith-Bain 模型。对于这个特例，模型可以线性化。记累积风险函数为

$$H = \int_0^t r(t)\,\mathrm{d}t$$

则由式（3-14）知

$$H = \exp\left[\left(\frac{t}{\eta}\right)^{\beta}\right] - 1$$

或

$$\ln[\ln(1 + H)] = \beta[\ln(t) - \ln(\eta)]$$

令

$$y = \ln[\ln(1 + H)], \ x = \ln(t) \tag{3-21}$$

上式成为：

$$y = \beta[x - \ln(\eta)] \tag{3-22}$$

这里 $H$ 可以采用 Nelson 的累积风险估计式计算。这个线性化结果将大大便利 Smith-Bain 模型的应用。顺便指出，凡能线性化的模型，均可以方便地利用 Excel 等软件模块的线性回归功能求其模型参数的估计值。

### 3.3.2.3 Dhillon-Ⅱ模型

Dhillon 进一步地提出了一个失效模型，其失效率为

$$r(t) = \lambda \frac{(b + 1)[\ln(1 + \lambda t)]^b}{1 + \lambda t} \tag{3-23}$$

它可以看成是一个减函数 $\dfrac{1}{1 + \lambda t}$ 和一个增函数 $[\ln(1 + \lambda t)]^b$ 之积。

可靠性函数为

$$R(t) = \exp[-\ln(1 + \lambda t)^{b+1}] \tag{3-24}$$

显然，这个模型可以看做是用 $\ln(1 + \lambda t)$ 取代威布尔模型中的 $\left(\dfrac{t}{\eta}\right)$ 而得到的。

从式（3-23）得

$$r'(t) = \frac{\lambda r(t)}{(1 + \lambda t)\ln(1 + \lambda t)}[b - \ln(1 + \lambda t)] \tag{3-25}$$

由式（3-25）可见，当 $b \in (-1, 0)$ 时，$r'(t) < 0$，意味着失效率为减的，而当 $b>0$ 时，$r'(t) = 0$ 有一个唯一解：

$$t_v = (e^b - 1)/\lambda \tag{3-26}$$

意味着失效率是浴盆形状曲线的。

此外，当 $b>0$ 和 $t > t_v$ 时，失效率增大不会像 Dhillon-Ⅰ模型那样快。

### 3.3.3 由右截短产生的浴盆曲线模型

失效率函数是一个单位时间内的条件失效概率。对于一个定义在有限区域内的失效模型，当 $t$ 接近它的右界时，这个单位时间内的条件失效概率应该很高。也就是说，在区间的右端，应该有增的失效率。为了进一步说明这一点，我们来看定义在区间 $(a, b)$ 内的均分分布的失效率。

均分分布的可靠性函数为：

$$R(t) = \frac{b - t}{b - a} \tag{3-27}$$

密度函数为：

$$f(t) = \frac{1}{b - a} \tag{3-28}$$

所以失效率为：

$$r(t) = \frac{1}{b - t} \tag{3-29}$$

它是单调增的，且有 $r(b) = \infty$。Schabe 正是从这一事实得到启发来构造浴盆曲线模型。他设想，一个定义在 $(0, \infty)$ 的失效模型，如果有减的失效率，则此模型的右截短模型可能会有浴盆形状曲线的失效率。对于威布尔分布的情况，结论是成立的。

当 $\beta < 1$ 时，威布尔分布有减的失效率。其右截短模型的可靠性为

$$R_{\mathrm{T}}(t) = \frac{\mathrm{e}^{-(\frac{t}{\eta})^{\beta}} - \mathrm{e}^{-(\frac{b}{\eta})^{\beta}}}{1 - \mathrm{e}^{-(\frac{b}{\eta})^{\beta}}}, \ t \in (0, \ b) \tag{3-30}$$

这里 $b$ 是截短点。其失效率函数为

$$r_{\mathrm{T}}(t) = \frac{\dfrac{\beta}{\eta}\left(\dfrac{t}{\eta}\right)^{\beta-1}}{1 - \exp\left[\left(\dfrac{t}{\eta}\right)^{\beta} - \left(\dfrac{b}{\eta}\right)^{\beta}\right]} \tag{3-31}$$

这里，我们又一次看到 $r_{\mathrm{T}}(t)$ 是由一个减的函数 $\dfrac{\beta}{\eta}\left(\dfrac{t}{\eta}\right)^{\beta-1}$ 和一个增函数 $\left\{1 - \exp\left[\left(\dfrac{t}{\eta}\right)^{\beta} - \left(\dfrac{b}{\eta}\right)^{\beta}\right]\right\}^{-1}$ 的乘积，注意，我们现在只考虑 $\beta < 1$ 的情况。

从式（3-31）得

$$r'_{\mathrm{T}}(t) = [tr_{\mathrm{T}}(t) - (t + 1 - \beta)]r_{\mathrm{T}}(t)/t \tag{3-32}$$

$r'_{\mathrm{T}}(t)$ 的符号只取决于中括号内的符号。容易看出，$r'_{\mathrm{T}}(0) < 0$，$r'_{\mathrm{T}}(b) > 0$。进一步分析说明，$r'_{\mathrm{T}}(t)$ 在 $(0, \ b)$ 内有一个且只有一个零点。所以，当 $\beta < 1$ 时，右截短的威布尔模型的失效率是浴盆形状曲线的。

下面我们进一步介绍两个定义在有限区域内的浴盆曲线模型，分别是 Haupt-Schabe 模型和 Schabe 模型。

### 3.3.3.1　Haupt-Schabe 模型

Haupt 和 Schabe 提出一个定义在 $(0, \ b)$ 内的模型：

$$F(t) = \sqrt{\beta^2 + (1 + 2\beta)t/b} - \beta, \ t \in (0, \ b) \tag{3-33}$$

这里 $b$ 是一个特定的模型参数，其可靠性函数为

$$R(t) = \left[1 + \beta + \sqrt{\beta^2 + (1 + 2\beta)t/b}\right]^{-1}(1 + 2\beta)(1 - t/b) \tag{3-34}$$

注意到式（3-34）中，中括号内的项总是为正，为了确保 $R(t) > 0$，要求 $(1 + 2\beta) > 0$，即 $\beta > -0.5$。失效率函数为

$$r'(t) = \frac{(1 + 2\beta)/(2b)}{(1 + \beta)\sqrt{\beta^2 + (1 + 2\beta)t/b} + \beta^2 + (1 + 2\beta)t/b} + \frac{1}{b - t} \tag{3-35}$$

容易得出

$$r(0) = \left(1 + \frac{\beta}{|\beta|} + \frac{1}{2|\beta|}\right)/b, \ r(b) = +\infty \tag{3-36}$$

我们用 $G(t)$ 记式（3-35）中第一项的分母，则由式（3-35）得

$$r'(t) = \frac{-(1+2\beta)/(2b)(1+2\beta)}{bG^2(t)}\left[1 + \frac{1+\beta}{2\sqrt{\beta^2 + (1+2\beta)\frac{t}{b}}}\right] + \frac{1}{(b-t)^2} \quad (3\text{-}37)$$

$$r'(0) = \frac{1}{b^2} - \frac{(1+2\beta)^2}{2b^2G^2(0)}\left(1 + \frac{1+\beta}{2|\beta|}\right)$$

$$G(0) = \beta^2 + (1+\beta)|\beta| \quad (3\text{-}38)$$

当 $\beta \in (-0.5, 0)$ 时

$$r'(0) = \frac{1}{4b^2\beta^2}\left(3 + \frac{1}{\beta}\right) \quad (3\text{-}39)$$

这意味着当 $\beta \in (-\frac{1}{3}, 0)$ 时，$r'(0) < 0$，失效率为浴盆形状曲线，而当 $\beta \in (-\frac{1}{2}, -\frac{1}{3})$ 时，$r'(0) < 0$，失效率为增的。

当 $\beta > 0$ 时

$$r'(0) = \frac{(\beta-1)(2\beta+1)^2}{4b^2\beta^3} \quad (3\text{-}40)$$

显然，当 $\beta < 1$ 时，$r'(0) < 0$。

综上所述，当 $\beta \in (-\frac{1}{3}, 1)$ 范围内，失效率是浴盆形状曲线的，而当 $\beta \in (-\frac{1}{2}, -\frac{1}{3})$ 和 $(1, \infty)$ 范围时，失效率是增的。

这个模型能够在适当的变换下线性化。由式（3-33）得

$$\sqrt{\beta^2 + (1+2\beta)t/b} = F(t) + \beta$$

将这个关系代入式（3-34）得

$$R(t)[1 + \beta + F(t) + \beta] = (1 + 2\beta)\left(1 - \frac{t}{b}\right)$$

或

$$F(t) = \frac{1+2\beta}{b}\frac{t}{F(t)} - 2\beta \quad (3\text{-}41)$$

令

$$y = F(t), \quad x = t/F(t) \quad (3\text{-}42)$$

则式（3-41）为一条在 $x$-$y$ 平面内的直线，其斜率为 $\frac{1+2\beta}{b}$，在 $y$ 轴上的截距为 $-2\beta$。

例 3-3　某种元件的寿命试验数据列于表 3-3 中。

表 3-3　寿命试验数据

| 10 | 19 | 39 | 48 | 60 | 68 | 81 | 122 | 164 |
|----|----|----|----|----|----|----|-----|-----|
| 120 | 172 | 189 | 194 | 293 | 321 | 345 | 350 | 465 |

Haupt 和 Schabe 用下式估计 $F(t_i)$：

$$F(t_i) = i/(n + 1)$$

他们的模型参数估计值为

$$\hat{b} = 493, \quad \hat{\beta} = 0.24$$

我们采用中位秩估计式

$$F(t_i) = (i - 0.3)/(n + 0.4)$$

并由线性回归法得参数估计值为

$$\hat{b} = 465.67, \quad \hat{\beta} = 0.2408$$

　　数据点图和拟合直线显示在图 3-2 中。注意，在变换式（3-42）下，产生较大的数据点波动是不足为奇的。因为水平坐标 $x$ 是 $t/F(t)$，是一个将 $t$ 值放大的变换，因常见的 WPP 图中的水平坐标通过对数变换得到压缩，因而数据点图的波动性会小得多。因此变换式（3-42）的主要作用是产生变换数据供线性回归求模型参数估计。为了检查拟合效果，我们可以画 $F(t)-t$ 关系。从图 3-3 可以看出，拟合效果尚可。

　　注意到这时 $\beta = 0.2408 \in (-\frac{1}{3}, 1)$，这意味着失效率是浴盆形状曲线的。

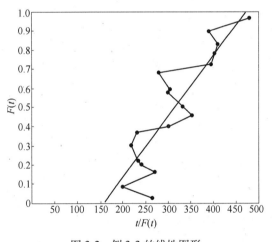

图 3-2　例 3-3 的线性图形

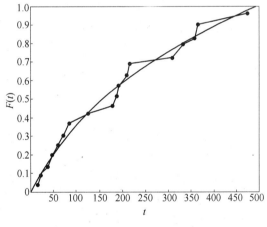

图 3-3　例 3-3 $F(t) - t$ 关系

### 3.3.3.2　Schabe 模型

Pareto 分布的可靠性函数为

$$R(t) = \frac{1}{(1 + t/\eta)^\alpha}$$

其失效率

$$r(t) = \frac{1}{t + \eta}$$

是减的。Schabe（1994）为了得到一个形式比较简单的浴盆曲线模型，取 Pareto 分布的形状参数 $\alpha = 1$，并通过右截短处理将其定义区间 $t \in (0, b)$ 范围内，从而得到下面的模型：

$$F(t) = \left(1 + \frac{\eta}{b}\right) \frac{t}{t + \eta}, \ t \in (0, \ b) \tag{3-43}$$

或

$$R(t) = \frac{\eta - \gamma t}{\eta + t}, \ \gamma = \frac{\eta}{b} \tag{3-44}$$

其失效率为

$$r(t) = \frac{1}{\eta + t} + \frac{\gamma}{\eta - \gamma t} \tag{3-45}$$

这里，$r(t)$ 是一个减函数 $\dfrac{1}{\eta + t}$ 和一个增函数 $\dfrac{\gamma}{\eta - \gamma t}$ 的和。从式（3-45）得

$$r'(t) = -\frac{1}{(\eta + t)^2} + \frac{\gamma^2}{(\eta - \gamma t)^2} = \frac{2\eta\gamma(1 + \gamma)}{(\gamma + t)^2 (\eta - \gamma t)^2} \left[t - \frac{\eta(1 - \gamma)}{2\gamma}\right] \tag{3-46}$$

显然，当 $\gamma < 1$ 或 $\eta < b$ 时，失效率为浴盆形状曲线，其最低点的位置为 $t_v = (1 - \gamma)b/2$；当 $\gamma \geqslant 1$ 时，$r'(t)$ 为正，说明失效率是增的。

该模型的第一和第二阶原点矩为

$$E(t) = b\left[\gamma(1 + \gamma)\ln\left(\frac{1}{\gamma} + 1\right) - \gamma\right] \tag{3-47}$$

$$E(T^2) = (b\gamma^2)\left[\frac{1 + \gamma}{\gamma} - \gamma + 2(1 + \gamma)\ln\left(\frac{\gamma}{1 + \gamma}\right)\right] \tag{3-48}$$

这个模型能容易地被线性化。从式（3-43）得

$$\frac{t}{F(t)} = \frac{\eta}{1 + \gamma} + \frac{t}{1 + \gamma}$$

令

$$y = \frac{t}{F(t)}, \ x = t \tag{3-49}$$

模型能被写为

$$y = (\eta + x)/(1 + \gamma)$$

Schabe 用这个模型建模表 3-3 中的数据得参数估计为

$$\hat{b} = 648, \ \hat{r} = 0.43, \ (\hat{\eta} = 278.64)$$

我们用线性回归方法得估计值为

$$\hat{b} = 479.304, \ \hat{r} = 0.794861, \ \hat{\eta} = 380.98$$

图 3-4 显示了数据点图和我们的估计值得到的拟合直线，从图中可以看出，两者比较吻合。类似地，我们可以画出 $F(t)$-$t$ 关系，并显示在图 3-5 中。

比较图 3-3 和图 3-5，我们发现用当前的模型比较优。

### 3.3.4 分段浴盆曲线模型

Mukherjee 和 Roy（1993）开发了一个分段线性模型。他们将 $x$ 轴分为 3 段：$T_1 = (0, a)$，$T_2 = (a, b)$，$T_3 = (b, \infty)$，并定义失效率 $r(t)$ 为

$$r(t) = \begin{cases} \dfrac{\delta}{b-a}(a+b-2t), & t \in T_1 \\ \delta, & t \in T_2 \\ \dfrac{\delta}{b-a}(2t-a-b), & t \in T_3 \end{cases} \tag{3-50}$$

也就是说，在 $T_1$ 内，$r(t)$ 是一条减的直线，斜率为 $\dfrac{-2\delta}{b-a}$；在 $T_2$ 内，$r(t)$ 是一条取值为 $\delta$ 的水平直线；在 $T_3$ 内，$r(t)$ 是一条增的直线，其斜率为 $\dfrac{2\delta}{b-a}$。他们把式（3-50）写成下面的简明形式

$$r(t) = \frac{|t-a| + |t-b|}{b-a}\delta \tag{3-51}$$

然后，他们进一步引入形状参数 $\alpha$，将上式一般化为

$$r(t) = \frac{|t^{\alpha}-a^{\alpha}| + |t^{\alpha}-b^{\alpha}|}{b^{\alpha}-a^{\alpha}}\delta \tag{3-52}$$

也就是说，浴盆曲线的增、减段按曲线规律变化而不只是按线性变化。

注意到，无论是式（3-51）所示的模型还是式（3-52）所示模型都假定沿点 $t=a$ 向左和沿点 $t=b$ 向右，曲线以同样的规律增大，这一般来说有点牵强。此外，失效率在一段时间区间内严格地为常数也是不太可能的。

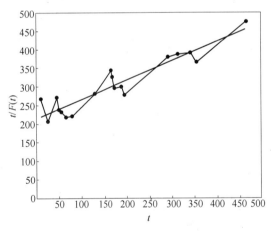

图 3-4 表 3-3 中数据的 Schabe 模型线性图

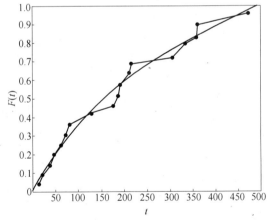

图 3-5 表 3-3 数据的 $F(t) - t$ 关系

### 3.3.5 变量代换模型

Gaver 和 Acar 提出两种建造浴盆曲线模型的方法，一种方法已经在 3.3.1 节介绍过，而另一种方法就是本节所要讨论的变量代换法。

他们设想随机变量 $x$ 服从指数分布，也就是说，其失效率为常数，然后引入两个 $x$ 的函数，一个记为 $L(x)$，它将对较小的 $x$ 的取值产生影响，以使失效率函数在左边能向上挠；另一个记为 $R(x)$，它将对较大的 $x$ 的取值产生影响，以使失效率函数在右边能向上挠，从而构造出一个浴盆曲线模型。

基于上面的设想，现引入随机变量 $z$，它是 $x$ 的函数：

$$z = xL(x)R(x) \tag{3-53}$$

要求 $L(x)$ 为一上凸的增函数，满足

$$L(0) > L(\infty) = 1$$

其效果是将 $x$ 的取值范围 $(0, x_0)$ 压缩到 $z$ 的取值范围 $(0, z_0)$，$x_0$ 愈小，则压缩作业愈强烈。这当然会使 $z$ 的分布在 $(0, z_0)$ 范围之内的失效率高于原来的常数失效率，因而达到预期的效果。

类似地，要求 $R(x)$ 为一下凹的减函数，满足

$$1 = R(0) > R(\infty)$$

注意，要求 $L(\infty) = R(0) = 1$ 都是确保 $L(x)$ 或 $R(x)$ 只对左端或右端产生影响。满足上述要求，且表达式又比较简单的 $L(x)$ 有

$$L(x) = \frac{\alpha x}{1 + \alpha x} \tag{3-54}$$

或

$$L(x) = 1 - e^{-\alpha x} \tag{3-55}$$

同样地，符合要求的 $R(x)$ 有

$$R(x) = \frac{1}{1 + \beta x} \tag{3-56}$$

或

$$R(x) = e^{\beta x} \tag{3-57}$$

将式（3-54）和式（3-56）代入式（3-53）得变量代换式为

$$z = \frac{\alpha x}{1 + \alpha x} \frac{x}{1 + \beta x} \tag{3-58}$$

显然，$z$ 是 $x$ 的一个单调增变换。当 $x$ 从 0 变到 $\infty$ 时，$z$ 从 0 变到 $\frac{1}{\beta}$。

$x$ 可表达成 $z$ 的函数：

$$x = \frac{(\alpha + \beta) + \sqrt{(\alpha + \beta) + 4\alpha(-\beta + 1/z)}}{2\alpha(\frac{1}{z} - \beta)} \tag{3-59}$$

所以

$$F(z) = P\{Z \leqslant z\} = P\{X \leqslant x\} = 1 - \exp(-\lambda x) = 1 - \exp\left[\frac{(\alpha + \beta) + \sqrt{(\alpha + \beta)^2 + 4\alpha(z^{-1} - \beta)}}{2\alpha(z^{-1} - \beta)}\lambda\right] \tag{3-60}$$

式（3-60）就是经变量代换导出的新模型。注意，这时 $z$ 的取值范围是 $(0, \frac{1}{\beta})$，是一个有限区间。下面我们来导出模型的失效率函数及其形状。为方便起见，记式（3-58）和式（3-59）为

$$z = g(x), \quad x = g^{-1}(z) \tag{3-61}$$

则式（3-60）可写为

$$F(z) = 1 - \exp[-\lambda g^{-1}(z)]$$

或者

$$R(z) = \exp[-\lambda g^{-1}(z)] \tag{3-62}$$

所以，失效率为

$$r(z) = -\frac{\mathrm{dln}[R(z)]}{\mathrm{d}z} = \lambda \frac{\mathrm{d}x}{\mathrm{d}z} = \left[(\alpha + \beta) + \frac{(\alpha + \beta)^2 + 2\alpha(z^{-1} - \beta)}{\sqrt{(\alpha + \beta)^2 + 4\alpha(z^{-1} - \beta)}}\right]\frac{\lambda}{2\alpha(1 - \beta z)^2}$$

$$\tag{3-63}$$

容易看出，$r(0) = r(\frac{1}{\beta}) = \infty$，完全符合浴盆曲线的两个端点处的特征。取 $\alpha = \lambda = 1$，$\beta = 0.1$，式（3-63）可描绘的曲线显示在图 3-6 中。唯一不足的是，用这种方法导出的模型似乎有点复杂，从而限制了其实际应用。

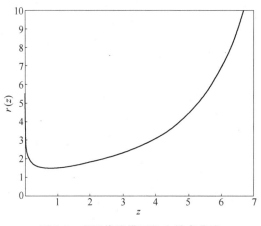

图 3-6　变量代换模型的失效率曲线

## 3.4　系统可靠性模型

　　系统是由相互作用和相互依赖的若干个元件结合成的具有特定功能的有机整体。在系统设计过程中，在选择元件时，除了确保能完成特定的功能外，还应权衡元件的质量和成本。例如，有的设计者会选用较少数量的元件而装配成高质量的系统，而有的设计者可能选用较多数量的较低质量的元件，以达到同样水平的系统可靠性。一个系统中的元件或子系统可能是串联的、并联的或串-并联的，或以更复杂的方式连接的。给定任一系统连接方式以及所选元件可靠性指标，设计者必须计算系统可靠性指标。假如系统可靠性指标达不到预定水平，则必须修改该系统设计。这个设计-计算修改过程将会继续重复直到所设计系统达到预定水平。

　　鉴于系统可靠性需要经常计算，现讨论常用的及某一些新颖的系统可靠性模型以及相应的可靠性计算方法。为了阐述方便，将采用下列假设：

　　（1）元件与系统只可能有两个状态：正常和故障，没有中间状态。

　　（2）各元件的工作与否是相互独立的，即任一元件的正常工作与否不会影响其他元件的正常工作与否。

### 3.4.1　可靠性框图

计算系统可靠性的第一步是要建立系统的可靠性框图。可靠性框图是用图形来描述系统内各元件之间的逻辑任务关系，而要建立系统可靠性框图，我们首先要对系统内各元件的功能有透彻的了解。一个系统可能有上千个部件，有的重要，有的不重要，因此在建立可靠性框图时经常要做一些假设，忽略次要因素，或把一些部件组合成一个子系统，以达到简化并且抓住主要矛盾的目的。

例如，汽车可分为下列 5 大子系统：发动机、变速箱、制动、转向及轮胎。为了保证一辆汽车能正常工作，此 5 大子系统缺一不可，因此我们可画出汽车的可靠性框图，如图 3-7 所示。

图 3-7　汽车系统的可靠性框图

图 3-7 中所示的可靠性框图并不代表这些子系统在汽车中的实际连接方式。它只代表每个子系统都要正常工作，才能确保汽车的正常工作。此图也显示了许多假设被引进了该图的建立过程。例如，发动机本身也是一个非常复杂的系统，而其内部的基本元件的逻辑任务关系则没有显示在图 3-7 中。此外，在可靠性框图中，方框代表一个基本元件，它可能是一部件，也可能是一个子系统，这要取决于所建可靠性框图的用途。如果需要更为详细地分析图 3-7 中各个元件的可靠性，则可进一步分解每一个子系统。一个子系统的方框则会被另一个可靠性框图所代替。

得到了系统可靠性框图以后，下一步就是计算系统的可靠性。下面将专门讨论各种可靠性模型的系统可靠性计算。

### 3.4.2　串联模型

串联系统的 $n$ 个元件必须全部工作，系统才会正常工作，任一元件的故障都会导致系统故障。串联模型是最常用的系统可靠性模型，其可靠性框图如图 3-8 所示。

图 3-8　串联系统可靠性框图

定义下列符号：

$R_i(t)$ ——第 $i$ 个元件的可靠性函数；

$F_i(t)$ ——第 $i$ 个元件的累积故障分布函数，$F_i(t) = 1 - R_i(t)$；

$h_i(t)$ ——第 $i$ 个元件的故障率；

$h_s(t)$ ——系统故障率；

$AFR_i(t_1, t_2)$ ——第 $i$ 个元件在时间 $t_1$ 和 $t_2$ 之间的平均故障率；

$AFR_s(t_1, t_2)$ ——系统在时间 $t_1$ 和 $t_2$ 之间的平均故障率；

$T_i$ ——第 $i$ 个元件的寿命；

$T_s$ ——系统的寿命；

$R_s(t)$ ——系统可靠性函数；

$F_s(t)$ ——系统累积故障分布函数 $F_s(t) = 1 - R_s(t)$ 。

根据串联系统的定义及其逻辑框图，系统可靠性函数 $R_s(t)$ 等于所有元件可以同时正常工作到时间 $t$ 的概率。利用元件工作与否的独立性假设，系统寿命即是第一个出现故障的元件的寿命，其数学表达式为

$$T_s = \min\{T_1, T_2, \cdots, T_n\}$$

$$R_s(t) = \prod_{i=1}^{n} R_i(t) \tag{3-64}$$

或者利用累积分布函数，为

$$F_s(t) = 1 - \prod_{i=1}^{n} [1 - F_i(t)] \tag{3-65}$$

如利用故障率的概率，表达式则更为简单

$$h_s(t) = \sum_{i=1}^{n} h_i(t) \tag{3-66}$$

$$AFR_s(t_1, t_2) = \sum_{i=1}^{n} AFR_i(t_1, t_2) \tag{3-67}$$

式（3-66）表明串联系统的故障率等于各个元件故障率之和。在这里我们对于每个元件寿命分布种类没有任何限制。由于 $R_i(t) < 1$，式（3-64）说明，串联系统中元件越多，则系统的可靠性越低。

若各元件寿命分布均为指数分布，即

$$R_i(t) = e^{-\lambda_i t}$$

$$R_s(t) = \prod_{i=1}^{n} e^{-\lambda_i t} = e^{-(\sum_{i=1}^{n} \lambda_i)t} = e^{-\lambda_s t} \tag{3-68}$$

$$MTTF_s = \frac{1}{\lambda} = \frac{1}{\sum_{i=1}^{n} \lambda_i} \tag{3-69}$$

式中　$\lambda_s$ ——系统的故障率；

　　　　$\lambda_i$ ——第 $i$ 个元件的故障率；

　　$MTTF_s$ ——系统的平均寿命。

由式（3-68）可见，当串联模型中各元件寿命为指数分布时，系统的寿命也为指数分布。

### 3.4.3 并联模型

当构成系统的收益元件都发生故障时系统才发生故障的系统称为并联系统。在一个并联系统中，只要有任何一个元件工作，系统在工作状态，因此并联系统可以提高系统可靠性。并联系统的可靠性逻辑框图如图 3-9 所示。

设初始时刻 $t=0$，所有元件都是新的且同时开始工

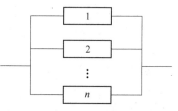

图 3-9　并联系统的可靠性框图

作，则并联系统的寿命为最后故障的元件的寿命。

$$T_s = \max\{T_1, T_2, \cdots, T_n\} \tag{3-70}$$

系统可靠性函数 $R_s(t)$ 和累积故障函数 $F_s(t)$ 分别为

$$R_s(t) = 1 - \prod_{i=1}^{n}[1 - R_i(t)] \tag{3-71}$$

$$F_s(t) = \prod_{i=1}^{n} F_i(t)$$

由于 $F_i(t)$ 是个小于 1 的值，因此 $F_s(t)$ 会随着 $n$ 的增大而减小，相应系统可靠性 $R_s(t) = 1 - F_s(t)$ 则随着并联元件的增加而增大，即并联元件越多，系统越可靠。同时随着并联元件的增多，系统的平均寿命也随之增加（如元件可以取多个状态，这些结论不一定成立）。但是，随着元件数目的增加，新增加元件对系统可靠性及寿命提高的贡献也变得越来越小。我们用下面的例子说明。

**例 3-4**　利用并联改进系统的可靠性。

考虑一个由 $n$ 个相同且互相独立的元件构成的并联系统。每个元件的寿命均服从参数为 $\lambda$ 的指数分布，试比较系统与单一元件的可靠性指标。

**解**：元件可靠性指标是

$$R(t) = \mathrm{e}^{-\lambda t}$$

$$F(t) = 1 - \mathrm{e}^{-\lambda t}$$

$$h(t) = \lambda$$

$$\mathrm{MTTF} = \frac{1}{\lambda}$$

系统的可靠性指标是

$$F_s(t) = \prod_{i=1}^{n} F(t) = [F(t)]^n = (1 - \mathrm{e}^{-\lambda t})^n$$

$$R_s(t) = 1 - F_s(t) = 1 - (1 - \mathrm{e}^{-\lambda t})^n$$

$$f_s(t) = \frac{\mathrm{d}F_s(t)}{\mathrm{d}t} = n\lambda\,\mathrm{e}^{-\lambda t}(1 - \mathrm{e}^{-\lambda t})^{n-1}$$

$$h_s(t) = \frac{f_s(t)}{R_s(t)} = \frac{n\lambda\,\mathrm{e}^{-\lambda t}(1 - \mathrm{e}^{\lambda t})^{n-1}}{1 - (1 - \mathrm{e}^{-\lambda t})^n}$$

$$\mathrm{MTTF}_s = \int_0^\infty R_s(t)\,\mathrm{d}t = \int_0^\infty [1 - (1 - \mathrm{e}^{-\lambda t})^n]\,\mathrm{d}t = \frac{1}{\lambda}\sum_{i=1}^{n}\frac{1}{i}$$

当 $\lambda = 0.001/h$ 时，这些系统可靠性指标与元件数的关系如图 3-10~图 3-12 所示。由图可见，加一个并联元件（$n=2$）可以大大提高系统的可靠性，降低系统的失效率，提高系统的平均寿命。但是当 $n$ 已经比较大时，再增加并联元件数目，影响就不是很大了。

### 3.4.4　串-并联、并-串联及串-并联混合模型

前两节中我们讨论了纯串联和纯并联模型。实际系统中经常包括纯串联与纯并联子系统。下面我们将讨论如下 3 类串-并联混合模型。

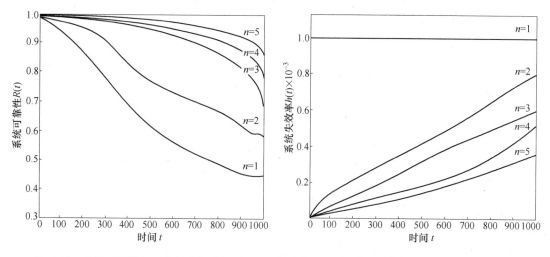

图 3-10 并联元件数与可靠性之间的关系　　　图 3-11 并联元件数与系统失效率之间的关系

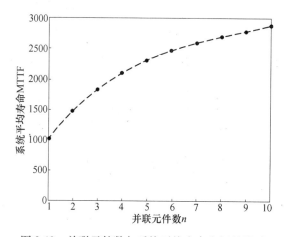

图 3-12 并联元件数与系统平均寿命之间的关系

### 3.4.4.1 串-并联模型

考虑一个系统由 $m$ 个子系统串联组成，而每个子系统则是由 $n$ 个元件并联而成。我们称这样一个系统为串-并联系统，其可靠性逻辑框图如图 3-13 所示。

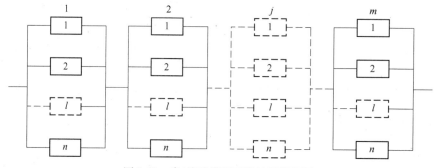

图 3-13 串-并联模型可靠性逻辑框图

假设每一个元件都具有相同的寿命分布函数 $F(t)$，则我们有下列系统可靠性指标

$$R_s(t) = [1 - F^n(t)]^m \tag{3-72}$$

串-并联模型可视为是从串联模型变化而来的，考虑一个有 $m$ 个子系统的串联系统，如果将每一个元件都加上几个工作储备元件（active redundancy），则得到了我们正在讨论的串-并联模型。由于串-并联模型中具有工作储备元件，因此其系统可靠性比单纯串联系统可靠性高。与此同时，其系统成本也较高，因此存在系统优化设计问题。比如给定系统可靠性指标，每一元件应配备几个工作储备才能使系统运行及维修费用最低？可参考有关文献进行设计。

### 3.4.4.2　并-串联模型

考虑一个系统由 $m$ 个子系统并联组成，而每个子系统则是由 $n$ 个元件串联而成。我们称这样一个系统为并-串联系统，其可靠性逻辑框图如图 3-14 所示。

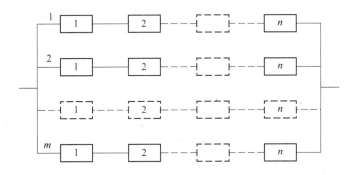

图 3-14　并-串联模型可靠性逻辑框图

同样，假设每个元件都具有相同的寿命分布函数 $F(t)$，则我们有系统可靠性函数：

$$R_s(t) = 1 - [1 - R^n(t)]^m \tag{3-73}$$

并-串联系统可视为由一串联系统变化而来的。考虑一个子系统由 $n$ 个元件串联而成，再将 $m$ 个这样的子系统并联在一起即构成我们所讨论的并-串联系统。显然，并-串联系统的可靠性将高于任一子系统的可靠性，原因是使用了工作储备。对于一个并-串联系统也存在系统可靠性优化设计的问题。比如给定系统设计成本，如何选择 $m$ 以使得系统的可靠性最大。

### 3.4.4.3　串-并联混合模型

有些系统中的各个元件之间的关系有串联也有并联。图 3-15 显示了属于该类的一种可靠性逻辑框图。

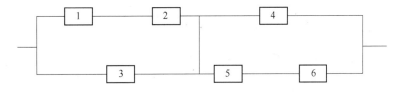

图 3-15　串-并联混合模型可靠性逻辑框图

在图 3-15 中，元件 1 和 2 是串联关系。我们称元件 1 和 2 串联构成子系统 1，元件 5 和元件 6 串联构成子系统 2。子系统 1 和元件 3 并联构成子系统 3。元件 4 和子系统 2 并联构成子系统 4。子系统 3 和子系统 4 串联而成整个串-并联混合系统。利用串联模型及并联模型可靠性计算公式，我们很容易得到串-并联混合系统的可靠性函数。

假设图 3-15 中元件的可靠性函数均为 $R(t)$，则其系统可靠性函数为

$$R_s(t) = \{1 - [1 - R^2(t)][1 - R(t)]\} \times \{1 - [1 - R(t)][1 - R^2(t)]\}$$
$$= \{1 - [1 - R^2(t)][1 - R(t)]\}^2 \tag{3-74}$$

### 3.4.5 旁联模型

前面讨论的并联模型利用工作储备的概念来提高系统的可靠性，但却未必能有效地提高系统的工作寿命，原因是在这种模型中系统的寿命等于 $n$ 个并联元件中最好的元件的寿命。为此我们引入下面的旁联模型（stand-by system model）。

在一个由 $n$ 个元件组成的旁联系统中，只有一个元件在工作，而其他元件则处在非工作状态。当工作元件故障时，通过一个故障监测和转换装置而使得另一个元件工作。这种系统的可靠性逻辑框图如图 3-16 所示。

假设故障监测与转换装置的可靠性为 1，元件 $i$ 的寿命为 $T_i$，则该系统的寿命 $T_s$ 为

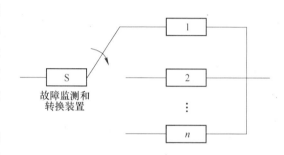

图 3-16 旁联模型可靠性逻辑框图

$$T_s = T_1 + T_2 + \cdots + T_n \tag{3-75}$$

进一步假设所有元件的寿命分布函数均为 $F(t)$。当 $n = 2$ 时，$T_s$ 的分布函数可用两个独立随机变量之和的分布的卷积公式来计算

$$F_2(t) = \int_0^t F(u)f(t - u)\,\mathrm{d}u \tag{3-76}$$

如果我们再加一个元件则可以得到 $F_3(t)$，依此类推，$T_s$ 的累积分布函数为

$$F_n(t) = \int_0^t F_{n-1}(u)f(t - u)\,\mathrm{d}u \tag{3-77}$$

对于复杂的寿命分布函数，比如威布尔分布或对数正态分布，卷积积分运算必须通过数值积分来计算。当寿命分布是指数分布时，运算起来则简单得多。设所有的元件具有相同的指数寿命分布，故障监测与转换装置的可靠性为 1 时，我们可以得到系统的可靠性函数为

$$R_s(t) = \mathrm{e}^{-\lambda t}\left[1 + \lambda t + \frac{(\lambda t)^2}{2!} + \frac{(\lambda t)^3}{3!} + \cdots + \frac{(\lambda t)^{n-1}}{(n-1)!}\right] \tag{3-78}$$

式中　$n$——元件数；

　　$\lambda$——元件故障率。

该系统的平均寿命为

$$\mathrm{MTTF}_s = \int_0^\infty R_s(t)\,\mathrm{d}t = \frac{n}{\lambda} \tag{3-79}$$

系统寿命的 PDF（概率密度函数）是

$$f_s(t) = -R'_s(t) = \frac{\lambda^n}{(n-1)!}t^{n-1}e^{-\lambda t} \tag{3-80}$$

这是 Gamma 分布的一个特殊情况，其参数是 $n$（为正整数）和 $\lambda$。MTTF 是 $n/\lambda$，方差则为 $n/\lambda^2$。

我们可以用几个相同的指数分布的元件组成一个旁联系统。

**例 3-5**　一个元件寿命服从指数分布，失效率为 $\lambda = 2 \times 10^{-5}/h$。为安全起见，另一个这样的元件被用来作为非工作储备（standby）。求对应于系统的累积分布函数（CDF）分别为：0.01，0.1 和 0.5 时的工作时间及系统对元件寿命的改进倍数。

**解：** 在该旁联模型中，$n=2$。由式（3-78）和式（3-80）得

$$R_s(t) = e^{-2\times10^{-5}t}(1 + 2 \times 10^{-5}t)$$

$$f_s(t) = 4 \times 10^{-10}te^{-2\times10^{-5}t}$$

$$F_s(t) = 1 - R_s(t)$$

$$F(t) = 1 - e^{-2\times10^{-5}t}$$

对应于 CDF 值的时间列在表 3-4 中。从表中可见，利用旁联模型可以大大提高系统的寿命。

表 3-4　例 3-5 的计算结果

| CDF | 达到的时间/h | | 改进倍数 |
|---|---|---|---|
| | 双元件旁联 | 单元件旁联 | |
| 0.01 | 7428 | 502.5 | 14.8 |
| 0.1 | 26590 | 5268 | 5.0 |
| 0.5 | 83920 | 34657 | 2.4 |

### 3.4.6 $k/n$ 模型

组成系统的 $n$ 个元件中如果有至少 $k$ 个元件失效，则系统失效，这样的系统称为 $k/n$ 系统。当 $k=1$ 时，我们得到串联模型，而当 $k=n$ 时，得到并联模型。因此，串联模型和并联模型都是 $k/n$ 模型（$k$-out-of-$n$ model）的特例。

$k/n$ 系统的可靠性就是系统有少于 $k$ 个故障元件的概率。我们可以把系统中有零个故障元件，一个故障元件，一直到 $k-1$ 个故障元件的概率加在一起而得到系统可靠性。当 $n$ 个元件的寿命分布相同时，系统可靠性是

$$R_s(t) = \sum_{i=0}^{k-1} \binom{n}{i} [R(t)]^{n-i} [1 - R(t)]^i \tag{3-81}$$

当组成系统的元件具有不同寿命分布时，可用迭代公式来计算系统的可靠性。为简便起见，我们在下列迭代公式中略去时间的符号 $t$，定义：

$p_i$——第 $i$ 个元件的可靠性，$i = 1, 2, \cdots, n$；

$q_i$——第 $i$ 个元件的失效概率，$q_i = 1-p_i$，$i = 1, 2, \cdots, n$；

$Q(i, j)$——一个含有元件 1, 2, $\cdots$, $j$ 的子系统中至少有 $i$ 个故障元件的概率，即

是一个 $i/j$ 子系统的故障概率。

这样的 $k/n$ 系统的故障概率 $Q(k, n)$ 是

$$Q(k, n) = p_n Q(k, n-1) + q_n Q(k-1, n-1) \tag{3-82}$$

该公式的边界条件是

$$Q(i, j) = 0, \quad 当 i > j \geqslant 0$$
$$Q(0, j) = 1, \quad 当 j \geqslant 0$$

该系统的可靠性 $R(k, n) = 1 - Q(k, n)$。

**例 3-6** 考虑一个 2/4 系统模型，假设这 4 个元件能够正常工作 1000h 的概率分别为 0.8，0.82，0.84，0.86，试计算该系统能够正常工作 1000h 的概率。

**解：**

$p_1 = 0.8$，$p_2 = 0.82$，$p_3 = 0.84$，$p_4 = 0.86$

$q_1 = 0.2$，$q_2 = 0.18$，$q_3 = 0.16$，$q_4 = 0.14$

$Q(1, 1) = q_1 = 0.2$

$Q(1, 2) = p_2 Q(1, 1) + q_2 Q(0, 1) = 0.82 \times 0.2 + 0.18 \times 1 = 0.334$

$Q(1, 3) = p_3 Q(1, 2) + q_3 Q(0, 2) = 0.84 \times 0.334 + 0.16 = 0.44896$

$Q(2, 2) = p_2 Q(2, 1) + q_2 Q(1, 1) = 0.18 \times 0.2 = 0.036$

$Q(2, 3) = p_3 Q(2, 2) + q_3 Q(1, 2) = 0.84 \times 0.036 + 0.16 \times 0.334 = 0.08528$

$Q(2, 4) = p_4 Q(2, 3) + q_4 Q(1, 3) = 0.86 \times 0.08528 + 0.14 \times 0.44896 = 0.1361952$

$R(2, 4) = 1 - Q(2, 4) = 0.8638048$

所以该系统能正常工作 1000h 的概率为 0.8638048。$Q(k, n)$ 的计算过程显示在图 3-17 中。

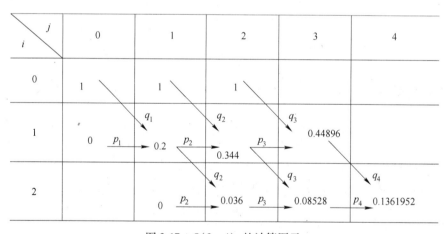

图 3-17 $Q(2, 4)$ 的计算图示

### 3.4.7 连续 $k/n$ 模型

考虑一个由 $n$ 个元件组成的系统，当至少有 $k$ 个相邻的元件同时故障时，该系统才发生故障。我们称这样的系统为连续 $k/n$ 模型（consecutive $k$-out-of-$n$ model）。一个具有中继站的微博通信系统的可靠性可用这样的模型来描述。这 $n$ 个站被连续命名为 1 到 $n$。假设任何一个中继站所发出的信号可以为随后的 2 个中继站直接收到，那么当只有一个中继站

故障时，系统照常工作，即从总站所发射的信号可以通过这些中继站顺利传送到终点。事实上当有多个故障时，只要没有两个相邻的中继站同时故障，该系统仍然会正常工作。比如当中继站 1、3、5、7…等同时故障时，系统仍会正常工作。但是当中继站 5 和 6 同时故障时，由中继站 4 发出的信号则无法到中继站 7，则系统就不能正常工作。图 3-18 所示的是一个连续 3/6 的系统。在图 3-18 中，当有连续 3 个或以上元件故障时，系统发生故障。

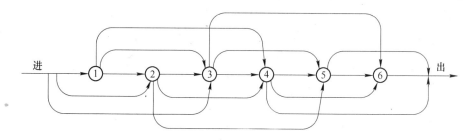

图 3-18 连续 3/6 模型

为简单起见。忽略时间符号 $t$，定义：

$p_i$——第 $i$ 个元件的可靠性，$i=1, 2, \cdots, n$；

$q_i$——第 $i$ 个元件的失效概率，$q_i = 1 - p_i$，$i = 1, 2, \cdots, n$；

$Q(j; i)$——拥有元件 1，2，$\cdots$，$j$ 的一个子系统（连续 $i/j$）的失效概率。

连续 $k/n$ 系统的失效概率可用下面的迭代公式计算：

$$Q(n, k) = Q(n-1, k) + [1 - Q(n-k-1, k)] p_{n-k} \prod_{j=n-k+1}^{n} q_j \qquad (3-83)$$

其边界条件为

$$Q(j; k) = 0 , \quad \text{当} j < k \text{ 时}$$

$$p_0 \equiv 1$$

**例 3-7** 考虑一个 5 个中继站组成的微波传送系统，当两个或以上相邻中继站同时发生故障时，该传送系统就称为失效。假设这 5 个中继站能够工作一年而无故障的概率分别为 0.84，0.90，0.95，0.91 和 0.88，试计算该系统的可靠性。

**解：** 这是一个连续 2/5 的系统。

$$p_1 = 0.84, \ p_2 = 0.90, \ p_3 = 0.95, \ p_4 = 0.91, \ p_5 = 0.88$$

$$q_1 = 0.16, \ q_2 = 0.10, \ q_3 = 0.05, \ q_4 = 0.09, \ q_5 = 0.12$$

利用式（3-83）以及边界条件，我们可以得到：

$$Q(2; 2) = q_1 q_2 = 0.016$$

$$Q(3; 2) = Q(2; 2) + p_1 q_2 q_3 = 0.0202$$

$$Q(4; 2) = Q(3; 2) + p_2 q_3 q_4 = 0.02425$$

$$Q(5; 2) = Q(4; 2) + [1 - Q(2; 2)] p_3 q_4 q_5 = 0.03434584$$

该系统的可靠性为：

$$R(5; 2) = 1 - Q(5; 2) = 0.96565416$$

### 3.4.8  二维连续 $k/n$ 模型或连续 $(r, s)/(m, n)$ 模型

考虑一个系统包括 $m \times n$ 个元件，其排列可表达为矩形形式，即所有元件可排 $m$ 行 $n$ 列。当这个矩阵中有一个 $r \times s$ 的子矩阵所包括的元件全部故障，则该系统无法正常工作 $(1 \leq r \leq m, 1 \leq s \leq n)$。这种系统模型即被称为二维连续 $k/n$ 模型，或更确切地讲为连续 $(r, s)/(m, n)$ 模型，这种模型为连续 $k/n$ 模型（单维）向二维情况的推广。图 3-19 所示为一连续 $(2, 2)/(4, 5)$ 模型。

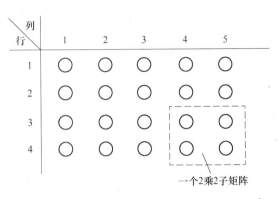

一个2乘2子矩阵

图 3-19   连续 $(2, 2)/(4, 5)$ 模型

对于一个连续 $(r, s)/(m, n)$ 模型，当 $r = m$ 时，有一种简单的系统可靠性计算方法。定义：

$p_{ij}$——在第 $i$ 行第 $j$ 列元件的可靠性，即元件 $(i, j)$ 的可靠性为 $1 \leq i \leq m, 1 \leq j \leq n$；

$q_{ij}$——元件 $(i, j)$ 的失效率，$q_{ij} = 1 - p_{ij}$，$1 \leq i \leq m, 1 \leq j \leq n$；

$Q(n; s)$——当 $n = m$ 时系统可靠性。

我们可用下列公式计算这样一个系统的可靠性：

$$Q_j = \prod_{i=1}^{m} q_{ij}, \ j = 1, 2, \cdots, n$$

$$P_j = 1 - Q_j, \ j = 1, 2, \cdots, n$$

$$Q(n; s) = Q(n-1; s) + [1 - Q(n-s-1; s)] p_{n-s} \prod_{j=n-s+1}^{n} Q_j \qquad (3\text{-}84)$$

式 (3-84) 实际上就是式 (3-83)，然而当 $1 < r < m$ 时，系统可靠性的计算则要复杂得多。

### 3.4.9  其他具有独立元件的可靠性模型

前几节我们讨论了多种系统可靠性模型，每种模型都有其特点因而也就产生了相应的系统可靠性计算方法。对于一个复杂的系统，前述可靠性可能只适用于其中的一个子系统，这样，我们可以用相应的可靠性模型计算该子系统的可靠性。在求得子系统的可靠性后，进一步计算整个系统的可靠性。

有些系统无法用我们前述的可靠性模型来描述，这时我们需要利用网络理论描述及计算系统的可靠性。对于网络可靠性分析及运算，下面我们用一桥型网络来演示如何分析该系统的可靠性，如图 3-20 所示。

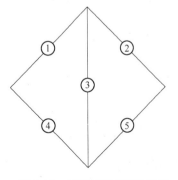

图 3-20   桥型系统可靠性框图

上述所讨论的可靠性模型都不适用于这个系统，而且也无法应用于其中任何一个子系统。我们用条件概率或分解法来计算该系统的可靠性。用 $p_i$ 代表元件 $i$ 的可靠性，$q_i$ 代表元件 $i$ 的失效概率。选择元件 3 作为分解对象，则系统可靠性 $R_s$ 为

$R_s = P$（系统正常工作）

$R_s = p_3 P$（系统正常工作 | 元件 3 正常工作）$+ q_3 P$（系统正常工作 | 元件 3 发生故障）

　　$= p_3 R_{s1} + q_3 R_{s2}$

式中　　$R_{s1}$，$R_{s2}$——分别为已知元件 3 正常工作的条件概率。

当元件 3 已知为正常工作时，系统可靠性框图（图 3-20）等价于图 3-21 所示的框图。

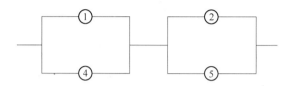

图 3-21　元件 3 正常时的系统可靠性框图

由图可见，$R_{s1}$ 可利用串-并联模型可靠性计算公式求得

$$R_{s1} = (1 - q_1 q_4)(1 - q_2 q_5)$$

类似地，当元件 3 已知失效时，系统可靠性框图如图 3-22 所示。

可求得 $R_{s2}$ 如下

$$R_{s2} = 1 - (1 - p_1 p_4)(1 - p_2 p_5)$$

因此该桥型系统可靠性为

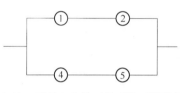

图 3-22　元件 3 失效时的系统可靠性框图

$R_s = p_3 R_{s1} + q_3 R_{s2}$

　$= p_3(1 - q_1 q_4)(1 - q_2 q_5) + q_3[1 - (1 - p_1 p_2)(1 - p_4 p_5)]$

　$= p_1 p_2 + q_1 p_4 p_5 + p_1 q_2 p_4 p_5 + p_1 q_2 p_3 q_4 p_5 + q_1 p_2 p_3 q_4 p_5$

如果想要计算该系统的平均寿命（MTTF），我们照样可以用 MTTF 的通用公式去计算，即

$$\text{MTTF} = \int_0^\infty R_s(t)\,\mathrm{d}t$$

只要把 $R_s$ 公式中所有 $p_i$ 改为

$$p_i(t) = \mathrm{e}^{-\int_0^t h_i(u)\,\mathrm{d}u}$$

$q_i$ 用 $1 - p_i(t)$ 代替，我们就可以用各种元件相应的寿命分布函数或失效率去计算 MTTF。

假设所有元件的寿命都服从指数分布，即

$$p_i(t) = \mathrm{e}^{-\lambda_i t}$$

我们可以得到

$$\text{MTTF} = \frac{1}{\lambda_1 + \lambda_2} + \frac{1}{\lambda_4 + \lambda_5} + \frac{1}{\lambda_1 + \lambda_3 + \lambda_5} + \frac{1}{\lambda_2 + \lambda_3 + \lambda_4} -$$

$$\frac{1}{\lambda_1 + \lambda_2 + \lambda_3 + \lambda_4} - \frac{1}{\lambda_1 + \lambda_2 + \lambda_3 + \lambda_5} - \frac{1}{\lambda_1 + \lambda_2 + \lambda_4 + \lambda_5} -$$

$$\frac{1}{\lambda_1 + \lambda_3 + \lambda_4 + \lambda_5} - \frac{1}{\lambda_2 + \lambda_3 + \lambda_4 + \lambda_5} + \frac{2}{\lambda_1 + \lambda_2 + \lambda_3 + \lambda_4 + \lambda_5}$$

当所有元件的寿命分布相同时，我们有

$$MTTF = \frac{49}{60\lambda}$$

### 3.4.10  分担负载模型

在前几节中，我们都假设了各个元件的寿命分布是相互独立的，即一个元件的失效率不受其他元件工作与否的影响。在本节中我们讨论元件的失效率随着加在该元件上的负载的变化而变化的情况。

考虑由 $n$ 个元件组成的并联系统。所有元件共同分担加在该系统上的负载，当任一元件发生故障后，则剩余的工作元件共同分担同样的负载。很明显，随着故障元件数目的增加，工作元件的负载越来越大，相应的失效率也会随着增大。例如，考虑一个发电厂，有 3 个电动机组，每个机组的发电容量为 110MW，这 3 个机组共同提出一个 180MW 的用电负载，因此当 3 个机组都正常工作时，加在每一个机组上的负载为 60MW，而当其中一个机组发生故障时，加在每个机组上的负载增加到 90MW，这个新的负载还没有超过单个发电机组的容量，因此还可以满足用电需求。但是由于负载的增加，加大了这两个工作机组发生故障的概率。当有两个机组发生故障时，则认为该系统发生故障。

下面我们考虑一个简单的只有两个元件分担负载的模型（load sharing model），当两个元件都正常工作时，每个元件的负载为系统负载的一半，假设这时任一元件的寿命概率密度函数（pdf）为 $f_h(t)$，当任一元件失效时，则工作元件要承担系统的所有负载，这时该工作元件的寿命密度函数为 $f_f(t)$。该系统在下列情况下会正常工作至少到时间 $t$：

（1）两个元件同时工作到时间 $t$，该事件发生的概率为

$$P[T_1 > t \cap T_2 > t] = [R_h(t)]^2$$

式中，$R_h(t)$ 为任一元件在半载情况下（正常工作负载）的可靠性函数：

$$R_h(t) = \int_t^\infty f_h(u)\,du$$

$T_1$ 和 $T_2$ 则分别为第一个元件和第二个元件的寿命。

（2）其中一个元件在时间 $t_0$（$<t$）失效，在此之前两个元件共同分担系统负载，在此之后剩余工作元件单独承担系统负载。因为第一个元件可能先坏，也可能第二个元件先坏，当两个元件相同时，该事件发生的概率为

$$2P[(T_1 \le t;\ 半负载) \cap (T_2 > T_1;\ 半负载) \cap (T'_2 > t - t_0;\ 全负载)]$$

$$= 2\int_0^t f_h(t_0) R_h(t_0) R_f(t - t_0)\,dt_0$$

其中

$$R_f(t) = \int_0^t f_f(u)\,du$$

式中    $T_1$，$T_2$——第一、第二元件在半负载下的工作寿命；

   $T'_2$——剩下的元件在全负载下的工作寿命变量。

综合上述两种情况，我们可以得到该系统的可靠性函数

$$R_s(t) = [R_h(t)]^2 + 2\int_0^t f_h(t_0)R_h(t_0)R_f(t-t_0)\mathrm{d}t_0 \tag{3-85}$$

式（3-85）中的积分对有些寿命分布函数不易计算，但是当两个元件的寿命分布都是指数分布时，系统可靠性函数为

$$R_s(t) = \mathrm{e}^{-2\lambda_h t} + 2\int_0^t \lambda_h \mathrm{e}^{-\lambda_h u}\mathrm{e}^{-\lambda_h u}\mathrm{e}^{-\lambda_f(t-u)}\mathrm{d}u$$

$$= \mathrm{e}^{-2\lambda_h t} + \frac{2\lambda_h \mathrm{e}^{-\lambda_f t}}{2\lambda_h - \lambda_f}[1 - \mathrm{e}^{-(2\lambda_h-\lambda_f)t}] \tag{3-86}$$

式中 $\lambda_h$，$\lambda_f$——分别为半载及全载时元件的失效率。

分担负载模型也可以看做是旁联模型的特例，这是因为只有当一个元件失效后，另一个元件的失效率才会改变。因此在下列条件下，我们可以利用旁联模型的系统可靠性公式来求分担负载模型的系统可靠性公式：

1）在旁联模型中的第一工作元件的失效率为 $2\lambda_h$，即 $\lambda_1 = 2\lambda_h$。相应的在分担负载模型中，因为有两个元件同时工作，因此每个元件的失效率为 $\lambda_h$。

2）在旁联模型中，当第一元件失效后，第二个元件开始工作，其失效率为 $\lambda_f$，即 $\lambda_2 = \lambda_f$。在相应的分担负载模型中，一个元件失效后，另一个元件的失效率为 $\lambda_f$。

把 $\lambda_1 = 2\lambda_h$ 和 $\lambda_2 = \lambda_f$ 代入式（3-75）并假设指数寿命分布同样可以得到式（3-86）。

## 3.5 失效率衰减模型

失效率衰减模型（the hazard rate model）考虑的不是机器的有效年龄，而是预修后失效率的变化规律。模型假定设备的初始失效率为零。在 $t = T_1$ 时，进行了第一次预防性维修。预防性维修后机器的失效率马上降为零，但再次使用时，其失效率函数从零开始的增长速度比新机器快。记机器首次使用时的失效率函数为 $h_0(x)$，这里 $x$ 为新机器从开始使用到第一次预防性维修之间的时间。在经过第一次预防性维修后，机器的失效率为 $h_1(x) = \theta_1 h_0(x)$，这里 $x$ 为机器从第一次预防性维修到第二次预防性维修之间的时间，而 $\theta_1$ 则称为失效率衰减系数。类似地，第二次预防性维修的失效率为 $h_2(x) = \theta_2 h_1(x)$，这里 $\theta_2$ 为第二次预防性维修后的失效率衰减系数。一般地，机器经过第 $i$ 次预防性维修后的失效率函数为

$$h_i(x) = \theta_i h_{i-1}(x), \quad i = 1, 2, \cdots \tag{3-87}$$

如果新机器的失效率函数为 $h_0(x)$，那么 $h_i(x)$ 可以表示为

$$h_i(x) = \left(\prod_{j=1}^{i} \theta_j\right)h_0(x) \tag{3-88}$$

这个模型的特点：每经过一次预防性维修，机器的失效率函数都会降为零，但其后的失效率增长速度比前次的要快（图3-23）。

至于如何确定 $\theta_i$ 的值，取决于维修活动对机器状态的恢复程度。如果是完美维修，即修旧如新，则 $\theta_i = 1$，否则 $\theta_i >$

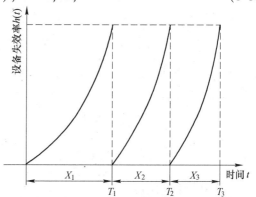

图3-23 设备失效率函数与时间的关系

1。Nakagawa 提出了下面的公式来确定 $\theta_i$ 的值。

$$\theta_i = 1 + \frac{i}{i+1}, \quad i = 1, 2, \cdots \tag{3-89}$$

式（3-89）表明，第一次预防性维修后，失效率增长速度为新机器的 1.5 倍。第二次维修后 $\theta_1\theta_2 = 2.5$ 倍。

## 3.6　定龄更换模型

定龄更换（age replacement）是指机器使用到预定时间时，不管其是否还能正常工作，都要更换成新的，因此，它能被看做为一种预防性维修。何时更换机器视其是否到了更换年龄。采用更换式预防性维修的原因在于机器失效可能造成巨大损失，因此我们宁愿在机器尚未坏时换成新的。

对于某一给定时间 $T$，机器有可能在时间 $T$ 内发生故障。如果机器发生故障，我们将进行被迫更换。被迫更换后，相当于一台新机器投入使用，故需重新计时，直到这台机器工作时间 $T$ 以后，如无故障，则实行计划内定龄更换。在这种假设下我们要决定如何选择 $T$ 的值以使单位时间内的总费用最低。单位时间费用可表示为

$$C(t) = 每周期内总费用 / 平均周期长度 \tag{3-90}$$

在这个模型中，有两个可能是周期长度：一个是机器没有故障到定龄更换，周期长度为 $T$；另一个是机器在时间 $T$ 内发生故障从而得到更换，周期为机械故障时间。因此，式（3-90）中的分子与分母分别为：

分子 = 预防性维修更换费用×机器到时间 $T$ 没有故障的概率 +

失效更换费用×机器在时间 $T$ 前失效的概率

$$= C_p R(T) + C_f[1 - R(T)] \tag{3-91}$$

式中　$C_p$，$C_f$——分别为预防性维修更换费用和失效更换费用；

$R(T)$——机器工作到时间 $T$ 的概率。

分母 = 定龄更换周期×无故障概率 + 在时间 $T$ 内失效的平均寿命×时间 $T$ 内故障的概率

$$= TR(T) + \int_0^T tf(t)\,\mathrm{d}t \tag{3-92}$$

式中　$f(t)$——机器寿命概率密度函数。

利用式（3-91）和式（3-92）得到

$$C(T) = \frac{C_p R(T) + C_f[1 - R(T)]}{TR(T) + \int_0^T tf(t)\,\mathrm{d}t} \tag{3-93}$$

要找到 $T$ 值使得式（3-93）中的 $C(T)$ 函数取得最小值，我们可以对 $C(T)$ 求导，并令其为零，从而得

$$h(T^*) \int_0^{T^*} R(t)\,\mathrm{d}t = \frac{C_p}{C_f - C_p} + F(T^*) \tag{3-94}$$

式中　$T^*$——最优定龄更换年龄。

## 3.7　最小维修优化模型

上节中所讨论的模型假设机器发生故障就马上更换，这种假设对多数设备不适用。更

为常见的是当机器发生故障时，马上组织抢修，把失效的部件换掉，而且想办法尽快使机器恢复到工作状态，这种情况恰好可用最小维修的概念来描述。最小维修使得机器恢复成为工作状态，但因为所更换修复的零件相对机器中总部件的数量较少，因此，最小维修基本不改变机器的失效率函数。但是，随着机器年龄的增长，我们不可能永远用最小维修来修复有故障的机器，总有一天会要去旧换新。我们进一步假设更换的费用比最小维修的费用高，修理时间可以忽略不计。在这些假定下，我们可以建立一个优化模型来寻找最优的更新时间 $T$，单位时间的总费用可以表达为

$$C(T) = \frac{C_f M(T) + C_r}{T} \tag{3-95}$$

式中　$C_f$——最小维修费用；

　　$M(T)$——时间 $T$ 内的平均最小维修次数；

　　$C_r$——更换费用；

　　$T$——决策变量。

根据 $M(t) = \int_0^T h(t)\,\mathrm{d}t$ 可将式（3-95）表示为

$$C(T) = \frac{C_f \int_0^T h(t)\,\mathrm{d}t + C_r}{T} \tag{3-96}$$

求 $C(T)$ 对 $T$ 的一阶偏导数得

$$C'(T) = \frac{TC_f h(t) - \left[ C_f \int_0^T h(t)\,\mathrm{d}t + C_r \right]}{T^2} \tag{3-97}$$

令 $C'(T) = 0$，得最优解 $T^*$ 的方程为

$$C_f T^* h(T^*) = C_f \int_0^T h(t)\,\mathrm{d}t + C_r \tag{3-98}$$

如果我们选择这样的 $T^*$ 更换机器，即可使单位时间内平均的维修和更换费用最低。

当最小维修时间是不可忽略时，可用下面的优化模型，该模型所用的更换策略是当机器发生第 $N$ 次故障时，将其更换。而在此前的故障都使用最小维修来恢复。假设：

（1）当机器发生故障时，采用最小维修或用一相同的新机器更换。

（2）每次最小维修后的机器的平均寿命（到下次失效的时间）是递减的。如果用 $\lambda_k$ 代表第 $k$ 次故障前的平均寿命，则 $\lambda_k \geqslant \lambda_{k+1}$，同样，如果用 $\mu_k$ 代表第 $k$ 次故障的平均修理时间，则我们有 $\mu_k \leqslant \mu_{k+1}$。这个假设是基于机器失效率是上升的情况，所以机器的失效频率会越来越高，即最小维修后的寿命越来越短。出现的新的故障也要花费较长时间去修复。

（3）$C$ 为最小维修费用，$C_f$ 为更换费用，$R$ 为机器单位工作时间的经济效益。

在上述假设下，机器从第一次投入使用到第 $N$ 次失效的单位时间的费用为

$$C(N) = \frac{(C + R)\sum_{k=1}^{N-1}\mu_k + C_f}{\sum_{k=1}^{N}\lambda_k + \sum_{k=1}^{N-1}\mu_k}, \quad N = 1,\ 2,\ \cdots \tag{3-99}$$

设 $N^*$ 是使 $C(N)$ 最小的时间 $T$ 值，我们有

$$C(N^* + 1) - C(N^*) = \frac{(C + R)f_N - C_f(\lambda_{N+1} + \mu_N)}{\Delta N}$$

式中

$$\Delta N = \left( \sum_{k=1}^{N+1} \lambda_k + \sum_{k=1}^{N} \mu_k \right) \left( \sum_{k=1}^{N} \lambda_k + \sum_{k=1}^{N-1} \mu_k \right)$$

$$f_N = \mu N \sum_{k=1}^{N} \lambda_k - \lambda_{N+1} \sum_{k=1}^{N-1} \mu_k \tag{3-100}$$

定义：

$$g_N = \frac{\lambda_{N+1} + \mu_N}{f_N} \tag{3-101}$$

则有：$\quad g_{N+1} - g_N = (\lambda_{N+2}\mu_N - \lambda_{N+1}\mu_{N+1}) \left( \sum_{k=1}^{N+1} \lambda_k + \sum_{k=1}^{N} \mu_k \right) f_N f_{N+1} \leqslant 0$

这说明 $g_N$ 是非递增的一个序列。当 $g_N \geqslant \dfrac{C+R}{C_f}$ 时，$C(N+1) \leqslant C(N)$，而当 $g_N \leqslant \dfrac{C+R}{C_f}$ 时，$C(N+1) \geqslant C(N)$。因此最优更换策略为

$$N^* = \min \left\{ N \geqslant \frac{1}{g_N} \leqslant \frac{C+R}{C_f} \right\} \tag{3-102}$$

## 3.8  维修与备件的关系

为了说明维修与备件的关系，我们考虑下面维修更换模型。考虑一台机器，计划在使用一段时间 $T$ 之后将其更换。如果在时间 $T$ 之内机器发生故障，则提早在此时更换。这样，对于这种机器，我们可能使用两种更换，一种是计划性更换（在时间 $T$），另外一种是在时间 $T$ 内发生故障时进行（被迫更换）。被迫更换的次数取决于机器在时间 $T$ 内发生故障的次数。对于这种维修策略的单位时间内的更换费用为

$$C(T) = \frac{C_p + C_f M(T)}{T} \tag{3-103}$$

式中  $C_p$ ——计划性更换费用；

$\quad\quad C_f$ ——被迫性更换费用；

$\quad M(T)$ ——在时间区间（0，$T$）内的平均被迫更换次数；

$\quad\quad T$ ——计划性更换时间。

假如不必考虑备件的问题，找出相应的 $T^*$ 值使式（3-103）中的 $C(T)$ 最小。在模型所考虑的维修区间中，平均更换次数为 $M(T) + 1$。也就是说，我们必须有 $M(T) + 1$ 个备件。如果备件不够，更换无法进行，机器无法正常使用，从而造成经济损失。如果备件太多，则增加库存费用。因此，我们可以把这些费用也考虑进去，而同时找出 $T$ 和初始备件 $Q$ 的最优值以使更换费用、经济损失和库存费用的总和达到最小。

用 $N(T)$ 代表机器在时间（0，$T$）区间的故障次数。$N(T)$ 是一个随机变量，$M(T)$ 是 $N(T)$ 的平均值，那么在一个维修区间（0，$T$）中，我们要做 $N(T) + 1$ 次更换。假设在开始时，我们有 $Q$ 个备件，那么当 $Q < N(T) + 1$ 时，备件短缺，就有经济损失。反之当

$Q > N(T) + 1$ 时，备件过多，就有库存成本。假如我们用简单的塔古齐（Taguchi）二次对称损失函数来代表备件短缺和备件过剩的额外费用，则有下式：

$$g(L,\ T) = \{Q - [N(T) + 1]\}^2 \tag{3-104}$$

式（3-104）可以被修改成非对称的，不同的系数也可以加在不同的情况下（备件短缺和过剩），这里我们不做进一步的讨论。

因为式（3-104）中的 $N(T)$ 为随机变量，我们可以计算因备件过剩或者短缺造成的平均额外费用。

$$D(L,\ T) = E[g(L,\ T)] = \sum_{n=0}^{\infty} P_n [Q - (n + 1)]^2 \tag{3-105}$$

式中，$P_n = P_r[N(T) = n]$。

将维修更换费用和因备件造成的额外费用加在一起，我们得出下面的费用函数：

$$TC = C(T) + \alpha D(L,\ T) \tag{3-106}$$

式中，$\alpha$ 是一系数。当 $\alpha = 0$ 时，则无因备件造成的额外费用。大的 $\alpha$ 值，表示备件短缺或过剩都有比较大的损失。将式（3-106）中的 $TC$ 对 $T$ 和 $L$ 求导并令其为零，可得下式：

$$L^* = 1 + M(T) \tag{3-107}$$

$$\frac{\partial C(T)}{\partial T} + \alpha \frac{\partial V[N(T)]}{\partial T} = 0 \tag{3-108}$$

式中　　$V[N(T)]$——随机变量 $N(T)$ 的方差函数；

$M(T)$——区间（0，$T$）中的平均失效次数，可用随机过程中的更新理论来计算。

## 3.9　简单模型一览表

部件数在 $n$ 个以内时，多数情况是根据框图直观地求取可靠度函数及其他的特征值，它们大多数是前述串联系统和并联系统等简单的组合。若将其列成表 3-5 所示的一览表，则提供了很多方便。

表 3-5　简单模型的可靠度一览表

| 序号 | 结　构 | 可靠度 $R$ | 可靠度函数 $R(t)(r_0(t) = e^{-\lambda_0 t})$ | MTTF | 方差 | 变差系数 |
|---|---|---|---|---|---|---|
| 1[①] | | $\dfrac{r_0^2}{1 - 2p_0 + p_0^2}$ | $e^{-2\lambda_0 t}$ | $\dfrac{1}{2\lambda_0}$ | $\dfrac{1}{4\lambda_0^2}$ | 1 |
| 2[②] | | $\dfrac{2r_0 - r_0^2}{1 - p_0^2}$ | $e^{-\lambda_0 t}(2 - e^{-\lambda_0 t})$ | $\dfrac{3}{2\lambda_0}$ | $\dfrac{7}{4\lambda_0^2}$ | 0.882 |
| 3 | | $\dfrac{2r_0^2 - r_0^3}{1 - p_0 - p_0^2 + p_0^3}$ | $e^{-\lambda_0 t}(2 - e^{-\lambda_0 t})$ | $\dfrac{2}{3\lambda_0}$ | $\dfrac{1}{3\lambda_0^2}$ | 0.866 |

| 序号 | 结 构 | 可靠度/R | 可靠度函数 $\dot{R}(t)\,(r_0(t)=e^{-\lambda_0 t})$ | MTTF | 方差 | 变差系数 |
|---|---|---|---|---|---|---|
| 4 | | $\dfrac{2r_0^2-r_0^3}{1-p_0-p_0^2+p_0^3}$ | $e^{-\lambda_0 t}(1+e^{-\lambda_0 t}-e^{-2\lambda_0 t})$ | $\dfrac{7}{6\lambda_0}$ | $\dfrac{11}{12\lambda_0^2}$ | 0.821 |
| 5③ | | $\dfrac{3r_0-3r_0^2+r_0^3}{1-p_0-p_0^2+p_0^3}$ | $e^{-\lambda_0 t}(3-3e^{-\lambda_0 t}+e^{-2\lambda_0 t})$ | $\dfrac{11}{6\lambda_0}$ | $\dfrac{49}{36\lambda_0^2}$ | 0.636 |
| 6 | | $\dfrac{2r_0^3-r_0^4}{1-2p_0+2p_0^3+p_0^4}$ | $e^{-3\lambda_0 t}(2-e^{-\lambda_0 t})$ | $\dfrac{5}{12\lambda_0}$ | $\dfrac{7}{48\lambda_0^2}$ | 0.917 |
| 7 | | $\dfrac{3r_0^2-3r_0^3+r_0^4}{1-p_0+p_0^3+p_0^4}$ | $e^{-2\lambda_0 t}(3-3e^{-\lambda_0 t}+e^{-2\lambda_0 t})$ | $\dfrac{3}{4\lambda_0}$ | $\dfrac{19}{48\lambda_0^2}$ | 0.839 |
| 8 | | $\dfrac{2r_0-2r_0^3+r_0^4}{1-2p_0^3+p_0^4}$ | $e^{-\lambda_0 t}(2-2e^{-2\lambda_0 t}+e^{-3\lambda_0 t})$ | $\dfrac{19}{12\lambda_0}$ | $\dfrac{169}{144\lambda_0^2}$ | 0.699 |
| 9 | | $\dfrac{r_0+r_0^3-r_0^4}{1-3p_0^2+3p_0^3-p_0^4}$ | $e^{-\lambda_0 t}(1+e^{-2\lambda_0 t}-e^{-3\lambda_0 t})$ | $\dfrac{13}{12\lambda_0}$ | $\dfrac{133}{144\lambda_0^2}$ | 0.877 |
| 10④ | | $\dfrac{(2r_0-r_0^2)^2}{1-2p_0^2+p_0^4}$ | $e^{-2\lambda_0 t}(2-e^{-\lambda_0 t})^2$ | $\dfrac{11}{12\lambda_0}$ | $\dfrac{19}{48\lambda_0^2}$ | 0.686 |
| 11⑤ | | $\dfrac{2r_0^2-r_0^4}{1-4p_0^2+4p_0^3-p_0^4}$ | $e^{-2\lambda_0 t}(2-e^{-2\lambda_0 t})$ | $\dfrac{3}{4\lambda_0}$ | $\dfrac{5}{16\lambda_0^2}$ | 0.745 |
| 12 | | $\dfrac{r_0^2+r_0^3-r_0^4}{1-p_0+2p_0^2+3p_0^3-p_0^4}$ | $e^{-2\lambda_0 t}(1+e^{-\lambda_0 t}-e^{-2\lambda_0 t})$ | $\dfrac{7}{12\lambda_0}$ | $\dfrac{35}{144\lambda_0^2}$ | 0.845 |
| 13 | | $\dfrac{r_0+2r_0^2-3r_0^3+r_0^4}{1-p_0^2-p_0^3+p_0^4}$ | $e^{-\lambda_0 t}(1+2e^{-\lambda_0 t}-3e^{-2\lambda_0 t}+e^{-3\lambda_0 t})$ | $\dfrac{5}{4\lambda_0}$ | $\dfrac{11}{16\lambda_0^2}$ | 0.663 |
| 14⑥ | | $\dfrac{4r_0-6r_0^2+4r_0^3-r_0^4}{1-p_0^4}$ | $e^{-\lambda_0 t}(4-6e^{-\lambda_0 t}-4e^{-2\lambda_0 t}-e^{-3\lambda_0 t})$ | $\dfrac{25}{12\lambda_0}$ | $\dfrac{205}{144\lambda_0^2}$ | 0.573 |

①串联系统；②并联系统（2部件系统）；③并联系统（3部件系统）；④2×2串并联系统（部件冗余）；⑤2×2并串联系统（系统冗余）；⑥并联系统（4部件系统）。

表中第2栏是框图。第3栏是部件数在4个以内的各种组合的可靠度。设部件为等可靠度 $r_0 = 1 - p_0$，此栏各项的分子用 $r_0$ 表示，分母用 $p_0$ 表示。

第4栏列出部件可靠度函数为 $r_0(t) = e^{-\lambda_0 t}$ 时的系统可靠度函数 $R(t)$。第5栏所列为MTTF。第6栏所列为方差。最后一栏是变差系数，用下式计算：

$$变差系数 = \frac{\sqrt{方差}}{MTTF}$$

此值表示概率的变量在平均值附近的离散程度。对于指数型为1，如分布形状距指数分布小于1时，表明是集中形式。系统可靠度用 $r_0$ 和 $p_0$ 两种形式表示。

# 4 液压系统可靠度计算方法

## 4.1 液压系统可靠度的一般计算方法

液压系统可靠度是液压系统重要性能指标之一，这个指标能体现出液压系统工作寿命、经济价值以及液压系统结构形式。在系统的算法中，一般用框图来求系统可靠度和故障概率。

### 4.1.1 组合事件计算法

这个方法是舒曼（Shooman）的所谓事件空间法（event-space method）的意译。各部件的状态均分为正常和故障两组，如罗列出部件组合时，将会有 $2^n$ 组表明系统状态的事件集合，称为事件空间。事件空间在系统中可分为正常工作事件和故障事件。前者称为合适事件，后者称为不合适事件。系统可靠度是合适事件的集合的概率。

事件空间的完成必须认真地根据框图等完整地罗列出所有的而且是互斥性的事件。

现在来研究一下图 4-1 所示的由 5 个部件组成的系统结构。若各部件的正常状态表示为 $a$，$b$，$\cdots$，$e$，故障状态表示为 $\bar{a}$，$\bar{b}$，$\cdots$，$\bar{e}$ 时，则所有的部件相对于这些状态的组合为 $2^5 = 32$ 组。将其列成表 4-1 所示的格式，再加以序号。参照框图上代号的部件状态，对于输入、输出间的信号通路闭合的，在序号上加以圆圈标记。这个事件 $E_i$ 是表示合适事件的 1 个。按此方法，可给出 $i = 1$，$2$，$\cdots$，15 以及 19，22，23，25 的 19 组，这些均为互斥事件。系统的可靠度 $P_s$ 就是这些事件的和，可按下式计算：

$$P_s = P(E_1 + E_2 + \cdots + E_{15} + E_{19} + \cdots + E_{25})$$
$$= P(E_1) + P(E_2) + \cdots + P(E_{15}) + P(E_{19}) + \cdots + P(E_{25}) \quad (4\text{-}1)$$

设各部件的可靠度为 $r_a$、$r_b$ 等，则故障概率为 $1 - r_a$、$1 - r_b$ 等。假设为独立故障，则 $E_1 = (a，b，c，d，e)$ 发生的概率为 $r_a r_b r_c r_d r_e$，即

$$P(E_1) = r_a r_b r_c r_d r_e \quad (4\text{-}2)$$

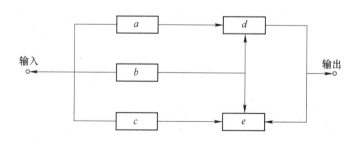

图 4-1 系统的复杂结构示例

**表 4-1 图 4-1 系统示例的部件状态组合**

| 系统状态 $E_i$ $i$ | 部件状态组合 | 系统状态 $E_i$ $i$ | 部件状态组合 |
|---|---|---|---|
| ① | $abcde$ | ⑰ | $abc\,\bar{d}\,\bar{e}$ |
| ② | $\bar{a}bcde$ | ⑱ | $ab\bar{c}d\,e$ |
| ③ | $a\bar{b}cde$ | ⑲ | $a\bar{b}\,cde$ |
| ④ | $ab\bar{c}de$ | ⑳ | $a\bar{b}\,\bar{c}\,de$ |
| ⑤ | $abc\bar{d}e$ | ㉑ | $ab\bar{c}\bar{d}\,e$ |
| ⑥ | $abcd\bar{e}$ | ㉒ | $a\bar{b}c\bar{d}e$ |
| ⑦ | $\bar{a}\,\bar{b}cde$ | ㉓ | $ab\bar{c}\,\bar{d}\,e$ |
| ⑧ | $\bar{a}b\bar{c}de$ | ㉔ | $\bar{a}\,\bar{b}cde$ |
| ⑨ | $\bar{a}bc\bar{d}e$ | ㉕ | $\bar{a}\,b\bar{c}de$ |
| ⑩ | $\bar{a}bcd\bar{e}$ | ㉖ | $\bar{a}\,\bar{b}\,cde$ |
| ⑪ | $a\bar{b}\,\bar{c}de$ | ㉗ | $ab\bar{c}\,\bar{d}\,\bar{e}$ |
| ⑫ | $a\bar{b}c\bar{d}\,e$ | ㉘ | $ab\bar{c}\,\bar{d}\,e$ |
| ⑬ | $a\bar{b}cd\bar{e}$ | ㉙ | $\bar{a}\,bc\,\bar{d}\,e$ |
| ⑭ | $abc\,\bar{d}e$ | ㉚ | $\bar{a}\,b\,\bar{c}d\,e$ |
| ⑮ | $abc\bar{d}e$ | ㉛ | $\bar{a}\,b\,\bar{c}de$ |
| ⑯ | $abcd\bar{e}$ | ㉜ | $\bar{a}\,b\,\bar{c}d\,e$ |

又事件 $E_2 = (\bar{a},\ b,\ c,\ d,\ e)$ 发生的概率，只在部件 $a$ 发生故障时才发生，故为

$$P(E_2) = (1 - r_a)\, r_b r_c r_d r_e \tag{4-3}$$

同样，对于正常部件的可靠度设为 $r_j$，对于故障部件的故障概率设为 $1 - r_j$，则各事件发生的概率用它们的积来表示，设 $j = a,\ b,\ c,\ d,\ e$，则可以求出式（4-1）中的各项。

当各部件的可靠度相等时，即 $r_i = r_0 (i = a,\ b,\ \cdots)$，式（4-1）之和可化简如下：

$$P_s = r_0^5 + 5r_0^4(1 - r_0) + 9r_0^3(1 - r_0)^2 + 4r_0^2(1 - r_0)^3$$
$$= r_0^5 - r_0^4 - 3r_0^3 + 4r_0^2 \tag{4-4}$$

另外，用表 4-1 中序号不加圆圈的不适合事件的和事件求概率 $P_f$，通过 $P_s = 1 - P_f$，当然也可以得到同样的结果。

这里所阐述的事件计数法，就独立故障部件组成的整个系统来说，如果适用的话，则为正攻法。而实际上因为组合总数是 $2^n$ 组，当 $n = 5$ 时为 32 组，$n = 6$ 时为 64 组，此值已相当大，超过此值时，状态的排列已相当困难，此时，可采用下节所述的简便方法。

## 4.1.2　通路追踪法

在上一节使用方法中，为了寻找合适事件，必须根据框图逐个检查输入端和输出端间的信号通路是否闭合。更简便的方法是，只拣出框图上闭合着的事件就足够了。为了说明这个方法，再看一下图 4-1 的例子。

先设全部部件处于故障状态，显然，此时通路是不存在的。若仅有 1 个部件正常，其余的全部发生故障时，也不存在通路，故这些事件都是不合适事件。在 2 个部件的组合如 $ab$、$bc$ 等中，通路闭合的有 $ad$，$bd$，$be$，$ce$ 4 组，这些合适事件一般不是互斥的，这是因为对于事件 $ad$ 来说，事件 $be$ 或 $ce$ 等可能同时发生。

系统可靠度可以用这些合适事件的和事件的概率来给定。在此，设 $A_1 = ad$，$A_2 = bd$，$A_3 = be$，$A_4 = ce$ 等，可靠度概率可用集合运算法展开成如下形式：

$$
\begin{aligned}
P_5 &= P(A_1 + A_2 + A_3 + A_4) \\
&= P(A_1) + P(A_2) + P(A_3) + P(A_4) - [P(A_1A_2) + P(A_2A_3) + P(A_3A_4) + \\
&\quad P(A_1A_3) + P(A_2A_4) + P(A_1A_4)] + P(A_1A_2A_3) + P(A_2A_3A_4) + P(A_1A_2A_4) + \\
&\quad P(A_1A_3A_4) - P(A_1A_2A_3A_4)
\end{aligned}
\tag{4-5}
$$

式子 $A$ 的积事件分别表示为

$$
\left.
\begin{aligned}
&A_1A_2 = abd, \quad A_2A_3 = bde, \quad A_3A_4 = bce \\
&A_1A_3 = abde, \quad A_2A_4 = bcde, \quad A_1A_4 = acde \\
&A_1A_2A_3 = abde, \quad A_2A_3A_4 = bcde \\
&A_1A_2A_4 = abcde, \quad A_1A_3A_4 = abcde \\
&A_1A_2A_3A_4 = abcde
\end{aligned}
\right\}
\tag{4-6}
$$

等，故

$$
\left.
\begin{aligned}
P(A_1A_3) &= P(A_1A_2A_3) \\
P(A_2A_4) &= P(A_2A_3A_4) \\
P(A_1A_2A_4) &= P(A_1A_3A_4) = P(A_1A_2A_3A_4)
\end{aligned}
\right\}
\tag{4-7}
$$

因此，式（4-5）可整理如下：

$$
\begin{aligned}
P_s &= P(ad) + P(bd) + P(be) + P(ce) - P(abd) - \\
&\quad P(bde) - P(bce) - P(acde) + P(abcde)
\end{aligned}
\tag{4-8}
$$

式中的各项如用部件可靠度 $r_j(j = a, b, \cdots, e)$ 表示时，根据部件的独立性，则有 $P(ad) = r_a r_d$ 等。现设部件的可靠度相等，即取 $r_j = r_0$，则式（4-8）为

$$
P_s = r_0^5 - r_0^4 - 3r_0^3 + 4r_0^2
$$

与式（4-4）的结果一致。

通路追踪法在可靠度计算中，对于不能判断为互斥事件的一些类型，式（4-7）显得稍微有些繁琐，但由于可以省去编制事件空间一览表的时间，故适用于复杂的模型。

比此方法更精炼的有割集分析法。

### 4.1.3　分解法

分解法是依次应用条件概率的定理来分解模型。此法与已知模型或原模型相比，是属于更容易计算的结构。

下面研究由 $n$ 个部件组成的系统，使用符号如下：

$S$——系统的正常工作状态；

$x_i$——第 $i$ 个部件的正常工作状态（$i = 1, 2, \cdots, n$）；

$\bar{S}$，$\bar{x}_i$——系统和部件的故障状态；

$R_s = P(S)$ ——系统的可靠度；

$P_f = P(\bar{S})$ ——系统的不可靠度（故障概率）；

$r_i = P(x)$ ——各部件的可靠度；

$1 - r_i = P(\bar{x})$ ——各部件的故障概率；

$P_i(S) = P(S \mid x_i)$ ——第 $i$ 个部件正常工作时，系统为正常的条件概率；

$P_{\bar{i}}(S) = P(S \mid \bar{x}_i)$ ——第 $i$ 个部件故障时，系统为正常的条件概率；

$P_{ij}(S) = P(S \mid x_i, x_j)$，$i \neq j$ ——第 $i$，$j$ 部件正常工作时，系统为正常的条件概率。

同样，此处定义：$P_{i\bar{j}}(S) = P(S \mid x_i \bar{x}_j)$，$P_{\bar{i}j}(S) = P(S \mid \bar{x}_i x_j)$，$P_{\bar{i}\bar{j}}(S) = P(S \mid \bar{x}_i \bar{x}_j)$ 等。还有高阶的 $P_{ijk\cdots}(S) = P(S \mid x_i x_j x_k \cdots)$ 等。

注意，任一 $i$ 号部件，无论此部件为正常状态 $x_i$ 或故障状态 $\bar{x}_i$，系统的正常状态 $S$ 均可能发生。由于这些是互斥事件，所以，对于此集合运算为

$$S = (Sx_i) + (S\bar{x}_i) \tag{4-9}$$

根据条件概率的定理，有

$$
\begin{aligned}
R = P(S) &= P(Sx_i) + P(S\bar{x}_i) \\
&= P(S \mid x_i) P(x_i) + P(S \mid \bar{x}_i) P(\bar{x}_i) \\
&= P_i(S) r_i + P_{\bar{i}}(S) (1 - r_i)
\end{aligned} \tag{4-10}
$$

式中　$P(S)$ ——无条件概率。

同样，可得到系统的不可靠的（故障概率）$P_f$ 为

$$P_f = P(\bar{S}) = P_i(\bar{S}) r_i = P_i(\bar{S}) (1 - r_i) \tag{4-11}$$

式（4-10）中的 $P_i(S)$，$P_{\bar{i}}(S)$ 分别是 $i$ 号部件的状态确定为正常和故障的系统可靠度。在框图上，其部件输入端和输出端可表示成闭合（记为○）和断开（记为×），就是将原系统中 $i$ 号部件分解成闭合和断开两种形式的框图。分别求得两种框图的可靠度，再根据式（4-9）计算原系统的正常工作状态。

若分解后框图的可靠度为难以计算的形式时，分别将其看做为新的系统。对于 $j$ 号（$j \neq i$）部件进行如上所述的分解，若适用式（4-10），则为

$$
\left.
\begin{aligned}
P_i(S) &= P_{ij}(S) r_i + P_{i\bar{j}}(S) (1 - r_j) \\
P_{\bar{i}}(S) &= P_{\bar{i}j}(S) r_j + P_{\bar{i}\bar{j}}(S) (1 - r_j)
\end{aligned}
\right\} \tag{4-12}
$$

将此式代入式（4-10），于是，$P(S)$ 可用 $P_{ij}$，$P_{i\bar{j}}$，$P_{\bar{i}j}$，$P_{\bar{i}\bar{j}}$ 和 $r_i$，$r_j$ 等求得。

这样的框图继续分解下去，最后得条件概率为

$$
\left.
\begin{aligned}
P_{ijk\cdots}(S) &= 1 (i \neq j \neq k) \\
P_{\bar{i}\bar{j}\bar{k}\cdots}(S) &= 0 (i \neq j \neq k)
\end{aligned}
\right\} \tag{4-13}
$$

如此，式（4-10）就一定可以计算。从原理来看，式（4-10）的条件概率的计算式每重复分解一次，对于 $n$ 个部件的结构，计算式的数目即以 $2^{n-1}$ 的比例增加，当然这是很费事的。

实际步骤是，在每次框图分解中，把选择的部件 $i$，$j$，$k$ 等置于各自框图中的重要位置。因此，条件概率 $P_{ijk}(S)$ 等，在整个计算程序中，还在远离最后分解阶段以前，就能

获得已知模型或容易计算的形式，而且，总的计算工作量也明显减少。

下面说明分解法的应用实例。图 4-2a 例与图 4-1 是相同的系统。

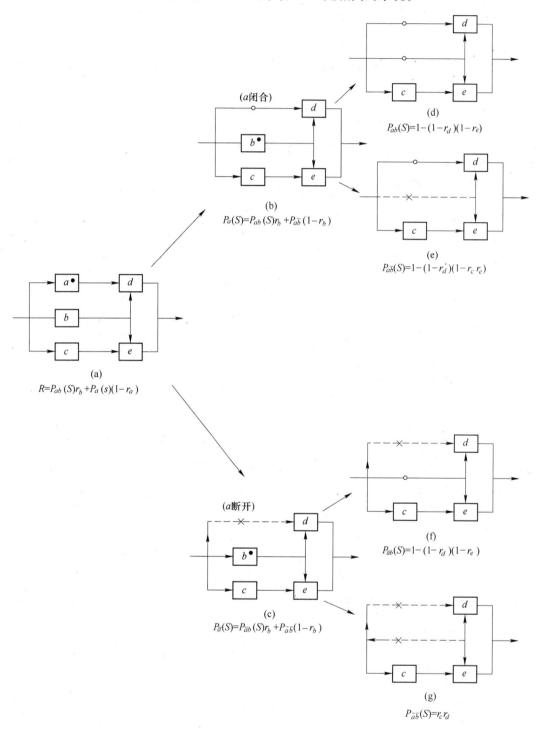

图 4-2　系统示例（图 4-1 的分解之一）

先以部件 $a$ 为对象，并在其右上方加上黑点，若其为正常的，则如图 4-2b 所示为闭合状态；若发生故障，则如图 4-2c 所示为断开状态。在此阶段，若 $P_a(S)$，$P_{\bar{a}}(S)$ 不能直接计算，就另选部件 $b$，把图 4-2b 分解为图 4-2d、e，把图 4-2c 分解为图 4-2f、g。在图 4-2d～g 中，无需再对其他部件进行重复分解，而通过观察 $P_{ab}(S)$，$P_{a\bar{b}}(S)$，$P_{\bar{a}b}(S)$，$P_{\bar{a}\bar{b}}(S)$ 等得到结果。现分述如下：

图 4-2d 中，由于部件 $b$ 闭合，故为部件 $d$、$e$ 的并联系统。因此

$$P_{ab}(S) = 1 - (1 - r_d)(1 - r_e) = r_d + r_e + r_d r_e \tag{4-14}$$

图 4-2e 是部件 $d$ 和 $c$、$e$ 串联系统所构成的并联结构。因此

$$P_{a\bar{b}}(S) = 1 - (1 - r_d)(1 - r_c r_e) = r_d + r_c r_e - r_c r_d r_e \tag{4-15}$$

图 4-2f 和图 4-2d 一样，由于部件 $b$ 闭合，故为部件 $d$、$e$ 的并联系统。有

$$P_{\bar{a}b}^-(S) = 1 - (1 - r_d)(1 - r_e) = r_d + r_e - r_d r_e \tag{4-16}$$

图 4-2g 由于部件 $d$ 是不稳定形式，故仅为部件 $c$、$e$ 的串联系统，故有

$$P_{\bar{a}\bar{b}}^-(S) = r_c r_d \tag{4-17}$$

式（4-14）～式（4-17）的值代入图 4-2b、c 的条件式，则为如下形式：

$$P_a(S) = (r_d + r_e - r_d r_e) r_b + (r_d + r_c r_e - r_c r_d r_e)(1 - r_b) \tag{4-18}$$

$$P_{\bar{a}}^-(S) = (r_d + r_e - r_d r_e) r_b + r_c r_d (1 - r_b) \tag{4-19}$$

将这些值代入图 4-2a 的条件式，可得可靠度 $R$。设部件均为等可靠度 $r_0$，则

$$P_a(S) = [1 - (1 - r_0)^2] r_0 + [1 - (1 - r_0)(1 - r_0^2)](1 - r_0)$$
$$= r_0 + 2r_0^2 - 3r_0^3 + r_0^4 \tag{4-20}$$

$$P_{\bar{a}}^-(S) = [1 - (1 - r_0)^2] r_0 + r_0^2 (1 - r_0)$$
$$= 3r_0 - 2r_0^3 \tag{4-21}$$

因此，可靠度为

$$R = (r_0 + 2r_0^2 - 3r_0^3 + r_0^4) r_0 + (3r_0^2 - 2r_0^3)(1 - r_0)$$
$$= 4r_0^2 - 3r_0^3 - r_0^4 + r_0^5 \tag{4-22}$$

此式与式（4-4）相同。

为了便于说明本方法，以上将部件按 $a$、$b$、$c$ 顺序进行分解，这样是很繁杂的。若仔细察看图 4-2a，先选部件 $b$ 为对象，显然是最简单的。图 4-3 所示为其分解法。图 4-3b 是部件 $b$ 闭合的形式，图 4-3c 是部件 $b$ 断开的形式。

如图 4-3b 所示，因为 $b$ 发生了闭合，故部件 $a$、$c$ 对此系统的工作不再产生影响，此系统只是部件 $d$、$e$ 的并联系统，故有

$$P_{\bar{b}}(S) = 1 - (1 - r_d)(1 - r_e) = r_d + r_e - r_d r_e \tag{4-23}$$

图 4-3c 是部件 $a$、$d$ 和 $c$、$e$ 分别组成串联系统后构成的并联结构，故有

$$P_{\bar{b}}(S) = 1 - (1 - r_a r_d)(1 - r_c r_e)$$
$$= r_a r_d + r_c r_e - r_a r_d r_c r_e \tag{4-24}$$

把这些代入图 4-3a 的条件式，则可得系统的可靠度。设 $r_a = r_b = \cdots = r_0$，进行验算时，可知与式（4-22）一致。

这里一般要注意的是：对于式（4-10）的分解，其前提条件是 $i$ 号部件的断开或闭合，对系统和其他部件的固有特性均没有影响。在以信号传递作为研究对象的系统中，按

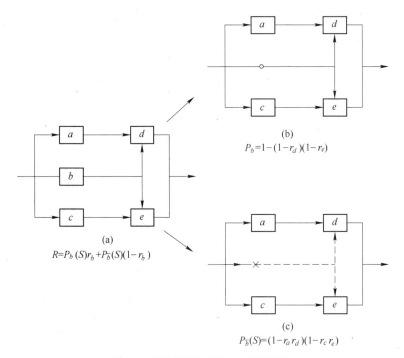

$$P_b = 1-(1-r_d)(1-r_e)$$

$$R = P_b(S)r_b + P_{\bar{b}}(S)(1-r_b)$$

$$P_{\bar{b}}(S) = (1-r_a r_d)(1-r_c r_e)$$

图 4-3　系统示例（图 4-1 的分解之二）

部件故障产生的条件，分为有害和无害两种情况，所以，对这个前提必须加以讨论。

一般是从系统中去掉 1 个部件，由于这个部件断开，于是系统立即产生故障，或是由剩下的其他部件组成的辅助系统处于容易产生故障的状态。此时，由于部件断开，系统的可靠度比原来的降低了。如果部件闭合，就不会再发生故障，即可靠度可认为是 1，所以，这样的辅助系统的可靠度比原系统的可靠度增大。因而可以说与式（4-9）的关系如下：

$$P_i(S) > R > P_{\bar{i}}(S) \tag{4-25}$$

### 4.1.4　桥式系统

上节所述分解法的应用例子，在这一节以后，将阐述对它做少量变化后的模型。图 4-4 所示为桥式系统，其结构简单，但可靠度很难只用串联和并联系统的运算法则求得。

现选中间部件 $c$ 为对象，使它闭合（记为○）、断开（记为×），可得图 4-4b、c。图 4-4b 是部件 $a$、$b$ 的并联系统和 $d$、$e$ 的并联系统，这两个并联系统用串联连接，故其可靠度（条件）$P_c(S)$ 可直接由下式得到：

$$P_c(S) = (r_a + r_b - r_a r_b)(r_d + r_e - r_d r_e) \tag{4-26}$$

同样，图 4-4c 是部件 $a$、$d$ 的串联系统和 $b$、$e$ 的串联系统再并联而成的结构，故有

$$P_{\bar{c}}(S) = r_a r_d + r_b r_e - r_a r_b r_d r_e \tag{4-27}$$

利用式（4-26）和式（4-27）可得整个系统可靠度 $R$：

$$R = P(S) = P_c(S) r_c + P_{\bar{c}}(S)(1-r_c)$$

$$= (r_a + r_b - r_a r_b)(r_d + r_e - r_d r_e) r_c + (r_a r_d + r_b r_e - r_a r_b r_a r_e)(1-r_c) \tag{4-28}$$

设 $r_a = r_b = \cdots = r$，则

$$R = r^3 (2 - r)^2 + r^2(1 - r)(2 - r^2)$$
$$= 2r^2(1 + r - 2.5r^2 + r^3) \tag{4-29}$$

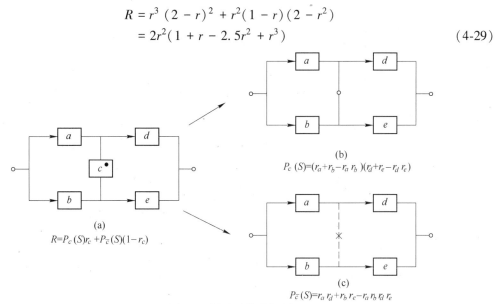

图 4-4 桥式系统分解图

这里值得注意的是，图 4-4b 是 2×2 串并联系统，即为部件冗余系统。图 4-4c 为 2×2 并串联系统，即系统冗余系统。而且，可靠度 $P_c(S)$ 和 $P_{\bar{c}}(S)$ 可分别按式（4-26）和式（4-27）计算求得。由式（4-25）可得一般所说的 $P_c(S) > R > P_{\bar{c}}(S)$ 的关系。从而可知，桥式系统的可靠度显然是处于 2×2 部件冗余系统和系统冗余系统两者中间。为了更清楚地表示这个关系，把 2×2 的部件冗余系统的可靠度表示为 $R_{SP}$、系统冗余系统的可靠度表示为 $R_{SP}$、桥式系统可靠度表示为 $R_{BR}$，则式（4-25）可表示为

$$R_{PP} > R_{BR} > R_{SP} \tag{4-30}$$

图 4-5 是用数值来表示分解对象部件 $c$ 的可靠度 $r_c$ 对系统的影响。以横轴表示 $r_c$，值由 0 至 1 的变化，纵轴所示为桥式系统可靠度 $R_{BR}$ 的计算值。这时 $r_c$ 以外的部件可靠度分别为 $r = 0.5$，$0.6$，$0.7$，$0.8$，$0.9$。式（4-28）可写成如下形式：

$$R_{BR} = R_{PP}r_c + R_{SP}(1 - r_c) \tag{4-31}$$

当 $r_c = 0$ 时，$R_{BR} = R_{SP}$，即桥式系统可靠度与系统冗余系统可靠度一致。当 $r_c = 1$ 时，$R_{BR} = R_{PP}$，即桥式系统可靠度与部件冗余系统的可靠度一致。

部件可靠度均等于 $r$ 时，桥式系统的可靠度由式（4-29）计算所得数值结果，标示于图 4-6 的曲线上。当 $r$ 值小时，可略去括号内 $r$ 的 2 次幂以上的项做近似计算。此时，式（4-29）可写为

$$R_{\mathrm{I}} \approx 2r^2(1 + r) \tag{4-32}$$

当 $r$ 值接近 1 时，将式（4-29）以 $(1 - r)$ 的幂项来表示，略去同括号内 $(1 - r)$ 的 2 次幂以上的项，则得

$$R_{\mathrm{II}} = r^2\{r + [(1 - r) + (1 - r)^2]\}(1 - r + 3r)$$
$$\approx r^3(4 - 3r) \tag{4-33}$$

图 4-6 中虚线表示的是近似计算值。$r < 0.2$ 时使用近似式 $R_{\mathrm{I}}$，$r > 0.8$ 时使用近似式 $R_{\mathrm{II}}$ 进行计算，可以得到满意结果。

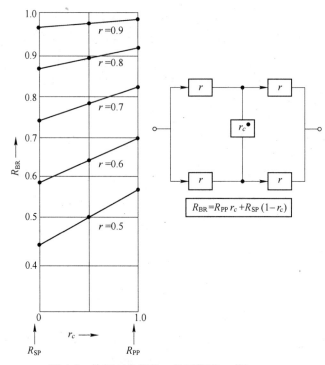

图 4-5 分解对象部件 $c$ 的可靠度 $r_c$ 值

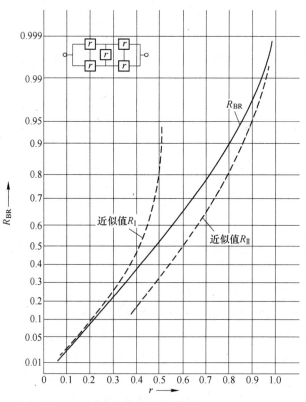

图 4-6 桥式系统可靠度计算值 $R_{BR}(r)$

### 4.1.5 梯式系统

在此叙述关于求解图 4-7 所示的梯形网络系统的可靠度。取图 4-7a 的部件 $f$ 为对象，若使其闭合，则可得图 4-7b。它是由左边部件 $a$，$b$，…，$e$ 组成的桥式系统和右边由部件 $g$、$h$ 组成的并联系统再串联连接而成的结构。如桥式系统可靠度用 $R_{BR}$ 表示，则

$$P_f(S) = R_{BR}(r_g + r_h - r_g r_h) \tag{4-34}$$

部件 $f$ 断开时，如图 4-7c 所示，部件 $d$、$g$ 和 $e$、$h$ 分别形成串联系统，从整体来看是桥式系统。如其可靠度表示为 $R_{BR'}$，则

$$P_f(S) = R_{BR'} \tag{4-35}$$

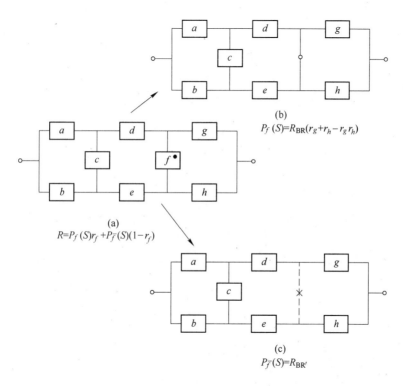

(b)
$$P_f(S) = R_{BR}(r_g + r_h - r_g r_h)$$

(a)
$$R = P_f(S)r_f + P_{\bar{f}}(S)(1 - r_f)$$

(c)
$$P_{\bar{f}}(S) = R_{BR'}$$

图 4-7 梯式系统分解图

当部件具有等可靠度 $r$ 时，利用式（4-29），根据式（4-34），则有

$$P_f(S) = (2r^2 + 2r^3 - 5r^4 + 2r^5)(2r - r^2) \tag{4-36}$$

为了计算 $R_{BR'}$，在式（4-28）中 $r_d r_g$、$r_e r_h$ 代替 $r_d$、$r_e$，故有

$$R_{BR'} = P_{\bar{f}}(S) = r^4(2 - r)(2 - r^2) + r^3(1 - r)(2 - r^3)$$
$$= r^3(2 + 2r - 2r^2 - 3r^3 + 2r^4) \tag{4-37}$$

$$R = (2 + 2r - 5r^2 + 2r^3)(2 - r)r^4 + r^3(2 + 2r - 2r^2 - 3r^3 + 2r^4)(1 - r)$$
$$= r^3(2 + 4r - 2r^2 - 13r^3 + 14r^4 - 4r^5) \tag{4-38}$$

对于给定部件等可靠度 $r$ 时的数值计算，用式（4-38）完全可以做到。但是，这个系统若再略微扩展一些，则计算的复杂性就要增加，所以，从根本上看是不理想的，因此，

考虑做如下近似处理。

图 4-8 是表示梯式系统的扩展结构。其中图 4-8b 是上述标准的梯式系统，称为 LA1 型。LA1 是在图 4-8a 桥式系统上，附加点划线 *AB* 右边部分而构成的。再附加一段后的结构称为 LA2，如图 4-8c 所示。附加 *n* 段后的结构称为 LA*n*，如图 4-8d 所示。

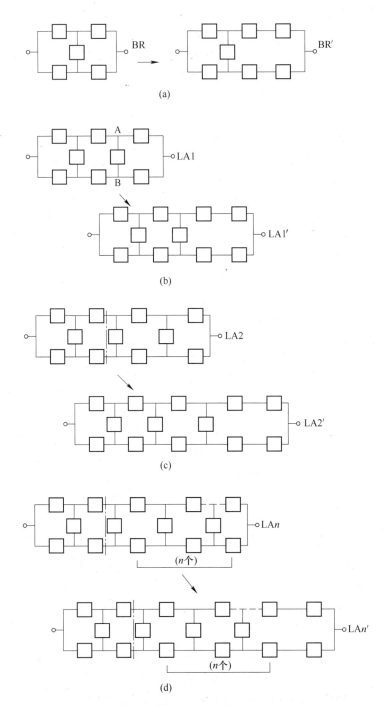

图 4-8   梯式系统的扩展结构

设部件可靠度均等于 $r$，桥式系统的可靠度用 $R_{BR}$ 表示，以下梯式系统的可靠度分别加以相应的下标表示，根据分解法的原理，则下式成立：

$$\left.\begin{array}{l} R_{LA1} = R_{BR}(2-r)r^2 + R_{BR'}(1-r) \\[2mm] R_{LA2} = R_{LA1}(2-r)r^2 + R_{LA1'}(1-r) \\[1mm] \vdots \\[1mm] R_{LAn} = R_{LA(n-1)}(2-r)r^2 + R_{LA(n=1)'}(1-r) \end{array}\right\} \tag{4-39}$$

如图 4-8 右侧所示，$R_{BR'}$，$R_{LA1'}$，… 等是桥式系统和各种梯式系统中，在它们的最末支路上加以串联部件所构成结构的可靠度。一般为

$$R_{BR} > R_{BR'}，R_{LA1} > R_{LA1'}，\cdots，R_{LAn} > R_{LAn'} \tag{4-40}$$

因此，若以 $R_{BR}$，$R_{LA1}$，… 等置换式（4-40）中的 $R_{BR'}$，$R_{LA1'}$，… 等，则以下不等式成立：

$$\left.\begin{array}{l} R_{LA1} < R_{BR}(2-r)r^2 + R_{BR}(1-r) \\[2mm] \quad\ = R_{BR}\left[1-r(1-r^2)\right] \\[4mm] R_{LA2} < R_{LA1}\left[1-r(1-r)^2\right] \\[1mm] \vdots \\[1mm] R_{LAn} < R_{LA(n-1)}\left[1-r(1-r)^2\right] \end{array}\right\} \tag{4-41}$$

同样

逐次置换这些公式，则得

$$R_{LAn} < R_{BR}\left[1-r(1-r)^2\right]^n \tag{4-42}$$

同样，在式（4-39）中，若用比 $R_{BR}$，$R_{LA1,}$ … 等小的 $R_{BR'}$，$R_{LA1'}$ … 等置换，则相应于不等式（4-41）可得如下不等式：

$$\left.\begin{array}{l} R_{LA1} > R_{BR'}\left[1-r(1-r)^2\right] \\[2mm] R_{LA2} > R_{LA1'}\left[1-r(1-r)^2\right] \\[1mm] \vdots \\[1mm] R_{LAn} > R_{LA(n-1)'}\left[1-r(1-r)^2\right] \end{array}\right\} \tag{4-43}$$

对应于式（4-42），可得

$$R_{LAn} > R_{BR'}\left[1-r(1-r)^2\right]^n \tag{4-44}$$

由式（4-42）和式（4-44），则有：

$$R_{BR'}\left[1-r(1-r)^2\right]^n < R_{LAn} < R_{BR}\left[1-r(1-r)^2\right]^n \tag{4-45}$$

当可靠度 $r$ 近于 1 时，由于 $R_{BR}$ 与 $R_{BR'}$ 差值很小，所以，对于阶梯数多的 $R_{LAn}$ 的近似计算，用下式是可以满足的：

$$R_{LAn} = R_{BR}\left[1-r(1-r)^2\right]^n \tag{4-46}$$

当 $r > 0.8$，利用 $R_{BR}$ 近似式（4-33）所得的下式进行计算，也很方便：

$$R_{LAn} = r^3(4-3r)\left[1-r(1-r)^2\right]^n \tag{4-47}$$

图 4-9 是相应于 $n = 1，10，20$ 的情况下，$R_{LAn}$ 上下限值随着 $r$ 变化的曲线图。由图可明显地看出，当 $r > 0.8$ 时，近似误差是相当小的。

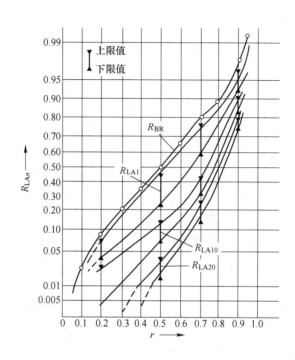

图 4-9 $R_{LAn}$ 近似值计算

## 4.2 待命冗余液压系统计算方法

待命冗余系统是基本模型的一种。仅就固定时间要素的概率计算来说，它比以上所有模型都难以处理。

图 4-10a 所示是由 $n$ 个部件组成的待命冗余系统。它与并联系统的区别在于，其系统的输入或输出端有转换开关 $S$，而且通常是只有一个部件处于工作状态的结构。若这个部件发生故障，则转换到其他部件上，系统仍继续正常工作。这个系统的理想状态要满足以下条件：

（1）开关能经常地保持正常工作；

（2）开关的转换时间，可以不考虑部件的启动等时间；

（3）部件在待命中不发生故障和性能劣化。

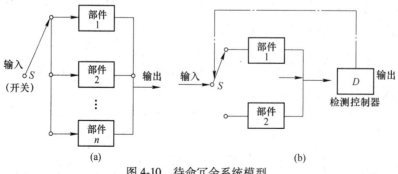

图 4-10 待命冗余系统模型

满足这些理想条件的系统，称为理想型待命冗余系统。实际上，当然不可能有这样的系统。缺少上述条件中某一部件或全部者，称待命冗余系统。现就有关条件简述如下：

（1）开关的动作。系统中部件与开关是串联系统，因此，不能不考虑到开关的可靠度这一实际问题。此外，回路中如出现异常信号时要能立即检出，必要时，要装设开关转换动作的检测动作器。如图 4-10b 所示系统图，从检测控制器 $D$ 起始的点划线信号连接到开关 $S$。理想型待命冗余系统就是取这个部分的可靠度为 1 的简化系统。

（2）转换时间和预热时间。上述（1）项所指的检测控制和开关动作，即使是正常的，但转换时间过长将造成系统工作的中断，出现暂时的系统故障。同时，部件从开关转换的瞬间到进入正常工作这段时间，即启动时间如果过长的话，情况也是一样。对此可以通过预热待命中的部件来缩短这个时间。预热状态常分为以下 3 种类型：

1）冷贮备。待命中的部件不进行预热的状态；

2）温贮备。为缩短启动时间而进行部分预热的状态；

3）热贮备。处于充分预热的状态，以便根据开关的命令能立即进入工作状态。它与正常工作状态的区别在于不分担负荷。

根据系统工作条件的不同，对所提时间参量的要求可严可松。

（3）待命冗余部件的可靠度。在理想条件下，通常认为待命冗余中部件的可靠度为 1，而且不产生劣化。虽然冷贮备部件几乎满足这个条件，但其他类型部件却不能加以考虑。如热贮备部件，显然处于如同工作部件一样的状态，所以，实际上可认为与并联系统的情况相当。

对应系统工作要求的缓急程度，进行上述诸条件的综合和调整，所以，总的来看，在实际中要研究各种各样的模型。

## 4.2.1 理想型待命冗余系统计算

首先分析一下理想型待命冗余系统的可靠度的求法。如图 4-10a 所示，由 $n$ 个部件组成的系统，假定它满足 4.2 节所述理想条件。若从数学的角度来看系统的条件，则为：

（1）转换开关，检测控制器等的可靠度为 1；

（2）系统启动时，所有部件的可靠度为 1，在待命中此值不变；

（3）转换时间和启动时间等为 0。

这里使用以下符号：

$X_i$ ——$i$ 号部件的故障寿命（随机变量）（$i = 1, 2, \cdots, n$）；

$F_i(t)$ ——对应以上部件的分布函数；

$r_i(t) = 1 - F_i(t)$ ——对应以上部件的可靠度函数；

$X, F(t), R(t)$ ——分别为系统的故障寿命、分布函数和可靠度函数。

系统的正常工作是通过转换开关由连接着的 1 个部件的正常工作来维持的，并能从第 1 个至第 $n$ 个部件按顺序依次接替，当第 $n$ 个部件也发生故障时，系统便产生了故障。因此，系统的故障寿命是所有部件故障寿命之和，即

$$X = X_1 + X_2 + \cdots + X_n \tag{4-48}$$

分布函数是如下的卷积积分：

$$F(t) = F_1(t) * F_2(t) * \cdots * F_n(t) \tag{4-49}$$

可靠度函数为

$$R(t) = 1 - F(t)$$
$$= 1 - F_1(t) * F_2(t) * \cdots * F_n(t) \tag{4-50}$$

这些式中的 $*$ 号是表示如下卷积公式运算。公式右边至第 $j$ 个的卷积若用 $F_{1,j} * (t)$ 来表示 $F_1(t) * F_2(t) * \cdots * F_j(t)$ 时，则有

$$F_{1,j} * (t) = \int_0^t F_{1,(j-1)} * (t-x) f_j(t) \mathrm{d}x \tag{4-51}$$

式中 $f_j(t)$ ——第 $j$ 个部件的密度函数。

据此，以下格式依次分别成立：

$$\left.\begin{array}{l} F_{1,2} * (t) = \int_0^t F_1(t-x) f_2(x) \mathrm{d}x \\[2mm] F_{1,3} * (t) = \int_0^t F_{1,2} * (t-x) f_3(x) \mathrm{d}x \\[2mm] \vdots \\[2mm] F_{1,n} * (t) = \int_0^t F_{1,(n-1)} * (t-x) f_n(x) \mathrm{d}x \end{array}\right\} \tag{4-52}$$

经拉普拉斯变换，则有

$$F_{1,j}^* * (s) = F_{1,(j-1)} * (s) S F_j^*(s) \tag{4-53}$$

式中 $*$ ——拉普拉斯变换。

式（4-52）经变换后为

$$\left.\begin{array}{l} F_{1,2}^* * (s) = s F_1^*(s) F_2^*(s) \\[2mm] F_{1,3}^* * (s) = s F_{1,2}^* F_3^*(s) \\[2mm] \vdots \\[2mm] F_{1,n}^* * (s) = s F_{1,(n-1)}^* * (s) F_n^*(s) \end{array}\right\} \tag{4-54}$$

故通式为

$$F_{1,n} * (s) = s^{n-1} F_1^*(s) F_1^*(s) \cdots F_n^*(s) \tag{4-55}$$

式（4-50）变换为

$$R^*(s) = \frac{1}{s} - s^{n-1} F_1^*(s) F_1^*(s) \cdots F_n^*(s) \tag{4-56}$$

为了将此式用部件可靠度函数表示，因 $r_i(t) = 1 - F_i(t)$ ，变换为

$$r_i^* = \frac{1}{s} - F_i^*(s)$$

$$s F_i^*(s) = 1 - s r_i^*(s)$$

代入上式，则得

$$R^*(s) = \frac{1}{s} \left\{ 1 - [1 - s r_1^*(s)][1 - s r_2^*(s)] \cdots [1 - s r_n^*(s)] \right\}$$

$$= \sum_{i=1}^n r_i^*(s) - s \sum_{i \neq j} r_i^*(s) r_j^* + s^2 \sum_{i \neq j \neq k} r_i^*(s) r_j^*(s) r_k^*(s) +$$

$$\underset{\displaystyle \binom{n}{2} \text{项}}{\rule{0pt}{0pt}} \qquad \underset{\displaystyle \binom{n}{3} \text{项}}{\rule{0pt}{0pt}}$$

$$\cdots + (-1)^{n-1} s^{n-1} \prod_{i=1}^{n} r_i^*(s) \tag{4-57}$$

系统的 MTTF，可以通过此式取 $s = 0$ 求得。从式 (4-48) 求 $X$ 的期望值 $E(X)$ 时，也是一样的，故有

$$\text{MTTF} = E(X) = R^*(0) = \sum_{i=1}^{n} r_i^*(0) = \sum_{i=1}^{n} \overline{T}_i \tag{4-58}$$

式中　$\overline{T}_i$——部件的 MTTF。

设部件具有等可靠度，取下标 $i = 0$，则式 (4-50)、式 (4-57) 及式 (4-58) 等变为如下形式：

$$R(t) = 1 - \underbrace{F_0(t) * F_0(t) * \cdots * F_0(t)}_{n\text{个}} \tag{4-59}$$

$$R^*(s) = \frac{1}{s} - s^{n-1} F_0^{*n}(s) = \frac{1}{s}\{1 - [1 - sr_0^*(s)]^n\} \tag{4-60}$$

$$\text{MTTF} = n\overline{T}_0 \tag{4-61}$$

用 $r_i(t)$ 等的一般型由这些公式是很难推导出 $R(t)$ 的形式。因此，设定为指数型，以 $\lambda_i$ 为故障率，则有

$$r_i(t) = \mathrm{e}^{-\lambda_i t} \tag{4-62}$$

$$r_i^*(s) = \frac{1}{s + \lambda_i} \tag{4-63}$$

故式 (4-57) 为

$$R^*(s) = \sum_{i=1}^{n}\left(\frac{1}{s + \lambda_i}\right) - s \sum_{i \neq j} \frac{1}{(s + \lambda_i)(s + \lambda_j)} +$$

$$s^2 \sum_{i \neq j \neq k} \frac{1}{(s + \lambda_i)(s + \lambda_j)(s + \lambda_k)} + \cdots +$$

$$(-1)^{n-1} \prod_{i=1}^{n}\left(\frac{1}{s + \lambda_i}\right) \tag{4-64}$$

从式中的第 2 项以后，把 $1/(s + \lambda_i)$ 的积项表示为和的形式，整理后为

$$R^*(s) = \sum_{j=1}^{n} \frac{A_j}{B_j(s + \lambda_j)} \tag{4-65}$$

式中，$j = 1, 2, \cdots, n$，则

$$A_j = \left(\prod_{i=1}^{n} \lambda_i\right) \frac{1}{\lambda_j}, \qquad B_j = \left| \frac{\mathrm{d}}{\mathrm{d}x}\left[\prod_{i=1}^{n}(\lambda_i - x)\right] \right|_{x = \lambda_j}$$

由于现在这样的式子很难理解，若取 $n = 2, 3$ 时，其各项为

$$R^*(s) = \frac{\lambda_2}{(\lambda_2 - \lambda_1)(s + \lambda_1)} + \frac{\lambda_1}{(\lambda_1 - \lambda_2)(s + \lambda_2)} \tag{4-66}$$

$$R^*(s) = \frac{\lambda_2 \lambda_3}{(\lambda_2 - \lambda_1)(\lambda_3 - \lambda_1)(s + \lambda_1)} + \frac{\lambda_1 \lambda_3}{(\lambda_1 - \lambda_2)(\lambda_3 - \lambda_1)(s + \lambda_2)} +$$

$$\frac{\lambda_1 \lambda_2}{(\lambda_1 - \lambda_3)(\lambda_2 - \lambda_3)(s + \lambda_3)} \tag{4-67}$$

通过对式（4-64）进行逆变换，可得

$$R(t) = \sum_{j=1}^{n} \frac{A_j}{B_j} e^{-\lambda_i t} \tag{4-68}$$

当 $\lambda_i = \lambda_0$ 时，由式（4-60），有

$$R^*(s) = \frac{1}{s} \left[ 1 - \left( \frac{\lambda_0}{s + \lambda_0} \right)^n \right]$$

$$= \frac{1}{s + \lambda_0} + \frac{\lambda_0}{(s + \lambda_0)^2} + \frac{\lambda_0{}^2}{(s + \lambda_0)^2} + \cdots + \frac{\lambda_0{}^{n-1}}{(s + \lambda_0)^n} \tag{4-69}$$

经逆变换，则为

$$R(t) = e^{-\lambda_0 t} + e^{-\lambda_0 t} \lambda_0 t + e^{-\lambda_0 t} \frac{(\lambda_0 t)^2}{2!} + \cdots + e^{-\lambda_0 t} \frac{(\lambda_0 t)^{n-1}}{(n-1)!}$$

$$= e^{-\lambda_0 t} \sum_{i=1}^{n-1} \frac{(\lambda_0 t)^i}{i!} \tag{4-70}$$

式（4-70）中的形状参数是整数 $n$ 的 $\Gamma$ 分布。当 $n$ 大时，此分布接近于正态分布 $N(u, \sigma^2)$，而且有

$$u = n\overline{T}_0, \quad \sigma^2 = n\overline{T}_0^2 \tag{4-71}$$

$n$ 大时，还可用下式进行计算：

$$R(t) = 1 - \frac{1}{\sqrt{2\pi}\,\sigma} \int_0^t e^{\frac{-(t-u)^2}{2\sigma^2}} \mathrm{d}t \tag{4-72}$$

下面，试比较一下待命冗余系统的 MTTF $= \overline{T}_s$ 和并联系统的 MTTF $= \overline{T}_p$。图 4-11 是根据对应于部件数 $n$ 的计算值绘成的曲线图。$\overline{T}_s$ 与 $n$ 成正比，而 $\overline{T}_p$ 为

$$\overline{T}_p = \frac{1}{\lambda_0} \left( 1 + \frac{1}{2} + \cdots + \frac{1}{n} \right) = \overline{T}_0 A(n) \tag{4-73}$$

$A(n)$ 只是随着 $n$ 的增加而缓慢增加。$n > 10$ 时，可近似用下式表达：

$$A(n) = 0.57721 + \ln n + \frac{n}{2} \tag{4-74}$$

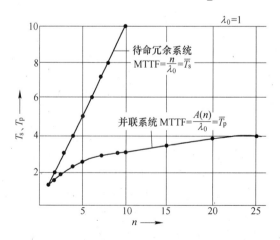

图 4-11 待命冗余系统和并联系统的 MTTF 比较

### 4.2.2 双部件待命冗余系统计算

上一节阐述了理想型待命冗余系统的一般性质。现实型的待命冗余系统的开关及其条件必然与理想条件不同，因此，有必要进行深入的探讨。在此分析一下由两单元组成的双部件待命冗余系统。这里指的单元是前述部件的简称。

理想型待命冗余系统的可靠度 $R(t)$，在式（4-50）中取 $n=2$，则可得如下形式：

$$R(t) = 1 - F_1(t) * F_2(t) = 1 - \int_0^t F_2(t-x)f_1(x)\mathrm{d}x$$

$$= r_1(t) + \int_0^t r_2(t-x)f_1(x)\mathrm{d}x \tag{4-75}$$

此公式的意义如下：第 1 项表示第 1 个工作中的单元，达到 $t$ 时刻时没有发生故障，由第 2 个单元来接替工作，余下的 $(t-x)$ 为无故障的概率。此值是概率元素 $r_2(t-x)f(x)\mathrm{d}x$ 在 $x$ 区间（0，$t$）上的积分值。

#### 4.2.2.1 对开关系统的考虑

开关系统是作为待命冗余系统的一个组成部分，用以监视部件的工作状态，应根据需要完成转换动作。考虑到误动作也有可能影响系统的功能，设开关系统的可靠度为 $r_{SW}(t)$，包括开关在内的双部件待命冗余系统可以认为是开关系统和待命冗余系统的串联系统，其可靠度为 $R_I(t)$。因此，在给出 $r_{SW}(t)$ 时，可写成

$$R_I(t) = R(t)r_{SW}(t) \tag{4-76}$$

式中，$R(t)$ 是由式（4-75）所示的理想型待命冗余系统的可靠度。

关于开关系统的动作，有必要再做少许详尽的讨论。检测部件是为了鉴别第 1 个单元工作正常与否，并在它出现故障的时刻进行开关的控制。通常，与检测识别的误差相比，更重视开关动作的灵敏和准确，所以，可假设在第 1 个单元正常工作中不发生误判断，包括故障时刻的判断和开关的灵敏度在内，认为是恒定的成功概率为 $p_{SW}$。因此，根据式（4-75），考虑了开关系统后的可靠度 $R_{II}(t)$ 的合适表达式为

$$R_{II}(t) = r_1(t) + p_{SW}\int_0^t r_2(t-x)f_1(x)\mathrm{d}x \tag{4-77}$$

若开关的工作概率是经历时间的函数，则系统可靠度由下式表达：

$$R_{III}(t) = r_1(t) + \int_0^t r_{SW}(x)r_2(t-x)f_1(x)\mathrm{d}x \tag{4-78}$$

下面用式（4-75）～式（4-78）求单元的指数型可靠函数 $R(t)$，$R_I(t)$，$R_{II}(t)$，$R_{III}(t)$ 等。设

$$r_1(t) = \mathrm{e}^{-\lambda_1 t}, \quad r_2(t) = \mathrm{e}^{-\lambda_2 t}, \quad r_{SW}(t) = \mathrm{e}^{-\lambda_{SW}t}$$

则有

$$R(t) = \frac{1}{\lambda_2 - \lambda_1}(\lambda_2 \mathrm{e}^{-\lambda_1 t} - \lambda_1 \mathrm{e}^{-\lambda_2 t}) \quad (\lambda_1 \neq \lambda_2) \tag{4-79}$$

$$R_I(t) = \frac{\mathrm{e}^{-\lambda_{SW}}}{\lambda_2 - \lambda_1}(\lambda_2 \mathrm{e}^{-\lambda_1 t} - \lambda_1 \mathrm{e}^{-\lambda_2 t}) \quad (\lambda_1 \neq \lambda_2) \tag{4-80}$$

$$R_{\mathrm{II}}(t) = \frac{1}{\lambda_2 - \lambda_1} \left\{ \left[ \lambda_2 - \lambda_1(1 - p_{\mathrm{SW}}) \right] e^{-\lambda_1 t} - \lambda_1 p_{\mathrm{SW}} e^{-\lambda_2 t} \right\} \quad (\lambda_1 \neq \lambda_2) \qquad (4\text{-}81)$$

$$R_{\mathrm{III}}(t) = \frac{1}{\lambda_2 - \lambda_1 - \lambda_{\mathrm{SW}}} \left\{ \left[ \lambda_2 - \lambda_1(1 - e^{-\lambda_{\mathrm{SW}} t}) - \lambda_{\mathrm{SW}} \right] e^{-\lambda_1 t} - \lambda_1 e^{-\lambda_2 t} \right\} \quad (\lambda_1 \neq \lambda_2)$$

$$(4\text{-}82)$$

为了进行数值比较，设 $\lambda_1 = \lambda_2 = \lambda_0$，则这些公式变换为

$$R(t) = e^{-\lambda_0 t}(1 + \lambda_0 t) \qquad (4\text{-}83)$$

$$R_{\mathrm{I}}(t) = e^{-(\lambda_0 + \lambda_{\mathrm{SW}})t}(1 + \lambda_0 t) \qquad (4\text{-}84)$$

$$R_{\mathrm{II}}(t) = e^{-\lambda_0 t}(1 + \lambda_0 p_{\mathrm{SW}} t) \qquad (4\text{-}85)$$

$$R_{\mathrm{III}}(t) = e^{-\lambda_0 t} \left[ 1 + \frac{\lambda_0}{\lambda_{\mathrm{SW}}}(1 - e^{-\lambda_{\mathrm{SW}} t}) \right] \qquad (4\text{-}86)$$

为了将这些值和双部件并联系统的可靠度 $R_{\mathrm{p}}(t)$ 进行比较，而给出下式：

$$R_{\mathrm{p}}(t) = 2e^{-\lambda_0 t} - e^{-2\lambda_0 t} = e^{-\lambda_0 t}(2 - e^{-\lambda_0 t}) \qquad (4\text{-}87)$$

图 4-12 所示为开关系统的故障率 $\lambda_{\mathrm{SW}}$ 按着与单元故障率 $\lambda_0$ 成一定比率变换时所得 $R_{\mathrm{I}}(t)$ 的值。图中横轴标的是以 $\tau = \lambda_0 t$ 为基准的值。由图可知，$\lambda_{\mathrm{SW}} = 0.2\lambda_0$ 时，$R_{\mathrm{I}}(t)$ 几乎与并联可靠度一致；大于此值时，待命冗余系统的可靠度比并联系统低。

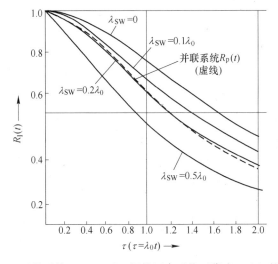

图 4-12　开关系统 $(\lambda_{\mathrm{SW}})$ 对双部件冗余系统可靠度 $R_{\mathrm{I}}(t)$ 的影响

应该注意，$t$ 很小时，$R_{\mathrm{I}}(t)$ 值通常比 $R_{\mathrm{p}}(t)$ 小。为了表示这种情况，设 $t$ 很小，则可求得如下 $R_{\mathrm{I}}(t)$ 及 $R_{\mathrm{p}}(t)$ 的近似式：

$$R_{\mathrm{I}}(t) = 1 - \lambda_{\mathrm{SW}} t - \frac{\lambda_0^2 - \lambda_{\mathrm{SW}}^2}{2} t^2 - \frac{(\lambda_0 + \lambda_{\mathrm{SW}})^2 (2\lambda_0 - \lambda_{\mathrm{SW}})}{6\sigma} t^3$$

$$= 1 - a\tau - \frac{\tau^2}{2}(1 - a^2) - \frac{\tau^3 (1 + a)^2 (2 - a)}{6} \qquad (4\text{-}88)$$

取 $a = \lambda_{\mathrm{SW}}/\lambda_0$，则

$$R_{\mathrm{p}}(t) = 1 - \lambda_0^2 t^2 - \lambda^3 t^3 = 1 - \tau^2 + \tau^3 \qquad (4\text{-}89)$$

图 4-13 是以 $\tau \leqslant 0.3$ 时所求得的 $R_{\mathrm{I}}(t)$ 及 $R_{\mathrm{p}}(t)$ 近似值绘成的曲线图。为了观察 $t = 0$

时，$R_{\mathrm{I}}(t)$ 及 $R_{\mathrm{p}}(t)$ 的斜率，将式（4-84）和式（4-87）进行微分，取 $t=0$，则有 $R_{\mathrm{I}}'(0)=-\lambda_{\mathrm{SW}}$，$R_{\mathrm{p}}'(0)=0$。因此，$t$ 值小时，显然 $R_{\mathrm{I}}(t)$ 比 $R_{\mathrm{p}}(t)$ 小。

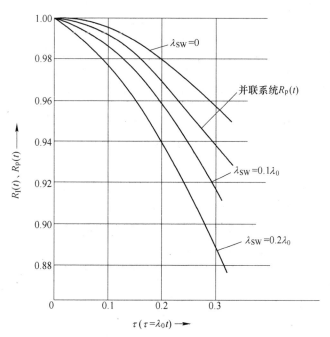

图 4-13 $t$ 时刻的 $R_{\mathrm{I}}(t)$ 和 $R_{\mathrm{p}}(t)$ 的比较

图 4-14 所示是在限定考虑开关系统的故障时，按所得可靠度 $R_{\mathrm{III}}(t)$ 所绘成的曲线图。

在式（4-86）中，设 $\lambda_{\mathrm{SW}}\to 0$，则有 $R_{\mathrm{I}}(t)\to R(t)$，显然，这是理想型待命冗余系统。又设 $\lambda_{\mathrm{SW}}=\lambda_0$，则有 $R_{\mathrm{III}}(t)=R_{\mathrm{p}}(t)$，与并联系统的可靠度一致。

总之，由于待命冗余系统使用转换开关，使备用中的部件在尽可能小的负荷下得以停歇，以便较大地提高系统的总可靠度。为了构成运用于理想型的待命冗余系统，首先，对工作中的单元要使用无误动作的检测器，即不发生把正常工作误断为故障。其次，开关转换工作的可靠度要尽可能高，故障率最好在 $\lambda_{\mathrm{SW}}<0.1\lambda_0$ 范围之内。

### 4.2.2.2 对冗余贮备状态的考虑

在第 1 个单元发生故障向第 2 个单

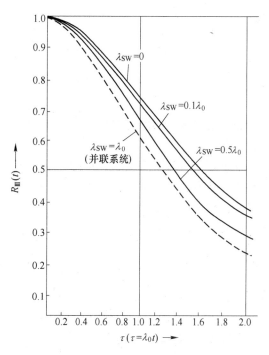

图 4-14 开关系统对双部件待命
冗余系统可靠度 $R_{\mathrm{III}}(t)$ 的影响

元进行转换控制的任意时刻出现了故障时，系统就失效了。设贮备单元的可靠度为 $r_{2b}(t)$，对于冷贮备，不论时间如何，其 $r_{2b}(t) = 1$；对于热贮备，可以认为与工作时间的可靠度 $r_2(t)$ 相等，即

$$r_2(t) \leqslant r_{2b}(t) \leqslant 1 \tag{4-90}$$

第 1 个单元在 $x$ 时刻发生故障时，第 2 个单元的有效概率为 $r_{2b}(x)$。至于剩余时间 $(t - x)$ 的可靠度，若考虑转换时贮备单元的寿命，则由条件概率 $r_2(t - x \mid x)$ 给定。因此，式（4-75）的第 2 项应做如下的修正：

$$R_{\text{IV}}(t) = r_1(t) + \int_0^t r_{2b}(x) r_{2b}(t - x \mid x) f_1(x) \mathrm{d}x \tag{4-91}$$

此式如用条件式（4-90）的上、下限，则分别变为理想型的待命冗余系统和并联系统。将其表示如下：

冷贮备时，$r_{2b}(x) = 1$，其第 2 个单元在 $(t - x)$ 时的可靠度为

$$r_2(t - x \mid x) = r_2(t - x) \tag{4-92}$$

故式（4-91）为

$$R_{\text{IV}}(t) = r_1(t) + \int_0^t r_2(t - x) f_1(x) \mathrm{d}x = R(t) \tag{4-93}$$

这是属于理想型的。

对于热贮备，设在 $t = 0$ 时第 2 个单元进入贮备状态，则在 $x$ 时的有效概率为 $r_{2b} = r_2(x)$。一个寿命为 $x$ 的单元，其在 $(t - x)$ 时继续工作的条件概率为

$$r_2(t - x \mid x) = \frac{r_2(t)}{r_2(x)} \tag{4-94}$$

因此，式（4-91）变为如下形式，显然是并联系统：

$$
\begin{aligned}
R_{\text{IV}}(t) &= r_1(t) + \int_0^t r_2(x) \frac{r_2(t)}{r_2(x)} f_1(x) \mathrm{d}x \\
&= r_1(t) + r_2(t) F_1(t) = r_1(t) + r_2(t)[1 - r_1(t)] \\
&= r_1(t) + r_2(t) - r_1(t) r_2(t) = R_{\text{p}}(t)
\end{aligned} \tag{4-95}
$$

在上述的冷、热贮备中间，为了求得 $R_{\text{IV}}(t)$，必须对 $r_{2b}(x)$，$r_2(t - x \mid x)$ 等进行评价。

这里，试重新考虑式（4-94）所示条件可靠度的意义。它是从 $t = 0$ 时第 2 个单元承受与工作状态相同的负荷，确认在 $x$ 时作用的条件下，仍然是 $(t - x)$ 时继续工作的概率。实际上，由于单元所受负荷比达到 $x$ 时的工作状态时小，所以，条件可靠度比式（4-94）计算得要大，应为 $r_{2a}(t - x \mid x)$，即下式成立：

$$r_{2a}(t - x \mid x) = \frac{r_{2a}(t)}{r_{2a}(x)} \tag{4-96}$$

式中，$r_{2a}(t)$ 是在 $x$ 时前后的负荷差异经平滑处理后的可靠度函数，其范围如下：

$$r_2(t) \leqslant r_{2a}(t) \leqslant r_{2b}(t) \tag{4-97}$$

为安全起见，取 $r_{2a}(t)$ 为小值，$r_{2a}(t) \approx r_2(t)$，则式（4-96）为

$$r_{2a}(t - x \mid x) = r_2(t - x \mid x) = \frac{r_2(t)}{r_2(x)} \tag{4-98}$$

将此式代入式（4-91），则得

$$R_{\text{IV}}(t) = r_1(t) + r_2(t) \int_0^t \frac{r_{2\text{b}}(x)}{r_2(x)} f_1(x) \, \mathrm{d}x \qquad (4\text{-}99)$$

可以认为这就是温贮备时可靠度函数近似值的计算式。

$R_{\text{IV}}(t)$ 在 $R(t)$ 及 $R_p(t)$ 的中间，这无需再用数值计算来验证，从式（4-93）和式（4-95）就能清楚地看出。

在此，设 $r_1(t) = \mathrm{e}^{-\lambda_1 t}$，$r_2(t) = \mathrm{e}^{-\lambda_2 t}$，$r_{2\text{b}}(t) = \mathrm{e}^{-\lambda_{2\text{b}} t}$ 等，则有

$$R_{\text{IV}}(t) = \frac{1}{\lambda_2 - \lambda_1 - \lambda_{2\text{b}}} \{ [ \lambda_2 - \lambda_1(1 - \mathrm{e}^{-\lambda_{2\text{b}} t}) - \lambda_{2\text{b}} ] \mathrm{e}^{-\lambda_1 t} - \lambda_1 \mathrm{e}^{-\lambda_2 t} \} \qquad (4\text{-}100)$$

又设 $\lambda_1 = \lambda_2 = \lambda_0$，$\lambda_{2\text{b}} = \lambda_\text{b}$ 等，则得

$$R_{\text{IV}}(t) = \mathrm{e}^{-\lambda_0 t} \left[ 1 + \frac{\lambda_0}{\lambda_\text{b}} (1 - \mathrm{e}^{-\lambda_0 t}) \right] \qquad (4\text{-}101)$$

此式（4-100）、式（4-101）与式（4-82）、式（4-86）有完全相同的形式，只是把 $\lambda_{\text{SW}}$ 改换为 $\lambda_\text{b}$ 而已。

因此，双部件待命冗余系统中的冗余单位对系统可靠度的影响，可用图 4-14 说明，只是把 $R_{\text{III}}(t)$ 作为 $R_{\text{IV}}(t)$、用 $\lambda_\text{b}$ 取代 $\lambda_{\text{SW}}$。但是，要注意，如果处于备用中单元故障率 $\lambda_\text{b}$ 比工作时的效率 $\lambda_0$ 大时，就不符合一般常识了。

### 4.2.2.3　对开关转换时间的考虑

单元转换所需要的时间取决于开关本身结构，从这个角度来看，可不必再做议论。但是，若把待命冗余系统进一步扩展来看，则有着重要意义。

待命冗余系统是指 1 个单元正在工作期间内，无故障概率的第 2 个单元已经做好准备，待工作单元发生故障时进行替换。到目前为止，已对利用开关系统使其接近理想型待命冗余系统的问题进行研究。若用人的操作来代替开关动作时，则识别单位的正常与否及判断备用状态等都渗透进了人为因素，从而使参数的变化略有增大，但这对以上的研究内容无本质影响。

但是，待命冗余系统的转换可以看做是维持整体系统正常工作的修理作业。

根据这个观点，修理所需要的时间就是这里所说的转换时间，通常规定这个时间以从不妨碍系统正常工作为限。这里先讨论一下转换和修理所需要的时间。

设单个单元的可靠度为 $r_0(t) = \mathrm{e}^{-\lambda_0 t}$。将此单元设想为每次故障均可与等可靠度的新单元进行交换的系统。单元发生故障而进行转换时，设规定时间内成功的概率为 $p_\text{s}$（定值）。系统可靠度为 $R_\text{s}(t)$ 时，则此概率可表示为"达到 $t$ 时刻时单元不发生故障"的概率和"达到 $t$ 时刻时发生 1 次故障并转换成功"的概率、"达到 $t$ 时刻时发生 2 次故障也都转换成功"的概率，依次顺推所得概率的和。

达到 $t$ 时发生 $i$ 次故障的概率为 $P_i(t)$，当 $r_0(t)$ 用指数函数的时间泊松分布来表示，则有

$$P_i(t) = \mathrm{e}^{-\lambda_0 t} \frac{(\lambda_0 t)^i}{i!} \qquad (4\text{-}102)$$

所以，若单元数 $n$ 有限时，上述概率则为

$$R_s(t) = e^{-\lambda_0 t} + \sum_{i=1}^{n} e^{-\lambda_0 t} \frac{(\lambda_0 t)^i}{i!} p_s^i$$

$$= e^{-\lambda_0 t} \left[ 1 + \sum_{i=1}^{n} \frac{(\lambda_0 p_s t)^i}{i!} \right] \tag{4-103}$$

进而有

$$R_s(t) = e^{-\lambda_0 (1-p_s) t} \sum_{i=0}^{n} e^{-\lambda_0 p_s t} \frac{(\lambda_0 p_s t)^i}{i!}$$

$$= e^{-\lambda_0 (1-p_s) t} B(n) \tag{4-104}$$

式中　　$B(n)$——平均值 $\lambda_0 p_s t$ 的泊松分布的部分和，可由普通的数表求得。

$n$ 充分大时，可设 $B(n) \approx B(\infty) = 1$，故有

$$R_s(t) = e^{-\lambda_0 (1-p_s) t} \tag{4-105}$$

系统的平均寿命 $\overline{T}_s$ 为

$$\overline{T}_s = \frac{1}{\lambda_0 (1 - p_s)} \tag{4-106}$$

这表明按照规定时间内转换成功的概率 $p_s$ 接近 1 时，系统可靠度因此而得到改善。

图 4-15 所示是由备用单元数 $n$ 所决定的 $B(n)$ 值。此图是以横轴为备用单元数 $n$，以 $\lambda_0 t = \tau$ 为参量的 $B(n)$ 值所绘成的曲线图。当 $\tau$ 值小于 5，$n$ 在 10 以内时，$B(n)$ 值接近于 1。

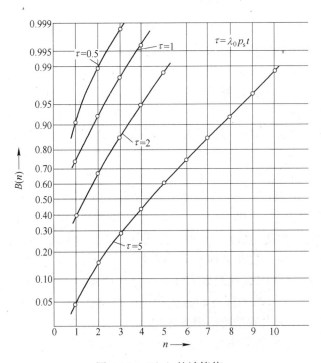

图 4-15　$B(n)$ 的计算值

图 4-16 是以式（4-105）的转换成功率 $p_s$ 为参量所表示的曲线图。即使 $p_s = 0.5$，即转换成功率为 50%，系统可靠度相对于单个单元来看，可认为有较大的改善，同时，还

由式（4-106）可知，MTTF 增至 2 倍。

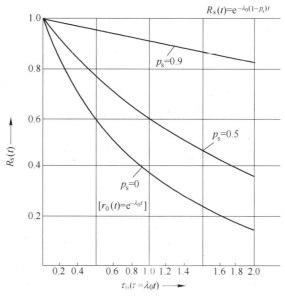

图 4-16 开关转换成功概率（$p_s$）的影响

本例是以待命冗余系统的开关转换时间作为概率换算来研究其对系统的影响，但是，从另一方面看，如上所述，这也是表示对单个单元修理时间的影响。

## 4.3 液压系统可靠度特征值的近似计算

由于系统可靠度函数和分布函数的表现形式与上述的结构模型、部件的标准可靠度特征值和分布函数等有关，所以出现了许多不同的形式，很难进行一般化处理。因此，系统中应用最多的还是比较简单的串联系统模型。近年来，随着对各种系统结构模型的深入研究，以及部件故障特性、分布函数、可靠度函数等资料的日益丰富，对复杂特征值进行计算的必要性也随之增加。目前，由于已有简便适用的计算机，对于计算的复杂性不必多虑，而在实用模型的选择及其前提条件的确切性等方面，有必要进行更深入的研究。因此，不但要掌握严密数式的扩展，更重要的是要掌握在求取其近似式和极限式时将问题进行简化的实质，这样，才易于对各种设计方案进行对比分析。

以下对几种近似方法加以说明。

### 4.3.1 串联和并联的组合系统计算

本节是阐述用部件可靠度多项式表达系统可靠度时的近似计算方法。由普通知识出发做简单比较，可知部件数越多越见效。

前面已叙述过串联系统和并联系统简单组合的结构模型，其可靠度是以对应于部件可靠度 $r_0$、部件数 $n$ 的 $r_0^n$ 为最高次项的多项式来表示的。

当 $r_0$ 比 1 小得多时，可以略去高次项，在允许的误差范围内进行近似计算。另外，部件可靠度高，即当 $r_0 \approx 1$ 时，由于

$$r_0 = 1 - p_0 \tag{4-107}$$

而在系统可靠度改写为故障概率 $p_0$ 的多项式时，则又由于

$$p_0 \ll 1 \tag{4-108}$$

故可得到略去 $p_0$ 的高次多项式的近似计算式。

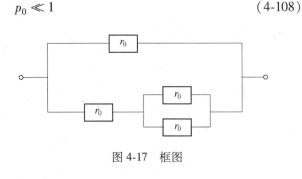

图 4-17 框图

系统的可靠度是用部件可靠度 $r_0$ 和故障概率 $p_0$ 两组形式表现的，这是为便于简化近似计算而做的准备。现就简单的例子来说明一下。如图 4-17 所示的框图，求当 $r_0$ 值小时和 $r_0 \approx 1$ 时的近似值。

其可靠度函数为

$$R(t) = r_0 + 2r_0^2 - 3r_0^3 + 4r_0^4 \tag{4-109}$$

$$= 1 - p_0^2 - p_0^3 + p_0^4 \tag{4-110}$$

$r_0$ 值小时，即 $r_0 < 1$ 时，在式（4-109）中取至 2 次项，当 $r_0 > 0.8$ 时，则取 $p_0 = 1 - r_0 < 0.2$ 至式（4-110）的 2 次项，用这样的近似表示显然是足够的。图 4-18 所示曲线，表示 $r_0$ 值在整个区间内按式（4-109）的严密计算值和按式（4-109）、式（4-110）两式中取 2 次近似值的比较。

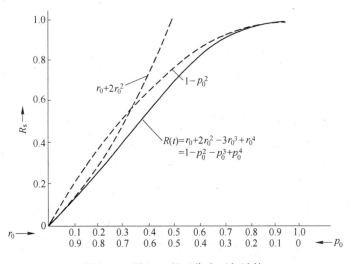

图 4-18 图 4-17 的可靠度近似计算

这个近似法的要点是，系统可靠度用部件可靠度或故障概率的多项式表示时，对于那些小范围的高次项略去不计。

### 4.3.2 $k/n$：$G$ 系统，串联和并联系统计算

表 4-2 所列是当 $n \leqslant 5$ 时，$k/n$：$G$ 系统可靠度的严密式的一览表。在实际中，这些都是经常使用的，而且被称做近似法应用的范例。这个表的可靠度和有关表格相同，使用部件可靠度 $r_0$ 和故障概率 $P_0$，按有关公式进行计算。同时，本表还列出了 $r_0(t) = e^{-\lambda_0 t}$ 时的 MTTF、方差和变差系数等。从这些值不难看出，随着 $k$ 值的变化，接近于 $1/n$ 系统（并

联系统）和 $n/n$ 系统（串联系统）这两端时的变化情况。

表 4-2　$k/n$：$G$ 系统可靠度一览表 $\left(\begin{array}{l} n=3,\ 4,\ 5 \\ n=2,\ 3,\ 4 \end{array}\right)$

| 系　统 | 可靠度 $(r_0 = 1 - p_0)$ | MTTF $(r_0 = 1 - e^{-\lambda_0 t})$ | 方　差 | 变差系数 |
|---|---|---|---|---|
| 1/3 （并联） | $3r_0 - 3r_0^2 + r_0^3$ <br> $1 - p_0^3$ | $11/6\lambda_0$ $= 1.833/\lambda_0$ | $49/36\lambda_0^2$ $= 1.316/\lambda_0^2$ | 0.636 |
| 2/3 | $3r_0^2 - 2r_0^3$ <br> $1 - 3p_0^2 + 2p_0^3$ | $5/6\lambda_0$ $= 0.833/\lambda_0$ | $13/36\lambda_0^2$ $= 0.36/\lambda_0^2$ | 0.721 |
| 3/3 （串联） | $r_0^3$ <br> $1 - 3p_0 + 3p_0^2 - p_0^3$ | $1/3\lambda_0$ $= 0.333/\lambda_0$ | $1/9\lambda_0^2$ $= 0.111/\lambda_0^2$ | 1 |
| 1/4 （并联） | $4r_0 - 6r_0^2 + 4r_0^3 - r_0^4$ <br> $1 - p_0^4$ | $25/12\lambda_0$ $= 2.083/\lambda_0$ | $165/144\lambda_0^2$ $= 1.146/\lambda_0^2$ | 0.513 |
| 2/4 | $6r_0^2 - 8r_0^3 + 3r_0^4$ <br> $1 - 2p_0 + 2p_0^2 - 2p_0^3 + p_0^4$ | $13/12\lambda_0$ $= 1.083/\lambda_0$ | $61/144\lambda_0^2$ $= 0.424/\lambda_0^2$ | 0.601 |
| 3/4 | $4r_0^3 - 3r_0^4$ <br> $1 - 6p_0^2 + 8p_0^3 - 3p_0^4$ | $7/12\lambda_0$ $= 0.583/\lambda_0$ | $25/144\lambda_0^2$ $= 0.174/\lambda_0^2$ | 0.714 |
| 4/4 （串联） | $\lambda_0^4$ <br> $1 - 4p_0 + 6p_0^2 - 4p_0^3 + p_0^4$ | $1/4\lambda_0$ $= 0.25/\lambda_0$ | $1/16\lambda_0^2$ $= 0.063/\lambda_0^2$ | 1 |
| 1/5 （并联） | $5r_0 - 10r_0^2 + 10r_0^3 - 5r_0^4 + r_0^5$ <br> $1 - p_0^5$ | $137/60\lambda_0$ $= 2.283/\lambda_0$ | $5205/3600\lambda_0^2$ $= 1.446/\lambda_0^2$ | 0.527 |
| 2/5 | $10r_0^2 - 20r_0^3 + 15r_0^4 - 4r_0^5$ <br> $1 - 5p_0^4 + p_0^5$ | $77/60\lambda_0$ $= 1.283/\lambda_0$ | $1669/3600\lambda_0^2$ $= 0.464/\lambda_0^2$ | 0.531 |
| 3/5 | $10r_0^3 - 15r_0^4 + 6r_0^5$ <br> $1 - 10p_0^3 + 15p_0^4 + 6p_0^5$ | $47/60\lambda_0$ $= 0.783/\lambda_0$ | $769/3600\lambda_0^2$ $= 0.2136/\lambda_0^2$ | 0.590 |
| 4/5 | $5r_0^4 - 4r_0^5$ <br> $1 - 10p_0^2 + 20p_0^3 - 15p_0^4 + 4p_0^5$ | $9/20\lambda_0$ $= 0.450/\lambda_0$ | $41/400\lambda_0^2$ $= 0.103/\lambda_0^2$ | 0.712 |
| 5/5 （串联） | $r_0^5$ <br> $1 - 5p_0 + 10p_0^2 - 10p_0^3 + 5p_0^4 - p_0^5$ | $1/5\lambda_0$ $= 0.20/\lambda_0$ | $1/25\lambda_0^2$ $= 0.04/\lambda_0^2$ | 1 |

这里列举一下 $k/n$：$G$ 系统可靠度函数的准确公式：

$$R = \sum_{i=k}^{n} B(i, n, r_0) = \sum_{i=k}^{n} \binom{n}{i} r_0^i (1 - r_0)^{n-i} \tag{4-111}$$

此 2 项式，当 $n$ 在 5 左右时，按如上所述方法展开，也不难求得准确值。而当 $n > 5$ 时，计算就比较麻烦了。开始取小值 $r_0$，为了应用上一节的省略法，应将此式按 $r_0$ 的升幂顺序展开，然后把前 2、3 项作为近似计算式，但这样也不算太简单。这里，利用有关数学方面的理论，在 $n \geq 20$、$r_0 \leq 0.05$ 的范围内，式（4-111）的 2 项分布可当作泊松分布，即取 $k$ 个以上成功概率来近似，故有

$$R = \sum_{i=k}^{n} \frac{(nr_0)^i}{i!} e^{-nr_0} \tag{4-112}$$

对于 $r_0$ 接近 1 时，用相关公式则有

$$R = \sum_{i=1}^{k-1} \frac{[n(1 - r_0)]^i}{i!} e^{-n(1-r_0)} \tag{4-113}$$

两式中 $nr_0$ 和 $n(1 - r_0)$ 分别为泊松分布的平均值。这些式子的值，可按泊松分布的部分和直接在有关手册中的数值表上查取。

部件的可靠度不同时，则式（4-111）为多项式概率，$n$ 值稍大一些，就相当麻烦，以至无法计算。这时，可按下式计算 $r_i$ 的算数平均值 $\bar{r}$，并取代 $r_0$ 代入式（4-113）中计算。

$$\bar{r} = \frac{1}{n} \sum_{i=0}^{n} r_i (i = 1, 2, \cdots, n) \tag{4-114}$$

如此以泊松分布近似，则极为简单。$r_0$ 值变化不大时，其误差可以不予考虑。

另外，在 $r_0 \leq 0.5$ 和 $nr_0 \geq 5$，或 $r_0 > 0.5$ 和 $n(1 - r_0) > 5$ 范围内，2 项分布可用正态分布 $N(\mu, \sigma^2)$ 来近似。此处的 $\mu$ 和 $\sigma^2$ 用下式计算：

$$\left. \begin{array}{l} \mu = nr_0 \\ \sigma^2 = nr_0(1 - r_0) \end{array} \right\} \tag{4-115}$$

$k/n$：$G$ 系统表示系统的正常部件数 $x$ 是 $k$ 个以上时的概率，即求 $P(x \geq k) = R$。对于 $n$ 充分大、$nr_0 \geq 5$ 时，则有

$$P(x \geq k) = 1 - P(x < k) \tag{4-116}$$

因此，可以考虑用如下的正态分布来表示 $P(x < k)$：

$$P(x < k) = \frac{1}{\sqrt{2\pi}\sigma} \int_{-\infty}^{k} e^{-\frac{(y-\mu)^2}{2\sigma^2}} dy \tag{4-117}$$

式中，$\mu$、$\sigma$ 可采用式（4-115）的值。以此式变换为标准正态分布时，则得如下形式：

$$P(x < k) = \frac{1}{\sqrt{2\pi}} \int_{-\infty}^{k'} e^{-\frac{y^2}{2}} dy \tag{4-118}$$

作为近似式则为

$$R(t) = 1 - \frac{1}{\sqrt{2\pi}} \int_{-\infty}^{k'} e^{-\frac{y^2}{2}} dy \tag{4-119}$$

式中

$$k' = \frac{k - nr_0}{\sqrt{nr_0(1 - r_0)}} \qquad (4\text{-}120)$$

如上所述，泊松分布近似的许用范围，按数学方面要求为：$n \geq 20$，$r_0 \leq 0.05$，但约略超出此限，其误差还是允许的。为了考察其实用的极限，试比较一下 $n = 10$ 时的近似计算和按严密式的计算结果。

图 4-19 是表示取不同的 $r_0$ 值，当变化 $k$ 时所得 $R_{k/10}$ 的计算值，对于 $r_0 = 0.1$，$0.2$，相当于近似式（4-113）。

由图中看一下大致的情况。当 $n = 10$ 时，对于 $r_0 = 0.2$，在 7/10 系统以上，即接近于串联系统时，系统可靠度的近似值与精确值有 1 位数以上的误差；而对于 $r_0 = 0.8$，在 4/10 系统以下，即接近于并联系统时，误差也明显增大起来。为此，可就泊松分布近似法做此结论：如果注意到 $k$ 值接近于 1（并联系统）或近于 10（串联系统）时，则对于 $n \geq 10$，$r_0 \leq 0.2$ 和 $r_0 \geq 0.8$ 的范围是足够满足实用的要求的。

图 4-20 所示是对以上相同的 $k/10$：$G$ 系统，用正态近似式（4-119）计算的可靠度结果和精确值的对比曲线。图中，对应于各个 $k$ 值精确值（符号·）和近似值（符号×）分别用实线和虚线连接。误差情况是，在广泛的 $r_0$ 范围内保持稳定，同时，当 $n \geq 10$ 时有充分的实用意义。

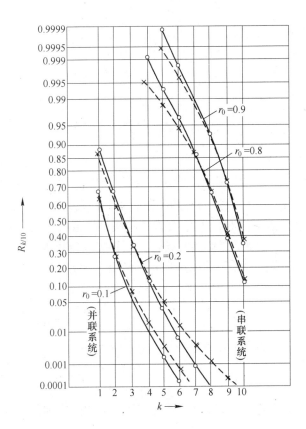

图 4-19　$k/10$：$G$ 系统的可靠度 $R_{k/10}(n = 10)$

×—泊松分布近似

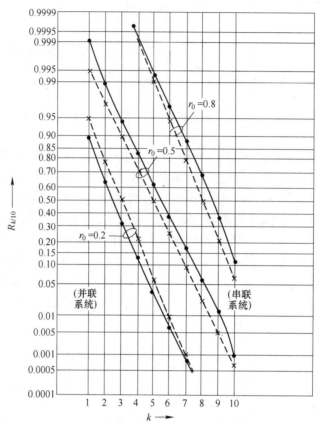

图 4-20　$k/10$：$G$ 系统的可靠度 $R_{k/10}$（$n = 10$）

×—正态分布

### 4.3.3　指数函数的近似计算

部件可靠度函数最简单并常用的模型是 $r_0(t) = e^{-\lambda_0 t}$，即指数函数。把它代入用 $r_0$ 表示的系统可靠度概率的公式中，便可以求出系统的可靠度函数。其目的是为了计算系统的 MTTF、方差和变差系数等，同时，也是为了尽快获得函数形式的概略图像。对于在某一时刻 $t$ 范围内，需要图示详细函数形式的场合，与其按照指数函数计算，还不如在指数函数的级数展开式中，适当截取若干项的近似式来计算更为方便。

现在，以 $\lambda_0 t = x$ 的函数 $e^{-x}$ 展开到第 $n$ 项，则得如下形式：

$$e^{-x} = 1 - x + \frac{x^2}{2!} - \frac{x^3}{3!} + \cdots + \frac{(-x)^n}{n!} + R_n(x) \qquad (4\text{-}121)$$

式中，$R_n(x)$ 是剩余项，$\xi$ 为剩余项近似值，其表达式如下：

$$R_n(x) = (-1)^{n+1} \int_0^x \frac{(x - \xi)^n}{n!} e^{-\xi} d\xi \qquad (4\text{-}122)$$

通常，可靠度计算值接近于 1，$x$ 值很小，因此，$x$ 的高次项是不必要的，项数 $n$ 最多取 3 即可。

图 4-21 是表示取式（4-121）的 $(1 - x)$，$(1 - x + \frac{x_2}{2})$，$(1 - x + \frac{x_2}{2} - \frac{x_3}{6})$ 等不同项的

近似值与 $e^{-x}$ 值的比较曲线。

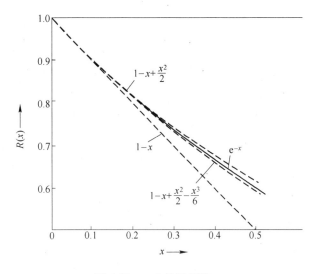

图 4-21　$e^{-x}$ 的近似值

其次，以双部件系统为例，由两个有等可靠度 $e^{-x}$ 的部件组成并联系统，将此系统的可靠度函数展开，则为

$$R(t) = 2r_0(t) - r_0^2(t) = 2e^{-x} - e^{-2x}$$

$$= 1 - x^2 + x^3 - \frac{7}{12}x^4 + \cdots \tag{4-123}$$

取 $(1 - x^2)$、$(1 - x^2 + x^3)$ 作为上式的近似值，所得的结果与原式所得结果进行比较的情况，如图 4-22 所示。

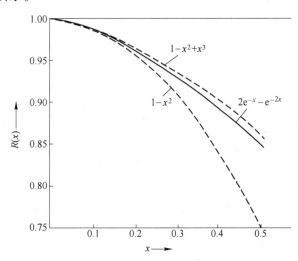

图 4-22　并联系统 $2e^{-x} - e^{-2x}$ 的近似值

必须注意，如这些图所示，展开后的近似式最末项的正负就是上限与下限。

为了估计截尾指数函数 $(n - 1)$ 以上各项的误差，在式（4-122）中，若考虑 $e^{\xi} < e^0 = 1$，则

$$| R_n(x) | = \left| \int_0^x \frac{(x - \xi)^n}{n!} e^{-\xi} d\xi \right|$$

$$\leq \left| \frac{1}{n!} \int_0^x (x - \xi)^n d\xi \right| = \frac{x^{n+1}}{(n+1)!} \qquad (4\text{-}124)$$

即级数截取到 $n$ 项时的误差不超过第 $n + 1$ 项的值。因此，对于上例中截取指数函数展开式的第 2 项和第 3 项的误差，分别取 $x^2/2$，$-x^3/6$ 为宜。

如上所述，由于 $x$ 值小，$r_0$ 为近于 1 的值，所以，根据原式（4-123），当可靠度用 $p_0$ 表示，则为

$$R(t) = 2r_0(t) - r_0^2(t) = 1 - p_0^2(t) \qquad (4\text{-}125)$$

取 $p_0(t)$ 的近似，则有

$$p_0 = 1 - r_0(t) = x - \frac{x^2}{2} + \frac{x^3}{6} - \cdots \qquad (4\text{-}126)$$

在此，若只取第 1 项，就是 $p_0 \approx x$，也是

$$R(t) \approx 1 - x^2 \qquad (4\text{-}127)$$

在 $x$ 值小时的情况是清楚的。

当 $x$ 增大超过 1 仍用级数展开取近似时，其误差增大，这是不适宜的。此时，由于 $e^{-x}$ 本身就是越来越小的值，所以，式（4-123）中略去 $e^{-x}$ 的平方项以后的项，即用下式计算，是可以满足近似要求的：

$$R(t) \approx 2e^{-x} \qquad (4\text{-}128)$$

其结果如表 4-3 所示。

表 4-3   计算结果

| $x$ | 第 1 项 $2e^{-x}$ | 第 2 项 $e^{-2x}$ | 精确值 $2e^{-x} - e^{-2x}$ |
|---|---|---|---|
| 1 | 0.7358 | 0.1353 | 0.6004 |
| 2 | 0.2707 | 0.0183 | 0.2525 |
| 3 | 0.0996 | 0.0025 | 0.0991 |
| 4 | 0.0366 | 0.0003 | 0.0363 |
| 5 | 0.0135 | 0.00005 | 0.0134 |

显然，略去 $e^{-x}$ 的平方项以后的所有项，对其误差的影响是不大的。

# 5 液压系统优化技术

随着科学技术进步和经济发展，对液压系统的性能要求越来越高，除液压系统性能达到要求外，还应考虑液压系统的可靠性，在保证可靠性和使用寿命时，必须节约成本、减小体积和重量。对一个液压系统，无论设计人员或使用人员，都希望它是最优的。如在有限能量消耗前提下，希望有最好的动态和静态性能；反之，在一定动态和稳态性能的要求下，希望能量消耗最小。可靠性优化就是达到这些目标的桥梁。

## 5.1 液压系统优化概述

### 5.1.1 优化设计基本概念

设计变量、目标函数和约束条件是可靠性优化设计问题的3个主要要素。

#### 5.1.1.1 设计变量

在系统设计中，需要进行选择，并最终必须确定的各项独立参数或函数，称为设计变量。这些参数或函数一旦确定，所设计的系统也就唯一被确认。

设计变量的数目称为设计问题的维数。一个系统的全部设计变量可以用一个向量来表示。

如果设计变量是一组参数，并用 $\boldsymbol{\alpha}$ 表示，当设计问题是 $r$ 维时，有

$$\boldsymbol{\alpha} = \begin{bmatrix} \alpha_1 \\ \alpha_2 \\ \vdots \\ \alpha_r \end{bmatrix} = [\alpha_1 \, \alpha_2 \cdots \alpha_r]^{\mathrm{T}} \tag{5-1}$$

式中　T——转置符，即把列向量写成行向量的转置向量。

今后如无特殊说明，所有向量均规定为列向量，并用黑体字符代表向量和矩阵。

如果设计变量是连续时间函数，并用 $\boldsymbol{u}(t)$ 表示，当设计问题是 $m$ 维时，有

$$\boldsymbol{u}(t) = [u_1(t) \, u_2(t) \cdots u_m(t)]^{\mathrm{T}} \tag{5-2}$$

如果设计变量为离散时间函数，则可以表示为

$$\boldsymbol{u}(k) = [u_1(k) \, u_2(k) \cdots u_m(k)]^{\mathrm{T}} \tag{5-3}$$

式中　$k$——采样序数，$k=0$，1，2，…，与其对应的采样时间是 $t_k = kT$；

　　　$T$——采样周期。为简便计算，设 $T=1$。

设计向量的每个分量代表一个独立的设计变量，以这些独立变量为坐标轴可以组成一个欧式向量空间，称为设计空间，用 $E^x$ 表示，上角标 $x$ 代表设计空间的维数。设计变量为参数时，$\boldsymbol{\alpha}$ 是设计空间中的一个定点，表示为 $\boldsymbol{\alpha} \in E^r$（$\boldsymbol{\alpha}$ 属于 $E^r$）。设计变量为连续时间函数时，$\boldsymbol{u}(t)$ 是设计空间中一个随时间连续变化的点，表示为 $\boldsymbol{u}(t) \in E^m$。设计变量为

离散时间函数时，$\boldsymbol{u}(k)$ 是设计空间中一个在采样时间出现的闪烁点，表示为 $\boldsymbol{u}(k) \in E^m$。

### 5.1.1.2 目标函数

为了衡量系统工作性能，应根据实际的需要和可能，提出相应的衡量标准，这些标准就是性能指标。在设计中，把确定的性能指标称为目标函数，常记为 $J$。它是设计变量的标量函数。

当设计变量为参数时：

$$J = f(\boldsymbol{\alpha}) = f(\alpha_1, \alpha_2, \cdots, \alpha_r) \tag{5-4}$$

当设计变量为连续时间函数时，目标函数一般表示为

$$J = \varphi[\boldsymbol{x}(t_f), t_f] + \int_{t_0}^{t_f} L[\boldsymbol{x}(t), \boldsymbol{u}(t), t]\mathrm{d}t \tag{5-5}$$

式中　$\boldsymbol{x}(t)$ ——系统的状态向量（$n$ 维），即

$$\boldsymbol{x}(t) = [x_1(t)\, x_2(t) \cdots x_n(t)]^{\mathrm{T}} \tag{5-6}$$

　　　$t_0$ ——起始时间；

　　　$t_f$ ——终止时间。

当设计变量为离散时间函数时，目标函数可表示为

$$J = \varphi[\boldsymbol{x}(l), l] + \sum_{k=h}^{l-1} L[x(k), \boldsymbol{u}(k), k] \tag{5-7}$$

式中　$h$ ——起始采样序数；

　　　$l$ ——终止采样序数。

一个目标函数达到最优，常常是希望它取最大值或最小值。当某一个目标函数 $J$ 取最大值时，其倒数（$1/J$）或相反的数（$-J$）即为对应的最小值。为统一起见，今后不妨取目标函数的最小值，并记为 $\min J$。

目标函数可以由单项性能指标组成，也可以是几项性能指标的综合。

### 5.1.1.3 约束条件

在很多实际问题中，设计变量的取值范围是有一定限制的，或必须满足一定的条件。这些限制和条件称为约束条件，简称约束。约束条件可以用数学等式或不等式来表达。

等式约束可以这样表达：

当设计变量为参数时，表示为

$$d_v(\boldsymbol{\alpha}) = 0 \quad (v = 1, 2, \cdots, p\,(p < r))$$

其向量形式

$$\boldsymbol{d}(\boldsymbol{\alpha}) = \boldsymbol{0} \tag{5-8}$$

式中　$\boldsymbol{d}$ ——$p$ 维向量函数。

当设计变量为连续时间函数时，等式约束条件一般是系统的状态方程。状态方程的形式为

$$\dot{\boldsymbol{x}}(t) = \boldsymbol{f}[\boldsymbol{x}(t), \boldsymbol{u}(t), t] \tag{5-9}$$

式中　$\boldsymbol{f}$ ——$n$ 维向量函数。

当设计变量为离散时间函数时，等式约束条件一般是系统的差分方程。差分方程的形

式为

$$x(k + 1) = f[x(k), u(k), k] \qquad (k = 0, 1, \cdots, l - 1) \tag{5-10}$$

不等式约束可以这样表达：

当设计变量为参数时，表示为

$$h_u(\boldsymbol{\alpha}) \leqslant 0(u = 1, 2, \cdots, q \leqslant 0)$$

其向量形式

$$h(\boldsymbol{\alpha}) \leqslant \boldsymbol{0} \tag{5-11}$$

式中　$h$——$q$ 维向量函数。

当设计变量为连续时间函数时，不等式约束可表示为

$$h[u(t), t] \leqslant \boldsymbol{0} \tag{5-12}$$

式中　$h$——$l$ 维向量函数。

当设计变量为离散时间函数时，不等式约束可表示为

$$h[u(k), k] \leqslant \boldsymbol{0} \tag{5-13}$$

式（5-11）~式（5-13）表示向量的各分量均不大于零，后同。

从物理特性看，约束条件可分为边界约束和性能约束两类。边界约束考虑的是设计变量的变化范围；性能约束是由某种性能设计要求所推导出来的限制条件。

在设计空间中，满足所有约束条件的点的集合，称为可行域，否则称为非可行域。约束条件上的点称为边界点，边界点属于可行域。

系统优化设计的含义是：在可行域中寻找一组设计变量，使目标函数值最小。

如果设计变量为一组参数，即设计空间中的一个定点，称为参数优化（又称参数最优化、静态最优化）。如果设计变量为一组时间函数，即设计空间中的一个随时间变化的点，称为函数优化（又称最优控制、动态最优化）。

### 5.1.2 液压系统结构与优化

液压系统的优化是优化设计理论在液压系统中的应用。不同类型的液压系统，其优化内容和方法也不同。这就涉及从控制理论的角度讨论液压系统的组成和对液压系统进行分类的问题。

液压系统的组成可由图 5-1 所示的框图来说明。其中，控制对象是工作台或其他负载装置，由它直接完成各类工作。控制对象的行为是由液压缸、液压马达等执行元件控制

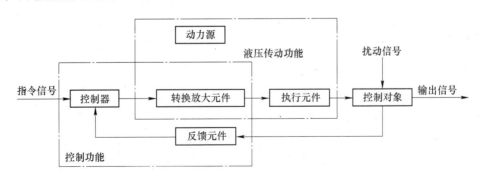

图 5-1　液压系统的组成

的。执行元件在转换放大元件的控制下输出所要求的运动和动力。转换放大元件是控制和动力传递的核心，如节流阀与电磁换向阀、比例方向阀、电液伺服阀、伺服变量泵等。它接受控制器所给的信号，并进行功率放大，转换成液压信号（流量、压力）。控制器通常是由电气组件或计算机构成，它的作用是把系统的指令信号（电气、机械、气压等）与系统的反馈信号进行比较和加工，从而向转换放大元件发出指令。反馈元件由检测器和变换元件组成，它检测系统输出信号，变换后作为控制器的输入信号。动力源的作用是把其他形式的能量转换成液压能，如液压泵、气液转换器等。

由此可见，液压系统同时完成动力传递功能和控制功能。

从控制的角度，可以根据转换放大元件对液压系统进行分类。如果转换放大元件为节流阀和普通换向阀，则称为开关控制系统。因为换向阀所接收和处理的信号是开关信号。这种信号只有"有"和"无"两种状态，信号一旦开通，其大小不能改变。在实际系统中换向阀的组合可以接收和处理一系列的开关信号，使系统的被控对象完成程序动作，此类系统多为开环控制。如果转换放大元件为伺服阀，则称为伺服控制系统。伺服阀所接收和处理的信号可以在一定范围内连续变化。从而系统的被控对象可以按一定的规律完成程序动作或跟踪指令信号，此类系统多为闭环控制。如果转换放大元件为比例方向阀，则称为比例控制系统。比例方向阀也可以接收和处理连续变化信号，这与伺服阀类似，但其主阀结构又类似于开关式液压阀。所以，比例控制系统介于开关控制与伺服控制之间，但从控制理论角度来看，它更接近于伺服控制系统。

伺服控制系统又由于控制器的原理不同，分为连续控制系统和采样控制系统两类。如果系统控制器所接收和处理的都是连续信号，则为连续伺服系统。当系统中一处或几处的信号为脉冲与数字编码时，则这个系统称为采样伺服系统，简称采样系统。采样系统的特点是采样信号在各采样时刻是时间 $t$ 的函数，而在各采样点之间无意义。采样系统分模拟采样和数字采样两个类型。模拟采样系统通过采样器把连续信号变成一系列脉冲，变换后又用保持器将脉冲信号恢复成连续信号。数字采样系统也称计算机控制系统或数字伺服系统，数字伺服系统中，A/D 变换器中的采样器将连续信号变成离散的数字编码，计算机起控制器作用，其输出信号经 D/A 变换器中的保持器变成连续信号后作为伺服阀的输入信号。以上的分类思想可分列于下：

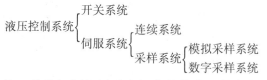

根据液压系统的结构，优化问题包括动力部分的优化和控制部分的优化。

动力部分的优化，主要是确定传动元件的结构参数，属于参数优化问题。动力部分一旦确定，就成了控制部分的被控对象，其数学模型不再改变，因此，称为固有部分。这样，控制部分的优化问题，就归结为控制器的设计问题。如果控制器的结构已经确定，优化问题的设计变量就是控制器的某些待定参数，属于参数优化问题。如果控制器的结构不确定，以控制器输出的控制信号 $u(t)$ 为设计变量，就属于函数优化问题。

根据以上叙述，考虑到覆盖面和典型性，所讨论的液压系统优化问题包括开关控制系统的动态优化、连续伺服系统的优化和数字伺服系统的优化，以及动力机构的优化。

### 5.1.3 液压系统优化的内容

液压系统优化的内容主要有：

（1）效率。从节能的角度出发，希望液压系统有比较高的效率。液压系统的总效率可表达为

$$\eta = \eta_p \eta_s \eta_c \tag{5-14}$$

式中    $\eta_p$——动力元件的效率；

       $\eta_s$——液压效率；

       $\eta_c$——执行元件的效率。

提高动力元件和执行元件的效率是元件优化问题。提高液压效率则主要是系统优化问题。液压效率等于执行元件输入功率与动力元件输出功率之比，即

$$\eta_s = \frac{\int p_L q_L \, \mathrm{d}t}{\int p_s q_s \, \mathrm{d}t} \tag{5-15}$$

式中    $p_L$, $q_L$——分别表示负载压力和负载流量；

       $p_s$, $q_s$——分别表示动力元件（如液压泵）的输出压力和流量。

液压系统效率优化问题主要是压力、流量的适应问题和动力传输机构参数优化问题。

（2）相对稳定性。欲使系统正常工作，就必须有一定的稳定裕量，即有较理想的相对稳定性。从时域上说，应使阶跃响应最大超调量较小；从频域上说，开环频率特性有一定的相位裕量和幅值裕量；闭环频率特性谐振峰值较小。

（3）快速性。当指令信号变化之后，系统能比较迅速地跟踪。在时域，应使其阶跃响应上升时间较小。在开环频率特性上看，剪切频率应比较大：在闭环频率特性上看，截止频率应较大。

（4）综合控制性能。系统的综合控制性能指标兼顾了相对稳定性和快速性。这类指标从两个方面考察系统的相对误差。一方面是响应时间，控制性能好的系统响应时间要短；另一方面是误差积分指标，误差积分指标小的系统表现出较好的综合控制性能。

（5）抗干扰能力。系统在干扰信号的作用下，响应最大峰值要小，响应时间要短。稳态刚度和动态刚度要大，系统无阻尼自振频率应远离干扰信号基频。另外，系统自身参数变化对其性能的影响要小。

（6）稳态精度。稳态精度高的系统表现出比较好的稳态跟踪能力，即稳态误差（指系统稳态分量的终值）比较小，希望有比较高的型次和比较大的开环放大系数。对于零型系统，当用相对增量方程描述系统时，希望闭环频率特性的零频值应尽量接近1。

在对实际系统寻优时，也可能由上述性能指标组成综合的目标函数。

## 5.2 优化数学模型

### 5.2.1 参数优化模型

参数优化就是在设计向量 $\boldsymbol{\alpha}$ 的可行域内，找到一组最优参数 $\boldsymbol{\alpha}^*$，使目标函数 $J = f(\boldsymbol{\alpha}^*)$ 时取最小值。

由式（5-4）、式（5-8）和式（5-11）可以得到参数优化数学模型的一般形式。

$$\left.\begin{array}{l}\min f(\boldsymbol{\alpha}) \\ \text{s. t. } \boldsymbol{d}(\boldsymbol{\alpha}) = \boldsymbol{0} \\ \boldsymbol{h}(\boldsymbol{\alpha}) \leqslant \boldsymbol{0}\end{array}\right\} \tag{5-16}$$

式中　s. t. ——满足于（是 "subject to" 的缩写）。

在特殊情况下，如果目标函数和约束条件是线性的，表示为

$$\left.\begin{array}{l}\min \boldsymbol{c}^{\mathrm{T}}\boldsymbol{\alpha} \\ \text{s. t. } \boldsymbol{A}\boldsymbol{\alpha} = \boldsymbol{b} \\ 0 \leqslant \boldsymbol{\gamma} \leqslant \boldsymbol{\alpha} \leqslant \boldsymbol{\beta}\end{array}\right\} \tag{5-17}$$

式中

$$\boldsymbol{c} = [\, c_1\, c_2 \cdots c_r\,]^{\mathrm{T}}$$
$$\boldsymbol{b} = [\, b_1\ b_2 \cdots b_r\,]^{\mathrm{T}}$$
$$\boldsymbol{A} \text{——} m \times r \text{ 矩阵}$$
$$\boldsymbol{\gamma} = [\, \gamma_1\, \gamma_2 \cdots \gamma_r\,]^{\mathrm{T}}$$
$$\boldsymbol{\beta} = [\, \beta_1\, \beta_2 \cdots \beta_r\,]^{\mathrm{T}}$$

上述问题称为线性规划。

### 5.2.2　函数优化模型

函数优化就是从设计向量 $\boldsymbol{u}(t)$［或 $\boldsymbol{u}(k)$］的可行域内，找到一组最优控制 $\boldsymbol{u}^*(t)$［或 $\boldsymbol{u}^*(k)$］，使确定的系统从初始状态出发，沿相应的最优轨线 $\boldsymbol{x}^*(t)$［或 $\boldsymbol{x}^*(k)$］转移到终端状态，并使目标函数 $J = J[\boldsymbol{x}^*(t), \boldsymbol{u}^*(t)]$（或 $J = J[\boldsymbol{x}^*(k), \boldsymbol{u}^*(k)]$）时取最小值。

由式（5-5）、式（5-9）和式（5-12），可以得到设计变量为连续时间函数时，优化模型的一般形式：

$$\left.\begin{array}{l}\min\left\{\varphi[x(t_f), t_f] + \displaystyle\int_{t_0}^{t_f} L[\boldsymbol{x}(t), \boldsymbol{u}(t), t]\mathrm{d}t\right\} \\ \text{s. t. } f[\boldsymbol{x}(t), \boldsymbol{u}(t), t] - \dot{\boldsymbol{x}}(t) = \boldsymbol{0} \\ \boldsymbol{h}[\boldsymbol{u}(t), t] \leqslant \boldsymbol{0}\end{array}\right\} \tag{5-18}$$

由式（5-7）、式（5-10）和式（5-13），可以得到设计变量为离散时间函数时，优化模型的一般形式：

$$\left.\begin{array}{l}\min\left\{\varphi[\boldsymbol{x}(l), l] + \displaystyle\sum_{k=h}^{l-1} L[\boldsymbol{x}(k), \boldsymbol{u}(k), k]\right\} \\ \text{s. t. } f[\boldsymbol{x}(k), \boldsymbol{u}(k), k] - \boldsymbol{x}(k-1) = \boldsymbol{0} \\ \boldsymbol{h}[\boldsymbol{u}(k), k] \leqslant \boldsymbol{0}(k = 0, 1, \cdots, l-1)\end{array}\right\} \tag{5-19}$$

### 5.2.3　控制部分寻优条件

对于控制部分的寻优问题，应明确如下条件：

（1）系统固有部分的数学模型。如式（5-9）或式（5-10）所示，它实际上是优化问题的等式约束。除状态方程外，数学模型还可以有微分方程、传递函数等形式。

（2）可行域。前面已经说明，它是在设计空间中满足所有约束条件的点的集合。

（3）输入信号。系统的输入信号包括指令信号和干扰信号。为了便于比较系统的动态性能，常常应用一些典型信号作为指令信号，如阶跃信号、斜坡信号、正弦信号和随机信号等。

（4）始端条件。通常系统的初始时刻 $t_0$ 和初始状态 $x(t_0)$ 是给定的，称为固定始端问题。在函数优化问题中，有时 $t_0$ 固定，而 $x(t_0)$ 是任意的，则称为自由始端问题。如果 $x(t_0)$ 必须满足一定约束条件，属于可变始端问题。

（5）终端条件。如果终端时刻 $t_f$ 和终端状态 $x(t_f)$ 都是给定的，称为固定终端问题。如果终端时刻 $t_f$ 给定，而 $x(t_f)$ 可以任意取值时，则称为自由终端问题。如果 $x(t_f)$ 必须满足一定约束条件，属于可变终端问题。如果终端时刻 $t_f$ 可以任意取值，则称为自由终止时刻问题。

（6）目标函数。目标函数是根据实际问题规定的。对于参数优化问题，目标函数一般如式（5-4）所示。例如，以系统阶跃响应性能指标组成目标函数，可以设

$$J = K_1 M_p + K_2 t_r + K_3 e_s^2 + K_4 t_s \tag{5-20}$$

式中　　$M_p$——最大超调量；

$t_r$——上升时间；

$e_s$——稳态误差；

$t_s$——响应时间；

$K_i(i = 1 \sim 4)$——加权系数。

上式中所含的各性能指标，都是设计向量 $\boldsymbol{\alpha}$ 的函数。

作为式（5-4）的特例，有些目标函数是积分型的。对于连续时间系统：

$$J = \int_{t_0}^{t_f} L[\boldsymbol{\alpha}, t] \, dt \tag{5-21}$$

对于离散时间系统：

$$J = \sum_{k=h}^{l-1} L[\boldsymbol{\alpha}, k] \tag{5-22}$$

例如，控制系统的 ITAE 指标，就是积分型的。

即

$$J = \int_0^\infty t \, |e(\boldsymbol{\alpha}, t)| \, dt \tag{5-23}$$

式中　$e(\boldsymbol{\alpha}, t)$——系统误差。

作为式（5-21）的特例，有

$$J = \int_{t_0}^{t_f} \boldsymbol{e}^{\mathrm{T}}(\boldsymbol{\alpha}, t) \boldsymbol{Q} e(\boldsymbol{\alpha}, t) \, dt \tag{5-24}$$

称为二次型指标。

式中　$\boldsymbol{Q}$——加权矩阵，为正定对称矩阵。

例如，系统广义平方误差积分指标：

$$J = \int_0^\infty \left[ e^2 + \tau \left( \frac{\partial e}{\partial t} \right)^2 \right] dt \tag{5-25}$$

式中  $\tau$ ——加权系数。

作为式（5-22）特例的二次型目标函数为

$$J = \sum_{k=h}^{l-1} e^{\mathrm{T}}(\boldsymbol{\alpha}, k) \boldsymbol{Q} e(\boldsymbol{\alpha}, k) \tag{5-26}$$

对于函数优化问题，目标函数一般是从泛函的角度提出来的，又称为目标泛函，如式（5-5）和式（5-7）所示。上述二式等号右边都由两部分组成：第一项称为终端指标函数，表明系统的稳态性能；第二项称为动态指标性能，表明系统的动态性能。这一类目标泛函称为综合型或波尔扎（Bolza）型。

当不计终端指标函数时，有

$$J = \int_{t_0}^{t_f} L[\boldsymbol{x}(t), \boldsymbol{u}(t), t] \mathrm{d}t \tag{5-27}$$

或

$$J = \sum_{k=h}^{l-1} L[\boldsymbol{x}(k), \boldsymbol{u}(k), k] \tag{5-28}$$

这时的目标泛函称为积分型或拉格朗日（Lagrange）型。当 $L=1$ 时，有

$$J = t_f - t_0 \tag{5-29}$$

或

$$J = l - h \tag{5-30}$$

称为时间最优问题或最速控制问题。

当不计动态指标函数时，有

$$J = \boldsymbol{\Phi}[\boldsymbol{x}(t_f), t_f] \tag{5-31}$$

或

$$J = \boldsymbol{\Phi}[\boldsymbol{x}(l), l] \tag{5-32}$$

这时的目标泛函称为终端型或麦耶耳（Mayer）型。

## 5.3  液压开关阀控制系统动态优化

开关控制系统动态优化的内容包括对控制性能的优化、抗干扰性能的优化和低速稳定性能的优化。动态优化为设计换向冲击小、动态刚度高及抗黏滑运动能力强的开关控制系统提供了一系列重要原则，并在此基础上提出了动态补偿方法。

开关控制系统的动态优化属于参数优化问题。由于数学模型比较简单，目标函数可以用设计变量的解析式表达，问题的求解较为方便。

开关控制系统的参数可以分为 3 类：第一类是固有参数，例如，负载力、输出速度、液压缸活塞行程等，它们是由工作对象所决定的，设计中一般不能改变；第二类是可变参数，例如，负载质量、黏性阻尼和油液等效体积弹性模量等，它们是由系统功能决定的，在系统设计中可以进行补偿；第三类是设计变量，例如，液压缸活塞有效作用面积、供油压力等。下面讨论上述 3 类参数对优化目标函数的影响，从而得出确定设计变量和补偿可变参数的方法。

在实际问题中，几乎所有参数都是有界的，但这些边界约束只能针对具体问题决定。

### 5.3.1  系统数学模型

#### 5.3.1.1  系统的动态过程

控制一台机器完成程序动作的总的开关系统往往是十分复杂的，但可以根据它们控制

的执行元件不同分成若干基本系统（子系统）。每一基本系统的控制部分使执行元件完成各自的程序动作。图 5-2 所示就是一个典型的基本开关控制系统。这个系统可以通过三位四通电磁换向阀 3 和二位二通电磁阀 4 的切换，使液压缸 7 的活塞及与之相连的运动滑台 8 完成快进、工进、快退和停止等程序运作。从控制的角度来说，每个工况就是系统的一个稳态工作点，系统在完成程序动作时，稳态工作点不断变化。图 5-2 所示系统的稳态工作点的变化过程可以由图 5-3a 来说明。图中横坐标 $p$ 代表液压缸工作腔压力，纵坐标 $q$ 代表进入液压缸的流量，DE 是节流阀 5 的压力流量特性曲线。液压泵 1 启动后，电磁换向阀处于图示位置时，液压油全部经溢流阀 2 回油箱，进入液压缸工作腔的流量为零，工作腔内压力也为零，系统的稳态工作点是 $O$ 点。

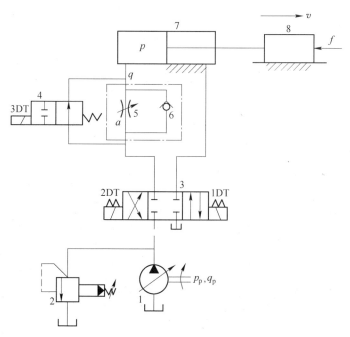

图 5-2　液压开关阀控制系统

1—液压泵；2—溢流阀；3—三位四通电磁换向阀；4—二位二通电磁阀；
5—节流阀；6—单向阀；7—液压缸；8—滑台

　　如果电磁阀 1DT 带电，电磁换向阀切换，进入快进工况，此时系统所承受的负载只有滑台和导轨间的摩擦力，工作腔内压力 $p_r$ 小于溢流阀开启压力，液压泵输出流量 $q_p$ 全部进入液压缸工作腔，系统的稳态工作点变为 $A$ 点。如果电磁铁 3DT 通电，二位二通电磁阀切换，进入工进工况，此时溢流阀开启，泵出口压力变成 $p_p$，液压缸工作腔压力仍为 $p_r$，流经节流阀 5 进入液压缸工作腔的流量是 $q_r$，系统的稳态工作点变为 $B$ 点。如果工作滑台在运动中加上工作载荷（如切削、拖动、挤压等），液压缸工作腔压力增加到 $p_f$，由于负载增加，流入液压缸工作腔流量减少到 $q_f$，系统的稳态工作点变为 $C$ 点。当工作过程结束，去掉工作载荷，稳态工作点又从 $C$ 点回到 $B$ 点。这时，如果电磁阀 2DT 通电，电磁换向阀切换，滑台返回，然后停止，系统的稳态工作点又回到 $O$ 点，完成了一个工作循环。

　　如果把图 5-2 中的节流阀换成调速阀，其工作点变化状况如图 5-3b 所示。与用节流阀调速所不同的是当负载变化时，进入液压缸工作腔的流量不变。

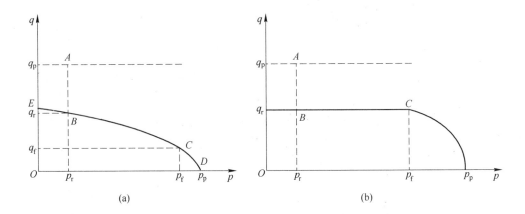

图 5-3 液压系统稳态工作点的转换
（a）节流阀调速；（b）调速阀调速

如果系统所承受的负载是交变的，系统的工作参数将会在某一稳态工作点附近交替变化。交变负载变化规律发生改变时，系统工作参数变化规律也要更换。

系统稳态工作点的跃变过程及其工作参数在某一稳态工作点附近变化规律更换过程就是系统的动态过程。

综合上述各种动态过程，为了简化问题且不失一般性和典型性，提出如图 5-4 所示的两类简化的系统模型。第一类为间接调节模型（图 5-4a），在油源压力 $p_s$ 不变的前提下，通过调节节流阀阀口开度调速，以下简称系统 A。第二类为直接调节模型（图 5-4b），直接通过输入流量的变化调速，用变量泵调速属于直接调速，例如图 5-2 中快进工况的调速。在用调速阀调速时，阀的出口流量与阀口开度成正比，且不受负载的影响，故也可看做直接调节模型，以下简称系统 B。

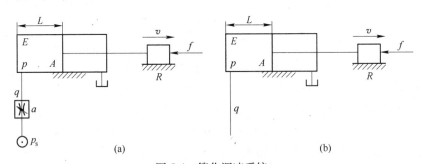

图 5-4 简化调速系统
（a）间接调节（系统 A）；（b）直接调节（系统 B）

### 5.3.1.2 数学模型

首先建立系统 A 的数学模型。系统的输出信号是滑台的运动速度 $v(t)$，控制信号是节流阀通流面积 $a(t)$，干扰信号是工作负载 $f(t)$，所求的是输出信号对控制信号和干扰信号的传递函数。模型建立的依据是节流阀的流量方程，液压缸工作腔的流量连续方程和液压缸运动部分的力平衡方程。

节流阀的流量方程是

$$q(t) = Ka(t)\sqrt{p_s - p(t)} \tag{5-33}$$

式中　$q$——通过节流阀的流量，$m^3/s$；

　　　$a$——节流阀通流面积，$m^2$；

　　　$p_s$——油源压力，Pa；

　　　$p$——液压缸工作腔压力，Pa；

　　　$t$——时间，s；

　　　$K$——阀口液阻系数，$\sqrt{m^3/kg}$，$K = C_q\sqrt{2/\rho}$；

　　　$C_q$——节流阀流量系数；

　　　$\rho$——油液密度，$kg/m^3$。

式（5-33）是非线性方程，在求传递函数时要进行线性化。将式（5-33）在稳态工作点 $a_0$、$p_0$ 附近展成泰勒级数，并略去高阶小量后可得

$$q = Ka_0 (p_s - p_0)^{\frac{1}{2}} + K(p_s - p_0)^{\frac{1}{2}} \Delta a - \frac{1}{2}Ka_0(p_s - p_0)^{-\frac{1}{2}}\Delta p \tag{5-34}$$

式中，以脚标"0"表示各相应变量的稳态值；以标志"$\Delta$"表示各相应变量在稳态值附近的增量。

由于

$$\Delta q = q - Ka_0(p_s - p_0)^{\frac{1}{2}} \tag{5-35}$$

由式（5-34）和式（5-35），可得：

$$\Delta q = K(p_s - p_0)^{\frac{1}{2}}\Delta a - \frac{1}{2}Ka_0(p_s - p_0)^{-\frac{1}{2}}\Delta p \tag{5-36}$$

式（5-36）就是式（5-32）经线性化后的增量方程。为了简便，将该方程写成相对增量形式。将各项除以 $q_0$，并考虑到

$$q_0 = Ka_0(p_s - p_0)^{\frac{1}{2}}$$

可得

$$\frac{\Delta q}{q_0} = \frac{\Delta a}{a_0} - \frac{p_0}{2(p_s - p_0)}\frac{\Delta p}{p_0} \tag{5-37}$$

用顶部加"—"代表相对增量值，则式（5-37）可写成

$$\overline{q} = \overline{a} - K_a\overline{p} \tag{5-38}$$

式中

$$K_a = \frac{p_0}{2(p_s - p_0)}$$

式（5-38）在初始条件为零的情况下经拉氏变换得

$$Q(s) = A(s) - K_aP(s) \tag{5-39}$$

式中，用大写字母表示相应变量的相对增量经拉氏变换的结果，为简便计，以后省去字母后的 $(s)$。

从式（5-39）可得节流阀方框图，如图 5-5 所示。

液压缸液流连续方程是

$$q(t) = Av(t) + C\frac{\mathrm{d}p(t)}{\mathrm{d}t} \tag{5-40}$$

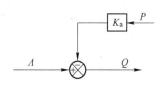

图 5-5　节流阀方框图

式中　$A$——液压缸工作腔活塞有效作用面积，$m^2$；

　　　$v$——滑台运动速度，m/s；

　　　$C$——液压缸工作腔体积液容，$m^3/Pa$，

$$C = AL/E \qquad (5\text{-}41)$$

　　　$L$——液压缸工作腔长度，m；

　　　$E$——油液等效体积弹性模量，Pa。

　　式（5-40）表明进入液压缸的流量是推动活塞所需的流量 $Av$ 和压力升高所造成的油液压缩而需要补充的流量 $Cdp/dt$ 之和。其增量形式和相对增量形式分别是：

$$\Delta q = A\Delta v + C\frac{\mathrm{d}\Delta p}{\mathrm{d}t}$$

和

$$\bar{q} = \bar{v} + T_a\frac{\mathrm{d}\bar{p}}{\mathrm{d}t} \qquad (5\text{-}42)$$

式中

$$T_a = \frac{Cp_0}{q_0}$$

　　式（5-42）在初始条件为零的情况下经拉氏变换得：

$$Q = V + T_a sP$$

即

$$P = \frac{1}{T_a s}(Q - V)$$

　　由上式可得液流连续方程方框图，如图 5-6 所示。

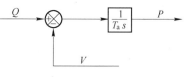

　　液压缸活塞及滑台的力平衡方程是：

$$Ap(t) = M\frac{\mathrm{d}v(t)}{\mathrm{d}t} + Rv(t) + f_r + f(t) \qquad (5\text{-}43)$$

图 5-6　液流连续方程方框图

式中　$M$——运动部件总质量，kg；

　　　$R$——黏性摩擦系数，N·s/m；

　　　$f_r$——库仑摩擦力，N；

　　$f(t)$——工作负载力，N。

　　式（5-43）表明，作用于活塞上的液压力 $Ap$ 与活塞及滑台等运动部件的惯性力 $Mdv(t)/dt$、黏性摩擦力 $Rv(t)$、库仑摩擦力 $f_r$ 和工作负载力 $f(t)$ 相平衡。当运动速度方向不变时，库仑摩擦力是一常量。式（5-43）的增量形式和相对增量形式分别是：

$$A\Delta q = M\frac{\mathrm{d}\Delta v}{\mathrm{d}t} + R\Delta v + \Delta f$$

和

$$K_b\bar{p} = T_b\frac{\mathrm{d}\bar{v}}{\mathrm{d}t} + \bar{v} + K_c\bar{f} \qquad (5\text{-}44)$$

式中

$$K_b = \frac{Ap_0}{Rv_0}$$

$$K_c = \frac{f_0}{Rv_0}$$

$$T_b = \frac{M}{R}$$

式（5-44）在初始条件为零的情况下经拉氏变换得：

$$K_b P = (T_b s + 1)V + K_c F$$

即

$$V = \frac{1}{T_b s + 1}(K_b P - K_c F) \tag{5-45}$$

由式（5-45）可得力平衡方程方框图，如图5-7所示。

由图5-5～图5-7可得系统原始框图，如图5-8a所示，经简化，可得图5-8b的形式。

图中

$$T_c = \frac{T_a}{K_a} = \frac{2C(p_s - p_0)}{q_0}$$

$$K_d = \frac{K_b}{K_a} = \frac{2A(p_s - p_0)}{R v_0}$$

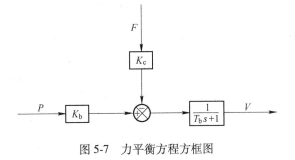

图5-7　力平衡方程方框图

当工作负载不变，即 $F(s) = 0$ 时，从图5-8b可得系统 A 输出信号对控制信号的闭环传递函数：

$$\Phi_A(s) = \frac{V(s)}{A(s)} = \frac{K_m \omega_n^2}{s^2 + 2\zeta \omega_n s + \omega_n^2} \tag{5-46}$$

式中　$K_m$——控制信号输入时系统 A 的闭环增益，

$$K_m = \frac{1}{1 + (R K_p / A^2)} \tag{5-47}$$

$\zeta$——系统阻尼比，

$$\zeta = \frac{CR + M K_p}{2\sqrt{CM(A^2 + R K_p)}} \tag{5-48}$$

$\omega_n$——系统无阻尼自振频率，rad/s，

$$\omega_n = \sqrt{\frac{A^2 + R K_p}{CM}} \tag{5-49}$$

式（5-47）～式（5-49）中，$K_p$ 为节流阀的流量-压力系数，$m^3/(s \cdot Pa)$，

$$K_p = \frac{K a_0}{2\sqrt{p_s - p_0}} = \frac{q_0}{2(p_s - p_0)} = \frac{A v_0}{2(p_s - p_0)} \tag{5-50}$$

当节流阀通流面积不变，即 $\Delta a = 0$ 时，由式（5-37）可得：

$$K_p = -\frac{\Delta q}{\Delta p}$$

这说明，在稳态工作点附近且节流阀通流面积不变时，如果液压缸工作腔压力增加 $\Delta p$，进入液压缸的流量就会减少 $|\Delta q|$；反之，如果液压缸工作腔压力减少 $|\Delta p|$，进入液压缸的流量就会增加 $\Delta q$。两者增量之比相反的数就是流量-压力系数 $K_p$。

如果设

$$D = \frac{v_0}{2(p_s - p_0)} \tag{5-51}$$

则
$$K_p = AD$$

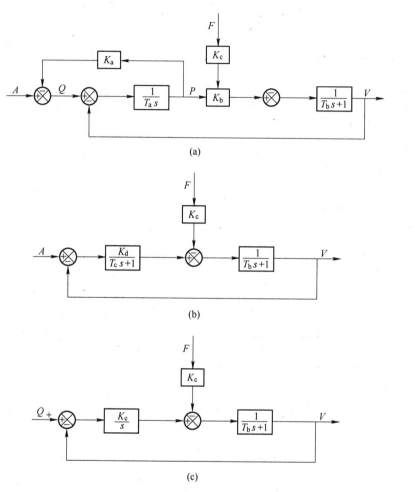

图 5-8 系统方框图

（a）系统 A 原始；（b）系统 A 简化；（c）系统 B 简化

对于图 5-4b 所示的简化系统 B，上述曾指出对应变量泵调速过程和用调速阀调速的过程。对于变量泵调速的过程，当图 5-2 中电磁铁 1DT 通电，即可认为输入一个阶跃的流量信号。对于用调速阀调速的过程，因调速阀的流量方程是

$$q(t) = K'a(t) \tag{5-52}$$

其中
$$K' = C_q\sqrt{2\Delta p/\rho}$$

式中 $\Delta p$ ——调速阀口两端压力，Pa，是一个常数。

式（5-52）所对应的相对增量方程是

$$\bar{q} = \bar{a}$$

这说明，应用相对增量方程以调速阀通流面积 $\bar{a}$ 为输入信号与直接以 $\bar{q}$ 为输入信号

等价。

从式（5-51）可见，只要在式（5-46）所表示的系统 A 传递函数中令 $K_p = 0$，即得系统 B 的输出信号对控制信号的闭环传递函数，即

$$\Phi_A(s) = \frac{V(s)}{A(s)} = \frac{\omega_n^2}{s^2 + 2\zeta\omega_n s + \omega_n^2} \tag{5-53}$$

式中　$\zeta$——系统阻尼比，

$$\zeta = \frac{R\sqrt{C}}{2A\sqrt{M}} = \frac{RB}{2\sqrt{A}} \tag{5-54}$$

其中

$$B = \sqrt{\frac{L}{ME}} \tag{5-55}$$

$\omega_n$——系统无阻尼自振频率，rad/s，

$$\omega_n = \frac{A}{\sqrt{CM}} = \sqrt{\frac{AE}{LM}} \tag{5-56}$$

当控制信号不变，即 $A(s) = 0$ 时，从图 5-8b 可得系统 A 以干扰信号为输入的方框图，如图 5-9a 所示，从而可得输出信号对干扰信号的传递函数，即

$$\Phi_F(s) = \frac{V(s)}{F(s)} = -\frac{K_0\sigma\omega_n(s + \omega_0)}{s^2 + 2\zeta\omega_n s + \omega_n^2} \tag{5-57}$$

式中　$K_0$——干扰信号输入时系统 A 的闭环增益，

$$K_0 = \frac{f_0 K_p}{v_0(A^2 + RK_p)} \tag{5-58}$$

$\omega_0$——微分环节转角频率，rad/s，

$$\omega_0 = \frac{K_p}{C} \tag{5-59}$$

$\sigma$——系统无阻尼自振频率与微分环节转角频率之比，简称频率比，

$$\sigma = \frac{\omega_n}{\omega_0} = \sqrt{\frac{C(A^2 + RK_p)}{MK_p^2}} \tag{5-60}$$

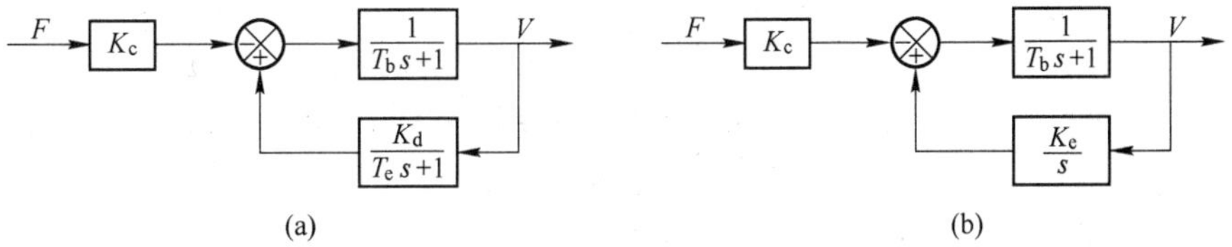

图 5-9　以干扰信号为输入的方框图

（a）系统 A；（b）系统 B

从图 5-8c 可得系统 B 以干扰信号为输入的方框图，如图 5-9b 所示，从而可得输出信号对干扰信号的传递函数，即

$$\Phi_F(s) = \frac{V(s)}{F(s)} = -\frac{K_1\omega_n^2 s}{s^2 + 2\zeta\omega_n s + \omega_n^2} \tag{5-61}$$

式中 $K_1$——干扰信号输入时系统 B 的闭环增益（S），

$$K_1 = \frac{f_0 C}{v_0 A^2} \tag{5-62}$$

最后，讨论一下系统数学模型的简化及非线性环节的线性化带来的误差。在简化数学模型时，假设图 5-2 中电磁阀、溢流阀的响应时间比液压缸的响应时间小得多，经理论分析、数字仿真和实验都说明这一假设是合理的。另外，还忽略了液压缸的内泄漏，对于加工精度合格、密封条件好的液压缸，这一假设也是合理的。非线性环节线性化后，方程的某些系数与稳态工作点有关。在上面得出的数学模型的系数中，$K_0$ 和 $K_1$ 所含的 $f_0$ 和 $v_0$ 是在求相对增量方程时出现的比例常数，可以回归到所求的输出项，不影响对问题的讨论。除此之外，系统 B 的数学模型系数与稳态工作点无关。对于系统 A，数学模型的系数中只含有流量-压力系数 $K_p$，对于不同的稳态工作点 $K_T$ 是不相同的。当输入为阶跃信号时，出现稳态工作点的转移。由于动态过程是在转移后的稳态工作点附近发生，故 $K_p$ 中的 $p_0$ 和 $v_0$ 用转移后稳态工作点相应的数值代入。后文所讨论的空载调速和卸荷冲击问题，由于稳态工作点是在液压缸工作腔压力较低的工况，从图 5-3a 可见，此时稳态工作点附近处曲线比较平直，线性化后不会带来太大误差。当输入为正弦信号时，不存在稳态工作点转移问题。用线性化后得出的计算结果与非线性模型数字仿真的结果比较，差别并不太大。当以讨论系统设计参数对动态特性影响为目的时，线性化处理带来的误差对研究结果的影响可以忽略。

### 5.3.2 控制性能寻优

在开关控制系统速度切换过程中，为了减小液压冲击，首先要求系统有较好的相对稳定性，兼顾快速性，所以要根据系统的综合性能指标提出最优设计原则。

#### 5.3.2.1 单位阶跃信号作用下的动态响应

速度切换过程相当于输入系统一个阶跃控制信号，由于输入信号的变化，系统的稳态工作点发生转移。这一瞬时，液压缸工作腔油液的弹性力与运动部件的惯性力相互作用，使系统的输出速度发生振荡。又由于系统所具有的阻尼作用，输出速度的振幅不断衰减，最后达到新的稳态值。从相对增量的角度出发，不妨设系统在某一稳态工作点加入一个单位阶跃信号：

对系统 A

$$\bar{a}(t) = \begin{cases} 1 & (t \geq 0) \\ 0 & (t < 0) \end{cases}$$

对系统 B

$$\bar{q}(t) = \begin{cases} 1 & (t \geq 0) \\ 0 & (t < 0) \end{cases}$$

从绝对增量的角度看，等于控制信号 $a(t)$ 或 $q(t)$ 增加一倍。考虑到液压系统一般工作在欠阻尼状态，从式（5-46）可得系统 A 输出信号的拉氏变换

$$V(s) = \frac{K_m \omega_n^2}{s^2 + 2\zeta\omega_n s + \omega_n^2} A(s) = \frac{K_m \omega_n^2}{(s^2 + 2\zeta\omega_n s + \omega_n^2)s}$$

上式可写成

$$V(s) = K_m \left[ \frac{1}{s} - \frac{s + \zeta\omega_n}{(s + \zeta\omega_n)^2 + \omega_d^2} - \frac{\zeta\omega_n}{(s + \zeta\omega_n)^2 + \omega_d^2} \right] \tag{5-63}$$

式中　$\omega_d$——阻尼自振频率，

$$\omega_d = \omega_n \sqrt{1 - \zeta^2} \tag{5-64}$$

将式（5-63）两边进行拉氏反变换得

$$\bar{v}(t) = K_m \left[ 1 - e^{-\zeta\omega_n t} \left( \cos\omega_d t + \frac{\zeta}{\sqrt{1 - \zeta^2}} \sin\omega_d t \right) \right]$$

$$= K_m \left[ 1 - \frac{e^{-\zeta\omega_n t}}{\sqrt{1 - \zeta^2}} \sin\left( \omega_d t + \arctan\frac{\sqrt{1 - \zeta^2}}{\zeta} \right) \right]$$

$$(t \geqslant 0) \tag{5-65}$$

式（5-65）就是系统 A 的单位阶跃响应，类似可从公式（5-53）求得系统 B 的单位阶跃响应

$$\bar{v}(t) = 1 - \frac{e^{-\zeta\omega_n t}}{\sqrt{1 - \zeta^2}} \sin\left( \omega_d t + \arctan\frac{\sqrt{1 - \zeta^2}}{\zeta} \right) \quad (t \geqslant 0) \tag{5-66}$$

图 5-10 表示式（5-65）和式（5-66）所对应的系统单位阶跃响应曲线。对系统 A 纵坐标为 $\bar{v}/K_m$，对系统 B 纵坐标为 $\bar{v}$。

相对误差定义为

$$e(t) = \frac{\bar{v}(\infty) - \bar{v}(t)}{\bar{v}(\infty)}$$

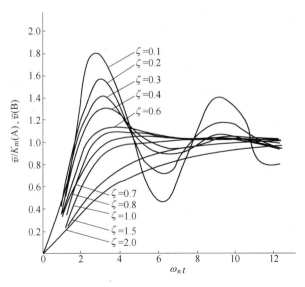

图 5-10　系统单位阶跃响应曲线

对于系统 A 和系统 B 均有

$$e(t) = \frac{e^{-\zeta\omega_n t}}{\sqrt{1-\zeta^2}} \sin(\omega_d t + \arctan\frac{\sqrt{1-\zeta^2}}{\zeta}) \quad (t \geqslant 0) \tag{5-67}$$

相对误差 $e(t)$ 在很大程度上给出了系统综合性能的信息，从系统优化的角度希望相对误差越小越好。作为优化目标，可以从两个不同的方面考虑，一个是调整时间，另一个是误差积分准则。下面分别加以讨论。

### 5.3.2.2　以调整时间 $t_s$ 为目标函数

调整时间定义为：在时间 $t \leqslant t_s$ 时，总有

$$| \bar{v}(t) - \bar{v}(\infty) | \leqslant \Delta \times \bar{v}(\infty)$$

式中　$\Delta$ ——指定的小量。

上式等价于

$$| e(t) | \leqslant \Delta \tag{5-68}$$

将式（5-67）代入式（5-68），得

$$\left| \frac{e^{-\zeta\omega_n t}}{\sqrt{1-\zeta^2}} \sin\left(\omega_d t + \arctan\frac{\sqrt{1-\zeta^2}}{\zeta}\right) \right| \leqslant \Delta \tag{5-69}$$

取 $\Delta = 0.02\bar{v}(\infty)$ 及 $\Delta = 0.05\bar{v}(\infty)$，从式（5-69）所得到的调整时间 $t_s$ 与阻尼比 $\zeta$ 之间的关系曲线如图 5-11 所示。

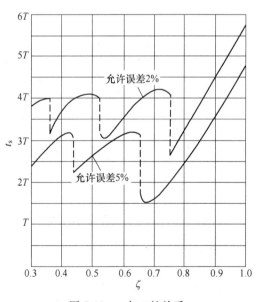

图 5-11　$t_s$ 与 $\zeta$ 的关系

从式（5-69）和图 5-11 可知，当以调整时间 $t_s$ 为目标函数，即 $J = t_s$ 时

（1）无阻尼自振频率 $\omega_n$ 越大越好；

（2）对于特定的小量 $\Delta$，可找到对应的阻尼比 $\zeta$ 值，使调整时间 $t_s$ 最小，即存在最优的 $\zeta$ 值 $\zeta^*$。例如，$\Delta = 0.02$ 时，$\zeta^* = 0.76$；$\Delta = 0.05$ 时，$\zeta^* = 0.68$。

在根平面上，上述结果可得到图 5-12 中 1、2 所示的优化方向。

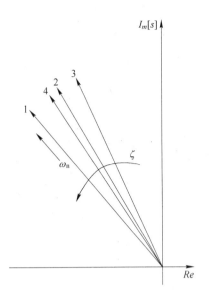

图 5-12 根平面上的优化方向

1—$\zeta = 0.76$；2—$\zeta = 0.68$；3—$\zeta = 0.595$；4—$\zeta = 0.707$

### 5.3.2.3 以误差积分准则为目标函数

误差积分准则种类很多，这里只讨论常用的几种。

A 平方误差积分（ISE）准则

根据这一准则有：

$$J = \int_0^\infty e^2(t)\,\mathrm{d}t \tag{5-70}$$

在式（5-67）中，令 $\beta = \arctan(\sqrt{1 - \zeta^2}/\zeta)$，将式（5-67）代入式（5-70），得：

$$
\begin{aligned}
J &= \int_0^\infty \frac{e^{-2\zeta\omega_n t}}{1 - \zeta^2}\sin^2(\omega_d t + \beta)\,\mathrm{d}t \\
&= \frac{1}{2(1 - \zeta^2)}\int_0^\infty e^{-2\zeta\omega_n t}\big[1 - \cos 2(\omega_d t + \beta)\big]\,\mathrm{d}t \\
&= \frac{1}{4\omega_n\zeta(1 - \zeta^2)} - \frac{I}{2(1 - \zeta^2)}
\end{aligned}
\tag{5-71}
$$

式中

$$
\begin{aligned}
I &= \int_0^\infty e^{-2\zeta\omega_n t}\cos 2(\omega_d t + \beta)\,\mathrm{d}t \\
&= \frac{-1}{2\zeta\omega_n}\big[e^{-2\zeta\omega_n t}\cos 2(\omega_d t + \beta)\big]\Big|_0^\infty - \int_0^\infty e^{-2\zeta\omega_d t}\mathrm{d}\cos 2(\omega_d t + \beta) \\
&= \frac{1}{2\zeta\omega_n}\Big[\cos 2\beta + 2\omega_d\int_0^\infty e^{-2\zeta\omega_n t}\sin 2(\omega_d t + \beta)\,\mathrm{d}t\Big]
\end{aligned}
$$

因为 $\tan\beta = \dfrac{\sqrt{1 - \zeta^2}}{\zeta}$，故 $\sin\beta = \sqrt{1 - \zeta^2}$，$\cos\beta = \zeta$，所以 $\sin 2\beta = 2\zeta\sqrt{1 - \zeta^2}$，$\cos 2\beta = 2\zeta^2 - 1$。

于是

$$I = \frac{2\zeta^2 - 1}{2\zeta\omega_n} + \frac{\sqrt{1 - \zeta^2}}{\zeta} \int_0^\infty e^{-2\zeta\omega_n t} \sin2(\omega_d t + \beta) dt$$

$$= \frac{2\zeta^2 - 1}{2\zeta\omega_n} + \frac{\sqrt{1 - \zeta^2}}{2\zeta^2\omega_n}(-\sin2\beta - 2\omega_d I)$$

$$= \frac{2\zeta^2 - 1}{2\zeta\omega_n} - \frac{\sqrt{1 - \zeta^2}}{2\zeta^2\omega_n}(2\zeta\sqrt{1 - \zeta^2} + 2\omega_n\sqrt{1 - \zeta^2} I)$$

进而得

$$I = \frac{2\zeta^2 - 1}{2\zeta\omega_n} - \frac{1 - \zeta^2}{\zeta^2\omega_n}(\zeta + \omega_n I)$$

解以上方程得：

$$I = \frac{\zeta}{\omega_n}(2\zeta^2 - \frac{3}{2}) \tag{5-72}$$

将式 (5-72) 代入式 (5-71) 可得：

$$J = \frac{1 + 3\zeta^2 - 4\zeta^4}{4\omega_n\zeta(1 - \zeta^2)} = \frac{1}{\omega_n}(\frac{1}{4\zeta} + \zeta) \tag{5-73}$$

$J$ 最小时必有：

$$\frac{\partial J}{\partial \zeta} = 0 \tag{5-74}$$

将式 (5-73) 代入式 (5-74) 得 $\zeta > 0$ 的最优解是 $\zeta^* = 0.5$。由于在 $\zeta = 0.5$ 时，$d^2J/d\zeta^2 > 0$，故此时 $J$ 取极小值，且有 $J^* = 1/\omega_n$。

B 时间乘平方误差积分 (ITSE) 准则

根据这一准则有：

$$J = \int_0^\infty t e^2(t) dt \tag{5-75}$$

为了求上述积分，应用复数微分定理：

$$L[te^2(t)] = -\frac{d}{ds}E(s) \tag{5-76}$$

式中，$E(s) = L[e^2(t)]$，$L$ 为拉氏变换符号。

由式 (5-65) 可推知：

$$e(t) = e^{-\zeta\omega_n t}\left(\cos\omega_d t + \frac{\zeta}{\sqrt{1 - \zeta^2}}\sin\omega_d t\right) \quad (t \geqslant 0)$$

$$e^2(t) = e^{-2\zeta\omega_n t}\left(\cos^2\omega_d t + \frac{2\zeta}{\sqrt{1 - \zeta^2}}\sin\omega_d t\cos\omega_d t + \frac{\zeta^2}{1 - \zeta^2}\sin\omega_d t\right)$$

$$= e^{-2\zeta\omega_n t}\left(1 + \frac{2\zeta^2 - 1}{1 - \zeta^2}\sin^2\omega_d t + \frac{\zeta}{\sqrt{1 - \zeta^2}}\sin2\omega_d t\right)$$

$$= e^{-2\zeta\omega_n t}\left[\frac{1}{2(1 - \zeta^2)} + \frac{1 - 2\zeta^2}{2(1 - \zeta^2)}\cos2\omega_d t + \frac{\zeta}{\sqrt{1 - \zeta^2}}\sin2\omega_d t\right]$$

取平方误差 $e^2(t)$ 的拉氏变换，则有：

$$E(s) = L[e^2(t)] = \frac{1}{2(1-\zeta^2)(s+2\zeta\omega_n)} +$$

$$\frac{(1-2\zeta^2)(s+2\zeta\omega_n)}{2(1-\zeta^2)[(s+2\zeta\omega_n)^2+4\omega_d^2]} + \frac{2\zeta\omega_d}{\sqrt{1-\zeta^2}[(s+2\zeta\omega_n)^2+4\omega_d^2]}$$

于是

$$L[te^2(t)] = -\frac{d}{ds}E(s) = \frac{1}{2(1-\zeta^2)(s+2\zeta\omega_n)^2} +$$

$$\frac{(1-2\zeta^2)[(s+2\zeta\omega_n)^2-4\omega_n^2(1-\zeta^2)]}{2(1-\zeta^2)[(s+2\zeta\omega_n)^2+4\omega_n^2(1-\zeta^2)]^2} +$$

$$\frac{4\zeta\omega_n(s+2\zeta\omega_n)}{[(s+2\zeta\omega_n)^2+4\omega_n^2(1-\zeta^2)]^2}$$

由 $\int_0^\infty f(t)\,dt = \lim_{s\to 0}F(s)$ ，可得：

$$J = \int_0^\infty te^2(t)\,dt = \lim_{s\to 0}L[te^2(t)]$$

$$= \frac{1}{8\zeta^2\omega_n^2(1-\zeta^2)} + \frac{(1-2\zeta^2)(2\zeta^2-1)}{8(1-\zeta^2)\omega_n^2} + \frac{\zeta^2}{2\omega_n^2}$$

$$= \frac{1}{\omega_n^2}\left(\zeta^2 + \frac{1}{8\zeta^2}\right)$$

$J$ 最小时必有 $\dfrac{\partial J}{\partial \zeta} = 0$，可得 $\zeta^* = 0.595$，此时 $J$ 的极小值是 $J^* = 0.71/\omega_n^2$。

在根平面上，上述结果所得出的优化方向如图 5-12 中 3 所示。

C　广义平方误差积分准则

根据这一准则有：

$$J = \int_0^\infty [e^2(t) + \tau\dot{e}^2(t)]dt \tag{5-77}$$

为求出上述积分，用李雅普诺夫函数法。由式（5-46）可得控制信号作用下系统 A 的微分方程：

$$\ddot{\bar{v}} + 2\zeta\omega_n\dot{\bar{v}} + \omega_n^2\bar{v} = K_m\omega_n^2\bar{a} \tag{5-78}$$

由相对误差定义得

$$e(t) = \frac{K_m - \bar{v}(t)}{K_m}$$

于是，$\bar{v}(t) = K_m[1-e(t)]$；$\dot{\bar{v}}(t) = -K_m\dot{e}(t)$；$\ddot{\bar{v}}(t) = -K_m\ddot{e}(t)$，代入式（5-78），并考虑到 $t>0$ 时 $\bar{a}=1$，可得

$$\ddot{e} + 2\zeta\omega_n\dot{e} + \omega_n^2 e = 0 \quad (t > 0)$$

将上式写成状态方程的形式：

$$\begin{bmatrix} \dot{e}_1 \\ \dot{e}_2 \end{bmatrix} = \begin{bmatrix} 0 & 1 \\ -\omega_n^2 & -2\zeta\omega_n \end{bmatrix} \begin{bmatrix} e_1 \\ e_2 \end{bmatrix}$$

或
$$\dot{e} = Ae$$

式中，$e_1 = e$，$e_2 = \dot{e}$，$A = \begin{pmatrix} 0 & 1 \\ -\omega_n^2 & -2\zeta\omega_n \end{pmatrix}$。

可以证明 $A$ 是稳定矩阵，且此时 $J$ 可写成

$$J = \int_0^\infty e^{\mathrm{T}}(t) Q e(t) \mathrm{d}t \tag{5-79}$$

式中
$$Q = \begin{pmatrix} 1 & 0 \\ 0 & \tau \end{pmatrix}$$

为使单位统一，令 $\tau = b/\omega_n^2$，根据有关文献，得

$$\begin{pmatrix} 0 & -\omega_n^2 \\ 1 & -2\zeta\omega_n \end{pmatrix} \begin{pmatrix} p_{11} & p_{12} \\ p_{12} & p_{22} \end{pmatrix} + \begin{pmatrix} p_{11} & p_{12} \\ p_{12} & p_{22} \end{pmatrix} \begin{pmatrix} 0 & 1 \\ -\omega_n^2 & -2\zeta\omega_n \end{pmatrix} = \begin{pmatrix} -1 & 0 \\ 0 & -\dfrac{b}{\omega_n^2} \end{pmatrix}$$

这个矩阵方程可化为以下三个联立方程：

$$\begin{cases} -2\omega_n^2 p_{12} = -1 \\ p_{11} - 2\zeta\omega_n p_{12} - \omega_n^2 p_{22} = 0 \\ 2p_{12} - 4\zeta\omega_n p_{22} = -b/\omega_n^2 \end{cases}$$

解上述方程组可得

$$P = \begin{pmatrix} p_{11} & p_{12} \\ p_{12} & p_{22} \end{pmatrix} = \begin{pmatrix} \dfrac{4\zeta^2 + 1 + b}{4\zeta\omega_n} & \dfrac{1}{2\omega_n^2} \\ \dfrac{1}{2\omega_n^2} & \dfrac{1+b}{4\zeta\omega_n^3} \end{pmatrix}$$

于是

$$J = e^{\mathrm{T}}(0) P e(0)$$

$$= \frac{4\zeta^2 + 1 + b}{4\zeta\omega_n} e_1^2(0) + \frac{e_1(0)e_2(0)}{\omega_n^2} + \frac{1+b}{4\zeta\omega_n^3} e_2^2(0)$$

将初始条件 $e_1(0) = 1$，$e_2(0) = 0$ 代入上式，可得

$$J = \frac{4\zeta^2 + 1 + b}{4\zeta\omega_n} = \frac{1}{\omega_n}\left(\zeta + \frac{1+b}{4\zeta}\right)$$

从 $\partial J/\partial \zeta = 0$ 可求得最优阻尼比

$$\zeta^* = \sqrt{\frac{1+b}{4}}$$

可见，$\zeta^*$ 取决于 $Q$ 矩阵的选择。$b$ 值反映 $\dot{e}$ 项所占比重。如果取 $b=0$，即只考虑误差本身，可得 $\zeta^* = 0.5$，这就是 ISE 准则的结果。如果取 $b=1$，可得 $\zeta^* = 0.707$，此时 $J$ 的极小值是 $J = 1.41/\omega_n$。

在根平面上，令 $b=1$ 所得出的优化方向如图 5-12 中 4 所示。对系统 B，计算结果相同。

**D 常用误差积分准则**

除上述二次型误差积分准则外，还有下列常用误差积分准则：

绝对误差积分（IAE）准则，即

$$J = \int_0^\infty |e(t)| \, dt$$

时间乘绝对误差积分（ITAE）准则，即

$$J = \int_0^\infty t |e(t)| \, dt$$

时间乘绝对误差及绝对误差变化率积分准则，即

$$J = \int_0^\infty t[|e(t)| + \tau |\dot{e}(t)|] \, dt$$

上述几种误差准则的最优解可由数值计算求得，其中 ITAE 准则最为常用。

前文列举的 6 种误差积分准则的计算结果如图 5-13 所示。为便于比较，此处设 $\omega_n = 1$，$\tau = 1$。

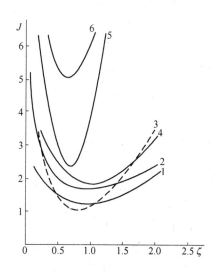

图 5-13 误差积分准则计算结果

$1—J = \int_0^\infty e^2 dt$；$2—J = \int_0^\infty (e^2 + \dot{e}^2) dt$；$3—J = \int_0^\infty te^2 dt$；

$4—J = \int_0^\infty |e| dt$；$5—J = \int_0^\infty t |e| dt$；$6—J = \int_0^\infty t(|e| + |\dot{e}|) dt$

### 5.3.2.4 系统参数对控制性能的影响

从上面的讨论可知，系统综合性能指标如调整时间 $t_s$ 及误差积分准则是系统特征量 $\zeta$、$\omega_n$ 的函数，而系统的特征量又是系统各个参数的函数。为了了解这些参数对综合性能指标的影响，从而实现控制性能优化，必须做出进一步的讨论。

首先讨论系统 A。在系统工作负载最大时，由式（5-46）可得

$$p_m = \frac{Rv_m + f_r + f_m}{A} \tag{5-80}$$

式中 $p_m$——工作负载最大时液压缸工作腔稳态压力；

$v_m$——工作负载最大时输出速度稳态值；

$f_m$——系统能承担的最大工作负载。

在系统无工作负载时，可得

$$p_r = \frac{Rv_r + f_r}{A}$$ (5-81)

式中 $p_r$——无工作负载时液压缸工作腔稳态压力；

$v_r$——工作负载输出速度稳态值。

为了使系统正常工作，在忽略管路压力损失时，应有

$$p_s = p_m + \Delta p_v$$ (5-82)

式中 $\Delta p_v$——节流阀两端最小压差。

系统的速度切换在无工作负载时进行，此时

$$p_s - p_r = \frac{Rv_m + f_r + f_m}{A} + \Delta p_v - \frac{Rv_r + f_r}{A} = \Delta p_v + \frac{f_m + R(v_m - v_r)}{A}$$

由于 $f_m \gg |R(v_m - v_r)|$，于是可认为

$$p_s - p_r = \Delta p_v + \frac{f_m}{A}$$ (5-83)

又由式 (5-33) 可得，在工作负载最大时，流量

$$q_m = Av_m = Ka_0\sqrt{p_s - p_m} = Ka_0\sqrt{\Delta p_v}$$

在没有工作负载时，流量

$$q_r = Av_r = Ka_0\sqrt{p_s - p_r} = Ka_0\sqrt{\Delta p_v + (f_m/A)}$$

从以上二式可得

$$v_r = \frac{v_m\sqrt{\Delta p_v + (f_m/A)}}{\sqrt{\Delta p_v}}$$

从式 (5-50) 得，在无工作负载时

$$K_p = \frac{Av_r}{2(p_s - p_r)} = \frac{Av_r}{2[\Delta p_v + (f_m/A)]} = \frac{Av_m}{2\sqrt{\Delta p_v[\Delta p_v + (f_m/A)]}} = AD$$ (5-84)

式中

$$D = \frac{v_m}{2\sqrt{\Delta p_v[\Delta p_v + (f_m/A)]}}$$ (5-85)

并且

$$\frac{RK_p}{A^2} = \frac{Rv_r}{2A[\Delta p_v + (f_m/A)]} \ll 1$$

即

$$A^2 \gg RK_p$$ (5-86)

将式 (5-41)、式 (5-84) 代入式 (5-48)，并考虑到式 (5-86)，得

$$\zeta = \frac{LR + MED}{2\sqrt{ALME}}$$ (5-87)

从式 (5-49) 得

$$\omega_n = \sqrt{\frac{AE}{LM}}$$ (5-88)

如果取 $\zeta^* = \sqrt{2}/2 = 0.707$，根据广义平方误差积分法则（取 $b=1$），得

$$J_A = \frac{1}{\omega_n}\left(\zeta + \frac{1}{2\zeta}\right) \tag{5-89}$$

将式（5-87）和式（5-88）代入式（5-89）得

$$J_A = \sqrt{\frac{LM}{AE}}\left(\frac{LR + MED}{2\sqrt{ALME}} + \frac{\sqrt{ALME}}{LR + MED}\right)$$

$$= \frac{\dfrac{LR}{AE} + \dfrac{MD}{A}}{2} + \frac{1}{\dfrac{R}{M} + \dfrac{ED}{L}}$$

将式（5-85）代入上式，得

$$J_A = \frac{\dfrac{LR}{AE} + \dfrac{Mv_m}{2\sqrt{A\Delta p_v(A\Delta p_v + f_m)}}}{2} + \frac{1}{\dfrac{R}{M} + \dfrac{Ev_m}{2L\sqrt{\Delta p_v[\Delta p_v + (f_m/A)]}}} \tag{5-90}$$

上式表明系统参数对控制性能的影响。其中系统所承受的最大工作负载 $f_m$ 相应的工进速度 $v_m$ 对 $J_A$ 的影响都不是单调的，但它们由工作对象要求决定。其他参数对控制性能的影响讨论如下：

（1）欲减小 $J_A$，需减小运动部件总质量 $M$ 和减小液压缸工作腔长度 $L$。但 $M$ 由控制对象决定，$L$ 由工作行程决定，所能变化的幅度有限。

（2）增大活塞有效作用面积 $A$，可以减小 $J_A$。因此，从优化控制性能的角度，$A$ 的最优值是

$$A^* = \frac{Rv_m + f_r + f_m}{p_{min}} \tag{5-91}$$

式中 $p_{min}$——液压缸工作腔最小允许压力，此值根据系统的应用场合决定。

（3）黏性摩擦系数 $R$ 与 $J_A$ 的关系不是单调的。但由于 $R$ 主要影响阻尼比 $\zeta$，且 $R$ 与 $\zeta$ 的关系是单调的，所以调节 $R$ 的值可以使 $\zeta = \zeta^* = \sqrt{2}/2$。也就是说，当系统其他参数确定之后，存在某一个 $R$ 的特定值 $R^*$，可以使 $J_A$ 取最小值，这就是 $R$ 的最优值。

即

$$\zeta\,|_{R=R^*} = \frac{\sqrt{2}}{2}$$

将式（5-87）代入上式，得

$$\frac{LR^* + MED}{2\sqrt{ALME}} = \frac{\sqrt{2}}{2}$$

解此方程得

$$R^* = \sqrt{\frac{2AME}{L}} - \frac{MED}{L} = \frac{\sqrt{2A}}{B} - \frac{D}{B^2} \tag{5-92}$$

式中

$$B = \sqrt{\frac{L}{ME}} \tag{5-93}$$

黏性摩擦系统的理论求法是：

$$R = \frac{A_r \mu}{h}$$

式中　$A_r$ ——摩擦接触面积，$m^2$；

　　　$h$ ——摩擦面间油膜厚度，m；

　　　$\mu$ ——油液动力黏度，$Pa \cdot s$。

理论分析及实测表明，在实际参数变化范围内，黏性摩擦系数 $R$ 值一般小于从式（5-92）中所求得的最优值。如果要提高黏性摩擦系数 $R$，使系统达到控制性能最优，必须采用补偿措施。

（4）类似于黏性摩擦系数 $R$，在其他参数确定后，$\Delta p_v$ 也存在最优值，即有

$$\zeta \big|_{\Delta p_v = \Delta p_v^*} = \frac{\sqrt{2}}{2}$$

类似可得

$$\Delta p_v^* = \frac{1}{2}\left( \sqrt{\frac{f_m^2}{A^2} + \frac{v_m^2}{(\sqrt{2AB} - RB^2)^2}} - \frac{f_m}{A} \right)$$

从上式所求出的 $\Delta p_v^*$ 通常很小。这说明为使阻尼比接近最优值，$\Delta p_v$ 在保证节流阀正常工作的前提下，应尽量取小的值。也就是说，希望节流阀在较大通流面积下工作。

一旦 $\Delta p_v$ 确定，则系统供油压力 $p_s$ 就可以由式（5-82）求出。

（5）增加油液等效体积弹性模量 $E$ 也可减小 $J_A$。$E$ 的表达式为

$$\frac{1}{E} = \frac{1}{E_0} + \frac{V_p}{VE_p} + \frac{V_g}{VE_g} \tag{5-94}$$

式中　$E_0$ ——油液体积弹性模量，Pa；

　　　$E_p$ ——管道体积弹性模量，Pa；

　　　$E_g$ ——气体体积弹性模量，Pa；

　　　$V$ ——液压缸工作腔体积，$m^3$，$V = AL$；

　　　$V_p$ ——管道容积，$m^3$；

　　　$V_g$ ——液压缸工作腔中油液混有不溶性气体的体积，$m^3$。

式（5-94）右边第二项，是考虑到节流阀出口到液压缸入口段管路的体积液容。其中，$E_p$ 的求法是

$$E_p = \frac{\delta_1 E_m}{D_1}$$

式中　$E_m$ ——管路材料弹性模量，Pa；

　　　$\delta_1$ ——管壁厚度，m；

　　　$D_1$ ——管内径，m。

在这段管路较长或设有软管的情况下，管路液容不可忽略，所以在设计中应使管路尽量短，并不设软管。

式（5-94）右边第三项，表示油液中混有不溶性气体的影响。在液压系统的动态过程中，通常认为是绝热过程，故 $E_g = 1.4p$（此处 $p$ 为绝对压力）。由于 $E_g$ 与压力有关，所以

$E$ 就成了液压缸工作腔压力 $p$ 的函数，压力越低，$E$ 就越小。

图 5-14 所示是设 $V_p = 0$ 时，从式（5-94）求得 $E$ 与油液中空气含量 $V_g/V$ 及工作压力 $p$ 的关系曲线。由图中可见，减少液压缸工作腔油液中不溶性空气的含量，对提高系统控制性能的作用很大，所以，在系统工作之前，要把油路各部分存留的空气排放干净。在系统工作过程中，要尽量避免空气混入油液。图 5-14 中的虚线给出采用 20 号机械油、在温度为 20℃时的一条实测曲线。在油腔压力大于 5MPa 时，$E$ 可认为是常量。在动态计算中，可由图 5-14 根据稳态工作压力选取适当的 $E$ 值。在计算机仿真中，可将 $E$ 值处理为变量。

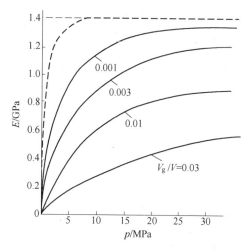

图 5-14　$E$ 与 $V_g/V$ 及 $p$ 的关系

对于系统 B，类似可以推出

$$J_B = \frac{LR}{2AE} + \frac{M}{R}$$

由上式可见，除不含 $v_m$、$f_m$、$\Delta p_v$ 外，其他各参数对系统 B 的影响与对系统 A 的影响是一致的，且有

$$R^* = \frac{\sqrt{2A}}{B} \tag{5-95}$$

### 5.3.3 抗干扰能力寻优

负载的变化是液压调速系统的主要干扰因素。在加载时，运动部件会产生"后坐"；在卸载时，会产生"前冲"。有时，系统的负载可能出现周期性的脉动，这将会导致系统输出速度的脉动，特别是负载变化基频接近系统固有频率时，输出速度脉动的幅值会急剧增大，可能导致系统失效。因此，对液压调速系统进行抗干扰能力分析和优化，就成了系统动态优化的主要内容之一。

#### 5.3.3.1 抗阶跃变化负载的能力

这里仅讨论卸载过程，例如，机床切削的结束。此时，液压缸工作腔压力 $p$ 突然下降，一方面工作腔中油液膨胀，释放出大量压力能；另一方面，对系统 A 来说，节流阀流量 $q$ 也同时增加，二者联合作用，使系统输出速度急剧上升，产生"前冲"。当液压缸工作腔压力能释放到一定程度后，摩擦力使滑台速度降下来，逐步达到稳态值。比较以控制信号为输入的数学模型和以干扰信号为输入的数学模型，后者的传递函数多出一个微分项，说明输出速度对干扰信号的变化率非常敏感。当干扰信号作为阶跃信号输入时，等于附加输入一个脉冲信号。因此，系统对单位阶跃干扰信号的响应比对单位阶跃控制信号的响应要强烈得多，这说明了讨论系统抗干扰能力的重要性。

系统卸载时输入信号为一负的单位阶跃信号，即

$$\bar{f}(t) = \begin{cases} -1 & (t \geqslant 0) \\ 0 & (t < 0) \end{cases} \tag{5-96}$$

对于系统 A，利用式（5-57）可以解决输出速度 $v(t)$ 的相对增量：

$$\bar{v}(t) = \frac{v(t) - v_f}{v_f}$$

$$= K_0 \left[ 1 - \sqrt{\frac{1 + \sigma^2 - 2\zeta\sigma}{1 - \zeta^2}} \, \mathrm{e}^{-\zeta\omega_n t} \sin(\omega_d t + \varphi) \right]$$

$$(t \geqslant 0) \tag{5-97}$$

式中　$v_f$——工作负载为 $f_0$ 时对应的稳态输出速度，m/s。

$$\omega_d = \omega_n \sqrt{1 - \zeta^2}$$

$$\varphi = \begin{cases} \pi + \arctan \dfrac{\sqrt{1 - \zeta^2}}{\zeta - \sigma} & (\zeta \leqslant \sigma) \\[4mm] \arctan \dfrac{\sqrt{1 - \zeta^2}}{\zeta - \sigma} & (\zeta > \sigma) \end{cases}$$

式（5-97）所表示的系统对干扰信号的响应曲线，如图 5-15 所示。

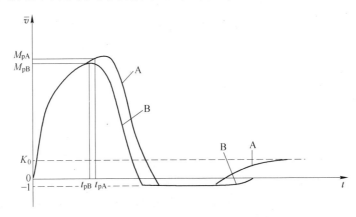

图 5-15　系统对干扰信号的阶跃响应

从图 5-15 中可见，系统在卸载后，出现瞬时前冲，并且经过动态过程，达到稳态，输出速度变为 $K_0$。可以把相对最大前冲速度 $M_p$ 作为衡量系统阶跃变化负载能力的典型指标，即

$$J = M_p(K_0, \ \zeta, \ \sigma)$$

将式（5-97）对 $t$ 求导，并令导数为零，可得峰值时间：

$$t_p = \frac{\pi - \varphi + \beta}{\omega_d}$$

式中

$$\beta = \arctan \frac{\sqrt{1 - \zeta^2}}{\zeta}$$

将 $t_p$ 代入式（5-97），可求得相对最大前冲速度

$$M_p = K_0 \left[ 1 + \sqrt{1 + \sigma^2 - 2\zeta\sigma} \, \mathrm{e}^{-\frac{\zeta}{\sqrt{1-\zeta^2}}(\pi - \varphi + \beta)} \right] \times 100\% \tag{5-98}$$

上式中，$M_p$ 与 $\sigma$、$\zeta$ 的关系如图 5-16 实线所示。

在一般情况下 $\sigma \geqslant 1$，此时式（5-98）中 $\varphi \approx \pi$，$\sqrt{1+\sigma^2-2\zeta\sigma} \approx \sigma$，于是

$$M_p \approx K_0(1 + \sigma e^{-\frac{\zeta\beta}{\sqrt{1-\zeta^2}}}) \times 100\% \tag{5-99}$$

上式的计算结果如图 5-16 虚线所示。

式（5-99）中 $e^{-\frac{\zeta\beta}{\sqrt{1-\zeta^2}}}$ 与 $\zeta$ 的关系如图 5-17 所示，它可以用线性函数 $d(1-b\zeta)$ 近似表达。同时有

$$d = \begin{cases} 1.00 & (0 < \zeta \leqslant 0.3) \\ 0.70 & (1 > \zeta > 0.3) \end{cases}$$

$$b = \begin{cases} 1.33 & (0 < \zeta \leqslant 0.3) \\ 0.474 & (1 > \zeta > 0.3) \end{cases}$$

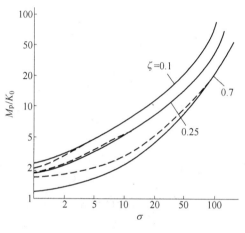

图 5-16 $M_p$ 与 $\sigma$、$\zeta$ 的关系

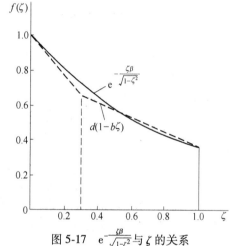

图 5-17 $e^{-\frac{\zeta\beta}{\sqrt{1-\zeta^2}}}$ 与 $\zeta$ 的关系

利用线性简化后，考虑到 $A^2 \gg RK_p$，可以推导出：

$$M_p = \frac{f_0 d}{v_f}\left[\frac{B}{\sqrt{A}} - \frac{bB^2R}{2A} + \frac{D}{A}\left(\frac{1}{d} - \frac{b}{2}\right)\right] \times 100\% \tag{5-100}$$

式中，$B = \sqrt{\dfrac{L}{ME}}$；$D = \dfrac{K_p}{A}$。

由式（5-85）可知，在无工作负载时

$$D = \frac{v_m}{2\sqrt{\Delta p_v\left(\Delta p_v + \dfrac{f_m}{A}\right)}}$$

将上式代入式（5-100），得

$$M_p = \frac{f_0 d}{v_f}\left[\frac{B}{\sqrt{A}} - \frac{bB^2R}{2A} + \frac{v_m}{2A\sqrt{\Delta p_v\left(\Delta p_v + \dfrac{f_m}{A}\right)}}\left(\frac{1}{d} - \frac{b}{2}\right)\right] \times 100\% \tag{5-101}$$

图 5-18 给出了相对最大前冲速度 $M_p$、阻尼比 $\zeta$ 与参数 $B$ 的关系。图中

$$B_0 = \sqrt{\frac{D}{R}}$$

当 $B = B_0$ 时，系统阻尼比最小。其值为

$$\zeta_0 = \sqrt{\frac{RD}{A}}$$

$M_{p0}$ 是 $B = B_0$ 时 $M_p$ 的精确值。从图 5-18 可见，在欠阻尼运动的范围内，$M_p$ 随 $B$ 值的增加而单调上升。其中实线 1 为式（5-99）给出的近似解（设 $\zeta_0 = 0.2$），虚线 2 为式（5-101）给出的近似解。它们与点划线 3 所示的式（5-98）给出的精确解十分相似。从式（5-101）还可以发现，液压缸工作腔活塞有效作用面积 $A$ 对 $M_p$ 的影响与参数 $B$ 相反。因此，随着 $A$ 的增加，$M_p$ 将单调下降。

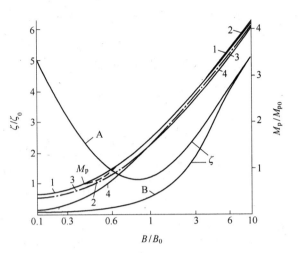

图 5-18　$M_p$、$\zeta$ 与 $B$ 的关系

1—$\sigma \ll 1$ 简化解 ⎫
2—线性简化解 ⎬ 系统 A；
3—精确解；4—系统 B

对于系统 B，由式（5-61）和式（5-96）可得

$$\bar{v}(t) = \frac{K_1 \omega_n}{\sqrt{1 - \zeta^2}} e^{-\zeta \omega_n t} \sin \omega_d t \quad (t \geqslant 0) \tag{5-102}$$

上式所表示的响应曲线也示于图 5-15。从图中可见，系统 B 卸载前后稳态速度不变。从式（5-102）可得最大前冲速度

$$M_p = K_1 \omega_n e^{-\frac{\zeta \beta}{\sqrt{1-\zeta^2}}} \times 100\% \tag{5-103}$$

利用线性简化，可得

$$M_p = \frac{f_0 d}{v_f} \left( \frac{B}{\sqrt{A}} - \frac{bB^2 R}{2A} \right) \times 100\% \tag{5-104}$$

式（5-104）表示的 $M_p$ 与 $B$ 的关系，在图 5-18 中如实线 4 所示。可见，结构参数和工作参数相同时，在阶跃干扰作用下，系统 A 和系统 B 相对最大前冲速度相差不大。在利用式（5-101）和式（5-104）求 $M_p$ 时，为了确定 $d$ 和 $b$ 的值，要首先求出阻尼比 $\zeta$，对于系统 A：

$$\zeta = \frac{B^2 R + D}{2B\sqrt{A}}$$

对于系统 B：

$$\zeta = \frac{RB}{2\sqrt{A}}$$

由于系统 B 无静差，还可以采用积分型的目标函数，即

$$J_B = \int_0^\infty \bar{v}(t) \, dt \tag{5-105}$$

并有

$$\int_0^\infty \bar{v}(t) \, dt = \int_0^\infty \frac{v(t) - v_f}{v_f} \, dt$$

$$= \frac{1}{v_f}\left[\int_0^\infty v(t)\,\mathrm{d}t - \int_0^\infty v_f\,\mathrm{d}t\right]$$

上式中中括号内表示由于卸载引起的附加前冲距离，这个距离除以 $v_f$ 表示用原速度走完附加前冲距离所需时间。式（5-105）的物理意义是，系统抗阶跃变化负载能力最优的衡量标准是由于卸载引起的附加前冲距离最小。

将式（5-102）代入式（5-105），得

$$J_B = \int_0^\infty \frac{K_1\omega_n}{\sqrt{1-\zeta^2}}\mathrm{e}^{-\zeta\omega_n t}\sin\omega_d t\,\mathrm{d}t$$

$$= \frac{K_1\omega_n\omega_d}{\sqrt{1-\zeta^2}(\zeta^2\omega_n^2 + \omega_d^2)} = K_1$$

由式（5-62）和式（5-41）可得

$$J_B = K_1 = \frac{f_0 C}{v_f A^2} = \frac{f_0 L}{v_f EA} \tag{5-106}$$

上述结果表明，对于系统 B，如果以式（5-106）为目标函数，相应于既定的负载变化 $f_0$、工进速度 $v_f$，欲使系统抗干扰能力最优，应增加液压缸有效工作面积 $A$ 和减小液压缸工作腔长度 $L$。

式（5-106）还有另一求法。考虑到运动部件附加前冲距离等于压力变化使液压缸中油液膨胀的体积与活塞有效作用面积之比，即

$$\frac{\Delta V}{A} = -\frac{V}{AE}\Delta p = \frac{f_0 L}{AE}$$

式中　$\Delta p$——压力变化量，$\Delta p = -\dfrac{f_0}{A}$。

从而，用原速度走完附加前冲距离的时间

$$J_B = \frac{f_0 L}{v_f AE}$$

系统 A 在阶跃干扰信号作用下是有静差的，所以用式（5-105）作为目标函数时，积分不收敛。但如果以它新的稳态工作点 $K_0$ 为基准进行积分，即使令

$$J_A = \int_0^\infty \left[\bar v(t) - K_0\right]\mathrm{d}t \tag{5-107}$$

时，考虑到 $\sigma \gg 1$ 及 $\varphi \approx \pi$，将式（5-97）代入式（5-107），得

$$J_A = \int_0^\infty \frac{K_0\sigma}{\sqrt{1-\zeta^2}}\mathrm{e}^{-\zeta\omega_n t}\sin\omega_d t\,\mathrm{d}t$$

$$= \frac{K_0\sigma\omega_d}{\sqrt{1-\zeta^2}(\zeta^2\omega_n^2 + \omega_d^2)}$$

$$= \frac{f_0 L}{v_f AE} \tag{5-108}$$

可见，所得结果与式（5-106）相同。也就是说，系统 A 以式（5-107）为优化目标与系统 B 以式（5-105）为优化目标时结论相同。对系统 A 来说，不但应考虑到式

(5-108)的结果对抗干扰能力的影响，还应考虑闭环增益，即新的相对稳态输出速度 $K_0$ 的影响。

### 5.3.3.2 抗交变负载能力

系统抗交变负载能力用其动态刚度来衡量，对于系统 A，动态刚度

$$W(\omega) = \left| \frac{F(j\omega)}{V(j\omega)} \right| = \left| \frac{\dfrac{(j\omega)^2}{\omega_n^2} + \dfrac{2\zeta j\omega}{\omega_n} + 1}{K_0\left(\dfrac{j\omega}{\omega_0} + 1\right)} \right|$$

$$= \frac{1}{K_0} \sqrt{\frac{\left[1 - \left(\dfrac{\omega}{\omega_n}\right)^2\right]^2 + \left(2\zeta \dfrac{\omega}{\omega_n}\right)^2}{1 + \left(\dfrac{\omega}{\omega_0}\right)^2}} \tag{5-109}$$

式（5-109）给出的系统 A 的动态刚度曲线如图 5-19 中曲线 A 所示。

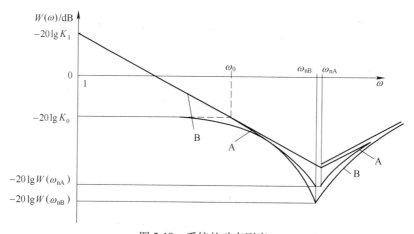

图 5-19　系统的动态刚度

从图 5-19 中可见，在干扰信号的频率 $\omega < \omega_0$ 的低频段上，系统的动态速度刚度近似为一个常量。这说明，输出信号基本以相同的比例来复现干扰信号。在干扰信号频率处于中频段时，干扰信号的频率与系统的无阻尼自振频率 $\omega_n$ 相接近，所以系统动态速度刚度有较大的下降。也就是说，输出信号 $\bar{v}$ 的幅值与干扰信号 $\bar{f}$ 的幅值比有所增加。对于频率远大于 $\omega_n$ 的干扰信号，系统表现出较大的动态速度刚度，这是由于惯性负载低通滤波和黏性摩擦阻力作用的结果。这一点将对系统排除高频干扰的影响十分有利。

从式（5-109）可以求得，当

$$\omega = \omega_r = \frac{\omega_n}{\sigma} \sqrt{\sqrt{(1 + \sigma^2)^2 - 4\zeta^2\sigma^2} - 1}$$

时系统动态刚度最小，其值为

$$W(\omega_r) = \frac{1}{K_0} \sqrt{\frac{\left[\left(\sqrt{(1+\sigma^2)^2 - 4\zeta^2\sigma^2} - 1\right) - \sigma^2\right]^2 + 4\zeta\sigma^2\left(\sqrt{(1+\sigma^2)^2 - 4\zeta^2\sigma^2} - 1\right)}{\sigma^4\sqrt{(1+\sigma^2)^2 - 4\zeta^2\sigma^2}}}$$

(5-110)

当 $\sigma \gg 1$ 时, $\omega_r \approx \omega_n$

$$W(\omega_r) \approx \frac{2\zeta}{K_0\sigma} \tag{5-111}$$

式（5-110）和式（5-111）的计算结果比较示于图 5-20，其中虚线表示式（5-111）的计算结果。

将系统 A 的 $K_0$、$\zeta$、$\sigma$ 代入式（5-111），整理得

$$W(\omega_r) \approx \frac{v_0}{f_0}\left(R + \frac{D}{B^2}\right) \tag{5-112}$$

按以往习惯，以最小值作为寻优目标，并以最小动态刚度的值为寻优特征量，可设

$$J_A = \frac{1}{W(\omega_r)} \tag{5-113}$$

将式（5-112）代入式（5-113），得

$$J_A = \frac{f_0}{v_0[R + (D/B^2)]}$$

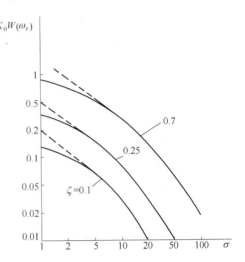

图 5-20  $K_0W(\omega_r)$ 与 $\sigma$、$\zeta$ 的关系

据式（5-51）和式（5-93），将 $D$ 和 $B$ 值代入上式，得

$$J_A = \frac{f_0}{v_0\left[R + \dfrac{v_0ME}{2L(p_s - p_0)}\right]} \tag{5-114}$$

由于

$$p_s = \Delta p_v + \frac{Rv_m + f_r + f_m}{A}$$

$$p_0 = \frac{Rv_0 + f_r + f_0}{A}$$

故

$$p_s - p_0 = \Delta p_v + \frac{R(v_m - v_0) + f_m - f_0}{A}$$

因为黏性阻力 $R(v_m - v_0)$ 相对较小，可略去。故近似有

$$p_s - p_0 = \Delta p_v + \frac{f_m - f_0}{A}$$

代入式（5-114），得

$$J_A = \frac{f_0}{v_0\left[R + \dfrac{v_0ME}{2L\left(\Delta p_v + \dfrac{f_m - f_0}{A}\right)}\right]} \tag{5-115}$$

可见，以式（5-113）为优化目标所得的参数变化对系统抗干扰能力的影响趋势与式（5-101）所得的结论是一致的。同时得出，减小 $\Delta p_v$，也可减小 $J_A$。

当 $\omega = 0$ 时，从式（5-109）可得

$$W(0) = \frac{1}{K_0}$$

为系统的相对稳态刚度，将式（5-58）代入上式，得

$$W(0) = \frac{1}{K_0} = \frac{v_0(A^2 + RK_p)}{f_0 K_p}$$

由于

$$A^2 \geqslant RK_p$$

故

$$W(0) = \frac{v_0 A^2}{f_0 K_p} = \frac{2A(p_s - p_0)}{f_0}$$

$$= \frac{2(A\Delta p_v + f_m - f_0)}{f_0} \tag{5-116}$$

增加 $A$ 和 $\Delta p_v$ 可以提高系统的相对静态刚度。

对于系统 B：

$$W(\omega) = \left| \frac{\frac{(j\sigma)^2}{\omega_n^2} + \frac{2\zeta j\omega}{\omega_n} + 1}{K_1 j\omega} \right|$$

$$= \frac{1}{K_1} \sqrt{\frac{4\zeta^2}{\omega_n^2} + \left(\frac{1}{\omega} - \frac{\omega}{\omega_n}\right)^2}$$

上式给出的系统 B 的动态刚度特性曲线由图 5-19 中曲线 B 所示。从图中可见，参数相同时在中低频段系统 B 的动态刚度优于系统 A，而在高频段系统 A 的动态刚度优于系统 B。这是因为系统 B 是无静差系统，稳态刚度高。而系统 A 的阻尼比 $\zeta$ 比较大，在高频段作用明显。

当 $\omega = \omega_n$ 时，系统动态刚度最小，其值为

$$W(\omega_n) = \frac{2\zeta}{K_1 \omega_n} \tag{5-117}$$

将系统 B 的 $K_1$、$\zeta$、$\omega_n$ 代入式（5-117），整理后得

$$W(\omega_n) = \frac{v_0}{f_0} R \tag{5-118}$$

同样取

$$J_B = \frac{1}{W(\omega_n)} \tag{5-119}$$

将式（5-119）代入上式，得

$$J_B = \frac{f_0}{v_0 R} \tag{5-120}$$

可见，在以式（5-119）为优化目标时，欲减小 $J_B$，只能加大黏性阻尼系数 $R$。系统 B 的稳态刚度在理论上是无穷大。

应该注意，上述动态刚度是由相对增量的传递函数求得，它与绝对增量求得的动态刚度差一个比例系数。因为

$$\Phi_F(s) = \frac{V(s)}{F(s)} = \frac{L\{[v(t) - v_0]/v_0\}}{L\{[f(t) - f_0]/f_0\}}$$

$$= \frac{f_0}{v_0} \times \frac{L[v(t) - v_0]}{L[f(t) - f_0]}$$

$$= \frac{f_0}{v_0}\Phi'_F(s)$$

式中　$\Phi'_F(s)$——以绝对增量求得的输出信号对干扰信号的传递函数。

所以　　　　　$W(\omega) = \left|\frac{F(j\omega)}{V(j\omega)}\right| = \frac{v_0}{f_0}\left|\frac{1}{\Phi'_F(j\omega)}\right| = \frac{v_0}{f_0}W'(\omega)$

式中　$W'(\omega)$——以绝对增量求得的动态刚度。

例如，以绝对增量表示时，式（5-116）的系统 A 的稳态刚度为

$$W'(0) = \frac{f_0}{v_0}W(0) = \frac{2A(p_s - p_0)}{v_0}$$

可见，从刚度的角度来看，本节所得各公式中比例系数 $f_0/v_0$ 只起绝对增量和相对增量间的转换作用，对问题的讨论无实质性影响。

### 5.3.3.3　系统参数对抗干扰性能的影响

由以上讨论的结果，可以得到各有关参数的改变对系统抗干扰能力的影响。这些影响可归纳在表 5-1 之中。

**表 5-1　系统主要参数与其抗干扰能力的关系**

| 干扰类型 | | | 阶跃干扰 | | | | 交变干扰 | | |
|---|---|---|---|---|---|---|---|---|---|
| 优化目标 | | | $M_p \downarrow$ | | $\int \bar{v}dt \downarrow$ | | $1/W(\omega_r) \downarrow$ | | 使系统 $\omega_n$ |
| 系统 | | | A | B | A | B | A | B | 远离干扰 |
| 公式 | | | 式（5-101） | 式（5-104） | 式（5-108）式（5-116） | 式（5-106） | 式（5-115） | 式（5-120） | 基频 |
| 参数优化方向 | B | L | ↓ | ↓ | ↓ | ↓ | ↓ | — | 可调整参数 |
| | | M | ↑ | ↑ | — | — | ↑ | — | |
| | | E | ↑ | ↑ | ↑ | ↑ | ↑ | — | |
| | A | | ↑ | ↑ | ↑ | ↑ | ↑ | — | |
| | R | | ↑ | ↑ | — | — | ↑ | ↑ | |
| | $\Delta p_v$ | | ↑ | — | ↑ | — | ↓ | — | — |

（1）在表中所列参数中，液压缸工作腔有效面积 $A$、长度 $L$ 和等效体积弹性模量 $E$ 对抗干扰性能的影响和上节讨论的对控制性能的影响是一致的。

$A$ 是主要的设计变量，可根据式（5-91）计算。

$L$ 值与上节有所不同，因调速时是在活塞行进的初始阶段，对进口节流调速系统来说 $L$ 比较小，而卸载是在活塞行进的终了阶段，$L$ 比较大。

为了不使 $E$ 值过小，应排除油液中不溶性空气，节流阀与液压缸间不用软管。

（2）运动部件总质量 $M$ 的优化方向与上节讨论的控制性能的情况恰恰相反。这说明系统惯性小时控制性能好；而惯性大时，抗干扰性能好。但对于本节讨论的阶跃变化的干扰来说，增加 $M$ 只能减小前冲速度的峰值，却不能减小前冲的距离。这说明，增加惯性时，系统对阶跃变化的干扰响应曲线变得峰值低而持续时间渐长。对于交变干扰来说，$M$ 增加时系统 A 抗干扰能力有所提高。

（3）黏性阻尼系数 $R$ 也不影响前冲距离的大小，但对抗交变负载干扰起决定作用。

（4）节流阀两端最小压力（对应于最大负载）对系统 A 稳态刚度与对抗交变干扰能力的影响恰恰相反。这是因为，$\Delta p_v$ 较大时，控制流量不变，阀的通流面积就较小，压力流量曲线较为平直，稳态刚度增大。而此时，流量-压力系数变小，使系统的阻尼比减小，影响了抗交变负载的能力，设计时应综合考虑。

（5）对于交变作用的干扰，还应注意使系统的无阻尼自振频率 $\omega_n$ 尽可能远离干扰信号的基频。如前所述，在干扰信号基频处于 $\omega_n$ 附近时，系统动态刚度最低。

从式（5-56）及式（5-88）可见，对所讨论的两类系统，调整 $M$、$L$、$A$、$E$ 这 4 个参数都可以改变 $\omega_n$。

（6）在表 5-1 所列诸公式中，除上述参数外，还有一些表示稳态工作负载和稳态输出速度的工作参数。除了起增量转换作用的 $f_0$、$v_0$（$v_f$）外，在与系统 A 有关的公式中，还有系统可承担的最大工作负载 $f_m$ 及相应输出速度 $v_m$、交变工作负载作用时稳态值 $f_0$，以及相应稳态速度 $v_0$，这些工作参数是通过节流阀流量-压力系数影响系统的阻尼比和稳态刚度。但它们都是由工作对象决定，且其影响已在公式中表达清楚，不拟逐一讨论。

### 5.3.4 动态补偿方法

前文已指出，在系统参数中，有些功能参数是可变的。如黏性阻尼系数 $R$、节流阀流量-压力系数 $K_p$ 和油液等效体积弹性模量 $E$ 等。在设计中，应尽量使这些参数向有利的方向变化。当它们不能完全满足要求时，可采取一些动态补偿方法，下面举例说明。

#### 5.3.4.1 黏性阻尼器

黏性阻尼器示意图如图 5-21 所示，如果向其输入一速度信号 $v$，它将由活塞杆输出一力信号 $f_d$。分析如下：

忽略黏性阻尼器惯性力，其输出力 $f_d$（N）为

$$f_d = A_d p_d \tag{5-121}$$

式中　$A_d$ ——黏性阻尼器工作腔有效面积，$m^2$；

　　　$p_d$ ——黏性阻尼器工作腔压力，Pa。

不计黏性阻尼器工作腔液容影响，其活塞运动所引起的流量等于活塞上所设阻尼管向无压腔排出流量，即

$$A_d v = \frac{\pi d^4}{128 \mu l} p_d \tag{5-122}$$

式中　$\mu$ ——油液动力黏度，Pa·s；

　　$l$ ——阻尼管长度，m；

　　$d$ ——阻尼管直径，m。

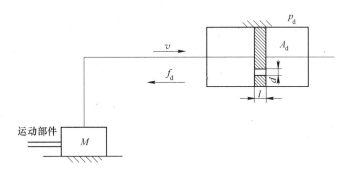

图 5-21　黏性阻尼器

由式（5-121）和式（5-122）消去 $p_d$ 可得

$$f_d = \frac{128A_d^2\mu l}{\pi d^4}v \tag{5-123}$$

如果将黏性阻尼器与系统运动部件固接，式（5-43）将变为

$$Ap = M\frac{dv}{dt} + \left(R + \frac{128A_d^2\mu l}{\pi d^4}\right)v + f_r + f \tag{5-124}$$

如此可见，这相当于增加了黏性阻尼系数 $R$，如果在加黏性阻尼器后，希望黏性阻尼最优，则有

$$R + \frac{128A_d^2\mu l}{\pi d^4} = R^*$$

式中，$R^*$ 对系统 A 由式（5-92）求得，对系统 B，由式（5-95）求得。从而，黏性阻尼器设计参数关系为

$$\frac{A_d^2\mu l}{d^4} = \frac{\pi}{128\mu}(R^* - R)$$

在系统中假设黏性阻尼器后，增加了系统的能量损失。

### 5.3.4.2　旁路节流通道

旁路节流通道设置方式如图 5-22 所示，其作用分析如下：

流经旁路阻尼孔的流量 $q_d(\sqrt{m^3}/s)$ 为

$$q_d = Ka_d\sqrt{p}$$

式中　$K$ ——阀口液阻系数，$\sqrt{m^3}/kg$，$K = C_q\sqrt{2/\rho}$；

　　$a_d$ ——阻尼孔通流面积，$m^2$；

　　$p$ ——液压缸工作腔压力，Pa。

线性化后的增量方程为

$$\Delta q_\mathrm{d} = Ka_\mathrm{d} \frac{\Delta p}{2\sqrt{p_0}} \tag{5-125}$$

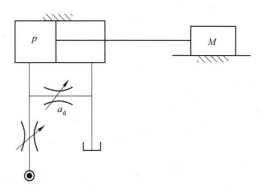

图 5-22  旁路节流通道

在节流阀口开度不变时，从式（5-36）得：

$$\Delta q = -\frac{1}{2} Ka_0 (p_\mathrm{s} - p_0)^{-\frac{1}{2}} \Delta p$$

即

$$\Delta q = -\frac{q_0}{2(p_\mathrm{s} - p_0)} \Delta p = -K_\mathrm{p} \Delta p \tag{5-126}$$

加入旁路节流通道后，式（5-40）所示的流量连续方程变为

$$q = Av + q_\mathrm{d} + C \frac{\mathrm{d}p}{\mathrm{d}t}$$

增量方程为：

$$\Delta q = A\Delta v + \Delta q_\mathrm{d} + C \frac{\mathrm{d}\Delta p}{\mathrm{d}t} \tag{5-127}$$

将式（5-125）和式（5-126）代入式（5-127），得

$$-K_\mathrm{p} \Delta p = A\Delta v + Ka_\mathrm{d} \frac{\Delta p}{2\sqrt{p_0}} + C \frac{\mathrm{d}\Delta p}{\mathrm{d}t}$$

故

$$A\Delta v = -C \frac{\mathrm{d}\Delta p}{\mathrm{d}t} - \left( K_\mathrm{p} + \frac{Ka_\mathrm{d}}{2\sqrt{p_0}} \right) \Delta p$$

由此可见，加入旁路节流通道后，等于增加了压力流量-压力系数 $K_\mathrm{p}$。如果希望阻尼比 $\zeta = \zeta^* = \sqrt{2}/2$，从式（5-48）可得

$$K_\mathrm{p}^* = \sqrt{\frac{C}{M} \left( 2A^2 - \frac{C}{M} R^2 \right)}$$

从而有

$$K_\mathrm{p} + \frac{Ka_\mathrm{d}}{2\sqrt{p_0}} = K_\mathrm{p}^*$$

于是，旁路节流通道阻尼孔通流面积应为

$$a_{\mathrm{d}}^* = \frac{2\sqrt{p_0}}{K}(K_{\mathrm{p}}^* - K_{\mathrm{p}})$$

以上是基于系统 A 讨论的，对于系统 B，加入旁路节流通道后，压力流量系数 $K_{\mathrm{p}}$ 不再为零，从而也不再是无差系统，其分析方法将与系统 A 相同。

实质上，加设旁路节流通道就相当于增加了系统的内泄漏，它将使系统的容积效率下降。

### 5.3.4.3 加背压阀

从图 5-14 可见，在系统工作压力很低时，油液等效体积弹性模量 $E$ 是很小的，这对系统的动态性能将产生不利影响。为了避免系统工作压力过低，可采取加背压阀的方法。从提高油液等效体积弹性模量的角度，希望背压阀的调定压力越高越好。但是，这将相应增高系统工作压力和能量损失。为了解决这一矛盾，可采用"自调背压"回路，此回路如图 5-23 所示。

自调背压阀的工作原理是阀中调定的弹簧力 $f_{\mathrm{s}}$ 分别通过相应的有效面积与液压缸两腔的压力平衡，以控制回油腔压力，即

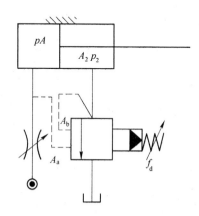

图 5-23 自调背压回路

$$f_{\mathrm{s}} = p A_{\mathrm{a}} + p_2 A_{\mathrm{b}} \tag{5-128}$$

式中　$p_2$——回油腔压力，Pa；

　　$A_{\mathrm{a}}$——与进油腔相通的有效作用面积，$\mathrm{m}^2$；

　　$A_{\mathrm{b}}$——与回油腔相通的有效作用面积，$\mathrm{m}^2$。

液压缸工作腔稳态压力为

$$p_0 = \frac{1}{A}(R v_0 + f_{\mathrm{r}} + f_0 + A_2 p_2) \tag{5-129}$$

从以上两式可得背压的稳态值为

$$p_2 = \frac{A}{A_{\mathrm{a}} A_2 + A_{\mathrm{b}} A}\left[f_{\mathrm{s}} - \frac{A_{\mathrm{a}}}{A}(R v_0 + f_{\mathrm{r}} + f_0)\right] \tag{5-130}$$

可见，在无工作负载时（$f_0 = 0$），$p_2$ 的稳态值高于有负载时 $p_2$ 的稳态值，使液压缸工作腔无论是有负载和无负载时，都保持较高压力，使油液体积弹性模量不至于过低，以改善系统动态性能。在使用自调背压阀时，可以适当加大液压缸活塞有效面积，以进一步提高系统的动态品质。

应用自调背压回路，在一定条件下，可以提高系统抗阶跃干扰能力。当系统是在活塞行程终点附近卸载时，回油腔液容可以忽略。并且，从式（5-129）和式（5-130）可得：

$$p_0 = \frac{A_2}{A_{\mathrm{a}} A_2 + A_{\mathrm{b}} A} f_{\mathrm{s}} + \frac{A_{\mathrm{b}}}{A_{\mathrm{a}} A_2 + A_{\mathrm{b}} A}(R v_0 + f_{\mathrm{r}} + f_0)$$

当工作负载 $f_0$ 去掉后，忽略黏性摩擦力的变化，液压缸工作腔稳态压力的变化为

$$- \Delta p_0 = \frac{f_0}{A + \left(\dfrac{A_a}{A_b}\right) A_2} < \frac{f_0}{A}$$

这说明，当应用自调背压回路时，卸载引起液压缸工作腔压力变化较小，从式 (5-108) 可见，此时系统前冲距离变小。当系统卸载不是在活塞行程终点附近时，回油腔液容不可忽略，故在卸载的同时 $p_2$ 上升，引起油液压缩，与工作腔油液膨胀同样引起运动部件前冲，故在回油腔长度比较大并背压上升比较高时，自调背压回路也有不利的一面。

### 5.3.4.4   切换过程的调节

在前几节的动态分析中，采用了典型输入信号，这是系统运动分析的一般方法。但是，实际系统的输入信号通常并非是典型信号。对于不同的输入信号，系统有不同的响应。为了防止冲击，使系统响应平稳，希望输入信号的变化率不宜太大，因此，可以采用不同方法对系统速度切换过程进行调节。常见的补偿方法有：改变滑阀阀芯形状；用行程阀或电液换向阀代替电磁换向阀以控制换向时间；选择适当中位功能的电磁换向阀以及在电磁阀电磁线圈上并联阻容电路，以使电磁铁缓慢断电等。

对于高精度的设备，可以采用微机对切换过程进行控制。合理的设计不仅可以使切换过程没有速度突变，也没有加速度以及加速度变化率的突变。

下面简单总结一下设计变量的有关问题。

综合前几节的分析可见，与动态性能相关的设计变量主要有两个：一个是液压缸活塞有效作用面积 $A$；另一个是节流阀两端最小压差 $\Delta p_v$。

增加 $A$ 可以改善系统的动态性能，但受系统最小允许压力 $p_{min}$ 的限制，考虑到这一约束，$A^*$ 可由式 (5-91) 决定。

对于系统 A，$\Delta p_v$ 可由式 (5-82) 定义。最大工作负载 $p_m$ 可由式 (5-80) 求出。因此，只要 $\Delta p_v$ 确定，供油压力就可求得。增加 $\Delta p_v$ 可以提高系统的稳态刚度，但减小了系统的阻尼比。综合考虑 $\Delta p_v$ 可在 0.1～1MPa 之间取值。

本节只讨论了进油路节流和流量控制的两个典型系统。常用的还有回油路节流和流量控制的模型。从数学模型上说，回油路节流和流量控制系统在建模时，溢流阀的动态特性和进口管路的影响一般不能忽略，所以模型阶次增加。但理论分析和实验表明，对系统动态性能影响比较大的仍然是系统参数。优化方向也基本一致。由于回油路节流时，节流阀和调速阀一般与液压缸有杆腔相连，有效作用面积 $A_2$ 小于无杆腔有效作用面积 $A$，并在负载变化时引起工作腔油液压力变化较大等因素，回油路节流调速系统的动态特性比进油路节流调速系统要差一些。

## 5.4   液压伺服系统参数优化

讨论连续伺服系统的优化问题，首先讨论参数优化。在这类问题中，不仅系统动力部分的结构和参数是已知的，而且控制部分的基本结构也是固定的，设计变量仅仅是控制部分的一组待定参数。首先从讨论伺服系统的典型结构开始。

### 5.4.1 液压伺服系统结构

#### 5.4.1.1 工作原理

图 5-24 所示是一个电液位置伺服系统。其控制对象是工作台 1，执行元件为液压缸 2，转换放大元件是位置力反馈两级伺服阀，图中包含在点划线框内，反馈元件是反馈电位器 3，指令电位器 4 给出控制指令。

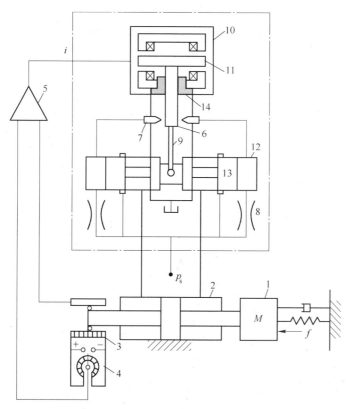

图 5-24　电液位置伺服系统

1—工作台；2—液压缸；3—反馈电位器；4—指令电位器；5—放大器；6—挡板；7—喷嘴；
8—固定节流器；9—弹簧杆；10—力矩马达；11—衔铁；12—控制阀；13—阀芯；14—弹簧管

反馈电位器与指令电位器接成桥式电路。反馈电位器产生的反馈信号（电压）与工作台的位置相对应。当指令信号（电压）发生变化时，从桥式电路得到指令信号和反馈信号的差值 $u$。此差值经放大器 5，供给控制伺服阀力矩马达的电流 $i$。

力反馈两级伺服阀的前置级液压放大器由挡板 6、喷嘴 7 及固定节流器 8 组成，内部反馈元件是反馈弹簧杆 9。

当控制电流流过力矩马达 10 时，衔铁 11 产生的力矩与弹簧管 14 的反力矩平衡，使挡板 6 倾斜。假设它向左偏离中位，这时控制阀 12 的左腔压力上升，而右腔压力下降，故阀芯 13 带动反馈弹簧杆 9 的下端一起向右运动。同时反馈弹簧杆产生弹性形变，对衔铁挡板组件产生一个逆时针方向的反力矩，此力矩使挡板趋于两喷嘴的中间位置，此时前置放大器停止工作，而阀芯 13 向右移动了相应的位移，使阀输出一定的流量。

这一流量进入液压缸的右腔，使活塞向左移动，同时使反馈电位器产生的反馈电压发生变化。当这一变化与指令信号的变化相等时，指令信号和反馈信号的差值为零，系统将处于一个新的平衡位置。

### 5.4.1.2　固有部分的数学模型

在伺服系统优化问题中，图 5-24 中的放大器 5、伺服阀、液压缸和工作台的结构和参数都是已知的。下面求这些元件组成的固有部分的数学模型。首先讨论阀控液压缸，如图5-25 所示，其输入信号是阀芯位移 $x_v$，输出信号是工作台位移 $y$，干扰信号是工作负载 $f$。由滑阀的流量方程、液压缸中的流量连续方程和液压缸运动部分的力平衡方程，可以求得这部分的状态方程。

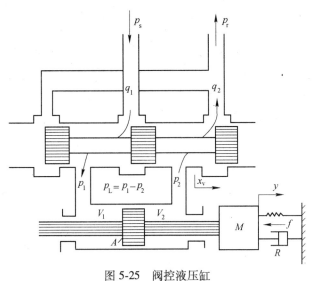

图 5-25　阀控液压缸

### A　滑阀的流量方程

假设滑阀是具有匹配和对称节流窗口的理想零开口四边滑阀，液压缸活塞在中间位置做小幅度位移，回油压力 $p_r = 0$，当 $x_v > 0$ 时，由图 5-25 可得

$$q_1 = C_q W x_v \sqrt{\frac{2}{\rho}(p_s - p_1)} \tag{5-131}$$

$$q_2 = C_q W x_v \sqrt{\frac{2}{\rho}p_2} \tag{5-132}$$

式中　$q_1$ ——流入液压缸左腔的流量，$m^3/s$；

　　　$q_2$ ——从液压缸右腔流出的流量，$m^3/s$；

　　　$C_q$ ——滑阀流量系数；

　　　$W$ ——节流口面积梯度，m；

　　　$x_v$ ——阀芯位移，m；

　　　$\rho$ ——油液密度，$kg/m^3$；

　　　$p_s$ ——液压源压力，Pa；

$p_1$ ——液压缸左腔压力，Pa；

$p_2$ ——液压缸右腔压力，Pa。

在滑阀开度不变，活塞组件以稳态速度运动时，由 $q_1 = q_2$ 可得

$$p_s = p_1 + p_2 \tag{5-133}$$

在动态过程中，由于假设结构的对称性，近似认为 $\Delta p_1 = -\Delta p_2$，式（5-133）依然成立。

设负载压差

$$p_L = p_1 - p_2 \tag{5-134}$$

由式（5-133）和式（5-134），得

$$p_1 = \frac{1}{2}(p_s + p_L) \tag{5-135}$$

$$p_2 = \frac{1}{2}(p_s - p_L) \tag{5-136}$$

将以上两式代入式（5-131）和式（5-132），可得滑阀流量（负载流量）：

$$q_L = q_1 = q_2 = C_q W x_v \sqrt{\frac{1}{\rho}(p_s - p_L)} \tag{5-137}$$

当 $x_v < 0$ 时，式（5-131）变为

$$q_1 = C_q W x_v \sqrt{\frac{2}{\rho} p_1} \tag{5-138}$$

将式（5-135）代入式（5-138），得

$$q_L = q_1 = C_q W x_v \sqrt{\frac{1}{\rho}(p_s + p_L)} \tag{5-139}$$

式（5-137）和式（5-139）可综合写成

$$q_L = C_q W x_v \sqrt{\frac{1}{\rho}[p_s - \mathrm{sign}(x_v)p_L]} \tag{5-140}$$

式中，sign（$x_v$）表示取 $x_v$ 的正负号。这就是滑阀流量方程。

B 液压缸流量连续方程

流进液压缸左腔的流量等于活塞运动所需流量、液体压缩流量和泄漏量之和，故有

$$q_1 = A\frac{\mathrm{d}y}{\mathrm{d}x} + \frac{V_1}{E}\frac{\mathrm{d}p_1}{\mathrm{d}t} + L_c(p_1 - p_2) \tag{5-141}$$

式中 $A$ ——液压缸活塞有效作用面积，$m^2$；

$y$ ——活塞位移，$m^2$；

$V_1$ ——液压缸左腔容积，$m^3$；

$E$ ——油液等效体积弹性模量，Pa；

$L_c$ ——液压缸的内泄漏系数，$m^5/(s \cdot N)$。

类似地，有

$$q_2 = A\frac{\mathrm{d}y}{\mathrm{d}t} - \frac{V_2}{E}\frac{\mathrm{d}p_2}{\mathrm{d}t} + L_c(p_1 - p_2) \tag{5-142}$$

式中  $V_2$ ——液压缸右腔容积，$m^3$。

由假设

$$V_1 = V_2 = \frac{V_t}{2} \tag{5-143}$$

式中  $V_t$ ——两个油腔总容积，$m^3$。

式（5-135），当 $p_s$ 为恒值时，

$$dp_1 = \frac{1}{2}dp_L \tag{5-144}$$

将式（5-134）、式（5-143）和式（5-144）代入式（5-141）、式（5-142）得

$$q_L = q_1 = q_2 = A\frac{dy}{dt} + \frac{V_t}{4E}\frac{dp_L}{dt} + L_c p_L \tag{5-145}$$

这就是液压缸流量连续方程。

C  液压缸运动部分的力平衡方程

$$Ap_L = M\frac{d^2y}{dt^2} + R\frac{dy}{dt} + K_s y + \text{sign}\left(\frac{dy}{dt}\right)f_r + f \tag{5-146}$$

式中  $M$ ——运动部件总质量，kg；

$R$ ——黏性摩擦系数，$N \cdot S/m$；

$K_s$ ——负载的弹簧刚度，$N/m$；

$f_r$ ——库仑摩擦力，N，它与活塞组件运动方向有关；

$f$ ——工作负载力，N。

通常，与阀控液压缸相比，放大器和伺服阀的响应要快得多，可以看成比例环节。对于放大器有

$$i = K_i u \tag{5-147}$$

式中  $i$ ——放大器输出电流，A；

$u$ ——控制电压，V；

$K_i$ ——放大器与线圈电路增益，A/V。

对于伺服阀

$$x_v = K_{sv} i \tag{5-148}$$

式中  $K_{sv}$ ——伺服阀增益，m/A。

由式（5-147）和式（5-148）可得

$$x_v = K_i K_{sv} u \tag{5-149}$$

将上式代入式（5-140），得

$$q_L = C_q W K_i K_{sv} u \sqrt{\frac{1}{\rho}[p_s - \text{sign}(u)p_L]} \tag{5-150}$$

由上式与式（5-145）、式（5-146）可得固有部分的支配方程组

$$Ap_L = M\ddot{y} + R\dot{y} + K_s y + \text{sign}(\dot{y})f_r + f$$

$$C_q W K_i K_{sv} u \sqrt{\frac{1}{\rho}[p_s - \text{sign}(u)p_L]} = A\dot{y} + \frac{V_t}{4E}\dot{p}_L + L_c p_L$$

选取 $x_1 = y$，$x_2 = \dot{y}$，$x_3 = p_L$，上式可改写成状态方程形式：

$$
\left.\begin{array}{l}
\dot{x}_1 = x_2 \qquad\qquad\qquad\qquad\qquad\qquad\qquad\text{(a)} \\[2mm]
\dot{x}_2 = \dfrac{1}{M}(-K_s x_1 - R x_2 + A x_3 - f - \text{sign}(x_2) f_r) \quad\text{(b)} \\[2mm]
\dot{x}_3 = \dfrac{4E}{V_t}(-A x_2 - L_c x_3 + K_a \sqrt{p_s - \text{sign}(u) x_3}\, u) \quad\text{(c)}
\end{array}\right\} \qquad (5\text{-}151)
$$

式中，$K_a = C_q W K_i K_{sv} \sqrt{1/\rho}$。

输出方程为

$$ y = x_1 \qquad\qquad\qquad\qquad (5\text{-}152) $$

为应用方便，上式可以写成相对变量形式。为此，将式 5-151（a）、（b）两边除以变量 $y$ 的最大值 $y_m$，将式 5-151（c）两边除以 $p_s$，得

$$
\left.\begin{array}{l}
\dfrac{d\bar{x}_1}{dt} = \bar{x}_2 \qquad\qquad\qquad\qquad\qquad\qquad\qquad\text{(a)} \\[3mm]
\dfrac{d\bar{x}_2}{dt} = \dfrac{1}{M}\left[-K_s \bar{x}_1 - R\bar{x}_2 + \dfrac{A p_s}{y_m}(\bar{x}_3 - \bar{f}) - \text{sign}(\bar{x}_2)\dfrac{f_r}{y_m}\right] \quad\text{(b)} \\[3mm]
\dfrac{d\bar{x}_3}{dt} = \dfrac{4E}{V_t}\left(-\dfrac{A y_m}{p_s}\bar{x}_2 - L_c \bar{x}_3 + \dfrac{K_a u_m}{\sqrt{p_s}}\sqrt{1 - \text{sign}(\bar{u})\bar{x}_3}\,\bar{u}\right) \quad\text{(c)}
\end{array}\right\} \qquad (5\text{-}153)
$$

式中，$\bar{x}_1 = \dfrac{y}{y_m}$；$\bar{x}_2 = \dfrac{\dot{y}}{y_m}$；$\bar{x}_3 = \dfrac{p_L}{p_s}$；$\bar{f} = f/(A p_s)$；$\bar{u} = u/u_m$；$u_m$ 为控制信号 $u$ 的最大值。

输出方程为

$$ \bar{y} = \bar{x}_1 \qquad\qquad\qquad\qquad (5\text{-}154) $$

式中，$\bar{y} = y/y_m$。

为了应用线性理论讨论上述系统，将式（5-102）线性化，变成相对增量方程。对于式（5-153a），有

$$ \dfrac{d\Delta\bar{x}_1}{dt} = \Delta\bar{x}_2 \qquad\qquad\qquad\qquad (5\text{-}155) $$

式中，$\Delta\bar{x}_1 = \bar{x}_1 - \bar{x}_{10} = \dfrac{x_1 - x_{10}}{y_m} = \dfrac{y - y_0}{y_m}$；$\Delta\bar{x}_2 = \bar{x}_2 - \bar{x}_{20} = \dfrac{x_2 - x_{20}}{y_m} = \dfrac{\dot{y}}{y_m}$；脚标为"0"的变量表示稳态值。

对于式（5-153b），由于库仑摩擦力一般很小，可以略去，得到

$$ \dfrac{d\Delta\bar{x}_2}{dt} = \dfrac{1}{M}\left[-K_s \Delta\bar{x}_1 - R\Delta\bar{x}_2 + \dfrac{A p_s}{y_m}(\Delta\bar{x}_3 - \Delta\bar{f})\right] \qquad (5\text{-}156) $$

式中 

$$ \Delta\bar{x}_3 = \dfrac{p_L - p_{L0}}{p_s}, \quad \Delta\bar{f} = \dfrac{f - f_0}{A p_s} $$

为使式（5-153c）线性化，首先应将式（5-99）线性化，即

$$ \Delta q_L = \left.\dfrac{\partial q_L}{\partial u}\right|_0 \Delta u + \left.\dfrac{\partial q_L}{\partial p_L}\right|_0 \Delta p_L \qquad (5\text{-}157) $$

令 

$$ K_q = \left.\dfrac{\partial q_L}{\partial u}\right|_0 = K_a \sqrt{p_s - \text{sign}(u_0) p_{L0}} $$

$$K = -\left.\frac{\partial q_L}{\partial p_L}\right|_0 = \frac{K_a \mid u_0 \mid}{2\sqrt{p_s - \mathrm{sign}(u_0)p_{L0}}}$$

式 (5-157) 可写成

$$\Delta q_L = K_q \Delta u - K_c \Delta p_L \tag{5-158}$$

由式 (5-153c)，可得

$$\frac{\mathrm{d}\bar{x}_3}{\mathrm{d}t} = \frac{4E}{V_t}\left(-\frac{Ay_m}{p_s}\Delta\bar{x}_2 - L_c\Delta\bar{x}_3 + \frac{\Delta q_L}{p_s}\right) \tag{5-159}$$

将式 (5-158) 代入上式，得

$$\frac{\mathrm{d}\Delta\bar{x}_3}{\mathrm{d}t} = \frac{4E}{V_t}\left[-\frac{Ay_m}{p_s}\Delta\bar{x}_2 - (L_c + K_c)\Delta\bar{x}_3 + \frac{K_q u_m}{p_s}\Delta\bar{u}\right] \tag{5-160}$$

式中，$\Delta\bar{u} = \dfrac{u - u_0}{u_m}$。

以后应用固有数学部分模型，均使用相对增量方程，故符号"$\Delta$"和"$-$"可以略去，从式 (5-155)、式 (5-156) 和式 (5-160) 可得用相对增量表示的线性状态方程：

$$\left.\begin{array}{ll}\dot{x}_1 = x_2 & \text{(a)} \\[2mm] \dot{x}_2 = \dfrac{1}{M}\left[-K_s x_1 - R x_2 + \dfrac{A p_s}{y_m}(x_3 - f)\right] & \text{(b)} \\[3mm] \dot{x}_3 = \dfrac{4E}{V_t}\left[-\dfrac{Ay_m}{p_s}x_2 - (L_c + K_c)x_3 + \dfrac{K_q u_m}{p_s}u\right] & \text{(c)}\end{array}\right\} \tag{5-161}$$

输出方程为

$$y = x_1 \tag{5-162}$$

式中，$y$ 也取相对增量值。

式 (5-161) 和式 (5-162) 可写成向量形式，即

$$\left.\begin{array}{l}\dot{x} = Ax + Bu \\ y = cx\end{array}\right\} \tag{5-163}$$

式中

$$x = \begin{bmatrix} x_1 & x_2 & x_3 \end{bmatrix}^T, \quad u = \begin{bmatrix} f & u \end{bmatrix}^T$$

$$A = \begin{bmatrix} 0 & 1 & 0 \\[2mm] -\dfrac{K_s}{M} & -\dfrac{R}{M} & \dfrac{A p_s}{M y_m} \\[3mm] 0 & -\dfrac{4EAy_m}{V_t p_s} & -\dfrac{4E(L_c + K_c)}{V_t} \end{bmatrix}$$

$$B = \begin{bmatrix} 0 & 0 \\[2mm] -\dfrac{A p_s}{M y_m} & 0 \\[3mm] 0 & \dfrac{4EK_q u_m}{V_t p_s} \end{bmatrix}, \quad c = \begin{bmatrix} 1 & 0 & 0 \end{bmatrix}$$

将式（5-161）在零初始条件下进行拉氏变换，得

$$X_1(s) = \frac{1}{s}X_2(s) \qquad \text{(a)}$$

$$X_2(s) = \frac{1}{Ms + R}\left\{-K_s X_1(s) + \frac{Ap_s}{y_m}\left[X_3(s) - F(s)\right]\right\} \qquad \text{(b)}$$

$$X_3(s) = \frac{1}{\dfrac{V_t}{4E}s + L_c + K_c}\left[-\frac{Ay_m}{p_s}X_2(s) + \frac{K_q u_m}{p_s}U(s)\right] \qquad \text{(c)}$$

（5-164）

式中　$X_1(s)$——$x_1(t)$ 的拉氏变换，以此类推。

由前式可得固有部分方框图，如图 5-26 所示。

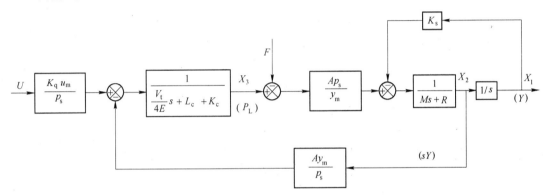

图 5-26　固有部分方框图

图 5-26 中所示的框图是较为一般的形式，在特定条件下可以忽略某些因素，使传递函数得到简化。例如，阀控液压缸作为位置控制的功率输出元件，则往往没有弹性负载，即 $K_s = 0$，并考虑到在一般情况下 $R(L_c + K_c)/A^2 \ll 1$。在上述情况之下，如果设工作负载不变（$F = 0$），可以得到固定部分输出信号。对控制信号 $u$ 的传递函数为

$$\frac{Y}{U} = \frac{K_q u_m}{Ay_m s\left\{\dfrac{MV_t}{4EA^2}s^2 + \left[\dfrac{M(L_c + K_c)}{A^2} + \dfrac{RV_t}{4EA^2}\right]s + 1\right\}} \qquad (5\text{-}165)$$

令　　$\omega_h = \sqrt{\dfrac{4EA^2}{MV_t}}$ 为无阻尼自振频率（rad/s）；

$$\zeta = \frac{L_c + K_c}{A}\sqrt{\frac{EM}{V_t}} + \frac{R}{4A}\sqrt{\frac{V_t}{EM}}$$ 为阻尼比；

$$K_v = \frac{K_q u_m}{Ay_m}$$ 为相对速度放大系数。

则式（5-165）可变为

$$\frac{Y}{U} = \frac{K_v}{s\left(\dfrac{s^2}{\omega_h^2} + \dfrac{2\zeta}{\omega_h}s + 1\right)} \qquad (5\text{-}166)$$

在上述前提下，设 $U=0$，输出信号 $y$ 对干扰信号 $f$ 的传递函数为

$$\frac{Y}{F} = -\frac{\dfrac{p_s(L_c + K_c)}{A y_m}\left[\dfrac{V_t}{4E(L_c + K_c)}s + 1\right]}{s\left(\dfrac{s^2}{\omega_h^2} + \dfrac{2\zeta}{\omega_h}s + 1\right)} \qquad (5\text{-}167)$$

以上讨论的是电液位置伺服控制系统，对于电液速度伺服控制系统和压力伺服控制系统，数学模型也可以从以上结果得出。三者状态方程的表达式只是输出矩阵不同，而传递函数均可从图 5-26 获得。

对于电液速度伺服控制系统

$$\boldsymbol{c} = \begin{bmatrix} 0 & 1 & 0 \end{bmatrix} \qquad (5\text{-}168)$$

输出速度对控制信号 $u$ 的传递函数（$F=0$）

$$\frac{V}{U} = \frac{sY}{U} = \frac{K_v}{\dfrac{s^2}{\omega_h^2} + \dfrac{2\zeta}{\omega_h}s + 1} \qquad (5\text{-}169)$$

输出速度 $V$ 对干扰信号 $f$ 的传递函数（$U=0$）

$$\frac{V}{F} = \frac{sY}{F} = -\frac{\dfrac{p_s(L_c + K_c)}{A y_m}\left[\dfrac{V_t}{4E(L_c + K_c)}s + 1\right]}{\dfrac{s^2}{\omega_h^2} + \dfrac{2\zeta}{\omega_h}s + 1} \qquad (5\text{-}170)$$

对于电液压力伺服控制系统：

$$\boldsymbol{c} = \begin{bmatrix} 0 & 0 & A \end{bmatrix} \qquad (5\text{-}171)$$

输出压力 $p_L$ 对控制信号 $u$ 的传递函数（$F=0$）

$$\frac{p_L}{U} = \frac{\dfrac{K_q u_m R}{A^2 p_s}\left(\dfrac{M}{R}s + 1\right)}{\dfrac{s^2}{\omega_h^2} + \dfrac{2\zeta}{\omega_h}s + 1} \qquad (5\text{-}172)$$

输出压力 $p_L$ 对干扰信号 $f$ 的传递函数（$U=0$）

$$\frac{P_L}{F} = \frac{1}{\dfrac{s^2}{\omega_h^2} + \dfrac{2\zeta}{\omega_h}s + 1} \qquad (5\text{-}173)$$

还应指出，上述讨论，将伺服放大器和伺服阀的传递函数作为比例环节来对待，这在大多数情况下是可行的。但当个别小功率系统伺服放大器和伺服阀的动态特性对系统的影响不能忽略时，系统的特征方程阶次将会增加。例如，图 5-24 所示的电液位置伺服控制系统，输出信号 $y$ 对控制信号 $u$ 相对增量关系的传递函数（$F=0$）可表示为

$$\frac{Y(s)}{U(s)} = \frac{u_m}{y_m}G_a(s)G_{sv}(s)G_h(s) \qquad (5\text{-}174)$$

式中    $G_a(s)$——放大器与力矩马达线圈的传递函数，这里假定采用电压负反馈放大器，

$$G_a(s) = \frac{I(s)}{U(s)} = \frac{K_i}{\dfrac{s}{\omega_a} + 1} \ ;$$

$\omega_a$ ——线圈转角频率，rad/s；

$G_{sv}(s)$ ——伺服阀传递函数，$G_{sv}(s) = \dfrac{X_v(s)}{I(s)} = \dfrac{K_{sv}}{\dfrac{s^2}{\omega_v^2} + \dfrac{2\zeta_v}{\omega_v}s + 1} \ ;$

$\omega_v$ ——伺服阀无阻尼自振频率，rad/s；

$\zeta_v$ ——伺服阀阻尼比。

当动力机构无阻尼自振频率低于 50Hz 时，伺服阀的传递函数可表示为

$$G_{sv}(s) = \frac{K_{sv}}{\dfrac{s}{\omega_v} + 1}$$

式（5-174）中

$$G_h(s) = \frac{Y(s)}{X_v(s)} = \frac{K_h/A}{s\left(\dfrac{s^2}{\omega_h^2} + \dfrac{2\zeta}{\omega_h}s + 1\right)}$$

其中

$$K_h = C_q W \sqrt{\frac{1}{\rho}\left[p_s - sign(u_0)p_{L0}\right]}$$

$G_h(s)$ 为阀控液压缸的传递函数。

以上对系统固有部分数学模型进行了理论推导，在实际的系统优化过程中，常常在理论分析的基础上，对系统固有部分的数学模型进行辨识，以便使控制器的设计更加符合实际。

### 5.4.1.3　系统的控制方式

系统的基本控制方式可以分为 3 类，即负反馈控制、顺馈控制和复合控制。

A　负反馈控制

前文已经涉及应用状态反馈及输出反馈等控制形式优化系统。对于单输入、单输出的线性系统，首先组成图 5-27a 所示的负反馈控制结构。图中，$G$ 为固有部分传递函数，$G_c$ 为主反馈环节。负反馈控制的原理是用偏差减弱或消除系统误差，从而使输出信号以某种形态跟踪指令信号。适当地设计反馈环节难以达到设计要求时，还经常加入校正环节。常用的校正方式包括局部反馈校正和串联校正。

局部反馈校正分为局部负反馈和局部正反馈。

局部负反馈如图 5-27b 所示，图中 $G_1$ 和 $G_2$ 都是固有部分，$G_c$ 为局部负反馈校正环节。

误差反馈是局部正反馈的例子，如图 5-27c 所示。加入误差反馈后，系统的传递函数为

$$\frac{Y}{Z} = \frac{G}{1 - G_c + G}$$

如果可以取 $G_c = 1$，则有 $Y = Z$，即系统误差 $E = Z - Y = 0$，此刻系统将不受不可变部分 $G(s)$ 参数变化的影响。但由于控制信号 $U$ 是有界的，上述目标只能部分实现。

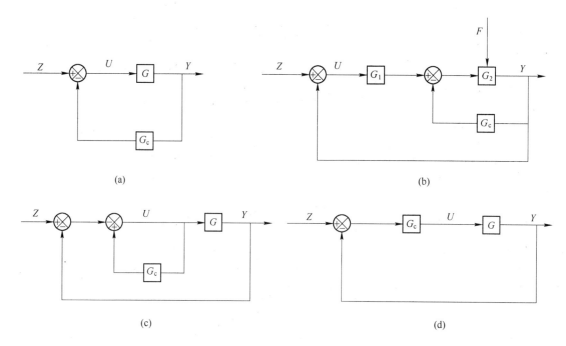

图 5-27   负反馈控制

误差反馈还可以用于提高系统的无差度。例如在图 5-27c 中，$G = K/s$，为 I 型系统，取

$$G_c = \frac{1}{T_c s + 1}$$

此时，包括误差反馈在内的前向通道传递函数为

$$\frac{K}{s[1 - 1/(T_e s + 1)]} = \frac{K(T_e s + 1)}{T_e s^2}$$

于是系统变为 II 型。

局部反馈校正又称为并联校正。

串联校正如图 5-27d 所示。图中 $G$ 为固有部分，$G_c$ 为串联校正环节。

B   顺馈控制

顺馈控制如图 5-28 所示，合理的设计校正环节 $G_c$，可以减少或消除扰动信号 $f$ 对系统动态性能的影响，提高系统的刚性。顺馈控制常与反馈控制组合，构成复合控制。

C   复合控制

复合控制可举如下两种情况为例。

（1）利用复合控制减小反应指令信号时的系统误差，如图 5-29a 所示，在反馈控制的基础上，加入顺馈控制环节 $G_c$。由图可得：

$$Y = G(E + G_c Z)$$
$$= G(Z - Y + G_c Z)$$

于是

$$Y = \frac{G(1 + G_c)}{1 + G} Z \tag{5-175}$$

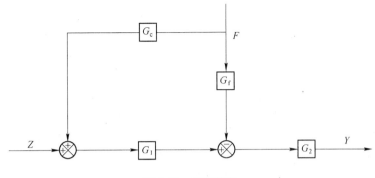

图 5-28  顺馈控制

假设可以选择 $G_c = 1/G$，则有 $Y = Z$，系统误差 $E = 0$。对于有限功率系统，此目标只能部分实现。

这一类复合控制实际上等于在闭环系统前加一个传递函数为 $1 + G_c$ 的串联环节。

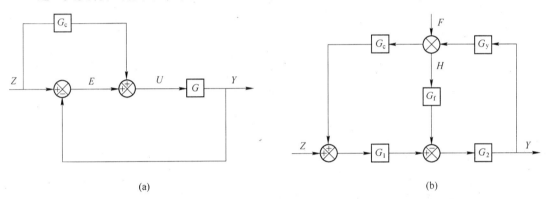

(a)                            (b)

图 5-29  复合控制

（2）利用复合控制还可以补偿干扰信号对系统输出的影响。其框图如图 5-29b 所示。由图可得

$$Y = G_2 \big[ G_1 (Z + G_c H) - G_f H \big] \tag{5-176}$$
$$= G_2 G_1 Z + G_2 (G_1 G_c - G_f) H$$

由于

$$H = G_y Y - F$$

将上式代入式（5-176），得

$$Y = G_1 G_2 Z + G_2 (G_1 G_c - G_f)(G_y Y - F) \tag{5-177}$$

如果可使

$$G_c = \frac{G_f}{G_1} \tag{5-178}$$

由式（5-177）可得

$$Y = G_1 G_2 Z \tag{5-179}$$

于是，干扰信号对系统的影响可以消除。这类复合控制的实质是顺馈控制与局部正反馈的组合，这一点将在后文中详述。

上述控制方式是以单输入（或双输入）、单输出的线性系统为例说明的，也可以推广到多输入、多输出的系统以及非线性系统。

### 5.4.2 阶跃响应 ITAE 准则寻优

ITAE 准则即时间乘绝对误差积分准则，这个准则是一种选择性和实用性都比较好的误差积分准则，它反映了系统的综合控制性能，所以是最常用的目标函数之一。虽然用解析法运算比较困难，但借助计算机就不难确定系统的最优参数。

#### 5.4.2.1 基于 ITAE 准则的优化模型

ITAE 准则可以表示为

$$J = \int_0^\infty t \mid e(t) \mid \mathrm{d}t \tag{5-180}$$

式中，$e(t)$ 在本节是指单位阶跃响应的误差，如果输出信号为 $y(t)$，则

$$e(t) = \frac{y(\infty) - y(t)}{y(\infty)} \tag{5-181}$$

设 $n$ 阶系统闭环传递函数

$$\Phi(s) = \frac{a_0}{s^n + a_{n-1}s^{n-1} + \cdots + a_1 s + a_0} \tag{5-182}$$

显然，对于单位阶跃输入，$y(\infty) = 1$，稳态误差 $e(\infty) = 0$。

式（5-182）表示的闭环传递函数对应的是前向通道传递函数无零点的 I 型系统，如式（5-166）所表示的位置控制系统。对于式（5-169）表示的速度控制系统，只要串联一积分校正环节就可以变为式（5-166）的形式。对于式（5-172）表示的压力控制系统，只要串联一相应的校正环节，也可以变为式（5-166）的形式。在阶次较高时，也可以做类似处理。所以式（5-182）具有一般性。

表 5-2 表示单位阶跃响应 ITAE 准则 $F$ 闭环传递函数的最优形式。图 5-30 表示最优系统的阶跃响应曲线（取 $\omega_\mathrm{n} = 1$）。

**表 5-2　单位阶跃响应 ITAE 准则最优形式**

$$\Phi(s) = \frac{a_0}{s^n + a_{n-1}s^{n-1} + \cdots + a_1 s + a_0} \qquad a_0 = \omega_\mathrm{n}^n$$

$$s + \omega_\mathrm{n}$$

$$s^2 + 1.4\omega_\mathrm{n}s + \omega_\mathrm{n}^2$$

$$s^3 + 1.75\omega_\mathrm{n}s^2 + 2.15\omega_\mathrm{n}^2 s + \omega_\mathrm{n}^3$$

$$s^4 + 2.1\omega_\mathrm{n}s^3 + 3.4\omega_\mathrm{n}^2 s^2 + 2.7\omega_\mathrm{n}^3 s + \omega_\mathrm{n}^4$$

$$s^5 + 2.8\omega_\mathrm{n}s^4 + 5.0\omega_\mathrm{n}^2 s^3 + 5.5\omega_\mathrm{n}^3 s^2 + 3.4\omega_\mathrm{n}^4 s + \omega_\mathrm{n}^5$$

$$s^6 + 3.25\omega_\mathrm{n}s^5 + 6.60\omega_\mathrm{n}^2 s^4 + 8.60\omega_\mathrm{n}^3 s^3 + 7.45\omega_\mathrm{n}^4 s^2 + 3.95\omega_\mathrm{n}^5 s + \omega_\mathrm{n}^6$$

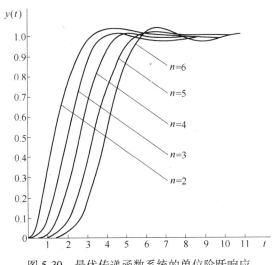

图 5-30　最优传递函数系统的单位阶跃响应

### 5.4.2.2　二阶系统优化

由式（5-118）可见，速度控制系统的固有部分可以简化为二阶系统。首先讨论二阶系统的优化问题。

由表 5-2 可知，对于二阶系统最优传递函数的形式为

$$\Phi^*(s) = \frac{\omega_n^2}{s^2 + 1.4\omega_n s + \omega_n^2} \tag{5-183}$$

上式相当于系统阻尼比 $\zeta_0 = 0.7$，最大超调量 $\sigma_0(\%) = 4.6\%$，谐振峰值 $M_r^0 = 1$。要确定无阻尼自振频率 $\omega_n$，还需给定另外的条件。

如果给定调整时间 $t_s$，在 $\zeta = 0.7$ 的前提下，取允许误差 $\Delta = 0.02$ 时，可得

$$t_s \approx \frac{4.2}{\zeta_0 \omega_n}$$

于是可取

$$\omega_n = \frac{4.2}{0.7 t_s} = \frac{6}{t_s} (\text{rad/s}) \tag{5-184}$$

取允许误差 $\Delta = 0.05$ 时，可得

$$t_s \approx \frac{2.1}{\zeta_0 \omega_n}$$

于是可取

$$\omega_n = \frac{2.1}{0.7 t_s} = \frac{3}{t_s} (\text{rad/s}) \tag{5-185}$$

如果给定上升时间 $t_r$，由于

$$t_r = \frac{\pi - \arctan^{-1} \dfrac{\sqrt{1 - \zeta^2}}{\zeta}}{\omega_n \sqrt{1 - \zeta^2}}$$

当 $\zeta_0 = 0.7$ 时

$$\omega_n = \frac{3.29}{t_r} \tag{5-186}$$

如果给定截止频率 $\omega_b$，由于

$$\omega_b = \omega_n \sqrt{(1 - 2\zeta^2) + \sqrt{2 - 4\zeta^2 + 4\zeta^4}}$$

当 $\zeta = 0.7$ 时

$$\omega_n = 0.99\omega_b \tag{5-187}$$

由式（5-184）~式（5-187）之一得到的 $\omega_n$ 值代入式（5-183），即可使二阶最优传递函数 $\Phi^*(s)$ 唯一地确定。若上述指标同时给定两个以上，计算出的 $\omega_n$ 取最大值。

二阶优化系统可以采用图 5-31 所示的形式。根据式（5-183），利用比较系数的方法可以确定两个独立设计变量。图 5-31 中固有部分如式（5-169）所示，且有

$$K_v = \frac{K_q u_m}{A y_m} \tag{5-188}$$

式中，$K_q$ 中包括伺服放大器的增益 $K_i$，此值是可调的。因此，开环增益 $K_v$ 可以作为设计变量之一。另一个设计变量是反馈元件中一阶微分环节的系数 $\alpha_1$。由图 5-31 可得系统的闭环传递函数为

$$\Phi(s) = \frac{K_m(K_v + 1)\omega_n^2}{s^2 + (2\zeta + K_v\alpha_1\omega_h)\omega_h s + (K_v + 1)\omega_h^2} \tag{5-189}$$

$$K_m = \frac{K_v}{K_v + 1} \tag{5-190}$$

为系统的闭环增益，决定了系统的稳态值。且有 $K_m < 1$，说明系统的阶跃响应是有差的，它并不影响动态过程的相对性态及最优解，故可不考虑 $K_m$。比较式（5-183）及式（5-189），得

$$\begin{cases} 1.4\omega_n = (2\zeta + K_v\alpha_1\omega_h)\omega_h & (5\text{-}191) \\ \omega_n^2 = (K_v + 1)\omega_h^2 & (5\text{-}192) \end{cases}$$

解上述关于 $K_v$、$\alpha_1$ 的方程组，得

$$\left. \begin{array}{l} K_v = \left(\dfrac{\omega_n}{\omega_h}\right)^2 - 1 \\[3mm] \alpha_1 = \dfrac{1.4\omega_n - 2\zeta\omega_h}{\omega_n^2 - \omega_h^2} \end{array} \right\} \tag{5-193}$$

于是设计变量 $K_v$、$\alpha_1$ 被确定。所得的开环增益 $K_v$ 应为正，并且满足稳态误差的要求（如果存在这种要求的话），否则应增加式（5-193）中的 $\omega_n$。如果所得的 $\alpha_1 = 0$，说明反馈中的微分环节没有必要。

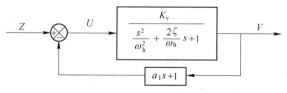

图 5-31 二阶优化系统方框图

### 5.4.2.3 三阶系统优化

由式（5-166）可见，位置控制系统的固有部分可以简化为三阶系统，式（5-169）和式（5-172）表示的速度和压力控制系统加入适当串联校正后，也可变成式（5-166）的形式。

由表 5-2 可知，此时的最优传递系数为

$$\Phi^*(s) = \frac{\omega_n^3}{s^3 + \alpha\omega_n s^2 + \beta\omega_n^2 s + \omega_n^3} \tag{5-194}$$

式中，$\alpha = 1.75$，$\beta = 2.15$。

设 $\omega_n = 1\text{rad/s}$，上式变成

$$\Phi_0^*(s) = \frac{1}{s^3 + \alpha s^2 + \beta s + 1} \tag{5-195}$$

此式称为标准优化模型。与此模型相对应的上升时间 $t_r^0 = 4.1\text{s}$，调整时间 $t_s^0 = 7.6\text{s}$（$\Delta = 0.02$）及 $t_s^0 = 3.4\text{s}$（$\Delta = 0.05$），最大超调量 $\sigma_0 = 1.92\%$，谐振峰值 $M_r^0 = 1$，定截止频率 $\omega_b^0 = 1.03\text{rad/s}$。

为确定非标准模型中的 $\omega_n$，首先讨论非标准模型式（5-194）与标准模型式（5-195）之间的关系。

在单位阶跃信号作用下，式（5-195）和式（5-194）对应的响应 $y_0(t)$ 和 $y(t)$ 的拉式变换分别为

$$Y_0(s) = \frac{1}{s^4 + \alpha s^3 + \beta s^2 + s} \tag{5-196}$$

$$Y(s) = \frac{\omega_n^3}{s^4 + \alpha\omega_n s^3 + \beta\omega_n^2 s^2 + \omega_n^3 s} \tag{5-197}$$

在式（5-196）中，用 $s/\omega_n$ 代替 $s$，则有

$$Y_0\left(\frac{s}{\omega_n}\right) = \frac{1}{\left(\dfrac{s}{\omega_n}\right)^4 + \alpha\left(\dfrac{s}{\omega_n}\right)^3 + \beta\left(\dfrac{s}{\omega_n}\right)^2 + \dfrac{s}{\omega_n}} \tag{5-198}$$

将上式分子、分母同乘以 $\omega_n^4$，得

$$Y_0\left(\frac{s}{\omega_n}\right) = \frac{\omega_n^4}{s^4 + \alpha\omega_n s^3 + \beta\omega_n^2 s^2 + \omega_n^3 s} \tag{5-199}$$

将上式同式（5-197）比较可得

$$Y(s) = \frac{1}{\omega_n} Y_0\left(\frac{s}{\omega_n}\right) \tag{5-200}$$

根据拉式变换相似定理有

$$L^{-1} Y_0\left(\frac{s}{\omega_n}\right) = \omega_n y_0(\omega_n t) \tag{5-201}$$

所以

$$y(t) = L^{-1} Y(s)$$
$$= \frac{1}{\omega_n} L^{-1} Y_0 \left( \frac{s}{\omega_n} \right) \qquad (5\text{-}202)$$
$$= y_0(\omega_0 t)$$

设 $t^0 = \omega_n t$，代入上式可得

$$\left. \begin{aligned} y(t) &= y_0(t^0) \\ t &= \frac{t^0}{\omega_n} \end{aligned} \right\} \qquad (5\text{-}203)$$

可见，非标准优化模型与标准优化模型单位阶跃响应的形态相同，只是前者较后者时间缩短 $\omega_n$ 倍。

下面讨论频域关系，设 $\Phi^*(j\omega)$ 与 $\Phi_0^*(j\omega)$ 分别为 $\Phi^*(s)$ 及 $\Phi_0^*(s)$ 的频率特性，用 $s/\omega_n$ 代替式 (5-195) 中的 $s$，则

$$\Phi_0^* \left( \frac{s}{\omega_n} \right) = \frac{1}{\left( \dfrac{s}{\omega_n} \right)^3 + \alpha \left( \dfrac{s}{\omega_n} \right)^2 + \beta \dfrac{s}{\omega_n} + 1}$$
$$= \frac{\omega_n^3}{s^3 + \alpha \omega_n s^2 + \beta \omega_n^2 + \omega_n^3} \qquad (5\text{-}204)$$

将上式与式 (5-194) 比较，得

$$\Phi^*(s) = \Phi_0^* \left( \frac{s}{\omega_n} \right) \qquad (5\text{-}205)$$

于是得出

$$\Phi^*(j\omega) = \Phi_0^* \left( j \frac{\omega}{\omega_n} \right) \qquad (5\text{-}206)$$

设 $\omega^0 = \dfrac{\omega}{\omega_n}$，代入上式可得

$$\left. \begin{aligned} \Phi^*(j\omega) &= \Phi_0^*(j\omega^0) \\ \omega &= \omega_n \omega^0 \end{aligned} \right\} \qquad (5\text{-}207)$$

可见，非标准优化模型与标准优化模型的频率特性形态相同，只是前者为后者频率值的 $\omega_n$ 倍。

以上论证确定了标准模型与非标准模型时域和频域之间的关系。从而如果给定了非标准模型的性能指标，就可以确定式 (5-194) 中的 $\omega_n$ 值。

如果给定调整时间 $t_s(\Delta = 0.02)$，由式 (5-203) 有

$$\omega_n = \frac{t_s^0}{t_s} = \frac{7.6}{t_s} (\text{rad/s}) \qquad (5\text{-}208)$$

如果给定截止频率 $\omega_b$，由式 (5-207) 有

$$\omega_n = \frac{\omega_b}{\omega_b^0} = \frac{\omega_b}{1.03} \qquad (5\text{-}209)$$

由式 (5-209) 或式 (5-209) 所得的 $\omega_n$ 代入式 (5-194)，即可使三阶最优传递函数

$\varPhi^*(s)$ 唯一地确定。若上述两指标同时给定，计算出的两个 $\omega_n$ 取最大值。

一般的三阶系统数学模型不会等于按优化目标函数确定的非标准优化数学模型，因此必须引入校正环节。由于三阶非标准优化数学模型式（5-194）中有 3 个参数，因此，利用系数对比法只能建立 3 个方程式，从而确定三个设计变量。优化系统方框图如图 5-32 所示。图中固有部分如式（5-166）所示。采用反馈校正，校正环节可定为二阶，即除位置反馈外，加入速度反馈和加速度反馈。设计变量为 $K_v$、$\alpha_1$、$\alpha_2$。

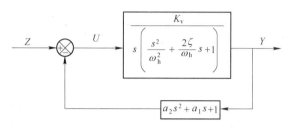

图 5-32 三阶优化系统方框图

由图 5-32 可得系统的闭环传递函数为

$$\varPhi(s) = \frac{K_v \omega_h^2}{s^3 + (2\zeta + K_v \alpha_2 \omega_h)\omega_h s^2 + (1 + K_v \alpha_1)\omega_h^2 s + K_v \omega_h^2} \tag{5-210}$$

比较式（5-194）和式（5-210），得

$$\left.\begin{array}{l} 1.75\omega_n = (2\zeta + K_v \alpha_2 \omega_h)\omega_h \\[2mm] 2.15\omega_n^2 = (1 + K_v \alpha_1)\omega_h^2 \\[2mm] \omega_n^3 = K_v \omega_h^2 \end{array}\right\} \tag{5-211}$$

解上述关于 $K_v$、$\alpha_1$、$\alpha_2$ 的方程组，得

$$\left.\begin{array}{l} K_v = \dfrac{\omega_n^3}{\omega_h^2} \\[4mm] \alpha_1 = \dfrac{\omega_h^2}{\omega_n^3}\left[2.15\left(\dfrac{\omega_n}{\omega_h}\right)^2 - 1\right] \\[4mm] \alpha_2 = \dfrac{\omega_h}{\omega_n^3}\left(1.75\dfrac{\omega_n}{\omega_h} - 2\zeta\right) \end{array}\right\} \tag{5-212}$$

于是设计变量 $K_v$、$\alpha_1$、$\alpha_2$ 被确定。所得的开环增益 $K_v$ 应满足对斜坡信号响应稳态误差的要求（如果存在这种要求的话），否则应增加式（5-194）中的 $\omega_n$。若 $\alpha_2 = 0$，表示系统只需一阶微分校正；$\alpha_1 = \alpha_2 = 0$，表示系统只需单位反馈。

### 5.4.2.4 高阶系统优化

前文已经谈到，当伺服放大器和伺服阀等固有元件的动态过程对系统动态特性的影响不能忽略时，系统固有部分的阶次将会提高。上述二阶、三阶系统优化的基本思想可以推广到 $n$ 阶系统，优化设计步骤如下。

A 求标准优化模型及其动态指标

由表 5-2 可见，对于 $n$ 阶系统，非标准优化模型可以表示为

$$\Phi^*(s) = \frac{\omega_n^n}{s^n + d_{n-1}\omega_n s^{n-1} + \cdots + d_1\omega_n^{n-1}s + \omega_n^n} \tag{5-213}$$

式中，$d_1$，$d_2$，$\cdots$，$d_{n-1}$ 可以由计算机辅助设计的方法求得，只有 $\omega_n$ 待定。

令 $\omega_n = 1$，可得标准优化模型

$$\Phi_0^*(s) = \frac{1}{s^n + d_{n-1}s^{n-1} + \cdots + d_1 s + 1} \tag{5-214}$$

式中，所有系数都是已知的，应用数字仿真可以求出标准优化模型的动态指标。如上升时间 $t_r^0$、调整时间 $t_s^0$、最大相对调整量 $\sigma_0(\%)$、谐振峰值 $M_r^0$、截止频率 $\omega_h^0$ 等。

### B　求非标准优化模型

要确定非标准优化模型（5-213），只需求出其中的 $\omega_n$。与三阶的情况类似，经推证，可以得到与式（5-203）和式（5-207）相同的结论。

如果给定调整时间 $t_s$，由式（5-203）有

$$\omega_n = \frac{t_s^0}{t_s} \tag{5-215}$$

如果给定截止频率 $\omega_b$，由式（5-207）有

$$\omega_n = \frac{\omega_b}{\omega_b^0} \tag{5-216}$$

从而非标准优化模型式（5-213）被确定。为简便计，将式（5-213）改写成式（5-182）的形式，且有

$$a_j = d_j\omega_n^{n-j}, \quad j = 0, 1, \cdots, n-1(d_0 = 1) \tag{5-217}$$

### C　设计校正环节

设系统固有部分的传递函数为

$$\frac{Y(s)}{U(s)} = \frac{K_v}{s(b_{n-1}s^{n-1} + b_{n-2}s^{n-2} + \cdots + b_1 s + 1)} \tag{5-218}$$

对于 $n$ 阶优化系统，可采用图 5-33 所示的反馈矫正。共有 $n$ 个设计变量，即 $K_v$，$\alpha_1$，$\alpha_2$，$\cdots$，$\alpha_{n-1}$。由图 5-33 可得系统的闭环传递函数：

$$\Phi(s) = \frac{K_v/b_{n-1}}{s^n + \dfrac{b_{n-1} + K_v\alpha_{n-1}}{b_{n-1}}s^{n-1} + \cdots + \dfrac{1 + K_v\alpha_1}{b_{n-1}}s + \dfrac{K_v}{b_{n-1}}} \tag{5-219}$$

比较式（5-182）和上式的系数，得下列方程组

$$\left.\begin{aligned} a_k &= \frac{b_{k-1} + K_v\alpha_k}{b_{n-1}}, \quad k = 1, 2, \cdots, n-1(b_0 = 1) \\ a_0 &= \frac{K_v}{b_{n-1}} \end{aligned}\right\} \tag{5-220}$$

解上述关于 $K_v$，$\alpha_1$，$\alpha_2$，$\cdots$，$\alpha_{n-1}$ 的方程组，得

$$\left.\begin{aligned} K_v &= b_{n-1}a_0 \\ \alpha_k &= \frac{1}{a_0}\left(a_k - \frac{b_{k-1}}{b_{n-1}}\right), \quad k = 1, 2, \cdots, n-1 \end{aligned}\right\} \tag{5-221}$$

于是，设计变量全部确定。所得开环增益 $K_v$ 应满足跟踪斜坡信号稳态精度要求，否则应增加 $\omega_n$ 值。

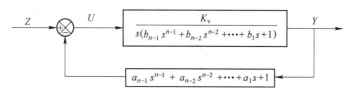

图 5-33 $n$ 阶优化系统方框图

### 5.4.3 跟踪性能寻优

跟踪性能寻优问题分为两类：一类是对任意变化指令信号的跟踪；另一类是对正弦信号的跟踪。

#### 5.4.3.1 对任意变化指令信号的跟踪

由控制理论可知，Ⅰ型系统跟踪阶跃信号稳态误差为零，Ⅱ型系统跟踪斜坡信号稳态误差为零，Ⅲ型系统跟踪加速度信号稳态误差为零。对于更高次幂的指令信号，需要系统有更高的无差度 $\nu$ 才能达到稳态误差为零的跟踪。当 $\nu \geq 3$ 时系统不易稳定，动态品质也难以达到要求。但是对于一个连续变化的指令信号 $z(t)$，总可以用一条折线 $z_0(t)$ 来近似，如图 5-34a 所示，而且随着分割间隔 $\Delta t$ 的变小，使折线以任意精度与指令信号近似，即有

$$\max | z(t) - z_0(t) | \leqslant \varepsilon_1 \tag{5-222}$$

式中 $\varepsilon_1$ ——任意指定小量。

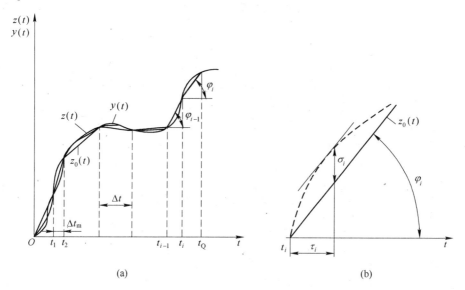

(a)                                    (b)

图 5-34 跟踪指令信号

只要设计一个Ⅱ型系统，其输出信号 $y(t)$ 就可能如图 5-34 中虚线所示的状态跟踪折

线 $z_0(t)$。其中一段的放大情况如图 5-34b 所示。图中 $\sigma_i$ 表示输出信号 $y(t)$ 与折线 $z_0(t)$ 的最大误差，$\tau_i$ 表示最大误差时间。在设计中，适当选取 $\sigma_i$ 和 $\tau_i$ 就可以使 $y(t)$ 按规定误差跟踪折线 $z_0(t)$，即有

$$\max | z_0(t) - y(t) | \leqslant \varepsilon_2 \tag{5-223}$$

式中　$\varepsilon_2$ ——任意指定小量。

从而

$$\begin{aligned}
&\max | z(t) - y(t) | \\
&= \max | z(t) - z_0(t) + z_0(t) - y(t) | \\
&\leqslant \max | z(t) - z_0(t) | + \max | z_0(t) - y(t) | \\
&\leqslant \varepsilon_1 + \varepsilon_2
\end{aligned} \tag{5-224}$$

上式表明，只要设计合理，输出信号 $y(t)$ 就能以任意精度跟踪指令信号 $z(t)$。因此，问题归结到设计一个 II 型系统，使其斜坡响应的动态指标最优，并满足式（5-222）和式（5-223）的要求。

图 5-34a 中折线 $z_0(t)$ 可以表示为

$$z_0(t) = \sum_{i=0}^{Q-1} K_i(t - t_i) \tag{5-225}$$

$$t_{i+1} > t \geqslant t_i, \ t_0 = 0$$

式中　$Q$ ——折线段数；

$K_i = \tan\varphi_i - \tan\varphi_{i-1}$，$\varphi_i$、$\varphi_{i-1}$ 定义如图 5-34a 所示。

设 II 型系统误差传递函数：

$$\Phi(s) = \frac{(h_{n-2}s^{n-2} + h_{n-3}s^{n-3} + \cdots + h_0)s^2}{s^n + a_{n-1}s^{n-1} + \cdots + a_1 s + a_0} \tag{5-226}$$

因此误差 $e_0(t) = z_0(t) - y(t)$ 的拉氏变换应为

$$E(s) = \Phi_e(s)z_0(s) \tag{5-227}$$

式中

$$z_0(s) = \mathrm{L}[z_0(t)]$$

$$= \frac{1}{s^2} \sum_{i=0}^{Q-1} K_i \mathrm{e}^{-t_{is}} \tag{5-228}$$

将式（5-226）及式（5-228）代入式（5-227），得

$$E(s) = \Phi_0(s) \sum_{i=0}^{Q-1} K_i \mathrm{e}^{-t_{is}} \tag{5-229}$$

式中

$$\Phi_0(s) = \frac{h_{n-2}s^{n-2} + h_{n-3}s^{n-3} + \cdots + h_0}{s^n + a_{n-1}s^{n-1} + \cdots + a_1 s + a_0} \tag{5-230}$$

将式（5-229）进行拉氏反变换，得

$$e_0(t) = \sum_{i=0}^{Q-1} K_i h(t - t_i) \tag{5-231}$$

式中，$h(t - t_i)$ 是 II 型系统在 $t = t_i$ 时刻开始跟踪单位斜坡信号的误差。它相当于式（5-230）所表示的零型系统在 $t = t_i$ 时刻的单位脉冲过渡函数。

如果满足式（5-222）的一组分割中，最小的时间间隔为 $\Delta t_\mathrm{m}$，可以取单位斜坡响应最大误差时间

$$\tau \leqslant \frac{\Delta t_{\mathrm{m}}}{n} \tag{5-232}$$

式中，$n$ 取为 5~10。

此时式（5-231）所表示的误差如图 5-35 所示。如果在满足式（5-222）的一组分割中，$|K_i|$（$i=0, 1, \cdots, Q-1$）的最大值为 $K_{\mathrm{m}}$，由式（5-223）应有

$$K_{\mathrm{m}}\sigma \leqslant \varepsilon_2$$

式中 $\sigma$——系统单位斜坡响应的最大误差。

从上式可得

$$\sigma \leqslant \frac{\varepsilon_2}{K_{\mathrm{m}}} \tag{5-233}$$

于是，优化问题可表达为，求一个 II 型系统，使其单位斜坡响应满足下列优化数学模型：

$$\min \int_0^\infty t \, | \, e(t) \, | \, \mathrm{d}t$$

$$\left.\begin{array}{l} \mathrm{s.t.}\ \tau \leqslant \dfrac{\Delta t_{\mathrm{m}}}{n} \\[3mm] \sigma \leqslant \dfrac{\varepsilon_2}{K_{\mathrm{m}}} \end{array}\right\} \tag{5-234}$$

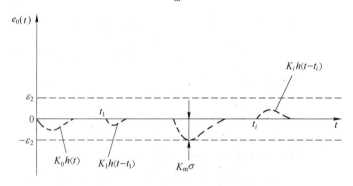

图 5-35 跟踪误差

### 5.4.3.2 斜坡响应 ITAE 准则寻优

设 II 型系统闭环传递函数的非标准优化模型的一般形式为

$$\Phi_0^*(s) = \frac{d_1\omega_{\mathrm{n}}^{n-1}s + \omega_{\mathrm{n}}^n}{s^n + d_{n-1}\omega_{\mathrm{n}}s^{n-1} + \cdots + d_1\omega_{\mathrm{n}}^{n-1}s + \omega_{\mathrm{n}}^n} \tag{5-235}$$

式中，$d_1, d_2, \cdots, d_{n-1}$ 可以由数字仿真的方法求得。从 $n=2$ 至 $n=6$ 的数值列于表 5-3，以供参考。于是式（5-235）的系数只有 $\omega_{\mathrm{n}}$ 待定。

令 $\omega_{\mathrm{n}}=1$，可得标准优化模型

$$\Phi_0^*(s) = \frac{d_1 s + 1}{s^n + d_{n-1}s^{n-1} + \cdots + d_1 s + 1} \tag{5-236}$$

式（5-236）中，所有系数都是已知的，应用数字仿真可以求出标准优化模型的动态指标，如：系统斜坡响应的最大偏差 $\sigma_0$、最大偏差时间 $\tau_0$，也列于表5-3。图5-36 表示标准优化模型的斜坡响应曲线。

**表 5-3　斜坡响应 ITAE 准则最优形式**

| $n$ | $d_5$ | $d_4$ | $d_3$ | $d_2$ | $d_1$ | $\sigma_0$ | $\tau_0$ |
|---|---|---|---|---|---|---|---|
| 2 | | | | | 3.2 | 0.266 | 0.8 |
| 3 | | | | 1.75 | 3.25 | 0.669 | 1.2 |
| 4 | | | 2.41 | 4.93 | 5.14 | 1.04 | 1.6 |
| 5 | | 2.19 | 6.5 | 6.3 | 5.24 | 1.52 | 2.2 |
| 6 | 6.12 | 13.42 | 17.16 | 14.14 | 6.76 | 2.35 | 3.2 |

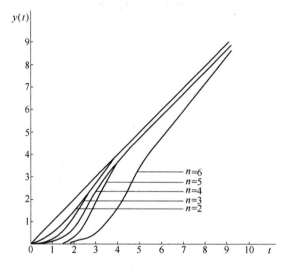

图 5-36　最优系统斜坡响应

由式（5-234）可得非标准优化模型的误差传递函数：

$$\Phi_e^*(s) = \frac{E(s)}{Z(s)} = \frac{s^2(s^{n-2} + d_{n-1}\omega_n s^{n-3} + \cdots + d_2\omega_n^{n-2})}{s^n + d_{n-1}\omega_n s^{n-1} + \cdots + d_1\omega_n^{n-1}s + \omega_n^n}$$

在单位斜坡函数信号作用下，误差 $e(t)$ 的拉氏变换为

$$E(s) = \Phi_e^*(s)Z(s) = \frac{s^{n-2} + d_{n-1}\omega_n s^{n-3} + \cdots + d_2\omega_n^{n-2}}{s^n + d_{n-1}\omega_n s^{n-1} + \cdots + d_1\omega_n^{n-1}s + \omega_n^n} \tag{5-237}$$

类似可得标准优化模型在单位斜坡函数信号的作用下，误差 $e_0(t)$ 的拉氏变换为

$$E_0(s) = \frac{s^{n-2} + d_{n-1}s^{n-3} + \cdots + d_2}{s^n + d_{n-1}s^{n-1} + \cdots + d_1 s + 1}$$

用 $s/\omega_n$ 代替上式中的 $s$，可得

$$E_0\left(\frac{s}{\omega_n}\right) = \frac{\left(\dfrac{s}{\omega_n}\right)^{n-2} + d_{n-1}\left(\dfrac{s}{\omega_n}\right)^{n-3} + \cdots + d_2}{\left(\dfrac{s}{\omega_n}\right)^n + d_{n-1}\left(\dfrac{s}{\omega_n}\right)^{n-1} + \cdots + d_1\dfrac{s}{\omega_n} + 1}$$

$$= \frac{\omega_n^2(s^{n-2} + d_{n-1}\omega_n s^{n-3} + \cdots + d_2\omega_n^{n-2})}{s^n + d_{n-1}\omega_n s^{n-1} + \cdots + d_1\omega_n^{n-1} + \omega_n^n} \tag{5-238}$$

将式（5-38）与式（5-237）比较，可得

$$E_0\left(\frac{s}{\omega_n}\right) = \omega_n^2 E(s)$$

由于

$$L^{-1}E_0\left(\frac{s}{\omega_n}\right) = \omega_n e_0(\omega_n t)$$

从而可得

$$e(t) = L^{-1}E(s) = L^{-1}\frac{E_0\left(\dfrac{s}{\omega_n}\right)}{\omega_n^2} = \frac{1}{\omega_n}e_0(\omega_n t) \tag{5-239}$$

因此可推知

$$\left. \begin{aligned} \sigma &= \frac{\sigma_0}{\omega_n} \\ \tau &= \frac{\tau_0}{\omega_n} \end{aligned} \right\} \tag{5-240}$$

上式给出非标准优化模型与标准优化模型单位斜坡函数响应最大误差及最大误差时间之间的关系。由式（5-234）和式（5-240）可以得到

$$\left. \begin{aligned} \omega_n &\geqslant \frac{\tau_0 n}{\Delta t_m} \\ \omega_n &\geqslant \frac{\sigma_0 K_m}{\varepsilon_2} \end{aligned} \right\} \tag{5-241}$$

联立以上二式可以求得 $\omega_n$，从而非标准化模型式（5-235）被确定，并可以表示为

$$\Phi^*(s) = \frac{a_1 s + a_0}{s^n + a_{n-1}s^{n-1} + \cdots + a_1 s + a_0} \tag{5-242}$$

且有 $a_j = d_j\omega_n^{n-1}$，$j = 0, 1, \cdots, n-1$ $(d_0 = 1)$

设系统固有部分传递函数如式（5-218）所示，优化系统可由图 5-37 所示的方框图来实现。反馈环节与图 5-33 所示的情况类似，设计变量也相同。增加的控制环节 $T_g s + 1$ 是为实现 Ⅱ 型系统。其中 $T_g$ 不是独立的设计变量，它可以用其他设计变量的组合来表达。

由图 5-37 可得系统的闭环传递函数为

$$\Phi(s) = \frac{(T_g s + 1)K_v/b_{n-1}}{s^n + \dfrac{b_{n-2} + K_v\alpha_{n-1}}{b_{n-1}}s^{n-1} + \cdots + \dfrac{1 + K_v\alpha_1}{b_{n-1}}s + \dfrac{K_v}{b_{n-1}}} \tag{5-243}$$

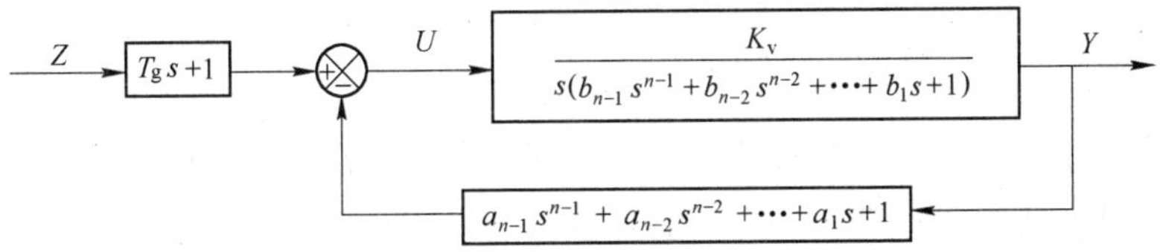

图 5-37 优化系统方框图

比较式（5-242）和式（5-243）的系数，可见各设计变量表达式与式（5-221）相同，但二者非标准优化模型系数 $a_k$ 是不同的。为了使系统是 II 型的，应有

$$K_v T_g = 1 + K_v \alpha_1$$

于是可得

$$T_g = \frac{1}{K_v} + \alpha_1 \tag{5-244}$$

当 $n=3$ 时，标准优化模型

$$\Phi_0^*(s) = \frac{d_1 s + 1}{s^3 + d_2 s^2 + d_1 s + 1}$$

由表 5-3 可知 $d_1 = 3.25$，$d_2 = 1.75$。

非标准优化模型

$$\Phi^*(s) = \frac{a_1 s + a_0}{s^3 + a_2 s^2 + a_1 s + a_0}$$

式中，$a_0 = \omega_n^3$，$a_1 = 3.25\omega_n^2$，$a_2 = 1.75\omega_n$。

$\omega_n$ 可以由式（5-241）求得，其中，$\sigma_0 = 0.669$，$\tau_0 = 1.2$。

如果系统固有部分如式（5-166）所示，将其改写成

$$\frac{Y}{U} = \frac{K_v}{s(b_2 s^2 + b_1 s + 1)}$$

式中

$$K_v = \frac{K_q u_m}{A y_m}, \quad b_2 = \frac{1}{\omega_h^2}, \quad b_1 = \frac{2\zeta}{\omega_h}$$

由式（5-221）可得

$$\left. \begin{aligned} K_v &= a_0 b_2 = \frac{\omega_n^3}{\omega_h^2} \\ \alpha_1 &= \frac{\omega_h^3}{\omega_n^3}\left[ 3.25\left(\frac{\omega_n}{\omega_h}\right)^2 - 1 \right] \\ \alpha_2 &= \frac{\omega_h}{\omega_n^3}\left( 1.75\frac{\omega_n}{\omega_h} - 2\zeta \right) \end{aligned} \right\}$$

由式（5-244）可得

$$T_g = \frac{3.25}{\omega_n}$$

前文已经说明，以单位斜坡响应 ITAE 准则为目标函数设计的最优系统适合于跟踪任意变化指令信号的系统。

### 5.4.3.3 基于截止频率 $\omega_b$ 寻优

有一类系统指令信号是正弦信号，如振动台、疲劳实验机等。这类系统要求尽可能大的频宽，即尽量大的截止频率。截止频率 $\omega_b$ 体现系统对正弦信号的跟踪能力，是系统快速性的象征。但 $\omega_b$ 过大时会使系统出现较大的谐振峰值，因此加入约束条件：

$$20\lg\frac{M_{mi}}{M(0)} = \pm 3(\mathrm{dB}) \tag{5-245}$$

式中 $M(0)$ —— $\omega = 0$ 时闭环幅频特性值;

$M_{mi}$ ——闭环幅频特性中的正、负峰值，$i = 1$，$2$，$\cdots$。

根据式（5-245）可以求得，二阶系统最优传递函数为

$$\Phi^*(s) = \frac{\omega_n^2}{s^2 + 0.766\omega_n s + \omega_n^2}$$

三阶系统最优传递函数为

$$\Phi^*(s) = \frac{\omega_n^3}{s^3 + 0.815\omega_n s^2 + 2.19\omega_n^2 s + \omega_n^3} \tag{5-246}$$

这里仅讨论三阶系统优化问题。式（5-245）所表示的系统幅频特性如图 5-38 所示。可见在这里是利用二阶振荡环节的小阻尼产生的幅频峰值来弥补系统的高频衰减。

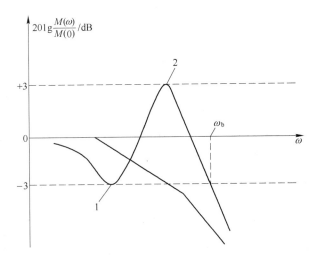

图 5-38 三阶系统幅频特性
1—最小峰值；2—最大峰值

在式（5-246）中，设 $\omega_n = 1$ 可得标准优化模型

$$\Phi_0^*(s) = \frac{1}{s^3 + \alpha s^2 + \beta s + 1} \tag{5-247}$$

式中，$\alpha = 0.815$，$\beta = 2.19$。相应的截止频率 $\omega_b^0 = 1.63\mathrm{rad/s}$。

如果给定系统截止频率 $\omega_b$，则

$$\omega_n = \frac{\omega_b}{\omega_b^0} = \frac{\omega_b}{1.63} \tag{5-248}$$

从而，非标准优化模型式（5-246）被确定。

优化系统方框图也可如图 5-32 所示。经过类似推导，最后可得

$$
\left.
\begin{aligned}
K_{\mathrm{v}} &= \frac{\omega_{\mathrm{n}}^{3}}{\omega_{\mathrm{h}}^{2}} \\
\alpha_{1} &= \frac{\omega_{\mathrm{n}}^{3}}{\omega_{\mathrm{h}}^{2}}\left[2.19\left(\frac{\omega_{\mathrm{n}}}{\omega_{\mathrm{h}}}\right)^{2} - 1\right] \\
\alpha_{2} &= \frac{\omega_{\mathrm{n}}^{3}}{\omega_{\mathrm{h}}^{2}}\left(0.815\frac{\omega_{\mathrm{n}}}{\omega_{\mathrm{h}}} - 2\zeta\right)
\end{aligned}
\right\}
\tag{5-249}
$$

### 5.4.4 线性二次型指标寻优

对于线性问题，先对目标函数进行积分运算，然后求极值。

#### 5.4.4.1 输出反馈次优控制

在工程实际中，比较容易测取的是输出向量 $\boldsymbol{y}(t)$。如果由它们组合控制变量 $\boldsymbol{u}(t)$，可以由维数较低的输出向量构成输出线性反馈系统。由于这种控制利用的信息不完全，因此，其性能指标不如全部状态变量反馈控制，故称之为次优控制。与前几节的输出反馈的差别在于这里的反馈环节不含微分项。

现设完全能控和完全能观测系统为

$$
\left.
\begin{aligned}
\boldsymbol{x}(t) &= \boldsymbol{A}\boldsymbol{x}(t) + \boldsymbol{B}\boldsymbol{u}(t) \\
\boldsymbol{y}(t) &= \boldsymbol{C}\boldsymbol{x}(t)
\end{aligned}
\right\}
\tag{5-250}
$$

目标泛函为

$$
J = \frac{1}{2}\int_{0}^{\infty}\left[\boldsymbol{x}^{\mathrm{T}}(t)\boldsymbol{Q}\boldsymbol{x}(t) + \boldsymbol{u}^{\mathrm{T}}(t)\boldsymbol{R}\boldsymbol{u}(t)\right]\mathrm{d}t
$$

式中    $\boldsymbol{Q}$ ——半正定对称矩阵；

　　　　$\boldsymbol{R}$ ——正定对称矩阵。

如上所述，令控制信号 $\boldsymbol{u}(t)$ 由输出信号 $\boldsymbol{y}(t)$ 的线性负反馈构成，即

$$
\boldsymbol{u}(t) = -\boldsymbol{K}\boldsymbol{y}(t) = -\boldsymbol{K}\boldsymbol{C}\boldsymbol{x}(t)
\tag{5-251}
$$

如图 5-39 所示，从图可得闭环系统的状态方程为

$$
\dot{\boldsymbol{x}}(t) = (\boldsymbol{A} - \boldsymbol{B}\boldsymbol{K}\boldsymbol{C})\boldsymbol{x}(t) = \overline{\boldsymbol{A}}\boldsymbol{x}(t)
\tag{5-252}
$$

式中

$$
\overline{\boldsymbol{A}} = \boldsymbol{A} - \boldsymbol{B}\boldsymbol{K}\boldsymbol{C}
\tag{5-253}
$$

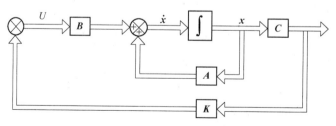

图 5-39　次优控制

此时，目标泛函变为

$$J = \frac{1}{2}\int_0^\infty \left[ \boldsymbol{x}^{\mathrm{T}}(t)\boldsymbol{Q}\boldsymbol{x}(t) + \boldsymbol{x}^{\mathrm{T}}(t)\boldsymbol{C}^{\mathrm{T}}\boldsymbol{K}^{\mathrm{T}}\boldsymbol{R}\boldsymbol{K}\boldsymbol{C}\boldsymbol{x}(t) \right] \mathrm{d}t$$

$$= \frac{1}{2}\int_0^\infty \boldsymbol{x}^{\mathrm{T}}(t)(\boldsymbol{Q} + \boldsymbol{C}^{\mathrm{T}}\boldsymbol{K}^{\mathrm{T}}\boldsymbol{R}\boldsymbol{K}\boldsymbol{C})\boldsymbol{x}(t)\mathrm{d}t$$

$$= \frac{1}{2}\int_0^\infty \boldsymbol{x}^{\mathrm{T}}(t)\overline{\boldsymbol{Q}}\boldsymbol{x}(t)\mathrm{d}t$$

式中
$$\overline{\boldsymbol{Q}} = \boldsymbol{Q} + \boldsymbol{C}^{\mathrm{T}}\boldsymbol{K}^{\mathrm{T}}\boldsymbol{R}\boldsymbol{K}\boldsymbol{C} \tag{5-254}$$

应用李雅普诺夫函数法可得

$$J = \frac{1}{2}\boldsymbol{x}^{\mathrm{T}}(0)\boldsymbol{P}\boldsymbol{x}(0) \tag{5-255}$$

式中，$\boldsymbol{P}$ 满足李雅普诺夫方程，即

$$\overline{\boldsymbol{A}}^{\mathrm{T}}\boldsymbol{P} + \boldsymbol{P}\overline{\boldsymbol{A}} = -\overline{\boldsymbol{Q}} \tag{5-256}$$

将式（5-253）和式（5-254）代入上式，得

$$[\boldsymbol{A} - \boldsymbol{B}\boldsymbol{K}\boldsymbol{C}]^{\mathrm{T}}\boldsymbol{P} + \boldsymbol{P}[\boldsymbol{A} - \boldsymbol{B}\boldsymbol{K}\boldsymbol{C}] = -\boldsymbol{Q} - \boldsymbol{C}^{\mathrm{T}}\boldsymbol{K}^{\mathrm{T}}\boldsymbol{R}\boldsymbol{K}\boldsymbol{C}$$

从上式中可以解出 $\boldsymbol{P} = \boldsymbol{P}(\boldsymbol{K})$，代入式（5-255）

然后令
$$\frac{\partial J(\boldsymbol{K})}{\partial \boldsymbol{K}} = \boldsymbol{0} \tag{5-257}$$

即可求出 $\boldsymbol{K}^*$。

下面讨论一个简单的例子。

将式（5-169）所示传递函数变成式（5-250）的形式，有

$$\left. \begin{array}{l} \dot{\boldsymbol{x}} = \begin{bmatrix} 0 & 1 \\ a_1 & a_2 \end{bmatrix} \boldsymbol{x} + \begin{bmatrix} 0 \\ b \end{bmatrix} \boldsymbol{u} \\ v = \begin{bmatrix} 0 & 1 \end{bmatrix} \boldsymbol{x} \end{array} \right\} \tag{5-258}$$

式中
$$a_1 = -\omega_{\mathrm{h}}^2$$
$$a_2 = -2\zeta\omega_{\mathrm{h}}$$
$$b = K_{\mathrm{v}}\omega_{\mathrm{h}}^2$$

验证系统是完全能控和完全能观测的。

又设
$$\boldsymbol{Q} = \begin{bmatrix} 1 & 0 \\ 0 & 1 \end{bmatrix}, \quad \boldsymbol{R} = 1$$

令 $u(t) = -kv(t) = -k\begin{bmatrix} 1 & 0 \end{bmatrix}\boldsymbol{x}$

代入式（5-258），得闭环系统

$$\dot{\boldsymbol{x}} = \left\{ \begin{bmatrix} 0 & 1 \\ a_1 & a_2 \end{bmatrix} - \begin{bmatrix} 0 \\ b \end{bmatrix} k \begin{bmatrix} 1 & 0 \end{bmatrix} \right\} \boldsymbol{x} = \begin{bmatrix} 0 & 1 \\ a_1 - bk & a_2 \end{bmatrix} \boldsymbol{x}$$

$$= \overline{\boldsymbol{A}}\boldsymbol{x}$$

目标函数
$$J = \frac{1}{2}\int_0^\infty (\boldsymbol{x}^{\mathrm{T}}\boldsymbol{Q}\boldsymbol{x} + \boldsymbol{u}^{\mathrm{T}}\boldsymbol{R}\boldsymbol{u})\mathrm{d}t$$

$$= \frac{1}{2}\int_0^\infty \boldsymbol{x}^{\mathrm{T}}(\boldsymbol{Q} + \boldsymbol{C}^{\mathrm{T}}k^2\boldsymbol{C})\boldsymbol{x}\mathrm{d}t$$

$$= \frac{1}{2}\int_0^\infty \boldsymbol{x}^{\mathrm{T}} \begin{bmatrix} 1+k^2 & 0 \\ 0 & 1 \end{bmatrix} \boldsymbol{x}\mathrm{d}t$$

$$= \frac{1}{2}\int_0^\infty \boldsymbol{x}^{\mathrm{T}}\overline{\boldsymbol{Q}}\boldsymbol{x}\mathrm{d}t$$

按式（5-256）应有

$$\begin{bmatrix} 0 & a_1-bk \\ 1 & a_2 \end{bmatrix}\begin{bmatrix} p_{11} & p_{12} \\ p_{12} & p_{22} \end{bmatrix} + \begin{bmatrix} p_{11} & p_{12} \\ p_{12} & p_{22} \end{bmatrix}\begin{bmatrix} 0 & 1 \\ a_1-bk & a_2 \end{bmatrix}$$

$$= - \begin{bmatrix} 1+k^2 & 0 \\ 0 & 1 \end{bmatrix}$$

从上式得以下 3 个代数方程

$$\begin{cases} 2p_{12}(a_1-bk) = -(1+k^2) \\ p_{22}(a_1-bk)+p_{11}+p_{12}a_2 = 0 \\ 2p_{12}+2p_{22}a_2 = -1 \end{cases}$$

解以上关于 $\boldsymbol{P}$ 的方程，得

$$p_{11} = \frac{a_1^2+a_2^2-a_1+(1-2a_1)bk+(b^2-a_1+a_2^2)k^2+bk^3}{2a_2(a_1-bk)}$$

$$p_{12} = \frac{1+k^2}{2(bk-a_1)}$$

$$p_{22} = \frac{1-a_1+bk+k^2}{2a_2(a_1-bk)}$$

设初值 $x_1(0) = 1$，$x_2(0) = 0$，则由式（5-255）得

$$J = \frac{1}{2}\begin{bmatrix} 1 & 0 \end{bmatrix}\begin{bmatrix} p_{11} & p_{12} \\ p_{12} & p_{22} \end{bmatrix}\begin{bmatrix} 1 \\ 0 \end{bmatrix}$$

$$= \frac{1}{2}p_{11}$$

于是 $\dfrac{\partial J}{\partial k} = \dfrac{1}{2}\dfrac{\partial p_{11}}{\partial k} = 0$，得

$$2bk^3 + (b^2-4a_1+a_2^2)k^2 + \frac{2a_1}{b}(a_1-b^2-a_2^2)k + a_1^2-a_2^2 = 0$$

即

$$2K_v k^3 + (K_v^2\omega_h^2+4+4\zeta^2)k^2 + \frac{2}{K_v}(1+K_v^2\omega_h^2+4\zeta^2)k + \omega_h^2-4\zeta^2 = 0 \qquad (5\text{-}259)$$

解以上方程，使 $\boldsymbol{P}$ 正定的解即为所求。例如 $K_v = 5$，$\zeta = 1$，$\omega_h = 0.2$，可求得 $k = 0.459$。本例计算结果相当于闭环最优阻尼比 $\zeta^* = 0.55$。同时可推知，输出反馈减小了振荡环节的时间常数、阻尼比和放大系数。如果将有无反馈时的放大系数保持不变，则可使系统反应速度得到提高。从式（5-259）可见，当 $\omega_h^2 \geq 4\zeta^2$ 时，方程将无正数解，说明此时靠输出反馈难以进一步提高系统动态性能。

### 5.4.4.2 传递函数优化

上述输出反馈次优控制问题是从状态方程出发求解的。下面讨论传递函数的优化问题。设目标函数

$$J = \int_0^\infty \{ q[z(t) - y(t)]^2 + u^2(t) \} \, dt \tag{5-260}$$

应用帕西瓦定理，上式可以写成

$$J = \frac{1}{2\pi j} \int_{-j\infty}^{j\infty} \{ q[Z(s) - Y(s)][Z(-s) - Y(-s)] + U(s)U(-s) \} \, ds \tag{5-261}$$

在特征方程阶次 $n \leq 4$ 时，上式的积分可以由参考文献 [6] 求得。当 $q$ 值给定时，上式还可以化成下述形式：

$$J = \frac{1}{2\pi j} \int_{-j\infty}^{j\infty} \frac{B(s)}{D(s)D(-s)} \, ds \tag{5-262}$$

式中，$D(s)$ 的阶次为 $n$，所以 $D(s)D(-s)$ 的阶次为 $2n$，$B(s)$ 的阶次为 $2n-2$。

设
$$D(s) = d_n s^n + d_{n-1} s^{n-1} + \cdots + d_0$$
$$B(s) = b_{n-1} s^{2(n-1)} + b_{n-2} s^{2(n-2)} + \cdots + b_0$$

当 $n=1$ 时

$$J = \frac{b_0}{2d_0 d_1} \tag{5-263}$$

当 $n=2$ 时

$$J = \frac{b_0 d_2 - b_1 d_0}{2d_0 d_1 d_2} \tag{5-264}$$

当 $n=3$ 时

$$J = \frac{d_0(b_1 d_3 - b_2 d_1) - b_0 d_2 d_3}{2d_0 d_3(d_0 d_3 - d_1 d_2)} \tag{5-265}$$

当 $n=4$ 时

$$J = \frac{d_0[b_3(d_1 d_2 - d_0 d_3) - b_2 d_1 d_4 + b_1 d_3 d_4] + b_0 d_4(d_1 d_4 - d_2 d_3)}{2d_0 d_4(d_1^2 d_4 + d_0 d_3^2 - d_1 d_2 d_3)} \tag{5-266}$$

基于传递函数的 LQ 问题可以分为两类：一类是给定加权系数的无约束问题；另一类是限制控制信号的有约束问题。

A 给定加权系数

讨论式（5-266）给定系统，方框图如图 5-40 所示，求最优反馈系数 $\alpha$。

由图可得

$$\frac{Y(s)}{Z(s)} = \frac{K_v \omega_h^2}{s^3 + 2\zeta \omega_n s^2 + (1 + K_v \alpha)\omega_n^2 s + K_v \omega_h^2} \tag{5-267}$$

设指令信号为单位阶跃信号，于是

$$Z(s) - Y(s) = \left[1 - \frac{Y(s)}{Z(s)}\right] Z(s)$$

$$= \frac{s^2 + 2\zeta\omega_{\mathrm{h}}s + (1 + K_{\mathrm{v}}\alpha)\omega_{\mathrm{h}}^2}{s^3 + 2\zeta\omega_{\mathrm{n}}s^2 + (1 + K_{\mathrm{v}}\alpha)\omega_{\mathrm{n}}^2 s + K_{\mathrm{v}}\omega_{\mathrm{h}}^2} \tag{5-268}$$

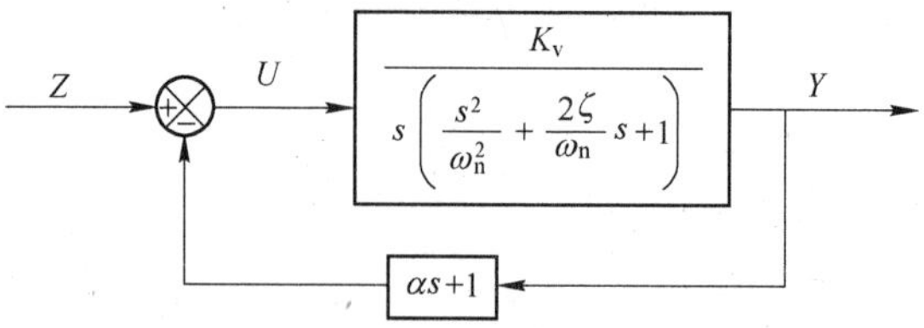

图 5-40　位置控制系统

由于

$$\frac{Y(s)}{U(s)} = \frac{K_{\mathrm{v}}\omega_{\mathrm{h}}^2}{s(s^2 + 2\zeta\omega_{\mathrm{h}}s + \omega_{\mathrm{h}}^2)}$$

$$U(s) = \frac{s(s^2 + 2\zeta\omega_{\mathrm{h}}s + \omega_{\mathrm{h}}^2)}{K_{\mathrm{v}}\omega_{\mathrm{h}}^2} \times \frac{Y(s)}{Z(s)}Z(s)$$

$$= \frac{s^2 + 2\zeta\omega_{\mathrm{h}}s + \omega_{\mathrm{h}}^2}{s^3 + 2\zeta\omega_{\mathrm{h}}s^2 + (1 + K_{\mathrm{v}}\alpha)\omega_{\mathrm{h}}^2 s + K_{\mathrm{v}}\omega_{\mathrm{h}}^2} \tag{5-269}$$

将式（5-268）和式（5-269）代入式（5-261），并设 $q = 1$，得

$$D(s) = s^3 + 2\zeta\omega_{\mathrm{h}}s^2 + (1 + K_{\mathrm{v}}\alpha)\omega_{\mathrm{h}}^2 s + K_{\mathrm{v}}\omega_{\mathrm{h}}^2$$

$$B(s) = 2s^4 + 2(2 + K_{\mathrm{v}}\alpha - 4\zeta^2)\omega_{\mathrm{h}}^2 s^2 + \left[(1 + K_{\mathrm{v}}\alpha)^2 + 1\right]\omega_{\mathrm{h}}^4$$

由式（5-265）可得

$$J = \frac{K_{\mathrm{v}}(1 - 4\zeta^2) - \zeta\omega_{\mathrm{h}}\left[1 + (1 + K_{\mathrm{v}}\alpha)^2\right]}{K_{\mathrm{v}}\left[K_{\mathrm{v}} - 2\zeta\omega_{\mathrm{h}}(1 + K_{\mathrm{v}}\alpha)\right]}$$

令 $\dfrac{\partial J}{\partial \alpha} = 0$，得

$$K_{\mathrm{v}}\zeta\omega_{\mathrm{h}}\alpha^2 - (K_{\mathrm{v}} - 2\zeta\omega_{\mathrm{h}})\alpha - 4\zeta^2 = 0$$

故

$$\alpha = \frac{K_{\mathrm{v}} - 2\zeta\omega_{\mathrm{h}} + \sqrt{K_{\mathrm{v}}^2 + 4\zeta^2\omega_{\mathrm{h}}^2 + 4(4\zeta^2 - 1)K_{\mathrm{v}}\zeta\omega_{\mathrm{h}}}}{2K_{\mathrm{v}}\zeta\omega_{\mathrm{h}}} \tag{5-270}$$

如果令 $\zeta = 0.875$，$\omega_{\mathrm{h}} = 1$，$K_{\mathrm{v}} = 1$，从式（5-270）可得 $\alpha = 1.49$，从而式（5-267）变成

$$\frac{Y(s)}{Z(s)} = \frac{1}{s^3 + 1.75s^2 + 2.49s + 1}$$

上式与式（5-195）表示的最优形式相当接近。但由于本问题仅有速度反馈，不能改变式（5-267）中 $s^2$ 项的系数，所以也只能达到"次优"。

**B　限制控制信号**

仍以图 5-40 所示的问题为例。目标函数变为下列形式

$$J = J_{\mathrm{e}} + rJ_{\mathrm{u}}$$

式中

$$J_e = \int_0^\infty [z(t) - y(t)]^2 dt$$

$$J_u = \int_0^\infty u^2(t) dt$$

且提出如下约束条件

$$J_u \le \frac{1}{2\zeta\omega_h} \tag{5-271}$$

由于 $u(t)$ 用相对增量表示，$J_u$ 实际上表示总控制能量与最大功率之比，也就是以最大功率做全部功所用时间，因此其量纲是 s（秒）。式（5-271）的实质是对控制能量的相对限制。

此时帕西瓦定理的形式为

$$J = \frac{1}{2\pi j}\int_{-j\infty}^{j\infty} \{[Z(s) - Y(s)][Z(-s) - Y(-s)] + rU(s)U(-s)\} ds$$

将式（5-268）和式（5-269）代入上式，得

$$J = \frac{1}{2\pi j}\int_{-j\infty}^{j\infty} \frac{C_1(s)C_1(-s)}{D(s)D(-s)} ds + \frac{1}{2\pi j}\int_{-j\infty}^{j\infty} \frac{rC_2(s)C_2(-s)}{D(s)D(-s)} ds$$

式中

$$D(s) = s^3 + 2\zeta\omega_h s^2 + (1 + K_v\alpha)\omega_h^2 s + K_v\omega_h^2$$

$$C_1(s) = s^2 + 2\zeta\omega_h s + (1 + K_v\alpha)\omega_h^2$$

$$C_2(s) = s^2 + 2\zeta\omega_h s + \omega_h^2$$

由参考文献 [7] 可得

$$J_e = \frac{1}{2\pi j}\int_{-j\infty}^{j\infty} \frac{C_1(s)C_1(-s)}{D(s)D(-s)} ds$$

$$= \frac{K_v(4\zeta^2 - 1 - K_v\alpha) + 2\zeta\omega_h(1 + K_v\alpha)^2}{2K_v[2\zeta\omega_h(1 + K_v\alpha) - K_v]}$$

$$J_u = \frac{1}{2\pi j}\int_{-j\infty}^{j\infty} \frac{C_2(s)C_2(-s)}{D(s)D(-s)} ds$$

$$= \frac{K_v(4\zeta^2 + K_v\alpha - 1) + 2\zeta\omega_h}{2K_v[2\zeta\omega_h(1 + K_v\alpha) - K_v]} \tag{5-272}$$

令 $\frac{\partial J}{\partial \alpha} = 0$，得

$$4\zeta^2\omega_h^2 K_v^3\alpha^2 + 4\zeta\omega_h K_v^2(2\zeta\omega_h - K_v)\alpha - 8K_v^2\zeta^3\omega_h(r + 1) +$$
$$(K_v^3 - 4\zeta\omega_h K_v^2 + 4\zeta^2\omega_h^2 K_v)(1 - r) = 0 \tag{5-273}$$

又由式（5-271）和式（5-272）得

$$\frac{K_v(4\zeta^2 + K_v\alpha - 1) + 2\zeta\omega_h}{2K_v[2\zeta\omega_h(1 + K_v\alpha) - K_v]} \le \frac{1}{2\zeta\omega_h}$$

即

$$\alpha \ge \frac{K_v\zeta\omega_h(4\zeta^2 - 3) + 2\zeta^2\omega_h^2 + K_v^2}{\zeta\omega_h K_v^2} \tag{5-274}$$

将上式代入式（5-273），得

$$r \geqslant \frac{\dfrac{4}{K_v}N^2 + 4N(2\zeta\omega_h - K_v) + M - 8K_v^2\zeta^3\omega_h}{M + 8K_v^2\zeta^3\omega_h} \tag{5-275}$$

式中　$M = K_v^3 - 4\zeta\omega_h K_v^2 + 4\zeta^2\omega_h^2 K_v$

$N = K_v\zeta\omega_h(4\zeta^2 - 3) + 2\zeta^2\omega_h^2 + K_v^2$

仍令 $\zeta = 0.875$，$\omega_h = 1$，$K_v = 1$，从式（5-274）可得 $\alpha = 2.96$，从式（5-275）可得 $r \geqslant 5$。当 $\alpha = 2.96$ 时，可得

$$\frac{Y(s)}{Z(s)} = \frac{1}{s^3 + 1.75s^2 + 3.96s + 1}$$

可见，由于本例中对控制信号提出较强的限制，其加权系数 $r$ 比上例中给定值 $r = 1$（即相当于 $q = 1$）增大，说明在控制过程中减少了能耗。但在控制性能上有所让步，单位阶跃响应曲线上升速度变慢。

上述方法也可以用来求串联校正元件的最优参数，例如图 5-41 所示的系统。该系统为伺服变量泵控液压缸系统。图中方框 2 表示伺服阀传递函数；方框 3 表示变量泵传递函数。当系统采用顺馈校正后，液压缸可视为积分环节，如方框 4 所示。为使闭环系统稳定，采用方框 1 所示校正环节，求最优校正参数 $\alpha_0$、$\alpha_1$。

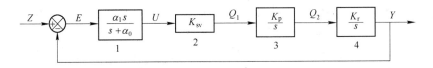

图 5-41　串联校正系统

目标函数：

$$J = J_e + rj_u = \int_0^\infty \{[Z(t) - y(t)]^2 + ru^2(t)\}\,\mathrm{d}t$$

约束条件：

$$J_u = \int_0^\infty u^2(t)\,\mathrm{d}t \leqslant m$$

指令信号为单位阶跃信号。误差的拉氏变换：

$$\begin{aligned} Z(s) - Y(s) &= [1 - \varPhi(s)]Z(s) \\ &= \left(1 - \frac{K_v\alpha_1}{s^2 + \alpha_0 s + K_v\alpha_1}\right)\frac{1}{s} \\ &= \frac{s + \alpha_0}{s^2 + \alpha_0 s + K_v\alpha_1} \end{aligned}$$

式中　$K_v = K_{sv}K_p p_r$

$$U = [Z(s) - Y(s)]\frac{\alpha_1 s}{s + \alpha_0} = \frac{\alpha_1 s}{s^2 + \alpha_0 s + K_v\alpha_1}$$

由参考文献 [7] 得：

$$J = \frac{K_v \alpha_1 + \alpha_0^2}{2K_v \alpha_0 \alpha_1} + r \frac{\alpha_1^2}{2\alpha_0}$$

由 $\frac{\partial J}{\partial \alpha_1} = 0$，$\frac{\partial J}{\partial \alpha_0} = 0$ 及 $J_u = m$，得方程组：

$$\left. \begin{array}{r} -\alpha_0^2 + 2rK_v \alpha_1^3 = 0 \\ \alpha_0^2 - K_v \alpha - rK_v \alpha_1^3 = 0 \\ \frac{\alpha_1^2}{2\alpha_0} = m \end{array} \right\}$$

解上述关于 $\alpha_0$、$\alpha_1$、$r$ 的方程组，可得：

$$\alpha_0 = 2\sqrt[3]{K_v^2 m}$$

$$\alpha_1 = 2\sqrt[3]{K_v m^2}$$

$$r = \frac{1}{4\sqrt[3]{K_v^2 m^4}}$$

此时系统闭环传递函数：

$$\Phi^*(s) = \frac{2K_v \sqrt[3]{K_v m^2}}{s^2 + 2\sqrt[3]{K_v^2 m}\, s + 2K_v \sqrt[3]{K_v m^2}} \tag{5-276}$$

无阻尼自振频率：

$$\omega_n = \sqrt{2} \sqrt[3]{K_v^2 m}$$

阻尼比：

$$\zeta = \frac{\sqrt{2}}{2}$$

对于本例中的目标函数，如果令 $r = 0$，就变成 ISE 准则寻求问题，此时

$$J = J_e = \frac{K_v \alpha_1 + \alpha_0^2}{2K_v \alpha_0 \alpha_1}$$

令 $\frac{\partial J}{\partial \alpha_0} = 0$，可得 $\alpha_0 = \sqrt{K_v \alpha_1}$

此时系统闭环传递函数：

$$\Phi(s) = \frac{K_v \alpha_1}{s^2 + \sqrt{K_v \alpha_1}\, s + K_v \alpha_1}$$

无阻尼自振频率：

$$\omega_n = \sqrt{K_v \alpha_1}$$

阻尼比：

$$\zeta = \frac{1}{2}$$

上面列举一些简单的例子，目的是说明解题过程。对于较为复杂的情况，可借助于计算机求解。在得到目标函数的解析表达式后，对于无约束问题可以用最速下降法、共轭梯度法和变尺度法；对于有约束问题可以用惩罚函数法、可行方向法等。

### 5.4.5 迭代法寻优

#### 5.4.5.1 基本方法

前几节的寻优问题，都属于解析法的范畴。一类是从目标函数出发，对积分型的目标函数求出积分结果，然后对设计变量求导，令导数为零，求得最优解。另一类是将校正后的数学模型与优化数学模型相比较，求得设计变量的最优解。对于后一类问题，优化数学模型应事先给定。除少数问题外，大多数情况下，优化数学模型必须应用迭代法在计算机上求出。迭代法参数寻优步骤如图 5-42 所示。其特点是从一组设计变量 $\boldsymbol{\alpha}_0$ 出发，应用数学仿真求系统的性能指标，从而得到与 $\boldsymbol{\alpha}_0$ 相应的目标函数 $J_0$，然后再按一定的寻优程序进行逐次迭代，求出满意结果为止。

A 优化数学模型

迭代法可以选用前文所述的任何目标函数，例如误差积分准则、线性二次型目标函数等综合性能指标目标函数。

除了系统数学模型（状态方程、传递函数）是问题的约束条件外，还存在某些不等式约束。例如，控制量 $u(t)$ 一般是有界的，在采用相对增量表示变量时，应有

$$| u(t) | \leqslant 1$$

当对总控制能量提出限制时，应有

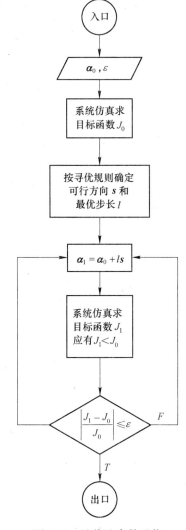

图 5-42 迭代法参数寻优

$$\int_0^\infty u(t)\,\mathrm{d}t \leqslant t_m$$

此外，系统的其他变量也都是有界的，例如，系统各部分绝对压力不小于零，并且

$$p_\mathrm{s} - p_\mathrm{L} \geqslant 0$$

变量用相对增量表示时，也应该注意其界限，如输出量 $| y | \leqslant 1$。这些限制一旦得不到满足，就会使系统元件饱和或超载，因此，在计算程序中应各有体现。

设计变量一般取校正环节的某些系数，它的维数根据具体问题决定。

B 系统的数字仿真

数字仿真的核心是对微分方程进行数值积分，常用的数值积分方法是定步长四阶龙格-库塔法。

如果给定了系统的状态方程及输出方程，同时给出了输入信号及初始条件，若其阶数为 $n$，则表示有 $n$ 个一阶微分方程组成的方程组，即

$$\dot{x}_i = f_i(t,\ x_1,\ x_2,\ \cdots,\ x_n) \left.\begin{array}{l}\\ x_i(t_0) = x_{i0},\ i = 1,\ 2,\ \cdots,\ n \\ y = c(x_1,\ x_2,\ \cdots,\ x_n)\end{array}\right\} \tag{5-277}$$

则数值积分的迭代公式为

$$x_i^{(m+1)} = x_i^{(m)} + \frac{h}{6}(K_{i1} + 2K_{i2} + 2K_{i3} + K_{i4})$$

式中　$x_i^{(m)}$——第 $i$ 个变量 $x_i$ 在 $m$ 步的近似值；

　　　$h$——积分步长。

$$\left.\begin{array}{l} K_{i1} = f_i(t_m,\ x_1^{(m)},\ x_2^{(m)},\ \cdots,\ x_n^{(m)}) \\[2mm] K_{i2} = f_i\!\left(t_m + \dfrac{h}{2},\ x_1^{(m)} + \dfrac{h}{2}K_{11},\ \cdots,\ x_n^{(m)} + \dfrac{h}{2}K_{n1}\right) \\[2mm] K_{i3} = f_i\!\left(t_m + \dfrac{h}{2},\ x_1^{(m)} + \dfrac{h}{2}K_{12},\ \cdots,\ x_n^{(m)} + \dfrac{h}{2}K_{n2}\right) \\[2mm] K_{i4} = f_i(t_m + h,\ x_1^{(m)} + hK_{13},\ \cdots,\ x_n^{(m)} + hK_{n3}) \\[2mm] i = 1,\ 2,\ \cdots,\ n;\ m = 0,\ 1,\ 2,\ \cdots \end{array}\right\}$$

$$\tag{5-278}$$

式中　$t_m = t_0 + mh$。

如果引入向量 $\boldsymbol{h} = \begin{bmatrix} 0 & \dfrac{h}{2} & \dfrac{h}{2} & h \end{bmatrix}^{\mathrm{T}}$，同时引入零向量 $K_{i0} = 0(i = 1,\ 2,\ \cdots,\ n)$，式（5-278）可表示为

$$K_{ij} = f_i(t_m + h_j,\ x_1^{(m)} + h_j K_{1(j-1)},\ x_2^{(m)} + h_j K_{2(j-1)},$$
$$\cdots,\ x_n^{(m)} + h_j K_{n(j-1)})$$

$$i = 1,\ 2,\ \cdots,\ n;\ j = 1,\ 2,\ 3,\ 4;\ m = 0,\ 1,\ 2,\ \cdots$$

四阶龙格-库塔法截断误差的阶是 $h^5$。数字仿真程序框图如图 5-43 所示。

在数字仿真中，要适当选取积分步长 $h$。如果步长取得太大，会使计算方法不稳定，即计算出的数值发散或不真实。相反，步长取得太小，会不必要地增加计算时间和增大积累误差。为了使龙格-库塔法计算稳定，积分步长应满足条件 $|h\lambda_{\max}| \leqslant 2.78$。$\lambda_{\max}$ 为方程组（5-277）的最大特征值。$\lambda_{\max}$ 越大，$h$ 就应越小。而为了计算出全部过渡过程，总的计算时间要由其最小特征值 $\lambda_{\min}$ 来决定。$\lambda_{\min}$ 越小，总计算时间越长。如果 $\lambda_{\max}/\lambda_{\min} > 10^2$，就可以称为"病态方程"或"刚性方程"。此时，计算中小步长和较长的计算时间形成了仿真中常见的矛盾。对于高度的病态问题在计算机上，特别在微机上求解会遇到很大的困难。为了减少病态问题，如果系统中包括快响应元件与相对慢响应元件时，当确定快响应元件在所研究的系统中的影响

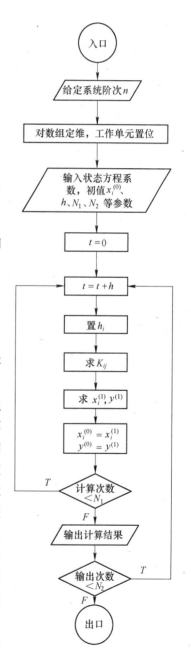

图 5-43 数字仿真程序框图

可以不计时，可将它们以稳态模拟形式包括进去。在建立数学模型时，可适当地略去某些小质量、小液容、小液感效应。为了解决病态问题，目前还发展起一些快速仿真方法。

在进行数字仿真时，输入信号既可以是阶跃信号，也可以是其他形式的信号。例如，为了便于与实际情况吻合，也常采用斜坡信号或分段斜坡信号。只要输入信号的形式完全相同，就可以根据仿真结果对不同系统或同一系统的不同参数进行比较。

通过数字仿真，就可以得出系统动态和稳态的性能指标，从而求得对应于一组设计变量的目标函数值。如果要得到最优解，需根据寻优算法进行多次仿真才能完成。

C 寻优方法的选择

伺服系统的参数寻优问题的特点是：目标函数与设计变量的关系一般不能用解析表达式给出，只能在给定一组设计变量的前提下通过数字仿真求出相应的目标函数。同时，对于大多数实际问题是有约束的，因此，可以用复合形法寻优。在无约束的情况下，可以用单纯形替换法和方向加速法。在液压系统可靠性参数寻优中也可以用以上方法。

### 5.4.5.2 斜坡响应 ITAE 准则标准模型寻优

由式（5-236）可知，斜坡响应 ITAE 准则寻优问题的标准模型为

$$\Phi_0^*(s) = \frac{d_1 s + 1}{s^n + d_{n-1} s^{n-1} + \cdots + d_1 s + 1}$$

现在需要求出 $d_i (i = 1, 2, \cdots, n - 1)$，使指示信号 $z = t$ 时目标函数

$$J = \int_0^\infty t \mid e(t) \mid \mathrm{d}t$$

最小。同时求出设计变量 $d_i$ 为最优时，相应的斜坡响应最大偏差 $\sigma_0$，最大偏差时间 $\tau_0$，以及调整时间 $\tau_s$。

如果 $n = 3$，则有

$$\Phi_0^*(s) = \frac{Y(s)}{Z(s)} = \frac{d_1 s + 1}{s^3 + d_2 s^2 + d_1 s + 1} \tag{5-279}$$

从上式可得

$$\frac{\mathrm{d}^3 y}{\mathrm{d}t^3} + d_2 \frac{\mathrm{d}^2 y}{\mathrm{d}t^2} + d_1 \frac{\mathrm{d}y}{\mathrm{d}t} + y = d_1 \frac{\mathrm{d}z}{\mathrm{d}t} + z \tag{5-280}$$

按下列关系式选取状态变量：

$$x_1 = y$$

$$x_2 = \dot{x}_1$$

$$x_3 = \dot{x}_2 - d_1 z$$

同时令 $\qquad\qquad h_3 = 1 - d_1 d_2$

从式（5-280），得

$$\dot{x}_3 = - x_1 - d_1 x_2 - d_2 x_3 + h_3 z$$

于是得下列方程组：

$$\left.\begin{array}{l} \dot{x}_1 = x_2 \\ \dot{x}_2 = x_3 + d_1 z \\ \dot{x}_3 = -x_1 - d_1 x_2 - d_2 x_3 + h_3 z \end{array}\right\} \tag{5-281}$$

初始条件 $x_1(0) = 0$, $x_2(0) = 0$, $x_3(0) = 0$

上述状态方程组是数字仿真的支配方程。可用图 5-43 所示程序求解，然后根据

$$\begin{aligned} e(t) &= t - y(t) \\ &= t - x_1(t) \end{aligned}$$

求得 $e(t)$。上式的离散化形式为

$$e(mh) = mh - x_1(mh)$$

目标函数的离散化形式为

$$J = \sum_{m=1}^{l} | e(mh) | mh^2$$

式中，$l = \dfrac{t_m}{h}$，$t_m$ 为仿真总时间。

可以采用单纯形替换法或方向加速法寻优，寻优结果如表 5-3 所示。

## 5.5 液压系统动力机构优化

液压系统动力机构的参数有的是固定的，有的是可变的，有的是设计变量，因此，也存在着优化设计问题。动力机构的优化问题可以分为稳态最优匹配和动态最优匹配问题。为讨论稳态最优匹配问题，首先简要介绍负载和动力机构的特性。

### 5.5.1 负载与动力机构的特性

#### 5.5.1.1 负载特性

负载特性是指负载运动时所需的力（或力矩）与负载本身的位置、速度及加速度之间的关系，可以用解析的形式，也可以用图像的形式来描述。通常以力（或力矩）-速度图来表示，相应的变化曲线称为负载特性。负载特性与负载种类及负载本身的运动形式有关。在讨论以下各类负载特性时，设负载的运动规律为

$$y = y_m \sin\omega t \tag{5-282}$$

式中 $y_m$——位移 $y$ 的最大值，m。

A 惯性负载

如果负载是惯性的，则负载力

$$f_1 = M\ddot{y} \tag{5-283}$$

式中 $M$——负载质量，kg；

$\ddot{y}$——负载运动加速度，m/s²。

由式（5-282）可得负载运行速度为

$$v = \dot{y} = y_m\omega\cos\omega t \tag{5-284}$$

由式（5-283）可得

$$f_l = -My_m\omega^2\sin\omega t \tag{5-285}$$

从式（5-284）和式（5-285）可得

$$v^2 + \left(\frac{f_l}{M\omega}\right)^2 = (y_m\omega)^2 \tag{5-286}$$

由式（5-286）可得图 5-44 所示的负载轨迹。箭头表示运动规律随时间变化方向。

B　弹性负载

如果负载是弹性的，则负载力

$$f_p = K_s y \tag{5-287}$$

式中　$K_s$——弹性系数，N/m。

由式（5-284）和式（5-285）可得

$$f_p = K_s y_m \sin\omega t \tag{5-288}$$

由式（5-288）和式（5-284）可得

$$\left(\frac{v}{\omega}\right)^2 + \left(\frac{f_p}{K_s}\right)^2 = y_m^2 \tag{5-289}$$

由式（5-289）可得图 5-45 所示的负载轨迹。

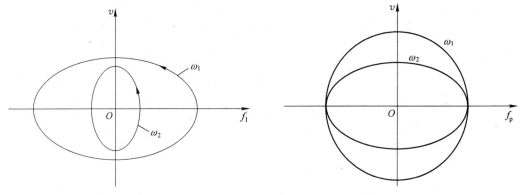

图 5-44　惯性负载轨迹（$\omega_1 > \omega_2$）　　　　图 5-45　弹性负载轨迹（$\omega_1 > \omega_2$）

C　摩擦负载

摩擦负载包括静摩擦力 $f_s$、库仑摩擦力 $f_r$ 和黏性摩擦力 $f_v$。

静摩擦力 $f_s$ 可由下式描述：

$$f_s = \begin{cases} f_{s0}, & v = 0、\ddot{y} > 0 \\ 0, & v \neq 0 \\ -f_{s0}, & v = 0、\ddot{y} < 0 \end{cases} \tag{5-290}$$

由式（5-290）可得图 5-46a 所示的负载轨迹。

库仑摩擦力 $f_r$ 可由下式描述：

$$f_r = \begin{cases} f_{r0}, & v > 0 \\ -f_{r0}, & v < 0 \\ 0, & v = 0 \end{cases} \tag{5-291}$$

由式（5-291）可得图 5-36b 所示的负载轨迹。

黏性摩擦力 $f_v$ 可由下式描述：

$$f_v = Rv \tag{5-292}$$

式中　$R$ ——黏性摩擦系数，N·S/m。

由式（5-292）可得图 5-46c 所示的负载轨迹，且有 $\tan\alpha = 1/R$。

由上述三种摩擦负载组成的总的负载轨迹如图 5-46d 所示。图中：

$$f_a = f_s + f_r + f_v$$

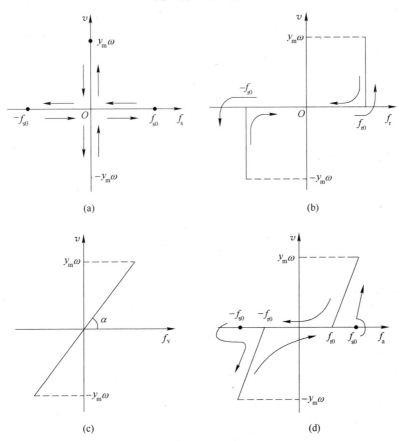

(a)　　　　　　　(b)

(c)　　　　　　　(d)

图 5-46　摩擦负载轨迹

D　惯性与黏性摩擦合成负载

如果同时存在惯性与黏性摩擦负载，则总负载力

$$f_d = f_1 + f_v = M\ddot{y} + Rv \tag{5-293}$$

将式（5-282）代入上式，得

$$f_d - Rv = -M\omega^2 y_m \sin\omega t \tag{5-294}$$

由式（5-294）与式（5-284）可得

$$\left(\frac{f_d - R_v}{M\omega^2}\right)^2 + \left(\frac{v}{m}\right)^2 = y_m^2 \tag{5-295}$$

由式（5-295）可得图 5-47 所示的负载轨迹。

由式（5-294）和式（5-284）可得

$$f_d = -M\omega^2 y_m \sin\omega t + R\omega y_m \cos\omega t$$

$$= -y_m\omega\sqrt{M^2\omega^2 + R^2}\sin(\omega t - \varphi)$$

式中 $\varphi = \arctan\dfrac{R}{M\omega}$。

由此可得 $f_d$ 的最大值 $f_{dm} = y_m\omega\sqrt{M^2\omega^2 - R^2}$。

上面讨论了几种典型的负载特性，实际的负载特性往往很复杂，很可能是这些典型负载特性的组合，也可能是其他函数关系。但作为系统优化设计的需要，负载特性应该是已知的，包括已知起主导作用负载的种类和负载力变化的近似规律。

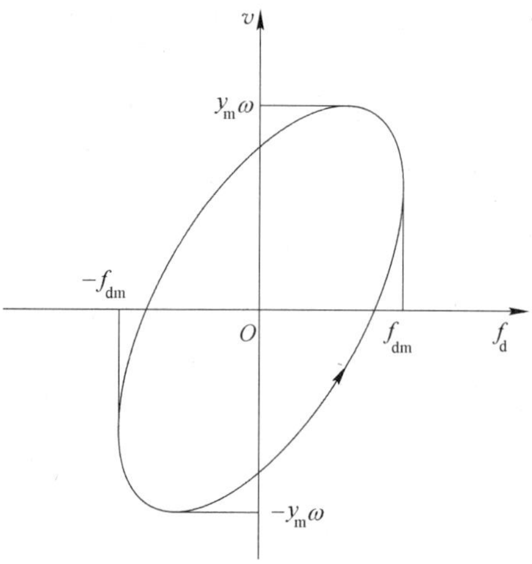

图 5-47 合成负载轨迹

### 5.5.1.2 转换与执行元件输出特性

转换与执行元件的输出特性是指在给定动力源的情况下，执行机构输出的速度和力的关系。这里以阀控液压缸为例进行讨论。

对于开关控制系统，节流阀的流量方程是

$$q_L = Ka\sqrt{p_s - p_L} \tag{5-296}$$

式中 $q_L$——负载流量，$\mathrm{m^3/s}$；

$K$——阀口液阻系数，$\sqrt{\mathrm{m^3/kg}}$；

$a$——节流阀通流面积，$\mathrm{m^2}$；

$p_s$——油源压力，$\mathrm{Pa}$；

$p_L$——负载压力，$\mathrm{Pa}$。

对于理想零开口四边阀——液压缸伺服控制系统，伺服阀的流量方程是

$$q_L = Kwx_v\sqrt{p_s - p_L} \tag{5-297}$$

式中 $w$——阀的节流口面积梯度，$\mathrm{m}$；

$x_v$——阀的开度，$\mathrm{m}$，此处不妨设 $x_v > 0$。

当式（5-296）中 $a$ 为最大开口量，式（5-297）中 $x_v$ 为最大开度时，以上两式可综合表示为

$$q_L = h\sqrt{p_s - p_L} \tag{5-298}$$

式中，$h$ 可以反映节流阀及伺服阀的规格（通径），而 $q_L$ 则表示对应压差 $p_s - p_L$ 所产生的最大流量。

由式（5-288）可得

$$q_L^2 - h^2 p_s + h^2 p_L = 0 \tag{5-299}$$

如果液压缸的有效作用面积为 $A$，负载速度为 $v$，总负载力为 $f$，可有如下关系：

$$q_L = Av, \quad p_L = \frac{f}{A}$$

将以上两式代入式（5-299），可得

$$v^2 + \frac{h^2}{A^3}f - \frac{h^2}{A^2}p_s = 0 \qquad (5\text{-}300)$$

上式就是阀-液压缸的输出特性。在 $v\text{-}f$ 平面上，它是抛物线。式中，$h$、$A$、$p_s$ 是 3 个可变参数，它们的变化对阀-液压缸的输出特性的影响如下：

（1）增加油源压力 $p_s$ 使整个抛物线右移，而其形状不变，如图 5-48a 所示。

（2）增加阀最大开口面积，即增加系数 $h$ 可使抛物线变得较宽，但顶点不变，如图 5-48b 所示。

（3）增加活塞有效工作面积 $A$ 使抛物线顶点右移，同时使抛物线变得较窄，但最大功率输出值不变，如图 5-48c 所示。图中虚线为等功率曲线。

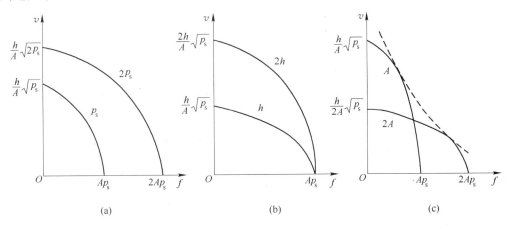

图 5-48　阀-液压缸输出特性的变化

### 5.5.1.3 动力源特性

动力源由液压泵及其辅助控制元件组成。动力源特性是指动力源所提供的流量和压力的特性。

动力源的形式也是多种多样的，其动力特性也应根据具体形式进行分析。最简单和常用的是定量泵恒压源，其特性如图 5-49a 所示。它的匹配效率为

$$\eta_s = \frac{p_L q_L}{p_s q_s'}$$

这种动力源简单廉价，低速性能好，可靠性高，但匹配效率最低。

为了提高匹配效率，采用下述各种适应性动力源。

（1）流量适应性动力源。流量适应性动力源能使泵供给系统的流量自动地和负载流量相适应。它能使流量损失减小到最小的程度。其特性如图 5-49b 所示。它的匹配效率为

$$\eta_s = \frac{p_L q_L}{p_s q_s'} \approx \frac{p_L}{p_s}$$

这种动力源要用变量泵。

（2）压力适应动力源。压力适应动力源能使泵供给系统的压力自动地和负载压力相适应。它能使压力损失减小到最小的程度。其特性如图 5-49c 所示。它的匹配效率为

$$\eta_s = \frac{p_L q_L}{p'_s q_s} \approx \frac{q_L}{q_s}$$

这种动力源用定量泵即可实现。

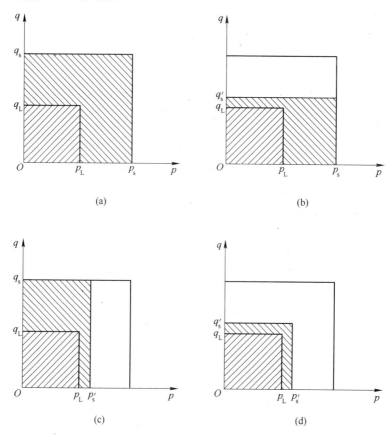

图 5-49 动力源特性

（3）功率适应动力源。功率适应动力源能使泵供给系统的压力和流量自动地和负载压力和流量相适应。它能使功率损失减小到最小的程度。其特性如图 5-49d 所示。它的匹配效率为

$$\eta_s = \frac{p_L q_L}{p'_s q'_s} \approx 1$$

例如，压差反馈式恒流泵就可构成一种功率适应动力源。其节能效果最好，但造价高，对维护技术要求较高。

### 5.5.2 稳态优化

以理想零开口四边阀——液压缸及定量泵恒压源组成的伺服系统为例，讨论伺服系统动力机构稳态优化问题。

动力源特性、阀-液压缸输出特性与负载轨迹的匹配原则如图 5-50 所示。图中曲线 1 为负载轨迹，曲线 2 为阀-液压缸输出特性、曲线 3 为动力源特性。为了使液压缸的输出

功率满足负载最大功率的要求，阀-液压缸的输出特性和动力源特性都应包容负载轨迹。为了减小无用的能耗，阀-液压缸的输出特性应与负载轨迹相切或相交，动力源特性应在 $f$ 轴方向与阀-液压缸的输出特性相切，而在 $v$ 轴方向与负载轨迹相切。这里没考虑泄漏和压缩引起的流量损耗。

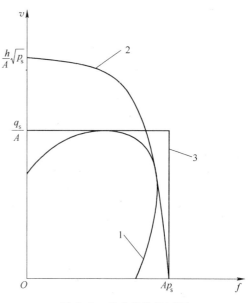

图 5-50　动力机构的匹配

### 5.5.2.1　能耗最小寻优

如果欲使动力源输出功率最小，则最优匹配的目标函数

$$J = N_s = \frac{q_s}{A} A p_s$$

在负载轨迹已定时，$\dfrac{q_s}{A}$ 为常数，所以目标函数变为

$$J = A p_s \tag{5-301}$$

也就是说，欲使能耗最小，就应使乘积 $A p_s$ 最小。对图 5-50 所示情况，当 $J = A p_s$ 最小时，动力源特性在 $f$ 轴方向也与负载轨迹相切。但此时 $h \to \infty$，也就是说阀-液压缸的输出特性变为垂直于 $f$ 轴的直线，相当于阀口开度无穷大。此时系统的稳态刚度

$$W(0) = \left| \frac{\Delta f_L}{\Delta v} \right| = 0$$

实际上，上述情况当然是不可能的。但这说明，用式（5-301）所示目标函数优化系统时，应该考虑到系统的抗干扰性能。

下面讨论两种特殊情况。

（1）第一种情况。

假设：

1）负载轨迹为图 5-44 或图 5-45 所示的正椭圆，其方程为

$$\left( \frac{f}{f_m} \right)^2 + \left( \frac{v}{v_m} \right)^2 = 1 \tag{5-302}$$

式中　$f_m$ ——负载力幅值；

　　　$v_m$ ——负载速度幅值。

2）动力源压力 $p_s$ 给定。

首先，式（5-300）表示的是阀-液压缸的输出特性与式（5-302）表示的负载轨迹应相切，联立以上两式，可得

$$\frac{f^2}{f_m^2} - \frac{h^2}{v_m^2 A^3} f + \frac{h^2 p_s}{A^2 v_m^2} - 1 = 0 \tag{5-303}$$

为使上述曲线相切，令上式关于 $f$ 的一元二次方程组的判别式为零，并经整理可得

$$f_m^2 h^4 - 4 v_m^2 p_s h^2 A^4 + 4 v_m^4 A^6 = 0 \tag{5-304}$$

于是，寻优问题可以归结为

$$\min A$$

$$\text{s. t. } f_m^2 h^4 - 4v_m^2 p_s h^2 A^4 + 4v_m^4 A^6 = 0$$

该问题的拉格朗日函数

$$L(A, h, \lambda) = A + \lambda (f_m^2 h^4 - 4v_m^2 p_s h^2 A^4 + 4v_m^4 A^6)$$

对上式求偏导数，并令

$$\frac{\partial L}{\partial A} = \frac{\partial L}{\partial h} = \frac{\partial L}{\partial \lambda} = 0$$

得

$$\left. \begin{array}{r} 1 + \lambda (-16v_m^2 p_s h^2 A^3 + 24v_m^4 A^5) = 0 \\ \lambda (4f_m^2 h^3 - 8v_m^2 p_s h A^4) = 0 \\ f_m^2 h^4 - 4v_m^2 p_s h^2 A^4 + 4v_m^4 A^6 = 0 \end{array} \right\} \tag{5-305}$$

解以上方程组，可得

$$\left. \begin{array}{ll} A^* = \dfrac{f_m}{p_s} & \text{(a)} \\[4mm] h^* = \dfrac{\sqrt{2} v_m f_m}{p_s \sqrt{p_s}} & \text{(b)} \end{array} \right\} \tag{5-306}$$

将上式代入式（5-303），可得最优匹配时切点坐标为

$$f = f_m$$
$$v = 0$$

式（5-306）所表示的最优匹配如图 5-51 所示。

（2）第二种情况：

假设：

1）与第一种情况相同；

2）阀的最大开度给定，即根据泵的最大流量 $q_s$ 选定了伺服阀的规格，也就是 $h$ 已知。

此时的寻优问题可以归结为

$$\min A p$$

$$\text{s. t. } f_m^2 h^4 - 4v_m^2 p_s h^2 A^4 + 4v_m^4 A^6 = 0$$

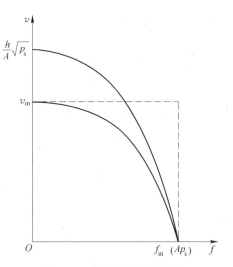

图 5-51  动力机构最优匹配

该问题的拉格朗日函数

$$L(A, p_s, \lambda) = A p_s + \lambda (f_m^2 h^4 - 4v_m^2 p_s h^2 A^4 + 4v_m^4 A^6)$$

对上式求偏导数，并令

$$\frac{\partial L}{\partial A} = \frac{\partial L}{\partial p_s} = \frac{\partial L}{\partial \lambda} = 0$$

得

$$\left. \begin{array}{l} p_s + \lambda(-16v_m^2 p_s h^2 A^3 + 24v_m^4 A^5) = 0 \\ A - 4\lambda v_m^2 h^2 A^4 = 0 \\ f_m^2 h^4 - 4v_m^2 p_s h^2 A^4 + 4v_m^4 A^6 = 0 \end{array} \right\} \tag{5-307}$$

解以上方程组可得

$$\left. \begin{array}{l} A^* = \sqrt[3]{\dfrac{f_m h^2}{2v_m^2}} \\ \\ p_s^* = \sqrt[3]{\dfrac{2f_m^2 v_m^2}{h^2}} \end{array} \right\} \tag{5-308}$$

同时

$$J^* = A^* p_s^* = f_m$$

可见，阀-液压缸的输出特性曲线与负载轨迹仍然交于 $f$ 轴。式（5-308）所表示的最优匹配与图 5-51 所示的情况类似。

从上述两种情况看，当 $p_s$、$A$ 和 $h$ 这 3 个参数中有 1 个参数确定之后，即可用参数优化方法求另外两个参数的最优值，从而实现动力机构的最优匹配。

对于较复杂的问题，需借助计算机用迭代法求解。当目标函数及约束条件的梯度可求时，可以将有约束问题化为无约束问题后，用共轭梯度法或变尺度法求解。

### 5.5.2.2 输出幅值或频率最大优化

从图 5-48c 可见，当 $p_s$、$h$ 给定，$A \to 0$ 和 $A \to \infty$，都使阀-液压缸输出特性曲线所含面积趋近于零。于是提出一个问题，即当系统输出为式（5-282）给定的正弦信号，且信号频率给定时，希望输出最大幅值，$A$ 应如何取值？相反，当信号幅值给定时，希望输出最大频率，$A$ 应如何取值？这里假设系统只有惯性负载。

**A 输出幅值最大问题**

当系统只有惯性负载时，式（5-302）中

$$f_m = M y_m \omega^2, \quad v_m = y_m \omega$$

将以上二式代入式（5-304）中得

$$M^2 \omega^2 h^4 - 4p_s h^2 A^4 + 4y_m^2 \omega^2 A^6 = 0$$

于是，寻优问题可以归结为

$$\min(-y_m)$$

$$\text{s. t. } M^2 \omega^2 h^4 - 4p_s h^2 A^4 + 4y_m^2 \omega^2 A^6 = 0$$

该问题的拉格朗日函数

$$L(A, y_m, \lambda) = -y_m + \lambda(M^2 \omega^2 h^4 - 4p_s h^2 A^4 + 4y_m^2 \omega^2 A^6) = 0$$

对上式求偏导数，并令

$$\frac{\partial L}{\partial A} = \frac{\partial L}{\partial y_m} = \frac{\partial L}{\partial \lambda} = 0$$

得

$$\left. \begin{array}{r} \lambda \left( -16p_s h^2 A^3 + 24y_m^2 \omega^2 A^5 \right) = 0 \\ -1 + 8\lambda y_m \omega^2 A^6 = 0 \\ M^2 \omega^2 h^4 - 4p_s h^2 A^4 + 4y_m^2 \omega^2 A^6 = 0 \end{array} \right\} \qquad (5\text{-}309)$$

解以上方程组，可得

$$\left. \begin{array}{l} A^* = \sqrt[4]{\dfrac{3M^2 \omega^2 h^2}{4p_s}} \\[4mm] p_s^* = \sqrt[4]{\dfrac{16p_s^3 h^2}{27M^2 \omega^6}} \end{array} \right\} \qquad (5\text{-}310)$$

将上式代入式（5-303），可得幅值最大时切点坐标为

$$f = \frac{f_m}{\sqrt{2}} = \frac{2}{3}Ap_s$$

$$v = \frac{v_m}{\sqrt{2}}$$

这就是阀-液压缸输出特性的最大输出功率点，也是负载轨迹最大功率点。式（5-310）所表示的最优匹配如图 5-52 所示。

  B  输出频率最大问题

  此问题可表示为

$\min(-y_m)$

s. t. $M^2 \omega^2 h^4 - 4p_s h^2 A^4 + 4y_m^2 \omega^2 A^6 = 0$

  与输出幅值最大问题类似，可得

$$\left. \begin{array}{l} A^* = \sqrt[3]{\dfrac{Mh^2}{\sqrt{2}\,y_m}} \\[4mm] \omega^* = \sqrt[3]{\dfrac{16p_s^3 h^2}{27M^2 y_m^4}} \end{array} \right\} \qquad (5\text{-}311)$$

上式所表示的最优匹配与图 5-52 所示的情况类似。

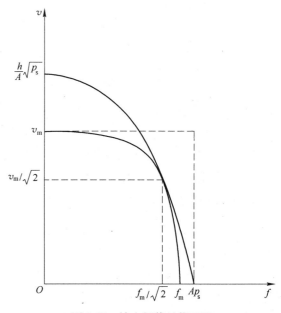

图 5-52  输出幅值最优匹配

  对于较复杂的情况，也需借助计算机求解。此类问题多属于可以求出目标函数梯度的有约束问题，可以应用有约束间接法，如拉格朗日乘子法和惩罚函数法；也可以应用有约束直接法，如广义简约梯度法。

## 5.5.3  动态优化

### 5.5.3.1  基本思想

假设以某一目标函数为基础，得到系统最优传递函数的形式为式（5-182）所示，即

$$\Phi^*(s) = \frac{a_0}{s^n + a_{n-1}s^{n-1} + \cdots + a_1 s + a_0}$$

其单位反馈的闭环形式如图 5-53 所示。前向通道的传递函数为

$$G^*(s) = \frac{a_0}{s(s^{n-1} + a_{n-1}s^{n-2} + \cdots + a_1)} \tag{5-312}$$

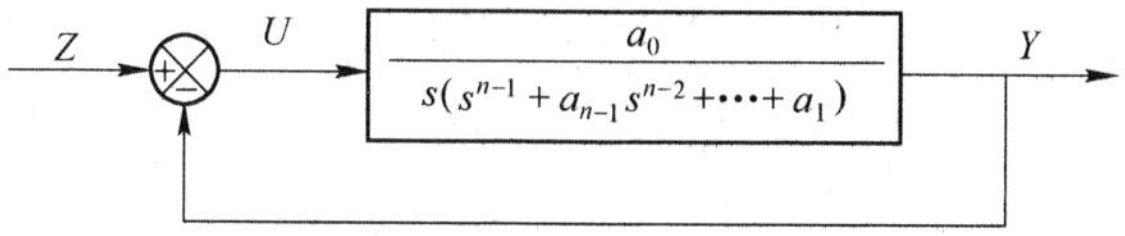

图 5-53 单位反馈的闭环形式

如果系统动力机构传递函数如式（5-218）所示

即

$$\frac{Y(s)}{U(s)} = \frac{K_v}{s(b_{n-1}s^{n-1} + b_{n-2}s^{n-2} + \cdots + b_1 s + 1)}$$

或改写成

$$\frac{Y(s)}{U(s)} = \frac{K_v/b_{n-1}}{s\left(s^{n-1} + \dfrac{b_{n-2}}{b_{n-1}}s^{n-2} + \cdots + \dfrac{b_1}{b_{n-1}}s + \dfrac{b_1}{b_{n-1}}\right)} \tag{5-313}$$

将上式与式（5-313）比较可得

$$\left. \begin{aligned} b_k &= \frac{a_{k+1}}{a_k}, \quad k = 1, \ 2, \ \cdots, \ n-1 \\ &\qquad\qquad (a_n = 1) \\ K_v &= a_0/a_1 \end{aligned} \right\} \tag{5-314}$$

如果系统动力机构的参数符合式（5-314），则称为动态最优匹配。在系统参数为动态最优匹配时，只需加单位负反馈即可构造最优系统。即使上述目标不能达到，如若使动力机构参数尽量接近式（5-314）的要求，也可以使系统的校正容易得多。

### 5.5.3.2 三阶系统的动态最优匹配

对于式（5-166）表示式的位置伺服系统动力机构的传递函数，与式（5-313）的对应关系是：

$$\begin{cases} K_v = \dfrac{K_q \mu_m}{A y_m} \\[2mm] b_2 = \dfrac{1}{\omega_h^2} \\[2mm] b_1 = \dfrac{2\zeta}{\omega_h} \end{cases} \tag{5-315}$$

设与式（5-312）对应的三阶系统最优传递函数的系数为

$$\begin{cases} a_2 = \alpha\omega_n \\ a_1 = \beta\omega_n^2 \\ a_0 = \omega_n^3 \end{cases} \tag{5-316}$$

式中，$\alpha$ 和 $\beta$ 因目标函数不同而异。

将式（5-315）和式（5-316）代入式（5-314），可得：

$$\begin{cases} \dfrac{K_q\mu_m}{Ay_m} = \dfrac{\omega_n}{\beta} \\[2mm] \dfrac{2\zeta}{\omega_h} = \dfrac{\alpha}{\beta\omega_n} \\[2mm] \dfrac{2\zeta}{\omega_h^2} = \dfrac{1}{\beta\omega_n^2} \end{cases} \tag{5-317}$$

将式（5-166）中的 $\zeta$ 和 $\omega_h$ 的表达式代入上式，可得如下方程组：

$$\left. \begin{array}{ll} \dfrac{K_q\mu_m}{Ay_m} = \dfrac{\omega_n}{\beta} & (\text{a}) \\[3mm] 4(L_c + K_c)\dfrac{E}{V_t} + \dfrac{R}{M} = \alpha\omega_n & (\text{b}) \\[3mm] \dfrac{4EA^2}{MV_t} = \beta\omega_n^2 & (\text{c}) \end{array} \right\} \tag{5-318}$$

在以上方程组中，$\omega_n^*$ 可以由式（5-208）和式（5-209）以及其他性能指标求得。如果位置伺服系统动力机构参数满足方程组（5-318），则称其为动态最优匹配，此时只需要加单位反馈就可以构成最优系统。

式（5-318a）是对系统开环放大系数的要求，因此，影响系统的稳态精度和响应速度。由于此式中 $K_q$ 包括放大器的增益 $K_i$，所以，调节 $K_i$ 就可以使此式得到满足。

式（5-318b）是对系统相对阻尼作用的要求，因此，影响系统的相对稳定性。一般情况下，系统的阻尼作用不足，故此式左边小于右边。由于式中的参数大多属于可变参数，应尽量使这些参数向有利于满足此式的方向变化。当系统相对阻尼作用不足时，泄漏系数 $L_c$、流量-压力系数 $K_c$、油液等效体积弹性模量 $E$、黏性摩擦系数 $R$ 的增加对满足式（5-318b）有利，液压缸工作腔容积 $V_t$ 和运动部件质量 $M$ 的减小对满足式（5-318b）有利。当调整参数效果不显著时，可以采用如下补偿措施：

（1）加黏性阻尼器，相当于增加黏性阻尼系数 $R$；

（2）加旁路节流通道，相当于增加泄漏系数 $L_c$；

（3）加背压阀可以增大油液等效体积弹性模量；

（4）正开口滑阀流量-压力系数比零开口的大；

（5）采用动压反馈装置，这将在后文详细讨论。

式（5-318c）是对系统动力机构无阻尼自振频率的要求，因此，主要反映系统的快速性。要提高系统的快速性，对 $E$、$M$、$V_t$ 这 3 个可变参数的变化趋势的要求与式（5-318b）增加阻尼作用的要求是一致的。同时可以推知，为满足式（5-318c），设计变量 $A$ 的最优值为

$$A^* = \sqrt{\frac{\beta M V_t}{4E}} \omega_n$$

上式中 $V_t$ 与 $A$ 相关，设

$$V_t = AL_t$$

式中　$L_t$——液压缸中液柱总长度，m。

则有

$$A^* = \frac{\beta M L_t \omega_n^2}{4E} \tag{5-319}$$

在存在系统压力下限的约束时，由式 $A^* = \dfrac{Rv_m + f_r + f_m}{p_{min}}$ 确定 $A^*$ 值的上限。

### 5.5.3.3　动压反馈装置

前文已经提到，采用动压反馈装置可以提高动力机构的阻尼作用，改善系统的动态性能，这里拟做简要介绍。

动压反馈装置的结构可以如图 5-54a 所示，称为油-气阻尼器，它由黏性阻尼器和空气蓄能器组成，分别接在液压缸的进出口。下面求其传递函数。阻尼器的层流流量方程为

$$q_{d1} = C_c(p_1 - p) \tag{5-320}$$

式中　$q_{d1}$——通过阻尼器的流量，$m^3/s$；

　　　$C_c$——阻尼器液导，$m^5/(s \cdot N)$；

　　　$p$——蓄能器压力，Pa。

设蓄能器中为绝热变化过程，故有

$$pV^r = p_0 V_0^r \tag{5-321}$$

式中　$p_0$——稳态压力，Pa；

　　　$V_0$——稳态空气容积，$m^3$；

　　　$p$——动态压力，Pa；

　　　$V$——动态空气体积，$m^3$；

　　　$r$——绝热指数，$r=1.4$。

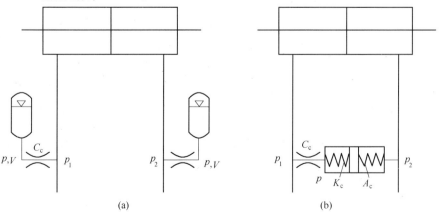

(a)　　　　　　　　　　　　　(b)

图 5-54　动压反馈装置

将式（5-321）在稳态工作点附近线性化，得

$$\Delta V = -\frac{V_0}{rp_0}\Delta p \tag{5-322}$$

上式两边除以 $\Delta t$，并令 $\Delta t \to 0$，得

$$\frac{\mathrm{d}V}{\mathrm{d}t} = -\frac{V_0}{rp_0}\frac{\mathrm{d}p}{\mathrm{d}t} \tag{5-323}$$

由流量连续方程得

$$q_{d1} = -\frac{\mathrm{d}V}{\mathrm{d}t}$$

将式（5-320）代入上式，得

$$C_c(p_1 - p) = \frac{V_0}{rp_0}\frac{\mathrm{d}p}{\mathrm{d}t}$$

经拉氏变换可得

$$P(s) = \frac{1}{1 + \dfrac{V_0}{C_c rp_0}s}P_1(s)$$

由上式和式（5-320），得

$$Q_{d1} = \frac{\dfrac{V_0}{rp_0}s}{1 + \dfrac{V_0}{C_c rp_0}s}P_1(s) \tag{5-324}$$

同理得

$$Q_{d2} = \frac{\dfrac{V_0}{rp_0}s}{1 + \dfrac{V_0}{C_c rp_0}s}P_2(s) \tag{5-325}$$

由式（5-324）减去式（5-325），可得

$$Q_{d1} - Q_{d2} = \frac{V_0}{rp_0} \times \frac{s}{1 + (V_0 s/C_c rp_0)}(P_1 - P_2) \tag{5-326}$$

由于结构的对称性，可以认为

$$Q_{d1} = -Q_{d2} = Q_d$$

同时又有

$$P_L = P_1 - P_2$$

则式（5-326）可写成

$$Q_d = \frac{V_0}{2rp_0} \times \frac{s}{1 + (V_0 s/C_c rp_0)}P_L \tag{5-327}$$

由上式可得油-气阻尼器的传递函数为

$$G_d(s) = \frac{Q_d}{P_L} = \frac{C_c \tau_d s}{2(1 + \tau_d s)} \tag{5-328}$$

式中　$\tau_d$——时间常数，$\tau_d = \dfrac{V_0}{C_c r p_0}$。

可见，这是一个压力微分环节。

图 5-54b 所示为另外一种动压反馈装置，称为瞬态流量稳定器，类似分析可得

$$G_d(s) = \frac{Q_d}{P_L} = C_c \frac{\tau_c s}{2(1 + \tau_c s)} \tag{5-329}$$

式中　$\tau_c$——时间常数，$\tau_c = \dfrac{A_c}{C_c K_c}$；

　　　　$A_c$——校正液压缸活塞有效作用面积，$m^2$；

　　　　$K_c$——弹簧刚度，$N/m$。

可见，式（5-329）与式（5-328）形式相同，因此，两种校正装置的作用也是一样的。

在没有动压反馈装置时，从式（5-145）可得液压缸流量连续方程的拉氏变换形式为

$$Q_L = AsY + \left( \frac{V_t}{4E}s + L_c \right) P_L$$

加入动压反馈后，上式变为

$$Q_L = AsY + \left( \frac{V_t}{4E}s + L_c + G_d \right) P_L \tag{5-330}$$

式中，$G_d$ 由式（5-328）或式（5-329）求得。

可见，在加入动压反馈后，在动态过程中相当于增加了 $L_c$，使系统的阻尼作用增加，能够使式（5-318b）左右两端相等，从而使系统达到动态最优匹配。但在稳态时，它不起作用，所以对稳态性能不会产生影响。

为确定油-气阻尼器的参数，首先求其频率特性。由式（5-328）可得其幅频特性为

$$| G_d(\omega) | = \frac{C_c}{2} \sqrt{\frac{(\tau_d^2 \omega^2)^2 + (\tau_d \omega)^2}{(\tau_d^2 \omega^2 + 1)^2}}$$

相频特性为

$$\angle G_d(\omega) = \arctan \frac{1}{\tau_d \omega}$$

其波德图如图 5-55 所示。

为了使系统得到有效的补偿，希望油-气阻尼器满足下列条件：

（1）在 $\omega = \omega_h$ 时，可以使式（5-318b）满足，$\omega_h$ 为动力机构无阻尼自振频率；

（2）在 $\omega \geqslant \omega_h$ 时，$\angle G_d(\omega) \approx 0$。

为满足第二个条件应有

$$\tau_d \omega_h \geqslant 10$$

可以取

$$\tau_d = 10 / \omega_h \tag{5-331}$$

此时

$$| G_d(\omega_h) | = \frac{C_c}{2} \sqrt{\frac{10^4 + 10^2}{(10^2 + 1)^2}} \approx \frac{C_c}{2} \tag{5-332}$$

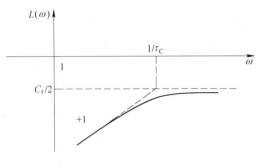

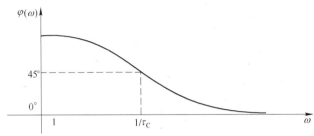

图 5-55　校正环节波德图

于是，式（5-318b）变为

$$4\left(L_c + \frac{C_c}{2} + K_c\right)\frac{E}{V_t} + \frac{R}{M} = \alpha\omega_n$$

从而

$$C_c^* = 2\left[\frac{V_t}{4E}\left(\alpha\omega_n - \frac{R}{M}\right) - L_c - K_c\right] \tag{5-333}$$

从上式可以确定阻尼器的液导 $C_c$。

如果阻尼器为圆形阻尼管，则

$$C_c^* = \frac{\pi d^4}{128\mu l}$$

式中　$\mu$——油液动力黏度，$Pa \cdot s$；

　　　$l$——阻尼管长度，$m$；

　　　$d$——阻尼管直径，$m$。

从上式可得

$$\frac{d^4}{l} = \frac{128\mu C_c^*}{\pi} \tag{5-334}$$

从而可以确定阻尼管尺寸。

将 $\tau_d = \dfrac{V_0}{C_c r p_0}$ 和 $C_c = C_c^*$ 代入式（5-331），得

$$\frac{V_0}{C_c^* r p_0} = \frac{10}{\omega_h}$$

式中，$p_0 \approx p_s/2$，故可求出蓄能器的稳态容积

$$V_0 = \frac{5C_c^* r p_s}{\omega_h}$$

类似地，对于瞬态流量稳定器，取

$$\tau_c = 10/\omega_h \tag{5-335}$$

$$\mid G_d(\omega_h) \mid \approx C_c$$

故

$$C_c^* = \frac{V_0}{4E}\left(\alpha\omega_n - \frac{R}{M}\right) - L_c - K_c$$

如果阻尼器为圆形阻尼管，也有

$$\frac{d^4}{l} = \frac{128\mu C_c^*}{\pi}$$

将 $\tau_c = \dfrac{A_c^2}{C_c K_c}$ 和 $C_c = C_c^*$ 代入式（5-335），得

$$\frac{A_c^2}{C_c^* K_c} = \frac{10}{\omega_h}$$

$$\frac{A_c^2}{K_c} = \frac{10C_c^*}{\omega_h}$$

即

由上式可以设计校正液压缸活塞有效作用面积 $A_c$ 和弹簧刚度 $K_c$。

对于机液伺服系统，不能用电气网络组成反馈回路时，上述补偿方法就更有应用价值了。

### 5.5.3.4　动力机构抗干扰能力

在有些文献讨论系统的抗干扰问题时，认为动力机构参数不变，应用复合控制，引入以 $G_c$ 为传递函数的校正环节，以抵消系统中以 $G_f$ 为传递函数环节的作用。

对于电液位置伺服系统

$$G_f = \frac{V_c}{4E}s + L_c + K_c \tag{5-336}$$

为提高系统抗干扰能力，希望 $G_f$ 的模越小越好，最好是 $G_f = 0$。在通常情况下，这一点与系统的最优动态匹配的要求是有矛盾的。将式（5-336）和式（5-318b）比较，在式（5-318b）左侧小于右侧时，参数 $E$ 和 $V_t$ 的优化方向一致，而参数 $L_c$ 和 $K_c$ 的优化方向相反。在设计中应综合考虑，使二者得到兼顾。

对于电液压力伺服系统：

$$G_f = \frac{A y_m}{p_s}$$

此处，$y_m$ 与 $p_s$ 为相对增量换算系数，所以，要提高系统抗干扰能力，只能减小 $A$。

## 5.5.4　液压系统的全局优化

最后探讨一下液压系统全局优化思想。所谓液压系统的全局优化，可以概括为功能设计把握整体、性能指标统筹兼顾和寻优结果综合分析，以及提高液压系统整体性能，特别

是可靠性的重要环节。

### 5.5.4.1 功能设计把握整体

传统的伺服系统优化问题主要指控制器的设计问题。但是，正如前文所讨论的情况那样，动力部分的参数对系统性能的影响也是很大的。因此不仅希望动力部分实现稳态最优匹配，同时希望实现动态最优匹配。如果动力部分参数可以达到动态最优匹配，那么只需加单位负反馈就可以得到最优系统。即使这一目标不能完全达到，只要动力部分设计合理，控制部分的设计就会较为容易实现，并可以得到更好的效果。

液压系统功能设计从整体上可以按图 5-56 所示过程进行。系统的工作参数是由系统所完成的工作为条件确定的，如输出力和速度组成的负载特性。当系统的工作参数已知后，可以根据对动力元件的参数进行稳态优化，以便确定系统工作压力、液压缸有效作用面积及节流阀、伺服阀的通径等。与此同时，对动力机构参数进行动态性能寻优。上述稳态优化时涉及的一些参数对系统动态性能均有影响，所以，在应用不同目标函数寻优时，应该相互协调。当动力机构的参数一旦确定，就作为系统控制部分的被控对象进行控制器的优化设计，以及计算可靠度和使用寿命，即可构造优化的液压系统了。

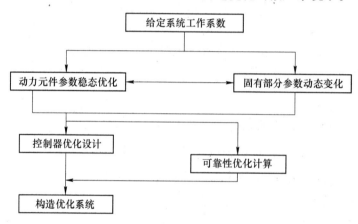

图 5-56 系统整体设计

### 5.5.4.2 性能指标统筹兼顾

一个好的液压系统，不仅是技术性能好，同时也要求经济性、可靠性、表观质量和维护性能等综合水平高，所以，有必要进一步对系统的综合性能指标提出更广泛、更深入的要求。目前对上述问题定量研究正在探讨之中。

同时，就技术指标来说，以不同的性能指标作为目标函数，也可能得到不同的结果，这些结果有时甚至是相互矛盾的。为全面衡量系统的性能，就出现一些综合指标等。这实际上是在相互矛盾的问题上寻找折中，综合指标中各分项的比重由加权矩阵决定。为了避免确定加权矩阵元素的随意性，常常加入一些约束条件，如限制控制信号、限制动态指标等。这种作法也可以推广到其他类似的场合。

又如上述动力部分的抗干扰性能和控制性能的参数优化问题，一方面应使式（5-336）所示的传递函数 $G_f$ 的模越小越好；另一方面应使式（5-318b）左端尽量大，以使等式得到满足。所涉及的参数虽然是可变的，但又不能像设计变量那样由设计者任意选定，所以，应该用校正环节使以上二式得以兼顾。下面讨论一个典型例子。

前面已介绍了采用动压负反馈的校正方法，目的是在中、高频段达到动态最优匹配。同时，还可以采用压力正反馈以提高系统抗干扰能力，由式（5-167）可以得到电液位置伺服系统动力部分的动态刚度曲线，如图 5-57 所示。图中，

$$\omega_0 = \frac{4E(L_c + K_c)}{V_t}$$

$$K_0 = \frac{p_s(L_c + K_c)}{Ay_m}$$

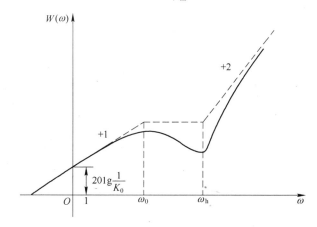

图 5-57　动态刚度

由图可见，由于积分环节和系统低通滤波作用，除 $\omega_h$ 附近外，系统动态位置刚度随频率 $\omega$ 的增加而增大，其稳态刚度为零。动态刚度较差的是在低频段，所以，动态正反馈可以采用滞后校正，使其只在低频段起作用，这样可以使控制性能和抗干扰性能得到兼顾。设压力正反馈环节传递函数为

$$G_c = \frac{K_d}{\tau_f s + 1} \tag{5-337}$$

取

$$\tau_f \geqslant \frac{10}{\omega_h} \tag{5-338}$$

由式 $G_c = \mu \dfrac{G_f}{G_1}$，在 $\omega = 0$ 时，有

$$G_c(0) = \mu \frac{G_f(0)}{G_1(0)}$$

式中　$\mu$——补偿度，实际上也相当于加权系数。

由上式可得

$$K_d = \frac{\mu p_s(L_c + K_c)}{K_q u_m} \tag{5-339}$$

将式（5-338）取等号后，与式（5-339）一起代入式（5-337），得

$$G_{c} = \frac{\mu p_{s}(L_{c} + K_{c})}{K_{q}u_{m}\left(\dfrac{10}{\omega_{h}}s + 1\right)} \tag{5-340}$$

为便于比较，将上式乘以 $G_1$，得

$$G_{c}G_{1} = \frac{\mu(L_{c} + K_{c})}{\dfrac{10}{\omega_{h}}s + 1} \tag{5-341}$$

将式（5-336）和式（5-341）表示的频率特性一起画在图 5-58 上。由于 $G_f$ 为压力负反馈，$G_cG_1$ 为压力正反馈，所以在低频段 $G_cG_1$ 将 $G_f$ 抵消一部分，从而使系统动力部分抗干扰性能有所提高，而对中、高频段影响很小。

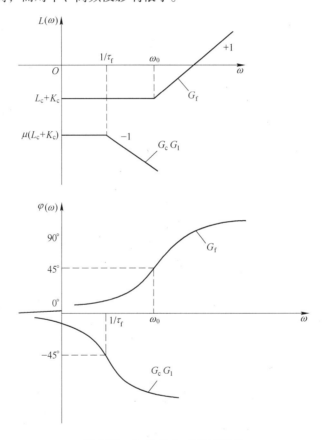

图 5-58　$G_f$ 和 $G_cG_1$ 的频率特性

### 5.5.4.3　寻优结果综合分析

如上所述，不同的目标函数可以得到不同的寻优结果，对于同一个设计变量会有不同的要求。在液压系统全局优化的指导思想之下，应该对寻优结果进行综合分析。例如，液压系统一个重要的设计变量是液压缸活塞有效作用面积 $A$，在以前的不同问题中，曾经给出不同的寻优结果。

在正弦信号输入下的电液位置伺服系统，以能耗最小为目标，在压力 $p_s$ 给定时由式

（5-306a）有

$$A^* = \frac{f_m}{p_s}$$

式中　$f_m - My_m\omega^2$。

在以允许输出的最大频率为目标函数，并给定伺服阀尺寸时，由式（5-311）有

$$A^* = \sqrt[3]{\frac{Mh^2}{\sqrt{2}\,y_m}}$$

在动态最优匹配的要求下，由式（5-319）有

$$A^* = \frac{\beta M L_t \omega_n^2}{4E}$$

式中，$\omega_n$ 是由性能指标约束条件给定。系数 $\beta$ 可以由截止频率 $\omega_b$ 最大为目标函数来决定，由式（5-246）可知 $\beta = 2.19$。

前两个式子是稳态最优匹配原则，但前者的负载轨迹是确定的，后者的负载轨迹本身也是寻优的对象。但它的负载轨迹与阀-液压缸输出特性在最大功率点相切这一点给出一个联想。如果在负载轨迹确定的条件下，以最大功率点相切为原则进行设计，可以使阀-液压缸输出特性曲线对应的稳态刚度较好，并且 $A p_s / f_m = \frac{3}{2} \big/ \sqrt{2} = 1.06 \approx 1$，可见，从节能的角度也接近于最优。由此得到一个新的设计方案。从而式（5-306a）就可以改写为

$$A^* = \frac{3 f_m}{2\sqrt{2}\,p_s} = 1.06 \frac{f_m}{p_s} \tag{5-342}$$

从负载轨迹得最大功率点负载流量：

$$q_L = \frac{v_m A^*}{\sqrt{2}} \tag{5-343}$$

从阀-液压缸输出特性得最大功率点负载流量：

$$q_L = \frac{h^* \sqrt{p_s}}{\sqrt{3}} \tag{5-344}$$

由以上二式得

$$h^* = \frac{\sqrt{3}\,v_m A^*}{\sqrt{2 p_s}}$$

将式（5-342）代入上式，得

$$h^* = \frac{3\sqrt{3}\,v_m f_m}{4 p_s \sqrt{p_s}} = \frac{1.3 v_m f_m}{p_s \sqrt{p_s}}$$

将上式与式（5-306b）比较，可见此时伺服阀口径可取得略小，实际上这是 $h$ 的最小值，有利于提高稳态刚度。但从式（5-342）和式（5-306）的比较中可知，节能效果略差。

上述方案也是一种有意义的选择。

如果使动力机构参数既满足式（5-342）表示的稳态匹配，又满足式（5-319）表示的动态最优匹配，则应有

和
$$
\left.
\begin{aligned}
A &\geqslant 1.06\frac{f_{\mathrm{m}}}{p_{\mathrm{s}}} \\[2mm]
A &\geqslant \frac{\beta M L_{\mathrm{c}}\omega_{\mathrm{n}}^2}{4E}
\end{aligned}
\right\}
\tag{5-345}
$$

设计变量 $A$ 的最优值应该是上述不等式组的解。

可见，对寻优结果的综合分析，不仅可以深化对问题的认识，还可以得出解决问题的新思路。

通过寻优综合分析，使液压系统的性能、结构得到优化，同时也能使设备重量减轻和体积减小，成本也能降低，从而提高企业的经济效益。

# 6 液压系统可靠性最优化技术

## 6.1 系统最优化概述

过去几十年间最优化理论与方法发展十分迅速。最优化方法在数学上是一种求极值的方法，它是应用数学的一个分支，现今已广泛应用到科学、技术、工程、经济和管理等各个部门和领域。

在实际工作中，人们做每一件事，不管是分析问题，还是进行综合、做出决策，都要求用一种标准衡量一下是否达到了最优。在科学实验、生产技术改进、工程设计和在生产管理、运输线路、社会经济问题中，人们总是希望采取各种措施，以便在有限的资源条件下或规定的约束条件下得到最满意的结果。

在进行一项工作时（如产品或工程设计、物资运输或分配等）应用最优技术，可以帮助我们较快地选择出最优方案，或做出最优决策。因此，最优化方法在工程技术、自动控制、系统工程、运筹学以及经济计划、企业管理和可靠性设计等各方面都被广泛应用。

科学和工程技术发展史上有许多最优化问题的重要论述，如"自由能量"最小时化学系统达到平衡；光在两点间行进时间为最小；高斯的最小二乘设想是使试验数据拟合曲线间的误差的时间积分为最小；最大功率传输定理中，在满足性能指标要求的前提下，如何选择参数及几何尺寸使电动机、变压器、大功率饱和电抗器等电工设备的体积、重量、费用为最小；在一个液压系统中，在满足性能指标，特别是可靠性要求的前提下，如何选择液压元件及组合基本回路，使其体积小，重量轻，成本低。

在20世纪50年代以前，解决最优化问题的数学方法只限于古典求导方法和变分法（求无约束极值），或是拉格朗日（Lagrange）乘子法解决等式约束下的条件极值问题。

由于科学技术和生产的迅速发展，实践中许多最优化问题已经无法用古典方法来解决。又由于大型高速计算机和云计算的发展，自20世纪50年代末已经有许多科学技术及工程技术用计算机算法来解决最优化问题。近些年来，最优化方法已被国内外许多学者深入研究和推广应用，成为许多大学的大学生、研究生的必修内容，也成为许多管理人员继续学习的重要部分，与各专业领域都有密切关系。一般用最优化方法解决实际问题分三步进行：

（1）提出最优化问题，表明目标是什么？约束条件是什么？求什么变量？建立最优化问题的数学模型，确定变量，列出目标函数及约束式（等式或不等式）。

（2）分析模型，选择合适的求解方法。

（3）编写程序，用计算机求最优解，对算法的收敛性（是否最终能收敛到最优解）、通用性与简便性、效率（运算时间）及误差等做出评价。

动态规划是将 $N$ 段最优决策问题化为 $N$ 个一段最优决策问题。在每一段求目标函数的极值，实际上是一个简单的线性或非线性规划的寻优。下面研究二例，如何用动态规划方法求解最优分配问题。

**例 6-1** 发电厂并联发电机组的经济负荷分配。

发电厂发电机组间的经济负荷分配问题是电力系统经济运作中的重要问题。现设 $n$ 台发电机组，当第 $k$ 台机组出力为 $x_k$（兆瓦）时，单位时间的燃料费用为 $f_k(x_k)$ 元。设 $L$ 为用户所需的负荷（兆瓦），求各机组的负荷分配，使单位时间总的燃料费用最少。

首先建数学模型，即

$$\min \quad f_1(x_1) + f_2(x_2) + \cdots + f_n(x_n)$$
$$x_1 + x_2 + \cdots + x_n = L$$
$$x_i \geqslant 0, \ i = 1, \ 2, \ \cdots, \ n$$

用动态规划求解时，递推公式为

$$F_{k+1} = \min_{x_{k+1}}[F_k(L - x_{k+1}) + f_{k+1}(x_{k+1})]$$

**例 6-2** 串联部件间的可靠性分配问题

某液压系统由 $N$ 个部件串联组成，为了保证有较高的可靠性，每个部件由若干个元件并联，元件并联数越大，可靠性越高，但系统的成本及重量都要增大。在成本和重量有一定限制条件下，使整个系统可靠性提高，确定各串联部件应由多少个元件并联组成？

设第 $i$ 个部件由 $x_i$ 个元件并联，其可靠性概率为 $R_i(x_i)$，$i = 1, \ 2, \ \cdots, \ N$，并且 $R_i(x_i) \leqslant 1$。

整个系统的可靠性概率 $R_s$ 为各个串联部件可靠性概率的乘积：

$$R_s = \prod_{i=1}^{N} R_i(x_i)$$

设第 $i$ 个部件中一个并联元件的成本为 $C_i$，重量为 $W_i$，则上述可靠性分配问题的数学模型为

$$\max R_s = \prod_{i=1}^{N} R_i(x_i)$$
$$\sum_{i=1}^{N} c_i x_i = C$$
$$\sum_{i=1}^{N} w_i x_i \leqslant W$$

式中 $C$，$W$——分别为系统总成本和总重量。

这是非线性整数规划，我们用动态规划方法求解，迭代公式为

$$F_N(C, \ W) = \max \prod_{i=1}^{N} R_i(x_i)$$
$$F_k(C, \ W) = \max[F_{k-1}(C - c_k x_k, \ W - w_k x_k) R_k(x_k)]$$
$$= \max[R_1(x_1) R_2(x_2) \cdots R_{k-1}(x_{k-1}) R_k(x_k)]$$

若 $k = 2$ 时

$$F_2(C, \ W) = \max R_1(x_1) R_2(x_2)$$
$$= \max[F_1(C - c_2 x_2, \ W - w_2 x_2) R_2(x_2)]$$

## 6.2 冗余液压系统可靠性的最优化

### 6.2.1 概述

在工业、军事和日常生活的许多方面，系统可靠性的性能对于各种条件下的任务来说，都是极其重要的。虽然，在定性方面，可靠性已不是什么新的概念，但在定量方面，在过去二十年中却得到了发展。这就导致对高可靠性系统和高安全、低费用部件的需求量的不断增加。

有许多改进系统可靠性的方法，其中有使用大的安全系数；减少系统的复杂性；逐步改进产品质量；增加组成部件的可靠度；使用结构冗余；实行计划维护和定时检修。但经过实践认为比较好的是最好冗余分配这一方法。

最优化技术有一般的最优化技术、整体规划、极大值原理、广义的既约梯度法、修正的单纯形搜索、序列无约束极小化方法、拉格朗日乘子法和 K-T 条件法、广义的拉格朗日函数法、动态规划以及几何规划。为了研究方便，我们将进一步叙述系统常见模型的基本概念和定义，建议回顾有关可靠性方面的书和参考文献。

所考虑的第一个模型，就是 $N$ 级串联系统，如图 6-1 所示。

图 6-1　$N$ 级串联系统

在这个系统里，功能的实施依赖于系统所有部件的正常运行。如果一个部件失效，系统就失效。

第二个模型是一个 $M$ 级并联系统，如图 6-2 所示。

从输入到输出，共有 $M$ 个分支，只有当所有部件都失效时，系统才失效。

第三个模型是一个混合的串-并联系统。其中，$N$ 个部件串联，同时 $M$ 个这样的串联连接再行并联，从而构成该系统，如图 6-3 所示。

第四个模型是一个并-串联混合系统。在这个系统里，$N$ 级是串联连接的，每一级的部件则是并联连接的，如图 6-4 所示。

第五个模型是一个部件等待系统，如图 6-5 所示。它与并-串联混合系统有相同的形式。然而，在这个系统里，并联的部件在同一时刻并不全部投入运行。

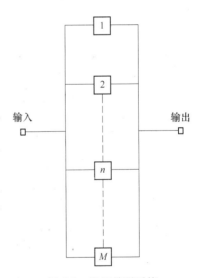

图 6-2　$M$ 级并联系统

第六个模型是一个系统的等待系统，如图 6-6 所示。该系统与串并-联混合系统有相同的形式。然而，当系统的等待系统运行时，并联的 $M$ 个串联子系统在同一时刻并不是全部投入运行。

第七个模型是一个典型的非串-并联可靠性系统，如图 6-7 所示。这个系统的可靠性，可以用条件概率来评定，也可以用其他的方法来评定。

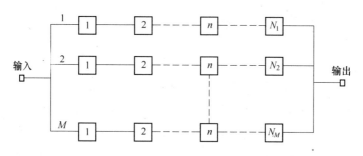

图 6-3　混合的串-并联系统

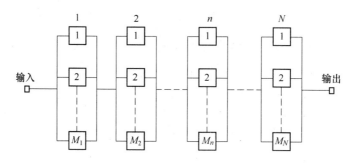

图 6-4　混合的并-串联系统

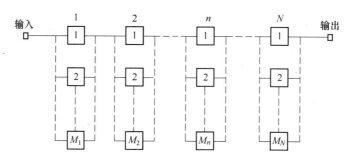

图 6-5　部件等待系统

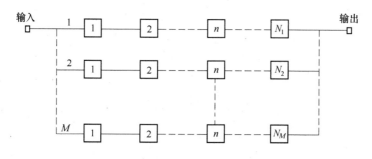

图 6-6　等待系统

第八个模型是一个复杂的桥式网络系统，如图 6-8 所示。桥式网络形式是一类复杂的可靠性系统。

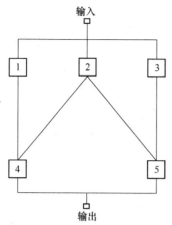

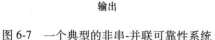

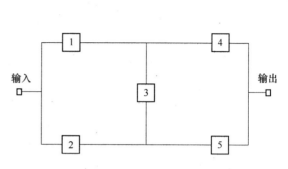

图 6-7 一个典型的非串-并联可靠性系统　　　图 6-8 复杂的桥式网络系统

### 6.2.2 系统可靠性最优化问题的提出

下面阐述与我们研究有关的最优化问题的结构。对于一个 $N$ 级串联模型（图 6-1），问题在于如何对每个部件进行可靠度分配，以便使整个系统的可靠性最大。下面我们分别予以阐述。

**问题 1**

$$\max R_s = \prod_{j=1}^{N} R_j$$

约束为

$$\sum_{j=1}^{N} g_{ij}(R_j) \leqslant b_i, \ i = 1, \ 2, \ \cdots, \ m$$

式中　$R_s$——系统的可靠度；

　　　$R_j$——第 $j$ 级部件的可靠度；

　$g_{ij}(R_j)$——消耗在第 $j$ 级上的资源 $i$；

　　　$b_i$——资源 $i$ 可用的总数。

函数 $g_{ij}(R_j)$ 与部件可靠度 $R_j$ 的关系，可以是线性的，也可以是非线性的。

这一问题可更进一步地描述为在费用约束下寻找最优的冗余数（见图 6-2～图 6-6），使系统的可靠度为最大。或者，在系统可靠度等于或大于所希望的水平的约束条件下，使系统的费用为最少。这就是

**问题 2**

$$\max R_s = \prod_{j=1}^{N} R_j(x_j)$$

约束为

$$\sum_{j=1}^{N} g_{ij}(x_j) \leqslant b_i, \ i = 1, \ 2, \ \cdots, \ m$$

式中　$R_j$——第 $j$ 级（第 $j$ 个子系统）的可靠度，它是每一级部件数 $x_j$ 的函数。

**问题 3**

$$\min C_s = \sum_{j=1}^{N} c_j(x_j)$$

约束为

$$R_s = \prod_{j=1}^{N} R_j(x_j) \geqslant R_r$$

式中  $C_s$——系统的总费用；

$c_j$——第 $j$ 级的费用，它是每一级部件数 $x_j$ 的函数；

$R_s$——系统的可靠度，它大于或等于系统所要求的可靠度 $R_r$。

对于复杂系统的可靠度（图 6-7 和图 6-8）可以通过条件概率，其他网络算法获得。所述最优化问题如问题 4。

**问题 4**

$$\max R_s = f(R_1, R_2, \cdots, R_N)$$

约束为

$$\sum_{j=1}^{N} g_{ij}(R_j) \leqslant b_i, \ i = 1, 2, \cdots, m$$

这里，系统的可靠度是部件可靠度 $R_j$ 的函数。

### 6.2.3  确定最优系统可靠性的最优化技术

上述的绝大多数问题是非线性整数规划问题。与一般的非线性规划问题相比较，求解这样的问题更为困难，但是，在用于大规模非线性规划问题时，仅仅有少数算法被证明是有效的。没有哪一种算法被证明比其他算法更优越，因此，只能按求解一般的非线性规划问题的算法分类。

虽然整数规划得到的是整数解，但为了应用整数规划，把非线性目标函数和约束条件转化为线性形式，则是一个困难的任务。除此之外，各种整数规划方法，在合理的时间内，不能保证一定能得到最优解。动态规划存在着随状态变量数的增加而增加维数的"灾难"，并且对于有三个以上约束的问题，求解相当困难。类似地，极大值原理在求解有三个以上约束的问题也是困难的。同样，几何规划只限于求解可用泊松函数形式表示的问题。

序列无约束极小化方法（SUMT），广义既约梯度法（GRG），修正的单纯形序列搜索，广义的拉格朗日函数法，是用于大型非线性规划问题中被证明有效的少有的方法。然而，解是非整数，因此，必须是整数最优解这一点得不到保障。

在求解一些小型系统可靠性最优化问题时，上述的参考文献所用到的所有最优化方法都是有限的。当把它们应用到一些大型问题时，只有少数方法才是有效的。

有一些新的研究方法，在这些方法里只要附加最优化工作，就会得到有益的效果。例如，一般可靠性最优化问题的一个扩展，就是同时确定部件可靠度的最优水平和每一级的冗余数。它是这样的一个问题，就是部件的失效率是变量。所决定的是怎样在添加的冗余部件之间，或者在单个部件可靠度之间做最优的权衡。另一个例子是，对于多级系统可靠性的最优化，可以从一系列可能的候选者当中，选择比较可靠的部件作为第一级，在第二级中添加并联的冗余部件，在第三级中用一个 $n$ 中取 $k$ 的 $G$ 结构来实现。

从经济观点来看，改进系统可靠性的费用数据是十分需要的，但目前有用的数据很少。为了使目标函数和约束公式化，实际的费用数据对逼真地模拟问题是必需的。

随着现代设备复杂程度的日益增加，在军事和工业两个领域，包含高性能、高可靠性和高维修性的新的工程问题随之出现。作为可维修性和可靠性的综合度量的有效度，越来越广泛地被用作系统可靠性的度量。

在求解一般的线性或非线性规划问题中，各种最优化方法都有其固有的特点和特定的优点。下面，我们将讨论几种最优化方法，即

（1）通过增加每个特定子系统里的冗余部件，使系统的可靠性最大。

（2）通过选择每一级合适的可靠性值，使系统的可靠性最大。

（3）在满足系统最低限度可靠性要求的同时，使系统的"费用"为最小。

或者（4）在满足每个单独系统可靠性最低限度要求的同时，使多级功能系统的费用为最小。

价格、重量、体积或者这些项目的一些组合即"费用"约束，对于串联、并联或者复杂结构的系统是重要的。每一个约束函数都是部件可靠度的增函数，或是每一级所使用的部件数的增函数，或者是这二者的增函数。各种"费用"函数都是有用的。

在最优化方法中，广义既约梯度法（GRG）和广义的拉格朗日函数法是非常有前途的。对成功地用于冗余分配问题的启发式方法和动态规划，将认真地进行评论、分类和修正。为了进行综合性的讨论，其他最优化方法也将用于各种可靠性最优化问题。在涉及每个特点的方法以前，我们先做如下的一些假设：

（1）如果所有的子系统是串联运行，对于成功地完成任务来说，每个子系统都被看成是必不可少的。

（2）串联、并联或者混合结构所有的子系统都是 S 独立的。也就是说，每个子系统中并联的冗余部件是统计独立的。在并联冗余中，所有的部件都具有相同的失效（或成功）风险，不管它们是备份部件，还是现役部件。

（3）对于某些特定的最优化方法要求线性化以前，"费用"的约束不必以线性的方式给出。

（4）好与坏是对每个部件、子系统和整个系统的足够的描述。在并联情况下，除非特例，要使子系统是好的，仅需一个部件是好的，这就是 $m$ 取 $1:G$ 结构。关于部件的风险系数不做假定，除非该系数在部件可靠度中有所反映。

（5）没有任务所要求的特定最优化知识，冗余数的实际决断，设计改动以及可靠性改进的其他保障是不能实现的。权衡可以仅仅在最优的冗余部件和"费用"值之间考虑。

（6）子系统之间要附加约束。

（7）冗余模型的假设条件是单独（或分支）失效，不影响剩余的部件（或分支）的运行。

（8）可以认为连接点消耗的"费用"是相同的，但是要假定给定系统正在执行完善的功能。

## 6.3 启发式方法在系统可靠性最优化中的应用

### 6.3.1 概述

众所周知，利用冗余可以增加系统的可靠性。可用许多方法来获得最优化问题的解，而各种启发式算法，用在求解冗余分配问题上是非常引人注目的。

现介绍四种启发式算法。Sharma 等人建立了一种在子系统之间分配冗余度的直观方法。该方法是，每次迭代都在可靠度最低的一级增加一个冗余数。该算法被用来求解具有多个非线性约束条件的多级系统问题。在该算法里，约束条件并不是主动的。Misra 导出了一个用于求解具有多个线性约束的最优冗余问题的算法。在求解过程中，具有 $r$ 个约束的问题被分解成 $r$ 个问题，每个问题有一个约束条件，并引入"满意"因子，即用系统可靠性增加的百分数与相应的费用增加的百分数的比，来确定欲增加冗余数的级。Aggarwal 等人通过引入可靠性的相对增量和松弛变量的衰减量（不用资源的均衡）作为选择增加哪一级冗余数的准则，从而改进了 Sharma 等人用于求解具有多个非线性约束的串联系统问题的算法。Aggarwal 后来又把这一算法推广到复杂系统问题。近来，Nakagawa 等人提出了求解另外一种类型的串联系统的第四种算法（在后面说明）。在该算法中，在目标函数和约束条件之间考虑松弛。用于求解复杂系统问题的 Nakagawa 等人的推广算法，也将予以介绍。

这些方法，通过四个例子来说明。每个例子使用一种方法或多种方法。第一个例子是具有三个非线性约束函数的五级串联系统。第二个例子是具有一个线性约束的非串-并联复杂系统。第三个例子是具有两个线性费用约束的四级串联系统。第四个例子是一个比较复杂的，不能简化成简单的串-并联冗余的问题。现在，将这些例子叙述如下。

**例 6-3** 该问题最初是由 Tillman 等人提出来的，并被 Tillman、Sharma 和其他人为证明一系列最优化方法所采用。五级问题叙述如下：

$$\max R_s = \prod_{j=1}^{5} \left[ 1 - (1 - R_j)^{x_j} \right] \tag{6-1}$$

约束为

$$g_1 = \sum_{j=1}^{5} p_j (x_j)^2 \leqslant P$$

$$g_2 = \sum_{j=1}^{5} c_j \left[ x_j + \exp\left(\frac{x_j}{4}\right) \right] \leqslant C \tag{6-2}$$

$$g_3 = \sum_{j=1}^{5} w_j x_j \exp\left(\frac{x_j}{4}\right) \leqslant W$$

式中 $x_j \geqslant 1$ ($j=1, 2, \cdots, 5$)，$x_j$ 是整数。

与五级问题有关的一些常数见表 6-1。

**表 6-1 常数**

| $j$ | $R_j$ | $p_j$ | $P$ | $c_j$ | $C$ | $w_j$ | $W$ |
|-----|-------|-------|-----|-------|-----|-------|-----|
| 1 | 0.80 | 1 | | 7 | | 7 | |
| 2 | 0.85 | 2 | | 7 | | 8 | |

| $j$ | $R_j$ | $p_j$ | $P$ | $c_j$ | $C$ | $w_j$ | $W$ |
|---|---|---|---|---|---|---|---|
| 3 | 0.90 | 3 | 100 | 5 | 175 | 8 | 200 |
| 4 | 0.65 | 4 | | 9 | | 6 | |
| 5 | 0.75 | 2 | | 4 | | 9 | |

**例6-4**　第二个例子是考虑图6-9所示的非串-并联系统。

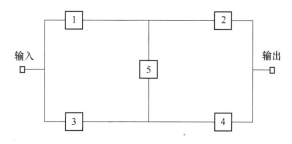

图6-9　桥式结构

这里有一个费用约束，要研究的最大部件数是20。各子系统的数据为：

$$R_1 = 0.70, \quad R_2 = 0.85, \quad R_3 = 0.75, \quad R_4 = 0.80, \quad R_5 = 0.90$$
$$\sigma_1 = 2, \quad \sigma_2 = 3, \quad \sigma_3 = 2, \quad \sigma_4 = 3, \quad \sigma_5 = 1$$

问题为

$$\min Q_s = Q_1'Q_3' + Q_2'Q_4' + Q_1'Q_4'Q_5' + Q_2'Q_3'Q_5' - Q_1'Q_2'Q_3'Q_4' -$$
$$Q_1'Q_3'Q_4'Q_5' - Q_1'Q_2'Q_3'Q_5' - Q_1'Q_2'Q_4'Q_5' - Q_2'Q_3'Q_4'Q_5' + 2Q_1'Q_2'Q_3'Q_4'Q_5' \tag{6-3}$$

约束为

$$g = \sum_{j=1}^{5} c_j x_j \leqslant C \tag{6-4}$$

式中，$Q_j' = (1 - R_j)^{x_j} \ (j = 1, 2, \cdots, 5)$，$x$ 是大于等于1的常数。

**例6-5**　本例是具有四级的串联系统。部件的可靠度、费用以及重量数据见表6-2。

表6-2　数据

| 级 $j$ | 1 | 2 | 3 | 4 |
|---|---|---|---|---|
| 部件可靠度 $R_i$ | 0.80 | 0.70 | 0.75 | 0.85 |
| 费用 $c_j$ | 1.2 | 2.3 | 3.4 | 4.5 |
| 重量 $w_j$ | 5 | 4 | 8 | 7 |

系统的费用和重量分别是56和120，于是问题变为

$$\max R_s = \prod_{j=1}^{4} \left[ 1 - (1 - R_j)^{x_j} \right]$$

约束为

$$g_1 = \sum_{j=1}^{4} c_j x_j \leqslant 56$$

$$g_2 = \sum_{j=1}^{4} w_j x_j \leqslant 120$$

式中，$x_j$ 是大于等于 1 的整数，$j=1$，2，…，4。

**例 6-6** 本例是由 Nakagawa 等人提出来的，它比简单的并-串联冗余问题复杂。考虑一个三级串联系统。从四个候选者当中选取最可靠的部件作为第一级，在第二级添加并联的冗余部件，以及在第三级使用 $x_j + 1$ 取 2：$G$ 结构。于是，问题变成

$$\max R_s = \prod_{j=1}^{3} R_j'(x_j) \tag{6-5}$$

约束为

$$g_1 = 4\exp\left[\frac{0.02}{1 - R_1(x_1)}\right] + 5x_2 + 2(x_3 + 1) \leqslant 45$$

$$g_2 = 5 + e^{x_1/8} + 3(x_2 + e^{x_2/4}) + 5(x_3 + 1 + e^{x_3/4}) \leqslant 75 \tag{6-6}$$

$$g_3 = 10 + 8x_2 e^{x_2/4} + 6x_3 e^{x_3/4} \leqslant 240$$

式中

$R_1'(x_1) = 0.88$，0.92，0.98，0.99，对于 $x_1 = 1$，2，3，4

$R_2'(x_2) = 1 - (1 - 0.81)^{x_2}$

$$R_3'(x_3) = \sum_{k=3}^{x_3+1} \begin{bmatrix} x_3 + 1 \\ k \end{bmatrix} 0.77^k (1 - 0.77)^{x_3+1-k}$$

**例 6-7** 在本例中，考虑一个多功能系统。该系统包含 $n$ 个性质不同的部件，且每个部件的可靠度随并联的冗余数或等待的冗余数的增加而增加。该问题由 Ushakov 提出，即

$$\min C_s = \sum_{j=1}^{n} c_j x_j$$

约束为

$$R_{si} = \prod_{j \in J_i} R_j'(x_j) \geqslant R_{si, \min}$$

$$i = 1, 2, \cdots, k$$

对于 $j=1$，2，…，$n$，$x_j$ 是大于等于零数。

式中，$J_i$ 表示第 $i$ 个功能可靠性 $R_{si}$ 满足最低要求时，保障功能 $i$ 实现的部件的子集。

与此例有关的数据见表 6-3。

**表 6-3 数据**

| 级 $j$ | 1 | 2 | 3 |
|---|---|---|---|
| 部件可靠度 $R_j$ | 0.80 | 0.75 | 0.85 |
| 费用 $c_j$ | 3 | 2 | 4 |

$$R_{s1, \min} = 0.94, \quad R_{s2, \min} = 0.96$$

## 6.3.2 Sharma-Venkateswaran 启发式算法

### 6.3.2.1 问题的阐述

除了对在第 $j$ 级具有 $x_j$ 冗余部件的 $N$ 级串联系统可靠性最优化问题所做的一般假设

外，在第 $j$ 级上的一个部件的不可靠度 $Q_j$（$j=1$，2，$\cdots$，$N$）应当足够小（$\leqslant 0.5$）。于是

$$Q_s = 1 - \prod_{j=1}^{N}(1 - Q_j^{x_j})$$

可以近似为

$$Q_s = \sum_{j=1}^{N} Q_j^{x_j}$$

这里，$Q_s$ 是系统的不可靠度。因此，具有非线性费用约束的系统可靠性最优化问题可以叙述为

$$\min Q_s = \sum_{j=1}^{N} Q_j^{x_j} \tag{6-7}$$

约束为

$$\sum_{j=1}^{N} g_{ij}(x_j) \leqslant b_i$$
$$i = 1，2，\cdots，4 \tag{6-8}$$

式中  $g_{ij}(x_j)$——第 $j$ 级所消耗的资源 $i$；

$b_i$——对应约束 $i$ 的可用资源。

我们的目的是逐步降低 $Q_s$，只要式（6-8）中的约束不被破坏，每一步都在式（6-7）中具有最高 $Q_j^{x_j}$ 的那一级添加一个冗余部件，因此，约束仅仅在可行域边界附近才变成主动的。求解该问题的步骤如下：

第一步对于 $j=1$，2，$\cdots$，$N$ 选定 $x_j=1$。因为这是一个串联系统，每一级至少要有一个串联部件，并且系统不应破坏任何一个约束。

第二步找出最可靠的一级，并在该级上添加一个冗余部件。

第三步检查约束。如果

（1）任一约束被破坏，转至第四步；

（2）没有约束被破坏，转至第二步；

（3）全部约束都精确满足，停止。此时的 $x_j'$ 就是系统的最优结构。

第四步减掉在第二步最后添加的一个冗余部件，所得结果的数目就是该级的最优分配值，然后，把该级排除在进一步考虑的级之外。

第五步如果所有的级按重要度都被排出，则现时的 $x_j'$ 就是系统的最优结构。否则，转至第三步。

### 6.3.2.2 例 6-3 的解

这里求解具有三个非线性约束的五级问题。该问题的目标函数式（6-1）可近似地表示为

$$\min Q_s = (1 - R_1)^{x_1} + (1 - R_2)^{x_2} + (1 - R_3)^{x_3} + (1 - R_4)^{x_4} + (1 - R_5)^{x_5}$$

这里，$(1 - R_1)^{x_1}$，$(1 - R_2)^{x_2}$，$(1 - R_3)^{x_3}$，$(1 - R_4)^{x_4}$ 和 $(1 - R_5)^{x_5}$ 是级的不可靠度，分别用 $Q_1'$，$Q_2'$，$Q_3'$，$Q_4'$ 和 $Q_5'$ 来表示。

基本分配（1，1，1，1，1）是针对系统选定的。在这一结构下，各级的不可靠度是（0.20，0.15，0.10，0.35，0.25），耗费的资源是（12，73.1，48.8），且没有约束被破

坏。由于第四级是最不可靠的，即 $Q'_4 = 0.35$，我们给该级添加一个冗余部件，所形成的系统结构为（1，1，1，2，1），耗费的资源分别是（24，85.4，60.8）。

按照算法的各个步骤，我们得到表 6-4 所示的结果。最优解是 $(x_1, x_2, x_3, x_4, x_5) = (3, 2, 2, 3, 3)$，系统的可靠度 $R_s \approx 1 - (0.008 + 0.0225 + 0.01 + 0.04288 + 0.01562) = 0.9$。值得注意的是，系统在最优结构（3，2，2，3，3）时，没有约束被破坏，把 $Q'_4$ 排除在进一步考虑的级之外，$Q'_2 = 0.0225$ 就成为最大的不可靠度。于是，冗余部件可以添加给第二级，从而构成新的系统结构（3，3，2，3，3）〔第二步〕，然后，约束条件 3 被破坏〔第三步〕；因此，$x_2 = 2$ 是最优数，并将第二级排除在进一步考虑的级之外〔第四步〕，复原了（3，2，2，3，3）结构。运算继续下去，由于 $Q'_5 = 0.015625$ 是在 $Q'_1$，$Q'_3$，$Q'_5$ 中最大的不可靠度〔第二步〕，因此在第五级试探添加一个冗余数；然而，第三个约束条件再一次被破坏〔第三步〕，于是把第五级排除在进一步考虑的级之外〔第四步〕。类似地，我们分别试探第三级和第一级，但是，在这两种情况下，第三个约束条件均被破坏，如表6-4 所示。因此，该系统的最优结构是（3，2，2，3，3）。

表 6-4　例 6-3 用 Sharma 等的方法的计算结果

| 每一级的部件数 | | | | | 级　不　可　靠　度 | | | | | 约　束 | | |
|---|---|---|---|---|---|---|---|---|---|---|---|---|
| $x_1$ | $x_2$ | $x_3$ | $x_4$ | $x_5$ | $Q'_1$ | $Q'_2$ | $Q'_3$ | $Q'_4$ | $Q'_5$ | $g_1(x)$ | $g_2(x)$ | $g_3(x)$ |
| 1 | 1 | 1 | 1 | 1 | 0.2 | 0.15 | 0.1 | 0.35① | 0.25 | 12 | 73.1 | 48.8 |
| 1 | 1 | 1 | 2 | 1 | 0.2 | 0.15 | 0.1 | 0.1225 | 0.25 | 24 | 85.4 | 60.7 |
| 1 | 1 | 1 | 2 | 2 | 0.2① | 0.15① | 0.1 | 0.1225 | 0.0625 | 30 | 90.8 | 79.0 |
| 2 | 1 | 1 | 2 | 2 | 0.04 | 0.15 | 0.1 | 0.1225 | 0.0625 | 33 | 100.4 | 93.1 |
| 2 | 2 | 1 | 2 | 2 | 0.04 | 0.0225 | 0.1 | 0.1225① | 0.0625 | 39 | 109.9 | 109.2 |
| 2 | 2 | 1 | 3 | 2 | 0.04 | 0.0225 | 0.1① | 0.042875 | 0.0625 | 59 | 123.12 | 127.5 |
| 2 | 2 | 2 | 3 | 2 | 0.04 | 0.0225 | 0.01 | 0.042875 | 0.0625① | 68 | 130.0 | 143.6 |
| 2 | 2 | 2 | 3 | 3 | 0.04① | 0.0225 | 0.01 | 0.042875② | 0.015625 | 78 | 136.0 | 171.1 |
| 2 | 2 | 2 | 3 | 3 | 0.008 | 0.0225 | 0.01 | 0.042875② | 0.015625 | 83 | 146.1 | 192.5 |
| 3 | 3 | 2 | 3 | 3 | | | | | | 93 | 157.4 | 216.9③ |
| 3 | 2 | 2 | 3 | 4 | | | | | | 88 | 142.0 | 220.1③ |
| 3 | 2 | 3 | 3 | 3 | | | | | | 91 | 153.0 | 208.6③ |
| 4 | 2 | 2 | 3 | 3 | | | | | | 88 | 156.2 | 213.9③ |
| 3 | 2 | 2 | 4 | 3 | | | | | | 93 | 159.3 | 210.2③ |

①欲添加冗余部件的一级；
②从进一步考虑的级中被排除的一级；
③约束被破坏。

#### 6.3.2.3　例 6-4 的解

这里给出一个复杂的（非串-并联）系统的解。对于这一系统，每一级最基本的分配任选定为（1，1，1，1，1）。在这一结构下，各级的不可靠度是（0.30，0.15，0.25，0.20，0.10），它耗费 11 个费用单位。很明显，这并未超过可用资源。由于第一级具有最大的不可靠度，即 $Q_1' = 0.30$，我们给这一级增添一个冗余数，以便构成新的结构（2，1，1，1，1），并检查资源限制。用该算法，我们把获得的结果扼要列入表6-5。此表的最后一行，给出了因分配冗余数（2，1，2，2，3）而耗费20个资源单位。把（2，1，2，2，3）代入式（6-3）后，系统的不可靠度是0.0116，系统的可靠度是0.9884。

表 6-5 例 6-4 用 Sharma 等的方法所得结果

| 每一级的部件数 | | | | | 级 不 可 靠 度 | | | | | 约束 |
|---|---|---|---|---|---|---|---|---|---|---|
| $x_1$ | $x_2$ | $x_3$ | $x_4$ | $x_5$ | $Q_1'$ | $Q_2'$ | $Q_3'$ | $Q_4'$ | $Q_5'$ | $g(x)$ |
| 1 | 1 | 1 | 1 | 1 | 0.30① | 0.15 | 0.25 | 0.20 | 0.10 | 11 |
| 2 | 1 | 1 | 1 | 1 | 0.09 | 0.15 | 0.25a | 0.20 | 0.10 | 13 |
| 2 | 1 | 2 | 1 | 1 | 0.09 | 0.15 | 0.0625 | 0.20② | 0.10 | 15 |
| 2 | 1 | 2 | 2 | 1 | 0.09 | 0.15② | 0.0625 | 0.04 | 0.10 | 18 |
| 2 | 2 | 2 | 2 | 1 | | | | | | 21③ |
| 2 | 1 | 2 | 2 | 2 | 0.09② | 0.15② | 0.0625② | 0.04② | 0.01① | 19 |
| 2 | 1 | 2 | 2 | 3 | 0.09 | 0.15 | 0.0625 | 0.04 | 0.001 | 20 |

注：a 为可添加冗余部件的一级。
①欲添加冗余部件的一级；
②从进一步考虑的级中被排除的一级；
③约束被破坏。

### 6.3.2.4 例 6-5 的解

求解该例的步骤，由表6-6给出。

表 6-6 例 6-5 用 Sharma 等的方法所得结果

| 每一级的部件数 | | | | 级 不 可 靠 度 | | | | 约 束 | |
|---|---|---|---|---|---|---|---|---|---|
| $x_1$ | $x_2$ | $x_3$ | $x_4$ | $Q_1'$ | $Q_2'$ | $Q_3'$ | $Q_4'$ | $g_1(x)$ | $g_2(x)$ |
| 1 | 1 | 1 | 1 | 0.20 | 0.30① | 0.25 | 0.15 | 11.4 | 24 |
| 1 | 2 | 1 | 1 | 0.20 | 0.09 | 0.25① | 0.15 | 13.7 | 28 |
| 1 | 2 | 2 | 1 | 0.20① | 0.09 | 0.0625 | 0.15 | 17.1 | 36 |
| 2 | 2 | 2 | 1 | 0.04 | 0.09 | 0.0625 | 0.15① | 18.3 | 41 |
| 2 | 2 | 2 | 2 | 0.04 | 0.09① | 0.0625 | 0.0225 | 22.8 | 48 |
| | | | | ● | ● | ● | ● | ● | ● |
| | | | | ● | ● | ● | ● | ● | ● |
| | | | | ● | ● | ● | ● | ● | ● |
| 4 | 5 | 5 | 4 | 0.0016 | 0.00243① | 0.0009765 | 0.00050625 | 51.3 | 108 |
| 4 | 6 | 5 | 4 | 0.0016① | 0.000729 | 0.0009765 | 0.00050625 | 53.6 | 112 |
| 5 | 6 | 5 | 4 | 0.00032 | 0.000729 | 0.0009765 | 0.00050625 | 54.8 | 117 |

①欲添加冗余部件的一级。

### 6.3.2.5 例 6-6 的解

这个例子的解列于表6-7。

表 6-7　例 6-6 用 Sharma 等的方法所得结果

| 每一级的部件数 | | | 级　不　可　靠　度 | | | 约　　束 | | |
|---|---|---|---|---|---|---|---|---|
| $x_1$ | $x_2$ | $x_3$ | $Q_1'$ | $Q_2'$ | $Q_3'$ | $g_1(x)$ | $g_2(x)$ | $g_3(x)$ |
| 1 | 1 | 1 | 0.12 | 0.19 | 0.4071① | 13.73 | 26.92 | 27.98 |
| 1 | 1 | 2 | 0.12 | 0.19① | 0.13437 | 15.73 | 33.74 | 40.06 |
| 1 | 2 | 2 | 0.12 | 0.0361 | 0.13437① | 20.73 | 40.93 | 56.16 |
| 1 | 2 | 3 | 0.12① | 0.0361 | 0.04027 | 22.73 | 48.27 | 74.48 |
| 2 | 2 | 3 | 0.08① | 0.0361 | 0.04027 | 23.13 | 48.42 | 74.48 |
| 3 | 2 | 3 | 0.02 | 0.0361 | 0.04027① | 28.87 | 48.59 | 74.48 |
| 3 | 2 | 4 | 0.02 | 0.0361① | 0.0114 | 30.87 | 56.69 | 101.61 |
| 3 | 3 | 4 | 0.02② | 0.0069 | 0.0114 | 35.87 | 60.63 | 126.04 |
| 4 | 3 | 4 | | | | 54.55③ | 60.82 | 126.04 |
| 3 | 3 | 5 | 0.02② | 0.0069 | 0.0114 | 37.88 | 70.32 | 165.51 |
| 3 | 4 | 5 | | | | 42.88 | 76.39③ | 201.68③ |
| 3 | 3 | 6 | | | | 39.88 | 78.91③ | 222.14③ |

①欲添加冗余部件的一级；

②从进一步考虑的级中被排除的一级；

③约束被破坏。

## 6.3.3　Aggarwal 启发式算法

### 6.3.3.1　问题的阐述

Sharma 等人的启发式算法，是由对不可靠度最大的一级添加冗余数来构成。该方法适用于具有任何数目的一般约束问题。如果某些级里有这样的部件，即可靠度相差不多，但费用却相差很大，这时，Sharma 等人的方法就不能给出一个最优解。Aggarwal 等人提出了一个替换算法，他们用一个新的评定准则，来选择添加冗余数的级。在某些情况下，使用 Sharma 等人的算法，松弛变量（不用资源的剩余部分）妨碍了把唯一的部件加给可靠度最低的一级，但却允许为具有较高可靠度的其他级添加较多的部件。后者最终增加的可靠度，可能比前者更大。

这种启发式算法是基于这样的一个想法，即可靠度增量与资源耗费增量之比是最大的一级，增加一个部件。该比值由下式来定义。

$$F_j(x_j) = \frac{\Delta(1 - R_j)^{x_j}}{\prod_{j=1}^3 \Delta g_{ij}(x_j)} \tag{6-9}$$

式中

$$\Delta(1 - R_j)^{x_j} = (1 - R_j)^{x_j} - (1 - R_j)^{x_{j+1}} = R_j(1 - R_j)^{x_j}$$

$$\Delta g_{ij}(x_j) = g_{ij}(x_j + 1) - g_{ij}(x_j)$$

$F_j(x_j)$ 是 $j$ 和 $x_j$ 的函数，因此，在计算中即使 $j$ 固定，$F_j(x_j)$ 也是变化的。在线性约束的情况下，所有的 $F_j(x_j)$ 可以用下面的递推关系式来计算，即

$$F_j(x_j + 1) = Q_j F_j(x_j) \tag{6-10}$$

计算步骤是：

第一步：

令 $\boldsymbol{x} = (x_1, x_2, \cdots, x_n) = (1, 1, \cdots, 1)$。

第二步：

（1）用式（6-9），对所有的 $j$ 计算 $F_j(x_j)$。

（2）选择具有最大的 $F_j(x_j)$ 的一级，把一个冗余部件添加到该级上去。

第三步：

检查约束是否被破坏。

（1）如果解一直是可行的，就将一个冗余部件添加到具有最大的 $F_j(x_j)$ 那一级上。修改 $x_j$ 和 $F_j(x_j)$ 的值，并转至第二步。

（2）如果至少有一个约束条件被精确地满足，$\boldsymbol{x}$ 的可行解就是一个最优解。

（3）如果至少有一个约束条件被破坏，将该级刚添加的冗余部件取消，并把这一级从进一步考虑的级中排除，且重复第二步。当所有的级从进一步考虑的级中均被排除后，$\boldsymbol{x}$ 的可行解就是最优结构。

第四步：

对于最优的 $\boldsymbol{x}^*$，计算系统的可靠性 $R_s$。

### 6.3.3.2 例 6-3 的解

为了得到选择因子，对 $i = 1, 2, 3, \cdots$，计算 $\Delta g_{ij}(x_j)$。

即

$$\Delta g_{1j}(x_j) = p_j(x_j + 1)^2 - p_j x_j$$

$$\Delta g_{2j}(x_j) = c_j\left[(x_j + 1) + \exp\left(\frac{x_j + 1}{4}\right)\right] - c_j\left[x_j + \exp\left(\frac{x_j}{4}\right)\right]$$

$$\Delta g_{3j}(x_j) = w_j(x_j + 1)\exp\left(\frac{x_j + 1}{4}\right)_j - w_j x_j \exp\left(\frac{x_j}{4}\right)$$

选择因子是

$$F_j(x_j) = \frac{R_j Q_j^{x_j}}{\prod_{j=1}^{3} \Delta g_{ij}(x_j)}, \quad j = 1, 2, \cdots, 5$$

从 $\boldsymbol{x} = (1,1,1,1,1)$ 开始，我们对某一级一次添加一个冗余部件，如表 6-8 所示。对于结构（1，1，1，1，1）的级选择因子是（0.000396，0.000091，0.000128，0.000316）；耗费的资源是（12，73.09，49.79），没有破坏约束条件。由于第一级具有最高的级选择因子，即 $F_1(x_1) = 0.000396$，我们对这一级添加一个冗余部件，从而构成系统结构（2，1，1，1，1），并检查耗费的资源为（15，82.64，62.88）。按照计算过程的各步骤做下去，最优结构是 $(x_1, x_2, \cdots, x_5) = (3, 2, 2, 3, 3)$，最优的系统可靠性是 0.9045。

表 6-8 例 6-3 用 Aggarwal 方法计算的结果

| 每一级的部件数 | | | | | 级 选 择 因 子 | | | | | 约 束 | | |
|---|---|---|---|---|---|---|---|---|---|---|---|---|
| $x_1$ | $x_2$ | $x_3$ | $x_4$ | $x_5$ | $F_1(x_1)$ | $F_2(x_2)$ | $F_3(x_3)$ | $F_4(x_4)$ | $F_5(x_5)$ | $g_1(x)$ | $g_2(x)$ | $g_3(x)$ |
| 1 | 1 | 1 | 1 | 1 | 0.000396① | 0.000138 | 0.000091 | 0.000128 | 0.000316 | 12 | 73.09 | 48.79 |
| 2 | 1 | 1 | 1 | 1 | 0.0000291 | 0.000138 | 0.000091 | 0.000128 | 0.000316 | 15 | 82.64 | 62.88 |
| 2 | 1 | 1 | 1 | 2 | 0.0000291 | 0.000138① | 0.000091 | 0.000128 | 0.0000290 | 21 | 88.10 | 81.00 |
| 2 | 2 | 1 | 1 | 2 | 0.0000291 | 0.0000076 | 0.000091 | 0.000128① | 0.0000290 | 27 | 97.65 | 97.11 |
| 2 | 2 | 1 | 2 | 2 | 0.0000291 | 0.0000076 | 0.000091① | 0.00016 | 0.0000290 | 39 | 109.93 | 109.19 |
| 2 | 2 | 2 | 2 | 2 | 0.0000291 | 0.0000076 | 0.0000033 | 0.00016 | 0.0000290 | 48 | 116.76 | 125.30 |
| 3 | 2 | 2 | 2 | 2 | 0.00000258 | 0.0000076 | 0.0000033 | 0.00016 | 0.0000290 | 53 | 127.03 | 146.67 |
| 3 | 2 | 2 | 2 | 3 | 0.00000258 | 0.0000076 | 0.0000033 | 0.00016① | 0.0000032 | 63 | 132.90 | 174.15 |
| 3 | 2 | 2 | 3 | 3 | 0.00000258 | 0.0000076① | 0.0000033 | 0.0000025② | 0.0000032 | 83 | 146.11 | 192.47 |
| 3 | 3 | 2 | 3 | 3 | | | | | | 93 | 157.39 | 216.90③ |
| 3 | 2 | 3 | 3 | 3 | | | | | | 91 | 153.00 | 208.60③ |
| 3 | 2 | 2 | 3 | 4 | | | | | | 80 | 142.00 | 220.10③ |
| 4 | 2 | 2 | 3 | 3 | | | | | | 88 | 156.20 | 213.90③ |
| 3 | 2 | 2 | 4 | 3 | | | | | | 93 | 159.30 | 210.20③ |

①欲添加冗余部件的一级；

②从进一步考虑的级中被排除的一级；

③约束被破坏。

### 6.3.3.3 例 6-4 的解

用 Aggarwal 的算法求解的这个例子表明，若用 Sharma 等人的算法来做，并不总能得到最优解。

每个子系统的起始结构是 $x = (1,1,1,1,1)$。级选择因子是（0.02649，0.01783，0.02759，0.01068，0.00533），且耗费资源为 11 个单位。由于第三个子系统具有最高的选择因子，即 $F_3(x_3) = 0.02759$，我们给这一级添加一个冗余数，从而构成系统结构（1，1，2，1，1），它耗费 13 个费用单位。完成计算过程时，最优系统结构是 $(x_1, x_2, \cdots, x_5) = (3,1,2,2,1)$，如表 6-9 所示。系统最优的可靠性为 0.9914。值得注意的是，同一问题，若用 Sharma 等人的算法去做，所得系统的最优结构是（2，1，2，2，3），系统的可靠度为 0.9884，它并不是一个最优解。

表 6-9 例 6-4 用 Aggarwal 方法计算的结果

| 每一级的部件数 | | | | | 级 选 择 因 子 | | | | | 约束 |
|---|---|---|---|---|---|---|---|---|---|---|
| $x_1$ | $x_2$ | $x_3$ | $x_4$ | $x_5$ | $F_1(x_1)$ | $F_2(x_2)$ | $F_3(x_3)$ | $F_4(x_4)$ | $F_5(x_5)$ | $g(x)$ |
| 1 | 1 | 1 | 1 | 1 | 0.02649 | 0.01783 | 0.02759① | 0.01068 | 0.00533 | 11 |
| 1 | 1 | 2 | 1 | 1 | 0.00796 | 0.00825 | 0.000690 | 0.01149① | 0.00478 | 13 |
| 1 | 1 | 2 | 2 | 1 | 0.01053① | 0.00180 | 0.00720 | 0.00230 | 0.00048 | 16 |
| 2 | 1 | 2 | 2 | 1 | 0.00316① | 0.00191 | 0.00160 | 0.00180 | 0.00033 | 18 |
| 3 | 1 | 2 | 2 | 1 | 0.000024 | 0.00030② | 0.00039 | 0.00092 | 0.00009② | 20 |

①欲添加冗余部件的一级；

②从进一步考虑的级中被排除的一级。

#### 6.3.3.4 例 6-5 的解

由于这个例子包含线性约束，所有的 $F_j(x_j)$ 可以用递推关系式（6-10）来计算。此式用来确定选择因子，以便判断给哪一级添加冗余数时更方便。计算的结果，扼要地列于表 6-10。

表 6-10 例 6-5 用 Aggarwal 方法计算的结果

| 每一级的部件数 | | | | 级 选 择 因 子 | | | | 约 束 | |
|---|---|---|---|---|---|---|---|---|---|
| $x_1$ | $x_2$ | $x_3$ | $x_4$ | $F_1(x_1)$ | $F_2(x_2)$ | $F_3(x_3)$ | $F_4(x_4)$ | $g_1(x)$ | $g_2(x)$ |
| 1 | 1 | 1 | 1 | 1.3333[①] | 0.0913 | 0.0662 | 0.0283 | 11.4 | 24 |
| 2 | 1 | 1 | 1 | 0.2666[①] | 0.0913 | 0.0662 | 0.0283 | 12.6 | 29 |
| 3 | 1 | 1 | 1 | 0.0533 | 0.0913[①] | 0.0662 | 0.0283 | 13.8 | 34 |
| 3 | 2 | 1 | 1 | 0.0533 | 0.0274 | 0.0662[①] | 0.0283 | 16.1 | 38 |
| 3 | 2 | 2 | 1 | 0.0533[①] | 0.0274 | 0.0165 | 0.0283 | 19.5 | 46 |
| 4 | 2 | 2 | 1 | 0.0011 | 0.0274 | 0.0165 | 0.0283[①] | 20.7 | 53 |
| ● | ● | ● | ● | ● | ● | ● | ● | ● | ● |
| ● | ● | ● | ● | ● | ● | ● | ● | ● | ● |
| ● | ● | ● | ● | ● | ● | ● | ● | ● | ● |
| 4 | 5 | 5 | 4 | 0.0011[①] | 0.0007 | 0.0010 | 0.0006 | 51.3 | 104 |
| 5 | 5 | 5 | 4 | 0.0002 | 0.0007[①] | 0.0013[②] | 0.0006 | 52.5 | 109 |
| 5 | 6 | 5 | 4 | 0.0002 | 0.0002 | 0.0013 | 0.0006 | 54.8 | 117 |

①欲添加冗余部件的一级；
②从进一步考虑的级中被排除的一级。

### 6.3.4 Misra 启发式算法

#### 6.3.4.1 问题的阐述

该方法用于求解具有多个线性约束的冗余问题，基本上是通过依次求解 r 个无约束问题，来得到一个 r 个约束问题的解。每一步选定一个主动的约束，然后用最大梯度法（后边再说明）来确定一个较好的解。计算步骤分以下五步。

第一步：在可行解域内可以达到的可靠性，应该用每一级冗余数的分配来近似地估算，直到某些资源约束达到极限为止。

第二步：用系统可靠性 $R_s$ 的估算值，通过下式来寻找相对每个费用约束的最优冗余分配。

$$x_j = \frac{\lg(1 - R_s^{\alpha_j})}{\lg Q_j} \tag{6-11}$$

式中

$$\alpha_j = \frac{c_j/(\ln Q_j)}{\sum_{j=1}^{n} c_j/(\ln Q_j)}, \quad j = 1, 2, \cdots, n$$

往往，在每种约束条件下，可能得到不同的系统结构。

第三步：从这些结构里，选择一个最高的系统可靠性作为参考可靠性指数，供比较时使用。对具有较低的系统可靠性的每一结构，把一个部件添加到具有最高期望因子的一级。该因子被定义为

$$F_j = \frac{\Delta R_s / R_s}{c_j / b_j}, \quad j = 1, 2, \cdots, n \tag{6-12}$$

第四步：现在，除了参考可靠度指数外，每一结构都被改进了，进而

(1) 假若在可行解域内，不存在不同的结构给出相同的可靠性（约束不被破坏，且结构有较高的可靠性），转至第三步；

(2) 若所有的结构给出相同的系统可靠性，转至第三步；否则，转至第五步（1）。

第五步：

(1) 停止，这一公共的结构就是最优结构；

(2) 若相同水平的可靠性无法实现，则具有最高可靠性的结构将被选为最优近似解。

### 6.3.4.2　例 6-5 的解

为了寻找满足所有费用或重量约束的次最优系统的可靠性，我们使用了枚举法（表6-11）。系统的可靠性 $R_s$ 是 0.99577［第一步］。把该系统可靠性值代入公式（6-11），得到对应于费用约束和重量约束的最优分配，分别为（5，5，4，3）和（4，6，4，3）［第

表 6-11　用枚举法解例 6-5 所得的次最优解

| 级 | | | | 约　束 | |
|---|---|---|---|---|---|
| 1 | 2 | 3 | 4 | 费用 | 重量 |
| 1 | 1 | 1 | 1 | 11.4 | 24 |
| 2 | 1 | 1 | 1 | 12.6 | 29 |
| 2 | 2 | 1 | 1 | 14.9 | 33 |
| 2 | 2 | 2 | 1 | 18.3 | 41 |
| 2 | 2 | 2 | 2 | 22.8 | 48 |
| 3 | 2 | 2 | 2 | 24.0 | 53 |
| 3 | 3 | 2 | 2 | 26.3 | 57 |
| 3 | 3 | 3 | 2 | 29.7 | 65 |
| 3 | 3 | 3 | 3 | 34.2 | 72 |
| 4 | 3 | 3 | 3 | 35.4 | 77 |
| 4 | 4 | 3 | 3 | 38.7 | 81 |
| 4 | 4 | 4 | 3 | 41.1 | 89 |
| 4 | 4 | 4 | 4 | 45.6 | 96 |
| 5 | 4 | 4 | 4 | 46.8 | 101 |
| 5 | 5 | 4 | 4 | 49.1 | 105 |
| 5 | 5 | 5 | 4 | 52.5 | 113 |
| 5 | 5 | 5 | 5 | 57.0 | 120 |

二步]。现在，我们可以用下面方法来构造表 6-12。系统结构（5，5，4，3）和（4，6，4，3）的可靠度分别是 0.9900 和 0.9904。由于 0.9900＜0.9904，于是，我们在结构（5，5，4，3）的系统里的某一级再添加一个冗余数。由于各级的期望因子 $F$ 是（0.0139，0.0356，0.0386，0.0310），因 0.0386 为最大，所以一个冗余数就添加给第三级，系统结构变成（5，5，5，3），相应的可靠性是 0.9929［第三步］。该结构比（4，6，4，3）结构的系统可靠性要好些。显然，结构（5，5，5，3）和（4，6，4，3）不具有相同的系统可靠性。我们要进一步选择一个满足约束条件的更好的解［第四步（1）］，因此，给（4，6，4，3）某一级添加一个冗余部件，由于现在各级的期望因子是（0.0287，0.0270，0.0382，0.0399），其中 0.0399 为最大，我们就把这个冗余部件添加在第四级，得结构（4，6，4，4），其系统可靠性为 0.9933［第三步］。然后，把它与 0.9929 相比较，（5，5，5，3）和（4，6，4，4）仍不能具有相同的系统可靠性。于是，我们进一步选择一个满足约束条件的更好的解［第四步（1）］。为此，我们在（5，5，5，3）的某一级上添加一个部件。按迭代步骤，最后得到一个公共的分配（5，6，5，4）。消耗的费用资源和重量资源分别是 54.8 和 117.0。这时，由于把一个冗余数添加给任一级，都将超出有限的资源，因此，（5，6，5，4）就是系统的最优结构，它给出系统的可靠性为 0.9975［第五步（1）］。

表 6-12　用 Misra 方法解例 6-5 所得的结果

| 项目 | $x_1$ | $x_2$ | $x_3$ | $x_4$ | 费用 | $R_s$ | $F_1$ | $F_2$ | $F_3$ | $F_4$ |
|---|---|---|---|---|---|---|---|---|---|---|
| 基 | 5 | 5 | 4 | 3 | 44.6 | 0.9900 | 0.0139 | 0.0356 | 0.0386① | 0.0310 |
| 于 | 5 | 5 | 5 | 3 | 48.0 | 0.9929 | — | — | — | — |
| 费 | 5 | 5 | 5 | 3 | 48.0 | 0.9929 | 0.0139 | 0.0356 | 0.0290 | 0.0322 |
| 用 | 5 | 6 | 5 | 3 | 50.3 | 0.9946 | — | — | — | — |
| 约 | 5 | 6 | 5 | 3 | 50.3 | 0.9946 | 0.0139 | 0.0310 | 0.0290 | 0.0322① |
| 束 | 5 | 6 | 5 | 4 | 54.8 | 0.9975 | — | — | — | — |
|  | 5 | 6 | 5 | 4 | 54.8 | 0.9975 | | | | |
| 基 | 4 | 6 | 4 | 3 | 97 | 0.9904 | | | | |
| 于 | 4 | 6 | 4 | 3 | 97 | 0.9904 | 0.0287 | 0.027 | 0.0382 | 0.0399① |
| 重 | 4 | 6 | 4 | 4 | 104 | 0.9933 | — | — | — | — |
| 量 | 4 | 6 | 4 | 4 | 104 | 0.9933 | 0.0287 | 0.027 | 0.0382 | 0.0223 |
| 约 | 4 | 6 | 5 | 4 | 112 | 0.9962 | — | — | — | — |
| 束 | 4 | 6 | 5 | 4 | 112 | 0.9962 | 0.0287① | 0.027 | 0.0243 | 0.0223 |
|  | 4 | 6 | 5 | 4 | 117 | 0.9975 | | | | |

①指出最大的 $F_j$，$j=1$，2，3，4。

## 6.3.5 Ushakov 启发式算法

### 6.3.5.1 问题的阐述

假设系统由 $n$ 个性质不同的部件所组成，为了增加每个部件的可靠度，我们可以使用一个随意的等待类型。在使用（$x_j-1$）个等待部件以便保证系统的操作性时，我们用 $R'_j$（$x_j$）来表示部件 $j$ 无故障运行的概率。用 $c_j$ 表示 $j$ 类单个部件的费用，用 $J_i$ 表示系统部件的子集，这些部件是以给定概率 $R_{si,\min}(i=1,2,\cdots,k)$ 完成功能 $i$ 的。用这些记号，我们可以把问题表述如下。

$$\min \sum_{j=1}^{n} c_j x_j$$

约束为

$$\prod_{j \in J_i} R'_s(x_j) \geqslant R_{si,\min}, \quad i=1,2,\cdots,k$$

式中，$x_j$ 是整数，$j=1,2,\cdots,n$。

计算步骤如下：

第一步：在约束条件

$$\prod_{j \in J_i} R'_s(x_j) \geqslant R_{si,\min}, \quad i=1,2,\cdots,k$$

下，由求

$$\min \sum_{j=1}^{n} c_j x_j$$

来解 $k$ 个问题。对于问题 $i$，我们寻找相应的最优解 $x_1^i,\cdots,x_n^j$；

第二步：对于部件 $i$，我们求出最大值，即

$$x_j^* = \max x_j^i$$

第三步：对部件的每个子集 $J_i$，我们找出一个较小的子集（用 $J_i^{**}$ 表示），它仅对功能 $i$ 的完成是充分必要的。我们用 $J_i^*$ 表示子集 $J_i$ 的其余部分；

第四步：对于每个子集 $J_i^*$，求

$$\prod_{j=J_i^*} R'_j(x_j^*) = R_i^*$$

的值。如果 $J_i^*$ 是空集，也就是说，如果功能 $i$ 是用一个独立的部件组完成的，我们就认为 $R_i^* = 1$；

第五步：对每一个 $J_i$，计算 $R_i^{**} = R_{si,\min}/R_i^{**}$，它是子集 $J_i^{**}$ 里的部件无故障运行概率的要求值；

第六步：在满足

$$\sum_{j \in J_i^{**}} R'_j(x_j^*) \geqslant R_i^{**}, \quad i=1,2,\cdots,k$$

的条件下，求

$$\min \sum_{j \in J_i^{**}}^{n} c_j x_j$$

来解 $k$ 个问题，可求出 $x_j^{**}$ 的值；

第七步：我们取在第二步求得的 $x_j^*$（其中 $j \in J_i^*$）和在第六步求得的 $x_j^{**}$（其中 $j \in J_i^{**}$）作为解。从第三步到第六步的目的是，在可能的情况下，使过分高的可靠性降下来，以保持给定的完成各单独功能的概率要求。

### 6.3.5.2 例 6-7 的解

按以下的计算步骤，我们可以得到

（1） $x_1^1 = 2$，$x_2^1 = 3$

$\qquad x_1^2 = 3$，$x_2^2 = 2$

（2） $x_1^* = 3$，$x_2^* = 3$，$x_3^* = 2$

（3） $J_1^{**} = \{1, 2\}$，$J_2^{**} = \{1, 3\}$

$\qquad J_1^* = \{3\}$，$\qquad J_2^* = \{2\}$

（4） $R_1^* = 1 - (1 - 0.85) = 0.9775$

$\qquad R_2^* = 1 - (1 - 0.75) = 0.9844$

（5） $R_1^{**} = 0.94/0.9775 = 0.9616$

$\qquad R_2^{**} = 0.96/0.9844 = 0.9752$

（6） $x_1^{**} = 3$，$x_2^{**} = 3$，$x_3^{**} = 2$

（7）因为两个结构（$x_1^{**}$，$x_2^{**}$，$x_3^{**}$）=（3，3，2）和（$x_1^*$，$x_2^*$，$x_3^*$）=（3，3，2）都满足可靠性的约束，而前者的费用仅为 23 个单位，它比后者的 26 个单位要少，因此，最优解是（3，3，2）。

## 6.3.6 Nakagawa-Nakashima 启发式算法

### 6.3.6.1 问题的阐述

在上述的三种算法里，假定每一级里部件的不可靠度 $Q_j(j = 1, 2, \cdots, n)$ 是足够小的，也就是说，目标函数可以做近似化处理。然而，在 Nakagawa 等人的算法里，目标算法无须做近似化处理。

对于本章所述的 $n$ 级串联系统，我们再次讨论一般的非线性最优化问题（问题 A）。

**问题 A：**

$$\max R_s = \prod_{j=1}^{n} R_j'(x_j)$$

约束为

$$\sum_{j=1}^{n} g_{xj}(x_j) \leqslant b_i, \quad i = 1, 2, \cdots, r$$

$$1 \leqslant x_j \leqslant \overline{x_j}, \quad j = 1, 2, \cdots, n$$

式中，$\overline{x_j}$ 是用在第 $j$ 级最大的部件数，且所有的 $x_j$ 都是整数。

根据定义

$$\Delta f_j(x_j) = \begin{cases} \ln R_j'(x_j), & x_j = 1 \\ \ln R_j'(x_j) - \ln R_j'(x_j - 1), & x_j > 1 \end{cases} \tag{6-13}$$

和

$$\Delta g_{ij}(x_j) = \begin{cases} g_{ij}(x_j), & x_j = 1 \\ g_{ij}(x_j) - g_{ij}(x_j - 1), & x_j > 1 \end{cases} \qquad (6\text{-}14)$$

我们把问题 A 转换成如下的问题 B。

$$\ln R_s = \ln \prod_{j=1}^{n} R_j^1(x_j) = \sum_{j=1}^{n} \ln R_j^1(x_j)$$

根据式（6-13）的定义

如果 $x_j = 1$

$$\sum_{j=1}^{n} \ln R_j^1(1) = \sum_{j=1}^{n} \Delta g_{ij}(x_j)$$

$$\sum_{1}^{n} g_{ij}(1) = \sum_{1}^{n} \Delta g_{ij}(x_j)$$

如果

$$\sum_{j=1}^{n} \ln R_j'(x_j) = \sum_{j=1}^{n} \left\{ \left[ \ln R_j'(\overline{x_j}) - \ln R_j'(\overline{x_j} - 1) \right] + \right.$$
$$\left[ \ln R_j'(\overline{x_j} - 1) - \ln R_j'(\overline{x_j} - 2) \right] + \cdots +$$
$$\left. \left[ \ln R_j'(2) - \ln R_j'(1) \right] + \ln R_j'(1) \right\}$$
$$= \sum_{j=1}^{n} \sum_{x_j=1}^{\overline{x_j}} \Delta f_j(x_j)$$

$$\sum_{j=1}^{n} g_{ij}(x_j) = \sum_{j=1}^{n} \left\{ \left[ g_{ij}(\overline{x_j}) - g_{ij}(\overline{x_j} - 1) \right] + \right.$$
$$\left[ g_{ij}(\overline{x_j} - 1) - g_{ij}(\overline{x_j} - 2) \right] + \cdots +$$
$$\left. \left[ g_{ij}(2) - g_{ij}(1) \right] + \left[ g_{ij}(1) \right] \right\}$$
$$= \sum_{j=1}^{n} \sum_{x_j=1}^{\overline{x_j}} \Delta g_{ij}(x_j)$$

**问题 B：**

$$\max \ln R_s = \sum_{j=1}^{n} \sum_{x_j=1}^{\overline{x_j}} \Delta f_j(x_j)$$

约束为

$$\sum_{j=1}^{n} \sum_{x_j=1}^{\overline{x_j}} \Delta g_{ij}(x_j) \leqslant b_i, \quad i = 1, 2, \cdots, r$$

$$1 \leqslant x_j \leqslant \overline{x_j}, \quad j = 1, 2, \cdots, n$$

这里，$\overline{x_j}$ 是第 $j$ 级部件的最大数，且所有的 $x_j$ 是整数。

因为 $R_j(x_j)$ 和 $g_{ij}(x_j)$ 对于 $j = 1, 2, \cdots, n$ 和 $i = 1, 2, \cdots, r$ 是 $x_j$ 的单调增函数，于是：

$\Delta f_j(x_j) \geqslant 0$，对所有的 $j$ 和 $x_j$。

$\Delta g_{ij}(x_j) \geqslant 0$，对所有的 $i$、$j$ 和 $x_j$。

计算步骤：

解问题 B 的计算步骤如下：

第一步：令第一个解为

$$\boldsymbol{x}^{C} = (x_1^C,\ x_2^C,\ \cdots,\ x_n^C) = (1,\ 1,\ \cdots,\ 1)$$

第二步：对所有的 $i$ 计算 $b_i^C$；

式中

$$b_i^C = b_i - \sum_{j=1}^{n} \sum_{x_j=1}^{x_j^C} \Delta g_{ij}(x_j) \tag{6-15}$$

第三步：对所有的 $j$ 计算 $\Delta x_j$；

式中 $\quad \Delta x_j = \underset{i}{\min}\{b_i^C / \Delta g_{ij}(x_j^C + 1)\}$

第四步：令 $\quad L_{+1} = \{j \mid \Delta x_j \geqslant 1\}$

如果 $L_{+1}$ 是空集，则停止，于是获得了一个最优解；否则，转至第五步；

第五步：寻求 $m$ 值，使 $S_m = \underset{j \in L_{+1}}{\max}\{S_j\}$

式中

$$S_j = \Delta f_j(x_j^C + 1)\left[(1 - \alpha)\underset{l \in L_{+1}}{\min}\{\Delta x_l\} + \alpha \Delta x_j\right] \tag{6-16}$$

第六步：若 $x_m^C = \overline{x_m}$，则 $x_m^C$ 是用于第 $m$ 级的最优数。把这一级排除在外，并转至第三步；若 $x_m^C < \overline{x_m}$，则令 $x_m^C = x_m^C + 1$，且转至第三步。

上述步骤是对于一个给定的权衡系数"$\alpha$"而言的。Nakagawa 等人把这些权衡系数作为他们所有解法的一部分。这些"$\alpha$"值，只不过是有助于获得整体最优解的有规则的探索值，只要在一定范围内挑选 $\alpha$ 值，然后，对其中的每个 $\alpha$ 值来求解。对于上述例子，对 $\alpha$ 的序集（$\alpha = 0,\ 0.1,\ \cdots,\ 0.9,\ 1.0,\ 1/\alpha = 0.9,\ 0.6,\ 0.3$），会得到最优解。对给定的"$\alpha$"序集，其所有解中的最好解就是问题的最优解。

### 6.3.6.2 例 6-3 的解

经变换后，问题具有如下形式：

$$\max \ln R_s = \sum_{j=1}^{5} \sum_{x_j=1}^{\overline{x_j}} \Delta f_j(x_j)$$

约束为

$$\sum_{j=1}^{5} \sum_{x_j=1}^{\overline{x_j}} \Delta g_{1j}(x_j) \leqslant P$$

$$\sum_{j=1}^{5} \sum_{x_j=1}^{\overline{x_j}} \Delta g_{2j}(x_j) \leqslant C$$

$$\sum_{j=1}^{5} \sum_{x_j=1}^{\overline{x_j}} \Delta g_{3j}(x_j) \leqslant W$$

$$1 \leqslant x_j \leqslant \overline{x_j}, \quad j = 1,\ 2,\ \cdots,\ 5$$

式中，$x_j$ 是整数，$\Delta f_j(x_j)$ 和 $\Delta g_{ij}(x_j)$ 由式（6-13）和式（6-14）给出。

第一步：置第一个解 $\boldsymbol{x}^C = (x_1^C, x_2^C, x_3^C, x_4^C, x_5^C) = (1, 1, 1, 1, 1)$。

第二步：由式（6-15）可算出，现行的可用资源为 $(b_1^C, b_2^C, b_3^C) = (98, 101.9, 151.21)$。

第三步：根据现行解的约束，经计算所获得的量：$(\Delta x_1, \Delta x_2, \Delta x_3, \Delta x_4, \Delta x_5) = (10.67, 9.39, 9.39, 8.17, 8.39)$。

第四步：由于 $\Delta x_j$，对于 $j=1, 2, 3, 4, 5$，均大于 1，于是，$L_{+1} = [1, 2, 3, 4, 5]$，这就意味着，对于任何一级的冗余，都不会破坏约束条件。

第五步：如果 $\alpha = 0.5$，我们可以求得级灵敏度：

$(S_1, S_2, S_3, S_4, S_5) = (1.717, 1.227, 0.837, 2.451, 1.847)$。

由于第四级显得最灵敏，即 $S_4 = 2.451$ 为最大，我们给这一级添加一个冗余部件。

遵照算法的其他步骤，我们得到表 6-13 给出的结果。在表 6-13 里，系统最后的结构为 $(3, 2, 2, 3, 3)$，并且，对 $j=1, 2, \cdots, 5$，所有的 $\Delta x_j$ 均小于 1。这说明，把其他的冗余数添加给任何一级都是不可能的。于是，$(3, 2, 2, 3, 3)$ 就是最优解。这与用 Sharma 等人的算法以及用 Aggarwal 等人的算法所得的结果相同。

表 6-13　用 Nakagawa 等人的算法所得例 6-3 的结果

| 每一级的部件数 | | | | | 可用的资源 | | | $\Delta x_j$ | | | | | 级灵敏度 | | | | |
|---|---|---|---|---|---|---|---|---|---|---|---|---|---|---|---|---|---|
| $x_1$ | $x_2$ | $x_3$ | $x_4$ | $x_5$ | $b_1^c$ | $b_2^c$ | $b_3^c$ | $\Delta x_1$ | $\Delta x_2$ | $\Delta x_3$ | $\Delta x_4$ | $\Delta x_5$ | $S_1$ | $S_2$ | $S_3$ | $S_4$ | $S_5$ |
| 1 | 1 | 1 | 1 | 1 | 98 | 101.91 | 151.21 | 10.67 | 9.39 | 9.39 | 8.17 | 8.39 | 1.717 | 1.227 | 0.837 | 2.451① | 1.34 |
| 1 | 1 | 1 | 2 | 1 | 86 | 89.63 | 139.13 | 9.38 | 8.64 | 8.64 | 4.30 | 7.68 | 1.247 | 0.904 | 0.617 | 0.520 | 1.336① |
| 1 | 1 | 1 | 2 | 2 | 80 | 84.17 | 121.01 | 8.59 | 7.51 | 7.51 | 4.00 | 4.40 | 1.147① | 0.805 | 0.549 | 0.347 | 0.205 |
| 2 | 1 | 1 | 2 | 2 | 77 | 74.62 | 106.92 | 5.00 | 6.64 | 6.64 | 3.85 | 3.89 | 0.145 | 0.733① | 0.500 | 0.334 | 0.189 |
| 2 | 2 | 1 | 2 | 2 | 71 | 65.06 | 90.80 | 4.25 | 3.72 | 5.64 | 3.55 | 3.30 | 0.124 | 0.068 | 0.426① | 0.298 | 0.161 |
| 2 | 2 | 2 | 2 | 2 | 62 | 58.24 | 74.70 | 3.49 | 3.06 | 3.06 | 3.10 | 2.72 | 0.102 | 0.056 | 0.026 | 0.253① | 0.133 |
| 2 | 2 | 2 | 3 | 2 | 42 | 45.03 | 56.38 | 2.64 | 2.31 | 2.31 | 1.50 | 2.05 | 0.068 | 0.037 | 0.017 | 0.043 | 0.087① |
| 2 | 2 | 2 | 3 | 3 | 32 | 39.15 | 28.89 | 1.35 | 1.18 | 1.18 | 1.06 | 0.71 | 0.040① | 0.022 | 0.010 | 0.031 | 0.011 |
| 3 | 2 | 2 | 3 | 3 | 27 | 28.88 | 7.52 | 0.24 | 0.31 | 0.31 | 0.20 | 0.23② | | | | | |

①欲添加冗余不见得一级；

②由于 $L_{+1} = \Phi$，过程停止。

### 6.3.6.3 例 6-6 的解

Nakagawa 等人的算法，可以推广到复杂系统最优化问题。Nakagawa 等人的算法，仅仅用于求解串联系统问题。对于复杂系统，例 6-4 不具有问题 A 形式里的目标函数，因此，该问题不能转换成问题 B。

为了求解复杂结构的问题，重新定义 $\Delta f_j(x_j)$ 如下：

$$\Delta f_j(x_j) = Q_s(Q_1', \cdots, (Q_j' = Q_j^{x_j}), \cdots, Q_k') - Q_s(Q_1', \cdots, (Q_j' = Q_j^{x_j+1}), \cdots, Q_k')$$

$$= \frac{\partial Q_s}{\partial Q_j'}(Q_j^{x_j} - Q_j^{x_j+1}) = (1 - Q_s)Q_j^{x_j}\frac{\partial Q_s}{\partial Q_j'} = R_j Q_j^{x_j}\frac{\partial Q_s}{\partial Q_j'} \tag{6-17}$$

根据上述 $\Delta f_j(x_j)$ 的定义，按照同样的计算步骤，我们可以得到最优解见表 6-14。

**表 6-14　用 Nakagawa 等人的算法所得例 6-6 的结果**

| 每个子系统的部件数 | | | | | 可用资源 | $\Delta x_j$ | | | | | 级灵敏度 | | | | |
|---|---|---|---|---|---|---|---|---|---|---|---|---|---|---|---|
| $x_1$ | $x_2$ | $x_3$ | $x_4$ | $x_5$ | $b^c$ | $\Delta x_1$ | $\Delta x_2$ | $\Delta x_3$ | $\Delta x_4$ | $\Delta x_5$ | $S_1$ | $S_2$ | $S_3$ | $S_4$ | $S_5$ |
| 1 | 1 | 1 | 1 | 1 | 9 | 4.5 | 3.0 | 4.5 | 3.0 | 9.0 | 0.199 | 0.161 | 0.207[1] | 0.096 | 0.032 |
| 1 | 1 | 2 | 1 | 1 | 7 | 3.5 | 2.33 | 3.5 | 2.33 | 7.0 | 0.046 | 0.058 | 0.040 | 0.080[1] | 0.022 |
| 1 | 1 | 2 | 2 | 1 | 4 | 2.0 | 1.33 | 2.0 | 1.33 | 4.0 | 0.035[1] | 0.007 | 0.024 | 0.009 | 0.001 |
| 2 | 1 | 2 | 2 | 1 | 2 | 1.0 | 0.67 | 1.0 | 0.67 | 2.0 | 0.006[2] | | 0.003 | | 0.001 |
| 3 | 1 | 2 | 2 | 1 | 0[2] | | | | | | | | | | |

### 6.3.6.4　例 6-4 的解

为了求解，我们必须确定 $\Delta f_j(x_j)$，对于这个例子式（6-17）里的 $\dfrac{\partial Q_s}{\partial Q_j'}$（$j=1, 2, \cdots, 5$），可用如下的式子给出：

$$\frac{\partial Q_s}{\partial Q_1'} = Q_3' + Q_4'Q_5' - Q_2'Q_3'Q_4' - Q_3'Q_4'Q_5' - Q_2'Q_3'Q_5' - Q_2'Q_4'Q_5' + 2Q_2'Q_3'Q_4'Q_5'$$

$$\frac{\partial Q_s}{\partial Q_2'} = Q_4' + Q_3'Q_5' - Q_1'Q_3'Q_5' - Q_1'Q_3'Q_4' - Q_1'Q_4'Q_5' - Q_3'Q_4'Q_5' + 2Q_1'Q_3'Q_4'Q_5'$$

$$\frac{\partial Q_s}{\partial Q_3'} = Q_1' + Q_2'Q_5' - Q_1'Q_2'Q_4' - Q_1'Q_4'Q_5' - Q_1'Q_2'Q_5' - Q_2'Q_4'Q_5' + 2Q_1'Q_2'Q_4'Q_5'$$

$$\frac{\partial Q_s}{\partial Q_4'} = Q_2' + Q_1'Q_5' - Q_1'Q_2'Q_3' - Q_1'Q_3'Q_5' - Q_1'Q_2'Q_5' - Q_2'Q_3'Q_5' + 2Q_1'Q_2'Q_3'Q_5'$$

$$\frac{\partial Q_s}{\partial Q_5'} = Q_1'Q_4' + Q_2'Q_3' - Q_1'Q_3'Q_4' - Q_1'Q_2'Q_3' - Q_1'Q_2'Q_4' - Q_2'Q_3'Q_4' + 2Q_1'Q_2'Q_3'Q_4'$$

获得最优解的步骤由表 6-15 给出。最优解是 $(x_1, x_2, x_3, x_4, x_5) = (3, 1, 2, 2, 1)$，系统的可靠度是 0.9914，资源 20 完全被耗尽。

**表 6-15　用 Nakagawa 等人的算法所得例 6-4 的结果**

| 每一级的部件数 | | | 可用资源 | | | $\Delta x_j$ | | | 级灵敏度 | | |
|---|---|---|---|---|---|---|---|---|---|---|---|
| $x_1$ | $x_2$ | $x_3$ | $b_1^c$ | $b_2^c$ | $b_3^c$ | $\Delta x_1$ | $\Delta x_2$ | $\Delta x_3$ | $S_1$ | $S_2$ | $S_3$ |
| 1 | 1 | 1 | 31.27 | 48.08 | 212.02 | 10.71 | 10.72 | 11.33 | 1.71 | 2.01 | 2.36[1] |
| 1 | 1 | 2 | 29.27 | 41.26 | 199.94 | 8.07 | 9.35 | 9.22 | 1.70[1] | 1.42 | 1.31 |

| 每一级的部件数 | | | 可用资源 | | | $\Delta x_j$ | | | 级灵敏度 | | |
|---|---|---|---|---|---|---|---|---|---|---|---|
| $x_1$ | $x_2$ | $x_3$ | $b_1^c$ | $b_2^c$ | $b_3^c$ | $\Delta x_1$ | $\Delta x_2$ | $\Delta x_3$ | $S_1$ | $S_2$ | $S_3$ |
| 2 | 1 | 2 | 29.86 | 41.11 | 199.94 | 7.21 | 8.17 | 9.01 | 0.27 | 0.88[1] | 0.31 |
| 2 | 2 | 2 | 23.86 | 33.91 | 183.83 | 5.10 | 4.73 | 5.03 | 0.09 | 0.21 | 0.42[1] |
| 2 | 2 | 3 | 21.87 | 26.58 | 159.42 | 3.15 | 3.90 | 4.10 | 0.21[1] | 0.11 | 0.14 |
| 3 | 2 | 3 | 16.13 | 26.41 | 159.42 | 2.33 | 3.10 | 2.97 | 0.04 | 0.09[1] | 0.03 |
| 3 | 3 | 3 | 9.13 | 22.01 | 134.99 | 1.70 | 1.90 | 2.01 | 0.02 | 0.03 | 0.07[1] |
| 3 | 3 | 4 | 9.13 | 14.37 | 96.11 | 0.43 | 1.21 | 1.71 | 0.002 | 0.007 | 0.01[1] |
| 3 | 3 | 5 | 7.12 | 4.68 | 28.2 | 0.31 | 0.27 | 0.27[2] | | | |

①欲添加冗余不见得一级;

②由于 $L_{+1} = \Phi$, 过程停止。

## 6.4 动态规划法在系统可靠性最优化中的应用

### 6.4.1 概述

#### 6.4.1.1 系统模型

系统可靠性最优化是研究系统参数最优化,也是研究系统可靠度、费用、重量及体积的最优配置,以达到可靠度高,省投资,重量轻的目的。

为了研究方便,做如下假设:

(1)元件与系统只可能有两种状态:正常和故障,没有中间状态;

(2)各元件的工作与否是相互独立的,即任何一个元件的正常工作与否,不会影响其他元件的正常工作。

在研究可靠性模型时,应建立可靠性框图概念。可靠性框图是用图形来描述系统各元件之间的逻辑任务,即功能关系。得到系统可靠性框图后,便可以进入系统可靠性模型研究。

#### 6.4.1.2 实例

可靠性最优化的重要内容是动态规划。动态规划就是把有 $n$ 个变量的决策问题简化成 $n$ 个单独变量问题的一种技术。这样, $n$ 个变量的决策问题,就被化成一个顺序求解各个单独变量的 $n$ 级序列决策问题。动态规划是以"最优性原理"为基础的,它对决策问题能给出一个精确的解。

已有许多文献阐述了怎样用动态规划来求解各种问题。下面我们通过一些例子来说明,在这些文献中被求解的那些问题是如何进行分类的。

**例 6-8** 如何分配一个串联系统每一级的冗余数,以便使最后的系统收益最大。

考虑一个如图 6-10 所示的 $n$ 级混合系统,它的每一级具有 $(x_j-1)$ 个并联冗余,系统的可靠性为

$$R_s = \prod_{j=1}^{n} \left[ 1 - (1 - R_j)^{x_j} \right] \tag{6-18}$$

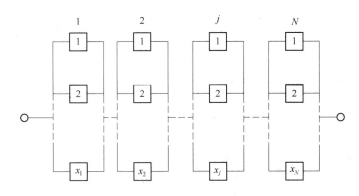

图 6-10 $n$ 级串联，每级部件并联的混合系统

现假设 $P$ 为当系统成功运行时所获得的收益。系统的可靠度只是试验成功的部分，因此系统的期望收益是 $PR_s$。假设第 $j$ 级冗余部件的费用 $c_j$ 包括结构费用（在整个过程中有合适的分配）和运行费用，则冗余系统的总费用为 $\sum_{j=1}^{n} c_j x_j$，整个系统的最终收益 $N$ 是收益 $PR_s$ 减去总的费用，即

$$N_p = PR_s - \sum_{j=1}^{n} c_j x_j \qquad (6\text{-}19)$$

最优并联冗余的 $x_j$ 结构 $j = 1, 2, \cdots, n$ 使系统的最终收益为最大。

在这个例子里，所考虑的问题没有约束。

考虑一个三级过程。与最终的乘积相关联的收益 $P = 10$ 个单位，每个部件的费用 $c_j$ 和可靠度 $R_j$ 如表 6-16 所示。

表 6-16 三级过程

| 过程 | $R_j$ | $c_j$ |
| --- | --- | --- |
| 3 | 0.333 | 0.20 |
| 2 | 0.500 | 1.0 |
| 1 | 0.750 | 1.0 |

**例 6-9** 在这个问题中，我们假设已知系统可靠度要求 $R_{s,\min}$，要确定满足 $R_j \geqslant R_{s,\min}$ 的 $n$ 级串联系统的最少费用分配，本例来自 Kettelle 的论文。考虑表 6-17 的四级系统，系统可靠度要求 $R_{s,\min} = 0.99$，总的费用少于 $b_1 = 61$。

表 6-17 四级过程

| 级 | 4 | 3 | 2 | 1 |
| --- | --- | --- | --- | --- |
| $c_j$ | 1.2 | 2.3 | 3.4 | 4.5 |
| $R_j$ | 0.8 | 0.7 | 0.75 | 0.85 |

问题是

max $\qquad R_s = \prod_{j=1}^{n} \left[ 1 - (1 - R_j)^{x_j} \right]$

约束为 $g_1 = \sum_{j=1}^{n} c_j x_j \leqslant b_1$

$R_s \geqslant R_{s,\min}$

**例 6-10** 该五级问题最早是由 Tillman 等人提出来的。在原来的问题中，包含两个约束。此五级问题（表 6-18）可表述为

max $\qquad R_s = \prod_{j=1}^{n} [1 - (1 - R_j)^{x_j}]$

约束为 $\qquad g_1 = \sum_{j=1}^{n} P_j(x_j)^2 \leqslant P$

$g_2 = \sum_{j=1}^{n} w_j x_j \exp(x_j/4) \leqslant W$

式中，对于 $j=1, 2, \cdots, n$，$x_j$ 是大于等于 1 的整数。与这个问题有关的常数见表 6-18。

表 6-18 五级过程

| $j$ | $R_j$ | $p_j$ | $P$ | $w_j$ | $W$ |
|-----|-------|-------|-----|-------|-----|
| 1 | 0.80 | 1 | | 7 | |
| 2 | 0.85 | 2 | | 8 | |
| 3 | 0.90 | 3 | 110 | 8 | 200 |
| 4 | 0.65 | 4 | | 6 | |
| 5 | 0.75 | 2 | | 9 | |

**例 6-11** 在这个问题里，我们将考虑几个设计方案。用部件的固有可靠度 $a_j$ 来表示第 $j$ 级。当采用设计方案 $a_j$ 的相同部件数 $x_j$ 时，第五级的可靠度函数就可用 $R_j'(x_j, a_j)$ 来表示。对于一个 $n$ 级串联系统，问题是

max $\qquad R_s = \prod_{j=1}^{n} R_j'(x_j, a_j)$

约束为 $\qquad g_1 = \sum_{j=1}^{n} g_{1j}(x_j, a_j) \leqslant C$

$g_2 = \sum_{j=1}^{n} g_{2j}(x_j, a_j) \leqslant W$

式中，$j=1, 2, \cdots, n$，$x_j$ 和 $a_j$ 均是整数。

**例 6-12** 考察参考文献中所述的具有三个非线性约束的五级问题，即

max $\qquad R_s = \prod_{j=1}^{n} [1 - (1 - R_j)^{x_j}]$

约束为 $\qquad g_1 = \sum_{j=1}^{n} P_j(x_j)^2 \leqslant P$

$g_2 = \sum_{j=1}^{n} c_j [x_j + \exp(x_j/4)] \leqslant C$

$g_3 = \sum_{j=1}^{n} w_j x_j \exp(x_j/4) \leqslant W$

式中，$x_j$ 是整数；$j = 1, 2, \cdots, n$。

目标函数 $R_s$ 可以用下式近似表示，即

$$R_s \approx 1 - \left[ (1-R_1)^{x_1} + (1-R_2)^{x_2} + (1-R_3)^{x_3} + (1-R_4)^{x_4} + (1-R_5)^{x_5} \right]$$

式中，$(1-R_1)^{x_1}$，$(1-R_2)^{x_2}$，$(1-R_3)^{x_3}$，$(1-R_4)^{x_4}$，$(1-R_5)^{x_5}$ 是级的不可靠度，并分别用 $F_1'$，$F_2'$，$F_3'$，$F_4'$，$F_5'$ 来表示。

与该五级问题有关的常数如表 6-19 所示。

**表 6-19　与该五级问题有关的常数**

| $j$ | $R_j$ | $p_j$ | $P$ | $c_j$ | $C$ | $w_j$ | $W$ |
|---|---|---|---|---|---|---|---|
| 1 | 0.80 | 1 | | 7 | | 7 | |
| 2 | 0.85 | 2 | | 7 | | 8 | |
| 3 | 0.90 | 3 | 110 | 5 | 175 | 8 | 200 |
| 4 | 0.65 | 4 | | 9 | | 6 | |
| 5 | 0.75 | 2 | | 4 | | 9 | |

在用动态规划计算时，大量的约束将会引起所谓维数灾难。已有三种不同的算法用来求解这些问题，并将其归纳在表 6-20 中。

基本的动态规划法适用于无约束或者具有单个约束的一些问题。当一个问题中有两个以上的约束时，求解问题所需的计算量按指数增长。表 6-20 中的第二种方法，最早是由 Bell-Man 等人提出，在处理两个或两个以上约束的问题时，使用了拉格朗日乘子。通过引入拉格朗日乘子，就可以简化由多个约束所引起的维数问题。

**表 6-20　算法的分类**

| 方　法 | 应　用　例　子 | 适　用　范　围 |
|---|---|---|
| 基本的动态规划法 | 例 6-8，例 6-9 | 单一约束条件等 |
| 使用拉格朗日乘子的动态规划法 | 例 6-10~例 6-12 | 多个约束条件等 |
| 使用控制序列概念的动态规划法 | 例 6-9~例 6-12 | 存在控制系统 |

如果一个问题里包含三个约束，那么就要引入两个拉格朗日乘子，进而要求寻找两个最优的拉格朗日乘子，这样就要采用控制序列的第三种算法（见表 6-20）。Kettelle 显然是第一个采用控制序列概念求解纯线性约束问题的人。但该算法对具有三个非线性约束的问题也是适用的。应用这一算法时，我们必须找出用在每一级上的部件数的上界和下界，以便缩短控制序列。下面各节中我们通过例子进行详细的讨论。

### 6.4.2　基本动态规划法

基本动态规划法在求解最优化过程中是较为简单而实用的方法，适用于无约束条件下求解，或具有一个约束条件下求解。在液压系统最优化设计中采用这种方法求解最佳参数是可行的。下面两例说明其求解方法。

#### 6.4.2.1　例 6-8 的解

我们用基本动态规划法来求解本章开始所描述的例 6-8。

对单一的决策变量 $x_1$ 的一级过程的最优设计，是由

$$f_1(v_2) = \max_{x_1}\{pv_1 - c_1x_1\} \tag{6-20}$$

对一系列 $v_2$ 值的解来确定的，其中

$$v_2 = \prod_{j=n+1}^{2} R_{sj}$$

是所有前几级工作的概率。

$$v_1 = v_2R_{s1} = v_2[1 - (1 - R_1)^{x_1}]$$

$$R_{s,\,n+1} = v_{n+1} = 1$$

式中 $R_{sj}$——第 $x_j$ 个并联部位的第 $j$ 级的可靠度。

对于两级过程，最优设计由下式获得，即

$$f_2(v_3) = \max_{x_2}\{f_1(v_2) - c_2x_2\}$$

对于 $j$ 级过程，递推的函数方程为

$$f_j(v_{j+1}) = \max_{x_j}\{f_{j-1}(v_j) - c_jx_j\} \tag{6-21}$$

现在，如果包含 $n-1$，$n-2$，…，1 级子系统的最优设计是已知的，那么，通过对单一决策变量 $x_n$ 解极值问题，可以最优地设计出第 $n$ 级，即

$$f_n(v_{n+1}) = \max_{x_n}\{f_{n-1}(v_n) - c_nx_n\} \tag{6-22}$$

把约束条件代入这些方程，得到递推的动态规划法：

$$f_1(v_2) = \max_{x_1}\{10v_1 - 1.0x_1\} \tag{6-23}$$

$$f_2(v_3) = \max_{x_2}\{f_1(v_2) - 1.0x_2\} \tag{6-24}$$

$$f_3(v_4) = \max_{x_3}\{f_2(v_3) - 0.20x_3\} \tag{6-25}$$

这里

$$v_1 = v_2\{1 - (1 - R_1)^{x_1}\} \tag{6-26}$$

$$v_2 = v_3\{1 - (1 - R_2)^{x_2}\} \tag{6-27}$$

$$v_3 = v_4\{1 - (1 - R_3)^{x_3}\} \tag{6-28}$$

$$v_4 = 1.0$$

第一个极值问题（第一级）是在一系列 $v_2$ 值下求最优的 $x_1$。由于 $v_2$ 是所有前几级工作的概率，所以它的值在 0~1 之间。式（6-23）和式（6-26）是用在指定的 $v_2$ 值下进行系统搜索，求出使 $\{10v_1 - 1.0x_1\}$ 为最大的 $x_1$。

可以用任何一种一维搜索技术，然而，由于 $x_1$ 通常取一个小的整数值，用简单的启发式搜索可以实现，其结果如表 6-21a 所示。

在 $v_2 = 1.0$，0.9，…，0.1 的情况下，最优值 $f_1(v_2)$ 和最优的并联部件 $x_1$ 如表 6-22 和图 6-11 所示。

通常，仅给出一个动态规划表 6-22，而像表 6-21 所示的详细计算则被省略。

类似地，对每个 $v_3$ 值进行系统搜索，以求出使 $\{f_1(v_2) - c_2x_2\}$ 为最大的 $x_2$ 值时，要用到式（6-24）和式（6-27），其结果列于表 6-21b，最优解见表 6-22 和图 6-11。在计算过程中，$f_1(v_2)$ 的值是用插值法获得的。例如，对于 $v_3 = 1.0$ 和 $x_2 = 3$，由式（6-27）可知，$v_2 = 0.88$。对于 $v_2 = 0.88$，式（6-24）所用的 $f_1(v_2)$ 值可用第一级最优化中所得到的

$f_1(0.9)$ 和 $f_1(0.8)$ 的插值来决定。式（6-25）和式（6-28）用来搜索在 $v_4 = 1.0$ 的情况下，使 $\{f_2(v_3) - c_3 x_3\}$ 为最大的 $x_3$，因为 $v_{n+1}$ 总等于 1。其结果如表 6-21c、表 6-22 和图 6-11 所示。

表 6-21a 第一级的结果

| $v_2$ | $x_1$ | $v_1$ | $pv_1 - c_1 x_1$ | $f_1(v_2)$ |
|---|---|---|---|---|
| 1.0 | 0 | 0.00 | 0.00 | |
| 1.0 | 1 | 0.75 | 6.50 | |
| 1.0 | 2 | 0.94 | 7.38 | * |
| 1.0 | 3 | 0.98 | 6.84 | |
| 1.0 | 4 | 1.00 | 5.96 | |
| 0.9 | 0 | 0.00 | 0.00 | |
| 0.9 | 1 | 0.68 | 5.75 | |
| 0.9 | 2 | 0.84 | 6.44 | * |
| 0.9 | 3 | 0.89 | 5.86 | |
| 0.9 | 4 | 0.90 | 4.96 | |
| 0.8 | 0 | 0.00 | 0.00 | |
| 0.8 | 1 | 0.60 | 5.00 | |
| 0.8 | 2 | 0.75 | 5.50 | * |
| 0.8 | 3 | 0.79 | 4.88 | |
| 0.8 | 4 | 0.80 | 3.97 | |
| 0.7 | 0 | 0.00 | 0.00 | |
| 0.7 | 1 | 0.53 | 4.25 | |
| 0.7 | 2 | 0.66 | 4.56 | * |
| 0.7 | 3 | 0.69 | 3.89 | |
| 0.7 | 4 | 0.70 | 2.97 | |
| 0.6 | 0 | 0.00 | 0.00 | |
| 0.6 | 1 | 0.45 | 3.50 | |
| 0.6 | 2 | 0.56 | 3.63 | * |
| 0.6 | 3 | 0.59 | 2.91 | |
| 0.6 | 4 | 0.60 | 1.98 | |
| 0.5 | 0 | 0.00 | 0.00 | |
| 0.5 | 1 | 0.38 | 2.75 | * |
| 0.5 | 2 | 0.47 | 2.69 | |
| 0.5 | 3 | 0.49 | 1.92 | |
| 0.4 | 0 | 0.00 | 0.00 | |
| 0.4 | 1 | 0.30 | 2.00 | * |
| 0.4 | 2 | 0.38 | 1.75 | |
| 0.4 | 3 | 0.39 | 0.94 | |

续表6-21a

| $v_2$ | $x_1$ | $v_1$ | $pv_1-c_1x_1$ | $f_1(v_2)$ |
|---|---|---|---|---|
| 0.3 | 0 | 0.00 | 0.00 | |
| 0.3 | 1 | 0.23 | 1.25 | * |
| 0.3 | 2 | 0.28 | 0.81 | |
| 0.3 | 3 | 0.30 | −0.05 | |
| 0.2 | 0 | 0.00 | 0.00 | |
| 0.2 | 1 | 0.15 | 0.50 | * |
| 0.2 | 2 | 0.19 | −0.13 | |
| 0.2 | 3 | 0.20 | −1.03 | |
| 0.1 | 0 | 0.00 | 0.00 | * |
| 0.1 | 1 | 0.07 | −0.25 | |
| 0.1 | 2 | 0.09 | −1.06 | |

注：* 表示最大值。

**表6-21b 第二级（包括第一级）的结果**

| $v_3$ | $x_2$ | $v_2$ | $f_1(v_2)$ | $c_2x_2$ | $f_1(v_2)-c_2x_2$ | $f_2(v_2)$ |
|---|---|---|---|---|---|---|
| 1.0 | 0 | 0.00 | 0.00 | 0.00 | 0.00 | |
| 1.0 | 1 | 0.50 | 2.75 | 1.00 | 1.75 | |
| 1.0 | 2 | 0.75 | 5.03 | 2.00 | 3.03 | |
| 1.0 | 3 | 0.88 | 6.20 | 3.00 | 3.20 | * |
| 1.0 | 4 | 0.94 | 6.79 | 4.00 | 2.79 | |
| 1.0 | 5 | 0.97 | 7.08 | 5.00 | 2.08 | |
| 0.9 | 0 | 0.00 | 0.00 | 0.00 | 0.00 | |
| 0.9 | 1 | 0.45 | 2.38 | 1.00 | 1.38 | |
| 0.9 | 2 | 0.68 | 4.33 | 2.00 | 2.33 | |
| 0.9 | 3 | 0.79 | 5.38 | 3.00 | 2.38 | * |
| 0.9 | 4 | 0.84 | 5.91 | 4.00 | 1.91 | |
| 0.9 | 5 | 0.87 | 6.17 | 5.00 | 1.17 | |
| 0.8 | 0 | 0.00 | 0.00 | 0.00 | 0.00 | |
| 0.8 | 1 | 0.40 | 2.00 | 1.00 | 1.00 | |
| 0.8 | 2 | 0.60 | 3.63 | 2.00 | 1.63 | * |
| 0.8 | 3 | 0.70 | 4.56 | 3.00 | 1.56 | |
| 0.8 | 4 | 0.75 | 5.03 | 4.00 | 1.03 | |
| 0.7 | 0 | 0.00 | 0.00 | 0.00 | 0.00 | |
| 0.7 | 1 | 0.35 | 1.63 | 1.00 | 0.63 | |
| 0.7 | 2 | 0.53 | 2.97 | 2.00 | 0.97 | * |
| 0.7 | 3 | 0.61 | 3.74 | 3.00 | 0.74 | |
| 0.7 | 4 | 0.66 | 4.15 | 4.00 | 0.15 | |

续表 6-21b

| $v_3$ | $x_2$ | $v_2$ | $f_1(v_2)$ | $c_2x_2$ | $f_1(v_2)-c_2x_2$ | $f_2(v_2)$ |
|------|------|------|-----------|---------|------------------|-----------|
| 0.6 | 0 | 0.00 | 0.00 | 0.00 | 0.00 | |
| 0.6 | 1 | 0.30 | 1.25 | 1.00 | 0.25 | |
| 0.6 | 2 | 0.45 | 2.38 | 2.00 | 0.38 | * |
| 0.6 | 3 | 0.53 | 2.97 | 3.00 | −0.03 | |
| 0.6 | 4 | 0.56 | 3.30 | 4.00 | −0.07 | |
| 0.5 | 0 | 0.00 | 0.00 | 0.00 | 0.00 | * |
| 0.5 | 1 | 0.25 | 0.88 | 1.00 | −0.13 | |
| 0.5 | 2 | 0.38 | 1.81 | 2.00 | −0.19 | |
| 0.4 | 0 | 0.00 | 0.00 | 0.00 | 0.00 | * |
| 0.4 | 1 | 0.20 | 0.50 | 1.00 | −0.50 | |
| 0.4 | 2 | 0.30 | 1.25 | 2.00 | −0.75 | |
| 0.3 | 0 | 0.00 | 0.00 | 0.00 | 0.00 | * |
| 0.3 | 1 | 0.15 | 0.25 | 1.00 | −0.75 | |
| 0.3 | 2 | 0.23 | 0.69 | 2.00 | −1.31 | |
| 0.2 | 0 | 0.00 | 0.00 | 0.00 | 0.00 | * |
| 0.2 | 1 | 0.10 | 0.00 | 1.00 | −1.00 | |
| 0.2 | 2 | 0.15 | 0.25 | 2.00 | −1.75 | |
| 0.1 | 0 | 0.00 | 0.00 | 0.00 | 0.00 | * |
| 0.1 | 1 | 0.05 | 0.00 | 1.00 | −1.00 | |
| 0.1 | 2 | 0.07 | 0.00 | 2.00 | −2.00 | |

注：＊表示最大值。

**表 6-21c  第三级（包括一、二级）的结果**

| $v_4$ | $x_3$ | $v_3$ | $f_2(v_3)$ | $c_3x_3$ | $f_2(v_3)-c_3x_3$ | $f_3(v_4)$ |
|------|------|------|-----------|---------|------------------|-----------|
| 1.0 | 0 | 0.00 | 0.00 | 0.00 | 0.00 | |
| 1.0 | 1 | 0.33 | 0.00 | 0.20 | −0.20 | |
| 1.0 | 2 | 0.56 | 0.21 | 0.40 | −0.19 | |
| 1.0 | 3 | 0.70 | 0.99 | 0.60 | 0.39 | |
| 1.0 | 4 | 0.80 | 1.64 | 0.80 | 0.84 | |
| 1.0 | 5 | 0.87 | 2.14 | 1.00 | 1.14 | |
| 1.0 | 6 | 0.91 | 2.48 | 1.20 | 1.28 | |
| 1.0 | 7 | 0.94 | 2.72 | 1.40 | 1.32 | * |
| 1.0 | 8 | 0.96 | 2.88 | 1.60 | 1.28 | |
| 1.0 | 9 | 0.97 | 2.99 | 1.80 | 1.19 | |

注：＊表示最大值。

表 6-22 例 6-8 动态规划表

| 第三级（包括第二级和第一级）的结果 | | | | |
|---|---|---|---|---|
| $v_4$ | $f_3(v_4)$ | $x_3$ | $v_3$ | $f_2(v_3)$ |
| 1.0 | 1.32 | 7 | 0.94 | 2.72 |

| 第二级（包括第一级） | | | | |
|---|---|---|---|---|
| $v_3$ | $f_2(v_3)$ | $x_2$ | $v_2$ | $f_1(v_2)$ |
| 1.0 | 3.20 | 3 | 0.88 | 6.20 |
| 0.9 | 2.38 | 3 | 0.79 | 5.38 |
| 0.8 | 1.63 | 2 | 0.60 | 3.63 |
| 0.7 | 0.97 | 2 | 0.53 | 2.97 |
| 0.6 | 0.38 | 2 | 0.45 | 2.38 |
| 0.5 | 0.00 | 0 | 0.00 | 0.00 |
| 0.4 | 0.00 | 0 | 0.00 | 0.00 |
| 0.3 | 0.00 | 0 | 0.00 | 0.00 |
| 0.2 | 0.00 | 0 | 0.00 | 0.00 |
| 0.1 | 0.00 | 0 | 0.00 | 0.00 |

| 第一级 | | |
|---|---|---|
| $v_2$ | $f_1(v_2)$ | $x_1$ |
| 1.0 | 7.38 | 2 |
| 0.9 | 6.44 | 2 |
| 0.8 | 5.50 | 2 |
| 0.7 | 4.56 | 2 |
| 0.6 | 3.63 | 2 |
| 0.5 | 2.75 | 1 |
| 0.4 | 2.00 | 1 |
| 0.3 | 1.25 | 1 |
| 0.2 | 0.50 | 1 |
| 0.1 | 0.00 | 0 |

对于三级过程，对应于最优值 $x_3 = 7$ 和 $v_3 = 0.94$，最优的收益系数是 $f_3 = 1.32$ 个单位。把 $v_3 = 0.94$ 代入第二级，求得 $x_2 = 3$ 和 $v_2 = 0.82$，再把 $v_2 = 0.82$ 代入第一级，求得 $x_1 = 2$ 和 $v_1 = 0.77$。这样最优的并联设计是第三级含 7 个并联部件；第二级含 3 个并联部件；第一级含 2 个并联部件。这就使得在收益为 1.32 个单位时，系统的可靠度达到 0.77。不用并联冗余，系统有

$$N_P = P \prod_{j=1}^{3} R_j - \sum_{j=1}^{3} c_j x_j$$
$$= 10 \times (0.333 \times 0.50 \times 0.75) - (0.20 + 1.0 \times 1 + 1.0 \times 1)$$
$$= -0.95125$$

的收益或消费，这要视情况而定。

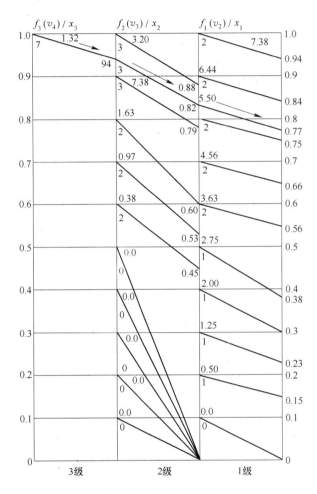

图6-11 例6-8的结果

### 6.4.2.2 例6-9的解

考虑具有单一约束条件的例6-9。在基本动态规划的算法中，该问题的迭代公式可写成：

$$
\left.
\begin{aligned}
f_1(b) &= \max_{x_1' \leq x_1 \leq x_1''} \left[ R_1'(x_1) \right] \\
f_2(b) &= \max_{x_2' \leq x_2 \leq x_2''} \left\{ R_2'(x_2) f_1[b - g_{12}(x_2)] \right\} \\
&\quad\vdots \\
f_n(b) &= \max_{x_n' \leq x_n \leq x_n''} \left\{ R_n'(x_n) f_{n-1}[b - g_{1n}(x_n)] \right\}
\end{aligned}
\right\}
\tag{6-29}
$$

式中，$R_j'(x_j) = 1 - (1 - R_j)^{x_j}$，$j = 1, 2, \cdots, n$；$x_j^l(j = 1, 2, \cdots, n)$ 是各级所用的最小整数，如果对系统的最小可靠度不做限制，通常取 $x_j^l = 1(j = 1, 2, \cdots, n)$；$x_j^u(j = 1, 2, \cdots, n)$ 用于每一级的最大整数。这样

$$\sum_{\substack{p=1 \\ p \neq j}}^{n} g_{ip}(x_j^l) + g_{1j}(x_j) \leqslant b_1$$

这个例子已被用 Kettelle 动态规划和控制序列法解出。在这里，我们用基本动态规划来求解。

由于系统可靠性的指标是 0.99，因此每一级的最小可靠度至少是 0.99。为了使各级可靠度指标达到 0.99，必须确定每一级所用的最小部件数 $x_j^l$。因为第一级每个部件的可靠度是 0.85，两个部件并联（一个冗余数）给出的级可靠度为 0.9775，三个部件并联（两个冗余数）给出的级可靠度为 0.9966，它大于 0.99。因此，第一级要求的最小部件数为 3。类似地，第二级、第三级和第四级要求的最小部件数分别为 $(x_2^l, x_3^l, x_4^l) = (4, 4, 3)$。

由于在可行域的范围内，$R_s$ 的最大值取决于级数 $n$ 和可用资源 $b_1$，于是我们可用 $R_n$ 来表示 $f_n(b_1)$ 的最大值。

$$f_n(b_1) = \max_{x_n, x_{n-1}, \cdots, x_1} \left[ \prod_{j=1}^{n} R_j'(x_j) \right] \tag{6-30}$$

这里，$x_j(j = 1, 2, \cdots, n)$ 是满足约束条件

$$\sum_{j=1}^{n} g_{1j}(x_j) \leqslant b_1 \tag{6-31}$$

的正整数。

对于一级过程，单一决策变量 $x_1$ 的最优设计由下式的解来确定。

$$f_1(b) = \max_{x_1^l \leqslant x_1 \leqslant x_1^u} R_1'(x_1) \tag{6-32}$$

这里，$x_1^l = 3$，并且用在第一级的上界 $x_1^u$ 受费用约束的限制。第一个极值问题（第一级）是在一定的 $b$ 值范围内，对最优的 $x_1$ 来求解的。$b$ 值的范围由消耗的资源来决定。对于基本分配 $(x_4, x_3, x_2, x_1) = (3, 4, 4, 3)$，消耗的资源是 39.9，而总的可用资源是 61.0。这样，对于 39.9 和 61.0 之间的每一个 $b$ 值，当所有的前面各级已按 $(x_2^l, x_3^l, x_4^l) = (4, 4, 3)$ 分配好时，我们来找 $x_1$ 的最优分配。$x_1$ 的最优分配如表 6-23a 所示。

**表 6-23a 例 6-9 第一级的动态规划表**

| $b$ | $x_4^l$ | $x_3^l$ | $x_2^l$ | $x_1$ | $R_s$ | $f_1(b)$ |
|---|---|---|---|---|---|---|
| 39.90~44.39 | 3 | 4 | 4 | 3 | 0.9768 | * |
| 44.40~48.89 | 3 | 4 | 4 | 4 | 0.9796 | * |
| 48.90~53.39 | 3 | 4 | 4 | 5 | 0.9800 | * |
| 53.40~57.89 | 3 | 4 | 4 | 6 | 0.9801 | * |
| 57.90~61.00 | 3 | 4 | 4 | 7 | 0.9802 | * |

注；* 表示最大值。

为了寻找最优的 $x_1$，对所有可能的 $b$ 值要进行启发式搜索。由于 $(x_4, x_3, x_2)$ 是固

定的，故在 $39.9 \leqslant b \leqslant 44.39$ 范围内，最优的 $x_1$ 是 3，$f_1(b) = 0.9768$；在 $44.40 \leqslant b \leqslant 48.89$ 范围内，最优的 $x_1$ 是 4，$f_1(b) = 0.9766$；类似地，$48.90 \leqslant b \leqslant 53.39$ 时，$x_1 = 5$，$f_1(b) = 0.9800$；$53.40 \leqslant b \leqslant 57.89$ 时，$x_1 = 6$，$f_1(b) = 0.9801$；$57.90 \leqslant b \leqslant 61.00$ 时，$x_1 = 7$，$f_1(b) = 0.9802$。

当第四级、第三级和第二级固定在 $x_4^l$，$x_3^l$，$x_2^l$ 时，我们对所有可能的 $b$ 值搜索了最优的 $x_1^l$。下一步，就是当第四级和第三级固定在最小要求的部件数 $x_4^l$ 和 $x_3^l$ 的条件下，搜索第二级和第一级的最优组合。考虑在 $39.90 \sim 61.0$ 之间的所有可能的 $b$ 值仍然是非常必要的。为方便起见，对从 $40.0 \sim 61.0$ 的 $b$ 域，其最优化是按离散的系列值来实现的。每两个相邻的搜索点之间的差为 1。这样，就用表 6-23a 来列出表 6-23b。

表 6-23b 例 6-9 的第二级（和第一级）的计算结果

| $b$ | $x_4^l$ | $x_3^l$ | $x_2$ | $x_1$ | $R_s$ | $f_2(b)$ |
|-----|---------|---------|-------|-------|-------|----------|
| 40 | 3 | 4 | 4 | 3 | 0.9768 | * |
| 41 | 3 | 4 | 4 | 3 | 0.9768 | * |
| 42 | 3 | 4 | 4 | 3 | 0.9768 | * |
| 43 | 3 | 4 | 4 | 3 | 0.9768 | * |
| 44 | 3 | 4 | 4 | 3 | 0.9768 | |
| | 3 | 4 | 5 | 3 | 0.9797 | * |
| 45 | 3 | 4 | 5 | 3 | 0.9797 | * |
| | 3 | 4 | 4 | 4 | 0.9796 | |
| 46 | 3 | 4 | 5 | 3 | 0.9797 | * |
| | 3 | 4 | 4 | 4 | 0.9796 | |
| 47 | 3 | 4 | 6 | 3 | 0.9804 | * |
| | 3 | 4 | 4 | 4 | 0.9796 | |
| 48 | 3 | 4 | 6 | 3 | 0.9804 | |
| | 3 | 4 | 5 | 4 | 0.9825 | * |
| 49 | 3 | 4 | 6 | 3 | 0.9804 | |
| | 3 | 4 | 5 | 4 | 0.9825 | * |
| | 3 | 4 | 5 | 5 | 0.9800 | |
| 50 | 3 | 4 | 6 | 3 | 0.9804 | |
| | 3 | 4 | 5 | 4 | 0.9825 | * |
| | 3 | 4 | 4 | 5 | 0.9800 | |
| 51 | 3 | 4 | 7 | 3 | 0.9806 | |
| | 3 | 4 | 5 | 4 | 0.9825 | * |
| | 3 | 4 | 4 | 5 | 0.9800 | |
| 52 | 3 | 4 | 7 | 3 | 0.9806 | |
| | 3 | 4 | 6 | 4 | 0.9832 | * |
| | 3 | 4 | 4 | 5 | 0.9800 | |
| 53 | 3 | 4 | 7 | 3 | 0.9806 | |
| | 3 | 4 | 6 | 4 | 0.9832 | * |
| | 3 | 4 | 5 | 5 | 0.9829 | |

| $b$ | $x_4^l$ | $x_3^l$ | $x_2$ | $x_1$ | $R_s$ | $f_2(b)$ |
|---|---|---|---|---|---|---|
| 54 | 3 | 4 | 8 | 3 | 0.9806 | |
| | 3 | 4 | 6 | 4 | 0.9832 | * |
| | 3 | 4 | 5 | 5 | 0.9829 | |
| | 3 | 4 | 4 | 6 | 0.9801 | |
| 55 | 3 | 4 | 8 | 3 | 0.9806 | |
| | 3 | 4 | 7 | 4 | 0.9834 | * |
| | 3 | 4 | 5 | 5 | 0.9829 | |
| | 3 | 4 | 4 | 6 | 0.9801 | |
| 56 | 3 | 4 | 8 | 3 | 0.9806 | |
| | 3 | 4 | 7 | 4 | 0.9834 | |
| | 3 | 4 | 6 | 5 | 0.9836 | * |
| | 3 | 4 | 4 | 6 | 0.9801 | |
| 57 | 3 | 4 | 9 | 3 | 0.9806 | |
| | 3 | 4 | 7 | 4 | 0.9834 | |
| | 3 | 4 | 6 | 5 | 0.9836 | * |
| | 3 | 4 | 5 | 6 | 0.9830 | |
| 58 | 3 | 4 | 9 | 3 | 0.9806 | |
| | 3 | 4 | 8 | 4 | 0.9835 | |
| | 3 | 4 | 6 | 5 | 0.9836 | * |
| | 3 | 4 | 4 | 7 | 0.9802 | |
| | 3 | 4 | 5 | 6 | 0.9830 | |
| 59 | 3 | 4 | 9 | 3 | 0.9806 | |
| | 3 | 4 | 8 | 4 | 0.9835 | |
| | 3 | 4 | 6 | 5 | 0.9836 | * |
| | 3 | 4 | 5 | 6 | 0.9830 | |
| | 3 | 4 | 4 | 7 | 0.9802 | |
| 60 | 3 | 4 | 9 | 3 | 0.9806 | |
| | 3 | 4 | 8 | 4 | 0.9835 | |
| | 3 | 4 | 7 | 5 | 0.9838 | * |
| | 3 | 4 | 5 | 6 | 0.9830 | |
| | 3 | 4 | 4 | 7 | 0.9802 | |
| 61 | 3 | 4 | 10 | 3 | 0.9806 | |
| | 3 | 4 | 8 | 4 | 0.9835 | |
| | 3 | 4 | 7 | 5 | 0.9838 | * |
| | 3 | 4 | 6 | 6 | 0.9837 | |
| | 3 | 4 | 4 | 7 | 0.9802 | |

注：＊表示最大值。

表 6-23c  例 6-9 的第三级的计算结果

| $b$ | $x_4^l$ | $x_3$ | $x_2$ | $x_1$ | $R_s$ | $f_3(b)$ |
|---|---|---|---|---|---|---|
| 40 | 3 | 4 | 4 | 3 | 0.9768 | * |
| 41 | 3 | 4 | 4 | 3 | 0.9768 | * |
| 42 | 3 | 4 | 4 | 3 | 0.9768 | * |
| 43 | 3 | 5 | 4 | 3 | 0.9824 | * |
| 44 | 3 | 5 | 4 | 3 | 0.9824 | * |
|  | 3 | 4 | 5 | 3 | 0.9797 | |
| 45 | 3 | 6 | 4 | 3 | 0.9841 | * |
|  | 3 | 4 | 5 | 3 | 0.9797 | |
| 46 | 3 | 6 | 4 | 3 | 0.9841 | |
|  | 3 | 5 | 5 | 3 | 0.9853 | * |
| 47 | 3 | 7 | 4 | 3 | 0.9846 | |
|  | 3 | 5 | 5 | 3 | 0.9853 | * |
|  | 3 | 4 | 6 | 3 | 0.9804 | |
| 48 | 3 | 7 | 4 | 3 | 0.9846 | |
|  | 3 | 6 | 5 | 3 | 0.9870 | * |
|  | 3 | 4 | 6 | 3 | 0.9804 | |
|  | 3 | 4 | 5 | 4 | 0.9825 | |
| 49 | 3 | 7 | 4 | 3 | 0.9846 | |
|  | 3 | 6 | 5 | 3 | 0.9870 | * |
|  | 3 | 5 | 6 | 3 | 0.9860 | |
|  | 3 | 4 | 5 | 4 | 0.9825 | |
| 50 | 3 | 8 | 4 | 3 | 0.9847 | |
|  | 3 | 6 | 5 | 3 | 0.9870 | * |
|  | 3 | 5 | 6 | 3 | 0.9860 | |
|  | 3 | 4 | 5 | 4 | 0.9825 | |
| 51 | 3 | 8 | 4 | 3 | 0.9847 | |
|  | 3 | 7 | 5 | 3 | 0.9875 | |
|  | 3 | 5 | 6 | 3 | 0.9860 | |
|  | 3 | 5 | 5 | 4 | 0.9881 | * |
| 52 | 3 | 9 | 4 | 3 | 0.9848 | |
|  | 3 | 7 | 5 | 3 | 0.9875 | |
|  | 3 | 6 | 6 | 3 | 0.9877 | |
|  | 3 | 5 | 5 | 4 | 0.9881 | * |
|  | 3 | 4 | 6 | 4 | 0.9832 | |
| 53 | 3 | 9 | 4 | 3 | 0.9848 | |
|  | 3 | 8 | 5 | 3 | 0.9876 | |

| $b$ | $x_4^l$ | $x_3$ | $x_2$ | $x_1$ | $R_s$ | $f_3(b)$ |
|---|---|---|---|---|---|---|
| | 3 | 6 | 6 | 3 | 0.9877 | |
| | 3 | 6 | 5 | 4 | 0.9898 | * |
| | 3 | 4 | 6 | 4 | 0.9832 | |
| 54 | 3 | 10 | 4 | 3 | 0.9848 | |
| | 3 | 8 | 5 | 3 | 0.9876 | |
| | 3 | 7 | 6 | 3 | 0.9882 | |
| | 3 | 6 | 5 | 4 | 0.9898 | * |
| | 3 | 5 | 6 | 4 | 0.9888 | |
| 55 | 3 | 10 | 4 | 3 | 0.9848 | |
| | 3 | 9 | 5 | 3 | 0.9877 | |
| | 3 | 7 | 6 | 3 | 0.9882 | |
| | 3 | 7 | 5 | 4 | 0.9903 | * |
| | 3 | 5 | 6 | 4 | 0.9888 | |
| | 3 | 4 | 7 | 4 | 0.9834 | |
| 56 | 3 | 11 | 4 | 3 | | |
| | 3 | 9 | 5 | 3 | 0.9877 | |
| | 3 | 8 | 6 | 3 | 0.9883 | |
| | 3 | 7 | 5 | 4 | 0.9903 | |
| | 3 | 6 | 6 | 4 | 0.9905 | * |
| | 3 | 4 | 6 | 5 | 0.9836 | |
| 57 | 3 | 11 | 4 | 3 | | |
| | 3 | 9 | 5 | 3 | 0.9877 | |
| | 3 | 8 | 6 | 3 | 0.9883 | |
| | 3 | 8 | 5 | 4 | 0.99046 | |
| | 3 | 6 | 6 | 4 | 0.99053 | * |
| | 3 | 4 | 6 | 5 | 0.9836 | |
| 58 | 3 | 12 | 4 | 3 | | |
| | 3 | 10 | 5 | 3 | 0.9877 | |
| | 3 | 8 | 6 | 3 | 0.9883 | |
| | 3 | 8 | 5 | 4 | 0.99046 | |
| | 3 | 6 | 6 | 4 | 0.99053 | * |
| | 3 | 5 | 6 | 5 | 0.9893 | |
| 59 | 3 | 12 | 4 | 3 | | |
| | 3 | 10 | 5 | 3 | 0.9877 | |
| | 3 | 9 | 6 | 3 | 0.9884 | |
| | 3 | 8 | 5 | 4 | 0.99046 | |

续表6-23c

| $b$ | $x_4^l$ | $x_3$ | $x_2$ | $x_1$ | $R_s$ | $f_3(b)$ |
|---|---|---|---|---|---|---|
| | 3 | 7 | 6 | 4 | 0.9910 | * |
| | 3 | 5 | 6 | 5 | 0.9893 | |
| 60 | 3 | 13 | 4 | 3 | 0.9849 | |
| | 3 | 11 | 5 | 3 | 0.9877 | |
| | 3 | 9 | 6 | 3 | 0.9884 | |
| | 3 | 9 | 5 | 4 | 0.9905 | |
| | 3 | 7 | 6 | 4 | 0.9910 | * |
| | 3 | 5 | 6 | 5 | 0.9893 | |
| | 3 | 4 | 7 | 5 | 0.9838 | |
| 61 | 3 | 13 | 4 | 3 | 0.9849 | |
| | 3 | 11 | 5 | 3 | 0.9877 | |
| | 3 | 10 | 6 | 3 | 0.9884 | |
| | 3 | 9 | 5 | 4 | 0.9905 | |
| | 3 | 8 | 6 | 4 | 0.9912 | * |
| | 3 | 6 | 6 | 5 | 0.9910 | |
| | 3 | 4 | 7 | 5 | 0.9838 | |

注：＊表示最大值。

**表6-23d  例6-9的第四级的计算结果**

| $b$ | $x_4$ | $x_3$ | $x_2$ | $x_1$ | $R_s$ | $f_4(b)$ |
|---|---|---|---|---|---|---|
| 61 | 20 | 4 | 4 | 3 | 0.9848 | |
| | 18 | 5 | 4 | 3 | 0.9904 | |
| | 16 | 6 | 4 | 3 | 0.9921 | |
| | 15 | 5 | 5 | 3 | 0.9933 | |
| | 14 | 7 | 4 | 3 | 0.9926 | |
| | 13 | 6 | 5 | 3 | 0.9951 | |
| | 11 | 5 | 5 | 4 | 0.99609 | |
| | 10 | 6 | 5 | 4 | 0.99779 | |
| | 8 | 7 | 5 | 4 | 0.99830 | |
| | 7 | 6 | 6 | 4 | 0.99851 | |
| | 5 | 7 | 6 | 4 | 0.99871 | * |
| | 3 | 8 | 6 | 4 | 0.99119 | |

注：＊表示最大值。

在表6-23b 里，$(x_4, x_3) = (3, 4)$ 总是固定的，对应于给定的 $b$ 值，搜索最优的使系统可靠性最大的 $(x_2, x_1)$。例如，若 $b = 40$，则从表6-23a 得 $x_1 = 3$，$(x_4, x_3, x_1) = (3, 4, 3)$，最优的 $x_2 = 4$。这样在 $(x_4, x_3, x_2, x_1) = (3, 4, 4, 3)$ 时，系统的可靠度是

0.9768。同样当 $b=41$，42，43 时，对（$x_2$，$x_1$）的最优分配是（4，3）。当 $b$ 增加到 44 时，由表 6-23b 知，$x_1$ 仍然是 3，但 $x_2$ 可以是 4 或 5，当 $x_2=5$ 时，给出 0.9797 这一较大的系统可靠度，因此 $f_2(44)=0.9797$。当 $b$ 增至 45，从表 6-20b 知，$x_1$ 不是 3 就是 4。当 $x_1=3$ 时，求得最优的 $x_2$ 是 5，$R_s=0.9797$；当 $x_1=4$ 时，最优的 $x_2$ 是 4，$R_s=0.9796$。对于 $b=45$，最优的分配是（$x_4$，$x_3$，$x_2$，$x_1$）=（3，4，5，3），表 6-23b 中给出的计算结果是类似的一种实现。考虑另外一个例子，当（$x_4$，$x_3$）固定在（3，4）时，对于 $b=54$，由表 6-23b 知，$x_1$ 可以是 3，4，5 或者 6。当 $x_1=3$，在 $x_2=8$ 时，系统的可靠度最大。类似地，当 $x_1=4$，$x_2=6$；$x_1=5$，$x_2=5$；$x_1=6$，$x_2=4$ 时，都能使系统的可靠度最大。$b=54$ 的最优结果 $f_2(54)$，是在（$x_2$，$x_1$）=（8，3）；（$x_2$，$x_1$）=（6，4）；（$x_2$，$x_1$）=（5，5）和（$x_2$，$x_1$）=（4，6）之中最大的系统可靠度，即 $R_s=0.9832$，并且，（$x_2^*$，$x_1^*$）=（6，4）。通常，表 6-23b 所示的第二级（和一级）的计算结果是不列出的，而仅能给出动态规划表 6-24。

表 6-24　例 6-9 的动态规划表

| 第四级 | $b$ | $x_4$ | $x_3$ | $x_2$ | $x_1$ | $f_4(b)$ |
|---|---|---|---|---|---|---|
|  | 61 | 5 | 7 | 6 | 4 | 0.99871 |
| 第三级 | $b$ | $x_4^l$ | $x_3$ | $x_2$ | $x_1$ | $f_3(b)$ |
|  | 40 | 3 | 4 | 4 | 3 | 0.9768 |
|  | 41 | 3 | 4 | 4 | 3 | 0.9768 |
|  | 42 | 3 | 4 | 4 | 3 | 0.9768 |
|  | 43 | 3 | 5 | 4 | 3 | 0.9824 |
|  | 44 | 3 | 5 | 4 | 3 | 0.9824 |
|  | 45 | 3 | 6 | 4 | 3 | 0.9841 |
|  | 46 | 3 | 5 | 5 | 3 | 0.9853 |
|  | 47 | 3 | 5 | 5 | 3 | 0.9853 |
|  | 48 | 3 | 6 | 5 | 3 | 0.9870 |
|  | 49 | 3 | 6 | 5 | 3 | 0.9870 |
|  | 50 | 3 | 6 | 5 | 3 | 0.9870 |
|  | 51 | 3 | 5 | 5 | 4 | 0.9881 |
|  | 52 | 3 | 5 | 5 | 4 | 0.9881 |
|  | 53 | 3 | 6 | 5 | 4 | 0.9898 |
|  | 54 | 3 | 6 | 5 | 4 | 0.9898 |
|  | 55 | 3 | 7 | 5 | 4 | 0.9903 |
|  | 56 | 3 | 6 | 6 | 4 | 0.9905 |
|  | 57 | 3 | 6 | 6 | 4 | 0.9905 |
|  | 58 | 3 | 6 | 6 | 4 | 0.9905 |
|  | 59 | 3 | 7 | 6 | 4 | 0.9910 |
|  | 60 | 3 | 7 | 6 | 4 | 0.9910 |
|  | 61 | 3 | 8 | 6 | 4 | 0.9912 |

| 第二级 | $b$ | $x_4^l$ | $x_3^l$ | $x_2$ | $x_1$ | $f_2(b)$ |
|---|---|---|---|---|---|---|
| | 40 | 3 | 4 | 4 | 3 | 0.9768 |
| | 41 | 3 | 4 | 4 | 3 | 0.9768 |
| | 42 | 3 | 4 | 4 | 3 | 0.9768 |
| | 43 | 3 | 4 | 4 | 3 | 0.9768 |
| | 44 | 3 | 4 | 5 | 3 | 0.9797 |
| | 45 | 3 | 4 | 5 | 3 | 0.9797 |
| | 46 | 3 | 4 | 5 | 3 | 0.9797 |
| | 47 | 3 | 4 | 6 | 3 | 0.9804 |
| | 48 | 3 | 4 | 5 | 4 | 0.9825 |
| | 49 | 3 | 4 | 5 | 4 | 0.9825 |
| | 50 | 3 | 4 | 5 | 4 | 0.9825 |
| | 51 | 3 | 4 | 5 | 4 | 0.9825 |
| | 52 | 3 | 4 | 6 | 4 | 0.9832 |
| | 53 | 3 | 4 | 6 | 4 | 0.9831 |
| | 54 | 3 | 4 | 6 | 4 | 0.9831 |
| | 55 | 3 | 4 | 7 | 4 | 0.9834 |
| | 56 | 3 | 4 | 6 | 5 | 0.9836 |
| | 57 | 3 | 4 | 6 | 5 | 0.9836 |
| | 58 | 3 | 4 | 6 | 5 | 0.9836 |
| | 59 | 3 | 4 | 6 | 5 | 0.9836 |
| | 60 | 3 | 4 | 7 | 5 | 0.9838 |
| | 61 | 3 | 4 | 7 | 5 | 0.9838 |
| 第一级 | $b$ | $x_4^l$ | $x_3^l$ | $x_2^l$ | $x_1$ | $f_1(b)$ |
| | 39.90~44.39 | 3 | 4 | 4 | 3 | 0.9768 |
| | 44.40~48.89 | 3 | 4 | 4 | 4 | 0.9796 |
| | 48.90~53.39 | 3 | 4 | 4 | 5 | 0.9800 |
| | 53.40~57.89 | 3 | 4 | 4 | 6 | 0.9807 |
| | 57.90~61.00 | 3 | 4 | 4 | 7 | 0.9802 |

类似地,根据所有可能的 $b$ 值和固定的 $x_4 = 3$,我们可以构造表6-23c。对于每个 $b$ 值,系统搜索的程序是通过倒过来考察示于表6-24的第二级最优分配 $(x_2,x_1)$ 来实现的。例如,我们感兴趣的是 $b = 52$。根据表6-24,对 $b \leqslant 52$,$(x_2,x_1)$ 的各种最优分配如表6-25所示。

**表 6-25 各种最优分配**

| b | 最优的 $(x_2, x_1)$ | b | 最优的 $(x_2, x_1)$ |
|---|---|---|---|
| 40 | 4 3 | 47 | 6 3 |
| 41 | 4 3 | 48 | 5 4 |
| 42 | 4 3 | 49 | 5 4 |
| 43 | 4 3 | 50 | 5 4 |
| 44 | 5 3 | 51 | 5 4 |
| 45 | 5 3 | 52 | 6 4 |
| 46 | 5 3 | | |

可见，$(x_2, x_1)$ 的最优分配仅可能是下面中的一个，即 (4, 3)，(5, 3)，(6, 3)，(5, 4)，(6, 4)。由于 $x_4$ 是固定的，当 $(x_2, x_1) = (4, 3)$，求出最优的 $x_3 = 9$ 时，系统的可靠度是 $R_s = 0.9848$；当 $(x_2, x_1) = (5, 3)$，最优的 $x_3 = 7$ 时，$R_s = 0.9875$；当 $(x_2, x_1) = (6, 3)$，最优的 $x_3 = 6$ 时，$R_s = 0.9877$；当 $(x_2, x_1) = (5, 4)$，最优的 $x_3 = 5$ 时，$R_s = 0.9881$；当 $(x_2, x_1) = (6, 4)$，最优的 $x_3 = 4$ 时，$R_s = 0.9832$。在这些系统可靠度中，0.9881 是最大的一个，因此分配 $(x_4, x_3, x_2, x_1) = (3, 5, 5, 4)$，对于 $b = 52$ 来说是最优的。对于第三级（第二级和第一级）的最优结果在表 6-21 中给出。

最后，我们可以给出 $b = 61$ 时的表 6-23d，这是总的可用资源表。对于 $b = 61$，由表 6-24 知，第三级所有的最优分配（$b \leqslant 61$）是 (4, 4, 3)，(5, 4, 3)，(6, 4, 3)，(5, 5, 5)，(6, 5, 3)，(5, 5, 4)，(6, 5, 4)，(7, 5, 4)，(6, 6, 4)，(7, 6, 4) 和 (8, 6, 4)。对于上述每一个分配，计算最优的 $x_4$（给出系统最大可靠度所允许的最大的 $x_4$）。在所有这些系统可靠度中，最优的系统可靠度（表 6-23d）为 $(x_4, x_3, x_2, x_1) = (5, 7, 6, 4)$，它给出系统最大的可靠度 $R_s = 0.99871$。表 6-24 为这一问题的动态规划表。

### 6.4.3 用拉格朗日乘子的动态规划法

#### 6.4.3.1 问题的阐述

如果目标函数具有多个约束条件，那么可以引入拉格朗日乘子，用以消去一些约束，因而降低了问题的维数。

在第二节中，我们已对单个约束问题进行了阐述，并用基本动态规划法进行求解。现在，假设问题又有第二个约束条件，即

$$\sum_{j=1}^{n} g_{2j}(x_j) \leqslant b_2 \tag{6-33}$$

我们必须考虑由下列关系式来定义的函数序列：

$$\left. \begin{aligned} f_1(b) &= \max_{1 \leqslant x_1 \leqslant x_1^\mu} R_1'(x_1) \\ f_2(b) &= \max_{1 \leqslant x_2 \leqslant x_2^\mu} \{ R_2'(x_2) f_1[b_1 - g_{12}(x_2) b_2 - g_{22}(x_2)] \} \\ &\vdots \\ f_n(b_1, b_2) &= \max_{1 \leqslant x_n \leqslant x_n^\mu} \{ R_n'(x_n) f_{n-1}[b_1 - g_{1n}(x_n) b_2 - g_{2n}(x_n)] \} \end{aligned} \right\} \tag{6-34}$$

这里,$x_j^\mu (j = 1, 2, \cdots, n)$ 是 $(x_j^\mu)^1$ 和 $(x_j^\mu)^2$ 之间的最小整数。

$(x_j^\mu)^1$ 满足下式的最大的整数,即

$$\sum_{\substack{p=1 \\ p \neq j}}^{n} g_{1p}(1) + g_{1j}(x_j) \leqslant b_1$$

$(x_j^\mu)^2$ 满足下式的最大的整数,即

$$\sum_{\substack{p=1 \\ p \neq j}}^{n} g_{2p}(1) + g_{2j}(x_j) \leqslant b_2$$

对于有两个约束问题的递推公式,基本上与用于一个约束问题的方法相同。虽然公式很简单,但它包含了两个变量的函数序列,这就要求有大的存贮量,同时要消耗相当大的计算机时。因此,从计算角度来考虑,这并不是非常如意的。

解这个问题的另一种方法是引入拉格朗日乘子 $\lambda$,并作为一个惩罚项。现在问题可表示为

$$\max \quad \prod_{j=1}^{n} R_{1j}(x_j) \exp\left[-\lambda \sum_{j=1}^{n} g_{2j}(x_j)\right] \tag{6-35}$$

约束为

$$\sum_{j=1}^{n} g_{1j}(x_j) \leqslant b_1$$

拉格朗日乘子 $\lambda$ 的选择,要尽可能使式 (6-33) 的约束条件成为等式。现在问题已变成一个变量的具有下列递推关系的函数序列 。

$$\left.\begin{array}{l} f_1(b) = \max_{1 \leqslant x_1 \leqslant x_1^\mu} \{R_1'(x_1) \exp[-\lambda g_{21}(x_1)]\} \\[2mm] f_2(b) = \max_{1 \leqslant x_2 \leqslant x_2^\mu} \{R_2'(x_2) f_1\{b_1 - g_{12}(x_2) \exp[-\lambda g_{22}(x_2)]\}\} \\[2mm] \quad\vdots \\[2mm] f_n(b) = \max_{1 \leqslant x_n \leqslant x_n^\mu} \{R_n'(x_n) f_{n-1}\{b_1 - g_{1n}(x_n) \exp[-\lambda g_{2n}(x_n)]\}\} \end{array}\right\}$$

这里,$x_j^l$ 是用在每一级的最小整数,$j = 1, 2, \cdots, n$;$x_j^\mu$ 是用在每一级的最大整数,$j = 1, 2, \cdots, n$。于是

$$\sum_{\substack{p=1 \\ p \neq j}}^{n} g_{1p}(x_j^l) + g_{1j}(x_j) \leqslant b_1$$

选择 $\lambda$ 时,要使 $\sum\limits_{\substack{p=1 \\ p \neq j}}^{n} g_{2j}(x_j)$ 尽可能接近 $b_2$。对于固定的 $\lambda$ 值,系统的最大可靠度为

$$R_s = f_n(b_1) \exp\left[-\lambda \sum_{j=1}^{n} g_{2j}(x_j)\right]$$

要寻找 $R_s$ 的最优解,应当进行一维搜索。

### 6.4.3.2 例 6-10 的解

为求解此例,首先我们要确定在每一级所用部件数的下界。用枚举法逐级分配冗余

数，直到有一约束条件被超越，如表 6-26 所示。在即将越过约束之前，假设用于计算下界的基本系统结构是 1，对于本数值例，就是（3，3，3，3，2），与这一结构相对应的系统可靠度 $R(x)=0.8125$。然而，这并不是一个最优解，系统可靠性的最优解，应等于或大于这个值。因此，我们假设级可靠度的下界是 0.8125，然后计算级部件数相应的下界。对于 $j=1$，有 $1-(1-0.80)^{x_1} \geqslant 0.8125$。从该式可解出，$x_1 \geqslant 2.31$，我们就说 $x_1^l = 2$。类似地，我们得到 $x_2^l = 2$，$x_3^l = 1$，$x_4^l = 2$ 和 $x_5^l = 2$。

表 6-26 逐级分配部件数，直到有一约束条件被超越

| 级 | | | | | 所用资源 | |
|---|---|---|---|---|---|---|
| 1 | 2 | 3 | 4 | 5 | $\sum_{j=1}^{5} g_{1j}$ | $\sum_{j=1}^{5} g_{2j}$ |
| 1 | 1 | 1 | 1 | 1 | 12 | 48.72 |
| 2 | 1 | 1 | 1 | 1 | 15 | 62.88 |
| 2 | 2 | 1 | 1 | 1 | 21 | 78.99 |
| 2 | 2 | 2 | 1 | 1 | 30 | 95.10 |
| 2 | 2 | 2 | 2 | 1 | 42 | 107.19 |
| 2 | 2 | 2 | 2 | 2 | 48 | 125.30 |
| 3 | 2 | 2 | 2 | 2 | 53 | 146.67 |
| 3 | 3 | 2 | 2 | 2 | 63 | 171.11 |
| 3 | 3 | 3 | 2 | 2 | 78 | 195.53 |
| 3 | 3 | 3 | 3 | 2 | 98 | 213.86 |

用拉格朗日乘子将资源方程修改为

$$f_1(b) = \max_{x_1^l \leqslant x_1 \leqslant x_1^u} \left\{ (1-Q_1^{x_1}) \exp[-\lambda(w_1 x_1 e^{-x_1/4})] \right\} \tag{6-36}$$

$$f_2(b) = \max_{x_2^l \leqslant x_2 \leqslant x_2^u} \left\{ (1-Q_2^{x_2}) \exp[-\lambda(w_2 x_2 e^{-x_2/4})] f_1(b-p_2 x_2^2) \right\} \tag{6-37}$$

$$f_3(b) = \max_{x_3^l \leqslant x_3 \leqslant x_3^u} \left\{ (1-Q_3^{x_3}) \exp[-\lambda(w_3 x_3 e^{-x_3/4})] f_2(b-p_3 x_3^2) \right\} \tag{6-38}$$

$$f_4(b) = \max_{x_4^l \leqslant x_4 \leqslant x_4^u} \left\{ (1-Q_4^{x_4}) \exp[-\lambda(w_4 x_4 e^{-x_4/4})] f_3(b-p_4 x_4^2) \right\} \tag{6-39}$$

$$f_5(b) = \max_{x_5^l \leqslant x_5 \leqslant x_5^u} \left\{ (1-Q_5^{x_5}) \exp[-\lambda(w_5 x_5 e^{-x_5/4})] f_4(b-p_5 x_5^2) \right\} \tag{6-40}$$

这里，$Q_j = 1 - R_j$，$j = 1, 2, \cdots, 5$。

要确定 $\lambda$，以使

$$g_2 = \sum_{j=1}^{n} w_j x_j \exp(x_j/4) \approx W$$

为了求解这个例题，应该指定 $\lambda$，比如说，$\lambda = 0.001$。由于在可行域里的目标依赖于级数 $n$、可用资源 $b_1$ 和拉格朗日乘子 $\lambda$，故我们用 $f_n(b_1)$ 表示极大化了的目标：

$$f_n(b_1) = \max_{x_n, x_{n-1}, \cdots, x_1} \left\{ \prod_{j=1}^{n} R_j'(x_j') \exp\left[-\lambda \sum_{j=1}^{n} g_{2j}(x_j)\right] \right\}$$

这里，$x_j$（$j = 1, 2, \cdots, n$）是满足下列约束条件的正整数：

$$\sum_{j=1}^{n} g_{1j}(x_j) \leqslant b_1$$

对于一级过程，单一决策变量 $x_1$ 的最优设计，由下式的解来确定：

$$f_1(b) = \max_{x_1^l \leqslant x_1 \leqslant x^{ut}} R_1'(x_1) \exp[-\lambda g_{2j}(x_1)]$$

这里，$x_2^l = 2$，用在第一级的上界的 $x_1^{ut}$ 受约束条件的限制。$b$ 值的范围处在基本分配 $(x_5^l, x_4^l, x_3^l, x_2^l, x_1^l) = (2, 3, 1, 2, 2)$ 所消耗的资源 59.0 和可利用的总的资源 110.0 之间。当 $b$ 增加时，级冗余度 $x_1 - 1$、级可靠度 $R_1'(x_1)$ 和级费用 $g_{21}(x_1)$ 都将增加，但是惩罚项 $\exp[-\lambda g_{21}(x_1)]$ 将减小。由于 $f_1(b)$ 是 $R_1'(x_1)$ 与 $\exp[-\lambda g_{21}(x_1)]$ 乘积的极大值，因此 $f_1(b)$ 不是 $b$ 的单调增函数。换句话说，$b$ 的增加，允许我们在第一级添加较多的部件，但是增加这一冗余数所得的结构，并不能给我们一个最优的回代值。当前边各级由 $(x_5^l, x_4^l, x_3^l, x_2^l) = (2, 3, 1, 2)$ 所固定时，就得到表 6-27a 所示的 $x_1$ 的最优分配。所有可能的 $b$ 值应当无遗漏地搜索，以便找出最优的 $x_1$。由于 $(x_5, x_4, x_3, x_2)$ 是固定的，所以当 $59.0 \leqslant b \leqslant 63.9$ 时，$x_1 = 2$ 给出的函数值为 0.66710。

表 6-27a  例 6-10 第一级的计算结果（$\lambda = 0.0010$）

| $b$ | $x_5^l$ | $x_4^l$ | $x_3^l$ | $x_2^l$ | $x_1$ | 函数值 | $f_1(b)$ |
|---|---|---|---|---|---|---|---|
| 59~63.9 | 2 | 3 | 1 | 2 | 2 | 0.66710 | * |
| 64~70.9 | 2 | 3 | 1 | 2 | 3 | 0.67476 | * |
| 71~79.9 | 2 | 3 | 1 | 2 | 3 | 0.67476 | * |
|  | 2 | 3 | 1 | 2 | 4 | 0.65860 |  |
| 80~90.9 | 2 | 3 | 1 | 2 | 3 | 0.67476 | * |
|  | 2 | 3 | 1 | 2 | 4 | 0.65860 |  |
|  | 2 | 3 | 1 | 2 | 5 | 0.62915 |  |
| 91~103.9 | 2 | 3 | 1 | 2 | 3 | 0.67476 | * |
|  | 2 | 3 | 1 | 2 | 4 | 0.65860 |  |
|  | 2 | 3 | 1 | 2 | 5 | 0.62915 |  |
|  | 2 | 3 | 1 | 2 | 6 | 0.60322 |  |
|  | 2 | 3 | 1 | 2 | 3 | 0.67476 | * |
| 104~110 | 2 | 3 | 1 | 2 | 4 | 0.65860 |  |
|  | 2 | 3 | 1 | 2 | 5 | 0.62915 |  |
|  | 2 | 3 | 1 | 2 | 6 | 0.60322 |  |
|  | 2 | 3 | 1 | 2 | 7 | 0.58209 |  |

注：* 表示最大值。

当 $64.0 \leqslant b \leqslant 70.9$ 时，最优的 $x_1 = 3$，此时 $f_1(b) = 0.67476$。当 $71.0 \leqslant b < 79.9$ 时，我们可把 4 个部件分配给 $x_1$，但这时给出的函数值是 0.65860，它小于 $x_1 = 3$ 时的函数值 0.67476，因此，当 $71.0 \leqslant b < 79.9$ 时，$x_1 = 3$ 是最优的。类似地，对 $b \geqslant 80.0$，我们可以分配 $x_1 = 3, 4, 5, 6, 7$；然而，$f_1(b)$ 在 $x_1 = 3$ 时为最优。因此 $64.0 \leqslant b \leqslant 110$，$x_1 = 3$ 是最优的。第一级的结果示于动态规划表 6-28 "第一级计算"中。

由于 $(x_5^l, x_4^l, x_3^l) = (2, 3, 1)$ 是固定的，因此下一步就是搜索第二级和第一级的最优组合值，为此，必须考虑 59.0 和 110.0 之间的所有可能的 $b$ 值。为方便起见，最大化是在 $b$ 的离散域内实现的。由于在对部件有最小要求的任一级上再添加一个部件的费用，至少要耗费 5 个单位，所以两个搜索点之间的差可以选为 5，于是表 6-28 被用来构造表 6-27b。

表 6-27b　例 6-10 第二级计算结果 （$\lambda = 0.0010$）

| $b$ | $x_5^l$ | $x_4^l$ | $x_3^l$ | $x_2$ | $x_1$ | 函数值 | $f_2(b)$ |
|---|---|---|---|---|---|---|---|
| 59 | 2 | 3 | 1 | 2 | 2 | 0.66710 | * |
| 64 | 2 | 3 | 1 | 2 | 2 | 0.67710 | |
| | 2 | 3 | 1 | 2 | 3 | 0.67476 | * |
| 69 | 2 | 3 | 1 | 2 | 2 | 0.66710 | |
| | 2 | 3 | 1 | 2 | 3 | 0.67476 | * |
| 74 | 2 | 3 | 1 | 2 | 2 | 0.66710 | |
| | 2 | 3 | 1 | 2 | 3 | 0.67476 | * |
| 79 | 2 | 3 | 1 | 2 | 2 | 0.66710 | |
| | 2 | 3 | 1 | 2 | 3 | 0.67476 | * |
| 84 | 2 | 3 | 1 | 2 | 2 | 0.66710 | |
| | 2 | 3 | 1 | 2 | 3 | 0.67476 | * |
| 89 | 2 | 3 | 1 | 2 | 2 | 0.66710 | |
| | 2 | 3 | 1 | 2 | 3 | 0.67476 | * |
| 94 | 2 | 3 | 1 | 2 | 2 | 0.66710 | |
| | 2 | 3 | 1 | 2 | 3 | 0.67476 | * |
| 99~110 | 2 | 3 | 1 | 2 | 2 | 0.66710 | |
| | 2 | 3 | 1 | 2 | 3 | 0.67476 | * |

注：*表示最大值。

在表 6-27b 中，$(x_5^l, x_4^l, x_3^l) = (2, 3, 1)$ 是固定的。根据给定的 $b$ 值，搜索使函数 $f_2(b)$ 达最大值的最优的 $(x_2, x_1)$。其步骤与基本动态规划算法的步骤相似。例如，若 $b = 84$，则由表 6-28（第一级计算）知 $x_1$ 是最优的。当 $x_1 = 2$ 时，我们搜索最优的 $x_2$，得 $x_2 = 2$，函数值是 0.66710；当 $x_1 = 3$ 时，我们搜索最优的 $x_2$，得 $x_2 = 2$，函数值是 0.67476。由于 0.67476>0.66710，对于 $b = 84$ 来说，最优分配是 $(x_5^l, x_4^l, x_3^l, x_2^l, x_1^l) = (2, 3, 1, 2, 3)$。在表 6-27b 中，当 $(x_5^l, x_4^l, x_3^l)=(2, 3, 1)$ 固定时，$x_2$ 和 $x_1$ 仅仅存在两种可能的分配，即 $(x_2, x_1)=(2, 2)$ 或者 $(x_2, x_1)=(2, 3)$，这已在动态规划表 6-28（第二级计算）之中。类似地，在所有可能的 $b$ 值和固定的 $(x_5^l, x_4^l)=(2, 3)$ 下，我们能列出用于第三级计算的表 6-27c。

**表 6-27c 例 6-10 第三级计算结果** ($\lambda = 0.0010$)

| $b$ | $x_5^l$ | $x_4^l$ | $x_3$ | $x_2$ | $x_1$ | 函数值 | $f_3(b)$ |
|---|---|---|---|---|---|---|---|
| 59 | 2 | 3 | 1 | 2 | 2 | 0.66710 | * |
| 64 | 2 | 3 | 1 | 2 | 2 | 0.67710 | |
| | 2 | 3 | 1 | 2 | 3 | 0.67476 | * |
| 69 | 2 | 3 | 2 | 2 | 2 | 0.72208 | * |
| | 2 | 3 | 2 | 2 | 3 | 0.67476 | |
| 74 | 2 | 3 | 2 | 2 | 2 | 0.72208 | |
| | 2 | 3 | 2 | 2 | 3 | 0.73037 | * |
| 79 | 2 | 3 | 2 | 2 | 2 | 0.72208 | |
| | 2 | 3 | 2 | 2 | 3 | 0.73037 | * |
| 84 | 2 | 3 | 2 | 2 | 2 | 0.72208 | |
| | 2 | 3 | 2 | 2 | 3 | 0.73037 | * |
| 89 | 2 | 3 | 2 | 2 | 2 | 0.72208 | |
| | 2 | 3 | 2 | 2 | 3 | 0.73037 | * |
| 94 | 2 | 3 | 2 | 2 | 2 | 0.72208 | |
| | 2 | 3 | 2 | 2 | 3 | 0.73037 | * |
| 99~110 | 2 | 3 | 2 | 2 | 2 | 0.72208 | |
| | 2 | 3 | 2 | 2 | 3 | 0.73037 | * |

注：*表示最大值。

对于每个 $b$ 值，可采用表 6-28（第二级计算）的最优分配（$x_2$，$x_1$）来进行系统的搜索过程。我们也可以针对所有可能的 $b$ 值和在固定的 $x_5^l = 2$ 下，来构造用于第四级计算的表 6-27d。最后，在总的可用资源 $b = 110$ 时，我们可以构造表 6-27e。对于 $b = 110$，由表 6-28（第四级计算）知，所有可能的最优分配（$x_4$，$x_3$，$x_2$，$x_1$）是（3，1，2，2）；（3，1，2，3）；（3，2，2，2）和（3，2，2，3）。对于每一种分配，计算最优的 $x_5$（给出最大函数值允许的最大的 $x_5$），可从所有这些可能的值中挑选最大的一个作为最优值，如表 6-27e 所示。由 $\lambda = 0.0010$ 的动态规划表 6-28 看出，（$x_5$，$x_4$，$x_3$，$x_2$，$x_1$）=（3，3，2，2，3），$f_5(b = 110) = 0.74610$。表 6-29 表明，当 $\lambda = 0.0010$ 时，系统总的消耗为

$$g_2 = \sum_{j=1}^{n} g_{2j}(x_j) = 192.5$$

**表 6-27d 例 6-10 第四级计算结果** ($\lambda = 0.0010$)

| $b$ | $x_5^l$ | $x_4$ | $x_3$ | $x_2$ | $x_1$ | 函数值 | $f_4(b)$ |
|---|---|---|---|---|---|---|---|
| 59 | 2 | 3 | 1 | 2 | 2 | 0.66710 | * |
| 64 | 2 | 3 | 1 | 2 | 2 | 0.67710 | |
| | 2 | 3 | 1 | 2 | 3 | 0.67476 | * |
| 69 | 2 | 3 | 1 | 2 | 2 | 0.66710 | |
| | 2 | 3 | 1 | 2 | 3 | 0.67476 | |

续表 6-27d

| $b$ | $x_5^l$ | $x_4$ | $x_3$ | $x_2$ | $x_1$ | 函数值 | $f_4(b)$ |
|---|---|---|---|---|---|---|---|
| 74 | 2 | 3 | 2 | 2 | 3 | 0.72208 | * |
|  | 2 | 3 | 1 | 2 | 2 | 0.66710 |  |
|  | 2 | 3 | 1 | 2 | 3 | 0.67476 |  |
|  | 2 | 3 | 2 | 2 | 2 | 0.72208 |  |
|  | 2 | 3 | 2 | 2 | 3 | 0.73037 | * |
| 79~110 | 2 | 3 | 1 | 2 | 2 | 0.66710 |  |
|  | 2 | 3 | 1 | 2 | 3 | 0.67476 |  |
|  | 2 | 3 | 2 | 2 | 2 | 0.72208 |  |
|  | 2 | 3 | 2 | 2 | 3 | 0.73037 | * |

注：*表示最大值。

表 6-27e 例 6-10 第五级计算结果 ($\lambda = 0.0010$)

| $b$ | $x_5$ | $x_4$ | $x_3$ | $x_2$ | $x_1$ | 函数值 | $f_5(b)$ |
|---|---|---|---|---|---|---|---|
| 110 | 3 | 3 | 1 | 2 | 2 | 0.68147 |  |
|  | 3 | 3 | 1 | 2 | 3 | 0.68929 |  |
|  | 3 | 3 | 2 | 2 | 2 | 0.73764 |  |
|  | 3 | 3 | 2 | 2 | 3 | 0.74610 | * |

注：*表示最大值。

表 6-28 例 6-10 的动态规划表 ($\lambda = 0.0010$)

| 第五级计算 | $b$ | $x_5$ | $x_4$ | $x_3$ | $x_2$ | $x_1$ | $f_5(b)$ |
|---|---|---|---|---|---|---|---|
|  | 110 | 3 | 3 | 2 | 2 | 3 | 0.74610 |
| 第四级计算 | $b$ | $x_5^l$ | $x_4$ | $x_3$ | $x_2$ | $x_1$ | $f_4(b)$ |
|  | 59 | 2 | 3 | 1 | 2 | 2 | 0.66710 |
|  | 64 | 2 | 3 | 1 | 2 | 3 | 0.67476 |
|  | 69 | 2 | 3 | 2 | 2 | 2 | 0.72208 |
|  | 74~110 | 2 | 3 | 2 | 2 | 3 | 0.73037 |
| 第三级计算 | $b$ | $x_5^l$ | $x_4^l$ | $x_3$ | $x_2$ | $x_1$ | $f_3(b)$ |
|  | 59 | 2 | 3 | 1 | 2 | 2 | 0.66710 |
|  | 64 | 2 | 3 | 1 | 2 | 3 | 0.67476 |
|  | 69 | 2 | 3 | 2 | 2 | 2 | 0.72208 |
|  | 74~110 | 2 | 3 | 2 | 2 | 3 | 0.73037 |
| 第二级计算 | $b$ | $x_5^l$ | $x_4^l$ | $x_3^l$ | $x_2$ | $x_1$ | $f_2(b)$ |
|  | 59 | 2 | 3 | 1 | 2 | 2 | 0.66710 |
|  | 64~110 | 2 | 3 | 1 | 2 | 3 | 0.67476 |
| 第一级计算 | $b$ | $x_5^l$ | $x_4^l$ | $x_3^l$ | $x_2^l$ | $x_1$ | $f_1(b)$ |
|  | 56~63.9 | 2 | 3 | 1 | 2 | 2 | 0.66710 |
|  | 64~110 | 2 | 3 | 1 | 2 | 3 | 0.67476 |

系统的可靠度：$R_s = f_5(b) \exp\left[-\lambda \sum_{i=1}^{n} g_{2j}(x_j)\right] = 0.9045$

在搜索适当的拉格朗日乘子 $\lambda$ 时，对不同的 $\lambda$ 值做了试验，所耗费用接近 200（但总是低于 200。因为 $g_2 \leqslant W$，这里 $W = 200$）。对每个 $\lambda$ 值进行上述搜索，从而得到了最优结构。其结果扼要地列于表 6-29。

表 6-29 在不同的拉格朗日乘子下的最优系统可靠性

| 拉格朗日乘子 $\lambda$ | 最优系统结构 | | | | | 最优系统可靠性参数 | | |
|---|---|---|---|---|---|---|---|---|
| | $x_5$ | $x_4$ | $x_3$ | $x_2$ | $x_1$ | $R_s$ | $g_1$ | $g_2$ |
| 0.0001 | 4 | 3 | 2 | 3 | 3 | 0.9331 | 107 | 257.6 |
| 0.0002 | 4 | 3 | 2 | 3 | 3 | 0.9331 | 107 | 257.6 |
| 0.0004 | 4 | 3 | 2 | 3 | 3 | 0.9331 | 107 | 257.6 |
| 0.0006 | 3 | 3 | 2 | 3 | 3 | 0.9222 | 93 | 216.9 |
| 0.0008 | 3 | 3 | 2 | 3 | 3 | 0.9045 | 83 | 192.5 |
| 0.0010 | 3 | 3 | 2 | 2 | 3 | 0.9045 | 83 | 192.5 |
| 0.0015 | 3 | 3 | 2 | 2 | 3 | 0.9045 | 83 | 192.5 |
| 0.0016 | 3 | 3 | 2 | 2 | 2 | 0.8753 | 78 | 171.1 |
| 0.0040 | 2 | 3 | 2 | 2 | 2 | 0.8336 | 68 | 143.6 |
| 0.0060 | 2 | 3 | 1 | 2 | 2 | 0.7578 | 59 | 127.5 |
| 0.0080 | 2 | 3 | 1 | 2 | 2 | 0.7578 | 59 | 127.5 |
| 0.0100 | 2 | 3 | 1 | 2 | 2 | 0.7578 | 59 | 127.5 |

对于 $\lambda = 0.0001$，最优的分配是 $(x_5, x_4, x_3, x_2, x_1)$ 是 $(4, 3, 2, 3, 3)$，系统的可靠度 $R_s = 0.9331$，消耗的费用 $g_1 = 107$，$g_2 = 257.6$，这就是说，第二个约束条件被破坏。对于 $\lambda = 0.01$，最优分配是 $(x_5, x_4, x_3, x_2, x_1) = (2, 3, 1, 2, 2)$，系统的可靠度 $R_s = 0.7578$，消耗的费用 $g_1 = 59$，$g_2 = 127.5$。现在 $g_2 < 200$，因此该解是一个可行解。然而，我们可以增加级冗余度，耗费较多的资源，以便提高系统的可靠性。对于 $\lambda$ 的一维搜索，可在 $0.0001 \sim 0.01$ 之间进行。表 6-29 给出的最优解为

$$0.0008 \leqslant \lambda \leqslant 0.0015$$

$$(x_5, x_4, x_3, x_2, x_1) = (3, 3, 2, 2, 3)$$

$$g_1 = 83, \quad g_2 = 192.5, \quad R_s = 0.9045$$

### 6.4.4 用控制序列概念的动态规划法

#### 6.4.4.1 问题的阐述

max $\qquad R_s = \prod_{j=1}^{n} \left[1 - (1 - R_j)^{x_j}\right]$

约束 $\qquad g_i = \sum_{j=1}^{n} g_{ij}(x_j) \leqslant b_j, \quad i = 1, 2, \cdots, r$ $\qquad\qquad$ (6-41)

求解上述多约束系统的最大可靠度问题，所需的计算量往往很大，我们可以通过选择系统结构的控制条件而得到简化。

如果系统满足下列约束条件：

$$\sum_{j=1}^{n} g_{ij}(x_j') \leqslant \sum_{j=1}^{n} g_{ij}(x_j), \quad i = 1, 2, \cdots, r$$

且有

$$R_s(x') \geqslant R_s(x)$$

我们就说，系统结构 $x'$ 控制另一个系统结构 $x$。这就是说，系统控制结构具有较好的系统可靠性，且消耗较少的费用。所有满足式（6-41）的约束条件，且不受其他控制的冗余数分配序列 s，被称为一个控制序列。

按动态规划的方式，两级的组合用来搜索结构的控制序列，然后再与第三级组合，产生另一个控制序列。每当一个约束条件被破坏时，该序列就终止。获得最优系统结构的最后控制结构，是由第一级、第二级、……、第 $n-1$ 级以及第 $n$ 级的控制序列的组合产生，它是构成控制序列过程的最后一项。

为了减小控制序列的长度，使用启发式方法确定 $x_j$ 的上界和下界（$j=1, 2, \cdots, n$）。

（1）$x_j$ 的上界 $x_j^u$。每一级至少应有一个部件，如果要确定第 $j$ 级的上界 $x_j^u$，我们令 $x_k=1(k=1, 2, \cdots, n; k \neq j)$。$x_j^u$ 是集合 $\{(c_1, c_2, \cdots, c_r)\}$ 中的最小整数。这里，$c_l = \max\{x_j \mid x_j$ 是整数，并且 $g_{lk}(1, \cdots, 1; x_j, 1, \cdots, 1) \leqslant b_l\}$，$l = 1, 2, \cdots, r$。

（2）$x_j$ 的下界 $x_j^l$。冗余数是在约束条件的限制下逐级分配的。如果分配过程中最后一步的结构 x 的可靠度是 $R_s(x)$，且没有任何约束被破坏，则对 $x_j$ 求解 $R_s(x) \leqslant 1 - (1 - R_j)^{x_j}$ 形式的 n 个方程，$x_j^l$ 就是满足上述方程的最小整数集合。这里，$x_j^l$ 是用在第 $j$ 级部件数的下界（$j=1, 2, \cdots, n$）。

### 6.4.4.2 例 6-12 的解

为用控制序列概念解此例，我们必须首先寻找用在每一级上的部件数的上界和下界。

（1）上界 $x_j^u$。为寻找第 $j$ 级部件数的上界，我们假设所有其他的级只有一个部件。对于第一级的上界 $x_j^u$，将是满足下列三个约束条件的最大整数：

$$g_1 = 1 \times (x_1^u)^2 + 2 \times (1)^2 + 3 \times (1)^2 + 4 \times (1)^2 + 2 \times (1)^2 \leqslant 110$$

$$g_2 = 7 \times [x_1^u + \exp(x_1^u/4)] + 7 \times [1 + \exp(1/4)] + 5 \times [1 + \exp(1/4)] +$$
$$9 \times [1 + \exp(1/4)] + 4 \times [1 + \exp(1/4)] \leqslant 175$$

$$g_3 = 7 \times x_1^u \exp(x_1^u/4) + 8 \times 1 \times \exp(1/4) + 8 \times 1 \times \exp(1/4) +$$
$$6 \times 1 \times \exp(1/4) + 9 \times 1 \times \exp(1/4) \leqslant 200$$

把整数得 $x_1^u=1, 2, \cdots$ 代入 $g_1$、$g_2$ 和 $g_3$，当 $x_1^u=6$ 时，我们得 $g_1=47$，$g_2=137.34$，$g_3=227.36$，即 $g_3(x_1^u=6)>200$；当 $x_1^u=5$ 时，$g_1=36$，$g_2=91.44$ 和 $g_3=161.59$。这里约束条件均满足。因此 $x_1^u$ 是 5。用类似的办法找出其他各级部件数的上界，结果全是 5。

（2）下界 $x_j^l$。采用表 6-30 所示的枚举法，逐级分配冗余数，直到有约束条件被超过为止。对于本例，假定一个约束条件刚好被超过之前的结构是（3，3，3，2，2），就用它来作为计算下界的基本系统结构。与该结构（3，3，3，2，2）相对应的系统可靠度 $R_s$（x）是 0.8124，但它不是一个最优解。系统最优的可靠度应等于或大于这个值。因此，

表 6-30 逐级分配部件数，直到任何一个约束条件被破坏

| 级 | | | | | 所用资源 | | |
|---|---|---|---|---|---|---|---|
| 1 | 2 | 3 | 4 | 5 | $\sum_{j=1}^{5} g_{1j}$ | $\sum_{j=1}^{5} g_{2j}$ | $\sum_{j=1}^{5} g_{3j}$ |
| 1 | 1 | 1 | 1 | 1 | 12 | 73.09 | 48.79 |
| 2 | 1 | 1 | 1 | 1 | 15 | 82.64 | 62.88 |
| 2 | 2 | 1 | 1 | 1 | 21 | 92.19 | 78.99 |
| 2 | 2 | 2 | 1 | 1 | 30 | 99.01 | 95.10 |
| 2 | 2 | 2 | 2 | 1 | 42 | 111.29 | 107.18 |
| 2 | 2 | 2 | 2 | 2 | 48 | 116.75 | 125.30 |
| 3 | 2 | 2 | 2 | 2 | 53 | 127.03 | 146.67 |
| 3 | 3 | 2 | 2 | 2 | 63 | 138.31 | 171.11 |
| 3 | 3 | 3 | 2 | 2 | 78 | 144.65 | 195.53 |
| 3 | 3 | 3 | 3 | 2 | 98 | 157.87 | 213.86 |

我们假设级可靠度的下界是 0.8124，并计算相应的级部件数的下界，即对于 $j=1$，$1-(1-0.80)^{x_1} \geq 0.8124$，解出 $x_1 \geq 2.31$，这表明 $x_1^l = 2$。类似地，我们得到 $x_2^l = 2$，$x_3^l = 1$，$x_4^l = 3$ 和 $x_5^l = 2$。

每一级部件数的最优结构是在该级部件数的上界和下界之间。

为了求解该例，计算过程的第一步就是建立第一级和第二级的组合矩阵（见表 6-31a）。在表 6-31a 中，部件数、级的不可靠度和 $g_1$、$g_2$ 和 $g_3$（对于第一级和第二级而言）分别用矩阵的行和列来表示。用在每一级部件的起始数是该级的下界，而最后的数是该级的上界。考虑到用不可靠度比用可靠度方便，尽管用不可靠度需要近似化，我们仍采用不可靠度。

在表 6-31a 中，矩阵的每一个元素是一个向量，它表示系统的不可靠度，而 $g_1$、$g_2$ 和 $g_3$ 是第一级和第二级组合的结果。假若 $R_1$ 和 $R_2$ 接近于 1，即 $R_1 \geq 0.5$，$R_2 \geq 0.5$，则系统的不可靠度可用第一级和第二级的不可靠度相加来近似，

即
$$F' = 1 - [1 - (1-R_1)^{x_1}][1 - (1-R_2)^{x_2}]$$
$$\approx (1-R_1)^{x_1} + (1-R_2)^{x_2}$$

式中　　$(1-R_1)^{x_1}$——第一级的不可靠度；

$(1-R_2)^{x_2}$——第二级的不可靠度。

由第一级和第二级组合成的控制系统的控制序列，是由消去被别的控制矩阵的元素而得到。其消元的步骤为：

（1）当矩阵元素中的任何费用超过可用资源的约束时，该元素作废。例如，元素 $(x_1, x_2) = (5, 4)$，$(x_1, x_2) = (4, 5)$，$(x_1, x_2) = (5, 5)$ 均被消去，因为这些元素的 $g_3$ 都超过 200。

表6-31a 例6-12第一级和第二级计算结果

| 级 | | | | | |
|---|---|---|---|---|---|
| 第一级 | 所用部件数 | $x_1^l=2$ | 3 | 4 | $x_1^H=5$ |
| | 级不可靠度 | 0.04 | 0.008 | 0.0016 | 0.0003 |
| | 所用$g_1$ | 4 | 9 | 16 | 25 |
| | 所用$g_2$ | 25.54 | 35.81 | 47.02 | 59.36 |
| | 所用$g_3$ | 23.08 | 44.45 | 76.10 | 121.81 |
| | $x_2^l=2$ | (1) | (2) | (3) | |
| | 0.0225 | 0.0625 | 0.0305 | 0.0241 | 0.0228 |
| | 8 | 12 | 17 | 24 | 33 |
| | 25.54 | 51.08 | 61.35 | 72.56 | 84.90 |
| | 26.38 | 49.46 | 70.83 | 102.48 | 148.19 |
| 第二级 | 3 | | (4) | (5) | (6) |
| | 0.0034 | 0.0434 | 0.0114 | 0.0050 | 0.0037 |
| | 18 | 22 | 27 | 34 | 43 |
| | 35.81 | 61.35 | 71.62 | 82.83 | 95.17 |
| | 50.81 | 73.89 | 95.26 | 126.91 | 172.61 |
| | 4 | | | (7) | |
| | 0.0005 | 0.0405 | 0.0085 | 0.0021 | 0.008 |
| | 32 | 36 | 41 | 48 | 57 |
| | 47.02 | 72.56 | 82.83 | 94.04 | 105.38 |
| | 86.98 | 110.06 | 131.43 | 163.08 | 208.79 |
| | $x_2^H=5$ | | | | |
| | 0.0001 | 0.0401 | 0.0081 | 0.0017 | 0.0004 |
| | 50 | 54 | 59 | 66 | 75 |
| | 59.36 | 84.90 | 95.17 | 106.38 | 118.72 |
| | 139.21 | 162.29 | 183.66 | 215.31 | 261.02 |

（2）于是，控制序列确定如下：

1）考虑具有最高可靠度（也就是最低不可靠度）的元素，它总是控制序列的一项，不管费用是多少。在表6-31a里，这样的元素是（$x_1$，$x_2$）=（4，4），它具有最高的可靠度 1-0.0021=0.9979。现在，我们把其他元素的费用与这一元素的费用进行比较，消去具有较低可靠度和较高费用的所有元素。在表6-31a里，最高费用的元素是（$x_1$，$x_2$）=（4，4），它具有的可靠度是0.9979，$g_1$=48，$g_2$=94.04，$g_3$=163.08。与（$x_1$，$x_2$）=（4，4）相比，元素（$x_1$，$x_2$）=（3，5）具有可靠度 1-0.0081=0.9919，$g_1$=59，$g_2$=95.17，$g_3$=183.66，因为后者的可靠度较低且需要较高的费用$g_1$、$g_2$和$g_3$，因而被消去。这就是说，元素（4，4）控制元素（3，5）。

2）选择其余的较高可靠度（较低的不可靠度）的元素，即（$x_1$，$x_2$）=（5，3）。比较一下可靠度比它低的所有其他元素的费用，发现没有元素受（5，3）的控制。

3）通过与元素（4，3）比较，元素（3，4）和元素（2，5）被消去。通过与元素

（3，3）相比较，元素（2，4）和元素（5，2）被消去。通过与元素（3，2）相比较，元素（2，3）被消去。最后得到了（1）、（2）、（3）、（4）、（5）、（6）和（7）控制序列，这就是第一级和第二级构成的系统。

根据表6-31a，第一级和第二级组合的控制序列，将是表6-31b中矩阵里的行元素。第三级的部件数，级不可靠度，$g_1$、$g_2$、$g_3$ 将是表6-31b里矩阵左侧的列。进行与上面类似的步骤，可消去这个矩阵中费用超过约束的那些元素，即（4-4，4）；（4-4，3）；（5-3，4）；（5-3，3）；（4-3，4），于是，控制序列就被确定。通过与（3-3，3）相比较，（5-3，2）和（4-2，4）被消去；通过与（4-3，2）相比较，（4-4，1）和（5-3，1）被消去；通过与（3-3，2）相比较，（4-2，3）、（3-2，4）和（3-2，3）被消去；通过与（4-2，2）相比较，（4-3，1）被消去；通过与（3-2，2）相比较，（3-3，1）和（2-2，4）被消去；通过与（2-2，3）相比较，（4-2，1）被消去。控制序列是（2-2，1）、（3-2，1）、（2-2，2）、（2-2，3）、（3-2，2）、（4-2，2）、（3-3，2）、（4-3，2）、（3-3，3）、（4-4，2）、（3-3，4）和（4-3，3）。

于是，由第一级、第二级和第三级组成的系统所得的控制序列，是表6-31c中矩阵的行元素。第四级与1-2-3相组合所构成的系统的控制序列，可由表6-31c得到。第五级与1-2-3-4组合成的系统的控制序列如表6-31d所示，这是最后的控制序列。

在表6-31d中所得的控制序列，最优的一个具有系统结构（3，2，2，3，3），它具有最高的可靠度 $1-0.0990=0.9010$。

**表6-31b　例6-12第一、第二级和第三级的计算结果**

| | 所用部件数 | 2-2 | 3-2 | 4-2 | 3-3 | 4-3 | 5-3 | 4-4 |
|---|---|---|---|---|---|---|---|---|
| 第一、二级 | 级不可靠度 | 0.0625 | 0.0305 | 0.0241 | 0.0114 | 0.0050 | 0.0037 | 0.0021 |
| | 所用 $g_1$ | 12 | 17 | 24 | 27 | 34 | 43 | 48 |
| | 所用 $g_2$ | 51.08 | 61.35 | 72.56 | 71.62 | 82.83 | 95.17 | 94.04 |
| | 所用 $g_3$ | 49.46 | 70.83 | 102.48 | 95.26 | 126.91 | 172.62 | 163.08 |
| 第三级 | $x_3^l=1$ | 0.10 | 0.1625[1] | 0.1305[2] | 0.1241 | 0.1114 | 0.1050 | 0.1037 | 0.1021 |
| | | 3 | 15 | 20 | 27 | 30 | 37 | 46 | 51 |
| | | 11.42 | 62.50 | 72.76 | 83.98 | 83.04 | 94.25 | 106.59 | 105.46 |
| | | 10.27 | 59.73 | 81.10 | 112.75 | 105.53 | 137.28 | 182.89 | 173.35 |
| | $x_3=2$ | 0.01 | 0.0725[3] | 0.0405[5] | 0.0341[6] | 0.0214[7] | 0.0158[8] | 0.0137 | 0.0121[10] |
| | | 12 | 24 | 29 | 36 | 39 | 46 | 55 | 60 |
| | | 18.24 | 69.32 | 75.59 | 90.80 | 89.86 | 101.07 | 113.41 | 112.28 |
| | | 26.38 | 75.84 | 97.21 | 128.86 | 121.64 | 153.29 | 199.00 | 189.46 |
| | $x=3$ | 0.001 | 0.0635[4] | 0.0315 | 0.0251 | 0.0124[9] | 0.0060[12] | 0.0047 | 0.0031 |
| | | 27 | 39 | 44 | 51 | 54 | 61 | 70 | 75 |
| | | 25.58 | 76.66 | 89.93 | 98.14 | 97.20 | 108.41 | 120.75 | 119.02 |
| | | 50.81 | 100.27 | 121.64 | 153.29 | 146.07 | 177.72 | 223.43 | 213.89 |
| | $x_3^u=4$ | 0.0001 | 0.0626 | 0.0306 | 0.0242 | 0.0115[11] | 0.0552 | 0.0038 | 0.0022 |
| | | 48 | 60 | 65 | 72 | 75 | 82 | 91 | 96 |
| | | 33.58 | 84.66 | 94.93 | 106.14 | 105.20 | 116.41 | 128.75 | 127.61 |
| | | 86.98 | 136.44 | 157.81 | 189.46 | 182.24 | 213.89 | 259.60 | 250.06 |

**表 6-31c 例 6-12 第一、二、三级和第四级的计算结果**

第一、二、三级

| 所用部件数 | 2-2-2 | 3-2-1 | 2-2-2 | 2-2-3 | 3-2-2 | 4-2-2 | 3-3-2 | 4-3-2 | 3-3-3 | 4-4-2 | 3-3-4 | 4-3-3 |
|---|---|---|---|---|---|---|---|---|---|---|---|---|
| 级不可靠度 | 0.1625 | 0.1305 | 0.7250 | 0.0635 | 0.0405 | 0.0341 | 0.0214 | 0.0150 | 0.0124 | 0.0121 | 0.0115 | 0.0060 |
| 所用 $g_1$ | 15 | 20 | 24 | 39 | 29 | 36 | 39 | 46 | 54 | 60 | 75 | 61 |
| 所用 $g_2$ | 62.50 | 72.76 | 69.32 | 76.66 | 79.59 | 90.80 | 89.86 | 101.07 | 97.20 | 112.28 | 105.20 | 108.41 |
| 所用 $g_3$ | 59.73 | 81.10 | 75.84 | 100.27 | 97.21 | 128.86 | 121.64 | 153.29 | 146.07 | 189.46 | 182.24 | 177.72 |

第四级

| $x_4^l = 3$ | (1) | (2) | (3) | (4) | (5) | (6) | (7) | (8) | (10) | | | |
|---|---|---|---|---|---|---|---|---|---|---|---|---|
| 0.0429 | 0.2054 | 0.1734 | 0.1154 | 0.1064 | 0.0834 | 0.0770 | 0.0643 | 0.0579 | 0.0553 | 0.0550 | 0.0544 | 0.0489 |
| 36 | 51 | 56 | 60 | 75 | 65 | 72 | 75 | 82 | 90 | 96 | 111 | 97 |
| 46.05 | 108.55 | 118.81 | 115.37 | 122.71 | 126.64 | 136.85 | 135.91 | 147.12 | 108.55 | 158.33 | 118.81 | 154.45 |
| 38.10 | 97.83 | 119.20 | 113.94 | 138.37 | 135.31 | 166.96 | 159.74 | 191.39 | 184.17 | 227.56 | 220.34 | 215.82 |
| $x_4^u = 3$ | | | | (9) | (11) | (12) | | | | | | |
| 0.0150 | 0.1775 | 0.1455 | 0.0875 | 0.0785 | 0.0555 | 0.0491 | 0.0364 | 0.0300 | 0.0274 | 0.0271 | 0.0265 | 0.0210 |
| 64 | 79 | 84 | 88 | 103 | 93 | 100 | 103 | 110 | 118 | 124 | 139 | 125 |
| 60.47 | 122.97 | 133.23 | 129.79 | 137.13 | 140.06 | 151.27 | 150.33 | 164.54 | 157.67 | 172.75 | 165.67 | 168.88 |
| 65.23 | 124.96 | 146.33 | 141.07 | 165.50 | 162.44 | 194.09 | 186.87 | 218.52 | 211.30 | 254.69 | 247.47 | 242.95 |

**表 6-31d 例 6-12 第一、二、三、四级和第五级的计算结果**

第一、二、三、四级

| 所用部件数 | 2-2-13 | 2-3-13 | 2-2-2-3 | 2-2-3-3 | 3-2-2-3 | 4-2-2-3 | 3-3-2-3 | 4-3-2-3 | 3-2-2-4 | 3-3-3-3 | 4-2-2-4 | 3-3-2-4 |
|---|---|---|---|---|---|---|---|---|---|---|---|---|
| 级不可靠度 | 0.2054 | 0.1734 | 0.1154 | 0.1064 | 0.0834 | 0.0770 | 0.0643 | 0.0579 | 0.0555 | 0.0553 | 0.0491 | 0.0364 |
| 所用 $g_1$ | 51 | 56 | 60 | 75 | 65 | 72 | 75 | 82 | 93 | 90 | 100 | 103 |
| 所用 $g_2$ | 108.55 | 118.81 | 115.37 | 122.71 | 126.64 | 136.85 | 185.91 | 147.12 | 140.06 | 108.55 | 151.27 | 150.33 |
| 所用 $g_3$ | 97.83 | 119.20 | 113.94 | 138.37 | 135.31 | 166.96 | 159.74 | 191.39 | 162.44 | 184.17 | 194.09 | 186.87 |

第五级

| $x_5^l = 2$ | (1) | (2) | (4) | (5) | (6) | | (8) | | (10) | | | |
|---|---|---|---|---|---|---|---|---|---|---|---|---|
| 0.0625 | 0.2679 | 0.2359 | 0.1779 | 0.1689 | 0.1459 | 0.1395 | 0.1268 | 0.1204 | 0.1180 | 0.1178 | 0.1116 | 0.0989 |
| 8 | 59 | 64 | 68 | 83 | 73 | 80 | 83 | 90 | 101 | 98 | 108 | 111 |
| 14.59 | 123.14 | 133.40 | 129.96 | 137.30 | 141.23 | 151.44 | 150.50 | 161.71 | 154.65 | 123.14 | 165.86 | 164.92 |
| 29.68 | 127.51 | 148.88 | 143.62 | 168.05 | 164.99 | 196.64 | 189.42 | 221.07 | 192.12 | 213.85 | 223.77 | 216.55 |
| $x_5^u = 3$ | (3) | | (7) | (9) | (11) | | | | | | | |
| 0.0156 | 0.2210 | 0.1890 | 0.1310 | 0.1220 | 0.0990 | 0.0926 | 0.0799 | 0.0735 | 0.0711 | 0.0709 | 0.0647 | 0.0520 |
| 18 | 69 | 74 | 78 | 93 | 83 | 90 | 93 | 100 | 111 | 108 | 118 | 121 |
| 20.46 | 129.01 | 139.27 | 135.83 | 143.17 | 147.10 | 157.31 | 156.47 | 167.58 | 160.52 | 129.09 | 171.73 | 170.79 |
| 57.16 | 154.99 | 176.36 | 171.10 | 195.53 | 192.47 | 224.12 | 216.90 | 248.55 | 219.60 | 241.33 | 251.25 | 244.03 |

## 6.5 用于系统可靠性最优化的其他方法

### 6.5.1 概述

对于分析系统可靠性最优化问题，除了前几章所介绍的方法以外，还有一些其他方法。一种简便的经典算法，就是在不考虑诸如"费用"的约束下，求系统的可靠性的极大值。参数法涉及把目标函数转换成一种简化的形式，以便能用拉格朗日乘子法和 K-T 条件，或使用经修正的 Box 法来求解转换后的问题。

在可靠性最优化技术中，有时也采用线性规划法来求解具有非负变量的线性形式的最优化问题，约束条件为一组线性不等式组，或者通过分离规划，把原始的非线性最优化问题转换成能用线性规划求解的标准线性形式。

随机方法也被用于求解满足费用约束的系统可靠性极大值的问题中。该方法是以随机算法为基础，通过概率分布来描述冗余结构簇。随机搜索技术和其他各种各样最优化技术有时也应用于系统可靠性最优化问题。

下面举例说明经典法、参数法、线性规划法和分离规划法。

### 6.5.2 经典算法

也许是 Gordona、Moskowitz 和 Mclearn 最先用图解法来解决最优部件冗余问题，以达到系统的可靠度的要求。他们的目的是想研究出系统冗余部件最优化的一般的数学解法，用在已知部件的可靠度和不考虑约束的场合。作为复杂性，部件可靠度和冗余数的函数的总可靠度图形业已给出，那么，根据该图形就可鉴别出最优解。

根据 Albert 定理，Lioyd 和 Lipow 引入了一个有效函数。该函数对实现把一串联结构的系统可靠度从现有的可靠度 $R_s$ 提高到所期望的较高的水平 $\overline{R}_s$ 是必要的。我们令 $R_1$，$R_2$，$\cdots$，$R_n$ 表示各子系统的可靠度，那么系统的可靠度为

$$R_s = \prod_{i=1}^{n} R_i \tag{6-42}$$

由于 $\overline{R}_s > R_s$，所以必须根据方程式（6-42），至少提高一个 $R_s$ 值，以满足所要求的可靠度 $\overline{R}_s$；为做到这一点，要付出相当大的代价按某种方式在各子系统间进行分配，使所希望的系统可靠度以最小的代价来实现，方法如下：

（1）按非减顺序排列已知的可靠度 $R_1$，$R_2$，$\cdots$，$R_n$（我们假设这样的排列隐含在符号中）。于是，

$$R_1 \leqslant R_2 \leqslant R_3 \leqslant \cdots \leqslant R_n \tag{6-43}$$

（2）我们把每一个可靠度 $R_1$，$R_2$，$\cdots$，$R_{k_0}$ 增加到相同的值 $\overline{R}_0$，但不增加可靠度 $R_{k_0+1}$，$\cdots$，$R_n$。数值 $k_0$ 确定如下：

$k_0 = j$ 的最大值，而 $j$ 满足

$$R_j < \left[ \frac{\overline{R}_s}{\prod\limits_{i=j+1}^{n+1} R_j} \right] = r_j \tag{6-44}$$

根据定义，$R_{n+1} = 1$。

$\overline{R}_s$ 由下式来确定，即

$$\overline{R}_0 < \left[\frac{\overline{R}_s}{\prod_{i=j+1}^{n+1} R_j}\right]^{1/k_0} \tag{6-45}$$

（3）显然，系统的可靠度将是 $\overline{R}_s$。因为新的可靠度为

$$\overline{R}_0^{k_0} R_{k_0+1} \cdots R_n = \overline{R}_0^{k_0} \prod_{j=k_0+1}^{n+1} R_j \tag{6-46}$$

由参考文献［4］我们得到新的可靠度等于 $\overline{R}_s$。

**数值例题** 令 $(R_1, R_2, R_3, R_4, R_5, R_6) = (0.75, 0.80, 0.87, 0.90, 0.95, 0.99)$，于是

$$R_s = \prod_{j=1}^{6} R_j = 0.4418$$

系统可靠度的要求值为 $\overline{R}_s = 0.53$。假若我们不考虑通过参考文献［4］的方程式来选择 $k_0$，而是任意置 $k_0 = 1$，由参考文献［4］的式可得

$$\overline{R}_0 = \left[\frac{0.53}{\prod_{j=2}^{6} R_j}\right]^{1/1} = 0.8996$$

并且有期望值为

$$\overline{R}_s = 0.53 = 0.8996 \times 0.80 \times 0.87 \times 0.90 \times 0.95 \times 0.99$$

然而，定理告诉我们，为增加可靠度所付出的代价并没有得到最优分配的结果，即付出的代价比必须付出的要多。说得更确切些，我们应当依参考文献［4］来确定。

为此，我们计算

$$r_6 = \left(\frac{0.53}{1}\right)^{1/6} = 0.8996$$

它比 $R_6 = 0.99$ 要小。因此，第六级部件是足够的，类似地

$$r_5 = \left(\frac{0.53}{0.99 \times 1}\right)^{1/5} = 0.8825$$

它比 $R_5 = 0.95$ 要小。

$$r_4 = \left(\frac{0.53}{0.99 \times 0.95 \times 1}\right)^{1/4} = 0.8664$$

它比 $R_4 = 0.90$ 要小。

$$r_3 = \left(\frac{0.53}{0.99 \times 0.95 \times 0.90 \times 1}\right)^{1/3} = 0.8551$$

它比 $R_3 = 0.87$ 要小。所以，第五、四、三级的部件都是充足的。然而

$$r_2 = \left(\frac{0.53}{0.99 \times 0.95 \times 0.90 \times 0.87 \times 1}\right)^{1/2} = 0.8484$$

因此，第二级部件数是不充足的。由于 2 是满足 $R_j < r_j$ 时的最大下标，于是 $k_0 = 2$。这表明，要使系统的可靠度 $\overline{R}_s = 0.53$，在分配上要付出的最小代价是，把第一级和第二级部件

可靠度，从 0.70 和 0.80 增加到相同的水平 $\overline{R}_0 = 0.8484$，而其余的部件则保留在它们原来的水平上。所得整个系统的最终可靠度正如所要求的那样 $R_s = 0.53 = (0.8484)^2 \times 0.87 \times 0.90 \times 0.95 \times 0.99$。

如上例所示，所采用的可靠度分配过程是以 Albert 定理为基础的，这就是众所周知的效用函数极小化问题。

系统的效用函数 $G(x, y)$ 的定义，是把系统的可靠度 $x$ 增加到较高水平 $y$ 所需的效用量，任何成本、重量、体积或者能量，都可以作为效用函数的特殊类型来看待，不管它们能否用数学进行描述。因此，费用最小化问题，是一个效用函数最小化问题。效用函数总是满足下述要求的，即

（1）$G(x, y) \geqslant 0$，这表明，为使可靠度从较低的水平 $x$ 增加到较高水平 $y$，总是至少需要零效用的。

（2）对于固定的 $x$，$G(x, y)$ 对 $y$ 来说是非减的；对于固定的 $y$，$G(x, y)$ 对 $x$ 来说是非增的，即

$$G(0.7, 0.8) \leqslant G(0.7, 0.85)$$
$$G(0.6, 0.8) \leqslant G(0.7, 0.80)$$

（3）如果 $x \leqslant y \leqslant z$，$G(x, y) + G(y, z) = G(x, z)$。这表明，把可靠度从 $x$ 增加到 $z$ 所需的效用量，等于把可靠度从 $x$ 增加到 $y$ 所需的效用量与从 $y$ 增加到 $z$ 的效用量的和。我们则称 $G(x, y)$ 是可加的。

（4）$G(0, y)$ 有导数 $h(y)$，当 $0 < y < 1$ 时，$yh(y)$ 随着 $y$ 的增加而增加。

对 $N$ 级串联系统，我们以 $R_i$ 和 $R_s$ 分别表示第 $i$ 级和系统的可靠度。如果 $\overline{R}_s$ 是系统可靠度的最小要求，$\overline{R}_i$ 是第 $i$ 级最优的可靠度，那么，我们就能很容易地定义效用函数最小化问题。

$$\min \sum_{i=1}^{N} G(R_i, \overline{R}_i)$$

约束为

$$\prod_{i=1}^{N} \overline{R}_i \geqslant \overline{R}_s$$

为求解这一最小化问题，应当给定 $R_i (i = 1, 2, \cdots, N)$ 以及效用函数 $G(R_i, \overline{R}_i)$，然后，可利用各种最优化技术，例如，动态规划法、拉格朗日乘子法和 K-T 条件、GRG 法等来确定其最优解。

## 6.5.3 参数法

### 6.5.3.1 原理和历史背景

参数法最初被用于评定系统的可靠性，特别是用于评定那些部件多或者结构复杂的系统可靠性。概率是作为笛卡儿空间的一个点来处理的。评定系统可靠性的公式，则是通过把参数值赋给这一概率的办法导出的。

如果任何一个事件的成功概率是 $x$，则失效概率是 $y = 1 - x$。于是，同 $x$ 和 $y$ 有联系的

参数 $\Phi$ 和 $\theta$ 由下式来定义，即

$$\Phi = \tan\theta = \frac{y}{x} = \frac{y}{1-y} = \frac{1-x}{x} \tag{6-47}$$

通过这种转换，复杂系统无论是桥式，三角形-星形，或是星形-三角形形式，都可以通过赋予每个子系统的这些参数的组合来描述。这样，在完成了方程式（6-47）的逆运算后，自然就得到系统的可靠性。

参数法是把以部件可靠度表示的目标函数转换成受约束条件限制的、含有参数 $\Phi$ 的目标函数的一个中间步骤。因此，以参数形式表示的目标函数，可以用任何一种可用的非线性规划方法来求解。例如，拉格朗日乘子法和 K-T 条件，以及修正的 BOX 法都是这样的方法。

### 6.5.3.2　问题的阐述

用参数法对问题进行阐述，主要是通过式（6-47）对目标函数进行变换。对于一个 $N$ 级串联结构，系统的可靠度是

$$R_s = \prod_{j=1}^{N} R_j' \tag{6-48}$$

式中

$$R_j' = (1 - (1 - R_j)^{x_j}) \tag{6-49}$$

如果参数 $\Phi_s$ 和 $\Phi_j'$ 分别定义为

$$\Phi_s = \frac{1 - R_s}{R_s} \quad \left(R_s = \frac{1}{1 + \Phi_s}\right) \tag{6-50}$$

以及

$$\Phi_j' = \frac{1 - R_j'}{R_j'} \quad \left(R_j' = \frac{1}{1 + \Phi_j'}\right) \tag{6-51}$$

则式（6-48）可以表示成

$$\Phi_s + 1 = \prod_{j=1}^{N} (1 + \Phi_j') \tag{6-52}$$

在可靠性的许多研究中，我们所涉及的部件大多具有较高的 $R_j'$ 值。根据这一事实，式（6-52）可表示为

$$\Phi_s \approx \sum_{j=1}^{N} \Phi_j' \tag{6-53}$$

根据式（6-47）的定义，我们有

$$\Phi_j' = \tan\theta_j' = \frac{Q_j'}{1 - Q_j'} \tag{6-54}$$

和

$$\Phi_j = \tan\theta_j = \frac{Q_j}{1 - Q_j'} \tag{6-55}$$

于是，根据式（6-54）和式（6-55），很容易得出

$$Q_j' = \frac{1}{1 + \cot\theta_j'} \tag{6-56}$$

和

$$Q_j = \frac{1}{1 + \cot\theta_j} \tag{6-57}$$

因为，$R_j' = 1 - Q_j'$ 和 $R_j = 1 - Q_j$，式（6-49）变成

$$Q_j' = Q_j^{x_j} \tag{6-58}$$

将式（6-56）和式（6-57）代入到式（6-58），我们得到

$$1 + \cot\theta_j' = (1 + \cot\theta_j)^{x_j} \tag{6-59}$$

根据式（6-54）和式（6-55），方程式（6-58）就可以用 $\theta_j'$ 和 $\theta_j$ 来表示，即

$$1 + \frac{1}{\Phi_j'} = \left(1 + \frac{1}{\Phi_j}\right)^{x_j} \quad \text{或等价的} \quad \frac{\Phi_j' + 1}{\Phi_j'} = \left(\frac{\Phi_j + 1}{\Phi_j}\right)^{x_j}$$

如果 $\Phi_j'$ 和 $\Phi_j$ 都比 1 小许多，这样 $\Phi_j' \approx \Phi_j$。

把上面的极小化公式代入式（6-53），这样，我们就把极小化的目标函数重新归纳为

$$\Phi_s = \sum_{j=1}^{N} \Phi_j^{x_j} \tag{6-60}$$

其惯性约束条件为

$$\sum_{j=1}^{N} c_j x_j \leqslant C$$

$$\sum_{j=1}^{N} w_j x_j \leqslant W \tag{6-61}$$

为求解式（6-60）和式（6-61），我们引入拉格朗日函数

$$L = \sum_{j=1}^{N} \Phi_j^{x_j} + \lambda_1 \left(\sum_{j=1}^{N} c_j x_j - C\right) + \lambda_2 \left(\sum_{j=1}^{N} w_j x_j - W\right) \tag{6-62}$$

K-T 条件是

$$\frac{\partial L}{\partial x_j} = \Phi_j^{x_j} \ln\Phi_j + \lambda_1 C_j + \lambda_2 W_j = 0 \tag{6-63}$$

$$\lambda_1 \left(\sum_{j=1}^{N} c_j x_j - C\right) = 0 \tag{6-64}$$

$$\lambda_2 \left(\sum_{j=1}^{N} w_j x_j - W\right) = 0 \tag{6-65}$$

根据式（6-63），我们得到

$$x_j = \frac{1}{\ln\Phi_j} [\ln(a_j \lambda_1 + b_j \lambda_2)], \quad j = 1, 2, \cdots, N \tag{6-66}$$

其中，$a_j = -\dfrac{c_j}{\ln\Phi_j}$，$b_j = -\dfrac{w_j}{\ln\Phi_j}$。

将式（6-66）代入式（6-64）和式（6-65）得到

$$-\sum_{j=1}^{N} a_j [\ln(a_j \lambda_1 + b_j \lambda_2)] = C \tag{6-67}$$

$$-\sum_{j=1}^{N} b_j [\ln(a_j \lambda_1 + b_j \lambda_2)] = W \tag{6-68}$$

将式（6-67）和式（6-68）联立求解，可得到 $\lambda_1$ 和 $\lambda_2$。一旦 $\lambda_1$ 和 $\lambda_2$ 得到后，$x_j$（$j=1$，2，…，$N$）可根据式（6-66）求得。

**数值例题**　考虑参考文献［4］中的五级问题，即

$$\max R'_s = \sum_{j=1}^{5} \left[ 1 - (1 - R_j)^{x_j} \right]$$

约束为

$$g_1 = \sum_{j=1}^{5} c_j x_j \leqslant C, \quad g_2 = \sum_{j=1}^{5} w_j x_j \leqslant W$$

与该问题有关的常数如表 6-32 所示。

表 6-32　常数

| $j$ | $c_j$ | $C$ | $w_j$ | $W$ | $R_j$ |
|-----|-------|-----|-------|-----|-------|
| 1 | 5 | | 8 | | 0.90 |
| 2 | 4 | | 9 | | 0.75 |
| 3 | 9 | 100 | 6 | 104 | 0.65 |
| 4 | 7 | | 7 | | 0.80 |
| 5 | 7 | | 8 | | 0.85 |

目标函数通过式（6-60）可转化为

$$\min \Phi_s = \sum_{j=1}^{N} \Phi_j^{x_j}$$

其中

$$\Phi_s = \frac{1 - R_j}{R_j}, \quad j = 1, 2, 3, 4, 5$$

用拉格朗日乘子法和 K-T 条件，需引入乘子 $\lambda_1$ 和 $\lambda_2$，以便获得表 6-33 所示的解，该结果与参考文献［4］的结果是相同的。

表 6-33　参考文献［4］中例子的数值解

| 每级的部件数 | | | | | 所用费用 | 所用重量 | $R_s$ | $\lambda$ |
|------|------|------|------|------|------|------|------|------|
| $x_1$ | $x_2$ | $x_3$ | $x_4$ | $x_5$ | $g_1$ | $g_1$ | | |
| 2 | 3 | 3 | 2 | 2 | 77 | 91 | 0.87529 | 0.005 |
| 2 | 3 | 4 | 3 | 2 | 93 | 104 | 0.93080 | 0.004 |
| 2 | 3 | 4 | 3 | 2 | 93 | 104 | 0.93080 | 0.003[①] |
| 2 | 3 | 4 | 3 | 3 | 100 | 112 | 0.94901 | 0.002 |

①最优解。

## 6.5.4　线性规划法

当问题内部的所有关系式都是线性的，并有两个或多个候选者或行动竞争有限的资源时，就会出现线性规划问题。

因为在可靠性最优化问题中，通常有一个非线性目标函数和（或）非线性约束函数（或者我们遇到一个特殊的非线性情况），若我们不把目标函数和（或）约束函数线性化，线性规划法就不能应用。下一节我们将介绍可分离规划，它是非线性规划的特殊类型，通

常它适用于用线性规划法能解的系统最优化问题。这里讨论用线性规划来解特殊情形的可靠度分配问题。这一节的内容是以 Selman 和 Grisamore 的论文为基础的。

问题的阐述和公式：

该问题涉及下面的可靠性最少费用分配问题。它说明的是：一个公司要建造一个由两个串联的子系统构成的系统。对于该系统，其可靠性的要求是 0.90。两个子系统最初评定出的可靠性是：子系统 1 是 0.85，子系统 2 是 0.87。这两个子系统可靠度的乘积近似为 0.74。很显然，两个子系统的可靠度必须改进，才能满足可靠度 0.90 的要求。为增加可靠度的改进量，有关的附加计划费用，对于子系统 1 和子系统 2 确定的比率分别是 0.3 和 0.7（已规范化的）。在子系统 1 和子系统 2 之间，可靠度改进量的权衡系数分别是 0.9 和 0.1。也就是说，子系统 1 的可靠度每增加一个增量时，它就以 0.9 的比率逼近约束。问题是在满足系统可靠度 0.9 的要求下使费用最小。

符号和定义：

$R_0$——初始系统的可靠度（预测）；

$R_r$——设计指标（所要求的可靠性）；

$R_j'$——子系统 $j$ 初始估计的可靠度；

$\Delta\alpha_j$——子系统 $j$ 的可靠度改进增量；

$\alpha_j$——对应于可靠度 $R_j'$ 的指数，如果子系统 $j$ 是可靠度为 $R_j'^{\alpha_j}$ 的冗余系统的一部分，$\alpha_j<1$；

$N$——串联的子系统的总数；

$\ln x$——$x$ 的自然对数；

$k_j$——子系统 $j$ 的可靠性改进难度因子，

$$0 \leqslant k_j \leqslant 1, \qquad \sum_{j=1}^{N} k_j = 1$$

$M_i$——在第 $i$ 个方程中的结构变量数；

$c_{ij}$——在 $M_i \leqslant N$ 子系统集合之间的第 $i$ 次权衡的可靠性改进权衡系数，

$$0 \leqslant c_{ij} \leqslant 1, \qquad \sum_{j=1}^{M_i} c_{ij} = 1$$

$B_i$——对于第 $i$ 次权衡，总的可靠性改进增量所需要的最小权衡量。

用线性规划法来指出设计改进量的范围，以满足设计指标的方法，叙述如下：

如果 $\qquad R_0 < R_r, \qquad R_0 = \prod_{j=1}^{N} R_j'^{\alpha_j}$

我们要求下述函数的极大值，即

$$\max \sum_{j=1}^{N} k_i \Delta\alpha_j$$

约束为 $\qquad \sum_{j=1}^{N} \Delta\alpha_j \ln R_j' \leqslant \ln R_0 - \ln R_r$

$$\sum_{j=1}^{M_j} c_{ij} \Delta\alpha_j \leqslant \beta_i \quad （某些 c_{ij} 可以为零）$$

**数值例题** 我们希望求 $0.3\Delta\alpha_1 + 0.70\Delta\alpha_2$ 的极大值。因为 $\Delta\alpha_j$ 是负数，这就能使附

加的可靠度计划费用在约束条件下为最少。为简单起见，假设 $\alpha_1 = \alpha_2 = 1$（表 6-34）。

表 6-34   数值例题

| | 项　目 | 约束类型 |
|---|---|---|
| (1) | $0.1625\Delta\alpha_1 + 0.1393\Delta\alpha_2 \leqslant -0.1964$ | 可靠性要求的约束 |
| (2) | $0.9\Delta\alpha_1 + 0.1\Delta\alpha_2 \leqslant \beta$ | 权衡因子的约束 |
| (3) | $\Delta\alpha_1 > -1$ | 含蓄的约束 |
| (4) | $\Delta\alpha_2 > -1$ | 含蓄的约束 |

在图 6-12 和图 6-13 中，解是作为 $\beta$ 的函数而产生的。通过图 6-12 和图 6-13 可以看出，可行解与 $\beta$ 值的下列关系：

对于 $\beta \geqslant -0.4161$，权衡约束并不影响问题的形式解，这种情况表明能满足给定的权衡约束。

约束

$$0.9\Delta\alpha_1 + 0.1\Delta\alpha_2 \leqslant \beta$$

$$-(\Delta\alpha_1 \ln R_1 + \Delta\alpha_2 \ln R_2) \leqslant \ln R_0 - \ln R_r$$

或者等于

$$(R_1^{1+\Delta\alpha_1})(R_2^{1+\Delta\alpha_2}) = R_r$$

$\Delta\alpha_1 > -1$ 隐含的，$\Delta\alpha_2 > -1$ 隐含的

$$
\begin{array}{lccc}
& \Delta\alpha_1 & \Delta\alpha_2 & \beta = \\
S_1 = & (-0.0755, & +1.32) & -0.2 \\
S_2 = & (-0.331, & -1.02) & -0.4 \\
S_3 = & (-0.586, & -0.73) & -0.6 \\
S_4 = & (-0.842, & -0.43) & -0.8
\end{array}
$$

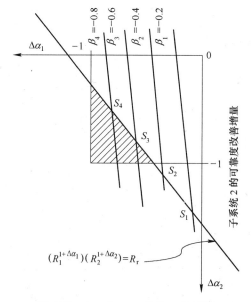

图 6-12   $\Delta\alpha_1$ 和 $\Delta\alpha_2$ 作为 $\beta$ 的函数

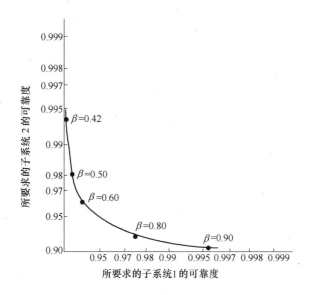

图 6-13 最优值 $(R_1^{1+\Delta\alpha_1})(R_2^{1+\Delta\alpha_2})$ 作为 $\beta$ 的函数

对于 $-0.9243 \leqslant \beta \leqslant -0.4161$，存在一个可行解，该解同时受最小的可靠度要求和权衡约束的影响。

对于 $\beta < -0.9243$，可行解不存在。因为约束 $\Delta\alpha_1 > -1$，它示于图 6-12 的左侧，且边界是断开的。

### 6.5.5 可分离规划法

可分离规划是非线性规划的一种特殊形式，它适应于线性规划。问题则由下列形式的可分离函数所构成，即

$$\Phi(\boldsymbol{x}) = \sum_{i=1}^{m} h_i(x_i)$$

可分离规划问题可以定义为寻找一组 $x_i(i = 1, 2, \cdots, m)$，使得

$$\max(\text{或 min})C(x) = \sum_{i=1}^{m} f_i(x_i)$$

约束为

$$\sum_{i=1}^{m} g_k(x_i) \leqslant b_k', \ k = 1, \cdots, p$$

$$x_i \geqslant 0$$

通过把一个变量的非线性函数用分段的线性函数来近似，问题就变成一个受约束的线性规划问题，它可用稍加修改的单纯形法来求解，并能使用 IBM 的 MPS/360 程序。

问题的阐述：

一个单一变量 $x_i$ 的连续非线性函数，可用特定区间上的分段线性函数来近似，这是通过把区间分隔成 $n_i$ 个不相交的，但是连续的区间来做到。$n_i + 1$ 个分割点用集合 $S = \{x_i^0, x_i^1, \cdots, x_i^{n_i}\}$ 来表示。

表示一个变量的连续非线性函数的分段线性近似有两种方法，这里所使用的是熟知的

"δ" 法。两种方法的说明见参考文献 [22]。"δ" 法用集合 $S$ 邻近点的差和邻近点函数值的差来建立函数 $f_i(x_i)$ 的近似方程。差值用下式来描述，即

$$\Delta x_i^j = x_i^j - x_i^{j-1}, \quad i = 1, 2, \cdots, m$$

$$\Delta f_i^j = f_i(x_i^j) - f_i(x_i^{j-1}), \quad i = 1, 2, \cdots, m_j$$

下标表示的是 $x_i$，$f_i(x_i)$ 和 $g_{ki}(x_i)$ 这类函数和（或）变量；上标表示的是变量的分段。这就是说，$f_i(x_i^j)$ 是 $f_i(x_i)$ 在 $x_i = x_i^j$ 点的值。图6-14 示出了 $n_i = 4$ 时相邻点之间的差和函数的相应函数值。

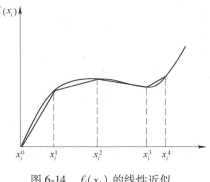

图6-14 $f_i(x_i)$ 的线性近似

$$\Delta x_i^1 = x_i^1 - x_i^0, \quad \Delta x_i^2 = x_i^2 - x_i^1, \quad \Delta x_i^3 = x_i^3 - x_i^2, \quad \Delta x_i^4 = x_i^4 - x_i^3;$$

$$\Delta f_i^1 = f_i(x_i^1) - f_i(x_i^0), \quad \Delta f_i^2 = f_i(x_i^2) - f_i(x_i^1), \quad \Delta f_i^3 = f_i(x_i^3) - f_i(x_i^2), \quad \Delta f_i^4 = f_i(x_i^4) - f_i(x_i^3)。$$

为了表示变量 $x_i$ 和 $f_i(x_i)$ 的近似值，我们建立了变量集合 $D_i^j (j = 1, 2, \cdots, n_j)$。该变量集合遵循所谓 "被限定的输入规则"，该规则满足下述任何一个条件：

(1) $0 \leqslant D_i^1 \leqslant 1$，当且仅当 $D_i^j = 0$，$j = 2, 3, \cdots, n_j$；

(2) $0 \leqslant D_i^1 \leqslant 1$，当且仅当 $D_i^l = 1$，$l = 1, 2, \cdots, j-1$ 和 $D_i^k = 0$，$k = j+1, \cdots, n_j$；

(3) $0 \leqslant D_i^{n_j}$，当且仅当 $D_i^j = 1$，$j = 1, 2, \cdots, n_j - 1$。

其中，$n_j$ 是变量 $x_i$ 进行第 $j$ 次分割后产生的变量。由此，我们可以直观地看出，当所有 $0 \leqslant D_i^j \leqslant 1$ 时，以前所有的变量 $D_i^l (l = 1, 2, \cdots, j-1)$ 的值都必须是1，而其后的值（$i=j+1, \cdots, n$）必须是零。

**数值例题** 问题

$$\max R_s = \prod_{j=1}^5 [1 - (1 - R_s)^{x_j}]$$

约束为

$$g_1 = \sum_{j=1}^5 p_j (x_j)^2 \leqslant P$$

$$g_2 = \sum_{j=1}^5 c_j [x_j + \exp(x_j/4)] \leqslant C$$

$$g_3 = \sum_{j=1}^5 w_j x_j \exp(x_j/4) \leqslant W$$

式中，$x_j \geqslant 1$，$x_j$ 为整数，$j = 1, 2, \cdots, 5$。

值得注意的是，在系统可靠性最优化问题中，决策变量，即每一级所用的部件数，被认为是连续变量，但最终将取接近的整数值。

目标函数转换成求下式的最大值：

$$S = \ln R_s = \prod_{j=1}^5 [1 - (1 - R_s)^{x_j}]$$

与五级问题有关的一些常数见表6-35。

表 6-35　常数

| $j$ | $R_j$ | $p_j$ | $P$ | $c_j$ | $C$ | $w_j$ | $W$ |
|---|---|---|---|---|---|---|---|
| 1 | 0.80 | 1 | | 7 | | 7 | |
| 2 | 0.85 | 2 | | 7 | | 8 | |
| 3 | 0.90 | 3 | 110 | 5 | 175 | 8 | 200 |
| 4 | 0.65 | 4 | | 9 | | 6 | |
| 5 | 0.75 | 5 | | 4 | | 9 | |

　　则问题被表述为可分离规划问题，这时就可用 MPS/360 来求解该问题。在 MPS/360 程序中，介绍了确定局部最优解（如果存在的话）的步骤。可分离规划法最多只能保证一个局部最优解。第一个原因是，与线性不等式约束不同，非线性不等式约束不需要建立凸集；第二个原因是，非线性函数未必是凹的或凸的。在全局极大化中能保证一个稳定点的唯一方法是函数必须是凹的，或是在函数总体极小化中，函数必须是凸的。因为一个可分离的非线性函数的线性近似函数，只反映它的局部凹性和凸性，因此，可分离规划法最多只能提供一个局部最优解。

　　该问题的解是

$$x_1 = 2.70000$$
$$x_2 = 2.32929$$
$$x_3 = 2.10000$$
$$x_4 = 3.50000$$
$$x_5 = 2.80000$$

　　遵循类似的舍入步骤，结构（3，2，2，3，3）是最优解。这时系统的可靠度 $R_s = 0.9045$，所耗费的资源 $g_1 = 83$，$g_2 = 146.1$ 和 $g_3 = 194.5$。要注意，可分离规划是一个近似方法，它的精度取决于格点方程的精度。该解的标准格点为 0.10。格点大小对问题精度的影响与近似函数的性质有关。

## 6.6　部件可靠度和冗余数最优化的确定

### 6.6.1　概述

　　在设计过程中，我们不仅要把系统设计得满足功能要求，而且还必须设计得能使其有效地执行功能。这后一个要求，就导致了要对系统进行可靠性设计。它还常常包括在各种系统约束范围内满足系统可靠性要求的设计工作。在某些最优系统可靠性问题中，我们假定部件的可靠度是固定的，每一级的最优冗余数是在满足系统约束条件下确定的。许多最优化技术已成功地用于求解这类问题的第 6 章的第 3.4 节。然而，更一般的问题是要同时确定最优的部件可靠度和最优的冗余数，以便使整个系统的可靠性为最优。确切地说，就是要求设计人员不仅要确定冗余数，而且还必须确定每个部件的可靠度，这是一个混合的整数非线性规划问题。一般来说，这类问题用普通的最优化技术来求解，例如，用拉格朗日乘子法，序列无约束极小化方法（SUMT），或者广义既约梯度法，都是困难的。因为这些方法不能提供整数解。有效的整数规划法又很难保证得出最优解。因此，就需要寻求既能得出整数解，又能使部件可靠度达到最优水平的技术。本章所介绍的方法就是这样一种技术。

在下面的研究中，考虑了具有有源部件冗余的串联系统。

提出了一种把熟知的 Hooker 和 Jeeves 等人提出的模式搜索法与 Aggarwal 提出的启发式算法组合起来的方法，作为求解这一问题的逐段最优化技术。这种方法的计算过程既简单又有效。在计算中，首先假设部件的可靠度，然后用启发式方法确定最优冗余数，最后用 Hooke 和 Jeeves 的模式搜索法来进行序列搜索，以求出整个系统可靠度的最大值。

符号和定义：

$b_i$——第 $i$ 个约束的可用资源；

$C$——以美元为单位的可用费用约束值；

$c_i(R_j)$ ——第 $i$ 级上一个部件的费用，它是 $R_j$ 的函数；

$g_{ij}$——第 $j$ 级消耗第 $i$ 个资源的总量；

$p_j$——第 $j$ 级每个部件重量和体积总乘积；

$P$ ——体积和重量约束乘积的极限位；

$N$ ——所研究的系统的总级数；

$R_j^0$ ——第 $j$ 级部件的初始可靠度；

$R_j$——第 $j$ 级部件的可靠度；

$Q_j$——第 $j$ 级一个部件的不可靠度；

$R_s$ ——系统的可靠度；

$Q_s$ ——系统的不可靠度；

$r$ ——约束的总数；

$v_j$——第 $j$ 级上一个部件的体积；

$w_j$——第 $j$ 级上一个部件的重量；

$W$ ——重量的约束值；

$x_j$——用在第 $j$ 级上的部件数；

$x_j^0$——在第 $j$ 级上最初用的部件数；

$X^*(R)$ ——每一级上最优部件数的向量，它是每一级部件可靠度的函数；

$\lambda_j$——第 $j$ 级上部件的失效率；

$k$-out-of-$n$：F ——当且仅当 $n$ 个部件至少有 $k$ 个部件失效时，系统才失效；

$k$-out-of-$n$：G ——当且仅当 $n$ 个部件至少有 $k$ 个部件完好时，系统才是完好的。

### 6.6.2 问题的提出

一个 $N$ 级并-串联系统，在同时要确定该系统第 $j$ 级的部件数 $x_j$ 和部件的可靠度 $R_i$ 的情况下，可靠度可用下式表示，即

$$R_s(\boldsymbol{R}, \boldsymbol{x}) = \prod_{j=1}^{N} \left[ 1 - (1 - R_j)^{x_j} \right] \tag{6-69}$$

约束为

$$\sum_{j=1}^{N} g_{ij}(R_j, R_i) \leqslant b_j, \ i = 1, 2, \cdots, r \tag{6-70}$$

式中，系统的可靠度 $R_s \equiv R_s(R_1, \cdots, R_N; x_1, \cdots, x_N)$ 对于 $j = 1, 2, \cdots, N$ 全是0~1之间的实数，$x_j$ 全是正整数。

为建立方程式（6-69）和方程式（6-70），我们做了如下五个假设：

（1）各级间是串联的，对完成系统任务的全部功能来说，每一级都是必不可少的（该系统可表示成 1-out-of-$N$：F 结构）。

（2）所有的级，以及每级上的所有并联部件都是统计独立的。同一级里并联的部件，都具有相同的失效概率。

（3）每一级的所有部件都是同时工作的，必须是该级里的所有部件都失效，该级才失效（每一级用 1-out-of-$x$：G 结构表示）。

（4）不考虑短路失效，即假设仅有一种失效模式。

（5）各级间的费用是可加的。

冗余数和部件的可靠度的改进，都将以"费用"为代价，而"费用"可以用美元、重量、体积或它们的组合来表示。为了说得更明确些，假设有这三个约束条件，这些约束条件，经常被用来检验和证明各种最优化技术。

第一个约束条件是重量和体积的组合，它被表示为

$$\sum_{j=1}^{N} g_{1j}(x_j) = \sum_{j=1}^{N} w_j v_j(x_j)^2 + \sum_{j=1}^{N} p_j(x_j)^2 \leqslant P \tag{6-71}$$

需要注意，部件的可靠度通常不影响重量和体积，所以 $g_{1j}$ 并不是 $R_j$ 的函数。

第二个约束条件用美元表示，它是 $x_j$ 和 $R_j$ 的函数，可表示为

$$\sum_{j=1}^{N} g_{2j}(x_j, R_j) = \sum_{j=1}^{N} c_j(R_j)[x_j + \exp(x_j/4)]^2 \leqslant C \tag{6-72}$$

式中，$c_j(R_j)$ 是第 $j$ 级上每个部件的费用，它是 $R_j$ 的增函数，或者反过来说，费用是部件失效率的减函数，可表示为

$$c_j(\lambda_j) = \alpha_j\left(\frac{1}{\lambda_j}\right)^{\beta_j}$$

式中，$\alpha_j$ 和 $\beta_j$ 是表示第 $j$ 级每个部件固有特性的常量，$\beta_j > 1$。对所有的 $j$ 而言，如果每个部件都遵循负指数失效规律，即

$$R_j = e^{-\lambda_j t}$$

那么，第 $j$ 级上部件的费用为

$$c_j(R_j) = \alpha_j\left[\frac{-t}{\ln(R_j)}\right]^{\beta_j} \tag{6-73}$$

式中，$t$ 是第 $j$ 级部件无失效运行的时间。通常，$\alpha_j$、$\beta_j$ 和 $t$ 都是给定的。

这样，$c_j(R_j)x_j$ 是第 $j$ 级上部件的费用，它是 $R_j$ 和 $x_j$ 的函数。连接并联部件的费用，包括在附加费用 $c_j(R_j)\exp(x_j/4)$ 中。

将方程式（6-73）代入式（6-72），可得美元的约束条件为

$$\sum_{j=1}^{N} \alpha_j\left(\frac{-t}{\ln R_j}\right)^{\beta_j}[x_j + \exp(x_j/4)] \leqslant C \tag{6-74}$$

类似地，重量约束条件被表示为

$$\sum_{j=1}^{N} g_{3j}(x_j) = \sum_{j=1}^{N} w_j x_j \exp(x_j/4) \leqslant W \tag{6-75}$$

式中，$w_j x_j$ 是第 $j$ 级所有部件的重量，所乘的附加因子 $\exp(x_j/4)$ 是由于连接线路的硬件所产生的。还须注意，重量约束不是部件可靠度的函数。

现在，我们的问题可以这样来叙述，即选择 $R_1$，$R_2$，…，$R_N$；$x_1$，$x_2$，…，$x_N$，以便使式（6-69）达到极大，且满足式（6-71），式（6-74）和式（6-75）的约束，这里 $R_N$ 是 0~1 间的实数，$x_1$，$x_2$，…，$x_N$ 是正整数。

### 6.6.3 最优化步骤

将 Hooker 和 Jeeves 的模式搜索法与 Aggarwal 等人的启发式算法组合起来，用来求解前边所提出的混合整数非线性规划问题，其说明性的流程图如图 6-15 所示。

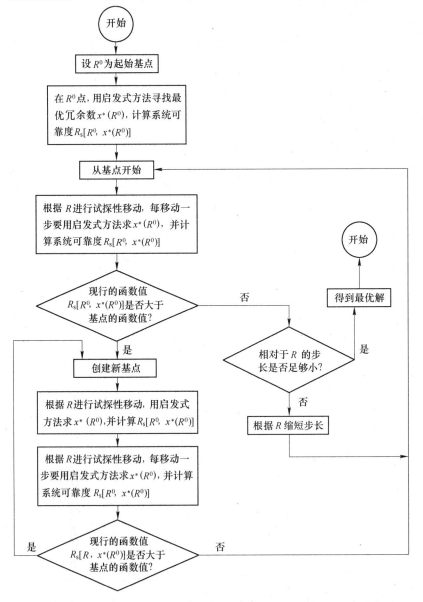

图 6-15 说明 Hooker 和 Jeeves 的模式搜索法与启发式算法相组合流程图

Hooker 和 Jeeves 的模式搜索技术，是用来求函数 $R_s(\boldsymbol{R}, \boldsymbol{x})$ 极大值的一种序列搜索程序。Hooker 和 Jeeves 的模式搜索法中的自变量是部件的可靠度 $\boldsymbol{R}$，它在获得 $R_s(\boldsymbol{R}, \boldsymbol{x})$ 的最大值以前是变化的。启发式算法，根据 $\boldsymbol{R}$ 的每一个值，求能使 $R_s(\boldsymbol{R}, \boldsymbol{x})$ 在满足非线性约束的同时达到最大值的最优冗余数 $x_1, x_2, \cdots, x_N$。这种启发式算法是以这样的椭圆为基础的，即在"可靠度提高的增量"与"资源消耗提高的增量"之比为最大的那一级，添加一个部件。该比值定义如下：

$$F_j(x_j) = \frac{\Delta(1 - R_j)^{x_j}}{\prod_{i=1}^{3}\Delta g_{ij}(x_j)} \tag{6-76}$$

式中

$$\Delta(1 - R_j)^{x_j} = (1 - R_j)^{x_j} - (1 - R_j)^{x_j+1} = R_j(1 - R_j)^{x_j} \quad \Delta g_{ij}(x_j) = g_{ij}(x_j + 1) - g_{ij}(x_j)$$

用于评定系统的可靠度 $R_s(\boldsymbol{R}, \boldsymbol{x})$ 在任一点的函数值的计算步骤如下：

（1）对原来的起始点，部件的可靠度 $\boldsymbol{R} = (R_1, R_2, \cdots, R_N)$ 是给定的。

（2）1）把 $\boldsymbol{R} = (R_1, R_2, \cdots, R_N)$ 的值代入式（6-69）和式（6-74），于是问题就成为求 $(x_1, x_2, \cdots, x_N)$ 的一个直接的冗余问题，这可用启发式算法；

2）令 $\boldsymbol{x} = (x_1, x_2, \cdots, x_N) = (1, 1, \cdots, 1)$。

（3）1）用式（6-76）对所有的 $j$ 计算 $F_j(x_j)$；

2）选择具有最大的 $F_j(x_j)$ 一级，在该级上可增加一个冗余部件。

（4）检查约束是否被破坏：

1）如果解仍是可行的，就添加一个冗余部件，并修改 $x_j$ 的值，重复第（3）步；

2）如果至少有一个约束被完全满足，那么现时的 $\boldsymbol{x}$ 值就是相应于 $(R_1, R_2, \cdots, R_N)$ 的一个最优解，转至第（5）步；

3）如果至少有一个约束被破坏，就将所添加的冗余部件取消，并把这一级从进一步考虑的级中排除，重复第（3）步。当所有的级都从进一步考虑的级中被排除后，$\boldsymbol{x}$ 的现行值就是相应于 $\boldsymbol{R}(R_1, R_2, \cdots, R_N)$ 的最优解。

（5）根据已知 $\boldsymbol{R}$ 和最优的 $\boldsymbol{x}^*$ 值，计算系统的可靠度 $R_s$ 函数值。

### 6.6.4 数值例题

**例 6-13** 我们已经解出表 6-36 给出的常数的五级问题，其最优解列于表 6-37。

**表 6-36 例 6-13 所用的常数**

| $j$ | $\alpha_j$ | $p_j$ | $w_j$ | $P$ | $C$ | $W$ |
|---|---|---|---|---|---|---|
| 1 | $2.33\times10^{-5}$ | 1 | 7 | | | |
| 2 | $2.33\times10^{-5}$ | 2 | 8 | | | |
| 3 | $2.33\times10^{-5}$ | 3 | 8 | 110 | 175 | 200 |
| 4 | $2.33\times10^{-5}$ | 4 | 6 | | | |
| 5 | $2.33\times10^{-5}$ | 2 | 9 | | | |

$\beta_j = 1.5, \; j = 1, 2, 3, 4, 5, \; t = 1000$

表 6-37   例 6-13 的最优解

| 项　目 | $R_1$ | $R_2$ | $R_3$ | $R_4$ | $R_5$ | $x_1$ | $x_2$ | $x_3$ | $x_4$ | $x_5$ |
|--------|-------|-------|-------|-------|-------|-------|-------|-------|-------|-------|
| 起始点 | 0.70 | 0.70 | 0.70 | 0.70 | 0.70 | | | | | |
| 最优点 | 0.7582 | 0.8000 | 0.9000 | 0.8000 | 0.7500 | 3 | 3 | 2 | 2 | 3 |

最优系统可靠度为 $R_s = 0.91494$

第一个约束的余量为 28

第二个约束的余量为 0.033727

第三个约束的余量为 1.4118

初始步长 0.05，最后步长 0.0039

　　在点 $(R_1, R_2, R_3, R_4, R_5; x_1, x_2, x_3, x_4, x_5) = ($ 0.7582, 0.8000, 0.9000, 0.8000, 0.7500；3, 3, 2, 2, 3) 上，最优的系统可靠度是 0.91494。所用的初始值 $(R_1, R_2, R_3, R_4, R_5) = (0.70, 0.70, 0.70, 0.70, 0.70)$，在 IBM370/158 计算机上，用了 23s 求得最优解。

　　**例 6-14**　我们求解了与例 6-13 类似的五级问题。该问题与例 6-13 不同点在于，约束的极限值 $P = 200$，$C = 350$，$W = 400$。使用下面两组初始值，即 $R^0 = (0.70, 0.70, 0.70, 0.70, 0.70)$ 和 $R^0 = (0.80, 0.80, 0.80, 0.80, 0.80)$ 所求得的最优解分别列于表 6-38 和表 6-39 中。

表 6-38   例 6-14 的最优解

| 项　目 | $R_1$ | $R_2$ | $R_3$ | $R_4$ | $R_5$ | $x_1$ | $x_2$ | $x_3$ | $x_4$ | $x_5$ |
|--------|-------|-------|-------|-------|-------|-------|-------|-------|-------|-------|
| 起始点 | 0.70 | 0.70 | 0.70 | 0.70 | 0.70 | | | | | |
| 最优点 | 0.900 | 0.850 | 0.856 | 0.750 | 0.850 | 3 | 4 | 4 | 4 | 4 |

最优系统可靠度为 $R_s = 0.993657$

第一个约束的余量为 35

第二个约束的余量为 0.033247

第三个约束的余量为 18.476

初始步长 0.05，最后步长 0.0002

表 6-39   例 6-14 另外一个最优解

| 项　目 | $R_1$ | $R_2$ | $R_3$ | $R_4$ | $R_5$ | $x_1$ | $x_2$ | $x_3$ | $x_4$ | $x_5$ |
|--------|-------|-------|-------|-------|-------|-------|-------|-------|-------|-------|
| 起始点 | 0.8 | 0.8 | 0.8 | 0.8 | 0.8 | | | | | |
| 最优点 | 0.850 | 0.863 | 0.902 | 0.700 | 0.900 | 4 | 4 | 3 | 4 | 3 |

最优系统可靠度为 $R_s = 0.994767$

第一个约束的余量为 27

第二个约束的余量为 0.006542

第三个约束的余量为 24.226

初始步长 0.05，最后步长 0.0002

对于这两组解，最优系统可靠度是 0.993657 和 0.994767，大约相差 0.11%。然而，最优的部件可靠度和冗余数分别为（0.900，0.850，0.850，0.750，0.850；3，4，4，4，4）和（0.850，0.863，0.902，0.700，0.900；4，4，3，4，3）。可以看出，在最优点的系统可靠度的函数值两者是非常一致的，因此，在选择部件的可靠度和冗余数时就具有灵活性，它们可以达到几乎相同的最优系统可靠性。

总之，每一级的最优冗余数以及最优部件的可靠度的确定，是用 Hooke 和 Jeeves 的模式搜索技术与启发式算法的组合来实现的。最优系统可靠性问题是通常的可靠性最优化问题的一个延伸，并且，它是一个混合的非线性整数规划问题。启发式算法保证具有非线性约束的冗余是整数，而 Hooke 和 Jeeves 的模式搜索法使得部件的可靠性最优。采用这种方法解决该类问题看来是非常有效的。

# 7 液压系统智能故障诊断基本模型

## 7.1 液压故障诊断的重要性

### 7.1.1 概述

一台新设备的诞生是从设计、制造中获得的，这些设备供人们使用，但发挥其应有效能还应考虑使用者的技术水平和维修工作，所以决策者、管理领导人员，在购进新液压设备的同时，抓紧对生产操作和管理人员、维修人员进行技术培训，提高他们的技术水平、管理水平，使其能更好地使用、维护设备和进行故障诊断工作。

上述制造新设备和使用新设备两方面内容，相当于一个人左右手，一手抓设计、研制、开发新产品或引进的产品；另一手抓故障诊断、维护，提高液压设备的有效性。其框图如图 7-1 所示。

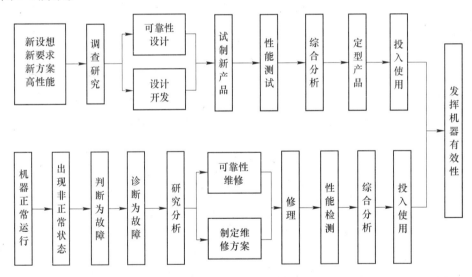

图 7-1　提高液压设备有效性框图

应用设备状态监测和故障诊断技术所带来的经济效益，包括减少可能发生的事故损失和延长检修周期所节约的维修费用两部分。国外一些调查资料显示，设备监测诊断技术带来了可观的经济效益。据日本统计，在采用诊断技术后事故率减少 75%，维修费用降低 25%~50%。新日铁八幡厂热轧车间在第一年采用诊断技术后，事故率就由原来的 29 次/年，降低为 8 次/年。英国对 2000 家工厂的调查表明，采用设备诊断技术后维修费用每年节约 3 亿英镑。除去用于实施诊断技术的费用 5000 万英镑外，将获利 2 亿 5000 万英镑。美国 PEKRUL 电厂的调查资料表明，投入 20 万美元的设备诊断费，年获利可达 120 万美元。在我国，鞍钢每年维修费用为 2.3 亿~2.7 亿元，占设备总投资的 9.58%~11.25%，占全年产值 6%~7%。这表明故障诊断的经济效益显著，更体现其重要性。

## 7.1.2 液压故障分析与识别基础

### 7.1.2.1 液压故障模式

液压故障模式是从不同表现形态来描述液压故障的，是液压故障现象的一种表征。一般来说，液压故障的对象不同，即不同的液压元件和液压系统，其液压故障模式也不同。

（1）液压缸的液压故障模式有：液压缸爬行、冲击、泄漏、推力不足、运动不稳等。

（2）液压泵的液压故障模式有：无压力、压力与流量均提不高、噪声大、发热严重等。

（3）电液换向阀的液压故障模式有：滑阀不能移动、电磁铁线圈烧坏、电磁铁线圈漏电或漏磁、电磁铁有噪声等。

### 7.1.2.2 液压故障原因

（1）液压故障因素（也称为内因）。液压故障对象（发生液压故障的液压元件和液压系统）本身的内部状态与结构对液压故障具有抑制或促发作用，其内因有：

1）液压元件结构设计潜在缺陷或液压元件结构特性不佳，如滑阀在往复运动中易发生泄漏的液压故障等；

2）液压元件材质不佳，制造质量差，留下隐患，易导致液压故障；

3）液压系统设计不合理或不完善，使用时由于液压功能不全，导致液压故障；

4）液压设备运输、液压系统安装调试不当或错误，导致液压故障。

（2）液压故障诱因（也称为外因）。液压故障诱因是指引起液压元件和液压系统发生液压故障的破坏因素，如力、热、摩擦、磨损、污染等环境因素，使用条件，时间因素和人为因素等。其外因有：

1）液压系统的运行条件，即环境条件与使用条件的影响，如温度过高、水和灰尘的污染等导致液压故障；

2）液压系统的维护保养不当和管理不善，如未能按时保养、按时换油、按时向蓄能器补充氮气等导致液压故障；

3）自然因素和人为因素的突变，如密封圈老化失效、运行规范不合理、操作失误等导致液压故障。

### 7.1.2.3 液压故障机理

液压故障机理是诱发液压元件和液压系统发生液压故障的物理与化学过程、电学与机械学过程等，也是形成液压故障源的原因。一般地说，在研究液压故障机理时，至少要研究下列三个基本因素：

（1）液压故障对象——发生液压故障的液压元件和液压系统本身实体是液压故障的因素；

（2）液压故障诱因——加害于液压故障对象，使其发生液压故障的外因，或者说是输入的液压故障加害因素，即输入诱因；

（3）输出结果——输出的异常状态、液压故障模式等，或者说是液压故障诱因作用于液压故障对象的结果。也是液压故障对象的状态超过某种界限，就作为输出而发生液压故障，即输出结果。

因此，液压故障机理可用液压故障模型表示为：

### 7.1.2.4 液压故障模型

把液压故障对象和液压故障诱因同液压故障机理相关的事件用图、表、数、式等加以表现，称为液压故障模型。它是研究关于液压故障发生机理（过程）的一种思路或逻辑表述。液压故障模型是多种多样的，如液压故障发生方框图就是一种通用形式，如图7-2所示。

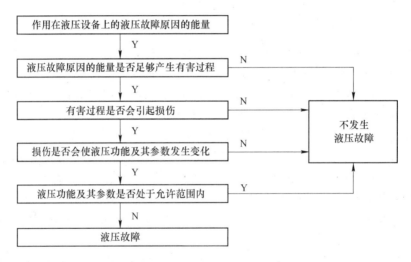

图 7-2 液压设备液压故障发生方框图

### 7.1.2.5 液压故障分析的基本方法

为识别液压故障而研究液压故障发生的原因、机理、概率、后果以及预防对策，对液压故障对象及其相关事件进行逻辑分析与系统调查的技术活动，称为液压故障分析。

液压故障分析是液压故障诊断的一个重要方面。按照液压故障对象的液压功能，采取液压故障分析的方法查找液压故障，是当前常用的液压故障诊断的基本方法。从液压故障对象的液压功能联系出发，追查探索液压故障原因时，有两类基本分析方法：

（1）液压故障顺向分析法。即指从发生液压故障的原因出发，按照液压功能的有关联系，分析液压故障原因对液压故障表征（输出结果-液压故障模式）影响的分析方法。也就是指，按照液压功能联系，从液压设备的下位层次（即液压故障对象发生液压故障的各种因素）向上位层次（即液压故障表征-输出结果）进行分析的方法。采用这种分析方法，对预防液压故障的发生、预测和监视具有重要的作用。

（2）液压故障逆向分析法。即指从液压故障对象发生液压故障后的液压故障表征

（输出结果-液压故障模式）出发，按照液压功能的有关联系，分析发生液压故障的各种因素影响的分析方法。也是指，按照液压功能联系，从液压设备的上位层次（液压故障表征）发生液压故障出发，向下位层次（液压故障原因）进行分割的分析方法。简单地说是从液压故障的结果向原因进行分析的方法。这种分析方法是常用的液压故障分析方法，其目的明确，只要液压功能原理的关系清楚，查找液压故障就简便，故应用较为广泛。

### 7.1.2.6 液压故障识别

根据已知的液压设备液压故障的状态、征兆和特征类型，与检测出的液压故障状态和特征（即检测所获得的诊断信息）集合（可理解为若干可能性）加以区分，进行分类、比较以判断其液压故障。

A 液压故障识别的基本方法

（1）分类探查，明确区分所要识别的状态及其诊断对象，即事先应规定液压设备技术状态。

（2）选择检测的特征，确定这些特征与液压设备状态之间的关系，即区分正常状态还是故障状态。根据液压设备的状态选择一组相应的检测特征。

（3）提出识别的决策规划。一般按"$\boxed{液压故障对象}$ + $\boxed{液压故障诱因}$ → $\boxed{液压故障模式}$"的原则判断液压故障。

B 液压故障识别的类型

（1）参数识别：即通过检测以获得诊断参数并将其与状态参数进行比较、分类，从而识别液压故障。诊断参数有一个识别范围，如阀芯磨损 0~0.01mm 是正常情况。诊断参数有时是间接获得，所以应有一个对比标准，如获得的振动值，其磨损有一个对应值。

（2）状态识别：即对液压设备的正常状态进行分类，按细分程度确定其状态特征，然后按选择的检测特征分组，与获得诊断状态进行比较，从而识别液压故障。

（3）图像识别：即通过对液压系统的正常图像与异常图像的比较分析来识别液压故障。液压设备的图像是指液压系统在运行过程中随时间变化的动态信息，如压力、流量、温升、噪声、振动等反映液压系统技术状态的各种参数，经过各种动态测试仪器拾取，并用记录仪器记录下来的图像。它是液压故障诊断的原始依据。

## 7.2 渐发性故障的形成模型

### 7.2.1 液压系统的渐发性故障原因

液压系统在工作过程中工况变化，如高低压力变化、速度变化、摩擦副相对运动、阀芯往复运动、活塞在液压缸筒内往复运动、油液长期在较高温度下工作等，其工况变化比较复杂，这样将导致液压系统逐渐失效。液压系统性能逐渐劣化的主要原因有：

（1）运动副零件表面逐渐磨损，主要是其表面出现干摩擦。

（2）零部件裂纹逐渐扩展，在压力反复变化的作用下形成。

（3）密封件长期使用而老化，失去密封性能。

（4）密封件逐渐磨损，失去密封性能。

　　(5) 零部件在交变应力作用下疲劳损坏。

　　(6) 设备振动使连接部位松动而漏油,甚至损坏零部件。

### 7.2.2　故障形成的一般性过程

　　现研究由损伤所引起的输出参数 $X$ 随时间变化的产品故障形成一般性过程(图 7-3)。产品经过某一随机的工作时间间隔后,其参数达到了极限允许值 $X_{\max}$,发生了故障。在图中表示了分布律 $f(t)$ 形成的主要阶段。开始时,产品参数 $f(a)$ 相对于其数学期望值 $a_0$ 有一个离散宽度,这个离散宽度与新机器初始指标的离散度、机器在各种工况下工作的可能性以及当机器一旦工作时就立刻出现振动、变形等过程有关。然后,在使用过程中,产品参数的劣化就表现为缓慢进行的过程,例如因磨损等。在一般情况下,经过某段时间 $\Delta T$ 后,参数的变化就开始了,时间 $\Delta T$ 是一个与损伤的积累(如疲劳)或外因作用有关的随机量。参数 $X$(速度为 $\gamma_X$)的变化过程同样也是随机的,它与产品各个零件的损伤变化(磨损速度 $\gamma_1$, $\gamma_2$, …, $\gamma_n$)有关。

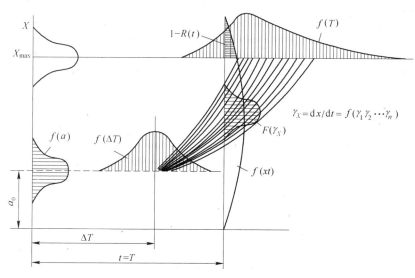

图 7-3　故障形成的一般性过程

　　上述这些现象的结果就形成了分布律 $f(X, t)$,它确定了输入参数 $X$ 超出 $X_{\max}$ 的概率,亦即故障概率 $F(t) = 1 - R(t)$。还必须指出,在一般情况下,假如估计到用户对机器极限指标的要求范围时,$X_{\max}$ 值同样也是离散的。

　　图 7-3 一般地描述了故障发生的过程,并能说明某几种特定情况。如果参数变化过程一开始就存在($\Delta T = 0$),就成为渐发性参数故障的典型情形。假如在达到 $X_{\max}$ 时,$X(t)$ 急剧增大,就发生了工作故障。如果在故障的形成过程中起主要作用的是过程的发生,即函数 $f(\Delta T)$,然后过程即以比较猛烈的程度 $X(t) \to \infty$,成为突发性故障。

　　在研究产品总体(如工厂生产的全部同型号的机器)时,应该考虑产品参数的初始离散度 $f(a)$。如果研究的是具体的产品,那么数值 $a$ 就称为非随机量,因为 $a$ 值就是具体产品的初始参数值。但如果考虑由于机器在各种工况下工作而造成的初始参数离散度,那么对于具体的产品子样来说,数值 $a$ 也成为一个随机量。

### 7.2.3　给定产品的渐发性故障模型的建立

现来研究一种比较普遍的情形，即产品的参数 $X$ 按线性规律变化：

$$X = kt \tag{7-1}$$

式中，$k = \gamma$ 为过程进行速度（磨损速度 $\gamma$ 或参数变化速度 $\gamma_X$），它与许多随机因素，如负载、速度、温度、使用条件等有关。因此，一般应看作服从正态律，即：

$$f(\gamma) = \frac{1}{\sigma_\gamma \sqrt{2\pi}} e^{-\frac{(\gamma_X - \gamma_c)^2}{2\sigma_\gamma^2}} \tag{7-2}$$

式中　$f(\gamma)$ ——概率密度；

　　　$\gamma_c$ ——损伤过程或输出参数变化过程的平均速度（数学期望）；

　　　$\sigma_\gamma$ ——过程速度的均方差。

参数的极限允许值 $X_{max}$ 是根据产品正确工作条件来规定的。当 $X = X_{max}$ 时，就达到了极限状态，因而也确定了产品的故障前使用期限（实际工作时间）$t$。使用期限 $T$ 是随机量 $\gamma$ 的函数，即：

$$T = \varphi(\gamma) = \frac{X_{max}}{\gamma} \tag{7-3}$$

产品的平均使用寿命：

$$T_c = \frac{X_{max}}{\gamma_c} \tag{7-4}$$

以后将指出，式（7-4）给出的使用期限是 $T$ 的中位数。

下面再根据给定函数 $f(\gamma)$ 来求分布函数 $f(t)$（图 7-4）。在概率论中对随机变量函数采用公式：

$$f(t = T) = f[\psi(T)] \mid \psi'(T) \mid \tag{7-5}$$

式中　$\psi(T)$ ——$\varphi(\gamma)$ 的反函数，即 $\psi(T) = \dfrac{X_{max}}{T}$；

　　　$\psi'(T)$ ——函数 $\psi(T)$ 的导函数，$\psi'(T) = -\dfrac{X_{max}}{T^2}$。

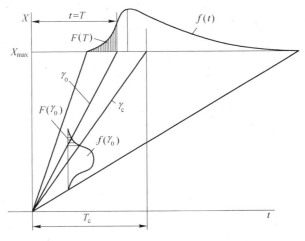

图 7-4　给定产品渐发性故障的形成

把这些值代入式（7-5），并进行变换后得：

$$f(T) = \frac{T_c}{\delta\sqrt{2\pi}} \times \frac{1}{T^2} e^{-\frac{(T_c-T)^2}{2\delta^2\tau^2}} \tag{7-6}$$

式中  $\delta$ ——变异系数（无量纲量），$\delta = \dfrac{\sigma_\gamma}{\gamma_c}$。

为了便于计算，现引进无量纲时间 $\tau$（时间 $T$ 对 $T_c$ 的比值）：

$$\tau = \frac{T}{T_c} \tag{7-7}$$

于是式（7-6）有下列形式：

$$f(\tau) = \frac{1}{\delta\sqrt{2\pi}} \times \frac{1}{\tau^2} \times e^{-\frac{(1-\tau)^2}{2\delta^2\tau^2}} \tag{7-8}$$

式中，$f(\tau) = T_c f(T)$ 和 $T = \tau T_c$。 \tag{7-9}

因为概率密度函数只有一个无量纲参数——变异系数 $\delta$，所以这个公式用起来很方便。

分析 $f(T)$ 和 $f(\tau)$ 表明，这两个函数都是非对称的，它们的极大值（众数 $T_z$）都位于坐标 $t = T_c(\tau = 1)$ 的左面。

可根据条件 $\dfrac{\mathrm{d}f(\tau)}{\mathrm{d}\tau} = 0$，求得函数极大值时的 $\tau$ 值：

$$\tau_z = \frac{\sqrt{1 - 8\delta^2} - 1}{4\delta^2} \tag{7-10}$$

对概率密度进行积分，即可求得故障概率 $F(T)$：

$$F(T) = \int_0^T f(T)\mathrm{d}T = \int_0^\tau f(\tau)\mathrm{d}\tau = F(\tau) \tag{7-11}$$

引入变换量 $Z = \dfrac{1-\tau}{\delta\tau}$，该积分就变换成拉普拉斯函数，又因无故障工作概率 $R(T) = 1-F(T)$，得到：

$$R(T) = R(\tau) = 0.5 + \Phi\left(\frac{1-\tau}{\delta\tau}\right) \tag{7-12}$$

式中，$\Phi$ 为拉普拉斯正态函数，$0 \leq \Phi \leq 0.5$；当 $\tau = 0$ 时，$R(T) = 1$；当 $\tau = \infty$ 时，$R(T) \to 0$，这里不能得到精确值 $R(T=\infty) = 0$，因为为了简单起见，没有将函数 $f(\gamma)$ 进行标准化。用参数 $X_{max}$ 表示 $R(T)$ 后，公式（7-12）可写成另一形式，这时采用的原始数据是 $\gamma_c$ 和 $\sigma_\gamma$。

由式（7-7）和式（7-4），得到：

$$R(T) = 0.5 + \Phi\left(\frac{X_{max} - \gamma_c T}{T\sigma_\gamma}\right) \tag{7-13}$$

图 7-5 是 $\delta_k = 0.2$ 时，函数 $R(\tau)$、$F(\tau)$ 和 $f(\tau)$ 的图形。由图可知，曲线是非对称的，有一个高可靠度区域。这点对于估计高可靠性要求的系统的可靠度是很重要的。

由图 7-4 可知，$\gamma$ 值超过 $\gamma_0 = \dfrac{X_{max}}{T}$ 的概率 $F(\gamma_0)$，与故障概率 $F(T)$ 之间有直接关

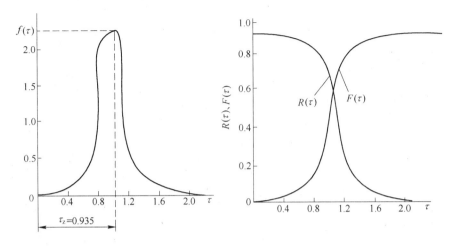

图 7-5 $\delta_k = 0.2$ 时函数 $R(\tau)$、$F(\tau)$ 和 $f(\tau)$ 的图形

系。如果考虑过程速度 $\gamma_0$ 的分布服从正态分布，则：

$$F(\gamma_0) = 0.5 - \Phi\left(\frac{\gamma_0 - \gamma_c}{\sigma_\gamma}\right) = 0.5 - \Phi\left[\frac{1}{\delta}\left(\frac{\gamma_0}{\gamma_c} - 1\right)\right]$$

而由式 (7-3) 和式 (7-4) 可知：$\dfrac{\gamma}{\gamma_c} = \dfrac{T_c}{T}$，于是：

$$F(\gamma_0) = 0.5 - \Phi\left[\frac{1}{\delta}\left(\frac{T_c}{T} - 1\right)\right] = 0.5 - \Phi\left(\frac{1 - \tau}{\delta\tau}\right) = F(\tau) = F(T)$$

可见，概率 $F(\gamma_0)$ 与 $F(T)$ 是相等的，即：

$$F(T) = F(\gamma_0) \quad \text{或} \quad R(T) = 1 - F(\gamma_0) \tag{7-14}$$

同时，由此可见，在上述各公式中，$T_c$ 是一个中位数，因为曲线 $f(\gamma_0)$ 是对称于 $\gamma_c$ 的，$f(\gamma_0)$ 下面的面积被 $\gamma_c$ 分成两半。因此，对于 $F(\gamma_0) = 0.5$ 这种给定情况，由 $t = T_c$ 所截取的曲线 $f(\tau)$，面积同样是 $F(T) = 0.5$。

由式 (7-14) 可更简单地求出产品无故障工作概率。因为无故障工作概率等于给定 $t = T$ 时，参数 $X$ 不超过最大允许值 $X_{max}$ 的概率。

$$R(T) = 概率(X \leqslant X_{max}) \tag{7-15}$$

在给定 $t = T$ 时，当参数 $X$ 及速度 $\gamma$ 都按正态律分布时，其参数为：

数学期望值：$M(X) = X_c = \gamma_c T$

均方差：$\sigma(X) = \sigma_\gamma T$

因此无故障工作概率在数值上等于分布密度曲线 $f(X)$ 从 $-\infty$ 到 $X_{max}$ 所包含的面积：

$$R(T) = \frac{1}{\sigma(X)\sqrt{2\pi}} \int_{-\infty}^{X_{max}} \exp\left(\frac{X - X_c}{2\sigma^2 X}\right) dX$$

$$= 0.5 + \Phi\left(\frac{X_{max} - X_c}{\sigma_X}\right)$$

$$= 0.5 + \Phi\left(\frac{X_{max} - \gamma_c T}{\sigma_\gamma T}\right) \tag{7-16}$$

式（7-16）与式（7-13）完全一样。式（7-13）和式（7-16）中的 $\sigma_\gamma$ 是指损伤速度或输出参数变化速度（$\sigma_X$）。

### 7.2.4 考虑产品初始参数离散度的渐发性故障形成模型

考虑产品初始参数有离散性时，可得到更完整的产品工作能力耗损过程图。一般情况下，方程式（7-1）可写成：

$$X = a + \gamma t \tag{7-17}$$

式中，$a$ 为产品初始参数（如零件的制造精度等），一般也都是随机量服从某种分布律。这时，使用期限是两个独立随机变量 $a$ 和 $\gamma$ 的函数：

$$T = \frac{T_{\max} - a}{\gamma} \tag{7-18}$$

为了求出两个变量的函数的分布律，也可以直接采用式（7-5），但变换相当复杂。

如果随机变量 $a$ 和 $\gamma$ 按正态律分布，则对每一个 $t = T$ 值，参数 $X$ 也将按正态律分布，如图 7-6 所示，并有以下参数：

数学期望值： $$X_c = a_0 + \gamma_c T \tag{7-19}$$

均方差： $$\sigma_X = \sqrt{\sigma_a^2 + T^2 \sigma_\gamma^2} \tag{7-20}$$

式中 $a_0$ ——数学期望；

$\sigma_a$ ——随机参数 $a$ 的均方差。

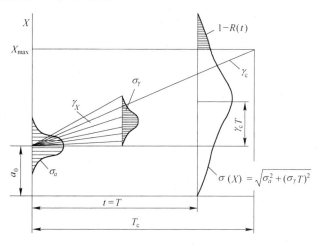

图 7-6 产品初始参数离散时的故障形成过程

同样，应用式（7-15），并考虑式（7-19）和式（7-20）后，可得到：

$$R(T) = 0.5 + \Phi\left(\frac{X_{\max} - a_0 - \gamma_c T}{\sqrt{\sigma_a^2 + T^2 \sigma_\gamma^2}}\right) \tag{7-21}$$

可见，该公式比式（7-13）、式（7-16）更加普遍，当 $a_0 = 0$，$\sigma_a = 0$ 时就变成公式（7-13）。这个公式也就可以应用于产品参数做非线性变化的过程中，即数学期望值为 $\gamma_c(t)$ 和在许多场合下，离散度 $[\sigma_\gamma(t)]^2$ 也是时间的函数时。总之，对产品输出参数的任何变化规律，都有普遍式：

$$R(T) = 0.5 + \Phi\left(\frac{X_{max} - a_0 - \gamma_c T}{\sqrt{\sigma_a^2 + \sigma_\gamma^2(T)T^2}}\right) \qquad (7\text{-}22)$$

参数 $a$ 和 $\gamma$ 为其他分布律时，也可采用这种处理方法。在计算机上采用统计模拟法，可以求得复杂的或实验得出的分布律 $f(T)$ 和 $R(T)$。

根据下述故障形成过程图，可以分析各种因素对 $f(T)$ 分布律的影响。如果过程 $X(t)$ 的离散度很小（即 $\sigma_\gamma \to 0$），则分布律 $f(T)$ 就完全由初始参数的分布规律来确定（图7-7a），只有当 $f(a)$ 服从正态率时，故障率也服从正态率。如果在所考察的时间内，输出参数没有变化，如图7-7b所示，即 $\gamma \to 0$，则由式（7-22）可得：

$$R(T) = 0.5 + \Phi\left(\frac{X_{max} - a_0}{\sigma_a}\right) = \text{const} \qquad (7\text{-}23)$$

即故障概率与时间无关。这个 $R(T)$ 值可以用来估计合格产品或不合格产品的概率。合格产品将在整个使用期内无故障地工作，而不合格产品将立刻发生故障（因为新产品的参数已经超出了极限允许值）。还有这样一种特殊故障情形，如果参数 $X$ 达到某个临界值 $X_L$ 后，曲线 $X(t)$ 有急剧增长的趋势。例如，如果由于疲劳引起的裂纹深度（小于零件强度条件的允许值）先是逐渐扩展，然后从某一临界值起将产生雪崩式的扩大。对于这种情形，分布律 $f(T)$ 应根据达到临界值 $X_L$ 以前的过程状态来确定，如图7-7c所示。

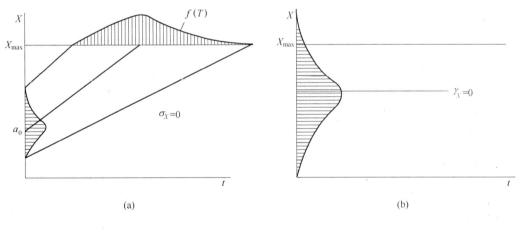

(a)　　　　　　　　　　　　　　　　　(b)

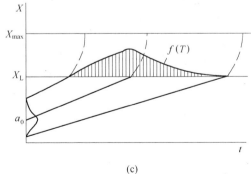

(c)

图 7-7　渐发性故障模型的几种特殊情形

图 7-8 是高精度轴向柱塞泵中柱塞初始间隙和工作中的磨损测量结果（根据尤·阿布洛夫资料），这是一个实验研究例子。由于该柱塞-油缸磨损的结果，间隙增长使得泵的生产率 $F$ 相对其初始生产率 $F_0$ 下降。从本例可以看出，初始参数有较大的离散度，因此，泵的使用期限已在很宽的范围内变化。这时，为了提高泵的寿命，主要方法是要压缩初始参数（间隙）的离散宽度，这可以通过采取工艺措施（提高精度、选配等）来达到。

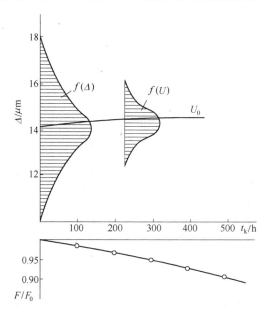

图 7-8 高精度泵工作性能的耗损过程

### 7.2.5 产品寿命和无故障工作概率的计算实例

按式（7-21）计算无故障工作概率 $R(T)$ 时，通常有两种方式：

（1）规定寿命 $T = T_r$，计算无故障工作概率 $R(T)$。这时，确定拉普拉斯函数变量的全部参数都是已知的，利用有关函数表，就可以计算 $R(T)$。

（2）对于高可靠性要求的产品一般先给定 $R(T)$，要求计算能保证给定无故障工作概率的寿命时间 $T_r$，这时，所求的是公式（7-21）中包含在拉普拉斯函数变量中的 $T$ 值。拉氏函数的自变量是正态分布的分位数 $X_R$，即相应于给定概率 $R(T)$ 的值。

由式（7-21），使得函数 $\Phi$ 的自变量值与 $X_R$ 相等，就得到解 $T$ 的二次方程式：

$$X_R \sqrt{\sigma_a^2 + \sigma_\gamma^2 T^2} = X_{\max} - a_0 - \gamma_c T \qquad (7\text{-}24)$$

求解的次序是先根据给定值 $R(T)$，按正态分布的分位数表找到一个相应的 $X_R$，然后由方程（7-24）求出寿命 $T = T_c$。在特殊情况下，当 $R(T) = 0.5$，$X_R = 0$ 时，由式（7-24）得：

$$T_c = \frac{X_{\max} - a_0}{\gamma_c} \qquad (7\text{-}25)$$

这是产品的平均使用寿命，与式（7-18）所得结果完全相同。

当初始参数的离散度大时，$\sigma_\gamma^2 T^2$ 的值比 $\sigma_a^2$ 的值小得多，在式（7-24）中取得 $\sigma_\gamma T = 0$，得到：

$$T = \frac{X_{\max} - a_0 - X_R \sigma_a}{\gamma_c} \qquad (7\text{-}26)$$

使用分位数表时应注意适用于怎样的拉普拉斯函数（正常的或非正常的），因为分位数表适用于概率值 $R \geqslant 0.5$，即 $X_R = 0$ 时，$R = 0.5$。因此，公式（7-21）中 0.5 这一项已考虑在等式（7-24）中了，式（7-26）中各项原始数据都是与时间无关的，因此可以用来预测产品工作能力的耗损，即可求出适用周期 $T_c$ 和无故障概率 $R(T)$。

下面研究一个用以上公式计算产品磨损时的可靠性指标的实例。设零件的磨损量 $U$ 直接影响产品输出参数，即 $X = U$，磨损过程具有线性规律，磨损速度的平均值为 $\gamma_c = 2 \times 10^{-2} \mu m/h$，$\sigma_\gamma = 2.77 \times 10^{-3} \mu m/h$。磨损量是相对于名义尺寸 $a_0$ 而言的（计算时可取 $a_0 = 0$），最大允许磨损量 $U_{\max} = 10\mu m$。要求计算：在规定的产品无故障工作概率范围内 $[R(t = T)$ 为 $0.5 \sim 0.9999]$ 的该零件的寿命（伽马百分比寿命 $T_\gamma$）。

因为，在本例中，$(\sigma_\gamma T)^2$ 项比 $\sigma_0^2$ 项小得多，故采用式（7-26）。将 $U_{\max} = X_{\max} = 10\mu m$、$a_0 = 0$、$\sigma_0 = 1\mu m$ 和 $\gamma_c = 2 \times 10^{-2} \mu m/h$ 代入。求得寿命：

$$T_c = 500(1 - 0.1X_R)$$

计算结果列于表 7-1。

表 7-1　零件可靠度计算结果

| 给定值 $R(T)$ | 分位数 $X_R$ | 寿命 $T_\gamma/h$ |
|---|---|---|
| 0.5 | 0 | 500 |
| 0.9 | 1.282 | 435 |
| 0.99 | 2.326 | 385 |
| 0.999 | 3.090 | 343 |
| 0.9999 | 3.719 | 315 |

从计算结果可以看出，应该精确地选定寿命，因为寿命时间的变化会显著影响无故障工作概率，而且产品还存在一个无故障工作概率接近于 1 的高可靠性区域。按式（7-13）和式（7-21）计算时还应该注意，如果输入量的统计数值信息不够准确（如根据少量统计抽样所做的磨损试验结果），就必须求出这些参数的置信区间，并相应地增大参数值的变化范围。这就会引起寿命的降低，因为式（7-26）中离散度和数学期望值的计算值都要增大。

总之，应用上述计算方法可以根据产品状态及使用条件的原始数据，对工作能力耗损（磨损）过程的强度进行评价，计算出相对于要求的无故障工作概率的产品寿命。这种计算法还能指明提高可靠性的最有效的措施，并且定量地估计出每一种因素的作用。

### 7.2.6　有两个界限的渐发性故障模型

前述产品参数逐渐变化的模型估计了参数不超过 $X_{\max}$ 的概率，即概率 $(X \leqslant X_{\max})$。但是有许多情况，给定参数可能有两个界限，上限 $X_{\max}$ 和下限 $X_{\min}$，超出界限 $X_{\max}$ 或 $X_{\min}$ 同样都是故障。当输入参数必须位于一定范围时，就是这种情况，比如车床加工工件的尺寸公差、弹簧刚度等。另外，还应考虑到，输出参数的变化规律是相当复杂的，并不一定是单纯的增长或减少，因为变化规律往往是若干损伤的综合结果。在图 7-9a 中，表示了有两个界限的故障模型，在 $t=T$ 的瞬间，产品的无故障工作概率在数值上等于公差 $\delta = X_{\max} - X_{\min}$ 范围内的曲线 $f(X, t)$ 的面积：

$$R(T) = \Phi\left(\frac{X_{\max} - a_0 - \gamma_c T}{\sqrt{\sigma_a^2 + \sigma_\gamma^2 T^2}}\right) + \Phi\left(\frac{a_0 + \gamma_c T - X_{\min}}{\sqrt{\sigma_a^2 + \sigma_\gamma^2 T^2}}\right) \tag{7-27}$$

在特殊情况下，当有对称公差 $X_{\max} = -X_{\min}$，$a_0 = 0$ 及 $\gamma_c = 0$ 时（图 7-9b），即随着时间增加，参数离散宽度的集聚中心并不发生偏移，则：

$$R(T) = 2\Phi\left(\frac{X_{\max}}{\sqrt{\sigma_a^2 + \sigma_\lambda^2 T^2}}\right) \tag{7-28}$$

有时，输出参数的变化规律 $X(t)$ 相当复杂，但估计故障概率的方法还是一样的。在图 7-9c 中是输出参数（其变化过程速度）按某种规律变化。就参数的平均值而言，只有经过时间 $t=T_4$ 时，才会超出公差范围。然而在使用初期，在 $T_1$ 到 $T_2$ 的时间内，按公差上限制造的产品有发生故障的危险。而在这之后，无故障概率将增大。按公差下限制造的产品则没有这种情形。但从 $t=T_3$ 开始，以后就可能超过公差下限。研究某些精密机床在使用过程中的精度变化，可以观察到这种情形。图 7-9d 表示一台坐标镗床在所使用七年

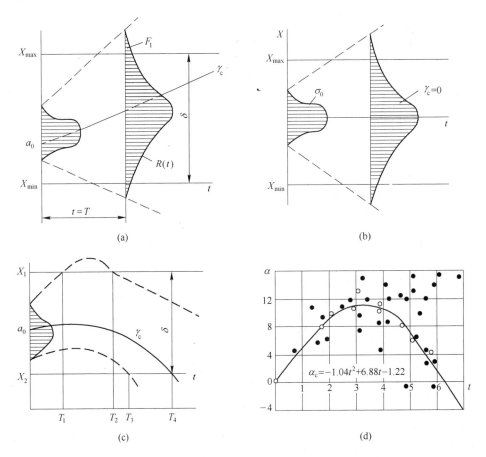

图 7-9 有两个界限的渐发性故障模型

中，主轴对工作台表面横向不垂直度的变化（根据杜别茨的资料）。对实验数据整理后，主轴对工作台表面的夹角的数学期望值 $\alpha_c$ 及均方差 $\sigma_a$ 对时间 $t$（年）的函数可按下式近似计算：

$$\left.\begin{array}{l} \alpha(t) = -1.04t^2 + 6.88t - 1.22 \\ \sigma_a(t) = 0.17e^{0.47t} + 0.9 \end{array}\right\} \tag{7-29}$$

主轴位置变化的原因有两个，即机床铸件的扭曲变形和切削力作用下主轴箱导轨的磨损。

## 7.3 突发性故障模型

### 7.3.1 液压系统的突发性故障原因

突发性故障在液压系统工作中有时发生，过去人们对其研究不够，一般均以渐变性故障为主进行研究。而突发性故障一旦发生，是一种破坏性的，所以必须引起我们高度重视，深入研究，其产生原因有：

（1）设计和制造过程中引起的故障。

1）零部件加工精度未达到要求，如表面精度、配合公差、同心度、刚度和强度不足，密封槽深度太深或深度不足等。

2）零部件存在深层缺陷。模锻过程产生锻造缺陷，毛坯在锻造过程中存在气孔、缩松、夹渣等深层缺陷，这些缺陷部位都是应力集中源，在交变应力和压力载荷突增时，会造成断裂等恶性事故。

3）旋转零部件质量不平衡，造成振动超标而产生故障。

4）零部件表面处理不达标，如镀铬层不牢而突然脱落，使元件不能正常工作。

（2）液压系统劣化造成故障。油液污物没有过滤干净，清洁度没有达到要求，污物突然堵塞阻尼孔，使液压元件失效。又如污物将单向阀卡住，无法关闭，使液压系统失效。又如污物突然进入摩擦副而拉伤表面，造成严重漏油。还有污物将换向阀的阀芯卡死无换向等。这些均是液压系统在较长时间工作，过滤器失效，污物进入油中和油液变质造成的。

（3）在局部位置油液流速突然增大，产生较大真空度，将密封件吸走，造成液压系统失效。

（4）由于安装维修和操作不当引起故障。

1）安装时同心度超标，启动泵时而造成故障。

2）轴向柱塞泵安装完毕后，试泵前未注入油液到泵内，启动时使缸体和配流盘烧坏。

3）液压管道没有按标准紧固，升压和高频率工作时，突然将液压泵振坏。

4）参数调整不当，超过规定值要求而损坏液压系统。

（5）外界环境影响造成的故障。

1）液压系统在运行中突然断电造成损坏。

2）液压系统突然受到外部物体冲击而损坏。

### 7.3.2 突发性故障发生概率

突发性故障的发生原因与产品状态变化和事前工作时间无关，其原因有外因和内因的作用，但设备内部固有缺陷也产生突发性故障。因此，建立突发性故障模型时，必须考虑的是环境情况，即引起故障的外界条件，必要时也应考虑内部因素。这时，可采用故障强度 $\lambda$ 来做估价。故障强度是在故障发生前这段时间内，单位时间内发生故障的概率。因此 $\lambda$ 是条件概率密度，所用单位（1/h）与概率密度 $f(t)$ 相同。

在工程技术中，特别是无线电电子技术中，故障强度指标是广泛应用的，因为多数故障属于这种突发性故障。

下面确定 $\lambda$ 的值。应用相关事件的乘法原理：

$$R(AB) = R(A) \cdot R(B/A)$$

式中 $AB$ —— 复杂事件（同时完成事件 $A$ 和 $B$）；

$R(AB)$ —— 给定的复杂事件的概率；

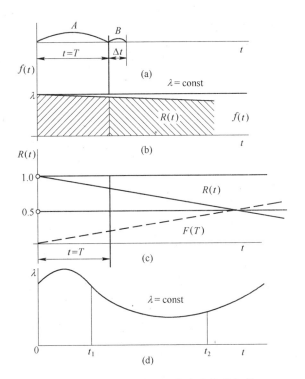

图 7-10 突发性故障时可靠度的指数规律

$R(B/A)$ —— 事件 $B$ 的条件概率（即以事件 $A$ 发生为条件）。

现在考虑产品工作的某一段时期 $t = T$（图 7-10a），估计此后的 $\Delta t$ 时间中发生故障的概率。用事件 $A$ 和 $B$ 分别表示在 $t$ 和 $\Delta t$ 内产品的无故障工作。这两个事件的发生概率，即在时间 $t$ 和 $\Delta t$ 内的无故障工作概率分别为 $R(t)$ 和 $R(\Delta t)$。

在时间 $t + \Delta t$ 内产品无故障工作是上述两事件的乘积 $A \cdot B$，亦即是一个复杂事件，因为是同时完成两个事件，产品在时间 $t$ 和 $\Delta t$ 内无故障地工作。这个复杂事件的概率为 $R(t + \Delta t)$。

在完成事件 $A$ 的条件下，事件 $B$ 发生概率，即 $R(B/A) = R(\Delta t/t)$ 表示在 $\Delta t$ 时间内产品无故障工作的条件概率，应用乘法原理得：

$$R(t + \Delta t) = R(t)R(\Delta t/t) \tag{7-30}$$

按故障强度 $\lambda$ 的定义：

$$\lambda = \frac{F(\Delta t/t)}{\Delta t} = \frac{1 - R(\Delta t/t)}{\Delta t} \tag{7-31}$$

将由式（7-30）解得的 $R(\Delta t/t)$ 值代入式（7-31），并考虑 $\Delta t \to 0$ 时有 $\lambda$ 的精确值，得到：

$$\lambda = \lim_{\Delta t \to 0} \left[ \frac{R(t) - R(t + \Delta t)}{\Delta t R(t)} \right]$$

$$= -\frac{1}{R(t)} \lim_{\Delta t \to 0} \left[ \frac{R(t + \Delta t) - R(t)}{\Delta t} \right]$$

$$= -\frac{1}{R(t)}\frac{\mathrm{d}R(t)}{\mathrm{d}t}$$

$$= -\frac{\mathrm{d}}{\mathrm{d}t}[\ln R(t)] \tag{7-32}$$

由此即得:

$$R(t) = \mathrm{e}^{-\int_0^t \lambda \mathrm{d}t} = \exp\left[-\int_0^t \lambda(t)\mathrm{d}t\right] \tag{7-33}$$

式 (7-33) 表达了产品无故障工作概率和故障强度 $\lambda$ 间的关系。在一般情况下, $\lambda$ 是时间的函数 $\lambda(t)$。故障强度 $R(t)$ 与概率密度函数 $f(t)$ 有关。

已知:

$$f(t) = \frac{\mathrm{d}F(t)}{\mathrm{d}t} = -\frac{\mathrm{d}R(t)}{\mathrm{d}t} \tag{7-34}$$

因此, 由式 (7-32) 得:

$$\lambda(t) = \frac{f(t)}{R(t)} \tag{7-35}$$

可见, 在 $\lambda$、$f$ 和 $R$ 中只要知道一个, 利用式 (7-34) 和式 (7-35) 就可求出其余两个函数。

当 $\lambda$ 不随时间变化时, 并且是由它来描述发生故障的可能条件时, 采用 $\lambda$ 是很方便的。取 $\lambda=\mathrm{const}$, 由式 (7-33) 得到:

$$R(t) = \mathrm{e}^{-\lambda t} \tag{7-36}$$

由式 (7-35) 和式 (7-36), 概率密度为

$$f(t) = \lambda R(t) = \lambda \mathrm{e}^{-\lambda t} \tag{7-37}$$

在图 7-10 中表示了这些函数。$\lambda[f(t)]$ 也同样由单位时间内的故障次数 1/h 来度量。对指数规律, 故障前平均使用期限 (实际工作时间) 为

$$T_\mathrm{c} = \frac{1}{\lambda} \tag{7-38}$$

因此, 式 (7-36) 也可以写成

$$R(t) = \mathrm{e}^{-\frac{1}{T_\mathrm{c}}} \tag{7-39}$$

当 $t=T_\mathrm{c}$ 时, 得到:

$$R(t) = \mathrm{e}^{-1} = \frac{1}{2.72} = 0.37$$

这说明, 在突发性故障情况下, 一批相同的零件经过 $t=T_\mathrm{c}$ 时间工作后, 发生故障的零件可占 63%, 而保持正常工作能力占 37%。

现代机器的零部件一般要求很高的无故障工作概率, 即 $R(t) = 0.99 \sim 0.99999$ 以上。对于 $R(t) > 0.9$, 式 (7-39) 可足够精确地写成:

$$R(t) = 1 - \lambda t = 1 - \frac{t}{T_\mathrm{c}} \tag{7-40}$$

将曲线 $R(t)$ 值接近于 1 的一段近似地看做直线, 即可得上式。事实上, 当 $R(t)$ 值接近 1 时, 条件 $\lambda=\mathrm{const}$ 与条件 $f(t) = \mathrm{const}$ 是一致的, 这可从式 (7-35) 看出, 因为这时

$\lambda(t) \approx f(t)$。在故障发生前 $\lambda(t)=f(t)$，因为 $R(t)=1$，所以，突发性故障是稀有事件，可认为具有均布的概率规律 $f(t) = \text{const}$。

$\lambda(t)$ 和 $f(t)$ 的差别在于：当 $t \to \infty$ 时，总有 $f(t) \to 0$，但 $\lambda$ 就不一定了。

应用指数规律时应注意，条件 $\lambda = \text{const}$ 往往只在某一段事件内才能保持。在图 7-10d 表示了 $\lambda(t)$ 的典型曲线。使用初期（$0；t_1$）的特征是故障强度的增长，这同存在跑合工艺缺陷、产品发生初期磨损等有关。第二时期（$t_1；t_2$），此时 $\lambda = \text{const}$，称为正常使用期。在这以后（当 $t>t_2$），开始出现产品的加速磨损（老化）。但是，务必注意，突发性故障与零件的老化过程是无关的。

### 7.3.3 估计引起突发性故障的情况

如前所述，突发性故障发生的原因与产品状态变化无关，而只与外界作用因素的不理想组合有关。因此，必须估计引起突发性故障的环境和内部因素等这类事件的概率。

突发性故障模型的建立是与分析机器的使用条件、机器工作范围、产生过载的可能性和周围介质的影响等相联系着的。图 7-11 所示为突发性故障的典型发生模型。图 7-11a 表明，假如状态的分布使输出参数 $X$ 有可能超出允许范围 $X_1$ 和 $X_2$，那么超出公差带 $\delta$ 的概率 $F=F_1+F_2$，也就确定了故障概率。这种模型的图形与渐发性故障的外形相似（图 7-7b），然而是有区别的。图 7-7b 中估计了产品初始参数，即机器质量的离散度，产品在开始使用时可能有工作的能力，也可能没有工作能力。

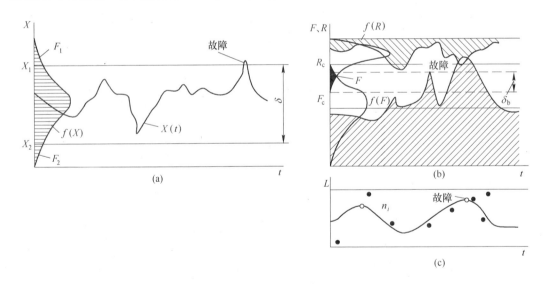

图 7-11 突发性故障的发生模型

产品原先以使用过多少时间（这时并未发生故障）并不影响所考虑时间内的故障概率。如果超出 $X_{\max}$ 范围并不会引起产品状态变化或引起工作故障的话，这种突发性故障可能属于失控一类情况。如果产品的极限状态也做随机变化，那么，突发性故障的模型就更加复杂（图 7-11b）。例如，当高负载 $F$ 和低承载能力 $R$ 具有同时存在的概率，要估计由静态巅峰负载作用而损坏结构的概率，就会出现这种情况。结构的强度储备（安全系数）按平均值为 $n = \dfrac{R_c}{F_c} > 1$，但是，考虑这些参数的分布曲线 $f(R)$ 和 $f(F)$ 时，就会出现 $F > R$ 的概率 $F_q$，即发生故障。故障区域 $\delta_b$ 为 $F(t)$ 和 $R(t)$ 可能交叉的那个区域。这里 $F(t)$ 值是随产品工作规范而随机变化的。而 $R(t)$ 的变化则是由于状态的随机变化，如因周围环境的温度波动引起的。

统计故障概率的一般形式为：

$$F_q = \iint_{R-F<0} f(F)f(R)\,\mathrm{d}F\mathrm{d}R \qquad (7\text{-}41)$$

在许多情况下，可把突发性故障的过程的发生看做是：按随机运动或按已知轨迹运动（图 7-11c）的物体，在随机地分布着障碍物 $n_1$，$n_2$，$\cdots$，$n_i$ 的空间里，发生碰撞的可能性。这些障碍物具有一定的空间填充密度，这个密度就确定了碰撞的概率。考虑运载工具运动或卫星飞行时同陨石相撞的概率，就是这种情况。

当外界情况不随时间变化，即故障发生的危险性稳定不变时，过程按式（7-36）的指数规律进行，$\lambda$ 值可根据故障发生图像来计算。在估计外界情况时，$\lambda = \text{const}$ 是有物理意义的，但对于研究老化过程并无多大用处。

图 7-10d 中，初期 $\lambda \neq \text{const}$ 的原因是存在着制造质量不良产品的概率（图 7-7b），因此在产品初期运行或试车时，故障必然增多。

此外，还有另一种突发性故障模型，能够估计产品工作的外因条件变化。如运输机械通过各种不同气候地带，或由于机构和部件的磨损，振动、发热等逐渐增加，因而逐渐地改变了所考察部件的工作条件。对于具体的机器部件来说，前述这些作用是外因，因为它同部件本身的状态无关。所以，这时外界情况是变化的，$\lambda \neq \text{const}$，而且故障也并不服从指数规律。

### 7.3.4 指数规律的应用范围

在可靠性理论中，指数规律应用最为普遍。因为它是单参数的，能非常简单地求出无故障工作概率，也可极方便地用于计算复杂系统的可靠度。故障强度及其倒数 $T_c = \dfrac{1}{\lambda}$（故障前平均工作时间）的概率，广泛用于估计电子设备的可靠度，在许多情况下也是使用于机械设备，但是在应用中常常没有区分故障是突发性的或者是渐发性的。而实际上，指数规律在某些情况下能有相当满意的结果，而另一些情况下，是不适用的。例如，由式（7-39）可知，为了保证产品的高度可靠性，允许的工作时间 $t = T_r$ 应大大低于平均使用期 $T_c$。根据式（7-40），为保证 $t = 10\mathrm{h}$ 内的无故障工作概率 $R(t) = 0.999$，算得零件的平均使用期限为

$$T_c = \frac{t}{1 - R(t)} = \frac{10}{1 - 0.999} = 10000\mathrm{h}$$

这同渐发性故障的允许值 $t = 10\mathrm{h}$ 相比，简直大得不可思议。这就提出了指数规律的适用范围问题，是否可能以及应在什么条件下，才能将指数规律应用于渐发性故障。

图 7-12 所示为以同一比例尺做出的渐发性故障使用期限分布 $f_g(t)$ 和指数规律的使用

期限分布 $f_j(t)$ 。产品无故障概率要求高时，产品的连续使用期，即寿命 $T_r$ 应根据某一允许的无故障工作概率值 $R(t)$ 来规定。对于高可靠性系统，比如航空和宇航技术，无故障工作概率常为 $R(t) = 0.99999$ 或更高。对于普通机器，也相当高（约为0.99或以上）。因此，用面积 $F = \int_0^{T_p} f(t)\,\mathrm{d}t$ 表征的故障概率是很小的，对于任何一种分布规律，都只利用了曲线 $f(t)$ 的一小段，属于小概率事件区并远离聚集中心。在这个范围内，分布律已失去了各自的特性，同时又具备了表征小概率事件的一般性特点。比如，在这个范围内，故障强度 $\lambda(t)$ 和分布密度 $f(t)$ 实际上并无差别，因为 $R(t)$ 趋近于1。在 $F(t)$ 的小数值范围内（约0.001以下），用概率密度 $f(t)$ 来分析各种规律的"尾部"情况，可以发现，所有规律都能以实际上足够的精确性给出相同的结果。于是，估计规定时间 $0<t<T_r$ 内的可靠度就是：只需求故障概率（曲线 $f(t)$ 下的面积），而不必再查明使用期限的分布律究竟如何，因此，无论是对于渐发性故障还是突发性故障，用指数规律来计算高可靠性系统的可靠度是可以的、正确的。

但是，如果将这个规律扩大到 $T_r < t$（超过确定 $\lambda$ 所需）范围时，就会引起很大的误差，得出不正确的结论。在求产品的数学期望值（平均使用期限）和两次故障间工作时间时，就经常会产生这种误差。由图 7-12 可知，当曲线 $f_g(t)$ 和 $f_j(t)$ 的曲线段在 $0<t<T_r$ 内相重合时，条件 $F = \int_0^T f(t)\,\mathrm{d}t = 1$ 表明，指数规律的数学期望值 $M(t_j)$ 应比渐发性故障的数学期望 $M(t_g)$ 大数万倍，因为几乎同横轴重合 $f_j(t)$ 下的面积却要等于曲线 $f_g(t)$ 所限的面积。比如，用指数规律算出宇宙装置"Maphhep"的两次故障间隔时间为 20000 年，这显然是不切实际的。

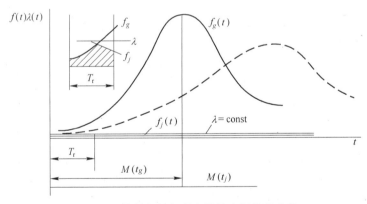

图 7-12 指数规律与渐发性故障规律的比较

总之，对于机器制造（最优代表性的渐发性故障），指数规律的适用范围，一般是分析和计算高可靠性系统的可靠度。但是，预测系统在延长寿命期内的行为，研究超过规定寿命期时，应采取何种提高可靠性的措施，是不能应用指数规律的。

### 7.3.5 同时出现突发性故障和渐发性故障的情形

在许多情况下每当产品存在渐发性故障的同时，也存在着因突发性故障而损坏的危险。

突发性故障和渐发性故障同时作用时，$R(t)$ 值可以按连乘原理来计算，因为事件（在时间 $t$ 内零件的工作无故障度）依存于两个条件：磨损损伤的无故障度 $R_m(t)$ 和突发性故障的无故障度 $R_t(t)$。在这两种故障互相独立的情况下：

$$R(t) = R_m(t) R_t(t) \tag{7-42}$$

这样，如果已知分布律参数（$T_c$、$\sigma$、$\lambda$），就可以计算元件或部件的无故障工作概率。

如果磨损故障服从式（7-21），而突发性故障服从指数规律，式（7-42）可写成：

$$R(T) = \left[ 0.5 + \Phi\left( \frac{X_{max} - a_0 - \gamma_c T}{\sqrt{\sigma_a^2 + \sigma_\gamma^2 T^2}} \right) \right] e^{-\lambda T} \tag{7-43}$$

由图 7-13a 可知，在零件工作初期，对 $R(t)$ 的主要影响是突发性故障，然后，渐发性故障概率越来越大。这种情况，在液压设备中时有发生，如突发性裂口，但并不造成失效，然后裂口逐渐扩展，出现渐发性过程，直至液压设备失效。

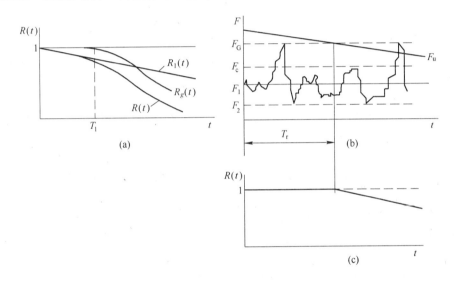

图 7-13　突发性故障和渐发性故障同时作用

在某些情况下，故障的物理本质十分复杂，既包含元件本身的磨损故障，也包括突发性故障。比如，零件本体或表面层（轴承、齿轮）的疲劳是零件故障最普遍的形式，它与局部应力集中处疲劳裂纹的扩展、工艺缺陷或初始损伤等有关。在显微裂纹产生前的一段时间内，过程特征是突发性故障，而以后的损伤过程则是磨损故障，所以，要选用能反映导致零件故障的特殊原因和过程的分布律。比如，有两个参数（$m$ 和 $T_1$）的威布尔律。但是，最好不要只是单纯地选用合适的分布律，而应该研究故障发生的情形，首先要找出导致损坏过程的原因（事件 $A$）。设事件 $A$ 的发生服从突发性故障规律，这以后转而进入老化过程（磨损、疲劳裂纹扩展等），最终发生故障。设这个老化过程是事件 $B$。它是依赖于事件 $A$ 的，即（$B/A$）。因为老化过程只有在原因 $A$ 出现后才开始。由于这两种原因产生的故障是复杂事件（$A$、$B$），所以该事件的产生必须同时存在事件 $A$ 和事件 $B$。因此，根据连乘原则，故障概率等于：

$$F(A, B) = F(A) \cdot F(B/A) \tag{7-44}$$

再考虑到突发性故障的无故障工作概率 $R_t = 1 - F(A)$，而渐发性故障的无故障工作概率为 $R_g = 1 - F(B/A)$，得到：

$$R(t) = 1 - (1 - R_g)(1 - R_t) \tag{7-45}$$

例如，当给定 $R_t = 0.9$ 和 $R_g = 0.95$，则在突发性故障和渐发性故障同时作用下，按式 (7-42)，$R(t) = 0.855$，而按式 (7-45)，$R(t) = 0.995$。在后一种情况下，$R(t)$ 值较高，因为在事件 $A$ 产生后（如裂纹萌芽），才有随后的故障作用，产品才具有较大的抗老化工作能力储备。

在许多情况下，当老化降低了产品抗突发性故障的能力时，就发生突发性故障和渐发性故障的联合作用情况。在图 7-13b 内，在某段时期 $T_0$ 内，巅峰负载 $F_G$ 等于允许值 $F_u$ 以后，出现了突发性故障的概率。因此，曲线 $R(t)$ 上有一个 $R(t) = 1$ 的区域，称为"敏感界限"（$0 < t < T_0$），在此以后，曲线 $R(t)$ 开始服从指数规律或某种突发性故障规律。

### 7.3.6 故障的随机流

上面研究各种故障模型时，只估计了故障产生的概率，并未研究产品随后的工作。通常，为了恢复液压系统已失去的工作能力，要建立专门的修理制度和采取相应的预防措施。机器使用期的长短以及发生的故障是重复故障还是新出现的故障，都与修理制度有密切的关系。下面研究可靠性理论中认为是最基本的情况，即在每次故障产生并恢复了工作能力后，产品再重新工作到下一次故障的情况。因为故障发生的时间是一个随机量，所以就成了一个随机故障流。

一般所谓事件的流，是指一个接着一个的、在某个瞬间发生的同类事件的连续。如果时间间隔是严格确定了的，就得到事件的定时流；如果时间间隔是随机的，则是事件的随机流（图 7-14a）。一般研究的是具有稳定性、同一性和无后续作用的最简单的（稳定泊松）随机流。

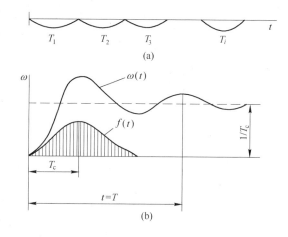

图 7-14 故障流
(a) 随机故障流；(b) 故障流参数随时间的变化

随机流的主要特征量是故障流参数 $\omega$，即已修复产品在所考察的时间瞬间发生故障的条件概率密度，亦即在时间 $t$ 以后的单位时间内的故障平均次数：

$$\omega(t) = \frac{d\Omega(t)}{dt} \tag{7-46}$$

式中　$\Omega(t)$——在时间 $t$ 内故障次数的数学期望值（有时称 $\Omega(t)$ 为主导函数）。

发生的是同一个或同类元件的故障时，称为简单故障流。当考虑到各种不同的故障形式时，就得到复杂故障流；复杂故障流由简单故障流所组成。复杂故障流在时间 $t$ 内的故障平均数（数学期望值）$\Omega$ 等于各简单故障流的该特征之和，即：

$$\Omega = \Omega_1 + \Omega_2 + \cdots + \Omega_n \tag{7-47}$$

对式（7-47）求导数并考虑式（7-46），可得：

$$\omega = \sum_1^n \omega_i \tag{7-48}$$

即复杂故障流的参数 $\omega$ 等于组成它的各简单故障流的该参数之和。这个结论常用于分析复杂产品各元件和系统的故障。比如，在研究整机的故障流时，常把它分解为机械的、液压的、电气的和电子系统的故障流，或把机器分为各功能系统或部件，并估计每一简单故障流所占的比值。

在一般情况下，故障流参数是时间的函数，与估计 $\omega$ 的时间 $t=T$ 有关。如果 $T$ 值小于或接近于使用期限的数学期望值 $T_c$，则 $\omega$ 值将表现出分布律 $f(t)$ 的特性（图 7-14b）。如果在所考察的 $t=T$ 时间段内故障次数很多，即 $T \gg T_c$，那么，$\omega$ 就趋于稳定：

$$\lim_{t \to \infty} \frac{\Omega(t)}{t} = \frac{1}{T_c} = \omega = \text{const} \tag{7-49}$$

亦即，所考察的时间越长，故障流的参数值就越接近 $\frac{1}{T_c}$，而与分布律 $f(t)$ 无关，这就是故障流的渐进性。对于指数分布律，故障流参数与故障强度 $\lambda = \frac{1}{T_c}$ 相等。所以，对于一般分布律来说，随机故障流随时间的增长而趋于稳定（$\omega = \text{const}$），而对指数分布律来说，则是一开始就稳定的。对于修复阶段的随机流也可采用类似的处理办法，这时是把每次故障发生后，为修复产品工作能力所需的时间看做是随机量。修复流可以看做是故障流的结果，因为在产品的每次故障后，就产生了修理的要求。比如，分析机床自动线的工作时（特别是在初次开动和调试时，故障次数是很多的），常用这种分析法。然而，在用于机器时，这种方法还不够全面，尚需考虑机器制造和维修的特点。如果机器耗损的工作能力的恢复周期是事前确定的，根据修理和维护保养制度的规定，通常是经过相等的间隔期来进行修理的，则可靠性要求越高的机器，等故障发生后再修理的概率就越低。一般来说，机器的修理（或采取预防和检测措施）是在故障可能发生之前很久就进行的（见图 7-12，$T_r \leqslant T_c$）。

在这种情况下，一般来说，故障流并不具有随机性质，而是一个具有规定的修复间隔期 $T_0$ 的计划流，亦即一个定期流。只有对使用期限 $0 < t < T_0$ 范围内的在故障发生后再修复的零件，才存在典型的故障流，但在机器中这样的零件数量不多，一般是不重要的。

如果具有较长使用寿命的零件发生了故障，这说明规定的修复间隔期不合理或者对产品状态的检测不够，而且在这种情况下，故障流一般是不稳定的。总之只有当故障不会引起重大的经济损失（损坏的元件能保证迅速更换），以及突然停机对机器和操作人员并没有危险时，才能要求故障流像典型图（图 7-14a）那样，使产品及其元件的潜在使用寿命得到充分利用，随后再做修理或更换。

当修理工作的主要内容是根据规定的修理制度来实行时，修理流并不是故障流的结果。修理是根据故障的潜在可能性，而不是根据故障产生的必然性来确定的。比如，可能根本不存在的故障，即 $R(t < T_0) = 1$，而修理流还是存在的；或者换句话说，正因为有这

样的修理流才保证了在 $t=T_0$ 周期内系统的工作无故障概率。

研究故障和修复过程的概率问题，主要是根据规定的无故障工作概率 $R(t)$ 来计算修理间隔时间期 $T_0$。这时要研究产品所有元件的平均使用期限的分布规律，估计 $t=T_0$ 时的 $R(t)$ 的值，最后在研究各种故障模型的基础上，确定 $T_0$ 或 $R(t)$ 的允许值。

在 $0<t<T_0$ 范围内发生的故障流及其参数 $\omega$ 是衡量 $T_0$（机器连续工作时间或修理间隔期）选择得是否正确的一个标准，然而并不能用来分析提高机器寿命的可能性，因为并未包括机器在 $t>T_0$ 时的情况。

还应注意，对于 $T>T_c$，$\omega=\text{const}$ 时，根据故障流参数做出的可靠度估计是对应于无故障工作概率的最低值 $R(t)\rightarrow 0$ 的，比如，对于指数规律，在时间 $t=3T_c$ 时，无故障工作概率为

$$R(t) = \mathrm{e}^{-\frac{t}{T_c}} = 2.73^{-3} = 0.05$$

因此，在 $t \gg T_c$ 时，用指数规律来计算 $R(t)$ 值并没有意义（虽然形式上是对的），因为在低可靠性时并不采用 $R(t)$ 这个指标来估计可靠度

只有在从可靠性观点评价机器使用方法是否完善时，应用这种故障流概率并求出其参数才有意义。这时，$\omega$ 值的增高是一个反馈信号，说明机器的结构或使用方法需要做一相应的修正。在评价机器各元件和部件时，故障流参数 $\omega$ 是一个一般都应该达到的可靠性指标。在个别情况下（当存在比其余元件的可靠度要低得多的元件时），可以用来查明低可靠度元件。

## 7.4 液压元件故障智能诊断模型

液压元件是组成液压系统的基础单元，其性能好坏直接关系到液压系统的工作性能。当液压元件产生故障时，将影响液压系统正常工作。为了提高液压系统工作效率，必须减小液压元件故障率，一旦出现故障时，能及时找到故障元件，迅速进行更换和维修，使液压系统尽快恢复工作。所以对液压元件故障智能诊断十分重要。采用智能化技术代替经验判断，这样能较快而较准地找出故障元件。

### 7.4.1 液压元件故障模型概念

液压元件固有缺陷和液压元件由外部引起的故障与其机理相关的事件用图、表、数字、式子来表述，称为液压元件故障模型。液压元件模型可以表示为：

$$\boxed{\text{液压元件固有缺陷}} + \boxed{\text{故障外因}} \rightarrow \boxed{\text{液压元件故障模型}}$$

液压元件故障模型有多种多样。液压元件故障模型也可用液压元件故障发生框图形式表示，如图 7-15 所示。

### 7.4.2 液压元件故障智能诊断基于网络 PLC 系统模型

液压元件在线状态监测与诊断系统可能由于应用场合和服务对象的不同、采用技术的复杂程度不同而呈现出一定的差异，但一般主要由以下部分组成：

（1）对元件数据采集部分。它包括各种传感器、比例/伺服放大器、A/D 转换器以及存储器等。其主要任务是信号采集、预处理及数据检验。其中信号预处理包括电平变换、

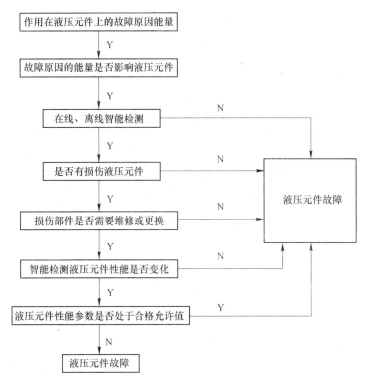

图 7-15 液压元件故障发生框图

放大、滤波、疵点剔除和零均值化处理等，而数据检验一般包括平稳性检验以及正态性检验等。

（2）对元件监测、分析与诊断部分。这部分由计算机硬件和功能丰富的软件组成，其中硬件构成了监测系统的基本框架，而软件则是整个系统的管理与控制中心，起着中枢的作用。状态监测主要是借助各种信号处理方法对采集的数据进行加工处理，并对运行状态进行判别和分类，在超限分析、统计分析、时序分析、趋势分析、谱分析、轴心轨迹分析以及启停机工况分析等的基础上，给出诊断结论，更进一步还要求指出故障发生的原因、部位并给出故障处理对策或措施。

（3）诊断结果输出与报警部分。需要这部分的目的是将监测、分析和诊断所得的结果和图形通过屏幕显示、打印等方式输出。当监测特征值超过报警值后，可通过特定的色彩、灯光或声音等进行报警，有时还可进行停机联锁控制。结果输出也包括机组日常报表输出和状态报告输出等。

（4）数据传输与通信部分。简单的监测系统一般利用内部总线或通用接口（如RS232 接口、GPIB 接口）来实现部件之间或设备之间的数据传递和信息交换，对于复杂的多机系统或分布式集散系统往往需要用数据网络来进行数据传递与交换。有时还需要借助于调制解调器（MODEM）及光纤通信方式来实现远距离数据传输。但对于远程诊断，显然要依赖 Internet 网络。

为了对液压元件故障进行监测、预报、诊断，必须运用在线状态监测系统对现场液压系统运行参数进行在线采样与监测。在线状态监测系统主要是对被测物理量（信号）进行监测、调理、变换、传输、处理、显示、记录等由多个环节组成的完整的系统。目前液压系统在线状态监测主要分为两种形式：一种是基于数据采集卡和高级语言所开发的在线状态监测系统；另一种是基于 PLC 和组态软件开发的在线状态监测系统。

### 7.4.2.1 基于元件数据采集卡和高级语言的液压在线状态监测与诊断系统

这种液压元件在线状态监测形式是以各类传感器来监测液压系统设备运行的各种参数，然后以各种物理量信号的形式传输给 A/D 数据采集卡。A/D 数据采集卡是直接安装在工业控制用计算机主板上的扩展插槽内的，能直接将数据传输给计算机进行处理，并最终在用高级语言开发的用户操作界面上将各种结果显示出来，其具体原理如图 7-16 所示。图中实线部分为炼钢结晶器激振液压系统生产控制部分，虚线表示为其液压系统在线状态监测部分。

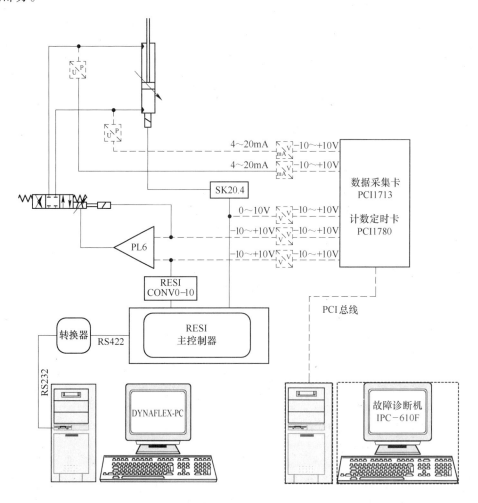

图 7-16　基于数据采集卡和高级语言的液压在线状态监测与诊断系统原理

对于这一种在线状态监测形式，A/D 数据采集卡是整个系统的核心，它既要将传感器采集的各种物理量转换成计算机所能识别的信号量并将其传输给计算机以进行处理和显示，让人们能实时了解系统的运行状态；同时还要将人们通过计算机给定的控制信号转换成设备接收的物理量并将其传输给在线设备以进行相应的控制，让系统能按照人们设定的目标去工作。

#### 7.4.2.2 基于 PLC 和组态软件的液压元件在线状态监测与诊断系统

这种液压系统在线状态监测也是以各类传感器来监测液压系统设备运行的各种参数，然后以各种物理量信号的形式传输给可编程控制器（PLC）的信号输入模块，而不是 A/D 数据采集卡。可编程控制器通过数据总线电缆与工业控制计算机相连，能直接将数据传输给计算机进行处理，并最终在与可编程控制器相适合的组态软件开发的用户操作界面上将各种结果显示出来，其具体原理如图 7-17 所示。图中实线部分为炼钢结晶器激振液压系统生产控制部分，虚线表示为其液压系统在线状态监测部分。

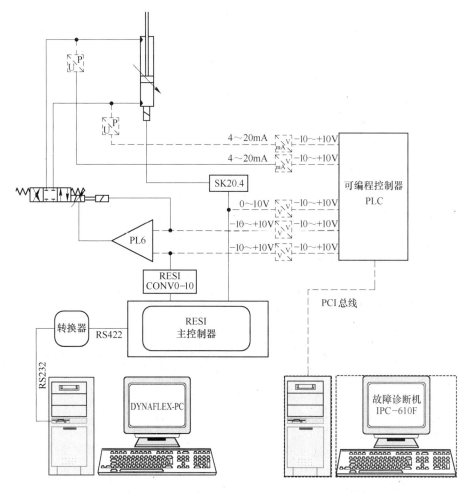

图 7-17　基于 PLC 和组态软件的液压元件在线状态监测与诊断系统原理

对于这一种在线状态监测形式，可编程控制器是整个系统的核心，它所要实现的功能与第一种在线状态监测形式一样，即对数据进行处理和传输。下面我们就以西门子 PLC 为例将可编程控制器的原理做简要介绍。

从当前及今后的技术发展趋势看，监测系统应该优先采用基于网络的实时、在线状态监测与诊断技术模式。图 7-18 所示为一种基于 PLC 网络的液压监测与诊断系统模型。该模型是一种分级的层次化结构形式，从下到上依次为设备层、车间级监控层、厂级监视诊断层与远程监视诊断中心层等。

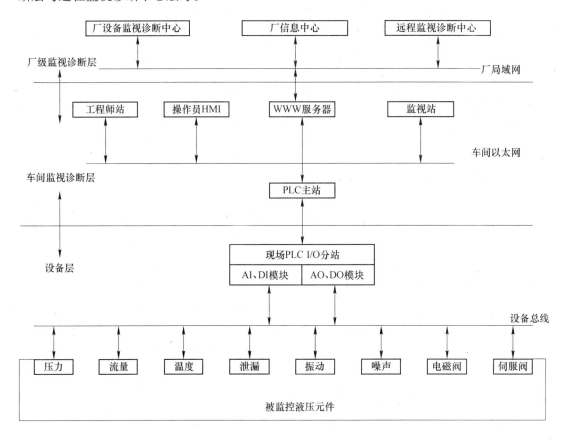

图 7-18 基于网络与 PLC 的液压元件监测与诊断系统模型

系统操作人员通过 HMI（人机交互界面）发出的操作指令经由车间以太网送到 PLC 主站，再经过现场 PLC 分站的 AO、DO 模块与设备总线对液压系统中相关元件进行调节与控制；同时液压系统运行过程中的状态参数经过设备总线与现场 PLC 分站的 AI、DI 模块送到 PLC 主站，再经过车间以太网送到监视站。工程技术人员可以通过工程师站对系统运行环境、参数进行设定、修改和维护。设在车间级的 WWW 服务器还可以将液压元件运行的状态参数经过厂局域网送到厂信息中心，供厂级监测诊断中心和远程监测诊断中心使用。

此模型具有以下几个主要特点：

（1）将监测、诊断功能统一到一个系统中实现；

（2）系统构成上实现了分布式、模块化与层次化，既易于实现又便于维护，同时为今后系统升级提供了方便；

（3）从网络观点看整个系统实际上构成一个监测诊断局域网，为最终实现实时、在线及远程监测奠定了基础。

诊断系统主要由 PLC、上位监视主机、工程师站、操作员 HMI 和音视频系统等组成，具有自动和手动调试两种工作方式。该系统可以通过 PLC 按工况要求对系统与执行机构进行控制与调节，同时对液压系统中泵的出口压力、液压缸工作压力、蓄能器压力、过滤器进出口压差、油箱内液位、油液温度及电磁阀的电磁铁通电状况进行监测。监测系统在设计时考虑了多种安全联锁保护和故障报警、解除与自动恢复措施，能最大限度地提高系统运行的可靠性与安全性。

　　另外，系统还能够实现被监测对象历史运行曲线显示、趋势预报、故障分析与定位、报表打印与数据远程上传等功能。系统工作参数的实时在线综合监测，对于保障系统正常工作，提高系统运行的可靠性与安全性，让操作者及时了解元件的工作状况，以及对液压元件故障的早期预防和诊断等均有重要意义。

# 8 基于专家系统液压故障诊断

基于专家系统液压故障诊断是故障诊断中最引人注目的方向之一，也是研究最多、应用最广的一类智能故障诊断技术。因液压系统是一个较典型的多变非线性系统，发生故障时，故障具有一定隐蔽性、多样性和复杂性，系统内各回路之间可能出现相互干涉而产生故障，系统内部传递动力的工作介质封闭，参数可测性差，故障信息较难提取。因此，通过直观常规的故障诊断技术来进行液压故障诊断和排除，显得有些困难而且诊断效率低。通过智能诊断技术的专家系统能较好地解决上述问题，使诊断结果又快又可靠。

## 8.1 专家系统

### 8.1.1 概述

专家系统（expert system）是一种"基于知识"（knowledge based）的人工智能诊断系统。它根据某领域专家们提供的知识和经验进行推理和判断，模拟专家的决策过程，解决那些需要人类专家才能处理的复杂问题。专家系统能够模拟、再现、保存和复制人类专家处理问题的过程，有时还能超过人类专家的脑力劳动。专家系统是人工智能从实验室研究进入实用领域的一个里程碑，是人工智能领域中目前最活跃、最成功的一个分支。由于它能在各学科、各行业中逐步取代大部分非重复性脑力劳动，从而获得巨大的经济效益与社会效益，引起各国的充分重视，获得了许多新的进展，在医学、许多工程领域都应用得非常成功。在工程领域，它比较适用于复杂的、比较规范化的大型动态系统。由于这种系统大部分故障是随机的，人们很难判断，这时就有必要汇集众多专家知识进行诊断。

专家系统是人工智能中的一个重要分支，是一种具有推理能力的计算机智能程序，它根据某一特定领域内专家们的知识和经验进行推理，具有与专家同等水平来解决十分复杂问题的能力。建立专家系统的主要目的是利用某一特定问题领域的专家知识和经验，支持和帮助该领域的非专家去解决复杂问题。

#### 8.1.1.1 专家系统的基本概念

所谓"专家"，是指拥有某一特定领域的大量知识，以及丰富经验的人。在解决问题时，专家们通常拥有一套独特的思维方式，能较圆满地解决一类困难问题，或向用户提出一些建设性的建议等。专家能利用启发性知识和专门领域的理论来对付问题的各种情况。

对于专家系统，目前尚无一个精确的、全面的、公认的定义。但一般认为，专家系统是一个具有大量的专门知识与经验的程序系统，它应用人工智能技术和计算机技术，根据某领域一个或多个专家提供的知识和经验，进行推理和判断，模拟人类专家的决策过程，以便解决那些需要人类专家才能处理的复杂问题。

专家系统应具备以下的智能水平：

（1）专家系统能够解决问题。解决问题是专家系统的目的，为了得出结论，专家系统能把大问题分解为几个小问题，最终解决问题。

（2）专家系统能理解用户给出的信息。如果信息模棱两可或者相互矛盾，专家系统会要求澄清问题或者要求给出更多的信息。

（3）专家系统能够学习。如果某个专家系统面对的是一个新问题，它将保存用户选择出来用于以后使用的信息、问题相关的信息和解决方案。专家系统以逻辑推理为手段，以知识为中心解决问题。

一般专家系统执行的求解任务是知识密集型的，专家系统必须具备 3 个要素：

（1）领域专家级知识。专家系统必须包含领域专家的大量知识，它能处理现实世界中提出的需要由专家来分析和判断的复杂问题。

（2）模拟专家思维。专家系统必须拥有类似人类专家思维的推理能力，在特定的领域内模仿人类专家思维来求解复杂问题。

（3）达到专家级的水平。专家系统能利用专家推理方法让计算机模型来解决问题，如果专家系统所要解决的问题和专家要解决的问题相同的话，专家系统应该得到和专家一致的结论。

目前，专家系统在各个领域中已经得到广泛应用，并取得了可喜的成果。

### 8.1.1.2 专家系统的分类

按分类方法的不同，专家系统有多种分类。

（1）按领域分，可分为化学、医疗、气象等专家系统。

（2）按输出结果分，可分为分析型和设计型专家系统。

（3）按技术分，可分为符号推理型和（神经）网络型专家系统。

（4）按规模分，可分为大型和微型专家系统。

（5）按知识分，可分为精确推理型（用于确定性知识）和不精确推理型（用于不确定性知识）专家系统。

（6）按系统分，可分为集中式专家系统、分类式专家系统、神经网络式专家系统、符号系统加网络式专家系统。

（7）按知识表示技术分，可分为基于逻辑的专家系统、基于规则的专家系统、基于框架的专家系统和基于语义网络专家系统。

（8）按任务分，可分为解释型、预测型、诊断型、调试型、维修型、规划型、设计型、监督型、控制型和教育型专家系统。

解释专家系统（expert system for interpretation）任务是通过对已知信息和数据的分析与解释，确定它们的含义。解释专家系统特点是处理的数据量很大，而且往往不准确、有错误或不完全；能够从不完全的信息中得出解释，并能对数据做出某些假设；推理过程可能很复杂和很长，要求系统具有对自身的推理过程做出解释的能力。

预测专家系统（expert system for prediction）的任务是通过对过去和现在已知状况的分析，推断未来可能发生的情况。预测专家系统的特点是：处理的数据随时间变化，而且可能不准确和不完全；有适应时间变化的动态模型，能从不完全和不准确信息中得出预报，快速响应。

诊断专家系统（expert system for diagnosis）的任务是根据观察到的情况（数据）推断出某个对象机能失常（即故障）的原因。诊断专家系统的特点是能够了解被诊断对象或客体各组成部分的特性以及它们之间的联系；能够区分一种现象及所掩盖的另一种现象；能够向用户提出测量的数据，并从不确切信息中得出尽可能正确的诊断。

设计专家系统（expert system for design）的任务是根据设计要求，求出满足设计问题约束的目标配置。设计专家系统的特点是善于从多方面的约束中得到符合要求的设计结果；系统需要检索较大的可能解空间；善于分析各种问题，并处理子问题间的相互关系；能够试验性地构造出可能设计，并易于对所得设计方案进行修改；能够使用已被证明是正确的设计来解释当前的新的设计。

规划专家系统（expert system for planning）的任务是寻找出某个能够达到给定目标的动作序列或步骤。规划专家系统的特点是规划的目标可能是动态的或静态的，因而需要对未来动作做出预测；问题可能很复杂，要抓重点，处理好各子目标之间的关系和不确定的数据信息，并通过实验性动作得出可行规划。

监视专家系统（expert system for moinitoring）的任务是对系统、对象或过程的行为进行不断观察，并把观察到的行为与其应当具有的行为进行比较，以发现异常情况，发出警报。监视专家系统的特点是应具有快速反应能力，在造成事故之前及时发出警报；系统发出的警报要有很高的准确性；系统能够随时间和条件的变化而动态地处理其输入信息。

控制专家系统（expert system for control）的任务是自适应地管理一个受控对象或客体的全面行为，使之满足预期要求。控制专家系统的特点是具有解释、预报、诊断、规划和执行等多种功能。

调试专家系统（expert system for debugging）的任务是对失灵的对象给出处理意见和方法。调试专家系统的特点是同时具有规划、设计、预报和诊断等专家系统的功能。

教学专家系统（expert system for instruction）的任务是根据学生的特点、弱点和基础知识，以最适当的教案和教学方法对学生进行教学和辅导。教学专家系统的特点是同时具有诊断和调试等功能，具有良好的人机界面。

修理专家系统（expert system for repair）的任务是对发生故障的对象（系统或设备）进行处理，使其恢复正常工作。修理专家系统的特点是具有诊断、调试、计划和执行等功能。

此外，还有决策专家系统和咨询专家系统等。

## 8.1.2　专家系统的组成和功能

专家系统是一类包含知识和推理的智能计算机程序，这种智能程序与传统的计算机应用程序有着本质的不同。在专家系统中，求解问题的知识不再隐含在程序和数据结构中，而是单独构成一个知识库。这种分离为问题的求解带来极大的便利和灵活性，专家的知识用分离的知识进行描述，每一个知识单元描述一个比较具体的情况，以及在该情况下应采取的措施，专家系统总体上提供一种机制——推理机制。这种推理机制可以根据不同的处理对象，从知识库选取不同的知识元构成不同的求解序列，或者说生成不同的应用程序，以完成某一任务。一旦建成专家系统，该系统就可处理本专业领域中各种不同的情况，系统具有很强的适应性和灵活性。

如图 8-1 所示，专家系统一般有 6 个组成部分：知识库、推理机、数据库及解释程序、知识获取程序及人机接口。

### 8.1.2.1 知识库

知识库（规则基）是专家系统的核心之一，其主要功能是存储和管理专家系统中的知识，它是专家知识、经验与书本知识、常识的存储器。专家的知识包括理论知识、实际知识、实验知识和规则等，它主要可分为两类：

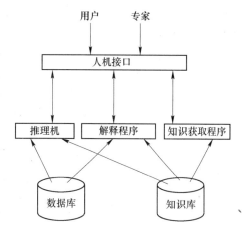

图 8-1 专家系统的组成框图

（1）相关领域中所谓公开性知识，包括领域中的定义、事实和理论在内，这些知识通常收录在相关学术著作和教科书中；

（2）领域专家的所谓个人知识，它们是领域专家在长期实践中所获得的一类实践经验，其中很多知识被称之为启发性知识，正是这些启发性知识使领域专家在关键时刻能做出训练有素的猜测，辨别出有希望的解题途径，以及有效地处理错误或不完全的信息数据。领域中事实性数据及启发性知识等一起构成专家系统中的知识库。

知识库的结构形式取决于所采用的知识表示方式，常用的有：逻辑表示、语言表示、规则表示、框架表示和子程序表示等。用产生式规则表达知识方法是目前专家系统中应用最普遍的一种方法。它不仅可以表达事实，而且可以附上置信度因子来表示对这种事实的可信程度，因此，专家系统是一种非精确推理系统。

### 8.1.2.2 数据库

数据库也称综合数据库、全局数据库、工作存储器、黑板等。数据库是专家系统中用于存放反映当前状态事实数据的场所。这些数据包括工作过程中所需领域或问题的初始数据、系统推理过程中得到的中间结果、最终结果和控制运行的一些描述信息，它是在系统运行期间产生和变化的，所以是一个不断变化的"动态"数据库。

数据库的表示和组织，通常与知识库中知识的表示和组织相容或一致，以使推理机能方便地去使用知识库中的知识、数据库中描述的问题和表达当前状态的特征数据以求解问题。专家系统的数据库必须满足：

（1）可被所有的规则访问；

（2）没有局部的数据库是特别属于某些规则的；

（3）规则之间的联系只有通过数据库才能发生。

### 8.1.2.3 推理机

专家系统中的推理机实际上也是一组计算机程序，是专家系统的"思维"机构，是构成专家系统的核心部分之一。其主要功能是协调控制整个系统，模拟领域专家的思维过程，控制并执行对问题的求解。它能根据当前已知的事实，利用知识库中的知识，按一定的推理方法和控制策略进行推理，求得问题的答案或证明某个假设的正确性。

知识库和推理机构成了一个专家系统的基本框架。同时，这两部分又相辅相成、密切相关。因为不同的知识表示有不同的推理方式，所以，推理机的推理方式和工作效率不仅与推理机本身的算法有关，还与知识库中的知识以及知识库的组织有关。

### 8.1.2.4  解释程序

解释程序可以随时回答用户提出的各种问题，包括"为什么"之类的与系统推理有关的问题和"结论是如何得出的"之类的与系统推理无关的关于系统自身的问题。它可对推理路线和提问含义给出必要的清晰的解释，为用户了解推理过程以及维护提供便利手段，便于使用和软件调试，并增加用户的信任感。因此，解释程序是实现系统透明性的主要模块，是专家系统区别于一般程序的重要特征之一。

### 8.1.2.5  知识获取

知识获取是专家系统中能将某专业领域内的事实性知识和领域专家所特有的经验性知识转化为计算机可利用的形式并送入知识库的功能模块，同时也负责知识库中知识的修改、删除和更新，并对知识库的完整性和一致性进行维护。知识获取（模块）是实现系统灵活性的主要部分，它使领域专家可以修改知识库而不必了解知识库中知识的表示方法、知识库的组织结构等实现上的细节问题，从而大大地提高了系统的可扩充性。

早期的专家系统完全依靠领域专家和知识工程师共同合作把领域内的知识总结归纳出来，然后将它们规范化后输入知识库。此外对知识库的修改和扩充也是在系统的调试和验证过程中人工进行的，这往往需要领域专家和知识工程师的长期合作，并要付出艰巨的劳动。

目前，一些专家系统已经或多或少地具有了自动知识获取的功能。自动知识获取包括两个方面：1）外部知识的获取，即通过向专家提问，以接受教导的方式接受专家的知识，然后把它转换成内部表示形式存入知识库；2）内部知识获取，即系统在运行中不断地从错误和失败中归纳总结经验教训，并修改和扩充自己的知识库。因此，知识获取实质上是一个机器学习的问题，也是专家系统开发研究中的瓶颈问题。

### 8.1.2.6  人机接口

人机接口负责把领域专家、知识工程师或一般用户输入的信息转换成系统内规范化的表示形式，然后把这些内部表示交给相应的模块去处理。系统输出的内部信息也由人机接口转换成用户易于理解的外部表示形式显示给用户。

### 8.1.3  推理机制

推理是根据一个或一些判断得出另一个判断的思维过程。推理所根据的判断为前提，由前提得出的判断称结论。在专家系统中，推理机利用知识库的知识，按一定的推理策略去解决当前的问题。通常的推理方法有三段论、基于规则的演绎及归纳推理等。

### 8.1.3.1  三段论推理

三段论推理是一种经常应用的推理形式。它由两个包含着共同项的性质命题为前提而推出一个新的性质命题为结论的推理，如例 8-1 所示。

**例 8-1**　所有的推理系统都是智能系统；　　　　（1）

专家系统是推理系统；　　　　　　　　（2）

所以，专家系统是智能系统。　　　　（3）

这就是一个三段论。它由 3 个简单性质的判断（1）、（2）和（3）组成。（1）和（2）是前提，（3）是结论。任何一个三段论都有而且仅有 3 个词项，每个词项在 3 个命题中重复出现一次。在结论中是主项的词项（专家系统）称为小项（minor concept），通常以字母 S 表示；在结论中是谓项的词项（智能系统）称为大项（major term），通常以字母 P 表示；在两个前提中出现的共同项（推理系统）称为中项（middle concept），通常用字母 M 表示。如果用字母代替概念，那么三段论推理可用例 8-2 来表示。

**例 8-2**　所有的 M 都是 P；

所有的 S 都是 M；

所以，所有的 S 都是 P。

在例 8-1 的三段论中，前提和结论中所含的 3 个词项分别是"推理系统"、"智能系统"和"专家系统"，这 3 个词都具有特定的语义内容，读到它们就可理解相应的语义内容，称具有具体语义内容的三段论。

在例 8-2 的三段论中，前提和结论中所含的 3 个词项则与例 8-1 不一样，它们分别是 M、P 和 S，虽然这些字母可以代表任何具体语义内容，但它们本身是没有具体语义的内容。这类三段论由纯字母符号所构成，称纯符号（或纯形式）三段论。

在三段论中，包含中项和大项的命题称为大前提（major premise）或第一前提（first premise）；包含小项和中项的命题称为小前提（minor premise）或第二前提（second premise）；包含小项和大项的命题称结论。

大项、中项与小项在前提中位置不同，形成各种不同的三段论形式，称为三段论的格。三段论共有 4 个格。用三段论的大前提、小前提与结论的性质而形成的各种不同的三段论形式，称为三段论的式。

### 8.1.3.2　基于规则的演绎

前提与结论之间有必然性联系的推理是演绎推理，这种联系可由一般的蕴涵表达式直接表示，称为知识的规则。利用规则进行演绎的系统，通常称为基于规则的演绎系统。常用的基于规则的演绎方法有正向、反向、正反向联合三种。

（1）正向演绎系统。正向演绎系统是从一组事实出发，一遍又一遍地尝试所有可利用的规则，并在此过程中不断加入新事实，直到获得包含目标公式的结束条件为止。这种推理方式，是由数据到结论的过程，因此也称数据驱动策略。

（2）反向演绎系统。反向演绎系统是先提出假设（结论），然后去寻找支持这个假设的证据。这种由结论到数据，通过人机交互方式逐步寻找证据的方法称为目标驱动策略。

（3）正反向联合演绎系统。正向演绎系统和反向演绎系统都有一定的局限性。正向系统可以处理任何形式的事实表达式，但被限制在目标表达式为由文字组成的一些表达式。反向系统可以处理任意形式的目标表达式，但被限制在事实表达式为由文字组成的一些表达式。将两者联合起来就可发挥各自的优点，克服它们的局限性。

### 8.1.3.3　归纳推理

人们对客观事物的认识总是由认识个别的事物开始，进而认识事物的本质，在此过程中，归纳推理起了重要的作用。归纳推理一般是由个别的事物或现象推出同类事物或现象的普遍性规律。常见的有简单枚举法、类比法、统计推理、因果关系等几种。

## 8.1.4　知识表示

知识表示是计算机科学中研究的重要领域。因为智能活动过程主要是一个获得并应用知识的过程，所以智能活动的研究范围包括：知识的获取、知识的表示和知识的应用。知识必须有适当的表示形式才便于在计算机中储存、检索、使用和修改，因此，在专家系统中，知识的表示就是研究如何用最合适的形式来组织知识，使对所要解决的问题最为有利。

知识表示是对知识的一种描述，是知识的符号化过程。在专家系统中主要是指适用于计算机的一种数据结构。知识表示不仅是专家系统的一个核心课题，而且已经形成了一个独立的子领域，是人工智能研究的基本问题。

知识表示的主要问题是设计各种数据结构，即知识的形式表示方法，研究表示与控制的关系、表示与推理的关系、知识的表示与其他研究领域的关系，其目的在于通过知识的有效表示使程序能利用这些知识进行推理和做出决策。

### 8.1.4.1　对知识表示的要求与方法

对知识表示的要求有：

（1）表示能力：能正确、有效地将问题求解所需的各类知识表示出来。

（2）可理解性：应易读、易懂，便于知识更新获取、知识库的检查修改及维护。

（3）可访问性：能有效地利用知识库中的知识。

（4）可扩充性：能方便地扩充知识库。

此外，对知识表示的要求还有相容性、正确性、简明性等。

在专家系统中对知识的表示的基本要素是可扩充性、简明性和明确性等。知识表示方法有符号逻辑法、产生式规则、框架理论、语义网络、特征向量法和过程表示法等。

知识获取的理论是机器学习，它主要研究学习的计算理论、学习的主要方法及其在专家系统中的应用。

### 8.1.4.2　知识的符号逻辑表示法

知识的符号逻辑表示主要是运用命题演算、谓词演法等知识来描述一些事实。它在人工智能中普遍使用，这是因为逻辑表示的演绎结果在一定范围内可以保证正确性，其他方法就达不到这一点；逻辑表示从现在事实推导出新事实的方法可以机械化，便于计算机进行。

推理过程主要是根据事实、依据知识推出新的事实。在专家系统中它一般是根据数据库中的事实，在知识库中寻找合适的知识，进行模式匹配，进而推出新的事实，加入数据库。

### 8.1.4.3 产生式表示法

产生式表示法也称规则表示法，这是专家系统中用得最多的一种知识表示。用产生式表示知识，由于诸产生式规则之间是独立的模块，特别有利于系统的修改和扩充。

在产生式系统中，知识被分为两部分，其一，凡是静态的知识，以事实来表示，如孤立的事实、事物的事实和它们之间的关系等就以事实表示。其二，推理和行为的过程以产生式规则来表示，这类系统的知识库中主要存储的是规则，因而又称基于规则的系统。

## 8.1.5 知识的获取

知识的获取又称机器学习。专家系统中主要依靠运用知识来解决问题和做出决策，因此知识的获取往往是专家系统中必不可少的一个组成部分。

知识来自于客观世界，要使系统能不断适应不断变化的客观世界，机器必须具备学习能力，总结和提取专业领域知识，把它形式化并编入专家系统知识库程序中。由于专业领域的知识是启发式的，较难捕捉和描述，专业领域专家通常善于提供事例而不习惯提供知识，因此，知识获取一直被公认为是专家系统开发研究中的瓶颈问题。

### 8.1.5.1 知识获取的基本步骤

知识获取是一个过程，通常可按图 8-2 所示 6 个步骤来完成。

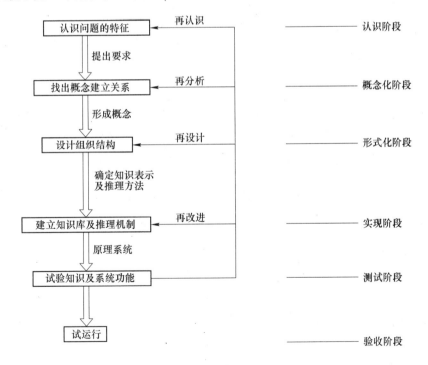

图 8-2 获取知识的基本步骤

（1）认识阶段。这个阶段的工作包括确定问题、确定目标、确定资源、确定人员及任务。要求领域专家和知识工程师一起交换意见，以便进行知识库的开发工作。在这一阶段，主要希望找出下列问题的答案：

1）要解决什么问题？

2）问题中包括的对象、术语及其关系是什么？

3）问题的定义及说明方式是什么？

4）问题是否可分成子问题，如何划分？

5）要求的问题的解形式是什么？

6）数据结构类型是什么？

7）解决问题的关键、本质和困难是什么？

8）相关的问题或问题外围环境、背景是什么？

9）解决问题所需要的各种资源有哪些？

（2）概念化阶段。这一阶段主要把第一阶段确定的对象、概念、术语及其关系等加以明确的定义，主要解答下列问题：

1）哪一类数据有效？

2）已知条件是什么？

3）推出的结论是什么？

4）能否画出信息流向图？

5）有什么约束条件？

6）能否区分求解问题的知识和用于解释问题的知识？

（3）形式化阶段。本阶段的任务主要是把概念化阶段抽取出的知识进行适当的组织，形成合适的结构和规则。

（4）实现阶段。在这一阶段中，把形式化阶段对数据结构、推理规则以及控制策略等的规定，选用任一可用的知识工具进行开发，即将所获得的知识、研究的推理方法、系统的求解部分和知识的获取部分等用选定的计算机语言进行程序设计来实现。

（5）测试阶段。在这一阶段中，采用测试手段来评价原型系统及实现系统时所使用的表示形式。选择几个具体典型实例输入专家系统，检验推理的正确性，进一步再发现知识库和控制结构的问题。一旦发现问题或错误就进行必要的修改和完善，然后再进行下一轮测试，如此循环往复，直至达到满意的结果为止。

（6）验收阶段。测试阶段完成后，建成的专家系统必须试运行一个阶段，以进一步考验及检验其正确性，必要时还可以再修改各个部分。待验收运行正常后，便可进行商品化和实用化加工，将此专家系统正式投入使用。

### 8.1.5.2　知识获取的方法

知识获取方法一般有两种：会谈知识获取和案例分析式知识获取。

知识获取方法中常用的是知识工程师通过与领域专家直接对话发现事实。但存在的问题是，知识工程师难以找出详细的问题清单。即使知识工程师能提出问题，领域专家也难以随时回答相应的信息。知识工程师与领域专家由于知识面的不同难以互相适应，知识工程师难以正确表达领域专家的经验。

对于专家来说，谈论特定的事例比谈论抽象的术语来得容易，这就是案例分析式知识获取。例如，回答"怎样判断这种故障"这样的问题比回答"哪些因素导致发生故障"容易得多，专家按实际的案例为线索，如实验报告、案例的情况记录等，评论和解释问题的处理知识和手段。根据专家对具体例子的讲解，知识工程师可以得出一般模式，这样就比较容易把知识进行结构化组织，归并出概念和知识块来。

### 8.1.6 新型专家系统

#### 8.1.6.1 模糊专家系统

对于专家系统中由模糊性引起的不确定性、随机性引起的不确定性和由于证据不全或不确切而引起的不确定性等，都可采用模糊技术来处理，这种不确定性的模糊处理专家系统称为模糊专家系统。它是对人类认识和思维过程中所固有的模糊性的一种模拟和反映。

模糊专家系统能在初始信息不完全或不十分准确的情况下，较好地模拟人类专家解决问题的思路和方法，运用不太完善的知识体系，给出尽可能准确的解答或提示。

模糊专家系统以模糊数学为理论基础，理论较为严谨，运算灵活性强，且富于针对性，其信息和时间复杂度也较低。这种系统不仅能较好地表达和处理人类知识中固有的不确定性，适于进行自然语言处理，而且通过采用模糊规则和模糊推理方法来表达和处理领域中的知识，还可有效减少知识库中规则的数量，增加知识运用的灵活性和适应性。因而，这类基于模糊逻辑及可能性理论的模型较适于专家系统选用，发展前景广阔。

模糊专家系统是在知识获取、表示和运用（即推理）过程中全部或部分采用了模糊技术，其体系结构与通常的专家系统类似，一般也是由 6 个部分（输入输出、知识库、数据库、推理机、知识获取和解释模块）组成，只是对数据库、知识库和推理机采用模糊技术来表示和处理。图 8-3 表示一个基于规则的模糊专家系统的一般体系结构。其中：

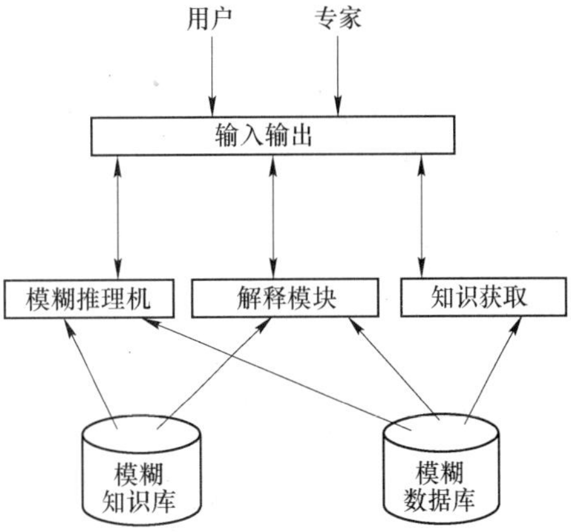

（1）输入输出用以输入系统初始信息和输出系统最终结论，这些初始信息允许是模糊的、随机的或不完备的；这些输出结论也允许是不确定的。

图 8-3 模糊专家系统的一般体系结构

（2）模糊数据库与一般专家系统中的综合数据库相类似，库中主要存放系统的初始输入信息、系统推理过程中产生的中间信息和系统最终结论信息等，只不过上述所有信息都可能是不确定的。

（3）模糊知识库存放由领域专家总结出来的与特定问题求解领域相关的事实与规则。与一般知识库不同的是，这些事实与规则可以是模糊的或不完全可靠的。

（4）模糊推理机可根据系统输入的初始不确定性信息，利用模糊知识库中的不确定性知识，按一定的模糊推理策略，较理想地处理待解决的问题，给出恰当的结论。

（5）解释模块与非模糊专家系统中的相类似，但规则和结论中均附带有不确定性标度。

（6）知识获取模块的功能主要是接受领域专家以自然语言形式描述的领域知识，将之转换成标准的规则或事实表达形式，存入模糊知识库，并且是一个具有模糊学习功能的模块。

### 8.1.6.2 神经网络专家系统

通过采用神经网络技术建造的一类专家系统称为神经网络专家系统。

虽然专家系统自 1968 年问世以来经过几十年科研人员的努力已取得了许多进展和成果，但是传统专家系统开发中还存在一些"瓶颈"问题一直困扰着人们。而对于一般专家系统存在的这些"瓶颈"问题，神经网络能得到较好地解决。人们利用神经网络的自学习、自组织、自适应、分布存储、联想记忆、非线性大规模连续时间模拟并行分布处理以及良好的鲁棒性和容错性等一系列的优点来与专家系统相结合，提高专家系统的性能。

将神经网络技术与专家系统相结合，建立的神经网络专家系统要比它们各自单独使用的效率更高，而且它解决问题的方式与人类智能更为接近。专家系统可代表智能的认知性，神经网络可代表智能的感知性，这就形成了神经网络专家系统的特色。

当前，将神经网络与专家系统集成的模型大致有下面几种：

（1）独立模型。独立模型由相互独立的神经网络与专家系统模块组成，它们互不影响。该模型将神经网络与专家系统求解问题的能力加以直接比较，或者并行使用以相互证实。

（2）转换模型。转换模型类似于独立模型，即开发的最终结果是一个不与另一模块相互影响的独立模块。这两种模块的区别在于转换模型是以一种系统（例如神经网络）开始，而以另一种系统（例如专家系统）结束。

（3）松耦合模型。松耦合模型是一种真正集成神经网络和专家系统的形式。系统分解成分立的神经网络和专家系统模块，各模块通过数据文件通信。松耦合模型的神经网络可作为前处理器，在数据传给专家系统之前整理数据，作为后处理器的专家系统产生一个输出，然后通过数据文件传给神经网络。这种形式的模型可以较容易地利用专家系统和神经网络的软件工具来开发，大大地减少编程工作量。

（4）紧耦合模型。紧耦合模型通过内存数据结构传递信息，而不是通过外部数据文件。这样，除了增强神经网络专家系统的运行特性外，还改善了其交互能力。可减少频繁的通信，改进运行时间性能。

（5）全集成模型。全集成模型采用共享的数据结构和知识表示，不同模块之间的通信通过结构的双重特征（即符号特征和神经特征）实现，推理是以合作的方式或由一个指定的控制模块完成。

根据实际应用情况的不同，可以采用不同的神经网络专家系统结构。神经网络专家系统的一般功能和结构如图 8-4 所示。神经网络模块是系统的核心，它接受经规范化处理后的原始证据输入，给出处理后的结果（推理结果或联想结果）。系统的知识预处理模块和后处理模块则主要承担知识表达的规范化及表达方式的转换，是神经网络模块与外界连接的"接口"。系统的控制模块控制着系统的输入输出以及系统的运行。

这种神经网络型专家系统的运行通常分为两个阶段。前一阶段称为学习阶段，系统依

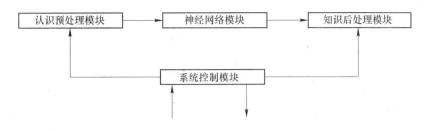

图 8-4  采用神经网络技术的专家系统的一般功能与结构

据专家的经验与实例，调整神经网络中的连接权，使之适应系统期望的输入输出要求。后一阶段称为运用阶段，它是系统在外界的激发下实现记忆信息的转换操作或联想，对系统输入做出响应的过程。在这种神经网络型专家系统中，通常将一种经验或一种"知识"称为一个实例或一个模式。学习阶段有时也称为模式的记忆阶段，而系统的运用过程有时也相应地被称为模式的回想过程。

### 8.1.6.3  网上专家系统

利用计算机网络建造的专家系统称为网上专家系统。这种专家系统具有分布处理的特征，其主要目的是把一个专家系统的功能经分解以后分布到多个处理器上去并行地工作。这种系统具有快速响应能力、良好的资源共享性、高可靠性、可扩展性、经济性、适用面广、易处理不确定知识、便于知识获取、符合大型复杂智能系统的模式等特点，从而在总体上提高了专家系统的处理效率和能力。

网上专家系统可用于处理协同式专家系统（由若干相近领域专家组成，以完成一个更广领域问题的专家系统）的任务。

分布式专家系统可以工作在紧耦合下的多处理器系统环境中，也可以工作在松耦合的计算机网络环境里。一般网上专家系统主要指建立在某种局部网络环境下和 Internet 环境下的情况。根据具体的环境和要求不同可以采用不同的模式，一般包括：

（1）Client/Server（C/S）模式，即客户机/服务器模式。在这种模型中，客户机和数据库服务器通过网络相连。它有 3 个主体：客户机、服务器和网络。其中，客户机负责与用户的交互以及收集知识、数据等信息，并通过网络向服务器发出信息。客户机处理功能通常较强，可以安置推理机制及知识库等一类模块。在这种情况下，客户机任务较重，即客户机比较胖，称为胖客户机。服务器负责对数据库的访问，对数据库进行检索、排序等操作，并负责数据库的安全机制。相对来讲服务器的任务不太重，称为瘦服务器。而网络则是客户机和服务器之间的桥梁。这种 C/S 模式，一般与数据库的连接紧密而快捷，能够实现分布式数据处理，减轻服务器的工作，提高数据处理的速度，并能合理利用网络资源，系统的安全性好。

（2）Browser/Server（B/S）模式，即浏览器/服务器模式。B/S 模式是一种基于 Internet 或 Intranet 网络下的模型。其中，Intranet 是以 Internet 技术为基础的网络体系，称为企业内部网。它的基本思想是：在内部网络中采用 TCP/IP 作为通信协议，利用 Internet 的 WEB 模型作为标准平台，同时用防火墙将内部网络与 Internet 隔开，但又能与 Internet

连在一起。

在 B/S 模式中，客户机很瘦，它用作专家系统的人机接口，只需装上操作系统、网络协议软件、浏览器等即可，而将推理机制、知识库、数据库和维护等复杂工作都安排在服务器上。实际上，也可以分成推理型应用服务器、知识库服务器和数据库服务器等。

由于 Internet 具有标准化、开放性、分布式等众多优点，因此，网上专家系统的应用开发有着广泛的应用前景。目前，对它的研究正引起世界范围研究人员的高度重视，是一个极具生命力的研究方向。

### 8.1.7 专家系统的概念及优点

#### 8.1.7.1 专家系统的重要概念

"专家系统"不是表述一个产品，而是表示一整套概念、过程和技术。这些新概念、过程和技术能够使工程技术人员以多种不同的有价值的新方法使用计算机去更有效地解决工程问题。专家系统技术能够帮助人们分析和解决只能用自然语言描述的复杂问题，这样就扩展了计算机能做的计算和统计工作，使计算机具有了思维能力。它将本领域众多专家的经验和知识汇集在一起，使人们共享知识成为可能，并在必要时能修改这些知识。

专家系统是人工智能的一个研究领域，有 3 个重要的概念：

（1）表达知识的新方法。知识不同于信息，它比信息更复杂，更有价值。如果说一个人在某一方面知识丰富，意思是说此人不仅知道这个领域的许多事实，还可以对相关的问题进行分析并做出判断。

（2）启发式搜索。传统的计算机计算过程依赖于对一个问题的每一个元素和每一步骤的详细分析，这就局限了计算机能解决的问题的范围。人类在解决许多问题时是依靠启发式思维（经验）进行的，启发式知识是可能性知识，仅仅在可能碰到的各种情况中的一些情况下起作用。启发式搜索的关键是依赖于特定环境知识，来源于实践经验。同时，启发式思维具有不确定性。

（3）将知识与知识的应用过程分离。这种功效使非程序员编程成为可能，一旦创造出能产生处理一个给定知识体的自身算法的程序环境，任何能提供此知识体的人即可创造出一个程序。

#### 8.1.7.2 专家系统的优点

专家系统一个突出的优点是按非预定模式处理不知道输入的特征，即无论输入什么，专家系统都能根据不同的输入做出不同的反应。专家系统的主要优点在于：

（1）专家知识可以存放在任意计算机的软硬件上，一个专家系统是一个实实在在的知识产品，不像人脑。

（2）专家系统降低了向每一个用户提供专家知识的成本。

（3）专家系统可以代替人类在有危险的环境里工作。

（4）人类专家有可能退休、离去或逝去，而专家系统可以永久保留。

（5）综合多个专家的领域知识建立起来的专家系统的知识水平高于单个的专家所拥有的知识，知识的可靠性提高了。

（6）在需要快速响应的场合，专家系统能够比人类专家反应更快更有效。

（7）在一些客观条件的影响下，人类专家可能给出激动而不完全的答复，而专家系统能始终如一地给出稳定且完全的答复。

当然，研究专家系统时要明确专家系统准备知道些什么知识和具有什么能力。能反映机械故障的征兆各式各样，应选择什么样的征兆作为专家系统诊断的依据是我们首要考虑的问题。此外，还需考虑一个专家系统是否能达到某一复杂程度问题的要求等。

## 8.2 专家系统故障诊断原理

利用专家系统进行故障诊断就是根据专家对症状的观察和分析，推断故障所在，并给出排除故障的方法。故障诊断专家系统 FDES（fault diagnosis expert system）在 ES 中占有很大比例，它已广泛地应用于航空、航天、石油、化工、机械、核发电站、医疗卫生等领域。

### 8.2.1 专家知识的获取与表示

专家知识获取过程就是专业知识从知识源到知识库的转移过程。知识获取可以采用外部获取和内部获取两种方式。对于外部知识，可通过向专家提问来接受专家知识，然后把它转换成编码形式存入知识库；内部知识获取指系统在运行过程中，从错误和失败中进行归纳、总结，根据实际情况对知识库不断进行修改和扩充。

知识表示就是把获取到的专家领域知识用人工智能语言表示出来，并以适当的形式存储到计算机中。知识表示方法有过程性表示方法和说明性表示方法两种。过程性表示方法是根据要解决的特定问题，指出其具体的操作过程，它的特点是执行效率高，但适应性较差；说明性表示方法是将事实与判断规则逐条加以说明，由于它具有足够的知识量，所以适应性好，但处理效率较低。

#### 8.2.1.1 说明性知识表示方法

说明性知识表示方法（或谓词逻辑表示法）可以用 Prolog 谓词组合表示规则，用谓词演算表示知识，通过匹配就能得到诊断结果。下面以空压机故障诊断专家系统为例，对其知识表示法做简要说明。

Rule（1，"yali"，"排气压力升高"，"p0"，[10. 11]）

Rule（2，"yali"，"排气压力升高"，"p0"，[10. 12]）

Cond（10，"排气压力"，"超过 0. 8MPa"）

Cond（11，"压力调节阀"，"有故障"）

Cond（12，"安全阀"，"有故障"）

其中，Rule 为逻辑谓词，圆括号内的各项分别表示规则序号、故障类别、故障类型、故障代号、故障原因表；Cond 为条件谓词，圆括号内的各项分别表示原因代号、故障部位、故障原因。注意，Cond 中的原因代号应与 Rule 中故障原因表的各项相对应。

这五条语句说明，如果空压机的排气压力超过 0. 8MPa，则故障为排气压力升高，故障原因是压力调节阀或安全阀出了故障。

从上述知识表示可以看出，谓词逻辑能够清晰地表示出故障类型与故障原因之间的关系，而且便于利用合一匹配的方法推出结论。

### 8.2.1.2 过程性知识表示方法

对于过程性知识可以用规则或框架等方式进行表示。用产生式规则（production rule）表示专家知识，其一般形式为

IF Condition THEN Result

下面以设备运行过程中的振动信号为例，具体说明其表示方法。

设设备运行过程中振幅的允许值为 Xmax，实测值为 Xs，并假定

| | |
|---|---|
| $Xs < 0.8Xmax$ | 为正常工作区 |
| $0.8Xmax \leqslant Xs < 1.0Xmax$ | 为预测报警区 |
| $1.0Xmax \leqslant Xs < 1.3Xmax$ | 为一般故障区 |
| $Xs \geqslant 1.3Xmax$ | 为严重故障区 |

上述知识用产生式规则可表示为

def (R, Rs)：IF ｛ (Xs ∈ R) ∧ (Xs < 0.8Xmax) ｝
     THEN "运行正常"

def (R, Rs)：IF ｛ (Xs ∈ R) ∧ (0.8Xmax ≤ Xs < 1.0Xmax) ｝
     Beep
     THEN "转子将发生故障"

def (R, Rs)：IF ｛ (Xs ∈ R) ∧ (1.0Xmax ≤ Xs < 1.3Xmax) ｝
     Beep, Beep
     THEN "转子不平衡故障"

def (R, Rs)：IF ｛ (Xs ∈ R) ∧ (Xs ≥ 1.3Xmax) ｝
     Beep, Beep, Beep
     THEN "转子严重不平衡"

其中，def 为故障代号；R 为实测基频幅值；Rs 为标准基频幅值；Beep 为声音报警信号。

从上述知识表达方式可以看出，每条产生式规则都是由前项和后项两部分组成的，前项表示条件，后项表示结论。在进行故障检测和诊断时，首先从初始事实出发，用模式匹配技术寻找合适的产生式，如果匹配成功，则这条产生式被激活，并导出新的事实。以此类推，直到得出故障结果。

在故障诊断过程中采用产生式规则表示知识，便于对知识库进行修改、删除和扩充，从而提高了知识库维护和自学习能力。

## 8.2.2 专家推理

专家推理就是根据一定的推理策略从知识库中选择有关知识，对用户提供的症状进行推理，直到找出故障。专家推理包括推理方法和控制策略两部分。

### 8.2.2.1 推理方法

推理可分精确推理和不精确推理。故障诊断专家系统主要使用不精确推理。不精确推

理根据的事实可能不充分，经验可能不完整，推理过程也比精确推理复杂，具体有以下几种方法：

（1）基于规则表示知识的推理。该推理方法通常以专家经验为基础。其优点是推理速度快，但从专家那里获得经验较难，规则集不完备，对没有考虑到的问题系统容易陷入困境。

（2）基于语义网络的推理。故障树分析是故障诊断中常用的一种方法，为进行故障树分析可以建立相应的语义网络。该方法的优点是诊断速度较快，便于修改和扩展，对现象与原因关系单一的系统较为适宜；缺点是建树工作量大。

（3）基于模糊集的推理。当对系统各现象的因果关系有较深的了解时，可利用模糊关系矩阵建立诊断 ES。其优点是反映了故障症状与成因的模糊关系，可通过修正诊断矩阵提高诊断精度；关系表示清晰，诊断方便。但若矩阵较大，则不易建立，且运行速度慢。

（4）基于深层知识的推理。深层知识是 ES 的一个重要特征。该方法的优点是从原理上对故障症状与成因进行分析，知识集完备，摆脱了对经验专家的依赖性；但系统结构不可过于复杂，否则效率会大大降低。

#### 8.2.2.2 控制策略

控制策略主要指推理方向的控制及推理规则的选择，它直接影响 ES 的推理效率。目前常用的控制策略有数据驱动控制、目标驱动控制和混合控制 3 种。

（1）数据驱动控制。其基本思想是从已知证据信息出发，让规则的前提与证据不断匹配，直至求出问题的解或没有可匹配的规则为止。数据驱动控制的优点是允许用户主动提供有用的事实信息，适合"解空间大"的一类问题。不足之处在于规则的激活与执行没有目的，这样会求解出许多无用的目标，增加了费用，且效率较低。

（2）目标驱动控制。其基本思想是：先选定一个目标，如果该目标在数据库中为真，则推理成功并结束；若为假，则推理失败。当该目标未知时，则会在知识库中查找能导出该目标的规则集。若这些规则中的某条规则前提与数据匹配，则执行该规则的结论部分；否则，将该规则的前提作为子目标，递归执行刚才的过程，直到目标已被求解或没有能导出目标的规则。目标驱动控制的优点是只考虑能导出某个特定目标的规则，因而效率比较高；不足之处在于选择特征目标时比较盲目。

（3）混合控制。数据驱动控制的主要缺点是盲目推理，目标驱动控制的主要缺点是盲目选择目标。一个有效的办法是综合二者的优点，通过数据驱动选择目标，通过目标驱动求解该目标，这就形成了双向混合控制的基本思想。以下是 3 种典型的双向混合控制模式：

1）双向交替控制策略。首先由用户提供尽可能多的事实，调用数据驱动策略，从已知事实演绎出部分结果；然后根据顶层目标，调用目标驱动控制策略，试图证实该目标；为此，再收集事实重复上述过程，直到某个顶层目标的权超过阈值（已被证实）或收集不到新的事实（失败）为止。

2）双向同时控制策略。根据原始数据进行正向演绎推理，但不希望推理一直到达目标为止；同时从目标出发进行反向推理，也不希望该推理一直到达原始证据；而是希望两种推理在原始证据和目标之间的某处"结合"起来。

3) 生成与测试混合控制策略。其基本思想是：首先根据部分约束条件生成一批目标，然后再利用全部约束条件逐个"测试"目标。

近来出现了一种新的双向控制策略，其基本思想是：正向推理选择目标，由反向推理证实目标。选择目标的依据是只要支持该目标的任一子目标被证实为真，该目标就选为待证实目标；反向推理只选择与目标相关的知识，必要时才收集新的证据。在推理效率方面，该控制策略比较理想。

### 8.2.2.3 推理过程

以振动信号为例，用正向推理方式具体说明专家推理过程。

正向推理的基本思想：首先对动态数据库 DDB（dynamic data base）中的数据与静态数据库 SDB（static data base）中的数据进行比较，然后运用知识库中的知识推出故障结果。

系统中的 DDB 用来存放设备运行过程中的故障特征数据，SDB 用来存放原始数据和诊断标准。为了完成动态数据与静态数据的比较，DDB 中的数据与 SDB 中的数据必须有一一对应关系。例如，在振动诊断中，要求每对数据都必须对应相同频率，但实际检测的数据，其个数和频率均无法与 SDB 中的数据达成对应。为此，在诊断软件中增加了中间数据处理子块，其程序流程如图 8-5 所示。

在图 8-5 所示读入数据方框中，$N$ 为顺序号，$R$ 为工频，$A$ 为振幅，$F$ 为频率，$S$ 为实测信号振幅，$K$ 为分（倍）频系数。

该子块的主要功能是以工频为基础，对数据文件 DT2. DBA 中的

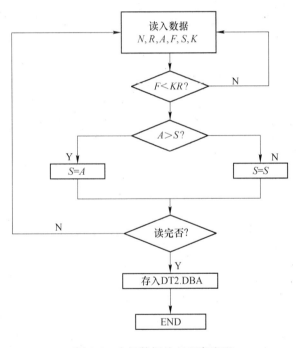

图 8-5 中间数据处理程序流程

数据进行比较、归类。比较时，先将 DDB 中的数据按其频率归入某一频率范围；然后对相同频率范围内的幅值进行比较，并取其最大者作为该频率对应的幅值。例如，设工频 $R = 50\text{Hz}$，则 $\frac{1}{2}R = 25\text{Hz}$，可将 $\frac{1}{2}R$ 的范围定为 22 ~ 28Hz，DT2. DBA 中凡是落入这一频率范围内的数据都算做 $\frac{1}{2}R$ 对应的幅值，然后选其最大者，再赋给 $\frac{1}{2}R$ 作为其幅值。这种将某频率邻近范围内的值定为该频率点幅值的方法，成功地解决了动态数据不确定性与静态数据确定性之间不易比较的矛盾，为利用振动信息对设备的运行状态进行在线监测和故障

诊断提供了方便。

在推理过程中，先将监测对象的工频幅值 $D$ 与 $SDB$ 中各条标准的第一项 $B$ 进行匹配；成功后，再将处理后的实测数据 $n$ 逐个与工频两侧各分（倍）频的幅值 $B_i$ 进行比较，根据其接近或超出程度，对故障进行监视、诊断、预测和报警。数据匹配过程如图 8-6 所示。

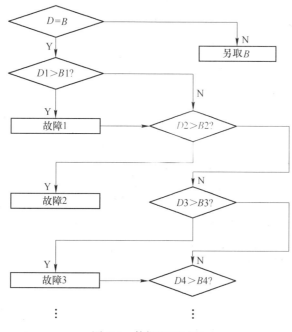

图 8-6 数据匹配过程

由于采用了中间数据处理子块，这样在监测诊断过程中只需运用 Turbo Prolog 语言中的合一匹配功能，就能得出诊断结果，从而简化了动态监测诊断过程。

### 8.2.3 知识库维护

知识库是用来存放专家提供的专门知识。在用产生式规则表示知识时，知识库中包含了许多"事实"和"规则"。"事实"在系统运行中可以不断改变，而"规则"可用来生成新的事实和如何根据已有事实得出假设。知识库维护就是根据实际需要对知识库进行查询、增加、删除和修改，以完成对知识库的管理。一个专家系统性能的优劣主要体现在知识库的规模及其质量的好坏。为了使知识不断得以完善，必须对知识库进行维护。FDES（fault diagnosis expert system）的知识库维护模块主要由查询、增加、删除等子块组成。

（1）查询。查询知识子块可以帮助用户了解知识库的具体内容。FDES 知识库维护查询子块可以设 3 种显示方式：显示全部知识库内容，显示部分知识库内容，显示知识库单条知识。使用时可根据需要进行选择。

（2）增加。增加知识子块在系统运行过程中可向知识库中增加新的知识。为了避免对知识库文件的特殊处理，FDES 可以利用知识库本身的可完善性，在系统运行过程中主动要求用户添入新知识，并将其加到知识库文件中，这样就能方便地进行人与计算机之间的信息交换。

（3）删除。删除知识子块是用来删除知识库中错误的和无用的知识，以节约计算机内存和提高其运行速度。删除时，只要键入要删除的规则号即可。

FDES 知识库维护模块的结构如图 8-7 所示。

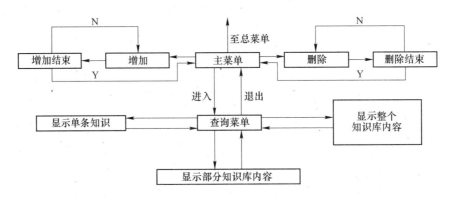

图 8-7　知识库维护模块结构

FDES 的知识库维护模块可以采用菜单选择和填表两种方式。对知识库进行维护时，首先用菜单进行方式选择，在进入子块后再综合运用菜单和填表两种方式实现进一步操作。例如在运行查询子块时，CRT 询问：

全部显示 1

部分显示 2

单条显示 3

这时，若键入代号 2，CRT 上的子菜单就显示出部分代号，回答后就能得到预期目标；若键入代号 3，CRT 要求用填表形式输入规则号，键入规则号后，就显示出这条知识的内容。

菜单选择式的特点是直观、明确，对操作人员不需事先训练，只要根据中文提示就能进行操作；填表式的特点是可以避免菜单式冗长的显示，如对于增加子块，若增加内容暂不能确定，就无法用菜单进行对话，只能采用填表式。在知识库维护模块中，合理选择两种维护方式，既可方便用户避免出错，又使人机交互避免繁琐。

### 8.2.4　机器学习

随着专家系统的发展，知识获取已成为建造专家系统的"瓶颈"。知识获取的实质就是机器学习。机器学习从内在行为看，是一个从不知到知的过程，是知识增加的过程；从外在表现看，是系统的某些适应性改变，使得系统能完成原来不能完成的任务，或把原来的任务做得更好。

FDES 在获取知识的过程中，最初是将专家提供的知识存入知识库中，这是一种机械记忆学习过程。当解题中遇到无法解决的问题时，可通过提问，由外界提供信息，以形成新知识并存入知识库中继续推理。还可通过示例学习，要求系统能够从特定的示例中归纳出一般性的规则。

机器学习的最高层次为归纳总结学习，它要求系统能在实际工作中不断地总结，归纳成功的经验和失败的教训，并用来对知识库中的知识自动进行调整和修改，以丰富和完善系统知识。机器学习过程如图 8-8 所示。

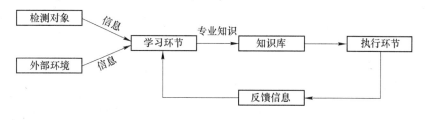

图 8-8　机器学习过程

学习环节是通过对监测对象信息、外部环境信息和执行反馈信息的处理，来改善知识库中的原有知识；执行环节利用知识库中的信息对所求问题做出解答，并将新获得的信息反馈给学习环节。机器通过不断学习，能使知识库中的知识自动适应条件的变化而不断得到丰富和完善。

### 8.2.5　专家系统故障诊断的特点

（1）专家系统能综合利用各种信息与各种诊断方法，以灵活的诊断策略来解决诊断问题。

（2）它能实现从数据到干预控制的全套自动化诊断，能通过使用专家经验而相对地避开信号处理方面复杂的计算，为设备的实时监控提供时间上的有利条件。

（3）它能处理带有错误的信息和不完全的信息，因而可以相对地降低对测试仪器和工作环境的要求。

（4）由于专家系统采用模块结构，可以很方便地增加它的功能，也可以很方便地调用其他程序。如对其诊断系统，可以通过加入维修咨询子任务模块的方式，使其能在诊断后提供维修咨询；还可以加入信号处理程序包，使其具有信号处理功能。

（5）知识库便于修改与增删，使之适用于不同系统。

（6）具有解释功能，能通过人机对话快速培训维修人员。

（7）专家系统解决实际问题时不受周围环境的影响，也不可能遗漏忘记。

（8）专家系统能汇集众多领域专家知识和经验以及他们协作解决重大问题的能力，它拥有更渊博的知识、更丰富的经验和更强的工作能力。

（9）知识获取存在"瓶颈"问题，缺乏联想能力，自学习、自适应能力和实时性差。

## 8.3　专家系统故障诊断方法

工业过程中故障诊断的含义是根据特定传感器的测量值，确定引起系统异常或失效的原因、部位及严重程度。故障诊断专家系统的功能是根据测量信息和计算机化的诊断知识，自动完成系统异常或失效的诊断。由此，一个诊断问题可以描述为以下四元式的形式

$$P = (M, F, K, \text{OBS}) \tag{8-1}$$

式中　$M$——系统可观测到的症状集合；

　　　$F$——系统的故障集合；

　　　$K$——系统症状集与故障之间的映射关系（即诊断知识），$K \subset M \times F$；

　　OBS——当前观察到的症状。

　　对于不同的系统，系统的诊断知识 K 取决于目标系统的结构和行为。根据对系统的认识，可以将诊断问题分为黑箱系统诊断和白箱系统诊断两类：对一些大型机械设备，鉴于其内部子系统间的作用比较复杂，又缺乏准确的因果逻辑关系，而且无法完成子系统症状的测量，这时一般将系统作为黑箱进行处理，诊断策略一般采用模式匹配的方法。对工业处理过程，由于子系统之间作用相对简单，且包含一定的因果和逻辑关系，同时还可以对子系统行为进行测量，因此诊断知识可以利用系统的结构与功能知识进行描述，较为常见的方法是基于因果网络模型和基于系统结构与功能模型的诊断方法。

### 8.3.1　模式匹配诊断法

　　如果目标系统的每一个故障都对应着特定的系统表现（即症状），则称其为故障特征模式，这时的故障诊断问题就转化为模式匹配问题。这些故障的特征模式通常是经过该领域专家从多年的实践经验中获得，我们可以将这些专家经验知识转化为启发式规则的形式进行推理诊断。如早期出现的医学诊断专家系统 MYCIN、核电站故障诊断专家系统 RE-ACTOR。常见的还有一类基于振动监测的诊断系统，其诊断知识通常采用故障特征模式进行描述。这种方法的特点是易于实现，而且推理效率较高。

　　这类专家系统开发时最重要的环节是知识的搜集整理。在多数情况下这类经验知识往往无法准确进行形式化的描述，因此知识的搜集整理往往决定了一个系统的诊断能力。另外这类系统往往采用完全匹配原则，这样对于存在干扰和噪声的信号以及不完整的信号，就无法提供合理的解释。

### 8.3.2　因果网络诊断法

　　对于可分解的监测系统，一般在被监测参量间也存在一定的因果关系，这时诊断知识可以由故障传播模型 $K \subset M \times F$（$F \cup M$）来表示。故障传播模型是一个表示因果关系的网络图，因果网络图有时也称为符号化的有向图 SD（signed diagram），它由节点和有向连线构成，节点表示系统的参量，连线表示参量之间相互影响的因果关系，连线上的符号表示变化方向。

　　对于完整的故障传播模型，故障诊断通过故障传播路径的搜寻完成。因果网络还有一些其他的描述方法，如贝叶斯信念网络等。对于复杂系统，因果网络图的构造和维护难度大为增加，这时一般通过系统分解将其表示为多个分离的子图。

　　还有一类用树状结构表示因果知识的方法，可以将这些树看做退化的因果网络。如美国电力研究所（EPRI）开发的干扰分析系统（DAS），使用因果树 CCT（Cause - consequence Tree）来描述故障原因和系统观测量之间的因果时序关系。这些系统的知识一般都来源于系统分析的结果，具有成本低、快速原型化的特点，但不足之处在于知识库的维护较为复杂。

### 8.3.3　结构与功能模型诊断法

　　系统的故障传播模型是从系统行为模型抽象而来，而系统的行为显然取决于系统的结构和部件特性，因此系统结构与功能模型为系统故障传播提供了更为一般性的描述。由于数字电路中元器件行为比较简单，通过系统结构可以很容易地得到系统行为完整的描述。最早 Reiter 在数字电路的诊断中提出了基于系统结构与行为模型的诊断方法。该诊断问题可以描述为

$$P = (SD, \ COMPONENTS, \ ORS) \tag{8-2}$$

式中　　　　SD——系统结构；

COMPONENTS——系统的部件集合；

　　　　ORS——系统行为的表现值。

基于系统结构与行为模型的诊断过程如图 8-9 所示。

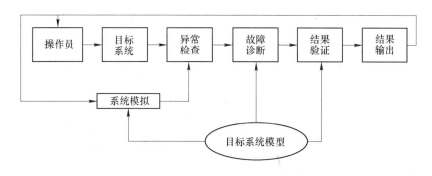

图 8-9　结构与行为模型的诊断过程

系统的异常特性可以通过模型的正向计算获得，诊断的关键是如何逆向计算出引起异常的故障原因。在 Reiter 提出的方法中，故障诊断过程由冲突集合的生成和候选验证两步构成。一个冲突集合对应于一次测量或一种症状，它的含义是集合中至少一个元素异常与该次测量或症状一致。一个候选集合含义是，所有集合中元素的异常可以解释当前的系统表现。

无论是基于因果网络或是基于结构与功能的诊断方法，模型中的知识都可以表示为下面产生式规则的形式：

IF 发生故障 A THEN 出现症状 B

对于上述规则，演绎推理是通过已知故障 A 推出症状 B，在故障诊断中则是利用已知症状 B 而得到故障 A 的结论，这种推理方式称为诱导式推理 AR（abductive reasoning）。Bylander 给出了诱导式推理的一般性描述，并证明诱导式的诊断推理问题是随着问题规模的增加，推理所需的时间以指数形式增加。对于特定问题，可以通过层次化分解或单故障假设来减小计算的复杂度。

对大型复杂工业设备，人们往往采用层次化方法将系统结构进行分解。多层流模型 MLFM（multi-level flow model）就是利用层次化功能模型来描述系统。它的基本设计思想是利用基本物质流（如质量流、能量流和信息流）来描述物理系统。流的目标是完成某种物质的转移，它是由流中不同的功能单元来完成，每个功能单元功能的实现需要一些低层流的目标作为支持，通过这种关联形成层次化的系统模型。图 8-10 所示为一个简化的热交换系统的多层流模型。

图 8-10 中，圆形表示功能单元，方框表示目标。故障诊断的目的是解释未实现目标的原因。诊断策略采用由顶向下的判断方式，依次搜索诊断目标的功能单元和功能单元的

实现，以完成故障诊断。该系统的特点是从流的传送和处理的角度，将部件或系统功能抽象成一般性的功能单元，对于各类系统的描述有较强的通用性。

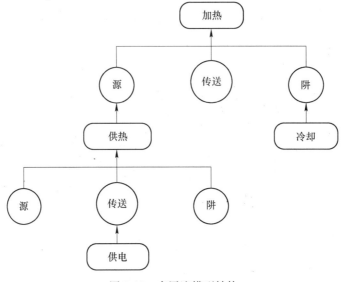

图 8-10 多层流模型结构

## 8.4 专家系统液压故障诊断实例

机械、液压设备故障诊断的专家系统的研制是一个非常庞大的课题，为了既达到设计目的又简化和缩小建造知识库和专家系统编程的范围，现做如下限定：

（1）机械、液压设备中某台设备的液压系统出现故障；

（2）液压系统的故障是由于液压缸不能实现正常运行而造成；

（3）液压缸不动作造成运动失效，故障出现在换向阀元件上；

（4）换向阀出问题仅考虑阀芯、弹簧和电磁铁等出现故障。

### 8.4.1 知识库设计

通过总结分析和向领域专家学习，在上述限定范围内可提出 16 条规则为例说明该专家系统建立的方法及过程。本例中处理换向阀故障诊断的知识由规则表示法来表示，后台：Microsoft Access 2003，前台：Microsoft VC++ 6.0 进行编程设计实现。实现该知识库的经验或规则，现总结如下：

油缸　　完全不移动

阀芯　　不移动

油缸　　仅不能换向

阀芯　　不能返回中心位置

换向阀　第一次使用

弹簧　　应该不会是坏的

阀芯　　不能返回中心位置

换向阀　失效原因在于弹簧

换向阀　一直正常工作

弹簧　　可能折断了

请查看换向阀的弹簧是否坏了。

换向阀　失效原因在于弹簧

弹簧　　处于正常工作位置

弹簧　　应该不会是坏的

弹簧　　其刚度可能不够

请校对弹簧的刚度，如不合适请更换弹簧。

换向阀　失效原因在于弹簧

弹簧　　应该不会是坏的

弹簧　　可能漏装了

情况如属实，请重新装上一个。

⋮　　　　⋮

阀芯　　　失效原因在于电磁铁

行程开关　正常工作

电磁铁　　线圈没电

电磁铁　　通电线路可能短路了

请检查电磁铁通电线路。

阀芯　　失效原因在于电磁铁

电磁铁　通电线路正常

电磁铁　线圈没电

换向阀　失效在于行程开关失灵

对于上述规则，可用图 8-11 的推理网络来表示。

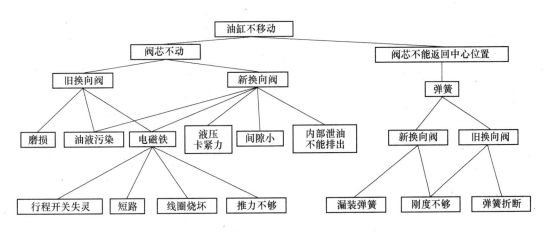

图 8-11　换向阀故障诊断的推理网络

　　规则表是一个表，表中每个元素是一条规则。用 Microsoft Access 2003 将规则表存入计算机就形成了知识库。本例的知识库可由如下函数过程段表示：

（SETQ 规则表）

（规则 1

      （如果（油缸　　　　完全不移动））

      （则有（阀芯　　　　不移动）））

（规则 2

      （如果（油缸　　　　仅不能换向））

      （则有（阀芯　　　　不能返回中心位置）））

（规则 3

      （如果（换向阀　　　第一次使用））

      （则有（弹簧　　　　应该不会是坏的）

      （电磁铁　　　　　　应该不会是坏的）））

（规则 4

      （如果（阀芯　　　　不能返回中心位置））

      （则有（换向阀　　　失效原因在于弹簧）））

（规则 5

      （如果（换向阀　　　失效原因在于弹簧）

      （换向阀　　　　　　一直正常工作））

      （则有（弹簧　　　　可能折断了）））

（规则 6

      （如果（换向阀　　　失效原因在于弹簧）

      （弹簧　　　　　　　处于正常工作位置）

      （弹簧　　　　　　　应该不会是坏的））

      （则有（弹簧　　　　其刚度可能不够）

      （请校对弹簧刚度，如果不合适请更换弹簧）））

（规则 7

      （如果（换向阀　　　失效原因在于弹簧）

      （弹簧　　　　　　　其刚度足够）

      （弹簧　　　　　　　应该不会是坏的））

      （则有（弹簧　　　　可能漏装了）

      （如情况属实，请重新装上一个）））

（规则 8

      （如果（阀芯　　　　不移动）

      （在油中发现有磨损的颗粒））

      （则有（阀芯　　　　可能被卡住了）

      （拆开换向阀清洗杂质并换油，研光碰伤表面，阀芯损坏可

更换掉）））

（规则 9

      （如果（阀芯　　　　不移动）

      （在油中发现有其他杂质的颗粒））

　　　　　　（则有（油液　　　　可能被污染了）

　　　　　　（拆开换向阀清洗杂质并换油）　　））

　　（规则 10

　　　　　　（如果（阀芯　　　　不移动）

　　　　　　（弹簧　　　　　　　应该不会是坏的）

　　　　　　（阀芯　　　　　　　不能被卡住）

　　　　　　（该阀　　　　　　　是电磁换向阀））

　　　　　　（则有（阀芯　　　　失效原因在于　　电磁铁）　））

　　这样就完成了液压缸动作失效的故障诊断专家系统的知识库的设计工作。

### 8.4.2　数据库设计

　　数据库是存放专家系统当前情况的，即存放用户告知的一些事实及由此推出的一些事实的。它也是以表的形式存放的。

　　例如，若已知以下事实：

　　现将这些事实用 Microsoft Access 2003 语言编码形成一个表，存入计算机的当前数据库中。其数据库函数可定义如下：

　　（SETQ 数据库

　　　　（（油缸　　　完全不移动）

　　　　（换向阀　　第一次使用）

　　　　（阀芯　　　不能被卡住）

　　　　（该阀　　　是电磁换向阀）

　　　　（弹簧　　　处于正常工作位置）

　　　　（电磁铁　　线圈有电）　））

　　实际上对一般专家系统而言，在计算机中划分出一部分存储单元，存放以一定形式组织的该专家系统的当前数据，就构成了数据库。

### 8.4.3　推理机设计

　　（1）正向推理机制。可以用换向阀故障诊断进行正向推理机的设计。

　　（2）程序设计实现。可以用 Microsoft Access 2003 + VC++ 6.0 语言实现上述功能。

　　在此设计过程中，有推理主过程函数设计和正向推理子过程函数设计等。

　　专家系统已有三部分：知识库中的知识表——规则库函数；数据库中的已知事实表——数据库函数；按数据库函数不断用知识"规则库函数"来扩充数据库的推理函数。这样，正向推理方法就可以工作了。推理示意图如图 8-12 所示。

### 8.4.4　专家系统的运行

　　有了规则库函数、数据库函数和正向推理函数，专家系统即可运行。

　　在微型计算机上，用数据库软件 Microsoft Access 2003 和 Microsoft VC++ 6.0 输入上述函数过程段，进行故障查询与判断。

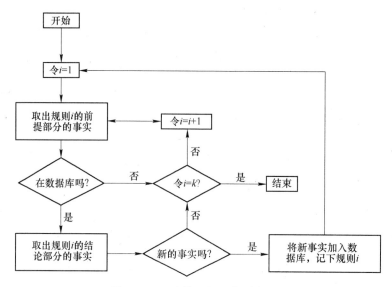

图 8-12 正向推理机工作示意图

# 9 基于人工神经网络液压系统故障诊断

神经网络在故障诊断中的应用始于 20 世纪 80 年代。由于神经网络具有联想、推测、记忆、自学习、自适应和并行运算处理等的独特优势，因此在液压系统故障诊断中得到了较广泛的应用。本章主要介绍神经网络故障诊断的基本原理和方法。

## 9.1 概述

人工神经网络 ANN（artificial neural network）简称为神经网络 NN（neural network），它是 10 多年来人们十分关注的热门交叉学科，涉及生物、电子、数学、物理、计算机、人工智能等多种学科和技术领域，有着十分广阔的应用前景。

简单地说，神经网络就是使用物理上可实现的器件、系统和计算机，来模拟人脑结构和功能的人工系统。它由大量简单的神经元经广泛互联，构成一个计算结构来模拟人脑的信息处理方式，并应用这种模拟来解决工程实际问题。

早在 20 世纪 40 年代，心理学家 Mcculloch 和 Pitts 就提出了神经元的形式模型，Hebb 提出了改变神经元连接强度的规则，它们至今仍在各种神经网络模型中起着重要作用。随后，Rosenblatt，Widrow 等人对它们进行了改进并提出了感知器（perceptron）和自适应线性元件（adaptive linear element）。后来，Hopfield，Rumelhart，Mcclelland，Anderson，Feldman，Grossberg 和 Kohonen 等人所做的工作又掀起了神经网络研究的热潮。这一热潮的出现，除了神经生物学本身的突破和进展以外，更主要的是由于计算机科学与人工智能发展的需要，以及 VLSI 技术、生物技术、光电技术等的迅速发展为其提供了技术上的可能性。同时，由于人们认识到类似于人脑特性行为的语音和图像等复杂模式的识别，现有的数字计算机难以实现这些大量的运算处理，而神经网络应用大量的并行简单运算处理单元为此提供了新的技术手段，特别是在故障诊断领域，更显示出其独特的优势。

### 9.1.1 神经网络故障诊断的优越性及其存在的问题

一般来说，专家系统是在宏观功能上模拟人的知识推理能力，它是以逻辑推理为基础，通过知识获取、知识表示、推理机设计等来解决实际问题，其知识处理所模拟的是人的逻辑思维机制。神经网络是在微观结构上模拟人的认识能力，它是以连接结构为基础，通过模拟人类大脑结构的形象思维来解决实际问题，其知识处理所模拟的是人的经验思维机制，决策时它依据的是经验，而不是一组规划，特别是在缺乏清楚表达规则或精确数据时，神经网络可产生合理的输出结果。

#### 9.1.1.1 神经网络故障诊断的优点

（1）并行结构与并行处理方式。神经网络具有类似人脑的功能，它不仅在结构上是并行的，而且其处理问题方式也是并行的，诊断信息输入之后可以很快地传递到神经元进行同时处理，克服了传统智能诊断系统出现的无穷递归、组合爆炸及匹配冲突等问题，使计算速度大大提高，特别适合用于处理大量的并行信息。

（2）具有高度的自适应性。系统在知识表示和组织、诊断求解策略与实施等方面可根据生存环境自适应、自组织地达到自我完善。

（3）具有很强的自学习能力。神经网络是一种变结构系统，神经元连接形式的多样性和连接强度的可塑性，使其对环境的适应能力和对外界事物的学习能力非常强。系统可根据环境提供的大量信息，自动进行联想、记忆及聚类等方面的自组织学习，也可在导师指导下学习特定的任务。

（4）具有很强的容错性。神经网络的诊断信息分布式存储于整个网络的权值上，且每个神经元存储多种信息的部分内容，因此即使部分神经元丢失或外界输入到神经网络中的信息存在某些局部错误，也不会影响整个系统的输出性能。

（5）实现了将知识表示、存储、推理三者融为一体，它们都由一个神经网络来实现。

### 9.1.1.2 神经网络故障诊断存在的问题

神经网络故障诊断也有许多局限性，如训练样本获取困难，网络学习没有一个确定的模式，学习算法收敛速度慢，不能解释推理过程和推理结果，在脱机训练过程中训练时间长，为了得到理想的效果，要经过多次实验，才能确定一个理想的网络拓扑结构。

## 9.1.2 神经网络故障诊断研究现状及其发展

神经网络用于液压设备故障诊断是近十几年来迅速发展起来的一个新的研究领域。由于神经网络具有并行分布式处理、联想记忆、自组织及自学习能力和极强的非线性映射特性，能对复杂的信息进行识别处理并给予准确的分类，因此可以用来对系统设备由于故障而引起的状态变化进行识别和判断，从而为故障诊断与状态监控提供新的技术手段。人工神经网络作为一种新的模式识别技术或新的知识处理方法，在液压设备故障诊断领域显示出了极大的应用潜力。目前，神经网络在设备故障诊断领域的应用研究主要集中在三个方面：

（1）从模式识别的角度，应用神经网络作为分类器进行故障诊断；

（2）从预测的角度，应用神经网络作为动态预测模型进行故障预测；

（3）从知识处理的角度，建立基于神经网络的故障诊断专家系统。

在众多的神经网络中，基于 BP 算法的多层感知器 MLP（multi-level perceptron）神经网络应用最广泛且最成功。

随着人工智能和计算机技术的迅速发展，特别是知识工程、专家系统的进一步应用，为神经网络故障诊断技术的研究提供了新的理论和方法。为了提高神经网络故障诊断的实用性能，目前主要应从神经网络模型本身的改进和模块化神经网络诊断策略两个方面开展研究。神经网络故障诊断技术具有广阔的发展前景。

## 9.2　神经网络故障诊断原理

### 9.2.1　神经网络模型

#### 9.2.1.1　神经元模型

作为 NN 基本单元的神经元模型如图 9-1 所示。

从图中可以看出，神经元模型有三个基本要素：

（1）一组连接权。连接强度由各连接权值表示，权值为正表示激励，为负表示抑制。

（2）一个求和单元。用于求取各个输入信息的加权和（线性组合）。

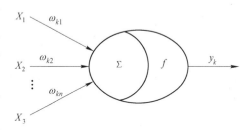

（3）一个非线性激励函数。非线性激励函数起非线性映射作用，并将神经元输出幅度抑制在一定的范围之内。

图 9-1　神经元模型

神经元的输入与输出关系可以表示为

$$y_k = f\Big(\sum_{j=1}^{n} \omega_{kj} x_j - \theta_k\Big) \tag{9-1}$$

式中　$x_j$——神经元的输入信号；

　　$\omega_{kj}$——从神经元 $k$ 到神经元 $j$ 的连接权值；

　　$\theta_k$——神经元的阈值；

　　$f(\ \ )$——激励函数（或传递函数）；

　　$y_k$——神经元的输出信号。

如果采取不同形式的激励函数 $f(\ \ )$，可以导致不同的模型。激励函数 $f(\ \ )$ 主要有以下几种形式：

（1）阈值型函数（图 9-2）。

$$f(x) = \begin{cases} 1, & x \geq 0 \\ 0, & x < 0 \end{cases} \tag{9-2}$$

（2）分段线性函数（图 9-3）。

图 9-2　阈值型函数

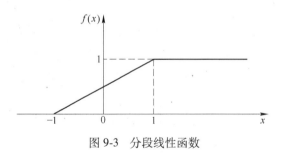

图 9-3　分段线性函数

$$f(x) = \begin{cases} 1, & x \geqslant 1 \\ \dfrac{1}{2}(1 + x), & -1 < x < 1 \\ 0, & x \leqslant -1 \end{cases} \tag{9-3}$$

它类似于一个带限幅的线性放大器，当工作于线性区时，它的放大倍数为 1/2。

（3）Sigmoid 型函数（图 9-4）。

此函数具有平滑和渐进性，并保持单调性。最常用的函数形式为

$$f(x) = \frac{1}{1 + \exp(-\alpha x)} \tag{9-4}$$

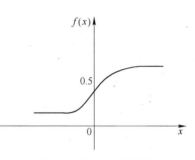

参数 $\alpha$ 可控制其斜率。另一种常用的是双曲正切函数

$$f(x) = \tanh\left(\frac{x}{2}\right) = \frac{1 - \exp(-x)}{1 + \exp(-x)} \tag{9-5}$$

图 9-4　Sigmoid 型函数

Sigmoid 函数是当前应用最广泛的函数，体现了神经元的饱和特性。

除了以上三种神经元激励函数之外，还有一些其他种类的激励函数，如符号函数、斜坡函数等。

### 9.2.1.2　网络拓扑结构

NN 是由大量神经元相互连接而构成的网络。根据连接方式的不同，NN 的拓扑结构可分成层状结构和网状结构两大类。

（1）层状结构。层状结构的 NN 由若干层构成。其中一层为输入层，另一层为输出层，介于输入层与输出层之间的为隐层。每一层都包含一定数量的神经元。在相邻层中，神经元单向连接，而同层内的神经元相互之间无连接关系。根据层与层之间有无反馈连接，又进一步将其分为前馈网络和反馈网络。

前馈网络。前馈网络 FN（feedforward network）也称前向网络。其特点是各神经元接受前一层的输入，并输出给下一层，没有反馈（即信息的传递是单方向）。BP（back propagation）网络是一种最为常用的前馈网络。具有两个隐层的前馈网络如图 9-5 所示。

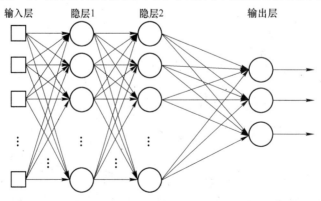

图 9-5　多层前馈神经网络结构

反馈网络。反馈网络 RN（recurrent network）在输出层与隐层或隐层与隐层之间有反馈连接。其特点是 RN 的所有节点都是计算单元，同时也可以接受输入，并向外界输出。Hopfield 网络和递归神经网络 RNN（recurrent neural network）是两种最典型的反馈网络。

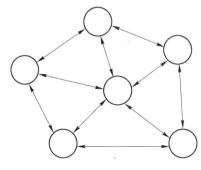

图9-6　网状结构神经网络

（2）网状结构。网状结构是一种互联网络。其特点是任何两个神经元之间都可能存在双向连接关系；所有的神经元既可作为输入节点，同时也可作为输出节点。这样，输入信号要在所有神经元之间往返传递，直到收敛为止。其结构如图9-6所示。

NN 的工作过程可分为两个阶段：第一阶段是学习期，此时各计算单元状态不变，各连线上的权值通过学习来修改；第二阶段是工作期，此时连接权值固定，计算单元状态变化，以达到某种稳定状态。

从作用效果看，前馈网络主要是函数映射，可用于模式识别和函数逼近。RN 可用做各种联想储存器和用于求解优化问题。

### 9.2.1.3　神经网络学习方法

学习方法是体现 NN 智能特性的主要标志，离开了学习方法，NN 就失去了诱人的自适应、自组织和自学习能力。

（1）学习方式。通过向环境学习获取知识并改进自身性能是 NN 的一个重要特点。在一般情况下，性能的改善是按某种预定的度量通过调节自身参数（如权值）随时间逐步达到的。按环境提供信息量的多少，NN 学习方式可分为 3 种。

1）监督学习。即有导师学习，如图9-7所示。

这种学习方式需要外界有一个"教师"，它可对给定一组输入提供应有的输出结果（正确答案）。这组已知的输入/输出数据称为训练样本集，学习系统可根据已知输出与实际输出之间的差值（误差信号）来调节系统参数。

2）非监督学习。即无导师学习，如图9-8所示。

非监督学习没有外部教师，其学习系统完全按照环境提供数据的某些统计

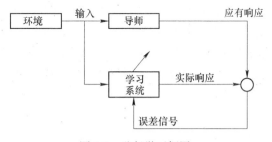

图9-7　监督学习框图

规律来调节自身参数或结构（这是一种自组织过程），以表示出外部输入的某种固有特性（如聚类或某种统计上的分布特性）。

3）再励学习。即强化学习，如图9-9所示。

这种学习介于上述两种情况之间。外部环境对系统输出结果只给出评价信息（奖或惩），而不是给出正确答案。学习系统通过强化那些受奖的动作来改善自身的性能。

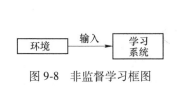

图9-8　非监督学习框图

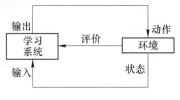

图9-9　再励学习框图

（2）学习算法（学习规则）。

1）误差纠正学习算法。令 $y_k(n)$ 为输入 $x_k(n)$ 时神经元 $k$ 在 $n$ 时刻的实际输出，$d_k(n)$ 表示期望输出（可由训练样本给出），则误差信号可写为

$$e_k(n) = d_k(n) - y_k(n) \tag{9-6}$$

误差纠正学习的最终目的是使 $e_k(n)$ 达到最小，以使网络中每一个输出单元的实际输出逼近应有的输出。其学习规则为

$$\Delta \omega_{kj} = \eta e_k(n) x_j(n) \tag{9-7}$$

式中　$\eta$——学习步长。

2）Hebb 学习算法。由神经心理学家 Hebb 提出的学习规则可归纳为：当某一突触（连接）两端的神经元同步激活（同为激活或同为抑制）时，该连接的强度应增强，反之应减弱。用数学方式可描述为

$$\Delta \omega_{kj} = \eta y_k(n) x_j(n) \tag{9-8}$$

式中　$y_k(n)$，$x_j(n)$——分别为 $\omega_{kj}$ 两端神经元的状态。

由于 $\omega_{kj}$ 与 $y_k(n)$、$x_j(n)$ 的相关成比例，有时称其为相关学习规则。

3）竞争（Competitive）学习算法。顾名思义，在竞争学习时，网络各输出单元互相竞争，最后达到只有一个最强者被激活。最常见的一种情况是输出神经元之间有侧向抑制性连接，如图9-10所示。

这样原来输出单元中如有某一单元较强，则它将获胜并抑制其他单元，最后只有此强者处于激活状态。常用的竞争学习规则可写为

$$f(x) = \begin{cases} \eta(x_i - \omega_{ji}), & \text{若神经元 } j \text{ 竞争优胜} \\ 0, & \text{若神经元 } j \text{ 竞争失败} \end{cases} \tag{9-9}$$

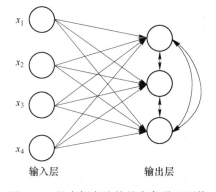

图9-10　具有侧向连接的竞争学习网络

## 9.2.2　神经网络故障诊断原理

神经网络是由多个神经元按一定的拓扑结构相互连接而成。神经元之间的连接强度体现了信息的存储和相互关联程度，且连接强度可通过学习而加以调节。三层前向神经网络如图9-11所示。

输入层：从监控对象接收各种故障信息及现象，并经归一化处理，计算出故障特征值为

$$X = (x_1, x_2, \cdots, x_n) \tag{9-10}$$

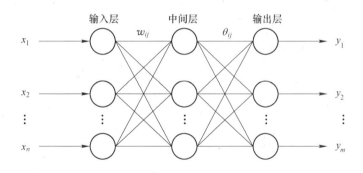

图 9-11 三层神经网络

中间层：从输入得到的信息经内部学习和处理，转化为有针对性的解决办法。中间层可以是一层，也可以根据不同问题采用多层。中间层含有隐节点，它通过数值 $\omega_{ij}$ 连接输入层和通过阈值 $\theta_{ij}$ 连接输出层。选用 S 型函数——Sigmoid 函数，可以完成输入模式到输出模式的非线性映射。

输出层：通过神经元输出与阈值的比较，得到诊断结果。输出层节点数 $m$ 为故障模式的总数。若第 $j$ 个模式的输出为

$$Y_j = (0 \quad 0 \quad \cdots \quad 0 \quad 1 \quad 0 \quad \cdots \quad 0 \quad 0) \tag{9-11}$$

即第 $j$ 个节点输出为 1，其余输出均为 0，它表示第 $j$ 个故障存在（输出 0 表示无故障模式）。

利用 NN 进行故障诊断的基本思想是：以故障特征作为 NN 输入，诊断结果作为 NN 输出。首先利用已有的故障征兆和诊断结果对 NN 进行离线训练，使 NN 通过权值记忆故障征兆与诊断结果之间存在的对应关系；然后将得到的故障征兆加到 NN 的输入端，就可以利用训练后的 NN 进行故障诊断，并得到相应的诊断结果。

可以看出，神经网络进行故障诊断是利用它的相似性、联想能力和通过学习不断调整权值来实现。给神经网络存入大量样本，NN 就对这些样本进行学习，当 $n$ 个类似的样本被学习后，根据样本的相似性，把它们归为同一类的权值分布。当第 $n+1$ 个相似的样本输入时，NN 会通过学习来识别它的相似性，并经权值调整把这 $n+1$ 个样本归入一类。NN 的归类标准表现在权值的分布上。当部分信息丢失时，如 $n$ 个样本中丢失了 $n_1$ 个（$n_1 < n$），那么 NN 还可通过另外 $n-n_1$ 个样本去学习，并不影响全局。

设对 NN 输入具有对应关系的两组样本为

$$X^{(p)} \rightarrow Y^{(p)} \qquad (p = 1, 2, \cdots, m)$$

式中 $X^{(p)}$——输入的故障信息；

$Y^{(p)}$——输出的解决策略。

在这里，输入的样本越多，它的功能就越强。当有另一故障输入时，如

$$X = X^{(r)} + V \tag{9-12}$$

式中 $X^{(r)}$——样本之一；

$V$——偏差项。

NN 经过自学习不断调整权值，就可以输出

$$Y = Y^{(r)} \tag{9-13}$$

这样，当输入一个新的故障现象，NN 经过学习总可以找到一个解决策略。

## 9.3 神经网络故障诊断方法

利用神经网络进行故障诊断，可将诊断方法分为模式识别和知识处理两大类。

### 9.3.1 模式识别故障诊断神经网络

模式（pattern）一般指某种事物的标准形式或使人可以照着做的标准形式。模式识别 PR（pattern recognition）是研究模式的自动处理和判读的数学技术问题，它既包含简单模式的分类，也包含复杂模式的分析。模式识别故障诊断神经网络就是从模式识别的角度，应用神经网络作为分类器进行故障诊断。

我们知道，状态监测的任务是使设备系统不偏离正常功能，并预防功能失败，而当系统一旦偏离正常功能，则必须进一步分析故障产生的原因，这时的工作就是故障诊断。如果事先已对设备可能发生的故障模式进行了分类，那么诊断问题就转换为把设备的现行工作状态归入哪一类的问题。从这个意义上讲，故障诊断就是模式的分类和识别。

在传统的模式识别技术中，模式分类的基本方法是利用判别函数来划分每一个类别。如果模式样本特征空间为 $N$ 维欧氏空间，模式分类属于 $M$ 类，则在数学上模式分类问题就归结为如何定义诸超平面方程把 $N$ 维欧氏空间最佳分割为 $M$ 个决策区域的问题。对现行不可分的复杂决策区域，则要求较为复杂的判别函数，并且在许多情况下，由于不容易得到全面的典型参考模式样本，因此常采用概率模型，在具有输入模式先验概率知识的前提下，先选取适合的判别函数形式，以提高识别分类的性能。如何选取判别函数形式以及在识别过程中如何对判别函数的有关参数进行修正，对于传统的模式识别技术来说，并不是一件容易的事。

人工神经网络作为一种自适应模式识别技术，不需要预先给出关于模式的先验知识和判别函数，它可以通过自身的学习机制自动形成要求的决策区域。网络的特性由其拓扑结构、节点特性、学习和训练规则所决定，NN 能充分利用状态信息，并对来自不同状态的信息逐一训练来获得某种映射关系，同时网络还可连续学习。当环境改变时，这种映射关系还可以自动适应环境变化，以求对对象的进一步逼近。

例如，使用来自设备不同状态的振动信号，通过特征选择，找出对于故障反应最敏感的特征信号作为神经网络的输入向量，建立故障模式训练样本集，对网络进行训练。当网络训练完毕时，对于每一个新输入的状态信息，网络将迅速给出分类结果。

### 9.3.2 知识处理故障诊断神经网络

知识处理故障诊断神经网络就是从知识处理的角度，建立基于神经网络的故障诊断系统。知识处理通常包括知识获取、知识存储及推理三个步骤。

在 NN 的知识处理系统中，知识是通过系统的权系矩阵加以存储，即知识是表示在系统的权系矩阵之中。知识获取的过程就是按一定的学习规则，通过学习逐步改变其权系矩阵的过程。由于神经网络能进行联想和记忆推理，因而具有很强的容错性。对于不精确、

矛盾和错误的数据，它都能进行推理，并能得出很好的结果。

在神经网络知识处理系统中，知识获取、知识存储及推理之间的联系非常密切，即具有很强的交融性。同时，神经网络知识处理系统不存在知识获取的"瓶颈"和推理的"组合爆炸"等问题，因而使其应用范围更加宽广。

可应用于故障诊断知识处理的神经网络有 Anderson 提出的知识处理网络，Kosko 提出的模糊认知映射系统及 Carpenter Grossberg 提出的自适应共振网络。知识处理网络、模糊认知映射系统及自适应共振网络分别与传统人工智能中的确定性理论、Bayes 方法及逻辑推理运算相类似。

### 9.3.2.1　知识处理网络

知识处理网络是通过把知识编码为属性向量来处理的一种网络，它可以有效地处理矛盾与丢失的信息。在矛盾的情况下，可基于"证据权"做出决策；对丢失信息的情况，可在现有属性之间已知联系的基础上进行猜测。因而，知识处理网络可以很好地对设备或工程系统中的突发性故障或其他意想不到的异常现象进行检测和诊断。知识处理网络的缺点是要求有一个"硬"的知识库，换句话说，就是用来构造系统的数据必须是精确的。

### 9.3.2.2　模糊认知映射系统

模糊认知映射系统是以神经网络形式实现的结构，它能够存储作为变元概念客体之间的因果关系。模糊认知映射可以处理不精确和矛盾错误数据，非常适合于涉及个体交互知识基础上的复杂系统，特别是对突发性故障及其他意想不到的异常现象进行检测和诊断。它与知识处理网络相比有其独特的优越性，即不需要"硬"的知识库。

### 9.3.2.3　自适应共振网络

自适应共振网络 ARN（adaptive resonance network）是一类无监督学习网络。它可以对二维模式进行自组织和大规模并行处理，也可以进行假说检验和逻辑推理运算，还可以用现有的知识来判断给定假设的合理性。因此，它可应用于对某些难以判断的故障进行进一步的推理运算，以真正达到故障检测与诊断的目的。

神经网络故障诊断专家系统是一种典型的基于知识处理的故障诊断神经网络。建立开发神经网络故障诊断专家系统，就是要求将神经网络与专家系统相结合，用神经网络的学习训练过程代替建立传统专家系统的知识库。

由于神经网络具有很强的并行性、容错性和自学习能力，因此可建立一个神经网络推理机系统，通过对典型样本（实际生产过程中采集的数据）的学习，完成知识的获取，并将知识分布存储在神经网络的拓扑结构和连接权值中，进而避免了传统专家系统知识获取过程中的概念化、形式化和知识库求精三个阶段的不断反复。

神经网络训练完成后，输入数学模式，进行网络向前计算（非线性映射），就可得到输出模式；再对输出模式进行解释，将输出模式的数学表示转换为认识逻辑概念，即完成了传统专家系统的推理过程，就可得到诊断结果。

在这里，专家系统主要用来存储神经网络的连接权矩阵元素值、训练样本、诊断结果和解释神经网络输出，并做出诊断报告。

总之，基于神经网络的故障诊断专家系统是一类新的知识表达体系，与传统的专家系统的高层逻辑模型不同，它是一种低层数值模型，信息处理是通过大量称为节点的简单处理单元之间的相互作用而进行的。由于它的分布式信息保持方式，为专家知识的获取和表达以及推理提供了全新的方式。通过对经验样本的学习，将专家知识以权值和阈值的形式存储在网络中，并且利用网络的信息保持性来完成不精确的诊断推理，较好地模拟了专家凭经验、直觉而不是复杂计算的推理过程。

## 9.4 神经网络的辨识方法与模型

神经网络的辨识有助于对液压系统故障的分析及处理对策，由于液压系统产生的故障大部分都是非线性，所以应用神经网络基本理论来进行故障诊断是很有帮助的。现主要叙述基于 NARMA 模型的辨识方法，同时简单介绍通用辨识模型和动态 BP 算法。

### 9.4.1 基于 NARMA 模型的辨识方法

#### 9.4.1.1 问题描述

现有的对非线性系统的神经控制方法大多是基于模型的控制方法，也就是说首先要用神经网络来辨识被控对象的模型，然后才能实现自动控制，因此我们先来介绍神经网络用于非线性系统辨识的方法。

为了易于说明，这里研究的是 SISO 时不变离散非线性系统，但是所述方法可直接扩展到 MIMO 连续非线性系统。假定非线性系统可用输入输出的差分方程来描述，根据非线性系统的类型有以下四种表达形式：

$$
\text{系统 I：} \ y(k+1) = \sum_{i=0}^{n} \alpha_i y(k-i) + g[u(k), u(k-1), \cdots, u(k-m+1)]
$$

$$
\text{系统 II：} \ y(k+1) = f[y(k), y(k-1), \cdots, y(k-n+1)] + \sum_{i=0}^{m-1} \beta_i u(k-j)
$$

$$
\text{系统 III：} \ y(k+1) = f[y(k), y(k-1), \cdots, y(k-n+1)] + g[u(k), \\
u(k-1), \cdots, u(k-m+1)]
$$

$$
\text{系统 IV：} \ y(k+1) = f[y(k), y(k-1), \cdots, y(k-n+1); u(k), u(k-1), \\
\cdots, u(k-m+1)]
$$

$$(9\text{-}14)$$

其中，$u(k)$，$y(k)$ 分别代表系统在 $k$ 时刻的输入和输出，$m$ 和 $n$ 分别是输入时间序列和输出时间序列的阶次，$m \leqslant n$。$\alpha_i$ 和 $\beta_i$ 为常系数，$i=0, 1, \cdots, n-1$；$j=0, 1, \cdots, m-1$。$f$ 和 $g$ 是连续可微的非线性函数，对系统 II、III，$f: \mathbf{R}^n \rightarrow \mathbf{R}$，对系统 IV，$f: \mathbf{R}^{n+m} \rightarrow \mathbf{R}$，而 $g: \mathbf{R}^m \rightarrow \mathbf{R}$。对这四种系统，它们在 $k+1$ 时刻的输出都取决于前 $n$ 个时刻的输出，以及前 $m$ 个时刻的输入，所以它们的阶次都为 $n$。但是它们在结构上有所不同，系统 I 对过去的输出是线性的，系统 II 对过去的输入是线性的，系统 III 对过去的输入和过去的输出都是非线性的。以上三类系统的共同特点是：过去的输入与过去的输出是可分离的。而系统 IV 最复杂，过去的输入与过去的输出不可分离，$y(k+1)$ 是过去的 $n$ 个输出与过去的 $m$ 个输入的非线性函数。显然，系统Ⅳ是非线性系统的一般表达式，前三种都可看做是它的特例，而系统Ⅰ、Ⅱ又可看成是系统Ⅲ的特例。

若系统是线性的，它的输入输出描述是：

$$y(k+1) = \sum_{i=0}^{n-1} \alpha_i y(k-i) + \sum_{i=0}^{m-1} \beta_i u(k-j) \tag{9-15}$$

式（9-15）被称为线性系统的 ARMA（autoregressive moving average）模型。因此，式（9-14）中的四种表达式称为非线性系统的 NARMA（nonlinear ARMA）模型。

假设输入 $u$ 是有界的时间函数，非线性系统是 BIBO 稳定的，那么输出 $y$ 也是有界的时间函数。若非线性系统的结构已知如式（9-14），而参数 $\alpha_i$、$\beta_i$ 和非线性函数 $f$、$g$ 是未知但是不变的，系统辨识的任务是利用已有的输入输出数据来训练一个由神经网络构成的模型，使它能足够精确地近似给定的非线性系统。

### 9.4.1.2　NARMA 模型的参数辨识

图 9-12 是用神经网络辨识非线性系统的示意图。图中 $P$ 是被辨识的非线性系统，$M$ 是由神经网络构成的一个辨识模型，$d$ 代表系统干扰，图中 $M$ 与 $P$ 是并联的。将输入 $u(k)$ 同时加到 $P$ 和 $M$ 上，量测其输出 $y(k+1)$ 和 $\hat{y}(k+1)$，并利用误差 $e(k+1) = y(k+1) - \hat{y}(k+1)$ 来修正 $M$ 的参数，以使 $e(k+1) \to 0$，此时辨识模型 $M$ 就能很好地近似非线性系统 $P$。

用神经网络辨识非线性动态系统要解决以下两个问题：

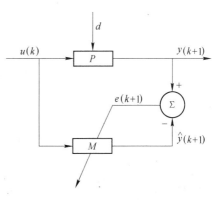

图 9-12　用神经网络辨识非线性系统

（1）确定辨识模型 $M$ 的结构，以保证经过足够多样本的学习以后 $M$ 能够任意精确地逼近 $P$，并且具有最简单的结构形式和最少的可调参数。一般来说，$M$ 可以由一个或几个神经网络组成，其中也可以加入线性系统。$M$ 的结构确定以后还要选择神经网络的种类；神经网络的种类确定以后，其结构参数（如层数、每层节点数）也需确定；……。因此 $M$ 的结构设计是一个很困难的问题，其中很多理论问题至今尚未解决，还要依靠人的经验来决定。这里假定已知非线性系统 $P$ 的结构，因此可以让模型 $M$ 的结构与 $P$ 完全相同。这里我们都采用多层前馈型神经网络，表示为 $N^L(i_1, i_2, \cdots, i_L)$，$L$ 是层数，$i_1, i_2, \cdots, i_L$ 分别代表每层的节点数。

（2）确定参数辨识的算法，以使学习过程尽快收敛。这里采用一般的 BP 学习算法来辨识神经网络的参数（权系数）。定义系统辨识的指标函数为

$$J = \frac{1}{2T} \sum_{k=0}^{T-1} e^2(k+1) \tag{9-16}$$

其中

$$e(k+1) = y(k+1) - \hat{y}(k+1) \tag{9-17}$$

若用矢量 $\boldsymbol{\theta}$ 代表神经网络的权系数，则 BP 算法可表示成

$$\boldsymbol{\theta} = \boldsymbol{\theta}_{\text{nom}} - \eta \frac{\partial J}{\partial \boldsymbol{\theta}} \tag{9-18}$$

式中　$\boldsymbol{\theta}_{\text{nom}}$——学习前的 $\theta$ 值；

　　$\eta$——学习率（步长），$\eta > 0$。

$$\frac{\partial J}{\partial \boldsymbol{\theta}} = \frac{-1}{T} \sum_{k=0}^{T-1} e(k+1) \frac{\partial \hat{y}(k+1)}{\partial \boldsymbol{\theta}} \tag{9-19}$$

### 9.4.1.3　系统辨识的并联模式与串-并联模式

前面已经说明了神经网络辨识的基本方法，这里再介绍一个在实施中会碰到的重要问题，即系统辨识的并联模式与串-并联模式。以系统 I 的辨识为例，当 $n=2$，$m=1$ 时，被辨识的非线性系统是

$$y(k+1) = \alpha_0 y(k) + \alpha_1 y(k-1) + g[u(k)]$$

令辨识模型具有相同的结构，即

$$\hat{y}(k+1) = \hat{\alpha}_0 \hat{y}(k) + \hat{\alpha}_1 \hat{y}(k-1) + N[u(k)]$$

我们的任务是辨识参数 $\hat{\alpha}_0$、$\hat{\alpha}_1$ 和神经网络 $N$ 的权矢量 $\boldsymbol{\theta}$。我们注意到，上式中出现了 $\hat{\alpha}_0 \hat{y}(k)$ 和 $\hat{\alpha}_1 \hat{y}(k-1)$ 项，$\hat{\alpha}_0$ 在辨识过程中是不断修正的，而 $\hat{y}(k)$ 是模型输出又受到 $\hat{\alpha}_0$ 的影响。在这种情况下，不能保证系统辨识收敛。这种系统辨识模式称为并联模式，它不适于实际应用。系统辨识的并联模式示于图 9-13a。

为了克服并联模式的缺点，我们可以用 $P$ 的输出（而不是 $M$ 的输出）作为 $M$ 的输入，如图 9-13b 所示，称为系统辨识的串-并联模式。此时辨识模型变为

$$\hat{y}(k+1) = \hat{\alpha}_0 y(k) + \hat{\alpha}_1 y(k-1) + N[u(k)]$$

由于 $y(k)$，$y(k-1)$ 是与模型 $M$ 无关的，$\hat{\alpha}_0$、$\hat{\alpha}_1$ 与 $\hat{y}(k+1)$ 是线性关系，它们的辨识很容易解决，以 $\hat{\alpha}_0$ 为例，它的辨识算法是

$$\hat{\alpha}_0 = \hat{\alpha}_{0\text{nom}} - \eta \frac{\partial J}{\partial \hat{\alpha}_0} \tag{9-20}$$

$$\frac{\partial J}{\partial \hat{\alpha}_0} = \frac{-1}{T} \sum_{k=0}^{T-1} e(k+1) y(k) \tag{9-21}$$

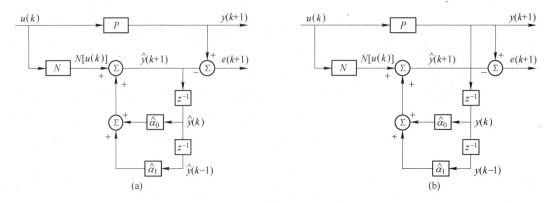

图 9-13　系统辨识的两种模式

（a）并联模式；（b）串-并联模式

在一般情况下，使用串-并联模式系统辨识是能够收敛的，所以对所给的四种非线性系统将全使用串-并联模式进行系统辨识。

下面我们用一个仿真例子来进一步说明系统辨识的方法、实施步骤和效果。

### 9.4.1.4 系统Ⅲ辨识的仿真实验

给定的非线性动态系统属于第Ⅲ类，$n=1$，$m=1$，其 NARMA 方程是

$$y(k+1) = \frac{y(k)}{1+y^2(k)} + u^3(k)$$

当输入 $u(k)$ 在 $[-2, 2]$ 范围内变化时，该系统是 BIBO 稳定的，并且 $y(k) \in [-10, 10]$。由于方程右边 $u(k)$ 部分与 $y(k)$ 部分都是非线性的，但是可分离的，我们用两个神经网络分别作它们的模型，辨识模型 $M$ 为

$$\hat{y}(k+1) = N_f[y(k)] + N_g[u(k)]$$

$N_f$ 和 $N_g$ 都是四层前馈网络，其结构都是 $N^4$ $(1, 20, 10, 1)$。使 $u(k)$ 在 $[-2, 2]$ 区间内随机变化，由系统方程得到相应的 $y(k+1)$，$k = 0, 1, \cdots, \infty$。用得到的输入输出数据对神经网络进行训练，取 $\eta = 0.1$。经过 100 000 次训练后，误差 $e(k+1) \to 0$。在学习时我们用串-并联模式，学习后改用并联模式进行检验，即将 $N_f[\hat{f}(k)]$ 与 $y(k)/[1 + y^2(k)]$ 进行比较，将 $N_g[u^3(k)]$ 与 $u^3(k)$ 进行比较，其结果见图 9-14a、b。

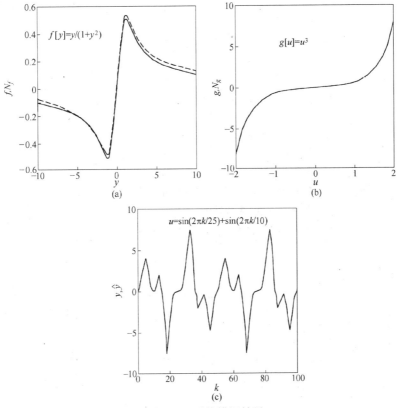

图 9-14 系统辨识结果

(图中实线为系统输出，点线为模型输出)

(a) $N_f$ 与 $f$ 的比较；(b) $N_g$ 与 $g$ 的比较；(c) $y$ 与 $\hat{y}$ 的比较

最后，使输入为 $u(k) = \sin(2\pi k/25) + \sin(2\pi k/10)$，$k = 0$，1，$\cdots$，100，比较系统和模型的输出曲线，其结果见图 9-14c。由图中看出，二者的差别几乎看不出来。

## 9.4.2 通用辨识模型和动态 BP 算法

### 9.4.2.1 通用辨识模型

基于 NARMA 模型的神经网络辨识方法，是要求被辨识的对象能用输入输出的非线性差分方程来表示。这种系统辨识方法比较简单，可用熟知的多层前馈网络和 BP 算法来实现，因此获得了广泛的应用。但是还有一些非线性系统的结构比较复杂，BP 算法要经过一些修改和扩展才能应用，下面将简单介绍这类系统的辨识方法。

我们的做法是，先对复杂非线性系统设计几种通用的辨识模型，然后再研究其辨识方法。辨识模型的基本组成单元包括：一个或几个多层前馈网络 $N^L(i_1, i_2, \cdots, i_L)$，线性动态单元 $W(z^{-1})$，纯滞后单元 $z^{-1}$，其中 $z^{-1}$ 可以看做是 $W(z^{-1})$ 的特例。神经网络 $N$ 与线性系统 $W$ 串联或反馈连接可组成以下四种通用辨识模型，如图 9-15 所示。

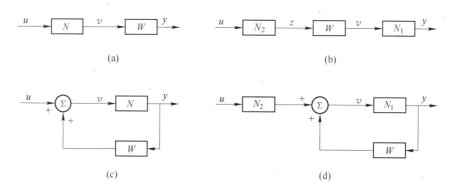

图 9-15 四种通用辨识模型

(a) 模型 I；(b) 模型 II；(c) 模型 III；(d) 模型 IV

假定被辨识非线性系统是 SISO 时不变的，在所讨论的论域内输入和输出都是有界的时间函数，并且系统结构已知。若所选择的辨识模型具有与被辨识系统相同的结构，属于以上四种类型之一，如果 $W$ 已知，那么余下的问题就是确定合适的学习算法来辨识 $N$ 中的未知参数 $\theta$。

### 9.4.2.2 动态 BP 算法

由图 9-15 通用辨识模型的结构可以看出，由于神经网络与线性系统串联或反馈连接，BP 算法无法直接应用（除模型 II 中的 $N_1$ 以外），而必须做一些修改和扩充，称为动态 BP（dynamic back propagation）算法。定义系统辨识的指标函数为

$$J = \frac{1}{2}[y_d(k) - y(k)]^2$$

式中　$y_d(k)$——被辨识系统的输出；

　　　$y(k)$——辨识模型的输出。

用 $\boldsymbol{\theta}$ 代表神经网络中被辨识的权矢量，一般的 BP 算法是

$$\boldsymbol{\theta} = \boldsymbol{\theta}_{\mathrm{nom}} - \eta \frac{\partial J}{\partial \boldsymbol{\theta}}$$

式中，$\boldsymbol{\theta}_{\mathrm{nom}}$ 为学习前的 $\boldsymbol{\theta}$ 值；$\eta$ 为学习率，而

$$\frac{\partial J}{\partial \boldsymbol{\theta}} = -\left[ y_{\mathrm{d}}(k) - y(k) \right] \frac{\partial y(k)}{\partial \boldsymbol{\theta}} \tag{9-22}$$

因此，应用 BP 算法的关键是求 $\partial y(k)/\partial \boldsymbol{\theta}$。下面分别对四种辨识模型介绍 $\partial y(k)/\partial \boldsymbol{\theta}$ 的求法。

（1）模型 I。这种情况最简单，我们可以直接得到

$$\frac{\partial y(k)}{\partial \boldsymbol{\theta}} = W(z^{-1}) \frac{\partial v(k)}{\partial \boldsymbol{\theta}} \tag{9-23}$$

如果 $W(z^{-1})$ 是已知的，$\partial v(k)/\partial \boldsymbol{\theta}$ 可由一般的 BP 算法得到，所以 $\partial y(k)/\partial \boldsymbol{\theta}$ 可求。这里 $\partial y(k)/\partial \boldsymbol{\theta}$ 可以看做是 $\partial v(k)/\partial \boldsymbol{\theta}$ 经过一个线性动态系统所产生的输出，故称为动态 BP（DBP）算法。

（2）模型 II。模型 II 是在模型 I 的后边又串联了一个神经网络。由于 $N_1$ 是在输出端，它的参数可用 BP 算法辨识，而且可以得到 $\partial y(k)/\partial v(k)$。再利用模型 I 的结果式（9-23），$y(k)$ 对 $\boldsymbol{\theta}_2$ 的偏导数如下式

$$\frac{\partial y(k)}{\partial \boldsymbol{\theta}_2} = \frac{\partial y(k)}{\partial v(k)} W(z^{-1}) \frac{\partial z(k)}{\partial \boldsymbol{\theta}_2} \tag{9-24}$$

（3）模型 III。这里是一个神经网络 IV 与一个线性动态系统 $W(z^{-1})$ 反馈连接。因为 $N$ 是一个非线性静态映射，所以模型 III 可用下面两个方程描述：

$$y(k) = N[v(k)] \tag{9-25}$$

$$v(k) = W(z^{-1}) y(k) + u(k) \tag{9-26}$$

以上两个方程皆对 $\boldsymbol{\theta}$ 求偏导，并特别注意 $y(k)$、$v(k)$ 以及 $N$ 皆与 $\boldsymbol{\theta}$ 有关，我们得到

$$\frac{\partial y(k)}{\partial \boldsymbol{\theta}} = \frac{\partial N[v]}{\partial v} \frac{\partial v(k)}{\partial \boldsymbol{\theta}} + \frac{\partial N[v]}{\partial \boldsymbol{\theta}} \tag{9-27}$$

$$\frac{\partial v(k)}{\partial \boldsymbol{\theta}} = W(z^{-1}) \frac{\partial y(k)}{\partial \boldsymbol{\theta}} \tag{9-28}$$

将式（9-28）代入式（9-27）即可得到

$$\frac{\partial y(k)}{\partial \boldsymbol{\theta}} = \frac{\partial N[v]}{\partial v} W(z^{-1}) \frac{\partial y(k)}{\partial \boldsymbol{\theta}} + \frac{\partial N[v]}{\partial \boldsymbol{\theta}} \tag{9-29}$$

式中，$\partial N[v]/\partial v$ 和 $\partial N[v]/\partial \boldsymbol{\theta}$ 可用一般 BP 算法求出，所以式（9-29）是在此时刻的一个线性化的差分方程，输入为 $\partial N[v]/\partial \boldsymbol{\theta}$，输出 $\partial y(k)/\partial \boldsymbol{\theta}$ 即为所求，写成传递函数形式是

$$\frac{\partial y(k)}{\partial \boldsymbol{\theta}} = \frac{1}{1 - \dfrac{\partial N[v]}{\partial v} W(z^{-1})} \cdot \frac{\partial N[v]}{\partial \boldsymbol{\theta}}$$

$$= W_1(z^{-1}) \frac{\partial N[v]}{\partial \boldsymbol{\theta}} \tag{9-30}$$

若 $W_1(z^{-1})$ 稳定，则式（9-29）有解，我们也就能用 DBP 算法来辨识神经网络的参数 $\boldsymbol{\theta}$ 了。

（4）模型Ⅳ。在模型Ⅲ的前面串上 $N_2$ 并不会影响对 $N_1$ 的辨识，所以对 $N_1$ 的参数 $\boldsymbol{\theta}_1$ 的 DBP 算法仍同于式（9-29）。为了求 $\partial y(k)/\partial\boldsymbol{\theta}_2$，对模型Ⅳ有

$$y(k) = N_1[v(k)] \tag{9-31}$$

$$v(k) = W(z^{-1})y(k) + N_2[u(k)] \tag{9-32}$$

方程（9-31）、（9-32）两边分别对 $\boldsymbol{\theta}_2$ 求偏导，并特别注意 $y(k)$、$v(k)$ 以及 $N_2$ 与 $\boldsymbol{\theta}_2$ 有关，而 $N_1$ 与 $\boldsymbol{\theta}_1$ 无关，我们有

$$\frac{\partial y(k)}{\partial\boldsymbol{\theta}_2} = \frac{\partial N_1[v]}{\partial v}\frac{\partial v(k)}{\partial\boldsymbol{\theta}_2} \tag{9-33}$$

$$\frac{\partial v(k)}{\partial\boldsymbol{\theta}_2} = W(z^{-1})\frac{\partial y(k)}{\partial\boldsymbol{\theta}_2} + \frac{\partial N_2[u]}{\partial\boldsymbol{\theta}_2} \tag{9-34}$$

将式（9-33）代入式（9-31）得

$$\frac{\partial y(k)}{\partial\boldsymbol{\theta}_2} = \frac{\partial N_1[v]}{\partial v}\left[W(z^{-1})\frac{\partial y(k)}{\partial\boldsymbol{\theta}_2} + \frac{\partial N_2[u]}{\partial\boldsymbol{\theta}_2}\right] \tag{9-35}$$

此式中，$\partial N_1[v]/\partial v$ 可由 BP 算法得到，$\partial N_2[u]/\partial\boldsymbol{\theta}_2$ 可利用上个时刻的值（下面介绍），故式（9-35）也是一个线性化的差分方程，其传递函数是

$$\frac{\partial y(k)}{\partial\boldsymbol{\theta}_2} = \frac{\dfrac{\partial N_1[v]}{\partial v}}{1 - \dfrac{\partial N_1[v]}{\partial v}W(z^{-1})}\frac{\partial N_2[u]}{\partial\boldsymbol{\theta}_2}$$

$$= W_2(z^{-1})\frac{\partial N_2[u]}{\partial\boldsymbol{\theta}_2} \tag{9-36}$$

若 $W_2(z^{-1})$ 稳定，则可用式（9-35）求 $\partial y(k)/\partial\boldsymbol{\theta}_2$ 来辨识 $N_2$ 的参数 $\boldsymbol{\theta}_2$。在 $k$ 时刻，一旦 $\partial y(k)/\partial\boldsymbol{\theta}_2$ 求出，我们可由式（9-33）、式（9-34）求出此时的 $\partial N_2[u]/\partial\boldsymbol{\theta}_2$

$$\frac{\partial N_2[u]}{\partial\boldsymbol{\theta}_2} = \left[\frac{1}{\dfrac{\partial N_1[v]}{\partial v}} - W(z^{-1})\right]\frac{\partial y(k)}{\partial\boldsymbol{\theta}_2} \tag{9-37}$$

作为下一时刻式（9-35）中的输入。

由以上可以看出，DBP 算法可以解决模型Ⅰ～Ⅳ的复杂系统辨识问题，但是算法比一般 BP 算法要复杂得多（特别是模型Ⅲ和模型Ⅳ），计算量大，收敛性问题也更难保证，所以在实际应用中还是尽量用简单的 BP 算法。

## 9.5　基于小波神经网络的液压泵故障诊断实例

### 9.5.1　小波神经网络

小波神经网络也属于前馈神经网络，是建立在小波分析理论基础上的一种新型神经网络。它结合了小波变换良好的时频局域化性质及神经网络的自学习功能，因而具有较强的逼近、容错能力，又具有自学习、自适应、时频特性好、建模能力强等特性，因此在非线性系统建模和识别、控制、故障诊断等方面都获得了广泛的应用。

### 9.5.1.1　小波神经网络原理

小波神经网络是小波分析理论与神经网络理论相结合的产物。目前，其结构形式可以分为两大类：

（1）松散型结合。即用小波分析作为神经网络的前置处理手段，通过小波分析来实现信号的特征提取，将提取的特征向量送入神经网络处理，其结构如图 9-16 所示。

（2）紧致型结合。从结构形式看是把小波分解和前馈神经网络直接融合。一般是将常规单隐层神经网络的隐节点函数由小波函数代替，相应的输入层到隐层的权值层阈值分别由小波函数的尺度与平移参数代替，即传递函数为已定位的小波函数基，通过仿射变换建立起小波变换与神经网络的连接，其结构如图 9-17 所示。

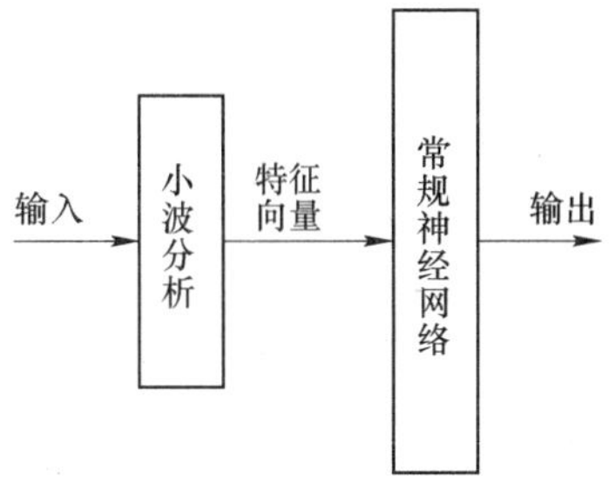

小波和神经网络通过上述两种结合途径，形成了广义上的小波神经网络，而狭义上的小波神经网络则是专指二者的紧致型结合。

图 9-16　松散型小波神经网络的结构

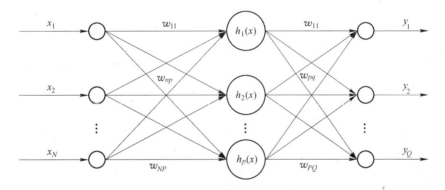

图 9-17　紧致型小波神经网络结构

### 9.5.1.2　紧致型小波神经网络的结构

小波基函数有许多优于其他函数的优点。小波的正交基易于构造，因而网络的权值可独立进行计算；小波可提供区别函数的多分辨近似，提供空间和频率的局部特征；另外，小波基函数有可变平稳与膨胀系数，因而可把小波函数作为基函数，构成新的神经网络，使其具有更灵活和更有效的函数逼近能力。经过学习的各个参数，通过较少的级数项组成的小波神经网络就能达到优良的逼近效果。小波的紧致性使小波神经网络在对含有急剧变化和不连续函数的学习方面具有优越性，不仅非线性映射能力更强，而且还具有提取信号细节分量的能力。常用的母小波为 Morlet 小波函数。

紧致型小波神经网络结构如图 9-17 所示，其学习样本经输入层作用于小波神经网络。输入端有 $N$ 个节点，隐层有 $P$ 个节点，输出层有 $Q$ 个节点，给定 $K$ 组输入输出样本，$X_k = (x_1^k, x_2^k, \cdots, x_N^k)$ 为网络输入，$Y_k = (y_1^k, y_2^k, \cdots, y_Q^k)$ 为网络输出。隐层选取 Morlet 小波

$h(t) = \cos(1.75t) e^{(-t^2/2)}$ 为传输函数。

### 9.5.1.3 紧致型小波神经网络的训练算法

下面对紧致型小波神经网络的训练算法进行阐述。

取代价函数为

$$E = \sum_{k}^{K} E^k = \frac{1}{2} \sum_{k=1}^{K} \sum_{q=1}^{Q} (d_q^k - y_q^k)^2 \tag{9-38}$$

式中　$d_q^k$——输出层第 $q$ 个神经元的期望输出；

　　　$y_q^k$——其对应的实际输出。

隐层各神经元的输入和实际输出值分别为

$$I_p^k = \sum_{n=1}^{N} w_{np} x_n^k \tag{9-39}$$

$$O_p^k = h\left(\frac{I_p^k - b_p}{a_p}\right) \tag{9-40}$$

输出层各神经元的输入和实际输出值分别为

$$I_q^k = \sum_{p=1}^{P} w_{pq} O_p^k \tag{9-41}$$

$$y_q^k = f(I_q^k) \tag{9-42}$$

小波神经网络训练算法逐步更新神经元间的连接权值及小波的伸缩因子和平移因子。

令 $t = \dfrac{I_p^k - b_p}{a_p}$ ，则有

$$\frac{\partial O_p^k}{\partial I_p^k} = -1.75\sin(1.75t) e^{(-t^2/2)} \cdot \frac{1}{a_p} - \cos(1.75t) e^{(-t^2/2)} \cdot \frac{t}{a_p} \tag{9-43}$$

$$\frac{\partial O_p^k}{\partial a_p} = 1.75\sin(1.75t) e^{(-t^2/2)} \cdot \frac{1}{a_p} + \cos(1.75t) e^{(-t^2/2)} \cdot \frac{t^2}{a_p} \tag{9-44}$$

$$\frac{\partial O_p^k}{\partial b_p} = 1.75\sin(1.75t) e^{(-t^2/2)} \cdot \frac{1}{a_p} + \cos(1.75t) e^{(-t^2/2)} \cdot \frac{t}{a_p} \tag{9-45}$$

将 $E_q^k$ 分别对各参数求偏导得

$$\frac{\partial E_q^k}{\partial w_{pq}} = (Y_q^k - y_q^k) \cdot y_q^k \cdot (1 - y_q^k) = \delta_{pq} \tag{9-46}$$

$$\frac{\partial E_q^k}{\partial w_{np}} = \sum_{q=1}^{Q} (\delta_{pq} w_{pq}) \cdot \frac{\partial O_p^k}{\partial I_p^k} \cdot x_n^k = \delta_{np} \tag{9-47}$$

$$\frac{\partial E_q^k}{\partial a_p} = \sum_{q=1}^{Q} (\delta_{pq} w_{pq}) \cdot \frac{\partial O_p^k}{\partial a_p} = \delta_{a_p} \tag{9-48}$$

$$\frac{\partial E_q^k}{\partial b_p} = \sum_{q=1}^{Q} (\delta_{pq} w_{pq}) \cdot \frac{\partial O_p^k}{\partial b_p} = \delta_{b_p} \tag{9-49}$$

修正各参数：

$$w_{pq}^{\text{new}} = w_{pq}^{\text{old}} + \eta \sum_{k=1}^{k} \delta_{pq} + \lambda \Delta w_{pq}^{\text{old}} \tag{9-50}$$

$$w_{nq}^{\text{new}} = w_{nq}^{\text{old}} + \eta \sum_{k=1}^{K} \delta_{nq} + \lambda \Delta w_{nq}^{\text{old}} \tag{9-51}$$

$$a_p^{\text{new}} = a_p^{\text{old}} + \eta \sum_{k=1}^{K} \delta_{a_p} + \lambda \Delta a_p^{\text{old}} \tag{9-52}$$

$$b_p^{\text{new}} = b_p^{\text{old}} + \eta \sum_{k=1}^{K} \delta_{b_p} + \lambda \Delta b_p^{\text{old}} \tag{9-53}$$

式中 $\eta$ ——学习率；

$\quad\lambda$ ——动量因子；

$a_p$，$b_p$ ——小波函数的伸缩因子和平移因子。

此算法的具体步骤为：

（1）网络及学习参数的初始化。即将小波的伸缩因子 $a_p$、平移因子 $b_p$、网络连接权值 $w_{np}$、$w_{pq}$ 以及学习率 $\eta(\eta > 0)$ 和动量因子 $\lambda(0 < \lambda < 1)$ 赋予初始值，并令输入样本计数器 $k=1$。

（2）提供训练数据集。即输入学习样本 $\{(x_1^k, x_2^k, \cdots, x_N^k) \mid k=1, 2, \cdots, K\}$ 及相应的期望输出 $\{(d_1^k, d_2^k, \cdots, d_N^k) \mid k=1, 2, \cdots, K\}$。

（3）前向传播过程。对给定模式训练对，计算网络的实际输出及隐单元的输出，按式（9-39）~式（9-42）进行计算。

（4）反向传播过程。用式（9-38）计算误差 $E_q^k$，用式（9-46）~式（9-49）计算梯度向量。

（5）用式（9-50）~式（9-53）修正网络参数。

（6）随机选取下一个训练样本给网络。令 $k=k+1$，如果 $k<K$，则转至步骤（3）循环，直至 $K$ 个模式全部训练完毕。

（7）计算代价函数 $E$ 是否满足要求，若满足 $E<\varepsilon$，则训练结束；若不满足，则转至步骤（3）循环。

### 9.5.1.4 小波神经网络与传统的 BP 网络比较

小波神经网络是一种前馈网络，这里我们以最常见的前馈神经网络中单隐层 BP 网络为例做一比较。由于小波神经网络具有快速衰减性，它属于局部逼近网络，而 BP 网络则是一种全局逼近网络，局部网络与全局网络相比，具有收敛速度快、易适应新数据、可以避免有较大的外推误差等特点。

从结构上看，这两种网络没有本质的区别，有所不同的是：小波神经网的隐层节点的传递函数为小波函数，同时输入层到隐层的权值和阈值分别对应小波的伸缩和平移参数。

从可调参数的数目来看，对于同样的 $n$ 个输入、$p$ 个隐节点、$q$ 个输出的网络结构，当利用先验知识确定了小波元之后，小波神经网络的可调参数为 $p×q$ 个权系数，而 BP 网络则需要有 $n×p+p×q$ 个输入、输出权值及 $p+q$ 阈值需调整。可见小波神经网络的可调参数少，有利于缩短网络的训练时间。

从参数学习和训练算法上来看，小波神经网络权系数与网络输出呈线性关系，可用线性优化方法获得，特别对于正交小波神经网络，其权值有唯一解；而对于 BP 网络，由于其可调参数与网络输出是非线性关系，参数估计和优化必须基于非线性优化技术，学习时间长、收敛速度慢，尤其是在运用梯度下降法训练时很容易陷入局部极小。

小波神经网络是将小波分析引入到神经网络中而形成的一种新型前馈网络，它较常规前馈神经网络具有如下优点：

（1）可借助小波的时频域分析理论，使网络结构的确定有一定的理论指导，避免网络结构设计上的盲目性。

（2）网络中的某些参数可以借助信号的物理意义来确定（如平移参数 $b$ 和伸缩参数 $a$，可根据信号时频域特性来确定），这样就能通过减少网络的训练参数，大大缩短网络的训练时间。

（3）网络权值学习算法较常规神经网络简单，并且误差函数关于权值是一个凸函数，不存在局部极小点，收敛速度较快。

### 9.5.1.5　小波神经网络应用实例

利用紧致型小波神经网络对函数 $y = \sin(8\pi x) + \cos(6\pi x)$ 进行逼近。输入层、输出层及隐含层的神经元数目分别为 1，1，8。网络的训练样本集为 $\{0, 0.01, \cdots, 0.3\}$，隐含层的传递函数为 Morlet 小波函数。经过 9 次训练后，网络的误差达到了 0.001。

对训练好的网络进行测试，测试样本为 $\{0.005, 0.015, \cdots, 0.305\}$。可以得到网络对函数的逼近情况，如图 9-18 所示，其中"+"表示函数的实际值，"·"表示网络的输出结果。网络的误差曲线如图 9-19 所示。由图 9-18 及图 9-19 可知，小波神经网络具有很好的非线性逼近性能，同时具有快速的收敛能力。

将图 9-18 和图 9-19 与相关图形比较可见，小波神经网络应用于函数逼近与 BP 神经网络应用于函数逼近相比，其训练次数更少，误差曲线更平直，收敛效果更好，函数逼近效果更明显。因此，小波神经网络的函数逼近性能优于 BP 神经网络。

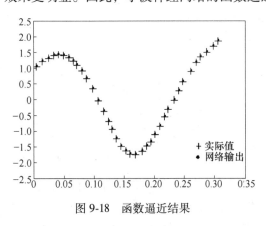

图 9-18　函数逼近结果

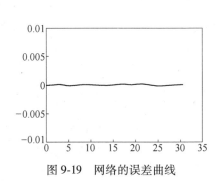

图 9-19　网络的误差曲线

## 9.5.2　实验条件及数据采集

系统主溢流阀调定压力为 5MPa，采集液压泵在正常工作状态和脱靴故障状态时的泵壳振动信号和泵出口压力脉动信号，采样频率为 20kHz 条件下。由于电动机转速为

1500r/min，故泵的转轴固有频率为 25Hz，泵每转一周的时间为 0.04s。

分别选取液压泵在正常工作状态和脱靴故障状态时的泵壳振动信号和泵出口压力脉动信号各 3 组数据作为小波神经网络的训练样本，再选取泵在两种运行状态下的振动信号和压力信号另外各 2 组数据作为小波神经网络的测试样本。共得到 12 组训练样本和 8 组测试样本。

### 9.5.3　基于松散型小波神经网络的液压泵故障诊断

#### 9.5.3.1　松散型小波神经网络的构造

（1）对原始信号采样序列进行 $N$ 层正交小波包分解，共得到 $2^N$ 个子带的小波包分解系数序列。

（2）分别对各子带的展开系数运用小波包重构算法进行重构，得到 $2^N$ 个重构信号 $\{s_j \mid j = 1, 2, \cdots, 2^N\}$。

（3）求各子带重构信号的能量。设 $E_j$ 为小波包分解列第 $j$ 个子重构信号的能量，则有

$$E_j = \sum_{k=1}^{n} \mid s_{j,k} \mid^2, \quad j = 1, 2, \cdots, 2^N \tag{9-54}$$

式中　$n$——各子带重构信号离散点的个数。

（4）构造特征向量。以小波包分解各子带重构信号的能量为元素构造一个特征向量，即 $\boldsymbol{E} = (E_1, E_2, \cdots, E_{2^N})$，之后对向量作归一化处理，令 $E = \left( \sum_{j=1}^{N} \mid E_j \mid^2 \right)^{1/2}$，则 $\boldsymbol{T} = (E_1/E, E_2/E, \cdots, E_{2^N}/E)$ 为归一后的特征向量。

将向量 $\boldsymbol{T}$ 作为神经网络的输入向量，再根据经验确定采用何种神经网络及隐层数和隐层神经元数等。

利用试验样本对神经网络进行训练，调整权值和阈值，从而建立起所需的小波神经网络。

松散型小波神经网络用于故障诊断的流程如图 9-20 所示。

图 9-20　故障诊断流程

#### 9.5.3.2　基于松散型小波神经网络的液压泵故障诊断

采用的信号仍然是在主溢流阀调定压力为 5MPa，采样频率为 20kHz 条件下，液压泵在正常工作状态和脱靴故障状态时的泵壳振动信号和泵出口压力脉动信号。

本书利用 Daubechies 3 小波对信号进行 3 层小波包分解，把信号分解成 8 个频率段。利用分解后各个频段上重构信号的能量计算得到神经网络的归一化特征输入向量。

神经网络采用 3 层 BP 网络，输入节点数目为 8，即对应小波包分解后 8 个频段内的

归一化能量值；输出神经元为 2 个，有两种情况，液压泵正常状态期望输出为（1，0），脱靴故障状态期望输出为（0，1）；隐层节点可由经验公式确定为 6 个。

将采集到的两种状态下的压力信号和振动信号各 3 组数据作为训练样本，剩余的各 2 组数据作为测试样本。网络的训练样本和测试样本分别如表 9-1 和表 9-2 所示。

表 9-1　训练样本

| 状　态 | C1 | C2 | C3 | C4 | C5 | C6 | C7 | C8 |
|---|---|---|---|---|---|---|---|---|
| 正常压力信号（×10⁻⁴） | 9990 | 1.5590 | 1.6448 | 1.2408 | 1.2644 | 1.4185 | 1.5745 | 1.1522 |
| | 9991 | 1.7506 | 1.5285 | 8.9876 | 1.2896 | 1.0780 | 1.2104 | 1.0097 |
| | 9990 | 1.7103 | 1.8328 | 1.2079 | 1.2917 | 1.3059 | 1.2129 | 1.0969 |
| 正常振动信号（×10⁻⁴） | 580 | 302 | 2353 | 871 | 1062 | 2009 | 1925 | 897 |
| | 502 | 276 | 3309 | 590 | 725 | 1663 | 2140 | 795 |
| | 474 | 295 | 1771 | 729 | 873 | 2565 | 1977 | 1316 |
| 故障压力信号（×10⁻⁴） | 9987 | 8.0063 | 0.3882 | 1.8494 | 0.2018 | 0.2203 | 0.1705 | 0.2061 |
| | 9990 | 7.3366 | 0.3216 | 0.3501 | 0.1968 | 0.2420 | 0.2102 | 0.2457 |
| | 9988 | 8.4557 | 0.3590 | 2.0453 | 0.1709 | 0.1879 | 0.1773 | 0.2158 |
| 故障振动信号（×10⁻⁴） | 266 | 130 | 2293 | 253 | 1945 | 666 | 3207 | 1238 |
| | 180 | 1209 | 2945 | 450 | 688 | 1968 | 1338 | 1221 |
| | 307 | 373 | 788 | 374 | 721 | 3609 | 2404 | 1423 |

表 9-2　测试样本

| 状　态 | C1 | C2 | C3 | C4 | C5 | C6 | C7 | C8 |
|---|---|---|---|---|---|---|---|---|
| 正常压力信号（×10⁻⁴） | 92 | 1.8962 | 1.2338 | 1.0189 | 9.1623 | 1.0749 | 1.0331 | 1.0721 |
| | 9992 | 1.4829 | 1.2884 | 1.1274 | 1.0196 | 1.2920 | 1.2984 | 7.6897 |
| 正常振动信号（×10⁻⁴） | 350 | 215 | 2729 | 425 | 1273 | 1789 | 2087 | 1132 |
| | 408 | 279 | 3830 | 535 | 472 | 1507 | 1546 | 1425 |
| 故障压力信号（×10⁻⁴） | 9988 | 8.5370 | 0.3549 | 2.1816 | 0.1811 | 0.2204 | 0.1393 | 0.2120 |
| | 9987 | 9.2946 | 0.2946 | 2.2499 | 0.1630 | 0.2049 | 0.1930 | 0.2095 |
| 故障振动信号（×10⁻⁴） | 81 | 23 | 1971 | 842 | 1115 | 750 | 542 | 4676 |
| | 517 | 266 | 1274 | 2417 | 395 | 392 | 2085 | 2654 |

对这 12 组训练样本进行训练，网络训练误差曲线如图 9-21 所示。可见，经过 10 次训练后，网络的性能就达到了要求。再用训练好的网络对 8 组测试样本进行测试，诊断结果如表 9-3 所示。比较表 9-3 中的期望值和识别结果，可见二者是一致的，能对脱靴故障进行正确诊断，试验取得了较理想的效果。

由以上分析可以得到如下结论：

（1）根据小波包分解的频带划分特性，准

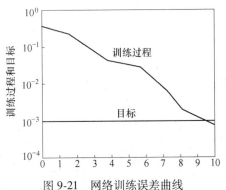

图 9-21　网络训练误差曲线

表 9-3 诊断结果

| 状 态 | S1 | S2 | S3 | S4 | S5 | S6 | S7 | S8 |
|---|---|---|---|---|---|---|---|---|
| 液压泵状态 | 正常 | 正常 | 正常 | 正常 | 故障 | 故障 | 故障 | 故障 |
| 期望输出 | (1, 0) | (1, 0) | (1, 0) | (1, 0) | (0, 1) | (0, 1) | (0, 1) | (0, 1) |
| 实际输出 | (0.9290, 0) | (0.9506, 0) | (1, 0) | (1, 0) | (0.0232, 1) | (0.0116, 1) | (0, 1) | (0, 1) |
| 诊断结果 | 正常 | 正常 | 正常 | 正常 | 故障 | 故障 | 故障 | 故障 |

确地提取了液压泵脱靴故障的特征，可保证不丢失故障的特征信息。

（2）只要选择足够多的实际故障样本训练 BP 神经网络，网络就能具有较好的容错性和稳定性。

（3）用小波包分解得到的归一化能量值作为神经网络输入特征向量，减小了神经网络的规模及计算量，提高了诊断的准确性。

（4）在用小波包分解对信号进行预处理的基础上，采用 BP 神经网络对信号进行故障诊断。通过理论分析和试验数据表明，基于小波分解得到的归一化能量特征向量，可以作为故障特征向量对液压泵进行故障诊断，并达到较好的效果。此方法可以推广到其他旋转机械的故障诊断中。

### 9.5.4 基于紧致型小波神经网络的液压泵故障诊断

#### 9.5.4.1 紧致型小波神经网络的构造

在主溢流阀调定压力为 5MPa，采样频率为 20kHz 条件下，采集液压泵在正常工作状态和脱靴故障状态时的泵壳振动信号和泵出口压力脉动信号。

利用 Daubechies 3 小波对原始信号进行 3 层小波分解，把分解后 8 个频段上的均值作为神经网络的特征输入向量。因此输入神经元数目选为 8。

小波神经网络采用 3 层网络。隐层传递函数选取 Morlet 小波 $h(t) = \cos 1.75t \cdot e^{-t^2/2}$，隐层神经元个数可由经验公式确定为 6 个。网络的输出层传递函数选为 Sigmoid 函数。先对网络隐层小波神经元的输出加权求和，经 Sigmoid 函数变换后，得到最终的网络输出。输出神经元选为 2 个，有两种情况：液压泵正常状态期望输出为 (1, 0)，脱靴故障状态期望输出为 (0, 1)。紧致型小波神经网络结构如图 9-17 所示。

#### 9.5.4.2 基于紧致型小波神经网络的液压泵故障诊断

将采集到的两种状态下的压力信号和振动信号各 3 组数据作为训练样本，剩余的各 2 组数据作为测试样本。对这 12 组训练样本进行训练，再用训练好的网络对 8 组测试样本进行测试，网络的训练样本和测试样本分别如表 9-4 和表 9-5 所示。诊断结果如表 9-6 所示，由该表可见紧致型小波神经网络能够对脱靴故障进行正确诊断，取得了较理想的实验效果。

由于松散型小波神经网络在进行数据预处理和网络训练与诊断时，分别使用了 MATLAB 小波工具箱和 MATLAB 神经网络工具，因此训练时间较短。而在 MATLAB 里没有专门的小波神经网络工具箱，因此在使用紧致型小波神经网络进行故障诊断时，需要编制较为复杂的 MATLAB 程序，因此小波神经网络的学习训练时间较长。紧致型小波神经网络与松散型小波神经网络相比，二者的故障诊断准确性都很高。

表 9-4　训练样本

| 状　态 | C1 | C2 | C3 | C4 | C5 | C6 | C7 | C8 |
|---|---|---|---|---|---|---|---|---|
| 正常压力信号 | 0.0001 | −0.0001 | −0.0007 | 0.0008 | −0.0004 | −0.0005 | 0.0010 | 1.8913 |
|  | −0.0002 | 0.0007 | 0.0004 | −0.0003 | 0.0016 | −0.0013 | 0.0004 | 1.9143 |
|  | 0.0002 | 0 | −0.0002 | −0.0008 | −0.0007 | −0.0008 | −0.0007 | 0.8858 |
| 正常振动信号 | −0.0128 | 0.0076 | 0.0149 | 0.0034 | 0.2005 | 0.0230 | 0.0336 | −0.3991 |
|  | 0.0010 | −0.0313 | 0.0026 | 0.0005 | −0.0022 | 0.0102 | 0.0306 | −0.0672 |
|  | 0.0029 | −0.0171 | −0.0074 | 0.0015 | −0.0021 | 0.0279 | −0.0003 | −0.0864 |
| 故障压力信号 | −0.0001 | 0.0005 | 0.0002 | −0.0082 | 0.0035 | −0.0510 | 0.0783 | 5.5277 |
|  | −0.0001 | 0.0002 | −0.0008 | 0.0037 | 0.0055 | −0.0556 | 0.0846 | 5.4367 |
|  | 0 | 0.0003 | 0.0007 | 0.0081 | 0.0075 | −0.0538 | 0.0876 | 5.3163 |
| 故障振动信号 | 0.0015 | 0.0289 | −0.0040 | 0.0119 | 0.0096 | −0.0121 | −0.0010 | 0.0587 |
|  | −0.0009 | 0.0159 | −0.0126 | 0.0004 | −0.0162 | 0.0150 | −0.0072 | 0.0629 |
|  | −0.0044 | −0.0058 | 0.0040 | −0.0131 | 0.0052 | −0.0082 | −0.0014 | 0.0538 |

表 9-5　测试样本

| 状　态 | C1 | C2 | C3 | C4 | C5 | C6 | C7 | C8 |
|---|---|---|---|---|---|---|---|---|
| 正常压力信号 | 0 | 0.0001 | −0.0007 | −0.0006 | −0.0008 | −0.0025 | −0.0005 | 1.8708 |
|  | −0.0001 | −0.0002 | −0.0004 | 0.0004 | −0.0009 | −0.0023 | 0.0004 | 1.8670 |
| 正常振动信号 | −0.0019 | −0.0061 | 0.0036 | 0.0047 | 0.0167 | 0.0237 | 0.0350 | −0.0787 |
|  | −0.0067 | −0.0230 | −0.0027 | 0.0138 | 0 | −0.0128 | 0.0148 | −0.2286 |
| 故障压力信号 | 0.0002 | −0.0001 | −0.0005 | 0.0048 | 0.0064 | −0.0496 | 0.0896 | 5.2521 |
|  | 0.0003 | −0.0002 | 0 | −0.0007 | 0.0027 | −0.0375 | 0.0949 | 5.3907 |
| 故障振动信号 | 0.0084 | 0.0006 | 0.0017 | 0.0135 | −0.0036 | 0.0131 | −0.0034 | 0.0439 |
|  | 0.0008 | 0.0059 | 0.0053 | 0.0090 | −0.0200 | −0.0078 | −0.0306 | 0.0209 |

表 9-6　诊断结果

| 状　态 | S1 | S2 | S3 | S4 | S5 | S6 | S7 | S8 |
|---|---|---|---|---|---|---|---|---|
| 液压泵状态 | 正常 | 正常 | 正常 | 正常 | 故障 | 故障 | 故障 | 故障 |
| 期望输出 | (1, 0) | (1, 0) | (1, 0) | (1, 0) | (0, 1) | (0, 1) | (0, 1) | (0, 1) |
| 实际输出 | (0.9935, 0.0027) | (0.9934, 0.0027) | (0.9242, 0.0664) | (0.9583, 0.1000) | (0.0497, 0.9565) | (0.0494, 0.9568) | (0.0040, 0.9947) | (0.8015, 0.0769) |
| 诊断结果 | 正常 | 正常 | 正常 | 正常 | 故障 | 故障 | 故障 | 故障 |

# 10 液压系统故障的模糊诊断

模糊（fuzzy）一词具有"不分明"、"边界不清"、"不明确"的意思。模糊数学是用来描述、研究、处理事物所具有的模糊特征（即模糊概念）的数字，"模糊"是指它的研究对象，而"数学"是指它的研究方法，二者结合，既科学又实际，在多年研究中，科学家们利用模糊数学理论解决了许多难题。

## 10.1 液压系统故障诊断中的模糊性

所谓模糊性，就是自然界、人类社会及一切工程技术中普遍存在的一切不确定性，其主要表现是亦此亦彼，模棱两可。对于液压设备故障而言，模糊现象难判断的故障到处可见。

从故障的症状来看，如压力波动严重、系统油温过高、容积效率太低、液压泵温升过高、液压缸爬行、液压马达转速太慢等都是模糊的。

从故障原因的角度来看，如液压元件质量差、液压系统设计不合理、油液不干净、维护保养不良、元件使用时间过长、操作人员素质低等也是模糊的。

液压元件损坏的程度和产生故障所涉及的范围也是模糊的。

液压系统的渐变性故障，其边界是不清晰的，故障发展要经历一个漫长而且具有模糊性的中间过渡过程。

在液压元件与液压系统的故障诊断中，振动信号分析是·种非常重要的手段。诊断的对象主要是各类液压泵、液压阀、液压缸、液压马达等。检测的参量主要有元件壳体的振动信号、压力脉动信号等，对振动信号进行分析的方法主要有功率谱法等。在进行谱法分析时，可根据振动幅值、峰值、频率、位置变化来判断故障，而振动幅值的相对高度变化和振动峰值、频率、位置变化都是模糊的，即它们不仅反映是否存在故障，同时也反映故障程度，故振动信号分析和模糊判别是相容的。

模糊数学为人工智能提供了很有效的数学工具。将模糊理论引入到液压故障诊断领域有利于更加深入细致地刻画与描述故障的特征，有利于克服故障判断中的非此即彼的绝对性，使推理过程与客观实际更加相符；同时有利于综合考虑各种因素的影响，从而方便地在繁杂的情形中理出清晰的条理并分清主次轻重；有利于运用人工智能来辅助诊断液压设备的故障。总之，它给液压故障诊断注入了新的活力。

模糊数学的出现为专家系统的深入发展提供了有力的数学基础。一个模糊诊断的系统包括图 10-1 所示几个部分，其特点是模糊识别。

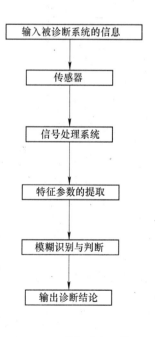

图 10-1 模糊诊断系统

## 10.2 液压系统故障模糊诊断的基本原则

液压系统故障模糊诊断方法注重事物现象与本质之间的联系，综合考虑各相关因素。在故障诊断过程中，通过各种渠道尽可能地获取信息，并利用模糊数学去调用与处理信息。模糊诊断方法较适合于复杂液压系统的故障诊断，在这些系统中，既有确定性因素，又有随机性因素，各种影响因素相互交错。一般情况下，故障具有渐变与隐蔽的特点。

通过工作实践可以总结，液压系统故障模糊诊断应遵循的基本原则是：

（1）分层分段诊断，逐步深入原则。液压系统是由若干个元件和基本回路组成的，需将这些基本单元划成相应的子系统，所以故障诊断分层分段进行是必然的。一种较好的思路是以寻找深层原因为线索，分层分段深入搜索。在寻找故障原因过程中利用模糊方法逐步完成定性、定位与定量。

（2）采用假设与验证相结合原则。利用模糊方法对液压系统出现各种故障症状进行排序和归类。以此为基础，从最可能的故障方向入手，进行深入的分析和分层分段测试，以确定故障的存在，这样能实现较高的工作效率。此外，还可以参考引起故障原因的概率值的大小来假设发生故障原因。

（3）综合评判原则。综合评判（也称综合决策）是一个模糊变换。在做出任何决策之前，人们总要比较不同事物，然后择优录取。任何事物都有多种属性，因此，评价事物也要兼顾各个方面。特别是在生产规划、故障诊断等复杂系统中，要做出任何一个决策都必须对多个相关因素综合考虑，这就是综合评判。综合评判的数学模型可分为一级模型和多级模型。

影响液压系统正常工作的因素具有交错性、随机性等特点，其交错性表现在不同的原因可能引起相同或类似的症状，一个原因会引起不同的症状，由此形成症状之间和原因之间的重叠。其随机性主要表现在问题的出现是不确定的，难以事先准确预测，因此问题是复杂的。我们利用模糊数学方法较方便地将各种因素纳入评价体系，并使它们得到适当的处理。

（4）获取信息原则。知识的获取是研究如何把"知识"从人类专家大脑中提取和总结出来，并且保证所获取的知识的一致性，它是模糊诊断和专家系统开发中的一道关键工序。液压系统的各个部分是有机的整体，故障产生之后以不同的方式表现出来。在进行故障诊断时，应尽量获取现场信息和已总结记载此类故障的信息，尽可能找出特征信息并充分利用这些信息，使问题更加明朗化。液压系统故障具有重叠性，单个参量有时不能说明问题，只有综合考虑各个参量才可能定论。对实际系统来讲往往受到各种随机性因素的影响，单个参量的准确性十分有限，而多个参量可弥补这一不足。从多方面提取信息可使诊断的浓度加大，从而减小诊断的层次，节省时间。此外，这样做还能降低对诊断技术手段的要求。但是，故障参量也并不是越多越好，而应根据其与故障的因果关系选取。获取信息的主要内容是：1）发生故障时出现的症状；2）引起故障的主要因素；3）发生故障时必定不可能存在的特征变量；4）处理过同类故障的成功经验。

（5）通过对外在性能的考证来判断系统内部结构的劣化原则。液压系统性能变化的信息较容易获取，而结构的磨损、锈蚀和破坏等信息却不太容易准确获得，通过拆装液压系统来获取信息也比较麻烦，但性能的变化是由结构变化等因素引起的。因此，在进行故障诊断时应注意找到性能变化与结构变化等因素的对应关系，并利用这些关系由表及里地查找问题。在此，还要指出的是，环境因素与考察对象之间的相互影响与相互制约的关系也是十分重要的。因此，应通过对环境因素的考察来推断对象状态的变化。

（6）对比判别确定故障原则。通过对诊断对象与正常工作对象和严重损坏而无法工作的对象进行对比，从中发现差异，使问题的分析变得简单。由于用模糊数学方法对故障作了定量描述，当系统发生变化时，细小的差别也能反映出来。

（7）找出最严重的故障点的原则。液压系统在工作中，渐变型故障较为普遍，因为各液压元件均在磨损劣化，液压油也在逐步变质。因此，在分析故障原因时，应全面考虑，认真进行考察与比较，并将故障原因进行排序，找出最严重的故障点，以便排除。

## 10.3 模糊故障诊断原理

设备在运行过程中，故障征兆与引起的原因之间往往并不是一一对应关系，特别是大型复杂设备，这种不确定性就显得更加明显。利用故障征兆与引起原因之间的这种不确定性来进行的诊断就是模糊故障诊断。

目前，用于智能故障诊断的模糊技术主要有两种方法：一种是基于模糊理论的诊断方法，它是将模糊集划分成不同水平的子集，以此来判断故障可能属于哪个子集；另一种是基于模糊关系及逻辑运算的诊断方法，即先建立征兆与故障类型之间的因果关系矩阵 $\boldsymbol{R}$，再建立故障与征兆的模糊关系方程，即

$$\boldsymbol{Y} = \boldsymbol{X} \circ \boldsymbol{R} \tag{10-1}$$

式中　$\boldsymbol{X}$ ——故障征兆模糊集，是诊断的输入；

　　　$\boldsymbol{Y}$ ——故障原因模糊集，是诊断的输出；

　　　$\boldsymbol{R}$ ——模糊关系矩阵；

　　　$\circ$ ——模糊逻辑算子。

利用故障征兆的隶属度和模糊关系矩阵，并经过逻辑运算，就可得到各种故障原因的隶属度。

模糊诊断结果的准确性，一是取决于模糊关系矩阵 $\boldsymbol{R}$ 是否准确，二是取决于诊断算法的选择是否合适。模糊关系矩阵 $\boldsymbol{R}$ 的构建需要以大量现场实际运行数据为基础，其精度高低主要取决于所依据观测数据的准确性与丰富程度。模糊逻辑运算根据算子的具体含义可以有多种算法，如基于合成算子运算的最大最小法、基于概率算子运算的概率算子法、基于加权运算的权矩阵法等。其中最大最小法可突出主要因素；概率算子法在突出主要因素的同时，兼顾次要因素；权矩阵法就是普通的矩阵乘法运算关系，它可以综合考虑多种因素不同程度的影响。模糊故障诊断系统的基本结构如图 10-2 所示。

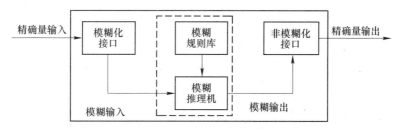

图 10-2　模糊故障诊断系统的基本结构

（1）模糊化接口。模糊化接口的作用是将实际工程中精确的、连续变化的输入量转化成模糊量，以便进行模糊推理。模糊化实质上是通过人的主观评价，将一个实际测量的精确数值映射为该值对于其所处域上模糊集的隶属函数。图10-3所示的是以温度为输入模糊变量的隶属函数。

温度模糊子集为（很冷、较冷、正好、较热、很热），其隶属函数为梯形分布。

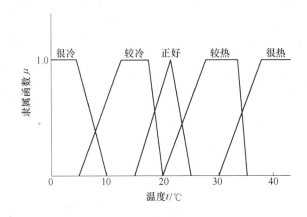

图10-3　温度模糊子集的隶属函数

（2）模糊规则库。模糊规则库由一系列模糊语义规则和事实组成，它包含了模糊推理机进行工作时所需要的事实和推理规则。

（3）模糊推理机。模糊推理机是模糊系统的核心，其作用是利用知识库中的规则对模糊量进行运算，以求得模糊输出。它实质上是一套决策逻辑，通过模仿人脑的模糊性思维方式，应用模糊规则库的模糊语言规则，推出系统在新的输入或状态作用下应有的输出或结论。模糊推理机采用基于规则的推理方式，每一条规则可有多个前提和结论，各前提的值等于它的隶属函数值。在推理过程中，对于一条规则取各个前提的最小值为规则的值。结论的模糊输出变量值等于本条规则的最小值，而每一个输出模糊变量的值等于相应结论的最大值。

（4）非模糊化接口。非模糊化接口的作用是将模糊推理得到的模糊输出转换成非模糊值（清晰值），即用来实现从输出域上的模糊子空间到普通清晰子空间的映射。为了便于将输出模糊变量转换成精确量的非模糊化过程，输出变量的模糊子集隶属函数可以采用单点定义法，这样便于采用加权平均进行非模糊化。

## 10.4　液压系统故障模糊诊断方法

目前，用于模糊故障的诊断方法很多，主要有基于模糊模式识别的诊断方法、基于模糊推理的诊断方法、基于模糊模型的诊断方法、基于模糊残差评价的诊断方法、基于模糊神经网络的诊断方法等。

### 10.4.1　基于模糊模式识别的故障诊断方法

在故障诊断范畴里，所谓"模式"是指反映一类事物特征并能够与别类事物相区分的样板。模式识别就是对故障进行区分和归类以达到辨识目的的一种科学方法。故障诊断的模式识别由两个过程组成：一是学习过程，即把所研究对象的状态分为若干模式类；二是识别过程，即用模式的样板对待检状态进行分类决策。

在故障诊断的实际问题中，当诊断对象的故障（故障原因、故障征兆等）是明确、清晰和肯定的，即模式是明确、清晰和肯定的，可以应用故障模式识别的诊断方法。当诊断对象的模式具有模糊性时，则可以用模糊模式识别方法来处理。模糊模式识别方法大致可分为两种：一种是模糊模式识别的直接法；另一种是模糊模式识别的间接法。正确地提取状态特征并根据特征量构造判别函数是模式识别的关键。

### 10.4.1.1　直接法

用于故障诊断的模糊模式识别直接法，就是直接根据隶属函数或隶属度进行故障识别。

设 $U$ 是给定的待识别诊断对象全体的集合，$U$ 中的每个诊断对象 $u$ 有 $p$ 个特性指标 $u_1$，$u_2$，$u_3$，$\cdots$，$u_p$，每个特性指标用来描述诊断对象 $u$ 的某个特征，于是由 $p$ 个特性指标确定的每个诊断对象 $u$ 可记成

$$u = (u_1,\ u_2,\ u_3,\ \cdots,\ u_p) \tag{10-2}$$

称式（10-2）为诊断对象的特性向量。

识别对象集合 $U$ 可分为 $n$ 个类别，且每一类别均是 $U$ 上的一个模糊集，记作 $A_1$，$A_2$，$A_3$，$\cdots$，$A_n$，则称 $A_i$ 为模糊模式。

模糊识别的宗旨是把对象 $u = (u_1,\ u_2,\ u_3,\ \cdots,\ u_p)$ 划归一个与其相似的类别 $A_i$ 中。

当一个识别算法作用于诊断对象 $u$ 时，就产生一组隶属度。$\mu_{A_1}(u)$、$\mu_{A_1}(u)$，$\cdots$，$\mu_{A_n}(u)$ 分别表示诊断对象 $u$ 隶属于类别 $A_1$，$A_2$，$A_3$，$\cdots$，$A_n$ 的程度。

建立了模糊模式的隶属函数组之后，就可以按照某种隶属原则对诊断对象 $u$ 进行判断，指出它应归属于哪一类别。可以采用的隶属原则有以下几种：

（1）最大隶属度原则：设 $A$ 是给定域 $U$ 上的一个模糊子集，$u_1$，$u_2$，$u_3$，$\cdots$，$u_n$ 是域 $U$ 中的 $n$ 个待选择诊断对象，若

$$\mu_A(u_i) = \max(\mu_A(u_1),\ \mu_A(u_2),\ \cdots,\ \mu_A(u_n)) \tag{10-3}$$

则认为 $u_i$ 优先隶属于模糊子集 $A$，即选其中隶属度最大者 $u_i$ 优先隶属于 $A$。

（2）最大隶属原则：设 $A_1$，$A_2$，$\cdots$，$A_n$ 是给定的域 $U$ 上的 $n$ 个模糊子集（模糊模式），$u_0 \in U$ 为一被识别诊断对象，如果

$$\mu_A(u_i) = \max(\mu_{A_1}(u_0),\ \mu_{A_2}(u_0),\ \cdots,\ \mu_{A_n}(u_0)) \tag{10-4}$$

则认为 $u_0$ 优先隶属于 $A_i$。

（3）阈值原则：设给定域 $U$ 上的 $n$ 个模糊子集（模糊模式）为 $A_1$，$A_2$，$\cdots$，$A_n$，规定一个阈值（水平）$\lambda \in [0,\ 1]$，$u_0 \in U$ 是一被识别诊断对象。

如果

$$\max(\mu_{A_1}(u_0),\ \mu_{A_2}(u_0),\ \cdots,\ \mu_{A_n}(u_0)) < \lambda \tag{10-5}$$

则做"拒绝识别"的判决，应查找原因另做分析。

如果

$$\max(\mu_{A_1}(u_0),\ \mu_{A_2}(u_0),\ \cdots,\ \mu_{A_n}(u_0)) \geqslant \lambda \tag{10-6}$$

并且共有 $k$ 个 $\mu_{A_{i1}}(u_0),\ \mu_{A_{i2}}(u_0),\ \cdots,\ \mu_{A_{ik}}(u_0)$ 大于或等于 $\lambda$，则认为识别可行，并将划归于 $A_{i1} \cap A_{i2} \cap \cdots \cap A_{ik}$。

在实际诊断中，也可将最大隶属原则和阈值原则结合起来应用，还可以对各模糊子集和诊断对象的隶属函数加权处理。

### 10.4.1.2  间接法

如果待识别对象 $u$ 是确定的单个元素，即所要识别的诊断对象 $U$ 是清楚的，则可用直接法进行诊断。有时待识别对象并不是确定的单个元素，而是域 $U$ 上的模糊子集，且已知模式也是域 $U$ 上的模糊子集，这时就需要采用模糊模式识别的间接方法按择近原则来处理。

设 $U$ 是全体待识别诊断对象的集合，而且每一诊断对象 $B$ 均是 $U$ 上的模糊子集，并且 $U$ 中每一个元素有 $p$ 个特性指标（$u_1,\ u_2,\ \cdots,\ u_p$）。给定域 $U$ 上的 $n$ 个已知模糊模式（模糊子集）$A_1,\ A_2,\ \cdots,\ A_n$，在判断待识别诊断对象 $B$ 应归属于哪一个模糊模式 $A_i$（$i = 1,\ 2,\ \cdots,\ n$）时，就可以用择近原则确定 $B$ 与 $A_i$ 的贴近度 $\sigma(B,\ A_i)$。

择近原则：设 $A_1,\ A_2,\ A_n$ 为域 $U$ 上模糊模式（模糊子集），$B$ 也是 $U$ 上的一个模糊子集，若

$$\sigma(B,\ A_i) = \max(\sigma(B,\ A_1),\ \sigma(B,\ A_2),\ \cdots,\ \sigma(B,\ A_n)) \tag{10-7}$$

则称 $B$ 与 $A_i$ 最贴近，或认为 $B$ 应归属于 $A_i$。这里，$\sigma$ 是某一种贴近度。

在群体识别中，只要给定了模式本身的模糊子集与待识别的模糊子集，就能分别算出它们的贴近度，然后按照择近原则就可以进行故障识别。

### 10.4.2   基于模糊综合评判的故障诊断方法

综合评判是多目标决策问题的一个数学模型。故障诊断的模糊综合评判就是应用模糊变换原理和最大隶属度原则，根据各故障原因与故障征兆之间不同程度的因果关系，在综合考虑所有征兆的基础上，来判断发生故障的可能原因。

### 10.4.2.1  模糊综合评判

当模糊向量 $X$ 和模糊关系矩阵 $R$ 为已知时，可以用模糊变换来进行模糊综合评判，即

$$Y = X \circ R = (x_1,\ x_2,\ \cdots,\ x_m) \circ \begin{bmatrix} r_{11} & r_{12} & \cdots & r_{1n} \\ r_{21} & r_{22} & \cdots & r_{2n} \\ \vdots & \vdots & & \vdots \\ r_{m1} & r_{m2} & \cdots & r_{mn} \end{bmatrix} = (y_1,\ y_2,\ \cdots,\ y_n) \tag{10-8}$$

$Y$ 中的各元素 $y_i$ 是在广义模糊合成运算下得出的运算结果。权重集 $X$ 和模糊关系矩阵 $R$ 的合成，一般用综合评判模型 $M(\ *,\ \overset{+}{*}\ )$ 表示。其中，$*$ 为广义模糊"与"运算，$\overset{+}{*}$

为广义模糊"或"运算。在这里，$Y$ 称为征兆集 $X$ 上的模糊子集，$y_j(j=1, 2, \cdots, n)$ 为征兆 $x_j$ 对综合评判所得模糊子集 $Y$ 的隶属度。如果要选择一个决策，则可按照最大隶属度原则选择最大 $y_j$ 所对应的征兆 $x_j$ 作为综合评判结果。

式（10-8）为在广义模糊合成运算下的综合评判模型，其意义在于 $r_{ij}$（$i=1, 2, \cdots, m$，$j=1, 2, \cdots, n$）为单独考虑故障原因 $\omega_i$ 的影响时，诊断对象对征兆 $x_j$ 的隶属度；通过广义模糊"与"运算（$a*r_{ij}$）所得的结果（记为 $r_{ij}^*$），就是在全面综合考虑各种故障的影响时，诊断对象对征兆 $x_j$ 的隶属度，也就是在考虑故障 $\omega_i$ 在总评判中的影响程度 $x_i$ 时，对隶属度 $r_{ij}$ 所进行的调整或限制；最后通过广度模糊"或"运算对各个调整（或限制）后的隶属度 $r_{ij}^*$ 进行综合处理，就能得到合理的综合评判结果。

模糊变换 $R$（单故障评判矩阵）可以看做是从故障域 $\Omega$ 到征兆域 $X$ 的一个模糊变换器。也就是说，每输入一个模糊向量 $X$，就可输出一个相应的综合评判结果 $Y$。

### 10.4.2.2 模糊综合评判模型

理论上讲，广义模糊合成运算有无穷多解，但在故障诊断中经常采用的具体模型有以下几种。

**模型 1**：$M(\wedge, \vee)$

即用 $\wedge$ 代替 $\overset{\cdot}{*}$，$\vee$ 代替 $\overset{+}{*}$，则有

$$y_j = \bigvee_{i=1}^{m} (k_j \wedge r_{ij}), \quad j=1, 2, \cdots, n \tag{10-9}$$

式中 $\wedge$，$\vee$——分别为取小（min）和取大（max）运算。即

$$y_i = \max[\min(k_1, r_{1j}), \min(k_2, r_{2j}), \cdots, \min(k_m, r_{mj})] \tag{10-10}$$

在此模型中，单故障 $\omega_i$ 的评价对征兆 $x_j$ 的隶属度 $r_{ij}$ 被调整为

$$r_{ij}^* = k_i \wedge r_{ij} = \min(k_i, r_{ij}), \quad j=1, 2, \cdots, n \tag{10-11}$$

这清楚地表明，$k_i$ 是在考虑多故障时调整后的隶属度 $r_{ij}$ 的上限。换句话说，在考虑多故障时，诊断对象对各征兆 $k_j$（$j=1, 2, 3, \cdots, n$）隶属度都不能大于 $k_i$。因此，$k_i$ 为在考虑多故障时 $r_{ij}$ 的调整系数。

用 $\vee$ 代替 $\overset{+}{*}$ 的意义：在决定 $y_i$ 时，对每个征兆 $x_j$ 而言，只考虑调整后的隶属度 $r_{ij}^*$ 为最大且起主要作用的那个故障，而忽略了其他故障的影响。可见，模型 $M(\wedge, \vee)$ 是一种"主故障决定型"的综合评判。它的优点是计算方便，缺点是运算太粗糙，诊断中往往丢掉有价值的信息，以致所得诊断结果有时不太令人满意。

**模型 2**：$M(\cdot, \vee)$

即用 $\cdot$ 代替 $\overset{\cdot}{*}$，$\vee$ 代替 $\overset{+}{*}$，于是

$$y_j = \bigvee_{i=1}^{m} (k_j \cdot r_{ij}), \quad j=1, 2, \cdots, n \tag{10-12}$$

式中 $\cdot$——普通实数乘法；

$\vee$——取大（max）运算。

此模型与模型 $M(\wedge, \vee)$ 的意义很相近，其区别在于 $M(\cdot, \vee)$ 用 $r_{ij}^* = k_i r_{ij}$ 代替了 $M(\wedge, \vee)$ 的 $r_{ij}^* = k_i \wedge r_{ij}$。也就是说，用对 $r_{ij}$ 乘以小于 1 的系数来代替给 $r_{ij}^*$ 规定一个上

限。此模型中因为也是用 $\vee$ 代替 $\overset{+}{*}$，所以模型 $M（\cdot，\vee）$ 也是一种"主故障突出型"的综合评判。

**模型 3：$M（\wedge，\oplus）$**

即用 $\wedge$ 代替 $\overset{\cdot}{*}$，$\oplus$（有界算子）代替 $\overset{+}{*}$，于是

$$y_j = \oplus \sum_{i=1}^{m} k_i \wedge r_{ij}, \quad j = 1, 2, \cdots, n \tag{10-13}$$

这里，$\wedge$ 为取小（min）运算，$\alpha \oplus \beta = \min（1，\alpha+\beta）$，$\sum_{i=1}^{m}$ 为对 $m$ 个数在 $\oplus$ 运算下求和，即

$$y_j = \min\left[1, \sum_{i=1}^{m} \min(k_i, r_{ij})\right] \tag{10-14}$$

从式（10-14）可以看出，与模型 $M（\wedge，\vee）$ 一样，在模型 $M（\wedge，\oplus）$ 中也是对 $r_{ij}$ 的规定上限 $k_i$ 给以 $r_{ij}$ 的调整，即有 $r_{ij}^* = k_i \wedge r_{ij}$。其区别在于，该模型是对各 $r_{ij}^*$ 做上限相加以求 $y_j$。因此，$k_i$ 也为在考虑多故障时 $r_{ij}$ 的调整系数。形式上，这个模型是一个对每一种征兆 $k_i$ 都同时对应各种故障的综合评判。

该模型在取小运算（$k_i \wedge r_{ij}$）时，仍会丢失大量有价值的信息，以致所得诊断结果有时不太令人满意。当 $k_i$ 和 $r_{ij}$ 取值较大时，相应的 $y_j$ 均可能等于上限 1；当 $k_i$ 取值较小时，相应的 $y_j$ 值均可能等于各 $k_i$ 之和，这样就不会得到有意义的诊断结果。

**模型 4：$M（\cdot，\oplus）$**

即用 $\cdot$ 代替 $\overset{\cdot}{*}$，$\oplus$（有界算子）代替 $\overset{+}{*}$，则有

$$y_j = \oplus \sum_{i=1}^{m} k_i \cdot r_{ij}, \quad j = 1, 2, \cdots, n \tag{10-15}$$

式中，$\cdot$ 为普通实数乘法，$\alpha \oplus \beta = \min(1, \alpha + \beta)$，$\sum_{i=1}^{m}$ 为对 $m$ 个数在 $\oplus$ 运算下求和，即

$$y_j = \min\left[1, \sum_{i=1}^{m} k_i, r_{ij}\right] \tag{10-16}$$

此模型是在模型 $M(\cdot，\vee)$ 的基础上改进而成的。模型 $M（\cdot，\oplus）$ 在确定 $y_j$ 时，是用对调整后的 $r_{ij}^* = k_i r_{ij}$ 取上界求和，来代替模型 $M(\cdot，\vee)$ 中对 $r_{ij}^* = k_i r_{ij}$ 取最大。该模型有以下特点：

（1）在确定诊断对象对征兆 $x_j$ 的隶属度 $y_j$ 时，综合考虑了所有故障 $\omega_i（i = 1, 2, \cdots, m）$ 的影响，而不像模型 $M(\cdot，\vee)$ 只考虑对 $y_j$ 影响最大的那个故障。

（2）由于同时考虑到所有故障的影响，所以各 $k_i$ 的大小具有刻画各故障重要程度权数的意义，因此 $k_i$ 应满足要求 $\sum_{i=1}^{m} k_i = 1$。

模型 $M(\cdot，\oplus)$ 是一种"加权平均型"综合评判。在此模型中，模糊向量 $\boldsymbol{K} = （k_1, k_2, \cdots, k_m）$ 具有权向量的意义。

应该指出，由于 $\sum\limits_{i=1}^{m} k_i r_{ij} \leqslant 1$，运算 $\oplus$ 实际上已蜕化为普通实数加法。因此模型 $M(\cdot, \ \oplus)$ 可改变成为模型 $M(\cdot, \ +)$，即用 $\cdot$ 代替 $\overset{\cdot}{*}$，$+$ 代替 $\overset{+}{*}$，这就是普通矩阵乘法。所以有

$$y_j = \sum_{i=1}^{m} k_i * r_{ij}, \ j = 1, \ 2, \ \cdots, \ n \tag{10-17}$$

模型 $M(*, \ +)$ 中的 $*$ 和 $+$ 分别表示普通实数的乘法和加法，权系数 $k_i$ 之和满足条件 $\sum\limits_{i=1}^{m} k_i = 1$。

**模型 5**：$M(乘幂, \ \wedge)$

即用普通乘幂代替 $\overset{\cdot}{*}$，$\wedge$ 代替 $\overset{+}{*}$，于是有

$$y_j = \overset{m}{\underset{i=1}{\wedge}}, \ j = 1, \ 2, \ \cdots, \ n \tag{10-18}$$

在此模型中，考虑多故障时，对故障域 $\Omega$ 到征兆域 $X$ 的模糊关系矩阵 $R$ 中的元素 $r_{ij}$ 应调整为 $r_{ij}^* = r_{ij}^{k_j}$。该模型最大的特点是在各调整值 $r_{ij}^*$ 中取其最小者作为 $y_j$，这说明在这一模型中 $r_{ij}$ 和 $y_j$ 不再是各自相应的隶属度，而是某种评判指标。这里规定评判指标的最小者为最佳。

### 10.4.3  基于模糊推理的故障诊断方法

基于模糊推理的诊断方法不需要建立被监控对象精确的数学模型，而是运用隶属函数和模糊规则进行模糊推理，就可以实现故障诊断。但是，对于复杂的诊断系统，要建立正确的模糊规则和隶属函数是非常困难的，而且需要花费很长的时间。对于更多的模糊规则和隶属函数集合而言，难以找出规则与规则之间的关系，也就是说规则有"组合爆炸"的现象发生。另外，由于系统的复杂性和耦合性，使得时域、频域特征空间与故障模式特征空间的映射关系往往存在着较强的非线性，这时隶属函数形状不规则，只能利用规范的隶属函数形状来加以处理，如用三角形、梯形或直线等规则形状来组合予以近似代替，从而使得非线性系统的诊断结果不够理想。

基于直接推理模糊诊断的基本思想是利用模糊关系矩阵 $R$ 将故障与症状联系起来，然后利用模糊关系方程由症状和模糊关系矩阵求出故障。具体可描述如下：

设 $X$、$Y$ 表示输入与输出，分别代表故障原因与故障现象的量化集合

$$X = (x_1, \ x_2, \ \cdots, \ x_m) \tag{10-19}$$
$$Y = (y_1, \ y_2, \ \cdots, \ y_n) \tag{10-20}$$

$X$、$Y$ 均是模糊集合；$x_i$，$y_i \in [0, 1]$。首先对故障集合 $X$ 中的故障 $x_i$ 做故障评判，确定故障现象 $y_i$ 的隶属度 $r_{ij} \in [0, 1]$，称之为 $x_i$ 与 $y_i$ 的关系强度。这样得出第 $k$ 个故障 $x_k$ 的单故障集为

$$r_k = (r_{k1}, \ r_{k2}, \ \cdots, \ r_{kn}) \tag{10-21}$$

它是故障现象集合 $Y$ 上的模糊子集。这样，$m$ 个故障的评价集就构造出一个总的评价模糊矩阵

$$R = \begin{bmatrix} r_{11} & r_{12} & \cdots & r_{1n} \\ r_{21} & r_{22} & \cdots & r_{2n} \\ \vdots & \vdots & & \vdots \\ r_{n1} & r_{n2} & \cdots & r_{nn} \end{bmatrix}$$

则模糊关系方程为

$$[x_1 \ x_2 \ \cdots \ x_m] \circ R = [y_1 \ y_2 \ \cdots \ y_n] \tag{10-22}$$

即

$$X \circ R = Y \tag{10-23}$$

式中  。——内积运算。

采用 $M(\wedge, \vee)$ 模型，$y_j$ 可表示为

$$Y_j = (x_1 r_{1j}) \vee (x_2 r_{2j}) \vee \cdots \vee (x_m r_{mj}) \tag{10-24}$$

式中  $\wedge$，$\vee$——分别表示取 min 和 max 运算。

如果已知 $R$ 和 $Y$，要求 $X$，可得

$$X_i = \begin{cases} y_j(r_{ij} > y_j) \\ y_{j,1}(r_{ij} = y_j) \\ \emptyset (r_{ij} < y_j) \end{cases} \tag{10-25}$$

式中，$\emptyset$ 为空集，表示故障现象与故障原因之间没有关系。

最后利用最大隶属度原则就可确定故障源。使用该方法的困难之处在于如何建立模糊关系矩阵和如何确定某一故障属于某一成因的隶属度，即如何确定故障的模糊隶属度向量。

### 10.4.4  基于模糊模型的故障诊断方法

可利用系统的 Takagi-Sugena 模糊模型参数来产生用于故障诊断的等价方程。该方法建立在用于产生等价方程的并行、串并行模型的组合之上，这种组合为其实现对非线性系统突变和缓变故障的诊断提供了有利的工具。该方法的主要优点是利用了由启发性知识和/或通过辨识方法利用测量数据建立起来的模型。模型透明的内部结构被用于产生指示故障的发生和位置的症状。然而应用这种方法，只有当变量出现在规则的后半部分，而不出现在前半部分时才能得到结构化残差。

### 10.4.5  基于模糊残差评价的故障诊断方法

基于模糊残差评价的故障诊断方法有基于自适应模糊阈值、基于模糊聚类、基于模糊逻辑等的残差评价诊断方法。基于自适应模糊阈值的残差评价诊断原理如图 10-4 所示。

一种模糊规则的阈值调节方法，此时的阈值调节不是基于解析关系，而是基于模糊规则和模糊变化。在这种方法中，阈值的调节依赖于由适当的隶属度函数确定的模糊集合和出现在模糊规则中的 $u$ 和 $y$ 的量值。最终的模糊阈值调节规律可表示为

$$J(u, y) = J_0 + \Delta J(u, y) \tag{10-26}$$

式中，$J_0 = J_0(u_0, y_0)$ 表示在工作点 $(u_0, y_0)$ 处的定常阈值。$J_0$ 的确定考虑了静态干扰的影响（如测量噪声），但没有考虑故障；增量 $\Delta J(u, y)$ 表示由于系统偏离了工作点而

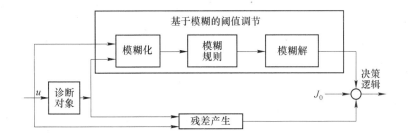

图 10-4 自适应模糊阈值残差评价的故障诊断原理

产生的模型不匹配的影响。不难理解，阈值的调节也可以看做是残差隶属度函数的调节，此时残差的隶属度函数和规则可以理解为对变化工作点的适应。

## 10.5 模糊故障诊断有关问题的处理方法

### 10.5.1 故障模糊分类方法

设备在运行过程中，由于内外部多种因素的综合作用，会引起设备的温度升高、异常振动等多种故障。对于同一种故障，可能会产生多种征兆；而一种征兆，又往往对应数种故障。这种故障与征兆之间的不确定性，给故障诊断带来了困难，但模糊分类方法为此提供了方便。下面以振动故障为例说明其基本过程。

（1）建立一组标准样本 $\{S_i\}$，$i = 1, 2, \cdots, n$；

（2）计算一组实际测量数据 $T$ 与标准样本 $\{S_i\}$ 的贴近度 $\{N(S_i, T)\}$。其中 $N(S_i, T)$ 的大小反映了测量数据与第 $i$ 组样本的接近程度，而

$$\max\{N(S_1, T), N(S_2, T), \cdots, N(S_n, T)\}$$

则反映了测量数据与标准样本中哪一组最接近，并把其归入这一类；

（3）选取谱型中各倍频和分频的幅值作为特征值，并将谱图分为小于工频、工频和大于工频 3 个区间。设小于工频区间最大幅值的比例为 $A$，工频区间最大幅值的比例为 $R$，大于工频区间最大幅值的比例为 $S$。$M_A$、$M_R$、$M_S$ 分别为 3 个区间中的最大值，则隶属函数为

$$U_A = M_A/(M_A + M_R + M_S)$$
$$U_R = M_R/(M_A + M_R + M_S)$$
$$U_S = M_S/(M_A + M_R + M_S) \tag{10-27}$$

其幅值谱可表示为

$$M = \{U_A, U_R, U_S\} \tag{10-28}$$

利用公式

$$N(i, j) = \frac{\sum\limits_{k=1}^{m} (X_{ik} \wedge X_{jk})}{\sum\limits_{k=1}^{m} (X_{ik} \vee X_{jk})} \tag{10-29}$$

就可计算出 $M$ 与标准样本的贴近度，进而就能判断出故障的类型、原因、部位和程

度。在这里，$X_{ik}$、$X_{jk}$ 分别表示标准谱型中的分量值。

### 10.5.2 模糊样本的建立

由于设备故障受到多种因素的影响，在采用模糊技术建立样本时，应对各相关因素做综合分析和处理。

（1）故障类型集。在机械故障诊断中，故障种类组成的集合通常用大写字母 $U$ 表示，即

$$U = \{u_1,\ u_2,\ \cdots,\ u_m\} \tag{10-30}$$

在这里，故障集 $U$ 为一普通集合。

（2）权重集。设备所发生的各种故障，其危害程度不尽相同，对危害程度大的故障应特别重视。为了说明各种故障的危害程度，对各种故障 $u_i(i=1,\ 2,\ \cdots,\ m)$ 应赋予相应的权数 $k_i(i=1,\ 2,\ \cdots,\ m)$。各故障权数组成的集合为

$$K = \{k_1,\ k_2,\ \cdots,\ k_m\} \tag{10-31}$$

$K$ 称为故障权重集，简称权重集。

一般地，各个权数 $k_i(i=1,\ 2,\ \cdots,\ m)$ 应符合归一化和非负性条件，即

$$\sum_{i=1}^{m} k_i = 1 \quad (k_i > 0) \tag{10-32}$$

权重集中的各个元素 $k_i$ 对应于故障的相应元素 $u_i$，表示 $u_i$ 相对重要的隶属度。因此，权重集可作为故障集上的模糊子集，表示为

$$K = \sum_{i=1}^{m} k_{\text{I}} / k_i \tag{10-33}$$

权重集的每个元素 $k_i$，可根据实际问题的具体情况，在积累维修经验和集中专家意见的前提下主观确定。

（3）征兆集。征兆集是设备故障引起的各种不同征兆所组成的集合，可用大写字母 $V$ 表示，即

$$V = \{v_1,\ v_2,\ \cdots,\ v_n\} \tag{10-34}$$

显然，$v_i$ 对 $V$ 的关系也是普通集合关系，因此征兆集是一个普通集。

### 10.5.3 故障分析矩阵的建立

（1）矩阵框架的建立。设故障类型的第 $i$ 个元素 $u_i$ 对征兆集的第 $j$ 个元素 $v_i$ 的隶属度为 $r_{ij}$，则对 $u_i$ 分析的结果可用模糊集合 $R_i$ 表示，即

$$R_i = r_{i1}/v_1 + r_{i2}/v_2 + \cdots + r_{in}/v_n \quad (i=1,\ 2,\ \cdots,\ m)$$

征兆集 $V$ 上的任一个单故障分析集可表示为

$$\underset{\sim}{R}_i = \{r_{i1},\ r_{i2},\ \cdots,\ r_{in}\} \quad (i=1,\ 2,\ \cdots,\ m)$$

这样，所有单故障分析集就可表示为

$$\underset{\sim}{R}_1 = \{r_{11},\ r_{12},\ \cdots,\ r_{1n}\}$$
$$\underset{\sim}{R}_2 = \{r_{21},\ r_{22},\ \cdots,\ r_{2n}\}$$
$$\vdots$$

$$\underset{\sim}{R}_m = \{r_{m1}, r_{m2}, \cdots, r_{mn}\}$$

以单故障分析集的隶属度为行组成的矩阵

$$\underset{\sim}{R} = \begin{bmatrix} r_{11} & r_{12} & \cdots & r_{1n} \\ r_{21} & r_{22} & \cdots & r_{2n} \\ \vdots & \vdots & & \vdots \\ r_{m1} & r_{m2} & \cdots & r_{mn} \end{bmatrix} \tag{10-35}$$

称为故障分析矩阵。显然，$\underset{\sim}{R}$ 为模糊矩阵。

单故障分析集实际上是故障集 $U$ 和征兆集 $V$ 之间的一种模糊关系。因此，单故障分析集也可表示为

$$\underset{\sim}{R}_i = r_{i1}/(u_1, v_1) + r_{i2}/(u_2, v_2) + \cdots + r_{in}/(u_m, v_n) \tag{10-36}$$

式中，$(u_i, v_j)(i = 1, 2, \cdots, m; j = 1, 2, \cdots, m)$ 为直积集 $U \times V$ 的元素。$r_{ij}$ 表示 $u_i$ 和 $v_j$ 之间的隶属关系程度，即诊断对象按 $u_i$ 分析时对 $v_j$ 的亲疏程度，故 $\underset{\sim}{R}$ 也可作为 $U$ 到 $V$ 的模糊关系矩阵。

（2）矩阵元素的确定（即加权统计法求隶属函数）。$r_{ij}$ 的确定必须综合考虑多种因素。首先，考虑经验统计资料（$L_1$）；其次，为了弥补统计资料的不足，还必须考虑机理分析因素（$L_2$）、征兆出现的明显程度（$L_3$）与现场获得该征兆的难易程度（$L_4$）；然后针对这四项因素对每一征兆进行评分。

对 $L_1$ 的评分可直接从统计资料算得

$$K_{ij}^{L_1} = P(v_j/u_i) = N_{v_j}/N_{u_i} \tag{10-37}$$

式中　$N_{v_j}$——故障发生的总次数；

　　　$N_{u_i}$——故障发生时征兆出现的次数。

对 $L_2$、$L_3$、$L_4$ 的评分，可事先给出征兆量和所对应的隶属度，如表 10-1 所示。

表 10-1　征兆量及其对应的隶属度

| 隶属度 $L_1$ | 机理分析 $L_2$ | 明显程度 $L_3$ | 获得难度 $L_4$ |
|---|---|---|---|
| $K_{u_i}(v_j) = 1.0$ | 必然出现 | 很剧烈 | 不可获得 |
| $1.0 > K_{u_i}(v_j) \geqslant 0.9$ | 非常可能出现 | 剧烈 | 很难观察 |
| $0.9 > K_{u_i}(v_j) \geqslant 0.7$ | 很可能出现 | 较剧烈 | 难观察 |
| $0.7 > K_{u_i}(v_j) \geqslant 0.5$ | 可能出现 | 不太剧烈 | 较难观察 |
| $0.5 > K_{u_i}(v_j) \geqslant 0.3$ | 有可能出现 | 轻微 | 可观察到 |
| $0.3 > K_{u_i}(v_j)$ | 不可能出现 | 很轻微 | 容易观察 |
| $K_{u_i}(v_j) = 0$ | 很不可能出现 | 未变 | 很易观察 |

由表 10-1 可知道，由大量专业人员对每一具体征兆给出评分，就可得到每一具体征兆 $v_j$ 对故障 $u_j$ 的评分集合，即

$$\underset{\sim}{K}_{ij} = (K_{ij}^{L_1}, K_{ij}^{L_2}, K_{ij}^{L_3}, K_{ij}^{L_4}) \tag{10-38}$$

在确定隶属度时，对上述四个因素应分别对待，有所侧重，故需给出相应权的集合

$$\underset{\sim}{L} = (L_1, L_2, L_3, L_4) \quad (L_1 > 0, \sum_{i=1}^{4} L_i = 1) \tag{10-39}$$

由每一征兆的评分集合与权数集合，依下式

$$r_{ij} = \max(\underset{\sim}{K_{ij}} \hat{+} \underset{\sim}{L})$$ (10-40)

就可算出相应的隶属度 $r_{ij}$。式中算子 $\hat{+}$ 的含义为

$$a \hat{+} b = a + b - ab$$ (10-41)

这样，就得到了故障分析矩阵。

需要注意的是，虽然隶属函数的估计已经有 7 种方法，但隶属函数的确定到目前为止还没有一个一般的、普遍的法则。因此，应用时常常还带有主观性和经验成分。

## 10.6  液压系统故障模糊诊断实例

现以塑化液压传动系统为例，对上述方法予以说明。

### 10.6.1  确定考察对象与建立故障评价标准

（1）确定考察对象，对故障进行分析。以某厂 4000g 注塑机的塑化液压传动系统为考察对象。其液压系统原理如图 10-5 所示。

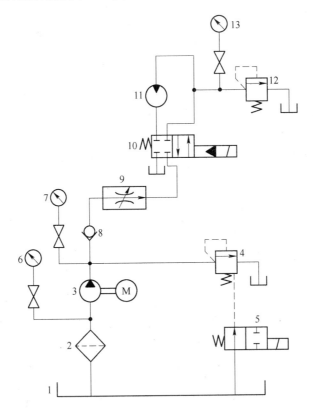

图 10-5  塑化液压传动系统

1—油箱；2—过滤器；3—液压泵；4，12—溢流阀；5—二位二通电磁阀；6，7，13—压力表；
8—单向阀；9—调速阀；10—电液动换向阀；11—液压马达

首先了解该液压系统工作原理并较深入地了解各液压元件的型号、结构、工作原理和

作用，然后分析液压系统出现的故障并查找其原因。

（2）列出有关故障并给出故障严重程度的评价标准。塑化液压马达转速低，回转无力，评价标准如表 10-2 所示。

表 10-2 评价标准（1）

| 最高转速/r·min⁻¹ | 40 | 35 | 30 | 25 | 20 |
|---|---|---|---|---|---|
| 评 价 | 正常 | 较低 | 低 | 很低 | 极低 |

其故障表现为：

1）液压马达磨损。

2）调压回路故障。

3）液压泵磨损。

4）电液阀泄漏严重。

其他元件的故障可用简单的方式辨别。

（3）给出故障原因成立的相关信息、量化评价标准，以及综合评价模式。

如果液压马达损坏将会出现的相关信息（评价标准略）为：

1）塑化换向阀打开前后压力指示变化大。

2）液压马达的外泄漏量明显增大。

3）液压马达的使用期长。

4）液压油不清洁。

5）液压马达壳体严重发热。

如果主调压回路产生了故障将会出现的相关信息（评价标准略）为：

1）系统压力调不高。

2）系统压力调节不灵。

3）各执行器的速度刚度明显下降。

4）调压阀或其他阀使用期长。

5）调到最高压力时液压泵振动无变化且外泄漏量也无变化。

如果液压泵磨损将会出现的相关信息与评价标准为：

1）各动作尚未开始时系统压力调不高，评价标准（设最高压力 $p_{max}$）如表 10-3 所示。

表 10-3 评价标准（2）

| $p_{max}$/MPa | 20 | 17.5 | 15 | 12.5 | 10 |
|---|---|---|---|---|---|
| 评价值 $F_a$ | 0 | 0.25 | 0.5 | 0.75 | 1 |

2）系统由卸荷状态转为负载状态时，吸油压力上升明显（由液压泵内泄漏所致）。评价标准（设泵由卸荷状态转为 10MPa 的负载时，吸油压力上升为 $p_0$）如表 10-4 所示。

表 10-4 评价标准（3）

| $p_0$/MPa | 0 | 0.05 | 0.1 | 0.15 | 0.20 |
|---|---|---|---|---|---|
| 评价值 $F_b$ | 0 | 0.25 | 0.5 | 0.75 | 1 |

3）液压泵壳体发热，评价标准（用手触摸泵的端面）如表 10-5 所示。

表 10-5　评价标准（4）

| 感　觉 | 不烫手 | 烫手 | 很烫手 |
|---|---|---|---|
| 评价值 $F_c$ | 0 | 0.5 | 1 |

4）液压泵使用期评价标准如表 10-6 所示。

表 10-6　评价标准（5）

| 使用期/年 | 1 | 2 | 3 | 4 |
|---|---|---|---|---|
| 评价值 $F_d$ | 0.25 | 0.5 | 0.75 | 1 |

5）油液清洁状态评价标准如表 10-7 所示。

表 10-7　评价标准（6）

| 油状况 | 清洁 | 不清洁 | 看得见颗粒 |
|---|---|---|---|
| 评价值 $F_e$ | 0 | 0.5 | 1 |

6）液压泵外泄漏量状况评价标准如表 10-8 所示。

表 10-8　评价标准（7）

| 泄漏状况 | 微量 | 明显 | 急速外漏 |
|---|---|---|---|
| 评价值 $F_f$ | 0 | 0.5 | 1 |

液压泵磨损最严重时的标准评价综合评价模式为：

$$F_{max} = \sum (各重要性系数 \times 各症状的最高得分)$$

式中，各重要性系数反映各相关信息与液压泵磨损的关系密切程度，在此，取系统压力调节重要性系数 $G_a = 1$，吸油压力上升重要性系数 $G_b = 1$，液压泵壳体发热重要性系数 $G_c = 0.5$，液压泵使用期重要性系数 $G_d = 0.5$，油液清洁状况重要性系数 $G_e = 0.5$，液压泵外泄重要性系数 $G_f = 1$，由此得：

$$\begin{aligned} F_{max} &= G_a \cdot F_{amax} + G_b \cdot F_{bmax} + G_c \cdot F_{cmax} + G_d \cdot F_{dmax} + G_e \cdot G_{emax} + G_f \cdot F_{fmax} \\ &= 1+1+0.5+0.5+0.5+1 \\ &= 4.5 \end{aligned}$$

## 10.6.2　现场诊断

症状：塑化马达回转无力，转速缓慢，最高转速 21r/min。

评价：转速很低，问题很严重。

根据可能原因确定真实原因：利用上述评价标准进行评价，液压泵磨损得分最高，是最可能存在的原因，有关数据及评价过程如下：

（1）系统最高可调压力 10MPa→$F_a = 1$。

（2）有负载时吸油压力上升 0.2MPa→$F_b = 1$。

（3）泵表面有烫手现象→$F_c = 0.5$。

（4）泵使用期为 3 年→$F_d = 0.75$。

（5）油液不清洁 $\rightarrow F_e = 0.5$。

（6）泵泄漏严重 $\rightarrow F_f = 1$。

$$F = G_a \cdot F_a + G_b \cdot F_b + G_c \cdot F_c + G_d \cdot F_d + G_e \cdot F_e + G_f \cdot F_f$$
$$= 1 \times 1 + 1 \times 1 + 0.5 \times 0.5 + 0.5 \times 0.75 + 0.5 \times 0.5 + 1 \times 1$$
$$= 3.875$$

将这一总评价得分值 $F$ 与最严重故障得分值 $F_{max}$ 进行比较得：

$$H = F/F_{max} = 3.875 \div 4.5 = 0.861$$

根据上述评价结果，液压泵可能产生故障。拆开柱塞泵，发现转子上柱塞孔与柱塞之间的间隙较大，转子与配流盘表面有拉槽，更换液压泵以后，系统故障被消除。

# 11 灰色系统理论在液压系统故障诊断中的应用

灰色系统理论将不确定量定义为灰数，用灰色数字来处理不确定量，同样能使不确定量予以量化。

## 11.1 灰色系统理论基本概念

灰色系统理论视不确定量为灰色量。提出了灰色系统建模的具体数字方法，它能运用时间序列数据来确定微分方程的参量。灰色预测不是把观测数据序列视为一个随机过程，而是看作随时间变化的灰色量或灰色过程，通过累加生成或相减生成逐步使灰色量白化，从而建立相应于微分方程解模型并做出预报。这样，对某些大系统和长期预测问题，就可以发挥作用。

灰色预测模型只要求较少的观测资料即可制作，这和时间序列分析、多元分析等概率统计模型要求较多资料不一样。因此，对于某些只有少量观测数据的项目来说，灰色预测是一个有用的工具。

### 11.1.1 概念的分类及灰色概念

概念是人对具体事物的一种抽象。如"狗"这个概念是从黄狗、黑狗、大狗、小狗、猎狗等抽象出来的。概念的形成过程可分为两类：一类是内涵不确定概念，一般用名词或名词性词组表示。开始人们对内涵认识比较肤浅，随着社会实践和发展，认识逐步深化。另一类是外延不确定概念，符合某个概念的某些对象的全体，称为该概念的外延。

根据内涵和外延的确定和不确定性，可将概念做如下分类：

（1）白色概念——内涵和外延均可确定的概念，如"书"、"铅笔"等。

（2）灰色概念——外延确定，内涵不确定的概念，如"癌"、"人体"等。

（3）模糊概念——内涵确定，外延不确定的概念，如"年龄"、"大得多"。

（4）灰色模糊概念——内涵和外延均不确定的概念。

灰色概念是普遍存在的，如"人体"这一概念，其内涵是不确定的，内涵有一个认识深化的过程。

灰色概念与模糊概念的区别在于：灰色概念着眼于内涵，模糊概念着眼于外延。如"年轻人"这一模糊概念的内涵是确定的，但外延不确定，当给定一个具体的年龄，如30岁，就难以判断是不是"年轻人"。

### 11.1.2 在液压故障诊断中的应用

灰色系统是指部分信息清楚、部分信息不清楚的系统。一个运行的设备实际上是一个复杂的系统，也是灰色系统。这个系统有的信息能知道，有的信息知道但是不准或不可能知道，故障诊断就是利用已知信息去认识这个含有不可知信息系统的特性、状态和发展趋势，并对未来做出预知和决策。从系统和信息角度讲，故障诊断实质上是对一个灰色系统的白化过程。

灰色系统理论是控制论观点和方法的延伸，它从系统的角度出发研究信息间的关系，即研究如何采用已知信息去揭示未知信息，也就是系统的白化问题。

灰色系统理论的主要内容包括灰色系统建模、灰色关联度分析、灰色系统预测、选择最优方案的灰色系统决策等。

故障诊断过程是对一个带有不可知信息（随机因素）的系统，利用有限信息，通过信息处理，进行预测、判断和决策的过程。在液压系统故障诊断中，利用灰色系统理论来处理是可行的。

我国灰色系统理论应用于故障诊断是从 1986 年开始的，进展较快，并取得了一定成果。

## 11.2 灰色关联度分析

关联度是事物之间、因素之间关联性大小的"量度"。它描述了系统发展过程中因素间相对变化的情况，也就是变化大小、方向与速度等因素间的相对性。如果两者在发展过程中相对变化基本一致，则认为二者的关联度大，反之二者的关联度就小。

关联度分析是一种"整体的比较"，即有环境（有参考系）、有测度的比较。它是灰色系统理论分析和处理随机量的一种方法，也是一种从数据到数据的"映射"。人们就是利用这种映射来识别液压系统故障状态模式的。

关联度分析法是按发展趋势做分析，因此对样本量的多少没有过分的要求，也不需要典型的分布规律，计算量小，即使是几十个变量（序列）的情况也可用手进行计算，而且不会出现关联度的量化结果与定性分析不一致的情况。

### 11.2.1 关联系数计算公式

做关联度分析先要指定参考的数据列，参考数据列常记为 $x_0$。$x_0$ 是由不同时刻的值所构成的。记第一个时刻的值为 $x_0(1)$，第二个时刻值为 $x_0(2)$，第 $k$ 个时刻的值为 $x_0(k)$。因此参考数列 $x_0$ 可表示为 $x_0 = (x_0(1), x_0(2), \cdots, x_0(n))$，如表 11-1 所示。

表 11-1 参考数列

| 序 号 | 1 | 2 | 3 | 4 | 5 | 6 |
|---|---|---|---|---|---|---|
| 数据 $x_0$ | 1 | 1.1 | 2 | 2.25 | 3 | 4 |
| 符 号 | $x_0(1)$ | $x_0(2)$ | $x_0(3)$ | $x_0(4)$ | $x_0(5)$ | $x_0(6)$ |

将 $x_0(1)$ 到 $x_0(6)$ 集合起来，得序列

$$x_0 = (x_0(1), x_0(2), x_0(3), x_0(4), x_0(5), x_0(6))$$
$$= (1, 1.1, 2, 2.25, 3, 4)$$

关联度分析中的被比较数列常记为 $x_1, x_2, x_3, x_4, x_5, x_6$。若给定了第一个比较数列，如表 11-2 所示，得数列

$$x_1 = (x_1(1),\ x_1(2),\ x_1(3),\ x_1(4),\ x_1(5),\ x_1(6))$$
$$= (1,\ 1.166,\ 1.834,\ 2,\ 2.34,\ 3)$$

**表 11-2  比较数列**

| 序　号 | 1 | 2 | 3 | 4 | 5 | 6 |
|---|---|---|---|---|---|---|
| 数据 $x_1$ | 1 | 1.166 | 1.834 | 2 | 2.34 | 3 |
| 符　号 | $x_1(1)$ | $x_1(2)$ | $x_1(3)$ | $x_1(4)$ | $x_1(5)$ | $x_1(6)$ |

再给出其他两个数列 $x_2$、$x_3$，分别为：

$$x_2 = (x_2(1),\ x_2(2),\ x_2(3),\ x_2(4),\ x_2(5),\ x_2(6))$$
$$= (1,\ 1.125,\ 1.075,\ 1.375,\ 1.625,\ 1.75)$$
$$x_3 = (x_3(1),\ x_3(2),\ x_3(3),\ x_3(4),\ x_3(5),\ x_3(6))$$
$$= (1,\ 1,\ 0.7,\ 0.8,\ 0.9,\ 1.2)$$

有了这些数列，就为关联度分析准备了条件。

关联性实质上是曲线间几何形状的差别，因此，将曲线间差值大小作为关联程度的衡量尺度。

连续函数可以用欧氏空间的范数作为函数接近的测度，可以得到无限接近的概念。离散函数只能定义有限接近，即按灰色关联度的接近，所以说灰色关联是离散函数接近的测度。可以用灰色关联度分析本征灰色系统各种因素间的关联程度。因此，因素之间关联程度主要用灰色关联度的大小顺序描述，而不完全用灰色关联度的大小来描述。

对于一个参考数列 $x_0$ 有好几个比较数列 $x_0(1)$，$x_0(2)$，…，$x_0(n)$ 的情况，可以用下述关系表示各比较曲线与参考曲线在各点（时刻）的差，表达式如下：

$$\xi_i(k) = \frac{\min_i \min_k | x_0(k) - x_i(k) | + 0.5 \max_i \max_k | x_0(k) - x_i(k) |}{| x_0(k) - x_i(k) | + 0.5 \max_i \max_k | x_0(k) - x_i(k) |} \tag{11-1}$$

式中，$\xi_i(k)$ 是第 $k$ 个时刻比较曲线 $x_1$ 与参考曲线 $x_0$ 的相对差值，这种形式的相对差值称为 $x_i$ 对 $x_0$ 在 $k$ 时刻的关联系数。式中 0.5 是分辨系数，记为 $\zeta$，一般在 $0 \sim 1$ 之间选取。式中 $\min_i \min_k | x_0(k) - x_i(k) |$ 称为两级（两个层次）的最小差。第一层次最小差 $\Delta_i(\min) = \min_k | x_0(k) - x_i(k) |$，是指在绝对差 $| x_0(k) - x_i(k) |$ 中按不同 $k$ 值挑选其中最小者。第二层次最小差 $\Delta_i(\min) = \min_i(\min_k | x_0(k) - x_i(k) |)$，是在 $\Delta_1(\min)$，$\Delta_2(\min)$，…，$\Delta_n(\min)$ 中挑选其中最小者，即 $\Delta_i(\min)$ 是"跑遍 $k$ 选最小者"，$\min \Delta_i(\min)$ 是"跑遍 $i$ 选最小者"。式中 $\max_i \max_k | x_0(k) - x_i(k) |$ 是两级（两个层次）的最大差。第一个层次最大差 $\Delta_i(\max) = \max_k | x_0(k) - x_i(k) |$，是"跑遍 $k$ 选最大者"，而第二个层次最大差为 $\max_i(\Delta_i(\max)) = \max_i \max_k | x_0(k) - x_i(k) |$ 是"跑遍 $i$ 选最大者"。

### 11.2.2  关联系数计算

计算关联系数之前，先将数列做初值化处理，即用第一个数列的第一个数 $x_i(1)$ 除其他数 $x_i(k)$，这样既可使数列无量纲，又可以得到公共交点，初值化的公共交点是

$x_i(1)$，即第 1 点。

如数列
$$x_0 = (x_0(1), x_0(2), x_0(3))$$
$$= (20, 22, 40)$$

初值化为
$$x_0 = \left(\frac{20}{20}, \frac{22}{20}, \frac{40}{20}\right)$$
$$= (1, 1.1, 2)$$
$$\vdots$$

然后分三步计算关联系数：

（1）求差序列。
$$\Delta_1 = |x_0(k) - x_1(k)|$$

初值化序列  $x_0 = (1, 1.1, 2, 2.25, 3, 4)$

$\quad\quad\quad\quad\quad x_1 = (1, 1.166, 1.834, 2, 2.314, 3)$

$\quad\quad\quad\quad\quad x_2 = (1, 1.125, 1.075, 1.375, 1.625, 1.75)$

$\quad\quad\quad\quad\quad \Delta_1 = (0, 0.066, 0.166, 0.25, 0.686, 1)$

$\quad\quad\quad\quad\quad \Delta_2 = (0, 0.025, 0.0925, 0.875, 1.375, 2.25)$

$\quad\quad\quad\quad\quad \Delta_3 = \cdots$

（2）求两级最小差与最大差。

求两级最小差
$$\Delta_1 = 0$$
$$\vdots$$

求两级最大差
$$\Delta_1 = 1$$
$$\Delta_2 = 2.25$$
$$\Delta_3 = 2.8$$

这三个最大差值中，即 1，2.25，2.8 中再取最大者，即有
$$\max_i \max_k |x_0(k) - x_i(k)| = 2.8$$

（3）计算关联系数。

已求出
$$\min_i \min_k |x_0(k) - x_i(k)| = 0$$
$$\max_i \max_k |x_0(k) - x_i(k)| = 2.8$$

代入式（11-1）得
$$\xi_i(k) = \frac{0 + 0.5 \times 2.8}{|x_0(k) - x_i(k)| + 0.5 \times 2.8} = \frac{1.4}{\Delta_i(k) + 1.4}$$

若令 $i = 1$ 时，即 $\Delta_1$，从上面可知 $\Delta_1 = |x_0(k) - x_i(k)|$。$\Delta_1(k)$ 的值见表 11-3。

表 11-3  $\Delta_1(k)$ 的值

| 序号 | 1 | 2 | 3 | 4 | 5 | 6 |
|------|---|---|---|---|---|---|
| $\Delta(k)$ | 0 | 0.066 | 0.166 | 0.25 | 0.66 | 1 |
| | $\Delta_1(1)$ | $\Delta_1(2)$ | $\Delta_1(3)$ | $\Delta_1(4)$ | $\Delta_1(5)$ | $\Delta_1(6)$ |

$$\xi_1(1) = \frac{1.4}{\Delta_1(1) + 1.4} = \frac{1.4}{0 + 1.4} = 1$$

$$\xi_1(2) = \frac{1.4}{\Delta_1(2) + 1.4} = \frac{1.4}{0.066 + 1.4} = 0.955$$

$$\xi_1(3) = \frac{1.4}{0.166 + 1.4} = 0.848$$

$$\vdots$$

$$\xi_1(6) = \frac{1.4}{1 + 1.4} = 0.583$$

做关联系数 $\xi_1(k)$ 数列

$$\xi_1 = (\xi_1(1), \xi_1(2), \cdots)$$
$$=(1, \ 0.955, \ 0.848, \ 0.894, \ 0.679, \ 0.583)$$

同理 $x_2$ 与 $x_0$ 的关联系数表达式

$$\xi_2(k) = \frac{1.4}{\mid x_0(k) - x_2(k) \mid + 1.4}$$
$$\vdots$$
$$\xi_2(k) = (\xi_2(1), \xi_2(2), \cdots)$$
$$=(1, \ 0.982, \ 0.602, \ 0.615, \ 0.797, \ 0.383)$$

### 11.2.3　关联度

由于关联系数的数很多,信息过于分散,不利于比较,为此有必要将各个时刻关联系数集中为一个值,求平均值是这种信息集中处理的一种方法。

关联度的一般表达式为

$$\gamma_i = \frac{1}{N} \sum_{i=1}^{N} \xi_i(k) \tag{11-2}$$

或者说,$\gamma_i$ 是曲线 $x_i$ 对参考曲线 $x_0$ 的关联度。

例如　　$\gamma_1 = \frac{1}{6} \sum_{i=1}^{6} \xi_i(k)$

$$= \frac{1}{6}(1 + 0.955 + 0.848 + 0.894 + 0.679 + 0.583)$$

$$= 0.827$$

$$\gamma_2 = 0.73$$

$$\gamma_3 = 0.613$$

综合起来得:$\gamma_1 = 0.827$,$\gamma_2 = 0.73$,$\gamma_3 = 0.613$。可见,$x_1$ 与 $x_0$ 关联度 $\gamma_1 = 0.827$ 为最大,即 $x_1$ 是与 $x_0$ 发展趋势最接近因素,或者说影响最大因素。$x_3$ 与 $x_0$ 关联度 $\gamma_3 = 0.613$ 最小,即 $x_3$ 是与 $x_0$ 发展趋势最不接近的因素,或者说影响最小的因素。

把关联度序列从大到小排列:

$$\gamma_1 > \gamma_2 > \gamma_3 > \cdots > \gamma_n \tag{11-3}$$

## 11.3 灰色关联度分析在液压系统故障诊断中的应用

### 11.3.1 在简易诊断中的应用

简易诊断中一般只区分设备是正常运行或发生故障两种状态模式，首先对关联度的数学过程做一描述。

设标准模式特征向量阵 $[X_{ri}]$ 为：

$$[X_{ri}] = \begin{bmatrix} X_{r1} \\ X_{r2} \\ \vdots \\ X_{rn} \end{bmatrix} = \begin{bmatrix} X_{r1}(1) & X_{r1}(2) & \cdots & X_{r1}(k) \\ X_{r2}(1) & X_{r2}(2) & \cdots & X_{r2}(k) \\ \vdots & \vdots & & \vdots \\ X_{rn}(1) & X_{rn}(2) & \cdots & X_{rn}(k) \end{bmatrix}$$

式中 $r$ ——标准（参考）模式；

$n$ ——设备的标准故障模式个数；

$k$ ——每个故障模式的特征向量个数。

这就是诊断用的标准谱。第 $j$ 个待检模式的特征向量为：

$$[X_{tj}] = [X_{tj}(1) \quad X_{tj}(2) \cdots X_{tj}(k)]$$

可得关联度序列：

$$[\gamma_{tjri}] = [\gamma_{t1r1}, \gamma_{t2r2}, \cdots, \gamma_{tnrn}]$$
$$\gamma_{tjrm} > \gamma_{tjrh} > \gamma_{tjrk} > \cdots$$

式中，$m$、$h$ 和 $k$ 分别为 $\{1, n\}$ 的自然数。这个排列次序也表示了待检模式 $X_{tj}$ 与标准模式 $X_{rm}$；$X_{rh}$，$X_{rk}$，…关联程度的大小排列次序，这就为我们提供了待检故障状态的故障模式划归为标准故障模式可能性大小的次序。

用关联度分析设备的故障模式的特点是不追求大样本量（特征向量不要求很多），不要求数据有特殊分布，计算量小并且不会出现与定性分析不一致的结论。

故有：

$$[X_{ri}] = \begin{bmatrix} X_{r1} \\ X_{r2} \end{bmatrix} = \begin{bmatrix} X_{r1}(1) & X_{r1}(2) & \cdots & X_{r1}(n) \\ X_{r2}(1) & X_{r2}(2) & \cdots & X_{r2}(n) \end{bmatrix}$$

式中 $r1$ ——正常运转模式特征向量；

$r2$ ——故障状态模式特征向量。

若计算的待检模式向量 $[X_{tj}]$ 与参考模式向量 $[X_{ri}]$ 的关联度为

$$\gamma_{tjr1} > \gamma_{tjr2}$$

时，表示设备正常运转。

若

$$\gamma_{tjr1} < \gamma_{tjr2}$$

时，则表示设备已处于故障状态。

若

$$\gamma_{tjr1} \approx \gamma_{tjr2}$$

时，则说明关联度分析无效，这时应改变标准模式向量大小，或改变特征向量，或增加新的特征向量。

### 11.3.2 关联度分析在轧机液压伺服系统中进行故障诊断

液压伺服系统的动态特性由开环增益 $K$、液压固有频率以及液压阻尼系数三个动态参数所确定。在系统中影响上述参数的因素都将影响系统的频宽，这些影响因素主要有：

（1）伺服放大器增益异常；

（2）伺服阀泄漏量过大；

（3）液压缸密封件损坏；

（4）液压缸内混入空气；

（5）位置反馈增益太小。

系统发生第（3）、（4）、（5）种故障时，都将使系统的频宽下降，我们对此做重点研究。

在研究中，我们给系统设置了三种不同的状态，以获取有关数据。

（1）系统处于正常工作状态（定为标准状态1）。系统处于此标准状态时的状态信息是进行故障诊断的基础。在测试过程中保证它的准确性和稳定性。

（2）伺服液压缸混入空气（定为标准状态2）。伺服液压缸混入空气将直接影响液压固有频率和系统频宽。

在系统启动后，没有让液压缸正、反方向反复运转数次而直接进行测试的情况下采集到的数据。

（3）位置反馈增益偏低（定为标准状态3）。有时为了获得系统较好的稳定性而降低位置反馈增益，这样就有可能使系统的频宽有所下降。

采用关联度分析法进行故障诊断的一般步骤如下：

（1）由标准谱数据构造标准模式特征向量矩阵 $[X_{ri}]$（$i=1, 2, \cdots, n$）；

（2）由现场测取的待检数据构造待检模式特征向量矩阵 $[X_{tj}]$（$j=1, 2, \cdots, m$）；

（3）计算关联度矩阵 $[\gamma_{ij}]_{n \times m}$；

（4）故障分析及诊断。

由关联度的性质可以知道，两个模式向量之间的关联度大，则表示这两个模式向量所代表的系统状态比较接近。因此，可以根据关联度矩阵 $[\gamma_{ij}]_{n \times m}$ 每一行中最大关联度所在的列数，来判断待检状态属于该列所对应的哪一种标准故障模式。

### 11.3.3 轧机液压伺服系统的故障诊断实例

构造表征系统状态的模式特征向量矩阵。设定五个特征向量：幅频宽 $f_{-3db}$、相频宽 $f_{-90°}$、开环增益 $K$、幅值裕量 $(GH)_g$、相位裕量 $\gamma$。

标准故障模式特征向量矩阵 $[X_{ri}]$ 如表 11-4 所示。

**表 11-4　标准故障模式特征向量矩阵**

| 状态＼序号 | 1 | 2 | 3 | 4 | 5 |
|---|---|---|---|---|---|
| 标准 $\gamma_1$ | 3.2 | 7.9 | 20 | 13 | 79 |
| 标准 $\gamma_2$ | 2.6 | 6.0 | 16 | 8 | 57 |
| 标准 $\gamma_3$ | 2.8 | 6.2 | 10 | 11 | 64 |

调试过程中采集了三组待识别状态的数据，经过处理，得到待检模式特征向量矩阵 $[X_{tj}]$，如表 11-5 所示。

**表 11-5 待检模式特征向量矩阵**

| 序号<br>状态 | 1 | 2 | 3 | 4 | 5 |
|---|---|---|---|---|---|
| 待检 $t_1$ | 2.9 | 6.6 | 12 | 10 | 61 |
| 待检 $t_2$ | 2.7 | 6.1 | 14 | 9 | 54 |
| 待检 $t_3$ | 2.5 | 6.1 | 17 | 8 | 56 |

利用关联度计算公式，对标准故障模式特征向量矩阵 $[X_{ri}]$ 和待检模式特征向量矩阵 $[X_{tj}]$ 作关联度分析，得到待检 $t_1$ 属于标准 $\gamma_3$，待检 $t_2$、$t_3$ 均属于标准 $\gamma_2$。

在待检 $t_1$ 中，关联度序列是 $\gamma_3 > \gamma_2 > \gamma_1$；

在待检 $t_2$ 中，关联度序列是 $\gamma_2 > \gamma_3 > \gamma_1$；

在待检 $t_3$ 中，关联度序列是 $\gamma_2 > \gamma_3 > \gamma_1$，从表 11-6 可以看出。

这说明伺服系统液压缸混入空气故障影响液压缸正常工作，因为关联度最大。表 11-6 是根据式（11-2）计算。

**表 11-6 关联度矩阵表**

| 标准状态<br>待检状态 | 标准 1 $\gamma_{t1r1}$ | 标准 2 $\gamma_{t1r2}$ | 标准 3 $\gamma_{t1r3}$ |
|---|---|---|---|
| 待检 $t_1$ | 0.7087 | 0.8286 | 0.8961 |
| 待检 $t_2$ | 0.7446 | 0.9272 | 0.8532 |
| 待检 $t_3$ | 0.7482 | 0.9668 | 0.7971 |

## 11.3.4 旋转机械的故障诊断实例

### 11.3.4.1 故障状态标准模式向量的形成

现采用灰色关联度分析诊断法来判别故障，先构造出故障标准模式的特征向量矩阵 $[X_{ri}]$，再根据测得的待检故障状态特征向量矩阵 $[X_t]$，依次求出各关联度数值 $[X_{tri}]$，$X_{tri}$ 的大小给出状态 $X_t$ 与 $X_{ri}$ 的关联程度大小，从而提供了对故障 $X_t$ 的分类数据。故障标准模式特征向量 $[X_{ri}]$ 的构造如表 11-7 所示。

**表 11-7 旋转机械故障标准模式矩阵 $[X_{ri}]$**

| $X_{ri(i)}$ | | 1 | 2 | 3 | ... | 8 | ... |
|---|---|---|---|---|---|---|---|
| 不平衡 | $X_{r1}$ | 0 | 0 | 0 | ... | 0 | ... |
| 密封碰磨 | $X_{r2}$ | 0.5 | 0.5 | 0.5 | ... | 0.5 | ... |
| 轴线碰磨 | $X_{r3}$ | 0.333 | 0.167 | 0.167 | ... | 0.333 | ... |
| 轴线不对中 | $X_{r4}$ | 0 | 0 | 0 | ... | 0 | ... |
| 轴承对轴颈偏心 | $X_{r5}$ | 0 | 0 | 0 | ... | 0 | ... |
| 轴裂纹 | $X_{r6}$ | 0 | 0 | 0 | ... | 0 | ... |
| 转子红套过盈不足 | $X_{r7}$ | 1 | 1 | 0 | ... | 0.25 | ... |

续表 11-7

| $X_{ri(i)}$ | | 1 | 2 | 3 | ... | 8 | ... |
|---|---|---|---|---|---|---|---|
| 轴承座松动 | $X_{r8}$ | 1 | 0.286 | 0 | ... | 0.143 | ... |
| 箱体支座松动 | $X_{r9}$ | 1 | 0.286 | 0 | ... | 0.143 | ... |
| 联轴节不精确 | $X_{r10}$ | 0.333 | 0.667 | 0 | ... | 0 | ... |
| 间隙引起振动 | $X_{r11}$ | 0 | 0 | 0 | ... | 0.5 | ... |
| 亚谐共振 | $X_{r12}$ | 0 | 0 | 1 | ... | 0 | ... |
| 油膜共振（涡动） | $X_{r13}$ | 0 | 0 | 1 | ... | 0 | ... |
| 流体涡动 | $X_{r14}$ | 0 | 0.5 | 0.167 | ... | 0 | ... |
| 流体压力脉动 | $X_{r15}$ | 0 | 0 | 0 | ... | 1 | ... |
| ⋮ | | ⋮ | ⋮ | ⋮ | ⋮ | ⋮ | ⋮ |

### 11.3.4.2　诊断实例

（1）测得液压泵油膜振荡试验频率谱图如图 11-1 所示，对此谱图做数据处理后，得到待检模式特征向量 $[X_t] = [0.65, 1, 0, 1, 0.86, 0, 0, 0, 0]$，经过计算得到关联度列阵如表 11-8 所示。由表中数据可明显地看出，最人的 $\gamma$ 是 $\gamma_{tr13} = 0.79$，可判断出液压泵振动是由于转轴中油膜振荡（涡动）。

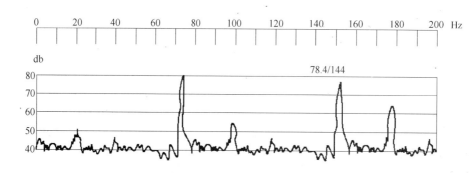

图 11-1　油膜振荡频谱图

**表 11-8　关联度列阵**

| $i$ | 1 | 2 | 3 | 4 | 5 | 6 | 7 | 8 |
|---|---|---|---|---|---|---|---|---|
| $r_{tri}$ | 0.74 | 0.56 | 0.59 | 0.67 | 0.73 | 0.60 | 0.78 | 0.72 |
| $i$ | 9 | 10 | 11 | 12 | 13 | 14 | 15 | |
| $r_{tri}$ | 0.72 | 0.69 | 0.60 | 0.64 | 0.79 | 0.78 | 0.64 | |

（2）汽车轮模拟试验台上"不对中"故障谱图如图 11-2 所示。经过数据处理，得到待检测模式向量如表 11-9 所示，计算得到的关联度列阵如表 11-10 所示。从表上看出，最大 $\gamma$ 值为 $\gamma_{t1ri} = \gamma_{t1r4} = 0.915$，即判断故障为不对中。

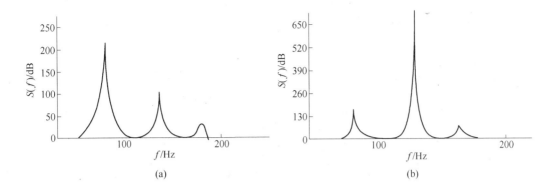

(a)                                        (b)

图 11-2 不对中故障谱图

**表 11-9 待检测模式特征向量**

| $i$ | 1 | 2 | 3 | 4 | 5 | 6 | 7 | 8 | 9 |
|---|---|---|---|---|---|---|---|---|---|
| 水平 $X_{t1}(i)$ | 0 | 0 | 0 | 0 | 0.234 | 1 | 0.049 | 0 | 0 |
| 垂直 $X_{t2}(i)$ | 0 | 0 | 0 | 0 | 1 | 0.602 | 0.139 | 0 | 0 |

**表 11-10 关联度列阵**

| $i$ | 1 | 2 | 3 | 4 | 5 | 6 | 7 | 8 |
|---|---|---|---|---|---|---|---|---|
| $\gamma_{t1ri}$ | 0.858 | 0.491 | 0.595 | 0.915 | 0.586 | 0.769 | 0.658 | 0.747 |
| $\gamma_{t2ri}$ | 0.927 | 0.601 | 0.696 | 0.907 | 0.930 | 0.879 | 0.619 | 0.708 |

| $i$ | 9 | 10 | 11 | 12 | 13 | 14 | 15 |
|---|---|---|---|---|---|---|---|
| $\gamma_{t1ri}$ | 0.747 | 0.755 | 0.769 | 0.806 | 0.806 | 0.723 | 0.806 |
| $\gamma_{t2ri}$ | 0.708 | 0.723 | 0.879 | 0.767 | 0.767 | 0.684 | 0.767 |

（3）某火力发电厂丙号锅炉给水泵在现场测试时，振动烈度如表 11-11 所示。表中 $V_{rma}$ 为速度振幅有效值，3 个测点的振动有效值均达到 D 级，超过国际标准规定的振动烈度 11.2mm/s 的不合格标准，处于严重的带病运转状态。丙号泵前轴承水平方向与垂直方向的加速度自功率谱图如图 11-3 与图 11-4 所示，处理谱图数据，得表 11-12 所示的待检模式特征向量。

**表 11-11 给水泵振动烈度**

| 测点 | 1 | | | 2 | | | 3 | | |
|---|---|---|---|---|---|---|---|---|---|
| 方向 | $x$ | $y$ | $z$ | $x$ | $y$ | $z$ | $x$ | $y$ | $z$ |
| $V_{rma}$ | 28 | 14 | 4.5 | 22 | 6.5 | 7.0 | 16 | 2.0 | 2.0 |

**表 11-12 待检模式特征向量**

| $i$ | 1 | 2 | 3 | 4 | 5 | 6 | 7 | 8 | 9 |
|---|---|---|---|---|---|---|---|---|---|
| 水平 $X_{t1}(i)$ | 0 | 0 | 0 | 1 | 0.61 | 0.49 | 0.91 | 0.95 | 0.85 |
| 垂直 $X_{t2}(i)$ | 0 | 0 | 0 | 0.69 | 0 | 1 | 0.9 | 0.7 | 0.81 |

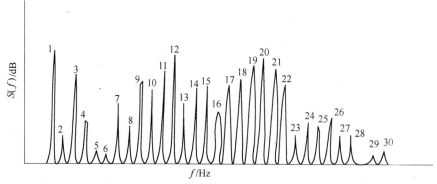

图 11-3　水平方向谱图（6 号机组丙号泵）

| 点号 | 1 | 2 | 3 | 4 | 5 | 6 | 7 | 8 | 9 | 10 |
|------|-----|-----|-----|-----|-----|-----|-----|-----|-----|-----|
| 频率/Hz | 32 | 50 | 64 | 82 | 100 | 114 | 130 | 150 | 164 | 180 |
| 幅值/dB | 27.3 | 16.7 | 26.8 | 16.7 | 13.4 | 12.5 | 18.7 | 15 | 23.6 | 24 |
| 点号 | 11 | 12 | 13 | 14 | 15 | 16 | 17 | 18 | 19 | 20 |
| 频率/Hz | 198 | 212 | 230 | 248 | 262 | 278 | 296 | 310 | 328 | 348 |
| 幅值/dB | 24.9 | 26.0 | 20.3 | 22.3 | 24.6 | 21 | 22.6 | 23.7 | 24.8 | 25.9 |
| 点号 | 21 | 22 | 23 | 24 | 25 | 26 | 27 | 28 | 29 | 30 |
| 频率/Hz | 360 | 380 | 426 | 460 | 476 | 494 | 528 | 560 | 606 | 624 |
| 幅值/dB | 23.2 | 21 | 17.4 | 18.4 | 13.9 | 15 | 13.9 | 14.4 | 12.2 | 13 |

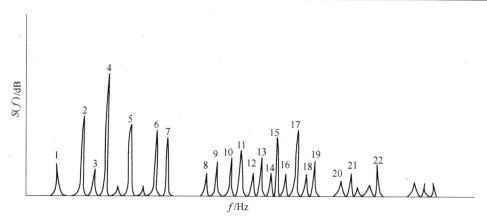

图 11-4　垂直方向谱图

| 点号 | 1 | 2 | 3 | 4 | 5 | 6 | 7 | 8 | 9 | 10 | 11 |
|------|-----|-----|-----|-----|-----|-----|-----|-----|-----|-----|-----|
| 频率/Hz | 32 | 66 | 82 | 98 | 148 | 180 | 196 | 246 | 262 | 296 | 316 |
| 幅值/dB | 16.4 | 19.5 | 14 | 23.7 | 21.4 | 19.8 | 16.1 | 12.9 | 16 | 17 | 17 |
| 点号 | 12 | 13 | 14 | 15 | 16 | 17 | 18 | 19 | 20 | 21 | 22 |
| 频率/Hz | 328 | 348 | 364 | 378 | 396 | 410 | 428 | 444 | 488 | 508 | 560 |
| 幅值/dB | 13.5 | 16.9 | 13 | 18.1 | 15 | 19.1 | 14.6 | 16 | 12.8 | 13.8 | 15 |

　　计算得到的关联度序列如表 11-13 所示。分别列出 $\left[\gamma_{t1ri}\right]$ 和 $\left[\gamma_{t2ri}\right]$ 的最大前 4 项，从大到小排列：

$$\gamma_{t1r6}(0.706) > _{t1r11}(0.702) > \gamma_{t1r13}(0.658) > \gamma_{t1r4}(0.631)$$

及

$$\gamma_{t2r15}(0.697) > \gamma_{t2r4}(0.668) > \gamma_{t2r11}(0.656) > \gamma_{t2r6}(0.648)$$

对照表 11-7，可见流体压力及不对中可能性不大，丙号泵振动大的原因很可能是由于密封间隙（口环）引起的自激振动或轴裂纹，诊断结果与实际基本吻合。

上述关联度分析识别故障模式的算法的计算机程序如图 11-5 所示。

**表 11-13  关联度序列**

| $i$ | 1 | 2 | 3 | 4 | 5 | 6 | 7 | 8 |
|---|---|---|---|---|---|---|---|---|
| $\gamma_{t1ri}$ | 0.605 | 0.579 | 0.583 | 0.631 | 0.627 | 0.706 | 0.423 | 0.483 |
| $\gamma_{t2ri}$ | 0.585 | 0.549 | 0.554 | 0.668 | 0.590 | 0.648 | 0.532 | 0.546 |

| $i$ | 9 | 10 | 11 | 12 | 13 | 14 | 15 | |
|---|---|---|---|---|---|---|---|---|
| $\gamma_{t1ri}$ | 0.484 | 0.559 | 0.702 | 0.521 | 0.521 | 0.586 | 0.658 | |
| $\gamma_{t2ri}$ | 0.546 | 0.590 | 0.656 | 0.582 | 0.582 | 0.595 | 0.697 | |

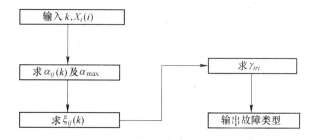

图 11-5  计算机程序框图

用灰色系统理论对设备进行故障诊断，主要是用关联度分析进行故障诊断，其最大特点是方法简单、计算量小、诊断结果可靠、不需要复杂设备、便于现场人员掌握和利用，便于形成知识库中的规则，应推广应用。

# 12 液压系统智能集成化故障诊断

液压系统智能集成化故障诊断是一种集成多种故障诊断方法和策略，对复杂系统故障进行诊断和监控的有效方法。本章首先介绍了诊断信息集成、诊断知识集成、诊断方法集成的概念，然后对集成化故障诊断的体系结构、集成化推理和诊断策略、神经网络与模糊逻辑集成故障诊断、专家系统与神经网络集成故障诊断、神经网络与案例集成故障诊断等进行了阐述。

## 12.1 集成基本概述

随着生产自动化水平的不断提高，液压系统日趋复杂。尽管基于传统结构框架和组织策略下的智能故障诊断系统能够对设备某些特定部位发生的故障进行有效诊断，但面对故障征兆多样、诱发原因复杂的诊断问题，有时用单一方法很难做出全面正确的判断，这就需要将多种诊断信息、诊断知识、诊断方法等进行集成，才能获得可靠的诊断结果，这就是集成化故障诊断。

### 12.1.1 诊断信息集成

诊断信息集成是指把不同信息源所提供的用于协同诊断所使用的信息集成为一个信息，以便采用最简便、最直接的办法得到所需要的故障诊断信息。诊断信息集成主要包括以下几个方面：

（1）感性信息和测量信息的集成。一个液压系统的工作状态信息往往就包含在液压系统所产生的各种信号中，系统中某个元器件的损坏或功能的下降，都或多或少地把这种影响通过电压、压力、流量、温度、振动等信号形式表现出来。例如，液压泵振动增大，就可以推断系统工作不正常。所以，测量结果和观察结果是统一的。在推理中，我们将两种信息进行等价或相互导出，如"+200V 表头指示偏低"可以等价于"+200V 电源输出为+150V"的测量结果；根据"+200V 电源输出为0"的测量结果也可以导出"+200V 电源指示灯不亮"的结果。

（2）诊断推理结果和观测信息的集成。诊断结果包括中间结果和最终结果，它们均可作为新的诊断结果，并完全等同于所观测到的信息，同时要在下一步的诊断推理中加以运用，也就是说诊断的同时为下一步诊断提供新的信息。这些信息由专家推理得出，而不是通过观测得到。例如，当观测到"电源指示正常"时，专家推理可以得到"电源系统工作正常"的结论；那么，在下一步的诊断中，专家就可以将"电源系统工作正常"作为一个新的诊断信息加以运用。

（3）与外界有关诊断信息的集成。它包括背景信息和环境信息。例如，电子设备发生故障，除了自身的因素外，还有外界其他环境因素的相互影响。这些影响因素在故障诊断时也加以考虑，并将其作为诊断信息。集成诊断信息库的组成如图 12-1 所示。

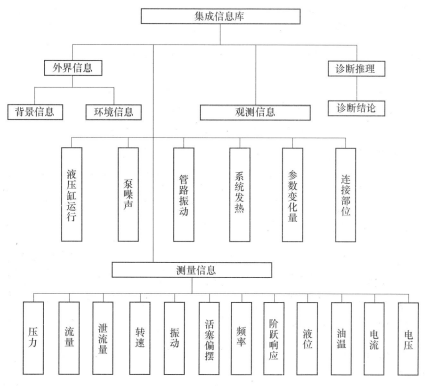

图 12-1　集成诊断信息库组成

### 12.1.2　诊断知识集成

集成的特点是"共享"。集成不仅包括诊断信息集成、诊断结论集成，还包括诊断知识集成。各种知识之间相互取长补短，共同完成推理任务。可供使用的诊断知识有规则知识、神经网络知识、案例分析知识等。

（1）规则知识。由根据诊断对象领域知识和专家诊断经验归纳出的诊断规则组成主要为模型知识。运行模型可用来描述设备正常工作时的形态，故障模型用来描述设备故障时的形态，它们可用于基于规则的诊断。

（2）神经网络知识。由根据相似诊断事例经训练构造而成的人工神经网络权值组成。它描述了类似于这些诊断事例的特殊诊断知识，可用于基于神经网络模型的诊断。

（3）案例分析知识。由案例和子案例以及特殊案例组成，它描述了过去的诊断案例，可用于基于案例的诊断。

以上知识的表达实际上为各自独立的表达，诊断知识集成就是要将不同方面的知识组合到一起。为此，首先要建立一个元级系统，用来对各推理策略进行协调、管理与控制，并对用户的需求进行解释与形式化，然后再调用不同的模块进行处理。如从外部输入中获取信息，融合各种诊断征兆，交换并集成各推理策略产生的结论等。在诊断问题求解过程中，元级系统要把诊断任务划分为不同的诊断子任务，并把子任务分配到不同的诊断子系统，得出结果后再在这些结果的基础上进行综合。每个推理策略模块的责任是用来完成元级系统分配的诊断任务，并把结果返回给元级系统。元级系统在分配任务时，先要对各种推理方式的知识进行转化与集成，才能实现知识的完全融合。

集成诊断系统与一般诊断系统的主要区别在于它集成有数种信号分析程序和诊断子系统，在元级系统的协调管理下形成了一个规模巨大、内容丰富的知识库系统，从而使故障诊断的内涵大大延伸。

### 12.1.3　诊断方法集成

基于专家系统、基于模糊规则、基于神经网络、基于关联度分析、基于模型、基于案例、基于行为等方法是人工智能在故障诊断中应用比较成熟的一些主要方法。这些方法各有特点和优势，也存在各自的缺点和不足，若将多种方法进行集成，可以综合各种方法的优点，克服其局限性，更有利于提高故障诊断的可靠性和诊断效率。

## 12.2　集成化故障诊断体系结构

集成化故障诊断 IIFD（integrated intelligent fault diagnosis）体系结构根据不同对象的不同要求，可以采取不同的结构形式。由于层次诊断模型具有结构清晰、诊断搜索工作量少、便于实施等特点，因此得到了人们的重视。本节主要介绍基于分解策略和层次模型的集成化故障诊断体系结构及其功能实现方法。

### 12.2.1　集成化故障诊断模型

基于层次结构的集成化故障诊断模型和诊断策略，是按照系统的工作原理和层次结构先逐级进行分解，并将整个系统的诊断问题划分为不同层次、不同规模的子诊断问题；再针对各子诊断问题的特点，分别选择与其最为适用的故障诊断方法，逐层深入地进行诊断，直到得到满意的结果。层次诊断模型和诊断策略如图 12-2 与图 12-3 所示。

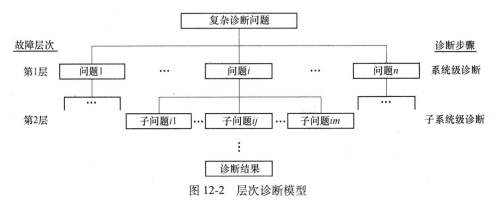

图 12-2　层次诊断模型

### 12.2.2　集成化故障诊断系统结构

集成化故障诊断系统结构可以采用并行分层开放式结构，如图 12-4 所示。

该结构形式将整个系统分为管理层、实施层和实时支持层 3 个层次。

#### 12.2.2.1　管理层

管理层负责整个系统的调度运行。管理层可以设计成称之为元系统的管理型专家系

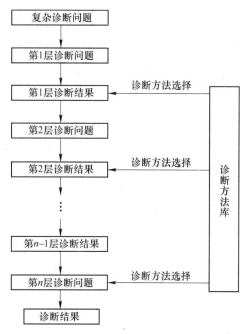

图 12-3 层次诊断策略

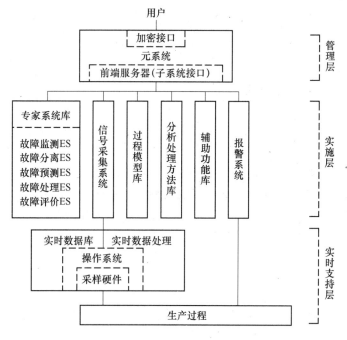

图 12-4 IIFD 系统结构

统，其主要完成以下功能：

（1）对子系统进行协调、管理、决策和通信；

（2）与用户进行交互，接收任务和将任务分解成若干子任务，并分配给各子系统，完成任务调度；

（3）作为整个系统的主控机制，完成对系统各模块的监控，并通过控制各相应子系统来完成各自的子任务，以实现用户任务的完成。

工作时，用户通过人机界面将指令传给元系统中的元推理机制，元推理机制利用元知识库中的元知识和工作存储空间中用户提供的事实，不断进行推理和控制，并将产生的新事实存入工作存储空间，直到完成用户任务为止。

### 12.2.2.2 实施层

实施层由专家系统库、过程模型库、信号分析处理子系统等多个可悬挂的模块组成。各模块之间彼此独立，并通过元系统发生联系。主要模块功能如下：

（1）专家系统库。包括若干个子专家系统，分别用来处理不同层次和不同性质的任务。

（2）过程模型库。模型来源于生产过程，是关于过程工艺的深层知识，各子专家系统均可以调用。

（3）诊断信息分析处理子系统。用来完成模型求解、信号分析等任务。此子系统包含多种用于完成信号分析与处理的数值计算程序，可根据不同诊断方法对采样子系统的采样数据进行分析和处理。

### 12.2.2.3 实时支持层

完成实时数据采集、通信和数据库的维护工作。采用前后台技术实现常驻内存模块的运行，主要包括实时数据预处理模块、实时数据库管理模块等。

## 12.2.3 多信息融合系统层次结构

多信息融合的层次结构在液压机械设备故障诊断中已有广泛的应用。多信息一般采用多传感器获取信息，然后按特征信息对数据进行分类、汇集和综合；决策层融合是一种高层次融合，其结果是为指挥控制决策提供依据。因此，决策层融合必须从具体决策问题的需求出发，充分利用特征层融合所提取的测量对象的各类特征信息，以适当的融合技术来实现。决策层融合是多信息融合，是最终结果，是直接针对具体决策目标的，而融合结果直接影响决策水平和处理故障的结果。图12-5所示为多传感器信息融合系统的层次化结构。

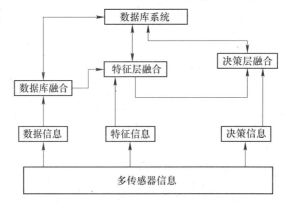

图 12-5 信息融合系统层次结构

对某液压元件的转轴轴心轨迹的观察可以有效地了解和掌握转轴运动情况。轴心轨迹图就是与表面互成 90°角的两个振动位移信号合成的结果。轴心轨迹图是直接采集到的原始数据层上的融合处理，它属于数据层融合，该层次的信息表征水平还处于融合的低级阶段。要构造一个高水平的信息融合系统，还应研究特征层融合和决策层融合的实现方法。

### 12.2.4 集成化故障诊断系统功能及其实现

集成化故障诊断系统的功能包括故障巡回检测、故障分离、故障评价和故障处理。

故障巡回检测就是根据检测的故障信息，实时在线判断设备有无故障，并进行报警和故障预测；故障分离就是通过对故障信号分析，利用集成化诊断方法，找出故障源和故障发生部位；故障评价就是对故障的原因、严重程度及产生的后果进行评估；故障处理就是根据故障特征和故障性质，采取相应的处理措施，对故障进行隔离、补偿、抑制、修复和排除。

实现上述功能，诊断知识库构造是其重要环节。IIFD 系统将诊断知识划分为诊断领域知识和元知识。诊断领域知识是关于某一领域子系统由故障征兆来判断故障原因及位置的知识，与某一特定领域子系统相关；诊断元知识是关于领域诊断知识的知识，即关于如何使用、组织和管理领域诊断知识的知识。元知识主要包括对领域子系统诊断知识进行管理和控制的知识，判断故障属于哪个领域子系统的知识，关于领域子系统间相互关系及每个子系统领域知识的特征和功能信息描述的知识，对领域子系统诊断结果进行分析和评价的知识等。元知识不涉及如何具体诊断某个领域子系统的故障，而是从更高层次对各领域子系统进行协调、管理和控制，使各子系统完成其子诊断任务，并对诊断结果加以分析、综合与评价，以完成对整个复杂过程系统的诊断，因此元知识的作用相对来说更重要。

在元知识表达上，IIFD 系统采用面向对象的知识表达方法，即按照面向对象的思想，采用多种知识表达方法（规则、框架、语义网络和过程）相结合的混合知识表达形式。该方法具有继承、封装、动态联编、代理机制等面向对象的基本特性；同时还具有集成性、模糊性和开放性；适于表达元知识；便于实现多领域、多形式、多功能、多任务和不确定性知识的集成。

该系统集软、硬件和信号分析、特征识别、故障诊断与决策于一体，采用以元系统为核心和并行分层的诊断策略，集成多种形式的领域知识和诊断方法，能够实现信号的采集、分析、诊断、评价和数据库、知识库的检索维护及故障监控与隔离等功能，从而大大提高了故障诊断的快速性、准确性和智能化水平。

## 12.3 集成化推理和诊断策略

推理机制和诊断策略是集成化故障诊断的核心。为了进行有效的诊断，必须将多种推理机制和诊断策略相结合，才能获得最佳诊断结果。

### 12.3.1 集成化推理机制

推理机制是指依据一定的原则，从已有的征兆事实推出诊断对象存在故障的过程。在这里，诊断信息和诊断知识是诊断推理的基础。与诊断信息和诊断知识集成相适应，可以利用基于案例、基于神经网络、基于模型等方法进行集成化诊断推理，以获得最佳诊断结果。

诊断推理通常由高层向低层进行，即先从系统级开始，然后是部件级、功能模块级和元器件级。推理时，诊断系统经过征兆获取模块，先对采集的数据或得到的征兆信息进行分析（如对波形数据进行幅度和频率分析，对漂移信号进行漂移量计算等），经过分析将其转换成具有可信度的征兆事实，再提供给系统进行诊断推理时使用。

根据征兆分析结果，可以先进行基于案例的推理，然后通过搜索案例库，如对诊断结果不满意或没有结果，再进行神经网络模型推理；若仍对诊断结果不满意或没有结果，再搜索规则库，转到模型诊断，以便得到更精确的诊断结果。

### 12.3.2 集成化诊断策略

诊断策略是对诊断过程和诊断方法的宏观研究，它包括诊断问题的知识策略和诊断问题的求解策略两个方面。诊断问题的知识策略是从知识角度，研究求解诊断问题所用的知识及其组织、表达与获取等问题；诊断问题的求解策略是从推理角度，研究故障诊断方法和问题求解方法。集成化故障诊断系统一般可采用如下诊断策略：

（1）对于同一层次的诊断，先考虑基于案例的诊断方法；

（2）若没有案例或诊断失败，再根据不同层次及信息获取方式的难易，决定下一步诊断策略；

（3）当在该层次信息获取难，但症状描述相对容易时，则采用基于规则的方法；

（4）若无规则可用或诊断失败，则考虑基于模型或基于神经网络的方法进行诊断；

（5）当信息获取容易时，则应先考虑基于模型或基于神经网络的方法进行诊断；

（6）当所有方法均告失败时，则将诊断结果作为一个新的案例。

由于集成化故障诊断系统可以采用不同的知识表示方法来表达诊断领域知识，因此也可以针对不同诊断对象，运用不同的集成化推理方法进行故障诊断：

（1）对于一般诊断对象。采用由特殊到一般的集成诊断方法。首先运用基于案例的推理进行故障诊断（根据该对象的症状在案例库中检索最相似的案例）；若失败，尝试用基于神经网络模型的方法进行诊断（根据该对象及其症状，选择与其相应的神经网络模型）；若失败，再用基于规则的方法进行诊断（根据该对象及其症状，选择与其相应的经验规则）。当三种方法均失败，只要拥有诊断对象的模型（运行模型、故障模型），尽管诊断过程费时和计算量大，但基于模型的推理总能诊断出故障，这是一种常用的推理方法。

（2）对于大型和复杂系统诊断对象。按照"大系统—小系统—基本回路"的顺序进行。根据对象各组成部分的功能，将对象划分成几个小系统，把大系统的模型作为诊断对象的高层模型，用来描述该系统的外部形态和高层诊断知识。诊断时，首先运用该诊断对象的高层模型和基于模型的推理，来诊断该诊断对象中故障所在的小系统；如果诊断对象中某小系统 G 被诊断为故障，并经检测得到证实，则再运用该诊断对象的低一层模型（即更小的分系统或基本回路）来进一步推理。在该比较小的层次上可以采用基于规则、基于神经网络模型、基于案例等推理手段，通过集成的方法进一步诊断该小系统 G 中某个子分系统或子模块的故障。

由于基于对象模型、神经网络模型和案例的诊断方法无法对诊断结果进行验证，因而不能确保诊断结果的正确性和为其提供解释。而基于模型的方法能对基于对象模型、神经网络模型和案例的诊断结果提供一致性检验，并能对诊断结果做出解释，因此可以运用基于模型的方法对以上结果进行准确性检验。

## 12.4　神经网络与模糊逻辑集成故障诊断

在诊断领域中，模糊逻辑理论和神经网络技术在知识表示、知识存储、推理速度及克服知识窄台阶效应等方面起到了很大作用。近年来，神经网络与模糊逻辑集成的故障诊断逐渐成为研究的热点，原因在于二者之间的互补性和关联性。模糊逻辑和神经网络各自优势在于：模糊逻辑易于获得由语言表达的专家知识，能有效地控制难以建立精确模型而凭经验可控制的系统；而神经网络则由其仿生特性更能有效地利用系统本身的信息，并能映射任意函数关系和具有并行处理、自学习和容错能力。二者的异同如表 12-1 所示。

表 12-1　神经网络与模糊逻辑的比较

| 类别 | 神经网络 | 模糊逻辑 |
| --- | --- | --- |
| 组成 | 神经元互连 | 模糊逻辑模糊规则 |
| 映射关系 | 点与点之间的对应 | 块与块之间的对应 |
| 知识存储方式 | 连接权值 | 规则的方式 |
| 知识表达能力 | 弱 | 强 |
| 容错能力 | 强 | 较强 |
| 学习能力 | 能进行学习 | 不能学习 |
| 精度 | 高 | 较高 |
| 计算量 | 多 | 少 |
| 应用 | 用于建模、模式识别、估计 | 用于可凭经验处理的系统 |

在集成大系统中，神经网络可用于处理低层感知数据，模糊逻辑可用于描述高层逻辑框架。神经网络和模糊系统均属于无模型控制器和非线性动力学系统，但神经网络适合于处理非结构化信息，而模糊系统对处理结构化的知识更有效。因此，有必要将模糊逻辑与神经网络集成起来构成模糊神经网络，使之能同时具有模糊逻辑和神经网络的优点，既能表示定性知识，又具有强大的自学习能力和数据处理能力。

模糊神经网络是在传统的前向人工神经网络中加入模糊层。模糊层将每个输入量转化为模糊集，即如下式所示。

$$Q = \{负大，负中，负小，零，正小，正中，正大\} \tag{12-1}$$

作为 7 种类型的神经元，通过适当地选择模糊神经网络的模糊层权值，就可调整所需成员函数。

模糊层设置"负大"和"正大"有关的神经元，采用补偿 Sigmoid 函数和 Sigmoid 函数作为激发函数；其他神经元采用 Gaussian 函数作为激发函数；隐含和输出层的神经元采用 Sigmoid 函数。模糊神经网络的每个输出量代表一种特定故障，其输出量在 0 到 1 范围内取值。当与故障对应的网络输出量为 1 时，则该故障一定存在；若对于特定的输入模式，没有神经网络输出值为 1，则该输入模式不表示故障一定存在。

将神经网络与模糊逻辑集成进行故障诊断，有助于发挥各自的优势，能够提高故障诊断效率。

## 12.5　专家系统与神经网络集成故障诊断

专家系统和神经网络进行故障诊断，各有优点和局限性，主要表现在以下两个方面。

专家系统在知识表达、知识处理与知识运用等方面具有其独特的特性，它不仅可以利用现有的理论知识来处理各种定性信息，而且可以总结和利用人类的经验知识来解决那些依靠解析方法不能解决的问题，同时还具有良好的人机交互界面；但在研究和应用中发现专家系统难以自动获取知识，无法有效地、动态地完成系统的预期功能，属于串行处理方式，实时性差，容错性差，存在"瓶颈"、"匹配冲突"、"无穷递归"和速度慢、不能解决知识模糊等问题，特别是对那些不精确、环境信息不十分清楚的知识处理显得能力不足，因而影响其性能的发挥。

神经网络具有独特的结构和处理信息的能力，它采用分布式信息存储结构，属于并行处理方式，具有高度的非线性映射能力和自适应、自组织、自学习、容错、训练及获取知识等能力，特别在系统或过程具有高度非线性、模型不确定或未知时，更能显示其优越性；但神经网络难以表达结构化知识，难以实现基于结构化知识的逻辑推理，难以向使用者提供解释和指导，不能帮助使用者提高认识能力，也不能证实运行结果的正确性，脱离"人机结合"的观点。

将专家系统与神经网络集成进行复杂故障诊断，既可以发挥各自的优势，又可以由一方为另一方提供支持，有利于提高故障诊断的智能化水平。

### 12.5.1　专家系统与神经网络的集成方法

（1）专家系统由神经网络支持，专家系统为系统的中心。这种方法构成的专家系统所应具备的几种基本操作——知识获取、知识表示、推理、证实和检验及知识维护，均可由神经网络支持。

（2）神经网络由专家系统支持，神经网络是系统的中心。这时 ES 能从两方面来支持 NN，一方面为 NN 提供所需的部分或全部的预处理，另一方面为 NN 提供解释。

（3）在解决问题过程中，二者都起着直接作用。

### 12.5.2　专家系统与神经网络的集成策略

（1）由神经网络来构造专家系统。即把专家系统基于符号的推理变成基于数值运算的推理，以提高专家系统的执行效率和解决专家系统的自学习问题；

（2）将神经网络理解为一类知识源的表达与处理模式。这些模式与其他表达方式（如规则、框架等）一起来表示领域专家知识，并面向不同的推理机制。

### 12.5.3　专家系统与神经网络的集成结构

根据实际应用情况的不同，可以采用不同的专家系统与神经网络集成结构。神经网络专家系统的一般结构如图 12-6 所示。

神经网络模块是系统的核心，它接受经规范化处理后的原始数据输入，给出处理后的结果（推理结果或联想结果）；知识预处理模块和后处理模块主要承担知识表达的规范化及表达方式的转换，它是神经网络模块与外界连接的"接口"；系统控制模块用来控制系

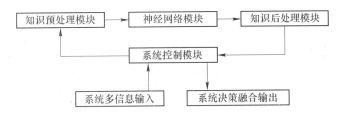

图 12-6 神经网络专家系统的一般结构

统的输入/输出以及系统的运行。

这种神经网络专家系统的运行通常分为两个阶段。前一阶段称为学习阶段，即系统依据专家的经验与实例，调整神经网络中的连接权，使之适应系统期望的输入/输出要求；后一阶段称为运用阶段，它是系统在外界激发下实现已记忆信息的转换操作或联想，并对系统输入做出响应。该结构通常将一种经验或一种知识称做一个实例或一个模式，因此学习阶段有时也称为模式的记忆阶段，而系统的运用过程有时也被称为模式的回想过程。

### 12.5.4 专家系统与神经网络的集成模型

（1）独立模型。由相互独立的神经网络与专家系统模块组成，它们互不影响。该模型将神经网络与专家系统求解问题的能力加以直接比较，或者并行使用以相互证实。

（2）转换模型。类似于独立模型，即开发的最终结果是一个与另一模块不相互影响的独立模块。转换模型是以一种系统（例如神经网络）开始，而以另一种系统（例如专家系统）结束。

（3）松耦合模型。它将系统分解成独立的神经网络和专家系统两个模块，各模块通过数据文件进行通信。松耦合模型的神经网络可作为前处理器，对传给专家系统的数据先进行预处理，然后作为后处理器的专家系统产生一个输出，再通过数据文件传给神经网络。这种形式的模型可以较容易地利用专家系统和神经网络的软件工具来开发，可大大地减少编程工作量。

（4）紧耦合模型。该模型不是通过外部数据文件而是通过内存数据结构传递信息。这样，除了增强神经网络专家系统的运行特性外，还改善了其交互能力、频繁通信和运行时间性能。

（5）嵌入式模型。ES 或 NN 完全嵌入到另一个当中，这时其中的一种技术便成为另一种的一个组成部分。例如用 NN 实现推理机部分，NN 也可用于合理剔除规则。用 NN 内在的并行特性，可以提高多规则 ES 的执行时间；用 NN 连接权值，可以用显式表示知识库。嵌入式系统可以是数据结构，也可用知识表示成一定的形式，内部数据间的通信由内部结构的双重特性实现，控制机构完成集成或协作运行。这种集成结构可提高系统的自适应、泛化和灵活性及计算效率，而且易于设计与开发。

（6）全集成模型。采用共享的数据结构和知识表示，不同模块间的通信是通过结构之间的双重特征（即符号特征和神经特征）来实现，推理是以合作方式或由一个指定的控制模块来完成。

### 12.5.5 专家系统与神经网络集成的特点

将专家系统技术与神经网络技术结合起来，建立的神经网络专家系统要比它们各自单独使用时更为有力，而且解决问题的方式与人类智能更为接近。专家系统可代表智能的认知性，神经网络可代表智能的感知性，这就形成了神经网络专家系统的特色。神经网络专家系统与一般专家系统相比具有以下主要特点：

（1）神经网络知识库体现在神经元之间的连接强度（权值）上。它是分布式存储，适合于并行处理。一个节点的信息是由多个与它连接的神经元的输入信息及连接强度合成。

（2）推理机是基于神经元的信息处理过程。它是以 M-P 模型为基础，采用数值计算方法，这样对于实际问题的输入/输出都要转换为数值形式。

（3）神经网络有成熟的学习算法。学习算法与采用的模型有关，基本上是基于 Hebb 规则；感知机采用 Delta 规则；反向传播模型采用误差沿梯度方向下降以及隐节点的误差由输出节点误差反向传播的思想进行，通过反复学习，逐步修正权值，使之适合于给定的样本。

（4）容错性好。由于信息是分布式存储，在个别单元上即使出错或信息丢失，也不会改变所有单元的总体计算结果。这类似于人在丢失部分信息后，仍具有对事物的正确判别能力一样。

### 12.5.6 专家系统与神经网络集成的适用范围

专家系统与神经网络集成的神经网络专家系统主要适用以下场合：

（1）不充分的知识库。没有规则或很难总结规则，或基于规则的方法可能不适合该领域，这时增加一个神经网络作为前端，会起很好的作用。

（2）容易变化的知识库。规则和事实可能要经常修改，或基于规则的知识可能要演变（这取决于人们在新领域的经验），这时采用神经网络能很好地处理这些变化。

（3）数据密集的系统。含有高速数据输入和需要迅速处理数据的应用场合，带有噪声或容易出错的输入，包含与视觉和语音子系统的交互功能等，都可以用神经网络进行处理。

集成化神经网络专家系统是一类新的知识表达体系。它是以连接节点为基础，在微观结构上模拟人类大脑的形象思维，采用分布式信息保持方式，为专家知识的获取、表达和推理提供了一种全新机制。

## 12.6 神经网络与案例集成故障诊断

神经网络与案例集成故障诊断，在诊断过程中首先使用基于神经网络的诊断方法；如果诊断失败，再尝试基于案例的推理，根据诊断对象的症状，在案例库中检索最相似的案例进行故障诊断。

采用神经网络进行故障诊断，神经网络可以由多个单子网络（如 BP 网络，椭球单元神经网络等）组成，各个单子网络分别对应各自的故障诊断，再通过决策融合就可得到诊断结果。这种结构能提高神经网络故障诊断的有效性，但对于神经网络来说，一个系统的故障标准样本不可能全部得到，因此碰到新的或没有经过导师训练过的故障，用神经网络诊断就不能得到满意的结果。在这种情况下，就可用案例进行诊断。

基于案例推理 CBR（case based reasoning）的诊断方法是一种使用过去的经验诊断案例来指导解决新问题的方法。诊断时首先根据诊断对象的特征和症状，从案例库中检索出与该诊断问题最相似匹配的案例；然后对得到的案例诊断结果进行修正，就可作为该诊断问题的诊断结果。CBR 的优点是能通过将获取的新知识作为案例来进行学习，它不需要详细的应用领域模型。CBR 中的主要技术包括：案例表示、案例索引、案例存储、案例检索、案例修正和从失败中学习等。CBR 局限性在于难以表示案例之间的联系，对于大型案例库的案例检索费时，对诊断结果难以进行解释。它主要适用于机理不清楚、专业知识缺乏并已积累了丰富案例的领域。

# 13 液压系统网络化故障诊断

〰〰〰〰〰〰〰〰〰〰〰〰〰〰〰〰〰〰〰〰〰〰〰〰〰

　　液压系统网络化故障诊断是随着计算机技术、现代通信技术和网络技术的发展而迅速发展起来的一种新的设备故障诊断方式，是一种远程诊断技术，有利于充分利用多方面科技资源解决故障中的技术难题。液压系统远程监测与故障诊断是今后研究的重要内容，在工程中得到了应用并受到人们的关注。本章主要介绍网络化故障诊断的基本原理和方法。

## 13.1　概述

### 13.1.1　网络化故障诊断的提出

　　故障诊断技术是使设备提高有效性安全可靠运行的一种有效模式。随着现代科学技术的发展，工业设备更加先进复杂，需要监测的参数越来越多，数据量越来越大，同时对监测的速度、精度、实时性、可靠性、完整性、开放性等要求也越来越高，传统的单机、分布式监测诊断系统已不能满足现代设备的要求。现代通信和网络技术的发展为故障诊断技术提供了新的生机，未来设备的在线监测与故障诊断必须与 Internet 相结合，才会有强大的生命力和广阔的应用前景。

　　网络化故障诊断就是利用现代通信技术实现不同地域间的监测与诊断。具体地说，就是将设备故障诊断技术与计算机网络技术相结合，一方面在企业内部设立状态监测服务器，在关键设备上设立状态监测点，将实时采集的数据存入服务器中；另一方面在技术力量较强的科研院所建立相应的故障诊断中心，设立故障诊断服务器，可随时为企业提供远程技术支持和一系列服务，在企业和科研院所之间形成一个跨越地理位置的互联诊断网络。当现场设备运行出现异常时，状态监测服务器便会向远方诊断分析服务器发出技术请求，并通过 E-mail 方式向分布在不同地域的专家发出诊断请求，启动网内诊断资源，实现对设备故障的早期诊断和及时维修。

　　在当今信息时代，互联网的迅速发展及其良好的应用前景，使之成为各种信息的载体。基于互联网的远程协作合作方式，备受学术界和工业界的重视；基于互联网模式的开放式软硬件体系结构，也得到人们的认同，并成为各种系统开发的必然趋势。因此，未来的设备故障监测诊断技术必须与互联网相结合，采用开放式体系结构，才能进一步提高故障诊断效率和故障诊断的有效性。从另一方面而言，无论是远程监测诊断还是现场监测诊断，诊断者都需要根据设备当时的实际情况和现场的基本参数，使用第一手数据进行分析、判断。但由于目前我国企业内部专业技术人员比较少，设备出现故障时专家又由于地域原因不能及时到位，往往会因为时间的延误造成巨大的经济损失。若采取远程诊断方式，通过计算机把现场数据及时送到专家手中，专家就可以像在现场一样，准确、及时地做出判断和采取有效措施以解决问题。

　　网络化故障诊断技术已在很多方面获得应用。如丹麦 B&K 公司开发的 COMPASS 系统，可通过卫星通信对设备进行监测和远程诊断；美国斯坦福大学和麻省理工学院开发的基于 Internet 远程诊断系统 IBNGRD （internet based next generation remote diagnosis），美国高技术开发署开发的基于网络的机械设备远程诊断预测系统，都得到了成功的应用。在国内，华中理工大学等单位在网络化故障诊断方面也取得了许多研究成果。目前，以信息融合理论为基础的 $C^3I$ （command，control，communication，information）系统、空中交通管制系统、海洋监视系统、综合导航与管理系统、分布式检测融合系统等都取得了长足发展。

可以预见，在不久的将来，网络化液压故障诊断技术会获得更为广泛的重视和应用。

### 13.1.2　网络化故障诊断的特点

网络化故障诊断技术是随着 Internet 和 WWW 技术的普及而发展起来的一种新型故障诊断方式。它可以把不同地域的设备和专家联系起来，做到协同作战、资源共享。网络化故障诊断主要有以下特点：

（1）诊断水平得到显著提高。分布在不同地域的诊断专家和诊断系统形成一个诊断网络，对于一个特定的诊断对象，特别是疑难故障，可以进行协同诊断，提高了故障诊断的准确性和快速性。

（2）能够实现资源共享。网络化故障诊断是一个开放式体系结构，网络上的所有诊断知识、诊断方法、诊断数据、诊断信息等资源都可以共享，避免了重复开发，有能力解决以前在极有限资源（局域网内）下很难解决的问题，降低了成本，也便于先进技术的普及和推广。

（3）可以实现设备的全寿命管理。在网络上可以将设备运行的状态信息随时反馈给设计和制造部门，使其性能不断得到改进和提高，能够实现设备从设计、制造、安装到运行过程的全寿命周期管理。

（4）可以加强科研院所与企业间的技术合作。

### 13.1.3　网络化故障诊断需要解决的问题

要实现跨地域远程网络化故障诊断，就必须使数据采集、信号分析和故障诊断与监控能够在网络上远程运行。为此，需要解决以下几个问题：

（1）解决网络环境下运行的远程数据采集和信号分析软件设计，使传统意义上的设备状态监测终端，通过 Internet/Intranet 从设备运行现场延伸到企业监控中心和异地科研院所。

（2）由于故障信息是通过网络进行传输的，因此应对大量的实时监测数据进行必要处理和取舍，以保证传输速度和充分的故障信息。

（3）建立一种基于网络数据库的开放式故障诊断专家系统。该系统应是一个简单实用的专家系统框架，而不是填充专家系统的诊断知识，知识库的填充和维护应以用户为主。

（4）要实现诊断知识、理论和技术共享，应使检测数据、诊断分析方法和共享软件设计标准化。

（5）网络化故障诊断需要从事诊断理论研究的科研院所、提供原始数据的生产企业以及进行计算机软硬件开发的各大公司的多方技术合作。

### 13.1.4 网络化故障诊断的研究方向

网络化故障诊断目前尚处于发展初期阶段，还有许多问题尚待解决，今后应在以下几个主要方面进行研究。

**A 数据仓库和数据挖掘技术研究**

数据仓库和数据挖掘技术是网络化故障诊断的技术基础。数据仓库技术是以传统的数据库技术作为数据存储和资源管理的基本手段，以统计分析技术作为数据分析和信息提取的有效方法，以人工智能技术作为数据挖掘和规律提取的科学途径。为了实现网络化远程故障诊断，分布在不同地域的监测系统根据元数据的设计要求，从数据库中提取数据集，并形成不同层次的数据集市。全局数据仓库再根据各诊断中心所形成的数据集市进行再提取和再集成。数据挖掘是根据数据仓库中的数据集利用人工智能的方法进行归纳和分析，从而提取规律性的东西。数据仓库的基本结构形式如图 13-1 所示。

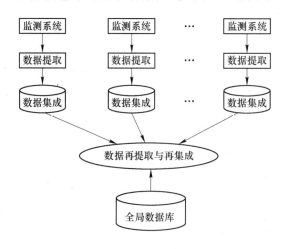

图 13-1 数据库基本结构形式

**B 网络协议的集成研究**

目前 Internet 和 Intranet 多采用 TCP/IP 网络协议，但在开放的 Intranet 网内，由于网络是以数据包的形式传输数据，如果数据丢失就需重新发送，加上通信带宽的限制，使 TCP/IP 网络协议不宜用于实时通信，而采用令牌环的低速网络协议可以解决实时通信问题。因此在网络系统的设计过程中，应充分分析数据的类型和网络实施的方案，这也是今后新的研究方向之一。

**C 公共对象请求代理技术研究**

公共对象请求代理体系 CORBA（common object request broker architecture）是国际组织 OMG 制定的分布式对象规范，由这些规范开发出的分布计算软件环境，均与编程语言、软硬件平台和网络协议无关。CORBA 的平台无关性和语言无关性，给分布式诊断系统的开发者以极大的自由。

以 CORBA 技术为对象的描述及公共接口提供了标准化的体系结构，是促进分布式应用系统开发的关键技术，并使得客户和服务器之间的依赖关系达到最小。应用 CORBA 的诊断系统可以克服操作系统和编程语言的不同以及服务器网络地址变动带来的困难，为数据形式复杂、多样的软硬件平台环境下的分布式计算提供了强有力的支持，是有广泛应用前景的技术。

D 模型驱动结构研究

模型驱动结构 MDA（model driven architecture）吸收了 CORBA 平台的特点，支持企业的安全性和事务处理服务以及许多特定的工业标准。平台无关性的推广，使得 OMG 的模型标准已经在许多开放式或专用的平台上使用，其中包括 COBRA，Java/EJB，NET，XML/SOAP 以及基于网络的中间件等。建立在这种性能之上的 MDA，使得上述的平台都可以成为使用 MDA 的目标平台。MDA 是在解决过渡平台的协同工作能力中快速、自然地发展起来的，它很容易移植到其他过渡平台上。当使用大量的过渡平台时，可以提高效率。使用 MDA 技术，在整个应用周期内可以降低成本，提高使用质量和技术投资的回报，并且能够快速地将出现的新技术融入已存在的系统中。

## 13.2 网络化故障诊断的结构模式

网络化故障诊断系统是一个信息交互和信息共享的开放式系统，常用的实现模式有客户机/服务器模式、浏览器/服务器模式、面向客户公共对象请求代理结构和模式驱动结构 4 种。

### 13.2.1 客户机/服务器模式

基于 Internet 的客户机/服务器 C/S（client/server）模式结构如图 13-2 所示。

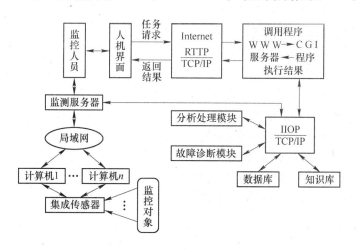

图 13-2 C/S 模式结构图

该系统由客户方局域网、远程诊断服务器和网上诊断资源 3 部分组成。

远程诊断客户一般是大型企业或关键设备，其内部一般已有一套比较完整的局域网络，这套局域网用来对设备进行在线监测和一般故障的诊断；监测服务器主要负责重要信息的存储，为数据采集站或车间工作站提供简单的诊断服务，并为与外界沟通获得帮助；数据库用来存储当前数据和历史数据，库中的数据可以被用户查询和进一步分析，以了解设备的运行状态和发展趋势。

客户可以通过浏览器请求诊断服务，也可以直接访问诊断服务主程序。通过浏览器请求诊断服务是一种通用方式，不需要在客户端加装任何程序，任何能上网的用户都可以享受诊断服务。这种方式的缺点是传递信息的数量和类型极其有限，不能胜任复杂的诊断任务。对于直接通过 CORBA（common object request broker architecture）访问诊断服务主程序，由于诊断服务是建立在 CORBA 基础上，且目前尚无直接访问 CORBA 对象的浏览器，因此使用时必须在客户端加装访问诊断服务的客户程序。这种方法支持信息交互的类型较广泛，几乎计算机能表示的信息都可以传递。

远程故障诊断服务器是诊断服务提供者在 Internet 上设立的服务站点。它通常包括 WWW 服务器、CGI 程序、Java 小程序（Java Applet）。根据实际需要，有时还需设立 FTP 服务器、电子邮件服务器等。WWW 服务器用来对网络进行监听和接受用户从浏览器发出的请求，并将有关的文件及 Java 小程序（Java Applet）返回给用户。通常，由于 Java 程序的执行速度和网络流量的限制，加上 Java 程序都比较小且功能有限，因此它只能适用于简单的诊断对象或起演示作用。对于复杂的诊断对象，一般要通过 CGI 程序调用相应的专业诊断服务程序来完成。WWW 服务器一般都提供 CGI 接口，它把从用户得到的信息作为本地可执行程序的输入，使网络服务器能够处理动态信息。由于 CGI 接口和资源等方面的限制，CGI 程序仍不是诊断任务的主要承担者，它只是连接 WWW 服务器与诊断服务程序的桥梁。CGI 程序能将诊断服务主程序返回的结果送给 WWW 服务器，并由它最终送回给用户浏览器。目前有一些与 CGI 功能相近的程序，如 ISAPI 程序和 Perl 程序，但 CGI 仍是应用最广泛的程序。

诊断服务的主要承担者是 CGI 程序调用的诊断服务主程序和网上诊断资源。诊断服务主程序的作用是对诊断任务进行分解、调用网上的诊断资源并对各资源返回的结果进行综合，再将结果送回 CGI 程序。设置这么多中间件（middleware）和进行如此多的调用和返回，就是为了使诊断系统有最大的开放性、灵活性和对诊断资源的限制达到最小。远程诊断系统目的之一是资源共享，而资源的形式和调用方式又多种多样。由于程序所在的操作系统不唯一，所用编程语言各异，因此知识库中的知识表示方法也各不一样，这样就需要有中间件和标准格式来屏蔽这些差异，使得局部的变动对系统的影响达到最低。采用 CORBA 结构和 KIF（Knowledge Interchange Format）格式，能够将诊断资源差异带来的复杂性降到最低。CORBA 可以使客户端程序不考虑服务器程序所在的操作系统和使用的开发语言，KIF 定义了一种标准的知识表达格式，便于专家系统和知识库的交互。

### 13.2.2 浏览器/服务器模式

浏览器/服务器 B/S（browser/server）模式是一种多层 C/S 结构。它拓展了传统的 C/S 模式和概念，为远程故障诊断和容错控制提供了一个跨平台的应用环境；实现了开发环境和应用环境的分离，能使开发环境独立于用户的应用环境；避免了为多种不同操作系统而开发同一应用系统的重复操作；便于系统扩展、维护及管理，只需在客户端安装运行浏览器软件，而在服务器端安装 Web 服务器软件和数据库管理系统，就能大大地提高远程诊断的工作效率。图 13-3 所示为目前流行的、基于标准协议的三层 B/S 模型。

该系统主要由远程监控诊断中心服务器、数据库服务器和客户端三部分组成。

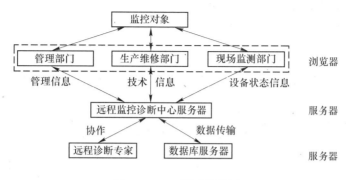

图 13-3 B/S 模式结构图

### 13.2.2.1 远程监控诊断中心服务器

网络化故障诊断平台的核心是远程监控诊断中心。远程监控诊断中心服务器是一个独立的应用系统开发和安装环境，大部分情况下以应用服务器的形式存在，它是连接其他部门和保证网点之间传输有效信息的枢纽，起着协调部门之间行动的作用。它也是一个直接面向网络服务的信息处理系统，系统功能将受到终端用户对需求的指引，并根据用户需求开发各功能模块、专家系统模块、维修咨询模块及远程培训模块等。系统模型和信息的流向如图 13-4 所示。

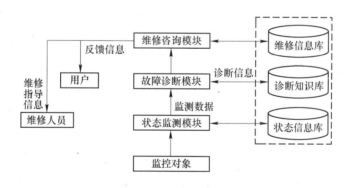

图 13-4 系统模型和信息流向

功能模块的实现基于具体系统建立事务处理的方法模型，可通过用户交互输入或预先设置控制参数来实现。系统根据处理模型形成的控制机制，规划和仿真实际处理过程的执行。在建立处理过程模型时，由于对整个设备及相应的处理过程无法完全认识，因此有时无法通过控制参数对其进行控制并进行仿真。

服务器平台是一个与硬件平台无关、稳定性好、安全性好、可伸缩的服务器操作系统，可同时运行多个线程，并可防止数据冲突和确保系统稳定性。它可采用微软功能强大的 IIS（internet information server）进行网络资源管理和发布。

### 13.2.2.2 数据库服务器

数据库服务器包括反映设备状态的历史信息库、维修信息库以及专家系统知识库、培训知识库等。数据库的实现与管理，关系到系统中数据共享的程度。数据库系统应具有良好的安全性、可移植性、操作性和开放性，并支持远程数据访问，节省时间与费用。

数据库中的信息是可重用和可远程访问的共享资源，它来自现场监测系统、设备生产部门、设备使用部门、管理部门等。这些信息先经过预处理和分类处理，然后保存在信息库或知识库中。在图 13-4 中，状态监测模块首先将经过预处理的数据保存在状态信息库，专家系统根据状态信息或用户的输入进行诊断，并将诊断结果保存在数据库中。维修咨询模块根据诊断结果，负责向用户或维修人员做出解释和进行维修指导，并将这些信息保存在维修信息库中。信息库或知识库中的信息之间，构成了一个与系统状态信息相关的纵向树状结构，以便于查询和管理。

数据库管理系统的开发可采用 Microsoft SQLServer。前端开发可使用功能强大的 PowerBuilder，并利用 JDBC 或 ODBC 等数据库接口技术，实现诊断中心服务器中各应用模块和数据库服务器之间的连接。

### 13.2.2.3 客户端

客户端用来向诊断中心提供信息，并申请相应的服务。客户端系统平台可以采用 Windows。由于 Windows 操作简便，并附带浏览器 IE，同时支持多种协议（如 TCP/IP，IPX/SPX，NetBEUl），因此可以方便地与 Novell Netware 等进行通信。

现场监测站的 PC 直接与安装在现场设备上的监测系统相连接，可通过传感器获取设备状态信息，经预处理后，用数据传送程序通过网络传输到远程诊断中心并保存到数据库中，然后用户通过浏览器登录诊断中心服务器，根据保存的数据库名称申请相应的诊断程序进行处理，由诊断中心将诊断结果反馈给用户。

基于 B/S 模式的网络化远程故障诊断系统在用户打开浏览器时，负责与网络建立连接，并从服务器上获取 Web 页面信息。其故障诊断过程如下：

（1）用户在浏览器中以 Web 方式，通过统一资源地址 URL（universal resource locator），访问相应的设备或系统故障诊断服务站点，并下载含有征兆输入 GUI 的 HTML 页面。

（2）根据征兆输入 GUI 的规范，交互输入待诊断样本的有关征兆或观测数据。征兆和特征的提取，可通过观测，或利用本地分析工具、远程故障诊断服务站点的信号分析工具及特征提取工具来实现。

（3）发送征兆信息给远程 Web 服务器，通过中间件接口启动诊断推理机。

（4）诊断推理机通过相应的知识库，根据征兆信息进行诊断推理。得到推理结果后，再通过中间件接口将信息传给 Web 服务器，并组织成诊断结果 HTML 页面。

（5）Web 服务器将诊断结果 HTML 页面，通过 HTTP 下载到用户浏览器中，此时用户就可观察到诊断结果。

（6）诊断系统的后期学习，可通过网络收集实际故障样本到服务器端数据库中；由系统管理人员以传统方式从新的数据中获取新知识并添加到知识库中，也可启动服务器进程诊断学习 Agent 自动完成。

B/S 模式是以浏览器/服务器形式实现的一个规模巨大的多层 C/S 系统。由于客户端采用了统一的平台——Web 浏览器，因此操作使用简单，易于实现系统扩展。B/S 模式主要具有以下特点：

（1）基于 Web 的分布式应用，可以简单有效地实现异地远程多用户诊断服务；

（2）系统开发环境与应用环境相分离，系统开发完善过程可与应用过程独立异步进行，便于系统管理与升级；

（3）应用环境为标准通用浏览器（如 Netscape Navigator，Internet Explorer 等），这样浏览器作为公共一致的用户界面 GUI（graphical user interface）环境，简化了传统系统中较为复杂的 GUI 的开发，简便地实现了跨硬件平台和操作系统平台的应用，降低了对用户的培训、安装、维护等费用；

（4）开放式结构便于用户功能扩展，也便于新用户加入诊断服务网；

（5）基于 B/S 系统可方便地集成许多其他功能系统，如 E-mail，BBS，NetChat 等，因此可简便地构造出一个异地远程人机会诊与协作诊断环境。

### 13.2.3 面向客户公共对象请求代理结构

面向客户公共对象请求代理结构 CORBA（common object request broker architecture）是国际组织 OMG（http：//www.omg.org）制定的分布式对象规范，是一种跨平台的接口和模型，它与编程语言、计算机软硬件平台和网络协议无关。利用 CORBA 技术实现远程诊断比基于 C/S 或 B/S 模式拥有更大的优越性。

（1）克服了客户机/服务器体系结构中客户只能在了解某一服务器所提供服务内容的情况下，才能请求服务器提供某些服务的局限性；

（2）当远程诊断系统的终端客户需要技术咨询时，可以向对象请求代理 ORB（object request broker）提出请求，所有连接在网络上的远程诊断中心的服务器，通过 ORB 都会响应它的请求，这样将有多台服务器为客户机提供服务。

图 13-5 为根据 CORBA 体系结构建立的远程故障诊断系统原理图。

该系统共有 3 层监测诊断服务体系，即设备现场层、通信代理层和远程诊断层。在设备现场建立监测点和初级诊断节点，在科研院所建立远程故障分析诊断服务中心，两者直接通过通信代理层相互交流信息。

对设备现场的状态监测和初级诊断节点首先进行数据采集、自动测试，并将数据送入现场服务器数据库进行故障性质判断和初步故障诊断；如不能解决问题，就启动智能代理模块，通过通信代理层向远端的故障诊

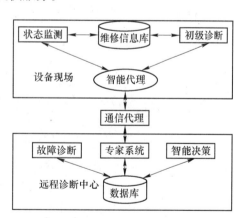

图 13-5 CORBA 远程故障诊断系统原理

断服务中心发出技术援助请求，启动远程故障分析诊断模块；远程故障诊断中心经过协同分析、比较、判断，得出故障结论及处理意见，再通过代理层反馈到设备现场，指导操作人员进行相应的故障处理。这种体系结构由于只传送怀疑存在故障的采样数据，从而大大减少了数据通信量，解决了网络传输速度慢与现场设备采样速率高、数据量大之间的矛盾。CORBA 技术主要有以下优点：

（1）实现了相关设备故障诊断知识、信息和数据的共享，能够在较短时间内调动所有的网络资源，对设备进行故障诊断和维修指导；

（2）克服了地域限制，可通过多专家多系统的协同会诊，提高故障诊断的正确性和可靠性；

（3）克服了操作系统和编程语言不同以及服务器网络地址变动带来的困难，屏蔽了不同设备现场软硬件、数据库、网络协议的异构性，实现了设备现场和远程诊断中心的交互透明；

（4）采用 CORBA 结构不需要重新进行诊断程序编程，而是利用 CORBA 开发软件（如免费的 Omni ORB 和 Inprise 公司的商用软件 VisiBroker）对原有的诊断软件稍微进行改造，就可以使原有诊断软件对外提供诊断服务；

（5）CORBA 技术为对象的描述及公共接口提供了标准化体系结构，开发和维护方便，可与已有的系统进行集成。

### 13.2.4　模式驱动结构

模式驱动结构 MDA（model driven architecture）是对象管理组 OMG（object management group）于 2001 年 2 月在美国加州举行的技术会上表决通过的一种组件结构，它扩展了国际软件协会的标准范围。MDA 建立在 OMG 已经建立的标准之上，包括统一模式语言 UML（unified modeling language）、元对象工具 MOF（meta-object facility）、XMI 元数据交换 MDI（meta-data interchange）、公共仓库模式 CWM（common warehouse meta-model）。MDA 还吸收了 CORBA 平台的特点，支持企业的安全性和事务处理服务以及许多特定的工业标准。平台无关性的推广使 OMG 模型标准已经在许多开放式专用平台上使用，例如 CORBA，Java/EJB，NET，XML/SOAP 以及基于网络的中间件等。

## 13.3　网络化故障诊断的实现方案

### 13.3.1　基于三层网络的实现方案

图 13-6 为基于 Internet 的三层网络远程故障诊断体系结构图。

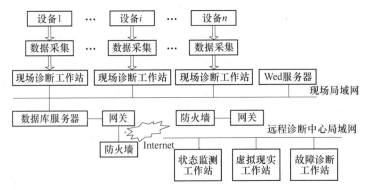

图 13-6　基于三层网络的故障诊断体系结构

该系统采用基于 Web 的三层数据库存取方案和基于 B/S 结构与 Web-ActiveX 及 ADO 数据接口技术进行编程，解决了异种数据库平台数据格式不一致的问题，实现了数据库服务器与性能分析工作站之间数据交换。

### 13.3.1.1 Web 服务器的构架

在 Microsoft Windows 2000 Server 操作系统中，采用 Microsoft IIS5.0 构架 Web 服务器，能为客户端提供 Web 服务和响应客户端浏览器的请求；具有安全、可靠的良好管理能力和应用环境。

在 Web 服务和编程中，采用 IIS5.0（internet information service）搭建 Web 服务器，并运用 ASP 技术编程。通过 ASP 结合 HTML 网页和 Active X 控件，建立动态、交互且高效的 Web 服务器应用程序；在 Web 数据接口技术上，软件采用 ADO（active X data objects）数据接口，可方便地连接到与 ODBC（open database connectivity）兼容的数据库和与 OLEDB 兼容的数据源。

### 13.3.1.2 数据库服务的搭建

采用 Microsoft SQL Server 2000 数据库，分别建立两张结构相同的表。一张用于存储模拟信号采集卡采集的数据，另一张用于存放以 2000 个数据（采集卡采集 20s）为单位、供远程故障诊断中心客户端读取的真实数据。

通过在 Microsoft Windows 2000 Server 操作系统上安装 Microsoft SQL Server 2000 数据库，可以存储采样数据。SQL Server 2000 是基于客户机/服务器的网络数据库，它具有高性能、分时性、基于服务器的处理等优点。由于 SQL Server 与 Windows 2000 Server 采用无缝连接，使得系统的数据库具有更高的安全性。

### 13.3.1.3 数据采集与诊断软件开发

（1）模拟信号采集卡数据采集软件的开发。可采用 VB 编程，并模拟数据采集卡从设备现场采集数据的全过程。根据实际采集过程，可采用每 10ms 从文本文件中读取一组真实数据，并存入实时数据库中；再以 2000 个数据（即采集卡采集 20 s）为单位，存入供远程故障诊断中心客户端读取操作的数据库中。

（2）远程故障诊断系统软件开发。应用 Web-Active X 和 ASP 等技术，采用基于 B/S 结构编程，每次从服务器端读取 2000 个数据，并对其进行数字滤波和快速傅里叶变换，再用 Web 网页的形式在客户端浏览器上显示所采集数据的时域波形和频谱。

### 13.3.1.4 实时数据传输

故障信息中包括数据信号、视频信号、音频信号、控制信号等，这些不同种类的信号有不同的传输特征和传输要求。为了使数据快速实时传输，可以利用 TCP/IP 网络协议，构成基于 B/S 的数据传输模式；采用 VB 编写 Active X 控件，作为 ASP 组件直接嵌入到 Web 网页中。客户端在使用 Web 浏览器浏览相应的监控页面时，先下载运行内嵌的小程序（该程序的功能是连接服务器中的 SQL Server 2000 数据库），再通过网络从数据库中读取数据，并在客户端浏览器上显示采样数据和相应的频谱。

## 13.3.2 基于四层网络的实现方案

图 13-7 为基于四层网络的远程监控诊断系统结构图。

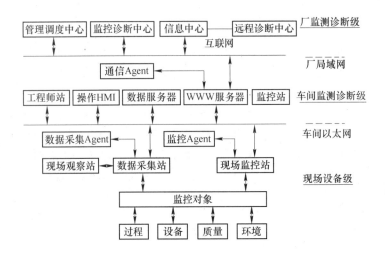

图 13-7 基于四层网络的故障诊断体系结构

该系统由现场设备级、车间监测诊断级、厂监测诊断级和远程监测诊断中心 4 层网络组成。

现场设备级用来采集被监控对象的信息，并对采集到的原始信号做初步处理和完成设备级信息融合任务。设备级的任务可由数据采集 Agent 完成。数据采集 Agent 可以根据监测需要，将数据采集任务分解给不同的采集模块。它除了要对采集到的原始信号做初步处理和融合外，还要完成与上层之间的通信任务。另外，在设备级还可设置现场监控器，用来完成对设备的调节与控制任务。

车间监测诊断级是整个监测与诊断的核心。车间级监测诊断任务由监测与诊断智能体完成。对于复杂或无法确认的故障，可交上层厂级设备监控诊断中心处理。由于车间级还是厂级与设备级之间的联系枢纽，通信与协作任务繁重，因此在这一层上还可专门设置通信与协作智能体，用来负责管理和协调通信任务。

厂监测诊断级是工厂网络的顶层，也是全厂网络管理中心。厂监测诊断级设置有生产、计划、销售、设备、人力资源及财务等管理中心，还设有负责全厂网络管理及 Internet 接入服务的信息中心。设备监控诊断中心用来完成全厂设备日常管理和运行状态监测与诊断，并对车间级监测诊断中心提出的诊断请求等予以解决，对于解决不了的问题则寻求远程监测诊断中心的支持与服务。

远程监测诊断中心一般设在企业集团或相关研究机构和大专院校，用来对企业的设备管理、监测、诊断、人员培训和相关软件升级等工作提供技术支持和服务，并对企业的需求组织协同攻关。

该模型充分运用分布式人工智能和网络的优点，完成监测与诊断任务。该方案主要有以下特点：

（1）整个系统采用层次化结构模式，单个模块失效一般不会导致整个系统失效；

（2）不同模块分别由相关智能体进行管理，不同层间的通信必须由通信智能体才能完成，系统内的协作与通信任务由智能体管理和实现，同时充分利用分布式人工智能和智能体的优点来实现监测与诊断系统的配置，提高了系统可靠性；

（3）结构层次清晰、使用维护方便并具有较高的自诊断、自维护与自恢复能力；

（4）采用网络结构形式，使其在构成上不受监控对象地域分布的限制，实现了分布监控与集中管理；

（5）监测诊断网络与企业管理信息系统合为一体，为生产企业的 CIMS 构成提供保障。

利用该模型，开发了一种基于 PLC 与 IPC 的大型混合机在线实时远程监控与诊断系统。自投入使用以来，大大提高了设备利用率和管理水平，降低了故障率和工人劳动强度。运行结果表明，该系统工作安全可靠，维护方便，操作简单，界面友好，受到用户好评。

一般来说，在网络化液压系统故障诊断系统的数据库中包括数据采集信息、状态监测及报警信息、信号分析处理信息、故障诊断信息、用户登录信息等。系统中底层原始数据来源于从现场各个测点采集的振动、压力、流量、频率、温度、电流及电压等信号。原始数据经过特征提取之后，分别送至状态监测及报警模块和信号分析模块。在状态监测及报警模块中，数据要实时显示当前设备的运行情况，这就要求数据操作的时间短、实时性高。从数据库操作的角度来说，这部分的添加、插入及更新操作比较频繁。在信号分析模块中，一般采用现代信号分析处理方法对数据进行多角度的分析，如时域分析、频域分析、趋势分析等。这部分一般涉及大范围的数据查询，而较少使用添加、删除、更新等操作。根据以上分析，设计了图 13-8 所示的数据库系统 E-R 图（实体-关系图）。通过该 E-R 图，可以设计"用户数据表"，"实时数据表"，"历史数据表"，"故障数据表"及这四个实体之间的"拥有关系表"。其中"拥有关系表"作为事实表，是整个模型的核心表；其他表作为分维表，与事实表连接成多维星形模型，从而扩展了传统关系型数据库的二维表结构。

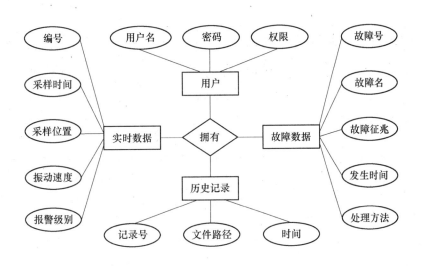

图 13-8 数据库 E-R 图

**实时数据表**

| 字　段 | 数据类型 | 字　节 | 是否可为空 | 备　注 |
|---|---|---|---|---|
| ID | Int | 4 | 否 | 编　号 |
| Date | Datetime | 8 | 是 | 采样时间 |
| Pos | Float | 8 | 是 | 采样位置 |
| Level | Tinyint | 1 | 是 | 报警级别 |
| Value | Float | 8 | 是 | 振动速度 |
| ⋮ | ⋮ | ⋮ | ⋮ | ⋮ |

**故障数据表**

| 字　段 | 数据类型 | 字　节 | 是否为空 | 备　注 |
|---|---|---|---|---|
| ID | Int | 4 | 否 | 故障号 |
| Date | Datetime | 8 | 是 | 发生时间 |
| Name | Nvchar | 20 | 是 | 故障名 |
| Sign | Float | 8 | 是 | 故障征兆 |
| ⋮ | ⋮ | ⋮ | ⋮ | ⋮ |

　　开发的软件系统中包含用户登录模块、数据列表模块和数据库管理模块。用户登录模块用于检查用户名及其使用软件的权限，只有正确输入用户名及密码后才能使用该软件的部分或全部模块功能。比如，管理员可以使用全部子系统功能，技术人员可以使用除了数据库子系统以外的所有功能，而普通人员仅可以使用在线监测子系统功能；数据列表模块通过使用索引和存储过程，能快速实现报警数据、振动数据和特征值数据的复杂条件查询。所有查询结果还可转换为 Excel 数据文件，供技术人员在其他分析软件中使用；数据库管理模块完成了数据自动转移和清理功能。当数据表中的记录条数超过了指定的数量之后，系统自动将一部分数据按时间顺序备份到指定路径的磁盘文件中去，然后将该部分数据从数据库中清除，从而保证了系统在长期运行的过程中，数据库的规模始终不至于过大。

## 13.4　网络化故障诊断的关键技术

　　网络化故障诊断是一种跨地域远程协作诊断。为了保证测试数据、分析方法、诊断知识等在网络上安全快速运行和资源共享，必须重点研究和解决以下关键技术。

### 13.4.1　网络数据库技术

　　网络数据库用来对数据进行实时传送、保存和管理。SQL Server 7.0 是基于客户机/服务器的网络数据库，它具有更高的性能与分寸性和基于服务器的处理能力等优点。由于 SQL Server 与 Windows 2000 Server 采用无缝连接，使得系统的数据库具有更高的安全性。在数据库服务器子系统和 WWW 服务器子系统中均配备 Microsoft 公司的 WWW 服务器应用软件 IIS（internet information server）。该软件可在 Internet 上发布信息与提供服务。

### 13.4.2　数据实时传输技术

　　大量采集数据的实时传输是网络化故障诊断的难点之一。为了使采集数据在网络上能快速实时传输，可以利用 TCP/IP 网络协议构成基于 C/S 的数据传输模式。数据采集监控作为 TCP/IP Socket 接口的客户端，负责与服务器端连接（connect）并把数据上传；数据库服务器作为 TCP/IP Socket 接口的服务器端，随时等待客户端连接（listen）并做相应处理（如把初步处理后的上传数据通过数据库 ODBC 接口写入库中）。

远程实时数据传送也类同。客户进程通过拨号网络访问服务进程。由服务进程把数据写入实时数据库。若用户不想安装客户程序而希望能在浏览器环境下进行操作，这就要求把客户程序集成到页面上，实现时可利用 IE 提供的对 ActiveX 插件的支持功能，使用 VC 或 VB 等工具把客户程序的主要功能封装成 ActiveX 插件。

### 13.4.3 网络安全技术

网络安全技术是为了保证数据信息在存储和传输过程中不被非法修改、破坏和丢失，以保障故障诊断网络的安全性。网络安全性是指网络中信息的安全。它主要包括信息的完整性、安全保密性和可用性 3 个关键因素。网络信息的完整性是指存储和传输过程中不被非法修改、破坏甚至丢失；网络信息的安全保密性是指保护网上的信息不被非授权用户越权使用，保证网上信息的安全保密；网上信息的可用性是指当需要时能否正常存取所需信息，以保证网上信息准确无误。为了保证网络安全，可以采用以下三种措施：

（1）防火墙技术。在企业中存在许多子网络，故障诊断网络是其中之一。为了保证故障诊断网络的安全，在故障网络与其他网络之间设置防火墙，以防止故障诊断网络被非法用户访问。

（2）口令系统。这是一种最简便而有效的安全技术。它能防止非授权者非法登录计算机或非法使用文件，也能利用口令系统根据不同用户分配不同的权限。远程诊断系统的应用对象分企业和个人用户两类：企业利用自己的诊断节点进行诊断分析，并享有利用远程诊断系统对数据进行在线分析和实时诊断的全部权限；一般个人用户享有通过提交数据，利用远程诊断系统进行诊断分析权限，但不能对企业数据进行操作；特殊权限用户（如诊断专家）享有对企业数据进行实时分析诊断的权限，可通过诊断中心站点自由访问各企业诊断节点，对企业数据源进行远距离实时监控和分析诊断，并能通过 E-mail 或其他形式将诊断结果或维修建议返回企业。使用时可采用口令密码与 IP 地址认证方式进行用户确认。

（3）数据加密技术。数据加密技术主要有常规密钥密码体制、数据加密标准（DES）、公开密钥密码体制等。常规密钥密码体制包括代替密码和置换密码，这种加密技术由于容易被解密，目前应用较少；数据加密标准（DES）的保密性取决于对密钥的保密，而算法是公开的；公开密钥密码体制的主要特点是加密和解密使用不同的密钥，其中加密密钥公开，而解密密钥保密。

## 13.5 网络化故障诊断的评价指标

网络化故障诊断是否具有实用价值，能否被使用者认可和接受并应用于生产实践中，在很大程度上取决于其诊断质量的高低和诊断结果的可信程度。为此，可以用以下指标对其质量进行评价。

（1）诊断功能完备性。诊断功能完备性用来描述远程监控诊断系统对各类故障的检测及处理能力。通常人们将故障分为早期故障、发展中故障和已发生故障3大类。监控诊断系统的功能相应地也分为3类：早期故障监控诊断、发展中故障监控诊断和已发生故障监控诊断。一个功能完备的远程监控诊断系统应同时具备这3种功能，并对3类故障均能进行检测、诊断、定位与隔离。

（2）故障分辨力。远程监控与诊断系统对于早期故障、发展中故障和已发生故障应能进行准确区分和识别，对于各类故障的发生部位应能准确定位，对于故障发展趋势应有较强的预测和监视能力。

（3）诊断方法全面性。远程监控诊断系统应能够将故障诊断的理论与方法综合运用到实际监控与诊断中，为此，应根据监控对象要求，选用多种诊断方法进行监控与诊断，以提高诊断的可靠性和故障分辨能力。

（4）诊断结论可靠性。诊断结论可靠性用来描述远程监控诊断系统对故障诊断的准确程度与可信程度。这直接关系到设备的维护策略与费用，是设立远程监控诊断系统的首要考虑因素。只有具有高可靠性的远程监控诊断系统才有实用价值。

（5）诊断及时性。无论何种故障，远程监控诊断系统都应能及时检测诊断出来，并告诉使用人员采取合理措施进行处理，这对于降低设备损耗和生产成本是非常关键的。

（6）系统构造简便性。过于复杂、使用和维护要求都很高的远程监控诊断系统，其自身运行的可靠性也不会很高，诊断结论的可信度也值得怀疑。只有结构简单，使用和维护方便的远程监控诊断系统才会受到欢迎，才便于推广和使用。

（7）监控诊断系统可靠性。工作不可靠的系统，不可能用于设备的实时监控与诊断。只有监控诊断系统本身可靠，才有实际使用价值。开发设计的监控诊断系统必须具有高度的可靠性，才能保证系统诊断结果的可靠性和可信性。

在液压系统网络化设备故障诊断中，结合工程实际项目，如冶金液压系统、冶金风机系统的结构特点、故障类别及传感器测点布置进行分析，在此基础上，利用有关智能软件建立该系统远程监测与智能诊断系统。通过综合应用现场总线、信号分析、数据库管理、网络通信技术设计在线监测子系统、数据通信子系统、数据库子系统、信号分析子系统和智能故障诊断子系统，以获得该设备的故障诊断结果。

# 14 液压系统工作介质智能故障诊断

## 14.1 概述

液压元件及液压系统的工作可靠性和使用寿命很大程度上取决于元件的耐污染能力和系统油液的污染状况，此外，与工作液体的性能和污染物的特性也有直接的关系。根据有关资料统计，液压系统故障有 70%~80% 是来自于油的污染。所以从事液压技术的工作人员，必须高度重视油液污染，确保油液清洁度满足液压系统的要求。影响液压元件工作可靠性和使用寿命的因素如图 14-1 所示。

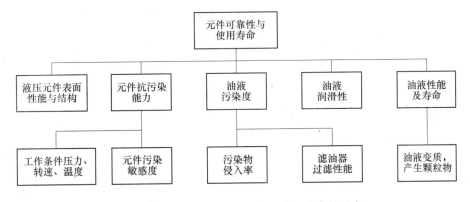

图 14-1　影响液压元件可靠性和使用寿命的因素

液压系统污染控制的基本内容和目的是，通过污染控制措施使系统油液的污染度保持在关键液压元件的污染耐受度以内，以保证液压系统的工作可靠性和元件的使用寿命。

从使用管理的角度出发，加强油液污染控制，降低油液污染度，是提高元件工作可靠性和寿命的经济而有效的途径。在实践中，由于液压油污染使液压系统工作不稳定和出现故障占总故障的 70%~80%。因此，为确保液压系统工作正常可靠和延长元件使用寿命，必须控制油液的污染。

## 14.2　液压系统的污染物及其危害

### 14.2.1　污染物的概念

液压系统的污染物是指液压介质中存在的一切对系统有危害作用的物质和能量，它包括固体颗粒、水、空气、化学物质、微生物、静电、热能、磁场和辐射等。

### 14.2.2　污染物的来源

污染物的来源各不相同，但总体来说，可分为系统内部残留、内部生成和外部侵入三种。表 14-1 举例说明了各种污染物的常见来源。

表 14-1 污染物的常见来源

| 种 类 | 来 源 | 举 例 说 明 |
|---|---|---|
| 固体颗粒 | 系统内部残留 | 制造或装配过程中残留于系统内部的切屑、焊渣、型砂、棉纱 |
| | 系统内部生成 | 元件运动副间摩擦生成的磨屑、内表面锈蚀生成的锈片 |
| | 系统外部侵入 | 从油箱呼吸口或液压缸活塞杆伸出端进入的尘埃 |
| 水 | 系统内部残留 | 制造或装配过程中残留于系统内部的水 |
| | 系统内部生成 | 溶解于油液中的水在低温下转化为非溶解水 |
| | 系统外部侵入 | 与油箱液面接触的空气中的水蒸气溶解于油液中;<br>冷却器泄漏时,进入油液中的水;<br>雨水浸入 |
| 空气 | 系统内部残留 | 液压系统初始运行时,未将空气排尽 |
| | 系统内部生成 | 溶解在油液中的空气在低压下释放出来 |
| | 系统外部侵入 | 当系统内压力低于大气压时,吸入的空气;<br>油箱中的油液搅动剧烈,生成气泡被吸入系统 |
| 化学物质 | 系统内部残留 | 制造或装配过程中残留于系统内部的溶剂 |
| | 系统内部生成 | 油液气化和分解产生的化学物质 |
| | 系统外部侵入 | 元件或系统维修时进入的表面活性剂 |
| 微生物 | 系统内部生成 | 在油液含有非溶解水的条件下,滋生和繁殖的霉菌等 |
| 静电 | 系统内部生成 | 油液高速流动时产生静电 |
| 热能 | 系统内部生成 | 油液高速流动时产生热量;<br>长期运转产生热量 |
| | 系统外部侵入 | 环境温度过高 |
| 磁场 | 系统外部侵入 | 环境中有强磁场 |
| 辐射 | 系统外部侵入 | 环境中有射源 |

油液中的污染量为:

污染量=原有污染量+浸入污染量+自然新生的污染量-滤去的污染量

### 14.2.3 污染物特征的描述

液压系统中的污染物既有以物质形式存在的,如固体颗粒、水、空气、化学物质和微生物等,又有以能量形式存在的,如静电、热、磁和辐射等。化学物质主要以其种类和含量来进行污染特征的描述;微生物除了能繁殖与游动外,其污染特征与固体颗粒相近;静电污染一般以电荷电压来描述其特征;热一般以温度的高低来描述其特征;磁一般以磁场强度来进行描述;辐射主要以其种类和能量来进行描述。下面介绍液压系统最常见的固体颗粒、水及空气的污染特征。

(1)固体颗粒。描述固体颗粒污染特征的参数主要有颗粒的密度、堆积松散度、沉降性、分散性、迁移性、成块性、硬度、破碎性、尺寸、尺寸分布、浓度、形状等。污染控制经常使用的特征主要有尺寸、尺寸分布和浓度等。

颗粒具有不规则的形状，我们如何去描述它的大小、给出它的尺寸呢？为此，人们给出了关于颗粒尺寸的不同定义。在污染控制领域，常用的定义主要有两种：一是颗粒的最大弦长，即用颗粒的最大弦长来描述颗粒的大小，这种定义在显微镜计数法中得到使用；二是用颗粒等效投影面积的直径作为颗粒的尺寸，这种定义在自动颗粒计数法中得到使用。图14-2表示了颗粒尺寸的两种不同定义。

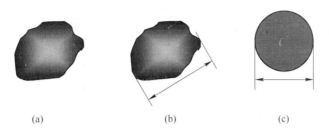

(a)　　　　　　　　　(b)　　　　　　　　　(c)

图 14-2　颗粒尺寸的两种定义

(a) 颗粒；(b) 颗粒的最大弦长；(c) 颗粒的等效投影面积的直径

上述关于颗粒尺寸的定义是不严密的，因为颗粒是三维的，而我们只能测定其在某个投影方向上的最大弦长或等效投影面积的直径，对于单个颗粒来说，这个尺寸随投影方向的不同而不同。但是，上述定义在工程上具有统计的意义，也就是说，在颗粒众多的情况下，我们所得到的各种尺寸颗粒的数量具有相对稳定性，它基本上真实地反映了液压系统中各种颗粒的大小及其数量。

不同尺寸的颗粒对液压元件的危害是不一样的，人们常用不同尺寸段的颗粒数所占的比例来描述颗粒的尺寸分布，而使用单位体积油液中不同尺寸段的颗粒数或单位体积油液中固体颗粒的重量来描述颗粒的浓度。

(2) 水。水的污染特征描述主要有水的存在形式及其含量。油液中的水有三种存在形式：溶解水、乳化水及自由水。溶解水是指油液分子间存在的水，其尺寸一般在 0.1 $\mu$m 以下。乳化水是指高度分散在油液中的水，其尺寸一般在 10 $\mu$m 以下。自由水是指沉降在油液下部的水，其尺寸一般在 100 $\mu$m 以上。

油液中三种形式的水是能够互相转化的。温度降低、压力下降时，油液中的溶解水会析出，成为乳化水或自由水。温度升高、压力上升时，乳化水和自由水会溶解在油液中，形成溶解水。自由水在剧烈搅动时会形成乳化水。乳化水在长时间静置时会变成自由水。

油液中的水含量可以用重量百分比（%w）或体积百分比（%v）表示。在含量较低时常用重量百万分率（ppmw）或体积百万分率（ppmv）表示。

(3) 空气。与水类似，空气的污染特征描述主要有空气的存在形式及其含量。油液中的空气也有三种存在形式：溶解态、乳化态及自由态。溶解态空气是指油液分子间存在的空气，其尺寸较小。乳化态空气是指高度分散在油液中的空气泡。自由态空气是指积聚在液压系统内部高点的空气。

油液中三种形式的空气也是能够互相转化的。温度升高、压力下降时，油液中的溶解态空气会析出，成为气泡或自由态空气。温度下降、压力上升时，油液中的气泡和自由态空气会溶解在油液中，形成溶解态空气。油液中的空气含量一般以体积百分比（%v）表示。

### 14.2.4　液压系统污染物的危害

　　污染物对液压系统的危害是十分大的。据统计，液压系统 70% 以上的故障是由于油液及其污染造成的。固体颗粒是液压系统中最主要的污染物，液压系统污染故障中的三分之二都是由固体颗粒引起的。表 14-2 给出了各种污染物的危害。

**表 14-2　液压系统污染物的危害**

| 种　类 | 危　害 | 举　例　说　明 |
|---|---|---|
| 固体颗粒 | 元件的污染磨损 | 磨损元件运动副表面，降低元件工作性能 |
| | 元件的污染卡紧 | 电磁阀间隙进入污染物，使阀动作缓慢或失灵 |
| | 元件的污染堵塞 | 元件的功能性小孔被堵塞，使元件功能失效 |
| | 油液的劣化变质 | 金属颗粒的存在，使油液的酸值迅速升高 |
| 水 | 腐蚀 | 腐蚀金属表面，生成的锈片进一步污染油液 |
| | 加速油液劣化 | 与金属颗粒同在时，使油液氧化速度急剧加快；与添加剂发生作用产生沉淀物、胶质等 |
| | 低温结冰 | 低温时，自由水变成冰粒，堵塞元件的间隙或小孔 |
| 空气 | 气蚀 | 破坏元件表面 |
| | 降低弹性模量 | 降低油液体积弹性模量，使系统响应缓慢 |
| | 加速油液劣化 | 加速油液氧化变质 |
| 化学物质 | 腐蚀 | 与水反应形成酸，腐蚀金属表面 |
| | 洗涤 | 将附着于金属表面的污染物洗涤到油液中 |
| 微生物 | 油液的劣化变质 | 引起油液变质，降低油液润滑性能，使元件失效 |
| 静电 | 危害安全 | 静电与油蒸气作用可引起爆炸和火灾 |
| | 腐蚀 | 引起元件的电流腐蚀 |
| 热能 | 改变油液性能 | 降低油液黏度，降低容积效率 |
| | 油液的劣化变质 | 加速油液氧化 |
| | 加速元件老化 | 加速密封件老化 |
| 磁场 | 吸附颗粒 | 将油液中铁磁性颗粒吸附在间隙内，引起磨损和卡紧 |
| 放射性物质 | 加速油液劣化 | 加速油液的劣化变质 |

## 14.3　液压系统的污染物分析

### 14.3.1　污染物成分及其含量的分析

　　光谱分析、铁谱分析、红外光谱分析是油液污染成分与含量分析的三种常见方法。光谱分析可以检测油液中的元素及其含量；铁谱分析可以检测油液中铁磁性颗粒污染物的成分、大小和数量；红外光谱分析可以对油液中的化合物进行定性和定量分析。

　　（1）光谱分析。每种元素的原子在受到一定能量激发时都具有发射和吸收特定波长光的特性。利用这一原理，人们发明了原子发射光谱仪和原子吸收光谱仪。在油液污染分析领域中，使用较为普遍的是转盘电极式原子发射光谱仪，图 14-3 所示为其工作原理。

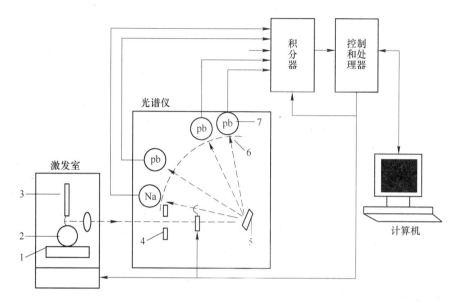

图 14-3　转盘电极式原子发射光谱仪工作系统
1—油样容器；2—石墨圆盘；3—石墨棒；4—入口狭缝；
5—光栅；6—出口狭缝；7—光电倍增管

石墨圆盘 2 在盛有油液的油样容器 1 内旋转，油液被带到石墨圆盘 2 和石墨棒 3 两电极之间，并被电火花激发。油液中的污染物被激发后发射的光经入口狭缝 4 射向光栅 5，经折射后按不同的波长分开并形成各种谱线。各元素的特定谱线经过出口狭缝 6 被各个相应的光电倍增管 7 接收，并转为电流信号。

在配置较多数量的光电倍增管时，光谱仪可同时检测多达 20 种元素的含量（百万分之几）。常用的光谱仪一般只能检测 10μm 以下的颗粒。近年来检测大颗粒的光谱技术取得一定进展，检测的颗粒尺寸可以提高至 30μm 以下。

（2）铁谱分析。铁谱分析是利用高梯度强磁场将油液中的铁磁性颗粒分离出来，然后进行颗粒含量测定和形貌分析。铁谱仪主要有分析式和直读式两种类型。

分析式铁谱仪由制谱仪、铁谱显微镜和光密度计三部分组成。图 14-4 为制谱仪的工作原理图。油样容器 1 中的油液被微量泵 2 吸出，经细管流至倾斜放置的玻璃基片 3 的上端，油液沿玻璃基片缓慢流动，从玻璃基片下端经导油管 5 流入废油容器 6 内。在玻璃基片下面装有一个高磁场强度和梯度的磁铁 4。油液沿倾斜的玻璃基片向下流动时，其中的金属颗粒在磁场力作用下按颗粒大小和磁性强弱分别沉积在基片的各个部位，于是制成铁谱片。

利用铁谱显微镜可对铁谱片上沉积的颗粒进行观察。借助于标准铁谱图册，可以鉴别颗粒的种类，如金属、非金属或氧化物等。

通过光密度计可以在显微镜下读出铁谱片上某一部位的光密度衰减值，它定量地表示检测部位颗粒覆盖面积的百分数，读数越大表示颗粒数量越多。

直读式铁谱仪的工作原理如图 14-5 所示。油样容器 1 内的油液被虹吸泵 7 吸出，经细管 2 和位于永久磁铁 10 上方的玻璃沉积管 6 流入废油容器 11。油液中的铁磁性颗粒在

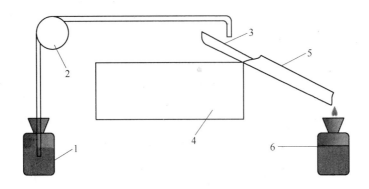

图 14-4 分析式铁谱仪制谱仪工作原理

1—油样容器；2—微量泵；3—玻璃基片；4—磁铁；5—导油管；6—废油容器

磁场作用下沉积在沉积管内壁的不同位置上。由光源 9 发出的光，经光导纤维束 8 传输到沉积管的两个固定测点，并由两个光电检测器 5 测定透过沉积管的光密度，并转换为反映颗粒沉积数量的读数。

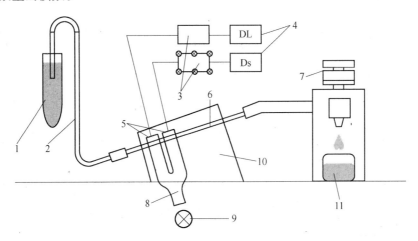

图 14-5 直读式铁谱仪工作原理

1—油样容器；2—细管；3—电子线路；4—数字显示屏；5—光电检测器；6—玻璃沉积管；
7—虹吸泵；8—光导纤维束；9—光源；10—永久磁铁；11—废油容器

（3）红外光谱分析。红外光谱分析的原理是，通过检测各种化合物在红外光谱区的特征吸收峰及吸收的特定波长光线的能量，从而对油液中的化合物进行定性和定量分析。

在油液红外分析中，广泛采用傅里叶变换红外光谱仪（FT-IR），它由红外光源、干涉仪和检测器三部分组成。油样池内油液中的化合物选择性地吸收与其化学键能量相当的特定波长的红外光线，透过油样池的红外光线用红外检测器进行测量，检测数据由计算机系统完成数据存储和傅里叶变换。

在油液红外分析中，与油液劣化和污染有关的油液性质常用以下参数表征：氧化、硝化、硫酸盐、羧酸盐、抗磨剂水平、抗氧剂水平、多元醇酯降解、燃料稀释、水污染、乙二醇污染和积炭污染等。表 14-3 所示为矿物油红外光谱分析的表征参数与相应的特征吸收峰的峰位（波数）。

表 14-3 矿物油的红外光谱

| 特 征 参 数 | 特征吸收波数/cm$^{-1}$ |
|---|---|
| 氧化 | 1725~1670 (1720) |
| 氧化/硫酸盐 | 1300~1000 (1150) |
| 硝化 | 1630 |
| 硝化/羧酸盐 | 1650~1538 |
| 硫酸盐 | 640~590 (610) |
| 抗磨剂损耗 | 700~650 |
| 燃料稀释 | 830~790, 780~760 |
| 水 (氢氧基) | 3650~3150 |
| 乙二醇 | 1120~1010 |
| 积炭 | 3800~1980 |

### 14.3.2 油液污染度的测定诊断

（1）油液污染度的测定。质量污染度的测定是利用微孔滤膜将一定体积的油液过滤，称取微孔滤膜过滤前后的质量，滤膜的质量差与过滤油液的体积之比便为油液的质量污染度。国际标准 ISO 4405 规定了油液质量污染度的测定方法和步骤。

颗粒污染度的测定有显微镜计数法、自动颗粒计数器计数法两种定量方法，此外还有显微镜比较法、滤网堵塞法两种半定量方法。

1）显微镜计数法。显微镜计数法是利用微孔滤膜将一定体积的油液过滤，油液中的颗粒收集于滤膜的表面上，然后将滤膜制成试片，在光学显微镜下对试片上的颗粒进行人工计数，从而计算出油液的颗粒污染度。ISO 4407 规定了显微镜计数法的操作方法与步骤。

2）自动颗粒计数器计数法。采用遮光原理和激光光源的自动颗粒计数器是油液颗粒污染度测定的主要仪器。其工作原理是让被测试油液通过一面积狭小的透明传感区，激光光源发出的激光沿与油液流向垂直的方向透过传感区，透过传感区的光信号由光电二极管转换为电信号。若油液中有一个颗粒通过，则光源发出的激光有一部分被该颗粒遮挡，使光电二极管接收到的光量减弱，于是产生一个电脉冲。电脉冲的幅度与颗粒的投影面积成正比，即与颗粒的大小成正比，电脉冲的数量即为颗粒的数量。

自动颗粒计数器必须经过标定后才能使用。ISO 11171 详细规定了自动颗粒计数器的标定方法和步骤。

需要注意的是，油液中的水分与气泡会影响自动颗粒计数器固体颗粒计数的准确性，计数时需注意消除二者的影响。

目前，中国市场上出现的自动颗粒计数器主要有在线式、便携式和实验室使用三种类型。国外生产厂家主要有美国太平洋科学仪器公司、Klotz、Vikcers、Pall、Hydac 公司等。

3）显微镜比较法。显微镜比较法也是先将油液进行过滤，再将过滤油液的滤膜制成能在显微镜下观察的试片，然后在显微镜同一视场下对试片与不同污染度等级的标准样片分别进行比较。当试片与标准样片上的颗粒分布基本一致时，标准样片的污染度等级即为被试油液的污染度等级。

4）滤网堵塞法。滤网堵塞法是将污染油液通过一标准滤网，随着颗粒在滤网上的不断堵塞，通过滤网油液的流量-压降关系将发生相应的变化。当滤网上、下游的压差一定时，通过滤网的流量将减小；当通过滤网的流量一定时，通过滤网的压降将增大。通过滤网油液的流量-压降关系与油液的污染度之间存在着一定的关系，据此可以测定出油液的污染度等级。

上述各种测试方法的主要优、缺点见表14-4。

表 14-4　污染度各种测试方法的比较

| 测 定 方 法 | | 优 点 | 缺 点 |
|---|---|---|---|
| 质量污染度 | 质量测定法 | 设备简单、便宜 | 操作较费时，不能给出颗粒的尺寸分布 |
| 颗粒污染度 | 显微镜计数法 | 设备简单、便宜，能给出颗粒的尺寸分布 | 操作费时 |
| | 自动颗粒计数法 | 操作简便、迅速，能给出颗粒的尺寸分布 | 设备昂贵 |
| | 显微镜比较法 | 设备简单、便宜 | 半定量，不能给出颗粒的尺寸分布 |
| | 滤网堵塞法 | 操作简便、迅速 | 半定量，设备昂贵 |

（2）水分的测定。蒸馏法与卡尔-费休法是油液中水分测量的两种主要方法。此外还有红外光谱法与爆声测量法等。

蒸馏法是在一定体积的油液中加入一定体积的溶剂。混合均匀后在一定的温度下蒸馏。油液中的非溶解水（包括乳化水和自由水）随溶剂一起被蒸馏出来，再经冷却形成水滴被收集起来，根据收集水的体积计算出油液中水的含量。蒸馏法测水仪器简单，测量灵敏度较低，一般能测定 $300 \times 10^{-6}$ 以上的含水量。GB/T 260 给出了蒸馏法测水的详细步骤。

卡尔-费休法分为滴定法与电量法两种。这两种方法都需要使用卡氏试剂。卡氏试剂中含有碘和二氧化硫，在水的作用下，碘和二氧化硫发生氧化反应，并产生电流。卡氏滴定法根据卡氏试剂的消耗量计算出油液中水的含量。卡氏电量法根据氧化反应过程中产生电流的多少测定油液中水的含量。

卡尔-费休法测定的水为油液中的总水（包括溶解水、乳化水和自由水）。测量灵敏度较高，一般在油液中含有微量水分的情况下使用。

红外光谱法是利用水对红外光谱的吸收原理而进行含水量测定的，其测定的是油液中的总水。爆声测量法是利用油液中的水在高温下汽化爆裂产生的声响大小测定油液中的含水量，其测定的是油液中的非溶解水。

（3）油液中空气含量的测定。液压和润滑系统油液都或多或少地含有空气。油液中的空气有三种状态：游离的气袋或大气泡，均匀悬浮的微小气泡以及溶解在油液中的空气。以上不同的状态与液体和系统的特性有密切的关系。由于不同状态的空气有很大的差异，因而在测定空气含量的方法上有所不同。目前市场上未见有专门测定油液含气量的仪器或装置。在需要测定系统油液中空气含量时可采用如下所述的方法。

1）油液外观检测法。对于以微小气泡均匀悬浮在油液中的空气，可以通过油液的外观大致评定空气的含量，如图 14-6 所示。

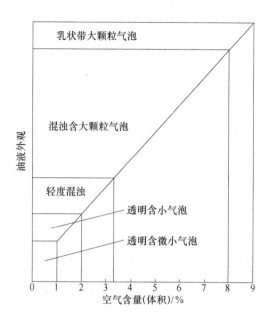

图 14-6   油液外观与空气含量

这种方法所需的设备简单，操作简便。然而，依靠主观判断 1%的空气含量给结果带来误差，因而只能用于粗略地评定工作系统的空气含量。

2）浊度计法。油液的浑浊度是指油液阻止光线通过的特性，它受油液中悬浮气泡的影响。利用浊度计测定油液的浑浊度，可以确定以气泡状态悬浮在油液中的空气含量。

浊度计为一光电检测装置。从光源射出的平行光束照射油液，入射光受气泡的影响而发生散射，因而透过油液的光强减弱。通过检测散射光或透射光的光强，可以确定油液中悬浮气泡的含量。浊度计可设计为以下三种形式：直接检测透射光；检测散射光；同时检测透射光和散射光。其工作原理如图 14-7 所示。

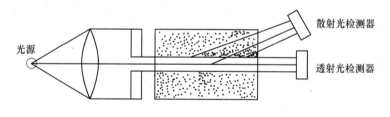

图 14-7   浊度计工作原理

用透射光浊度计检测空气含量很小的油液时，其灵敏度低。这是由于气泡含量小，入射光的光强减小极微。在这种情况下，用散射光浊度计可以获得较好的效果。

3）声速法。当油液中混有空气时，声波在油液中的传播速度将发生明显的变化。在纯净液压油中声速和在混有空气的油液中声速不同。这样，通过测定油液中的声速，就可获得油液中的空气含量。

4）真空释气法。油液在真空作用下将释放出溶解在其中的空气，利用这一原理可以测定油液中溶解空气的含量。测试装置类似一注射器，如图 14-8 所示，其容积约 50 mL。

在进液管上装有一转阀，被试样液通过转阀进入测试装置内，挤压柱塞将样液上部的自由空气排尽。关闭转阀，缓慢向外拉动柱塞，在真空作用下溶于油液中的空气全部释出，然后放松柱塞，释出的空气收集在转阀下部的玻璃管中。从刻度读出空气的体积由此计算样液内溶解空气的含量。这种测试方法所用的装置简单，操作方便，但测试的精度不高。

图 14-8　溶解空气测试装置

　　5）体积压缩法。当油液中混有空气时，其容积弹性模量减小，可压缩性增大。油液的可压缩性与空气含量有关。因此，通过测定在一定压力下油液体积的变化率，可以求算油液中的空气含量：图 14-9 所示为一种空气含量在线测定装置。在系统的低压油路上装设一旁通管，用两个球阀控制。开启球阀，油液进入旁通管内。当油液体积达到一定值时，关闭球阀，然后水银活塞以一定的压力压缩旁通管路内的油液。根据波义尔定律，由测得的油液压缩量可以计算油液中的空气含量。

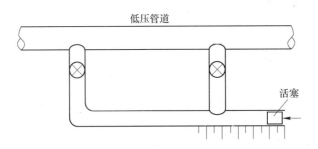

图 14-9　空气含量在线测定装置

## 14.4　液压系统污染监测与故障诊断实现

### 14.4.1　在线监测与诊断系统的方案

　　综合考虑上述分析，油液污染在线监测系统采用如下方案：
　　（1）采用阀用直流电磁铁作为动力的元件。
　　（2）用表面型滤膜截留油液中的污染物。
　　（3）尽量使之产生表面型过滤过程。
　　（4）假设油液中的固体颗粒污染物的性质是固定不变的。
　　（5）手动旋转测头来实现吸油和滤膜的反向冲洗。
　　（6）通过测量给定时间后的滤膜压差来间接测量油液中的污染物颗粒浓度。

### 14.4.2　在线监测与诊断系统的功能及原理

#### 14.4.2.1　在线监测系统的主要功能

　　油液污染在线监测与诊断系统所要实现的主要功能有以下几点：

（1）该系统能实时监测与诊断系统中油液的污染程度，实时记录、随时调用、打印输出，显示记录数据，超限报警，有较强的现场抗干扰性。

（2）能给出相应的 ISO 和 NAS 油液清洁度等级。

（3）标准化和通用化后有较强的整体性和通用性。

（4）在单个测点实验成功后，可将系统进行推广，可对多个测点同时进行油液污染度在线监测，实现对整个系统的集中污染监控。

### 14.4.2.2　在线监测与诊断系统的工作原理

油液污染在线监测与诊断系统是在淤积法的恒功率测量法原理的基础上研制而成的。其原理是以阀用直流电磁铁的主推动力获得压降，通过测量从电磁铁开始通电到某一给定时间内的通过特制滤网油液产生的压差，从而确定油液的污染度等级。

在线监测与诊断系统由微型计算机、压差传感器、温度传感器、数据采集与控制卡、阀用直流电磁铁、24V 直流恒压源、特制液压缸等组成，其原理如图 14-10 所示。

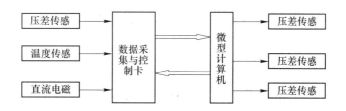

图 14-10　在线监测与诊断系统原理

系统工作时，装于滤网前的温度传感器首先监测油液温度，当油温过低或过高时，系统都不工作。（1）当油温在设定温度范围内时，阀用直流电磁铁失电，特制液压缸吸油；（2）旋转测头顺时针转动90°，为测试做准备；（3）阀用直流电磁铁得电，特制液压缸排油；（4）延时一定时间，数据采集与控制卡采集装于滤网前后的压差传感器转换来的信号，通过滤波、运算处理，得出滤网前后的压差，并查表找出对应的油液污染度值，然后将油液污染度值送显示器显示，并可打印输出；（5）旋转测头顺时针转动90°，密封液压缸；（6）阀用直流电磁铁失电，特制液压缸再次吸油，为反向冲洗滤膜做准备；（7）旋转测头顺时针转动90°；（8）直流阀用电磁铁得电，反向冲洗滤膜；（9）旋转测头顺时针旋转90°，恢复原位。若油液污染度值不符合所在系统的要求时，在线监测与诊断系统将发生报警信号。

## 14.4.3　硬件系统

对现场诊断用的油液污染监测装置一般要求具有以下功能：可实现在线实时监测；在油液污染度超过允许极限值时发出警报信号；能够指示油液的污染度等级。

自动颗粒计数器从功能方面能够满足在线污染监测的要求。自动颗粒计数器与在线取样器配合可用于液压系统在线污染监测，如图 14-11 所示。在这种情况下，自动颗粒计数器采取时间取样的方式，通过设定流经传感器的流量和计数时间（两者的乘积即计数的油液体积）即可测得油液的颗粒浓度。取样计数的时间间隔可根据需要设定。此外，可以设定系统油液污染度的极限值，当油液污染度超过设定值时自动颗粒计数器的报警系统可发出信号。可以看出，自动颗粒计数器作为液压和润滑系统的污染监测装置是比较理想的。然而，由于自动颗粒计数器价格昂贵，用于一般系统的污染监测是不可取的，只是在重要的关键液压系统可以考虑采用自动颗粒计数器进行污染监测。

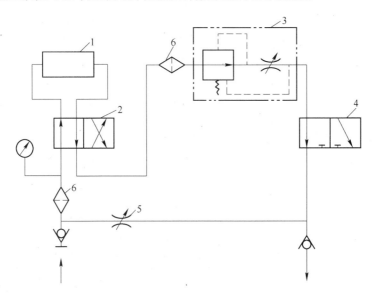

图 14-11　OS-04 型自动流量控制器

1—传感器；2—换向阀；3—流量控制阀；4—二位三通阀；5—旁路阀；6—滤网

图 14-12 所示为一种利用污染淤积原理的在线污染监测装置。让一定量的油液流经环形间隙，阀芯 2 在液压力作用下移至右边位置，弹簧 3 被压缩。在流过一定量的油液后，

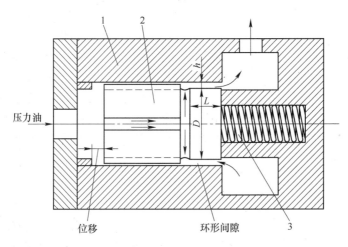

图 14-12　污染淤积式污染监测装置

1—壳体；2—阀芯；3—弹簧

油液中的颗粒污染物在环形间隙中发生淤积和堵塞，将阀芯左端压力卸除，在弹簧力作用下阀芯向左移动。阀芯返回的位移大小与淤积力有关，油液污染度愈高，淤积力愈大，则阀芯返回的位移愈小。因而通过检测阀芯返回的位移可以监测油液的污染度。试验研究表明，这种污染监测装置的重复性较差，对 30 mg/L 以下的污染油液不敏感。

另一种与上述类似的污染监测装置是利用污染淤积产生的动摩擦来评定油液的污染度。动摩擦可通过测量污染产生的阻尼力来确定。

图 14-13 为利用冲蚀磨损原理监测油液污染度的原理图。在一绝缘材料基体上镀一层导电材料，让高速液流冲击镀层材料。在液流中颗粒污染物的冲刷下，镀层导体材料被冲蚀，因而其电阻发生变化。通过测量镀层的电阻变化，可以监测油液的污染度。

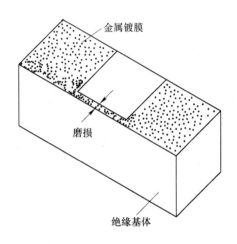

图 14-13　利用冲蚀磨损监测油液污染度

这种原理的污染监测装置适用于检测非导电油液中的磨损性固体颗粒的污染浓度，可检测小至 $1 \times 10^{-6}$ 的污染浓度。目前已研制出这种类型的污染传感器，传感器的主要部分为一圆柱状陶瓷基体，在其上镀有两块很薄的金属膜，两金属膜分别与电路连接。传感器装在一外壳内，系统油液经过一个 2mm 小孔，以 25 m/s 的速度冲击其中的一块金属膜，另一块金属膜被遮挡，不受液流的冲击，其作用是补偿油液温度的变化。

## 14.5　在线监测与诊断系统的软件实现

为了实现对油液污染程度的在线监测，而且尽量使界面简单友好，画面生动直观，操作方便灵活，实现显示、存储、打印、超限报警等功能，采用了 MCGS 工业组态控制软件。利用 MCGS 自带的设备驱动构件直接驱动数据采集与控制卡来完成模拟量的采集输入、模拟量的输出控制等功能。为了实现所要求的功能，油液污染在线监测系统的总流程图如图 14-14 所示。数据采集系统主要用于精确测量油液污染在线监测过程中滤膜前后的压差，数据采集流程图如图 14-15 所示。

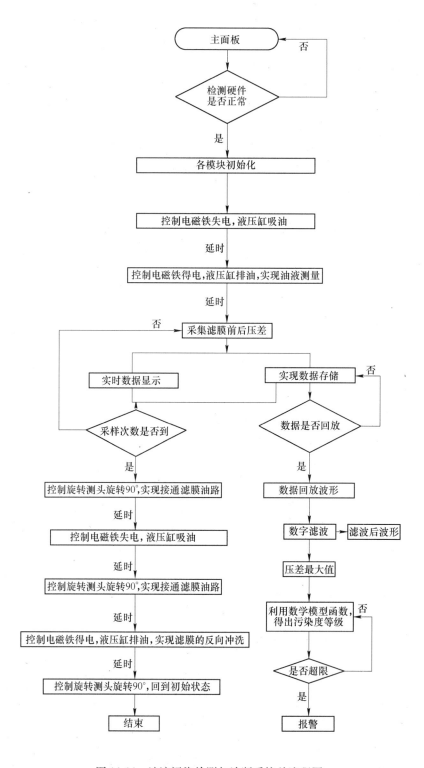

图 14-14　油液污染检测与诊断系统总流程图

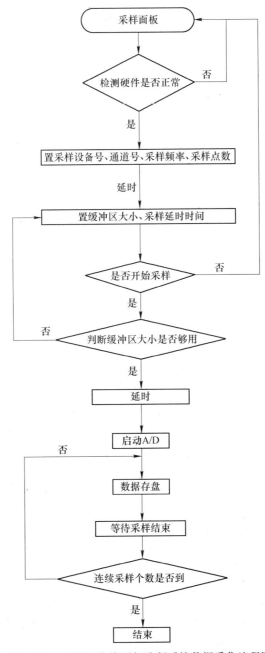

图 14-15 油液污染检测与诊断系统数据采集流程图

## 14.6 液压元件对工作介质清洁度要求及过滤器的配置

### 14.6.1 清洁度要求

对液压工作介质智能故障诊断所获取的结果进行有针对性的处理,经过处理后,液压工作介质应符合表 14-5 的要求。

通常情况下,液压系统目标清洁度即为液压系统中最敏感元件所需的清洁度。

表 14-5　元件所需要的工作介质清洁度

| 元件种类 | | 工作压力 | | |
|---|---|---|---|---|
| | | <14MPa | 14~21MPa | >21MPa |
| 动力元件 | 定量齿轮泵 | 20/18/15 | 19/17/15 | 18/16/13 |
| | 定量叶片泵 | 20/18/15 | 19/17/14 | 18/16/13 |
| | 定量柱塞泵 | 19/17/15 | 18/16/14 | 17/15/13 |
| | 变量叶片泵 | 18/16/14 | 17/15/13 | 17/15/13 |
| | 变量柱塞泵 | 18/16/14 | 17/15/13 | 16/14/12 |
| 控制元件 | 电磁换向阀 | 20/18/15 | | 19/17/14 |
| | 压力控制阀（调压阀） | 19/17/14 | | 19/17/14 |
| | 流量控制阀（标准型） | 19/17/14 | | 19/17/14 |
| | 比例方向阀（节流阀） | 17/15/12 | | 15/13/11 |
| | 单向阀 | 20/18/15 | | 20/18/15 |
| | 电液伺服阀 | 16/14/11 | | 15/13/10 |
| | 插装阀 | 18/16/13 | | 17/15/12 |
| | 液压遥控阀 | 18/16/13 | | 17/15/12 |
| | 比例压力控制阀 | 16/14/12 | | 15/13/11 |
| | 流量控制阀 | 17/15/13 | | 17/15/13 |
| | 比例插装阀 | 17/15/12 | | 16/14/11 |
| 执行元件 | 缸 | 20/18/15 | 20/18/15 | 20/18/15 |
| | 叶片马达 | 20/18/15 | 19/17/14 | 18/16/13 |
| | 轴向柱塞马达 | 19/17/14 | 18/16/13 | 17/15/12 |
| | 齿轮马达 | 21/19/17 | 20/18/15 | 19/17/14 |
| | 径向柱塞马达 | 20/18/14 | 19/17/13 | 18/16/13 |
| | 摆线马达 | 18/16/14 | 17/15/13 | 16/14/12 |

## 14.6.2　过滤器配置

液压系统设计时，必须选择合理有效的过滤净化方案。除了使用适当的措施防止污染物的侵入外，过滤器的配置及过滤器精度的确定是液压系统目标清洁度实现的关键，设计液压系统时必须考虑。

表 14-6 给出了实现目标清洁度可采用的过滤器配置方案及过滤器所需要的过滤精度。

表 14-6　过滤器配置方案、过滤精度与目标清洁度的关系

| 目标清洁度 | 过滤器配置方案 | | | | | |
|---|---|---|---|---|---|---|
| | A 或 B | A 和 B | A 和 C | A 和 B 和 C | C | D |
| 15/12/10 | — | 3μm | 3μm | 3μm | — | — |
| 16/13/11 | — | 3μm | 3μm | 5μm | — | — |
| 17/14/12 | 3μm | 5μm | 5μm | 5μm | 3μm | — |
| 18/15/13 | 3μm | 5μm | 5μm | 10μm | 3μm | 3μm |

| 目标清洁度 | 过滤器配置方案 | | | | | |
|---|---|---|---|---|---|---|
| | A 或 B | A 和 B | A 和 C | A 和 B 和 C | C | D |
| 19/16/14 | 5μm | 10μm | 10μm | 10μm | 5μm | 3μm |
| 20/17/15 | 10μm | 10μm | 10μm | 10μm | 10μm | 5μm |

注：1. A—全流量压力管路过滤；B—全流量回油管路过滤；C—外循环过滤（体积流量比为 5min）；D—外循环过滤（体积流量比为 10min）。

2. 表中的过滤精度指该尺寸下的过滤效率不小于 99%，即 $\beta \geqslant 100$。

# 附　录

## 液压传动装置的平均失效率

| 组 件 名 称 | 失效率 λ<br>（失效次数/$10^6$h） |
|---|---|
| 齿轮泵 | 13 |
| 定量轴向柱塞泵 | 9 |
| 变量轴向柱塞泵 | 13.5 |
| 液压马达 | 4.3 |
| 液压缸 | 0.01 |
| 溢流阀 | 5.7 |
| 流量阀 | 8.5 |
| 单向阀 | 5 |
| 电磁阀 | 11 |
| 电—机转换器 | 2.5 |
| 电位计式反馈传感器 | 3 |
| 感应式反馈传感器 | 2 |
| 插塞接头 | 0.18 |
| 节流孔 | 0.5 |
| 过滤器 | 0.4 |
| 旋转密封 | 0.7 |
| 固定连接密封 | 0.3 |
| 管接头 | 0.03 |
| 往复运动密封 | 0.5 |
| 机械连接 | 0.01 |
| 滚动轴承 | 0.5 |
| 齿轮传动 | 0.12 |
| 软管 | 2 |
| 油箱 | 1.5 |
| 蓄能器 | 7.2 |
| 压力、温度、液压传感器 | 3.5 |
| 驱动电动机 | 4.3 |
| 执行电动机 | 0.3 |
| 喷嘴-挡板 | 1.5 |
| 弹簧 | 0.22 |
| 压力和流量调节器 | 2.14 |
| 压力表 | 4 |
| 固定"O"形密封圈 | 0.02 |

# 参 考 文 献

[1] 湛从昌，傅连东，陈新元．液压可靠性与故障诊断 [M]．北京：冶金工业出版社，2009．

[2] 姜万录，刘思远，张齐生．液压故障的智能信息诊断与监测 [M]．北京：机械工业出版社，2013．

[3] 王仲生．智能故障诊断与容错控制 [M]．西安：西安工业大学出版社，2005．

[4] F. A. 蒂尔曼，黄清莱，郭威．系统可靠性最优化 [M]．北京：国防工业出版社，1988．

[5] 湛从昌，陈新元．液压元件性能测试技术与试验方法 [M]．北京：冶金工业出版社，2014．

[6] 谢绪恺．现代控制理论基础 [M]．沈阳：辽宁人民出版社，1984．

[7] 宋俊，殷庆文．液压系统优化 [M]．北京：机械工业出版社，1986．

[8] 川崎義人．可靠性设计 [M]．北京：机械工业出版社，1988．

[9] 蒋仁言，左明建．可靠性模型与应用 [M]．北京：机械工业出版社，1999．

[10] 四川省机械工程学会．机器可靠性 [M]．四川：四川人民出版社，1983．

[11] 沈庆根，郑水英．设备故障诊断 [M]．北京：化学工业出版社，2006．

[12] 谭勇，王伟．智能故障诊断技术及发展 [J]．飞航导弹，2009（7）：35~38．

[13] 王奉涛，马孝江，邹岩琨．智能故障诊断技术综述 [J]．机床与液压，2003（4）：6~8．

[14] 杨榛，顾幸生．智能故障诊断技术及应用的研究 [J]．贵州大学学报，2007（2）：161~165．

[15] 崔玉理．智能故障诊断技术在机械液压传动系统中的应用 [J]．机械制造与研究，2007，36（4）：31~32，34．

[16] 蔡宣三．最优化与最优化控制 [M]．北京：清华大学出版社，1983．

[17] 闻邦椿，武新华，等．故障旋转机械非线性动力学的理论与试验 [M]．北京：科学出版社，2004．

[18] 易建钢．冶金风机智能诊断系统研究 [D]．武汉：武汉科技大学，2007．

[19] 虞和济，侯广琳．故障诊断的专家系统 [M]．北京：冶金工业出版社，1991．

[20] 成大先．机械设计手册 [M]．北京：化学工业出版社，1998．

[21] Fu Xianbin, Liu Bin, Zhang Yucun, Lian Lina. Fault diagnosis of hydraulic system in large forging hydraulic press [J]．Measurement, 2014（49）：390~396．

[22] 郭媛，陈新元，易建钢．轧机 AGC 缸计算机测控系统开发 [J]．制造业自动化，2015（1）：38~42．

[23] 刘长年．液压伺服系统优化设计理论 [M]．北京：冶金工业出版社，1989．

[24] 张乃尧，阎平凡．神经网络与模糊控制 [M]．北京：清华大学出版社，1998．

[25] 宋俊，王淑莲，等．液压元件优化 [M]．北京：机械工业出版社，1999．

[26] 于永利，朱小冬，等．系统维修性建模理论与方法 [M]．北京：国防工业出版社，2007．

[27] 金子敏夫．油压機器の应用回路 [M]．東京：日刊工业新聞社，1982．

[28] 雷天觉．液压工程手册 [M]．北京：机械工业出版社，1990．

[29] 湛从昌．液压系统故障的模糊诊断方法 [M]．北京：科学技术出版社，1988．

[30] Zhou Ruixiang, Lin Tingqi, Han Jianding, et al. Fault diagnosis of airplane hydraulic pump [C] //Proceedings of the 4th World Congress on Intelligent Control and Automation, AK, 2002（4）：3150~3152．

[31] Tan Hongzhou, Sepehrin. Parametric fault diagnosis for electro-hydraulic cylinder drive units [J]．IEEE Trans, on Industrial Electronics, 2002, 49（1）：96~106．

[32] Song R, Sepehrin. Fault detection and isolation in fluid power systems using a parametric estimation method [C] //Proceedings of the 2002 Canadian Conference on Electrical&Computer Engineering, Canadian, 2002（1）：144~149．

[33] Dong Min, Li Guoyou, Liu Cai. Hydraulic component fault diagnosis research based on mathematical

model［C］//Proceedings of the 5th World Congress on Intelligent Control and Automation, Hangzhou, P. R. China, 2004（2）: 1803~1806.

［34］湛从昌，李芳. 液压故障的模糊诊断原则与方法［J］. 中国机械工程，2004，15（22）: 1983~1986.

［35］黄志坚，袁周. 液压设备故障诊断与监测实用技术［M］. 北京: 机械工业出版社，2005.

［36］赵静一，姚成玉. 液压系统的可靠性研究进展［J］. 液压气动与密封，2006（3）: 50~52.

［37］胡友民，李锡文，杜润生. 基于 PLC 高可靠性工业过程远程监控系统［J］. 华中科技大学学报，2002，30（4）: 13~15.

［38］龚云，陈奎生，湛从昌，陈新元. 轧机 AGC 伺服液压缸故障诊断与对策［J］. 液压与气动，2014（11）: 29~31，99.

［39］曾永龙，闻臻，高思左，等. 高压水切割设备故障诊断［J］. 改装与维修，2013（10）: 113~116.

［40］陈新元，张安龙，陈奎生，等. 结晶器液压伺服振动系统状态监测与故障诊断［J］. 液压与气动，2006（5）: 81~82.

［41］王琳松，罗文，傅连东，等. 连铸机结晶器振动状态监测及故障诊断研究［J］. 机械工程师，2013（1）: 84~85.

［42］李远慧，傅连东，陈新元. 加热炉鼓风机在线监测系统设计［J］. 机械工程师，2013（1）: 55~56.

［43］Du Jun, Wang Shaoping, Zhang Haiyan. Layered clustering multi-fault diagnosis for hydraulic piston pump［J］. Mechanical Systems and Signal Processing, 2013, 36（2）: 487~504.

［44］Zhao Zhen, Jia Mingxing, Wang Fuli, Wang Shu. Intermittent chaos and sliding window symbol sequence statistics-based early fault diagnosis for hydraulic pump on hydraulic tube tester［J］. Mechanical Systems and Signal Processing, 2009, 23（5）: 1573~1585.